AutoCAD 2018 中文版完全学习手册（微课精编版）

张云杰　张云静　编著

清华大学出版社
北京

内容简介

AutoCAD作为一款优秀的CAD图形设计软件，应用的广泛程度已经远远高于其他软件。本书主要针对目前非常热门的AutoCAD辅助设计技术，讲解应用AutoCAD 2018中文版软件的设计方法。本书从AutoCAD 2018中文版软件的入门开始，详细介绍了基本操作、绘制图形、编辑修改图形、尺寸和公差标注、层和块操作、文字操作、表格、精确绘图、打印输出，以及三维绘图的方法等多种技术和技巧，并讲解了包括综合范例在内的多个精美实用的设计范例。本书还配备了包括大量模型图库、范例教学视频和网络资源介绍的海量教学资源。

本书内容广泛、通俗易懂、语言规范、实用性强，使读者能够快速、准确地掌握AutoCAD 2018中文版软件的绘图方法与技巧，特别适合初、中级用户学习，既可以作为广大读者快速掌握AutoCAD 2018中文版软件的实用指导书和工具手册，也可以作为大专院校计算机辅助设计课程的指导教材。

图书在版编目(CIP)数据

AutoCAD 2018中文版完全学习手册：微课精编版 / 张云杰，张云静编著. —北京：清华大学出版社，2019.10

ISBN 978-7-302-53898-1

Ⅰ. ①A…　Ⅱ. ①张…　②张…　Ⅲ. ①AutoCAD软件—手册　Ⅳ. ①TP391.72-62

中国版本图书馆CIP数据核字（2019）第209544号

责任编辑： 张彦青
封面设计： 李　坤
责任校对： 王明明
责任印制： 沈　露
出版发行： 清华大学出版社
　　网　　址： http://www.tup.com.cn，http://www.wqbook.com
　　地　　址： 北京清华大学学研大厦A座　　**邮　　编：** 100084
　　社 总 机： 010-62770175　　**邮　　购：** 010-62786544
　　投稿与读者服务： 010-62776969，c-service@tup.tsinghua.edu.cn
　　质量反馈： 010-62772015，zhiliang@tup.tsinghua.edu.cn
印 装 者： 清华大学印刷厂
经　　销： 全国新华书店
开　　本： 200mm×260mm　　**印　　张：** 19　　**字　　数：** 460千字
版　　次： 2019年12月第1版　　**印　　次：** 2019年12月第1次印刷
定　　价： 59.00 元

产品编号：083322-01

前言

AutoCAD 的英文全称是 Auto Computer Aided Design（计算机辅助设计），它是美国 Autodesk 公司开发的用于计算机辅助绘图和设计的软件，自问世以来，已从简单的二维绘图软件发展成为一个庞大的计算机辅助设计系统，它具有易于掌握、使用方便和体系结构开放等优点，深受广大工程技术人员的欢迎。如今，AutoCAD 已广泛应用于机械、建筑、电子、航天、造船、石油化工、土木工程、冶金、地质、气象、纺织、轻工和商业等领域。AutoCAD 2018 是 Autodesk 公司推出的最新版本，代表了当今 CAD 软件的最新潮流和未来发展趋势。

为了使读者能更好地学习，同时尽快熟悉 AutoCAD 2018 中文版软件的设计功能，云杰漫步科技 CAX 教研室根据多年在该领域的设计和教学经验精心编写了本书。本书以 AutoCAD 2018 中文版软件为基础，根据用户的实际需求，从学习的角度由浅入深、循序渐进、详细地讲解了该软件的设计功能。

本书内容分为 12 章，从 AutoCAD 2018 中文版软件的入门开始，详细介绍了基本操作、绘制图形、编辑修改图形、尺寸和公差标注、层和块操作、文字操作、表格、精确绘图、打印输出，以及三维绘图的方法等多种技术和技巧，并讲解了包括综合范例在内的多个精美实用的设计范例。

云杰漫步科技 CAX 设计教研室长期从事 AutoCAD 的专业设计和教学，数年来承接了大量的项目，参与 AutoCAD 的教学和培训工作，积累了丰富的实践经验。本书就像一位专业设计师，将设计项目时的思路、流程、方法和技巧、操作步骤面对面地与读者交流。

本书还配备了包括大量模型图库、范例教学视频和网络资源介绍的海量教学资源。其中，范例教学视频以多媒体的方式进行了详尽的讲解，便于读者学习使用。关于多媒体教学资源的使用方法，读者可以参看本书附录 B。另外，本书还提供了网络的免费技术支持，欢迎大家登录云杰漫步科技的网上技术论坛进行交流。论坛分为多个专业的设计板块，可以为读者提供实时的软件技术支持。

本书由张云杰、张云静编著，参加编写工作的还有尚蕾、郝利剑、靳翔、贺安、贺秀亭、宋志刚、董闯、李海霞、焦淑娟等。书中的范例均由云杰漫步多媒体科技公司 CAX 设计教研室设计制作，多媒体资源由云杰漫步多媒体科技公司提供技术支持。

由于编写人员的水平有限，书中难免有不足之处，在此，编写人员对广大读者表示歉意，望广大读者不吝赐教，对书中的不足之处给予指正。

本书赠送的视频以二维码的形式提供，读者可以使用手机扫描下面的二维码下载并观看。

编　者

目录

CONTENTS

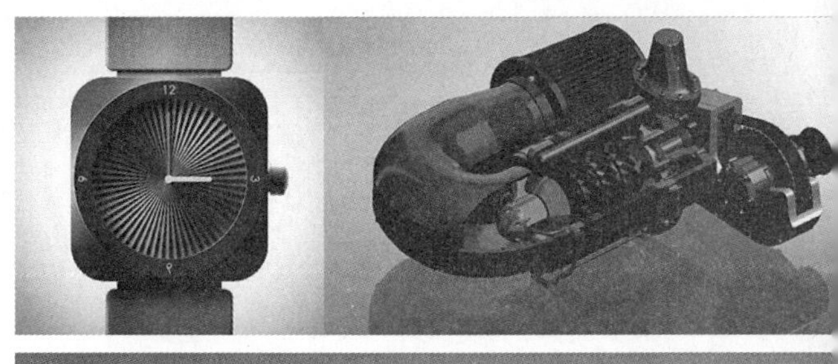

第1章

初识 AutoCAD 2018

第2章

AutoCAD 2018 绘图基础

第 3 章

绘制基本二维图形

第 4 章

编辑基本图形

第 5 章
绘制和编辑复杂二维图形

第 6 章
尺寸和公差标注

第 7 章
文字和表格应用

第8章

应用图层和块

第9章

精确绘图和图纸打印

第10章

绘制和编辑三维模型

第 11 章

综合设计范例（一）

第12章 综合设计范例（二）

附录A

附录B

第 1 章

初识 AutoCAD 2018

本章导读

计算机辅助设计 (Computer Aided Design，CAD)，是指利用计算机的计算功能和高效的图形处理能力，对产品进行辅助设计分析、修改和优化。它综合了计算机知识和工程设计知识的成果，能够绘制二维图形与三维图形、标注尺寸、渲染图形以及打印输出图纸，并且随着计算机硬件性能和软件功能的不断提高而逐渐完善。AutoCAD 是美国 Autodesk 公司开发的用于计算机辅助绘图和设计的软件，自问世以来，已从简单的二维绘图软件发展成为一个庞大的计算机辅助设计系统，它具有易于掌握、使用方便和体系结构开放等优点，深受广大工程技术人员的欢迎。AutoCAD 自 Autodesk 公司从 1982 年推出第一个版本后不断升级，功能日益增强并日趋完善。如今，AutoCAD 已广泛应用于机械、建筑、电子、航天、造船、石油化工、土木工程、冶金、地质、气象、纺织、轻工和商业等领域。AutoCAD 2018 是 Autodesk 公司推出的最新版本，代表了当今 CAD 软件的最新潮流和未来发展趋势。为了使读者能够更好地理解和应用 AutoCAD 2018，本章主要讲解有关基础知识和基本操作，为深入学习提供支持。

1.1 AutoCAD 2018 简介

AutoCAD 是美国 Autodesk 公司开发研制的一种通用计算机辅助设计软件包，在设计、绘图和相互协作方面拥有强大的技术实力。由于其具有易于学习、使用方便、体系结构开放等优点，因而深受广大工程技术人员的喜爱，成为人们熟知的通用软件。

AutoCAD 自 Autodesk 公司从 1982 年推出第一个版本 V1.0，经由 V2.6、R9、R10、R12、R13、R14、R2000、2004、2008、2010、2012、1014、2016 等典型版本，发展到最新的 AutoCAD 2018。在这 30 多年的时间里，AutoCAD 产品在不断适应计算机软硬件发展的同时，自身功能也在不断发展完善。

1.1.1 AutoCAD 的发展简史

事物总是处在从无到有、从小到大不断发展的过程中。AutoCAD 最初推出时，功能和操作非常有限，只是绘制二维图形的简单工具，而且画图过程非常缓慢，因此并没有引起业界的广泛关注。

应该说 AutoCAD 2.5 是 AutoCAD 发展史上的一个转折点。在推出此版本之前，CAD 已经开始风行，CAD 软件也出现了数十种。2.5 以前版本的 AutoCAD 与同期的 CAD 软件相比还处于劣势，在计算机辅助设计领域的影响还不是很大。随着 AutoCAD 2.5 版本的推出，这种情况得到了很大改变。该版本引入 AutoLisp，对扩大 AutoCAD 的影响起到了极大的推动作用。引入 AutoLisp 以后，有许多 CAD 开发商针对汽车、机械和建筑开发了以 AutoCAD 为平台的各种专业软件，实际上这是 AutoLisp 程序集的应用，AutoCAD 因此得以大范围推广和应用。

从 AutoCAD R14 版本开始，AutoCAD 脱胎换骨，已经完全摆脱了以前版本的窠臼，达到了一种全新的境界。它完全适合标准的 Windows 操作系统、UNIX 操作系统和 DOS 操作系统，极大地方便了用户的使用。如今，AutoCAD 的操作界面已经成为 CAD 操作界面的楷模。在功能上集平面作图、三维造型、数据库管理、渲染着色、互联网等于一体，并提供了丰富的工具集。所有这些使用户能够轻松、快捷地进行设计工作，还能方便地复用各种已有的数据，从而极大地提高了设计效率。

最新推出的 AutoCAD 2018 与先前的版本相比（如图 1-1 所示），在性能和功能方面都有较大的增强，并且与低版本完全兼容。

图 1-1

1.1.2 AutoCAD 软件的特点

AutoCAD 与其他 CAD 产品相比，具有如下特点。

- 直观的用户界面、下拉菜单、图标，易于使用的对话框等。
- 丰富的二维绘图、编辑命令以及建模方式新颖的三维造型功能。如图 1-2 所示为 AutoCAD 三维造型。

图 1-2

- 多样的绘图方式，可以通过交互方式绘图，也可通过编程自动绘图。
- 能够对光栅图像和矢量图形进行混合编辑。
- 产生具有照片真实感(Phone 或 Gourand 光照模型) 的着色，且渲染速度快、质量高。
- 多行文字编辑器与标准的 Windows 系统下的文字处理软件工作方式相同，并支持 Windows 系统的 TrueType 字体。
- 数据库操作方便且功能完善。
- 强大的文件兼容性，可以通过标准的或专用的数据格式与其他 CAD、CAM 系统交换数据。
- 提供了许多 Internet 工具，使用户可通过 AutoCAD 在网站上打开、插入或保存图形。
- 开放的体系结构，为其他开发商提供了多元化的开发工具。

1.1.3 AutoCAD 的功能及应用范围

近十几年来，美国 Autodesk 公司开发的 AutoCAD 软件一直占据着 CAD 市场的主导地位，其市场份额在 70% 以上，主要应用于二维图形绘制、三维建模造型的计算机设计领域，其具有的开放型结构，既方便了用户的使用，又保证了系统本身不断地扩充与完善，而且提供了用户应用开发的良好环境。AutoCAD 系列软件功能日趋完善，不论在图形的生成、编辑、人机对话、编程和图形交换方面，还是在与其他高级语言的接口方面均具有非常完善的功能。作为一个功能强大、易学易用，便于二次开发的 CAD 软件，AutoCAD 几乎成为计算机辅助设计的标准，在我国的各行各业中产生了强大的促进作用。

如今，AutoCAD 已广泛应用于机械、建筑、电子、航天、造船、石油化工、土木工程、冶金、地质、气象、纺织、轻工和商业等领域，如图 1-3 所示为 AutoCAD 建筑图纸。

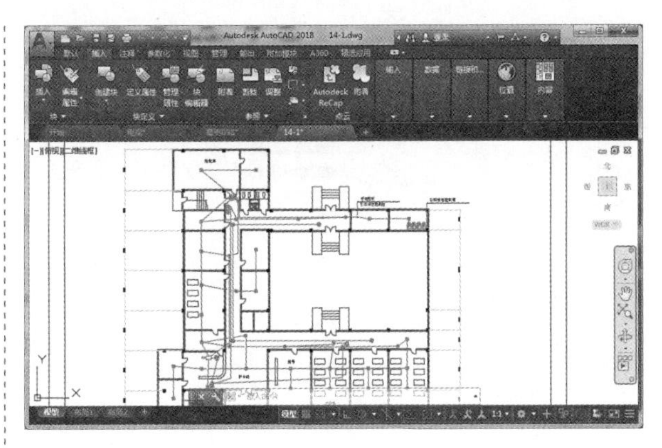

图 1-3

1.1.4 AutoCAD 2018 的新增功能

AutoCAD 2018 版本与旧版本相比，增添了不少新功能，比如 PDF 导入、外部文件参考、对象选择等。下面将分别对其功能进行介绍。

1. PDF 导入

在 AutoCAD 2018 中，用户可以将 PDF 文件导入 CAD 软件中。执行 PDFIMPORT 命令，可以将 PDF 格式的文件输入 AutoCAD 中，包括二维几何图形、SHX 字体、填充、光栅图像和 TrueType 文字。通过【插入】选项卡上的【识别 SHX 文字】工具可以将 SHX 文字的几何对象转换成文字对象，如图 1-4 所示。

图 1-4

2. 外部文件参考

在 AutoCAD 2018 中，新增了修复外部参考文件中断开的路径的功能。即将外部文件附着到 AutoCAD 图形时，默认路径类型已设置为“相对路径”。在旧版本的 AutoCAD 中，如果用户的图形未命名，则无法指定参照文件的相对路径，而在 AutoCAD 2018 中，即使图形未命名也可以指定文件的相对路径，如图 1-5 所示。

图 1-5

3. 对象选择

在 AutoCAD 2018 中，选定某些图形时，即使用户进行平移、缩放图形或关闭屏幕等操作，被选定的图形也都保持在选择状态。

4. 合并文字

在 AutoCAD 2018 中，新增了一项“合并文字”功能，该功能可将多个单独的文字对象合并为一组多行文字对象。用户将输入的 PDF 文件转换成 SHX 文字后，使用该功能可快速地对多个单独的文字对象进行合并编辑操作。

5. 支持高分辨率显示器

在 AutoCAD 2018 中，鼠标指针、导航栏和 UCS 图标等用户界面元素可在高分辨率 (4K) 显示器上充分显示出来，并对大多数对话框、选项板和工具栏进行适当的调整，以适应 Windows 显示比例的设置。

6. Autodesk 移动应用程序

用户可使用 Autodesk 移动应用程序在移动设备上查看、创建、编辑和共享 CAD 图形。

1.2 AutoCAD 2018 的界面结构

双击桌面上的【AutoCAD 2018 – 简体中文 (Simplified Chinese)】快捷图标，启动 AutoCAD 2018 中文版系统。第一次启动 AutoCAD 2018 中文版系统时会自动弹出如图 1-6 所示的欢迎窗口。该窗口包括【工作】、【学习】和【扩展】3 个模块。用户可以直接在【工作】模块中新建一个文件，也可以打开已有文件。而【学习】和【扩展】模块可以更直接地帮助用户了解 AutoCAD 2018 中文版系统的新增内容以及快速入门的一些技巧。这是 AutoCAD 2018 中文版系统在人性化设计方面的一点体现，在这里就不做过多的讲解了。

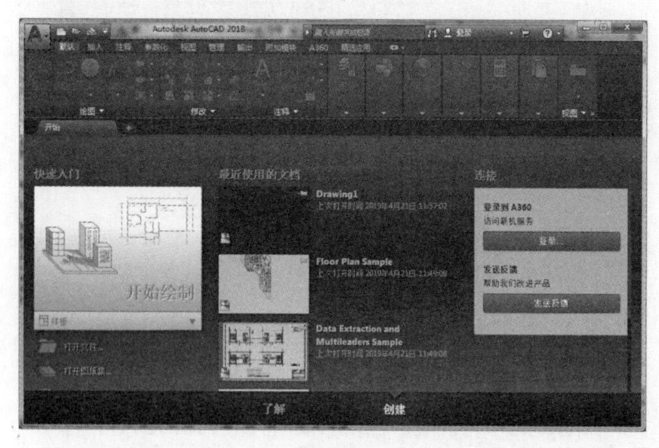

图 1-6

直接关闭欢迎窗口后，就是 AutoCAD 2018 中文版的操作窗口。它是一个标准的 Windows 应用程序窗口，包括标题栏、菜单栏、工具栏、状态栏和绘图窗口等。操作窗口中还包含命令输入行和文本窗口，通过它们用户可以和 AutoCAD 系统进行人机交互。启动 AutoCAD 2018 以后，系统将自动创建一个新的图形文件，并将该图形文件命名为“Drawing1.dwg”。因此启动之后，在 AutoCAD 2018 的主窗口中就自动包含了一个名为“Drawing1.dwg”的绘图窗口。

AutoCAD 2018 中文版为用户提供了“草图与注释”“三维基础”和“三维建模”3 种工作空间模式。对于 AutoCAD 一般用户来说，可以采用“草图与注释”工作空间。AutoCAD 2018 二维草图与注释操作界面的主要组成元素有：标题栏、菜单浏览器、快速访问工具栏、绘图窗口、选项卡、面板、工具选项板、命令输入行提示栏、工具栏、坐标系图标和状态栏，如图 1-7 所示。

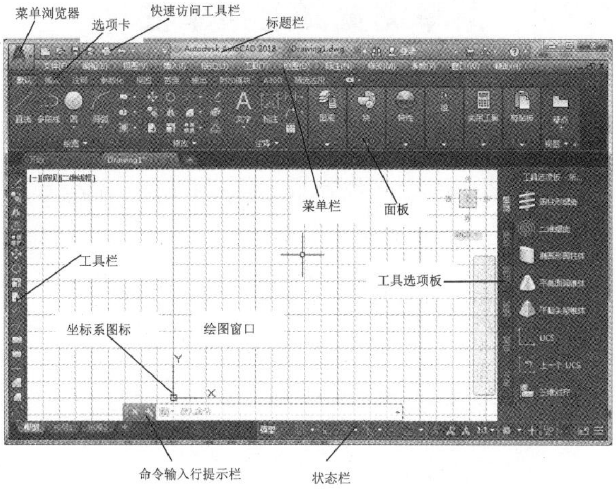

图 1-7

AutoCAD 2018 还有两个操作界面，可以通过单击状态中的【切换工作空间】按钮进行切换，两个界面分别是“三维基础”和“三维建模”，分别如图 1-8 和图 1-9 所示。

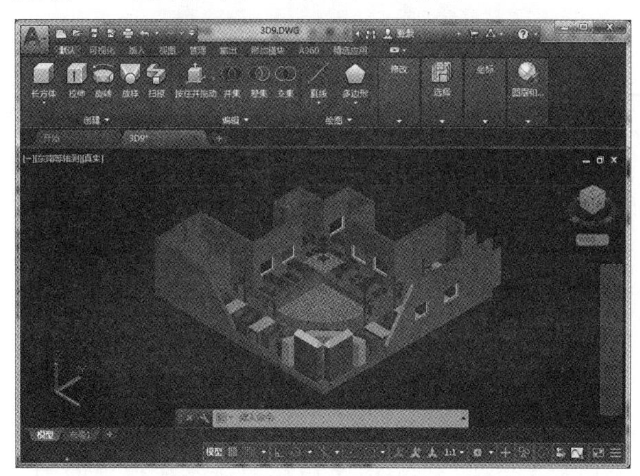

图 1-8

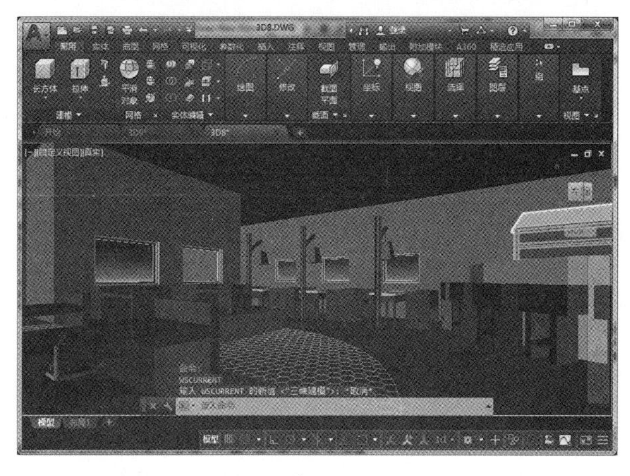

图 1-9

下面详细讲述 AutoCAD 2018 的用户界面。

1.2.1 应用程序窗口

应用程序窗口在 AutoCAD 2018 中已得到增强，用户可以从中轻松访问常用工具，例如菜单浏览器、快速访问工具栏和信息中心，快速搜索各种信息来源、访问产品更新和通告，以及在信息中心中保存主题。在状态栏中可轻松访问绘图工具、导航工具以及快速查看和注释比例工具。

1.2.2 工具提示

在 AutoCAD 2018 的用户界面中，工具提示已得到增强，包括两个级别的内容：基本内容和补充内容。鼠标指针最初悬停在命令或控件上时，将显示基本工具提示，其中包含对该命令或控件的概括说明、命令名、快捷键和命令标记。当鼠标指针在命令或控件上的悬停时间累积超过某一特定数值时，将显示补充工具提示。用户可以在【选项】对话框中设置累积时间。补充工具提示提供了有关命令或控件的附加信息，并且可以显示图示说明，如图 1-10 所示。

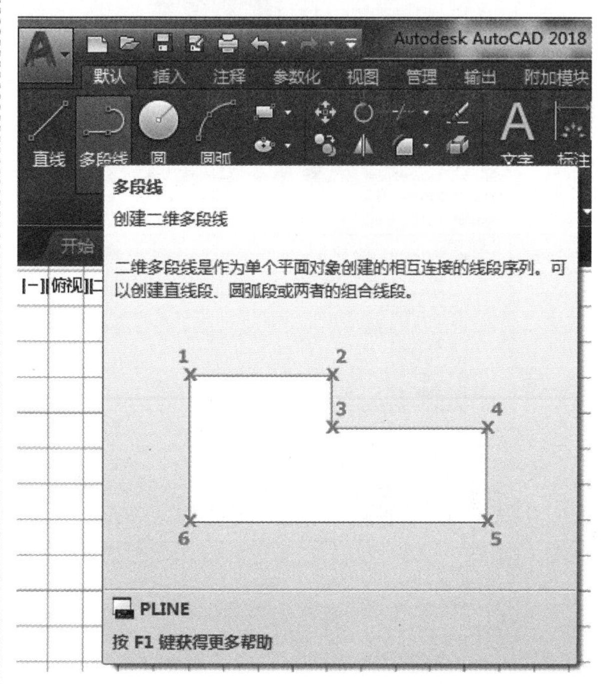

图 1-10

1.2.3 快速访问工具栏

在快速访问工具栏上(如图 1-11 所示)，包括【新建】、【保存】、【打印】、【放弃】、【重做】和【工作空间】等命令，还可以存储经常使用的命令。在快速访问工具栏上单击右侧的三角图标，然后选择下拉菜单中的【更多命令】命令，将打开如图 1-12 所示的【自定义用户界面】对话框，并显示可用命令的列表。将想要添加的命令从【自定义用户界面】对话框中的【命令】选项组拖动到快速访问工具栏、工具栏或者工具选项板中即可。

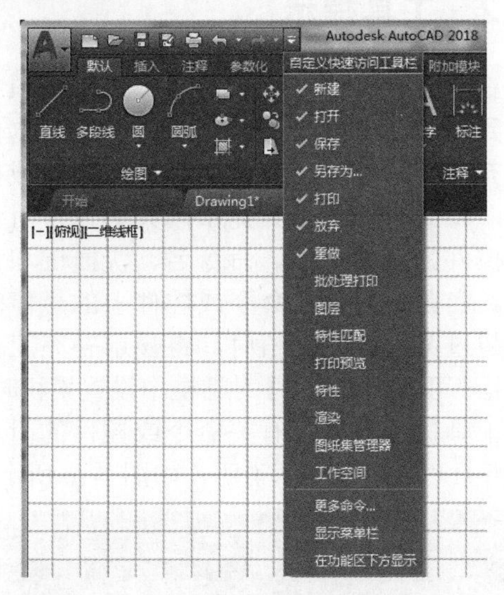

图 1-11

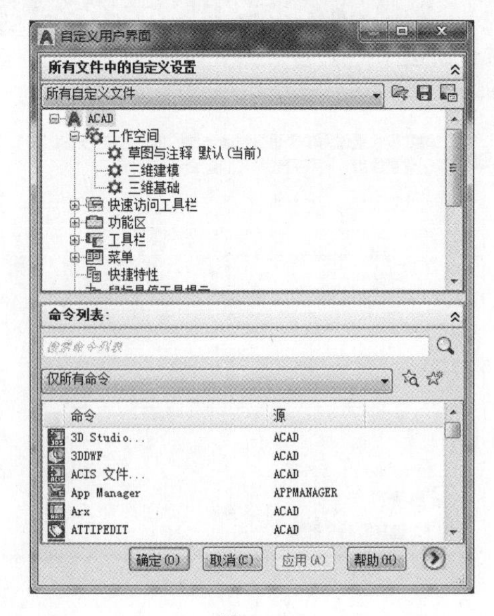

图 1-12

1.2.4 菜单浏览器与菜单栏

1. 菜单浏览器

单击【菜单浏览器】按钮，可以在菜单浏览器中查看最近使用过的文件和菜单命令，查看打开文件的列表，如图 1-13 所示。

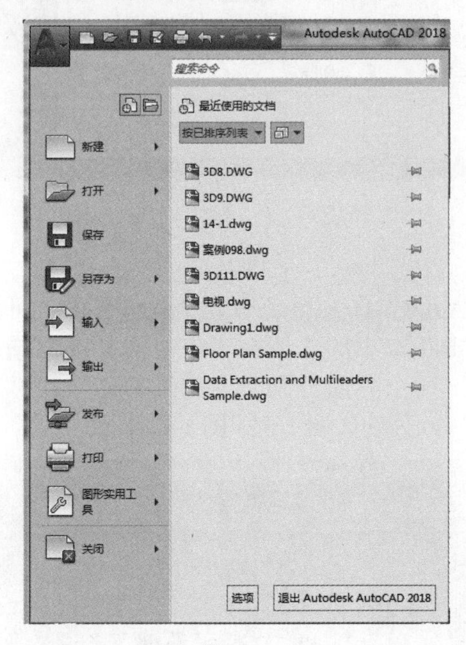

图 1-13

2. 菜单栏

初次打开 AutoCAD 2018 时，菜单栏并不显示在初始界面中，在快速访问工具栏中单击右侧的三角图标，然后选择快捷菜单中的【显示菜单栏】命令，即可将菜单栏显示在操作界面中，如图 1-14 所示。

图 1-14

AutoCAD 2018 使用的大多数命令均可在菜单栏中找到，它包含文件管理菜单、文件编辑菜单、绘图菜单以及信息帮助菜单等。菜单的配置可通过典型的 Windows 方式实现。用户在命令输入行中输入 menu(菜单) 命令，即可打开如图 1-15 所示的【选择自定义文件】对话框，可以从中选择一项作为菜单文件进行设置。

图 1-15

1.2.5 功能区

下面介绍 AutoCAD 2018 中的功能区。

1. 使用功能区组织工具

功能区为与当前工作空间相关的操作提供了一个单一简洁的放置区域。使用功能区时无须显示多个工具栏，这使得应用程序窗口变得简洁有序。通过使用单一简洁的界面，功能区可以将可用的工作区域最大化。

2. 自定义功能区方向

功能区可以水平显示或显示为浮动选项板，分别如图 1-16、图 1-17 所示。创建或打开图形时，默认情况下，在图形窗口的顶部将显示水平的功能区。

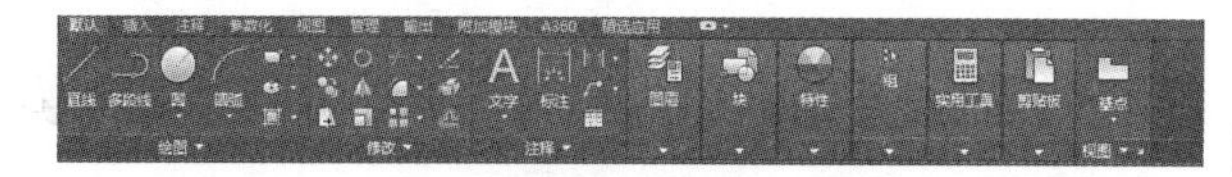

图 1-16 功能区水平显示

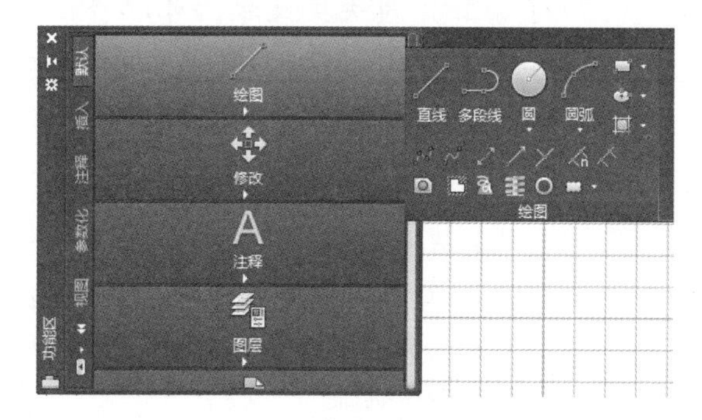

图 1-17

1.2.6 选项卡和面板

功能区由许多面板组成，这些面板被组织到按任务进行标记的选项卡中。选项卡可控制面板在功能区上的显示和顺序。用户可以在【自定义用户界面】对话框中将选项卡添加至工作空间，以控制在功能区中显示哪些选项卡。

单击不同的选项卡可以打开相应的面板，面板中包含的很多工具和控件与工具栏和对话框中的相同。如图 1-18 ～图 1-24 所示为不同选项卡及面板。选项卡和面板的运用将在后面的相关章节中分别进行详尽的讲解，在此不再赘述。

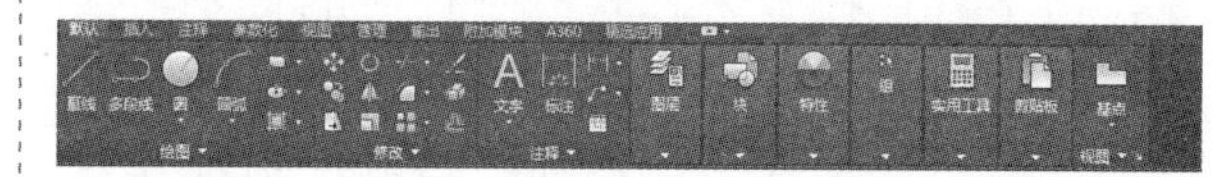

图 1-18

图 1-19

图 1-20

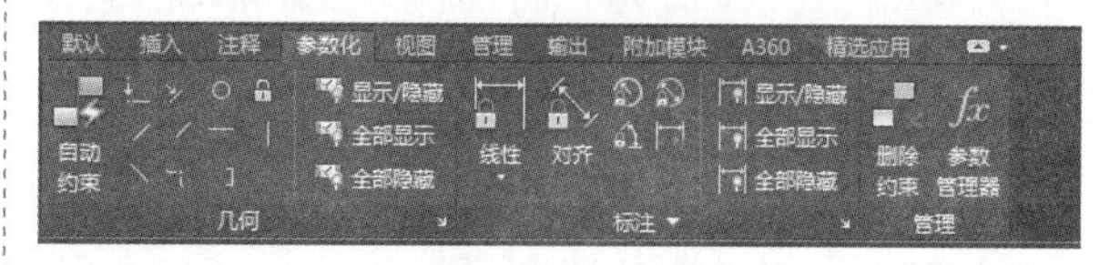

图 1-21

图 1-22

图 1-23

图 1-24

1.2.7 绘图区

绘图区主要是绘制和编制图形的区域，当鼠标指针在这个区域中移动时，便会变成一个十字游标的形式，用来定位。在某些特定的情况下，鼠标指针也会变成方框鼠标指针或其他形式的鼠标指针。

1.2.8 命令行

命令行用来接收用户输入的命令或数据，同时显示命令、系统变量、选项、信息，以引导用户进行下一步操作，如更正或重复命令等。初学者往往容易忽略命令行中的提示，实际上只有时刻关注命令行中的提示，才能真正达到灵活快速地使用。另外，当鼠标指针在绘图区中时，用户从键盘输入的字符或数字也会作为命令或数据反映到命令行中，因此需要输入命令或数据时，并不需要刻意单击命令行；如果鼠标指针既不在绘图区，又不在命令行上，则用户的输入可能不被AutoCAD接受，或被理解为其他的用处，如果发现AutoCAD对键盘输入没有反应，可用鼠标单击命令行或绘图区。

AutoCAD仅仅是一个辅助设计软件，图纸上的任何图形，都必须由用户发出相应的绘图指令，输入正确的数据，才能绘制出来。在AutoCAD中的操作总是按输入指令 => 输入数据 => 产生图形的顺序不断循环反复，所以必须切实掌握AutoCAD中输入命令的方法。

(1) 通过命令窗口(键盘)输入：当鼠标指针位于绘图区或者命令行中时，且命令行中的提示是“命令：”时，表示AutoCAD已经准备好接收命令，这时可以用键盘输入命令，如LINE，然后再按回车。在这里，要切记任何从键盘上输入的命令或数据后面，一定要加上回车，否则AutoCAD会一直处于等待状态。从键盘输入命令是提高绘图速度的一条必经之路。另外，在AutoCAD中，大小写是没有区别的，所以在输入命令时可以不用考虑大小写。

(2) 从菜单栏或菜单浏览器(鼠标)输入：在菜单栏或菜单浏览器上找到所需要的命令，单击它，便发出了相应的命令。

(3) 从面板(鼠标)输入：在面板中找到所需命令对应的按钮，单击它，便发出了相应的命令，这是初学AutoCAD的一种简单的办法。

(4) 从下拉菜单(鼠标)输入：AutoCAD几乎所有的命令都可以从菜单中找到，除非是极不常用的命令，否则每个命令都从菜单中去选择，耗时太多。

(5) 重复命令：如果刚使用过一个命令，接下来要再次执行这个命令，则只需在Command:后按Enter键，AutoCAD即可重复执行这个命令。

(6) 中断命令：在命令执行的任何阶段，都可以按Esc键，中断这个命令的执行。

1.2.9 状态栏

状态栏主要显示当前AutoCAD 2018所处的状态，状态栏的左边显示当前鼠标指针的三维坐标值，右边为定义绘图时的状态。可以通过单击相关选项打开或关闭绘图状态，包括应用程序状态栏和图形状态栏。

(1) 应用程序状态栏显示鼠标指针的坐标值、绘图工具、导航工具以及用于快速查看和注释缩放的工具，如图1-25所示。

图1-25

- 绘图工具：用户可以以图标或文字的形式查看图形工具按钮。通过捕捉工具、极轴工具、对象捕捉工具和对象追踪工具的快捷菜单，可以轻松更改这些绘图工具的设置，如图1-26所示。
- 快速查看工具：用户可以通过快速查看工具预览打开的图形和图形中的布局，并在其间进行切换。
- 导航工具：用户可以使用导航工具在打开的图形之间进行切换和查看图形中的模型。
- 注释工具：可以显示用于注释缩放的工具。

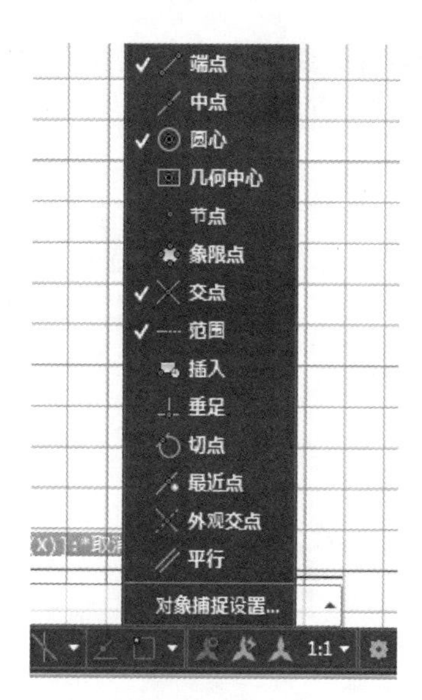

图 1-26

用户可以通过【切换工作空间】按钮切换工作空间。通过【解锁】按钮和【锁定】按钮锁定工具栏和窗口的当前位置，防止它们意外移动。单击【全屏显示】按钮可以展开图形显示区域。

另外，还可以通过状态栏中的快捷菜单向应用程序状态栏添加按钮或从中删除按钮。

注意：

应用程序状态栏关闭后，屏幕上将不显示【全屏显示】按钮。

(2) 图形状态栏显示缩放注释的若干工具，如图 1-27 所示。

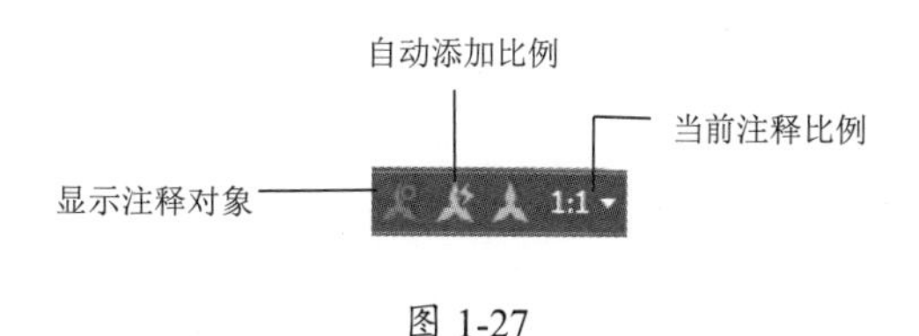

图 1-27

图形状态栏打开后，将显示在绘图区域的底部。图形状态栏关闭时，其上的工具移至应用程序状态栏。

1.2.10 工具选项板

工具选项板是【工具选项板】窗口中的以选项卡形式存在的区域，它们提供了一种用来组织、共享和放置块、图案填充及其他工具的有效方法。工具选项板还可以包含由第三方开发人员提供的自定义工具。

1.3 图形文件的基本操作

使用 AutoCAD 2018 绘制图形时，对图形文件的管理是基本的操作。本节主要介绍图形文件管理操作，包括建立新文件、打开现有文件和保存文件。

1.3.1 建立新文件

在 AutoCAD 2018 中建立新文件，有以下几种方法。

(1) 在快速访问工具栏中单击【新建】按钮。

(2) 在菜单栏中选择【文件】|【新建】菜单命令。

(3) 在命令输入行中直接输入 New 命令后按 Enter 键。

(4) 按 Ctrl+N 组合键。

(5) 调出【标准】工具栏，单击其中的【新建】按钮。

使用以上的任意一种方式，系统都会打开如图 1-28 所示的【选择样板】对话框，从其列表中选择一个样板后单击【打开】按钮或直接双击选中的样板，即可建立一个新文件。

另外，如果不想使用样板文件创建新图形文件，可以单击【打开】按钮旁边的下拉箭头，选择其下拉列表框中的【无样板打开 - 公制】选项或【无样板打开 - 英制】选项。

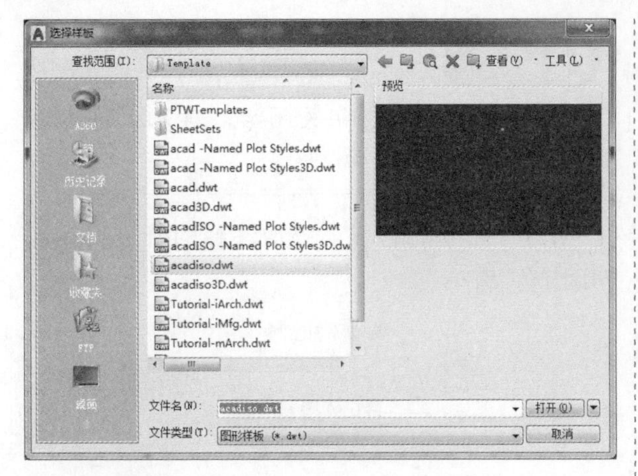

图 1-28

> **注意：**
>
> 要打开【选择样板】对话框，需要在进行上述操作前将 STARTUP 系统变量设置为 0(关)，将 FILEDIA 系统变量设置为 1(开)。

1.3.2　打开文件

1. 打开文件的方法

在 AutoCAD 2018 中打开现有文件，有以下几种方法。

(1) 单击快速访问工具栏中的【打开】按钮。

(2) 在菜单栏中选择【文件】|【打开】菜单命令。

(3) 在命令输入行中直接输入 Open 命令后按 Enter 键。

(4) 按 Ctrl+O 组合键。

(5) 调出【标准】工具栏，单击其中的【打开】按钮。

使用以上任意一种方式，系统都会打开如图 1-29 所示的【选择文件】对话框，从其列表中选择一个现有文件后单击【打开】按钮或直接双击想要打开的文件，即可打开该文件。

例如用户想要打开“卧室家具”文件，只要在【选择文件】对话框的列表中双击该文件或选择该文件后单击【打开】按钮，即可打开文件。

图 1-29

2. 排列窗口

有时在单个任务中打开多个图形，可以方便地在它们之间传输信息。这时可以通过水平平铺或垂直平铺的方式来排列图形窗口，以便操作。

(1) 水平平铺。

水平平铺是指以水平、不重叠的方式排列窗口。选择【窗口】|【水平平铺】菜单命令，或者在【视图】选项卡的【窗口】面板中单击【水平平铺】按钮，即可以水平平铺的方式来排列图形窗口，如图 1-30 所示。

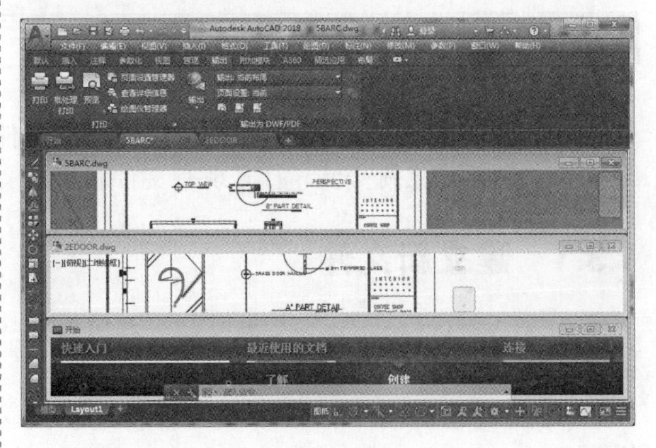

图 1-30

(2) 垂直平铺。

垂直平铺是指以垂直、不重叠的方式排列窗口。选择【窗口】|【垂直平铺】菜单命令，或者在【视图】选项卡的【窗口】面板中单击【垂直平铺】按钮，即可以垂直平铺的方式来排列图形窗口，如图 1-31 所示。

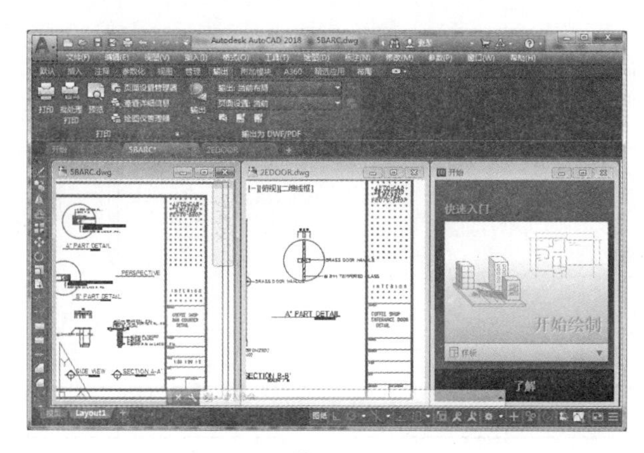

图 1-31

1.3.3 保存文件

1. 直接保存文件

在 AutoCAD 2018 中保存现有文件，有以下几种方法。

(1) 单击快速访问工具栏中的【保存】按钮。

(2) 在菜单栏中选择【文件】|【保存】菜单命令。

(3) 在命令输入行中直接输入 Save 命令后按 Enter 键。

(4) 按 Ctrl+S 组合键。

(5) 调出【标准】工具栏，单击其中的【保存】按钮。

执行以上任意一种操作后，系统都会自动对文件进行保存。

2. 使用【另存为】命令保存文件

(1) 单击快速访问工具栏中的【另存为】按钮。

(2) 在菜单栏中选择【文件】|【另存为】菜单命令。

(3) 在命令输入行中直接输入 Saveas 命令后按 Enter 键。

(4) 按 Ctrl+Shift+S 组合键。

(5) 调出【标准】工具栏，单击其中的【另存为】按钮。

执行以上任意一种操作后，系统都会打开如图 1-32 所示的【图形另存为】对话框，从【保存于】下拉列表框中选择保存位置后单击【保存】按钮，即可完成保存文件的操作。

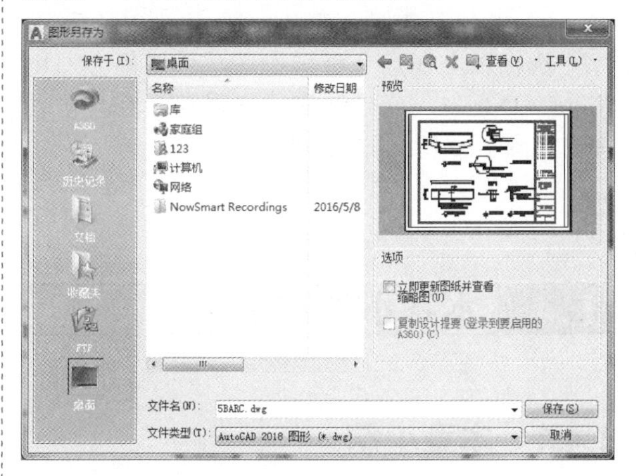

图 1-32

Auto CAD 中除了图形文件后缀为 dwg 外，还使用了其他一些文件类型，后缀分别对应为：图形标准 dws、图形样板 dwt、图形交换文件 dxf 等。

1.3.4 关闭文件和退出程序

1. 关闭文件

在 AutoCAD 2018 中关闭图形文件，有以下几种方法。

(1) 在菜单栏中选择【文件】|【关闭】菜单命令。

(2) 在命令输入行中直接输入 Close 命令后按 Enter 键。

(3) 按 Ctrl+C 组合键。

(4) 单击工作窗口右上角的【关闭】按钮。

2. 退出程序

如果图形文件没有被保存，退出时系统将提示用户进行保存。如果此时还有命令未执行完毕，系统会要求用户先结束命令。退出 AutoCAD 2018 有以下几种方法。

(1) 选择【文件】|【退出】菜单命令。

(2) 在命令输入行中直接输入 Quit 命令后按 Enter 键。

(3) 单击 AutoCAD 2018 系统窗口右上角的【关闭】按钮 ×。

(4) 按 Ctrl+Q 组合键。

执行以上任意一种操作后，系统都会退出 AutoCAD 2018，若当前文件未保存，则会自动弹出如图 1-33 所示的提示框。

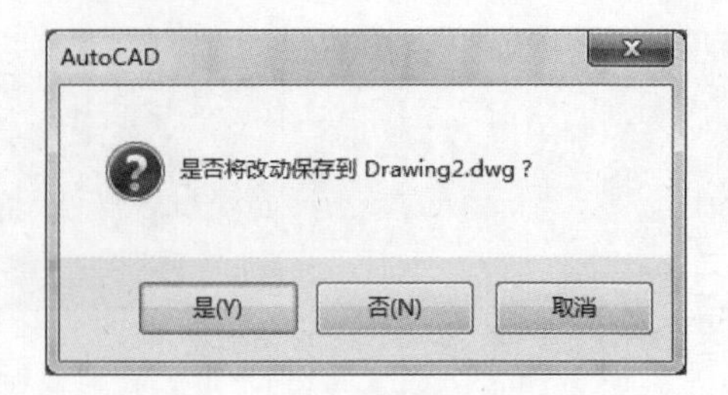

图 1-33

1.4 本章小结和练习

1.4.1 本章小结

本章首先介绍了 AutoCAD 的发展历史、特点、功能和应用范围，然后介绍了 AutoCAD 2018 的新增功能与界面结构，最后讲解了图形文件的基本操作方法，为读者使用 AutoCAD 2018 软件进行绘图奠定了基础。

1.4.2 练习

1. 熟悉 AutoCAD 2018 软件的操作界面和基本工具。
2. 新建一个图形文件，并进行保存。

第 2 章

AutoCAD 2018 绘图基础

本章导读

在绘图之前，首先要设置绘制图形的环境。绘图环境包括参数选项、鼠标、线型和线宽、图形单位、图形界限等。在绘制图形的过程中，经常需要对视图进行操作，如放大、缩小、平移，或者将视图调整为某一特定模式下显示等。这些是绘制图形的基础，本章就来详尽地讲解。

2.1 坐标系与坐标

要在 AutoCAD 中准确、高效地绘制图形，必须充分利用坐标系并掌握各种坐标系的概念以及输入方法，它是确定对象位置的最基本的手段。

2.1.1 坐标系

AutoCAD 中的坐标系按定制对象的不同，可分为世界坐标系(WCS)和用户坐标系(UCS)。

1. 世界坐标系(WCS)

根据笛卡儿坐标系的习惯，沿 X 轴正方向向右为水平距离增加的方向，沿 Y 轴正方向向上为竖直距离增加的方向，垂直于 XY 平面，沿 Z 轴正方向从所视方向向外为距离增加的方向。这一套坐标轴确定了世界坐标系，简称 WCS。该坐标系的特点是：它总是存在于一个设计图形之中，并且不可更改。

2. 用户坐标系(UCS)

相对于世界坐标系 WCS，可以创建无限多的坐标系，这些坐标系通常称为用户坐标系(UCS)。可以通过调用 UCS 命令创建用户坐标系。尽管世界坐标系 WCS 是固定不变的，但可以从任意角度、任意方向来观察或旋转世界坐标系 WCS，而不用改变其他坐标系。AutoCAD 提供的坐标系图标，可以在同一图纸不同坐标系中保持同样的视觉效果。这种图标将通过指定 X、Y 轴的正方向来显示当前 UCS 的方位。

用户坐标系(UCS)是一种可自定义的坐标系，可以修改坐标系的原点和轴方向，即 X、Y、Z 轴以及原点方向都可以移动和旋转，这在绘制三维对象时非常有用。

调用用户坐标首先需要执行用户坐标命令，其方法有如下几种。

(1) 在菜单栏中选择【工具】|【新建 UCS】|【三点】菜单命令，执行用户坐标命令。

(2) 调出 UCS 工具栏，单击其中的【三点】按钮，执行用户坐标命令。

(3) 在命令输入行中输入 UCS 命令，执行用户坐标命令。

2.1.2 坐标的表示方法

在使用 AutoCAD 进行绘图的过程中，绘图区中的任何一个图形都有属于自己的坐标位置。当用户在绘图过程中需要指定点的位置时，便需通过指定点的坐标位置来确定，从而精确、有效地完成绘图。

常用的坐标表示方法有：绝对直角坐标、相对直角坐标、绝对极坐标和相对极坐标。

1. 绝对直角坐标

绝对直角坐标以坐标原点(0,0,0)为基点定位所有的点。用户可以通过输入(X,Y,Z)坐标的方式来定义一个点的位置。

如图 2-1 所示，O 点绝对坐标为(0,0,0)，A 点绝对坐标为(4,4,0)，B 点绝对坐标为(12,4,0)，C 点绝对坐标为(12,12,0)。

如果 Z 方向坐标为 0，则可省略，则 A 点绝对坐标为(4,4)，B 点绝对坐标为(12,4)，C 点绝对坐标为(12,12)。

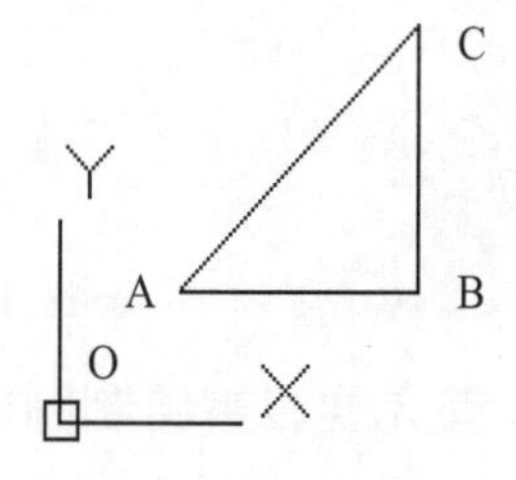

图 2-1

2. 相对直角坐标

相对直角坐标是以某点相对于另一特定点的相对位置定义一个点的位置。相对特定坐标点(X,Y,Z)增量为(ΔX，ΔY，ΔZ)的坐标点的输入格式为@ΔX，ΔY，ΔZ。“@”字符的使用相当于输入一个相对坐标值“@0，0”或极坐标“@0<任意角度”，用于指定与前一个点

的偏移量为 0。

在图 2-1 所示的绝对直角坐标中，O 点绝对坐标为(0,0,0)，A 点相对于 O 点相对坐标为“@4，4”，B 点相对于 O 点相对坐标为“@12，4”，B 点相对于 A 点相对坐标为“@8，0”，C 点相对于 O 点相对坐标为“@12，12”，C 点相对于 A 点相对坐标为“@8，8”，C 点相对于 B 点相对坐标为“@0，8”。

3. 绝对极坐标

绝对极坐标是以坐标原点 (0，0，0) 为极点定位所有的点，通过输入相对于极点的距离和角度的方式来定义一个点的位置。AutoCAD 的默认角度正方向是逆时针方向。起始方向为 X 正向，用户输入极线距离再加一个角度即可指明一个点的位置。其使用格式为“距离＜角度”。如要指定相对于原点距离为 100、角度为 45° 的点，输入“100<45”即可。

其中，角度按逆时针方向增大，按顺时针方向减小。如果要向顺时针方向移动，应输入负的角度值，如输入 10<-70 等价于输入 10<290。

4. 相对极坐标

相对极坐标是以某一特定点为参考极点，输入相对于极点的距离和角度来定义一个点的位置。其使用格式为“@ 距离＜角度”。如要指定相对于前一点距离为 60、角度为 45° 的点，输入“@60<45”即可。在绘图中，多种坐标输入方式配合使用会使绘图更灵活，再配合目标捕捉、夹点编辑等方式，会使绘图更快捷。

2.2 设置绘图环境

使用 AutoCAD 绘制图形时，需要先定义符合要求的绘图环境，如设置绘图测量单位、绘图区域大小、图形界限、图层、尺寸和文本标注方式以及坐标系统，设置对象捕捉、极轴跟踪等，这样不仅可以方便修改，还可以实现与团队的沟通和协调。本节将对设置绘图环境作具体的介绍。

2.2.1 设置参数选项

要想提高绘图的速度和质量，必须有一个合理的、适合自己绘图习惯的参数配置。

选择【工具】|【选项】菜单命令，或在命令输入行中输入 options 后按 Enter 键。打开【选项】对话框，在对话框中包括【文件】、【显示】、【打开和保存】、【打印和发布】、【系统】、【用户系统配置】、【绘图】、【三维建模】、【选择集】、【配置】和【联机】11 个选项卡，如图 2-2 所示。

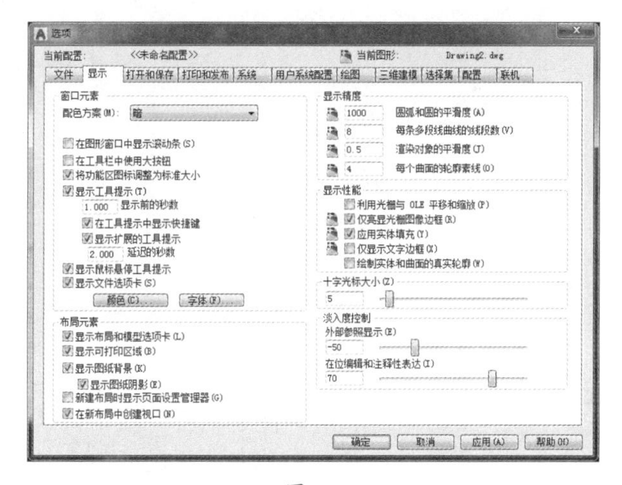

图 2-2

2.2.2 设置鼠标

在绘制图形时，灵活使用鼠标的右键将使操作更加方便快捷，在【选项】对话框中可以自定义鼠标右键的功能。

在【选项】对话框中单击【用户系统配置】标签，切换到【用户系统配置】选项卡，如图 2-3 所示。

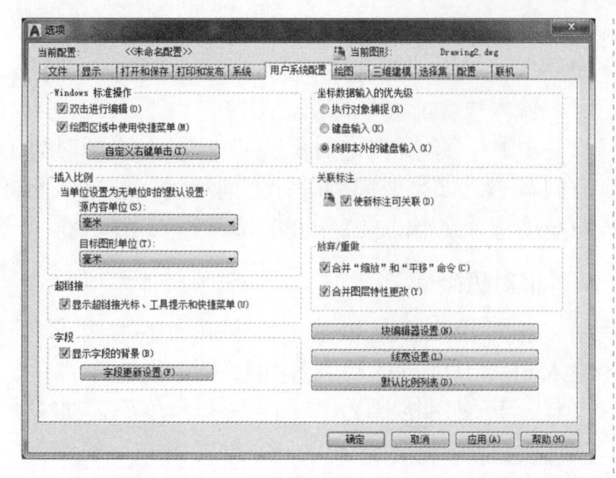

图 2-3

单击【Windows 标准操作】选项组中的【自定义右键单击】按钮，弹出【自定义右键单击】对话框，如图 2-4 所示。用户可以在该对话框中根据需要进行设置。

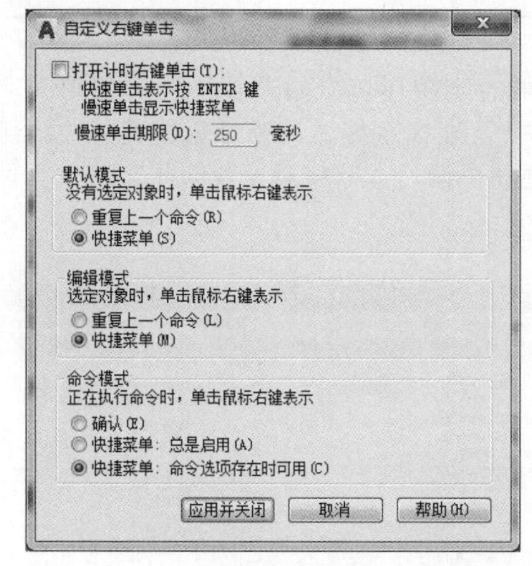

图 2-4

- 【打开计时右键单击】复选框：控制右键单击操作。快速单击与按下 Enter 键的作用相同，慢速单击将显示快捷菜单。可以用毫秒来设置慢速单击的持续时间。
- 【默认模式】选项组：确定未选中对象且没有命令在运行时，在绘图区域单击右键所产生的结果。其中【重复上一个命令】为禁用"默认"快捷菜单，当没有选择任何对象并且没有任何命令运行时，在绘图区域中单击鼠标右键与按下 Enter 键的作用相同，即重复上一次使用的命令。【快捷菜单】为选中"默认"快捷菜单。
- 【编辑模式】选项组：确定当选中了一个或多个对象且没有命令在运行时，在绘图区域单击鼠标右键所产生的结果。
- 【命令模式】选项组：确定当命令正在运行时，在绘图区域单击鼠标右键所产生的结果。其中【确认】为禁用"命令"快捷菜单，当某个命令正在运行时，在绘图区域单击鼠标右键与按下 Enter 键的作用相同。【快捷菜单：总是启用】为选中"命令"快捷菜单。【快捷菜单：命令选项存在时可用】为仅当在命令提示下选项当前可用时，选中"命令"快捷菜单。

2.2.3 更改图形窗口的颜色

在【选项】对话框中单击【显示】标签，切换到【显示】选项卡，单击【颜色】按钮，打开【图形窗口颜色】对话框，如图 2-5 所示。

通过【图形窗口颜色】对话框可以方便地更改各种操作环境下各要素的显示颜色，下面介绍各个选项。

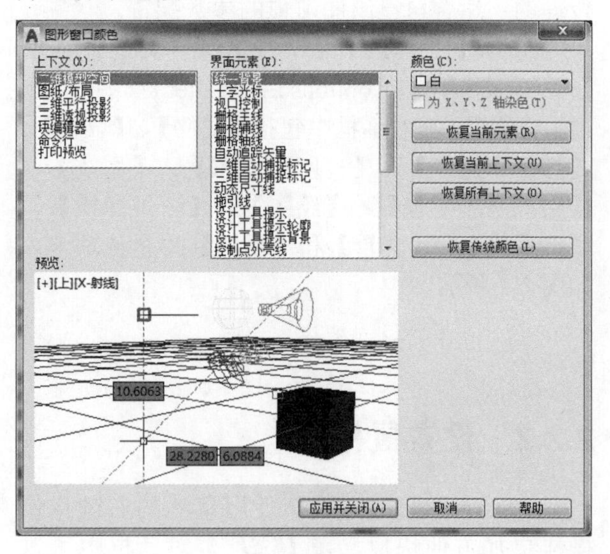

图 2-5

- 【上下文】列表：显示程序中所有上

下文的列表。上下文是指一种操作环境，如模型空间。可以根据上下文为界面元素指定不同的颜色。

- 【界面元素】列表：显示选定的上下文中所有界面元素的列表。界面元素是指一个上下文中的可见项，如背景色。
- 【颜色】下拉列表框：列出应用于选定界面元素的可用颜色。可以从其下拉列表中选择一种颜色，或选择【选择颜色】选项，打开【选择颜色】对话框，如图 2-6 所示。用户可以从【索引颜色】、【真彩色】和【配色系统】等选项卡的颜色中进行选择来定义界面元素的颜色。如果为界面元素选择了新颜色，新的设置将显示在【预览】区域中。在图 2-6 中，将【颜色】设置成了“白色”，改变了绘图区的背景颜色，以便进行绘制。

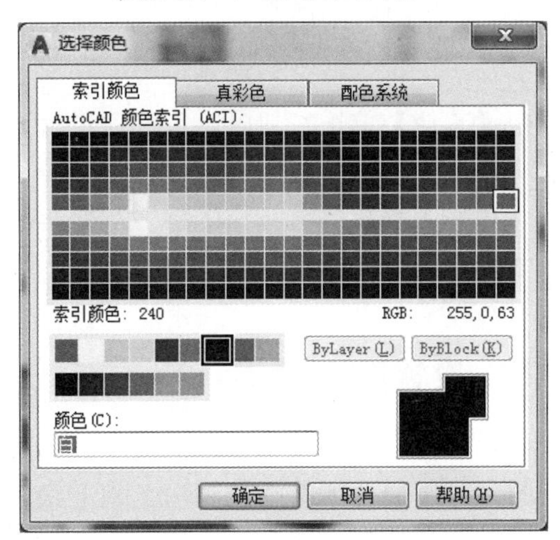

图 2-6

- 【为 X、Y、Z 轴染色】复选框：控制是否将 X 轴、Y 轴和 Z 轴的染色应用于以下界面元素：十字光标指针、自动追踪矢量、地平面栅格线和设计工具提示。将颜色饱和度增加 50% 时，将使用用户指定的颜色亮度应用纯红色、纯蓝色和纯绿色色调。
- 【恢复当前元素】按钮：将当前选定的界面元素恢复为其默认颜色。
- 【恢复当前上下文】按钮：将当前选定的上下文中的所有界面元素恢复为其默认颜色。
- 【恢复所有上下文】按钮：将所有界面元素恢复为其默认颜色。
- 【恢复传统颜色】按钮：将所有界面元素恢复为 AutoCAD 2018 经典颜色。

2.2.4 设置绘图单位

在新建文档时，需要进行相应的绘图单位设置，以满足使用的要求。

在菜单栏中选择【格式】|【单位】命令或在命令输入行中输入 UNITS 后按 Enter 键，可打开【图形单位】对话框，如图 2-7 所示。

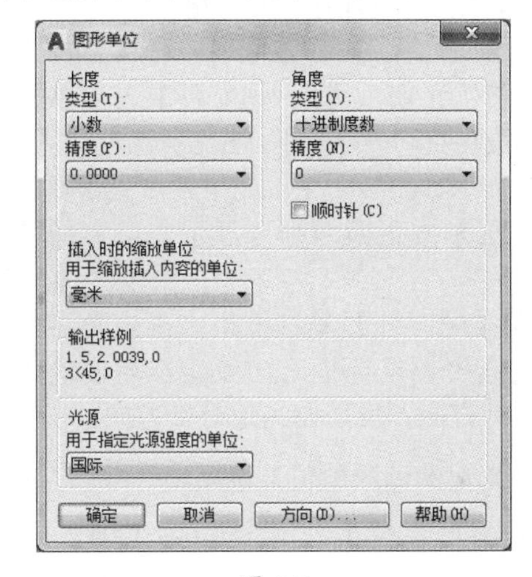

图 2-7

1. 【长度】选项组

【图形单位】对话框中的【长度】选项组用来指定测量当前单位及当前单位的精度。

(1) 在【类型】下拉列表框中有 5 个选项，即【建筑】、【小数】、【工程】、【分数】和【科学】，用于设置测量单位的当前格式。其中，【工程】和【建筑】选项提供英尺和英寸显示并假定每个图形单位表示一英寸，【分数】和【科学】选项不符合我国的制图标准，因此通常情况下选择【小数】选项。

(2) 在【精度】下拉列表框中有 9 个选项，用来设置线性测量值显示的小数位数或分数大小。

2.【角度】选项组

【图形单位】对话框中的【角度】选项组用来指定当前角度格式和当前角度显示的精度。

(1) 在【类型】下拉列表框中有 5 个选项，即【百分度】、【度 / 分 / 秒】、【弧度】、【勘测单位】和【十进制度数】，用于设置当前角度格式。通常选择符合我国制图规范的【十进制度数】选项。

(2) 在【精度】下拉列表框中有 9 个选项，用来设置当前角度显示的精度。以下惯例用于各种角度的测量。

【十进制度数】以十进制度数表示；【百分度】附带一个小写 g 后缀；【弧度】附带一个小写 r 后缀；【度 / 分 / 秒】用 d 表示度，用 ' 表示分，用 " 表示秒，如：23d45'56.7"。

【勘测单位】以方位表示角度：N 表示正北，S 表示正南，【度 / 分 / 秒】表示从正北或正南开始的偏角的大小，E 表示正东，W 表示正西，如 N45d0'0"E。如果角度正好是正北、正南、正东或正西，则只显示表示方向的单个字母。

(3)【顺时针】复选框用来确定角度的正方向。当选中该复选框时，就表示角度的正方向为顺时针方向，反之则为逆时针方向。

3.【插入时的缩放单位】选项组

【图形单位】对话框中的【插入时的缩放单位】选项组用来控制插入到当前图形中的块和图形的测量单位，有多个选项可供选择。如果创建块或图形时使用的单位与该选项指定的单位不同，则在插入这些块或图形时，将对其按比例缩放。插入比例是源块或图形使用的单位与目标块或图形使用的单位之比。如果插入块时不按指定单位缩放，则选择【无单位】选项。

> **注意：**
>
> 当源块或目标图形中的【插入时的缩放单位】设置为【无单位】时，将使用【选项】对话框的【用户系统配置】选项卡中的【源内容单位】和【目标图形单位】选项来设置。

4.【输出样例】选项组

单位设置完成后，【输出样例】框中会显示当前设置下的输出单位样式。单击【确定】按钮，就设定了这个文件的图形单位。

5.【方向】按钮

单击【图形单位】对话框中的【方向】按钮，可打开【方向控制】对话框，如图 2-8 所示。

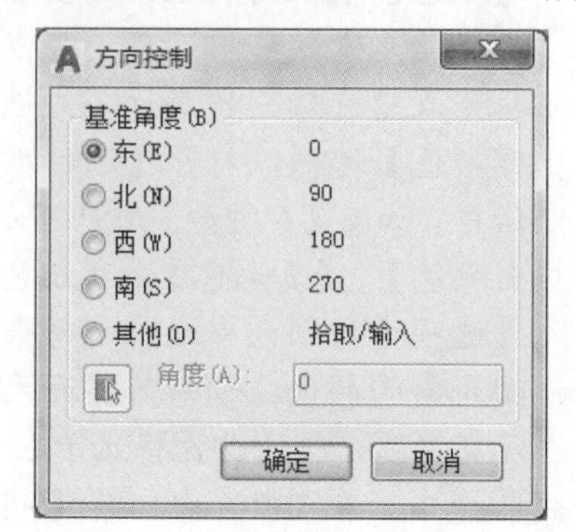

图 2-8

在【基准角度】选项组中选中【东】(默认方向)、【南】、【西】、【北】或【其他】选项中的任何一个，可以设置角度的零度方向。当选中【其他】单选按钮时，可以通过输入值来指定角度。

【角度】按钮基于假想线的角度定义图形区域中的零角度。只有选中【其他】单选按钮时，此选项才可用。

2.2.5 设置图形界限

图形界限是世界坐标系中的几个二维点，表示图形范围的左下基准线和右上基准线。如果设置了图形界限，就可以把输入的坐标限制在矩形的区域范围内。图形界限还可以限制显示网格点的图形范围等，另外还可以指定图形界限作为打印区域，应用到图纸的打印输出中。

选择【格式】|【图形界限】菜单命令，输入图形界限的左下角和右上角位置，命令输入行的提示如下：

```
命令： '_limits
```

重新设置模型空间界限，命令输入行的提示如下：

指定左下角点或 [开(ON)/关(OFF)] <0.0000,0.0000>: 0,0 // 输入左下角位置(0,0)后按 Enter 键

指定右上角点 <420.0000,297.0000>: 420,297 // 输入右上角位置(420,297)后按 Enter 键

这样，所设置的绘图面积为 420×297，相当于 A3 图纸的大小。

2.2.6 设置线型

选择【格式】|【线型】菜单命令，打开【线型管理器】对话框，如图 2-9 所示。

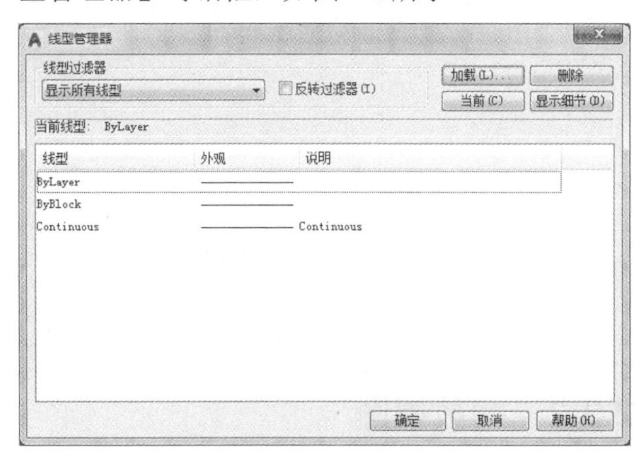

图 2-9

单击【加载】按钮，打开【加载或重载线型】对话框，如图 2-10 所示。

图 2-10

从中选择绘制图形需要用到的线型，如虚线、中心线等。

本节对绘图环境的设置方法就介绍到此，对于设置图层、文本和尺寸标注方式，设置对象捕捉、极轴跟踪的方法将在后面的章节进行讲解。

提示

在绘图过程中，用户仍然可以根据需要对图形单位、线型、图层等内容进行重新设置，以免因设置不合理而影响绘图效率。

2.3 视图控制

与其他图形图像软件一样，使用 AutoCAD 绘制图形时，也可以自由地控制视图的显示比例。例如，需要对图形进行细微观察时，可适当放大视图比例以显示图形中的细节部分；而需要观察全部图形时，可适当缩小视图比例以显示图形的全貌。

在绘制较大的图形，或者放大视图的显示比例时，还可以随意移动视图的位置，以显示要查看的部位。本节将对如何进行视图控制作详细的介绍。

2.3.1 平移视图

在编辑图形对象时，如果当前视图不能显示全部图形，可以适当平移视图，以显示被隐藏部分的图形。就像日常生活中使用相机平移一样，执行平移操作不会改变图形中对象的位置或视图比例，它只改变当前视图中显示的内容。下面对具体操作进行介绍。

1. 实时平移视图

需要实时平移视图时，可以选择【视图】|【平移】|【实时】菜单命令；可以调出【标准】

工具栏，单击【实时平移】按钮；可以在【视图】选项卡的【导航】面板（或【二维导航】面板）中单击【平移】按钮；或在命令输入行中输入 PAN 命令后按 Enter 键。当十字鼠标指针变为手形标志后，再按住鼠标左键进行拖动，以显示需要查看的区域，图形将随鼠标指针向同一方向移动，如图 2-11 所示。

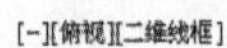

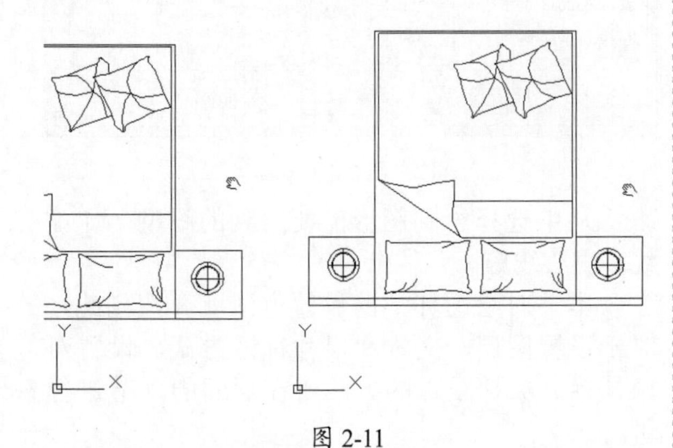

图 2-11

释放鼠标左键之后将停止平移操作。如果要结束平移视图的任务，可按 Esc 键或按 Enter 键，或者右击执行快捷菜单中的【退出】命令。

> **提示**
>
> 用户也可以在绘图区的任意位置右击，然后执行快捷菜单中的【平移】命令。

2. 定点平移视图

需要通过指定点平移视图时，可以选择【视图】|【平移】|【点】菜单命令，当十字鼠标指针中间的正方形消失之后，在绘图区中单击鼠标可指定平移基点位置，再次单击鼠标可指定第二点的位置，即第一次单击鼠标后指定的变更点移动后的位置，此时 AutoCAD 将会计算出从第一点至第二点的位移，如图 2-12 所示。

另外，选择【视图】|【平移】|【左】（或【右】或【上】或【下】）菜单命令，可使视图向左（或向右或向上或向下）移动固定的距离。

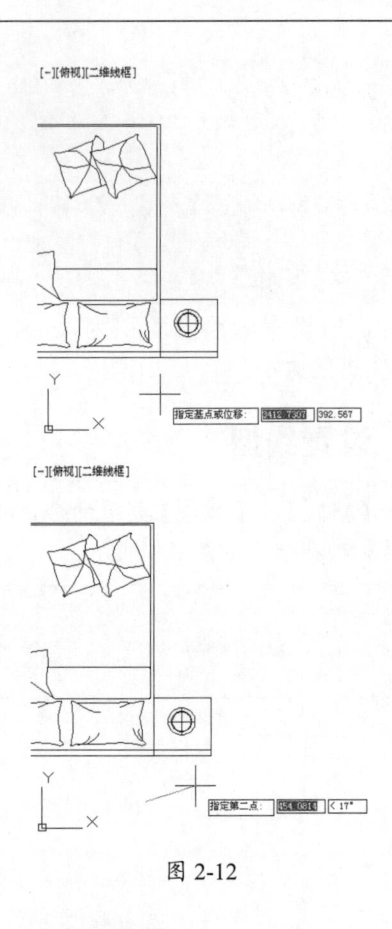

图 2-12

2.3.2 缩放视图

在绘图时，有时需要放大或缩小视图的显示比例。对视图进行缩放不会改变对象的绝对大小，改变的只是视图的显示比例。下面具体介绍。

1. 实时缩放视图

实时缩放视图是指向上或向下移动鼠标对视图进行动态的缩放。选择【视图】|【缩放】|【实时】菜单命令，或在【标准】工具栏中单击【实时缩放】按钮，或在【视图】选项卡的【导航】面板（或【二维导航】面板）中单击【实时】按钮，当十字鼠标指针变成放大镜标志之后，按住鼠标左键垂直进行拖动，即可放大或缩小视图，如图 2-13 所示。当缩放到合适的尺寸后，按 Esc 键或 Enter 键，或者右击执行快捷菜单中的【退出】命令，鼠标指针即可恢复至原来的状态，结束该操作。

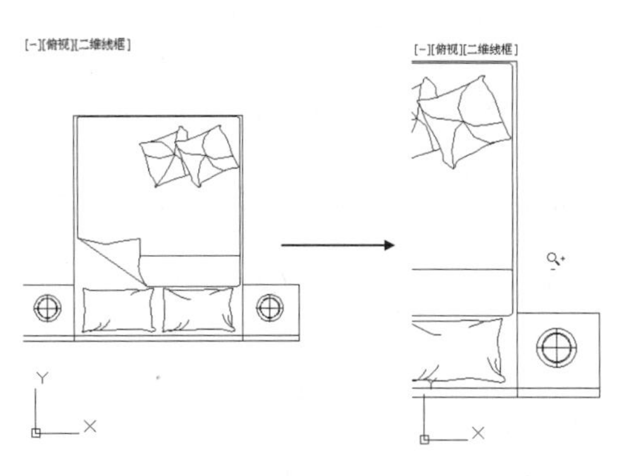

图 2-13

> **提示**
>
> 用户也可以在绘图区的任意位置右击，然后执行弹出的快捷菜单中的【缩放】命令。

2. 上一个

当需要恢复到设置的上一个视图比例和位置时，可选择【视图】|【缩放】|【上一个】菜单命令，或在【标准】工具栏中单击【缩放上一个】按钮，或在【视图】选项卡的【导航】面板(或【二维导航】面板)中单击【上一个】按钮，但它不能恢复到以前编辑图形的内容。

3. 窗口缩放视图

当需要查看特定区域的图形时，可采用窗口缩放的方式，选择【视图】|【缩放】|【窗口】菜单命令，或在【标准】工具栏中单击【窗口缩放】按钮，或在【视图】选项卡的【导航】面板(或【二维导航】面板)中单击【窗口】按钮，用鼠标在图形中圈定要查看的区域，释放鼠标后在整个绘图区就会显示要查看的内容，如图 2-14 所示。

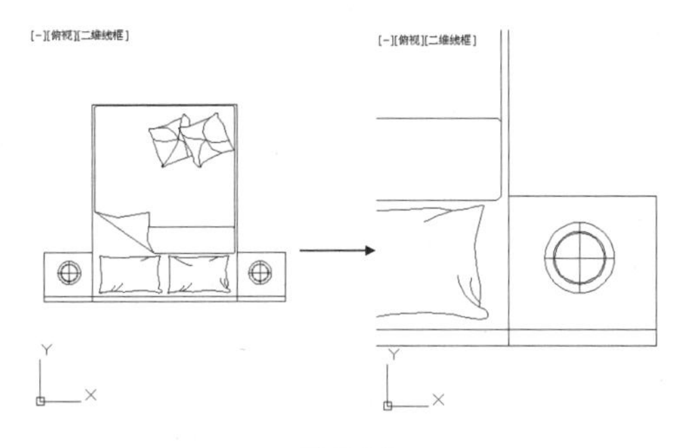

图 2-14

> **提示**
>
> 当采用窗口缩放方式时，指定缩放区域的形状不需要严格符合新视图，但新视图必须符合视口的形状。

4. 动态缩放视图

当需要进行动态缩放时，可选择【视图】|【缩放】|【动态】菜单命令，或在【视图】选项卡的【导航】面板(或【二维导航】面板)中单击【动态】按钮，这时绘图区将出现颜色不同的线框，蓝色的虚线框表示图纸的范围，即图形实际占用的区域，黑色的实线框为选取视图框。在未执行缩放操作前，中间有一个 × 形符号，在其中按住鼠标左键进行拖动，视图框右侧会出现一个箭头。用户可根据需要调整该框至合适的位置后单击鼠标，重新出现 × 形符号后按 Enter 键，则绘图区只显示视图框的内容。

5. 比例缩放视图

选择【视图】|【缩放】|【比例】菜单命令，或在【视图】选项卡的【导航】面板(或【二维导航】面板)中单击【比例】按钮，表示以指定的比例缩放视图显示。当输入具体的数值时，图形就会按照该数值的比例实现绝对缩放；当在比例系数后面添加 X 时，图形将实现相对缩放；若在数值后面添加 XP 时，则图形会相对于图纸空间进行缩放。

6. 中心点缩放视图

选择【视图】|【缩放】|【圆心】菜单命令，或在【视图】选项卡的【导航】面板(或【二维导航】面板)中单击【居中】按钮，可以将图形中的指定点移动到绘图区的中心。

7. 对象缩放视图

选择【视图】|【缩放】|【对象】菜单命令，或在【视图】选项卡的【导航】面板(或【二维导航】面板)中单击【对象】按钮，可以尽可能大地显示一个或多个选定的对象并使其位于绘图区域的中心。

8. 放大、缩小视图

选择【视图】|【缩放】|【放大】或【缩小】

菜单命令，或在【视图】选项卡的【导航】面板(或【二维导航】面板)中单击【放大】按钮或【缩小】按钮，可以将视图放大或缩小一定的比例。

9. 全部缩放视图

选择【视图】|【缩放】|【全部】菜单命令，或在【视图】选项卡的【导航】面板(或【二维导航】面板)中单击【全部】按钮，可以显示栅格区域界限，图形栅格界限将填充当前视图或图形区域，若栅格外有对象，也将显示这些对象。

10. 范围缩放视图

选择【视图】|【缩放】|【范围】菜单命令，或在【视图】选项卡的【导航】面板(或【二维导航】面板)中单击【范围】按钮，将尽可能放大显示当前绘图区的所有对象，并且仍在当前视图中或当前图形区域中全部显示这些对象。

另外，需要缩放视图时还可以在命令输入行中输入 ZOOM 命令后按 Enter 键，则命令输入行提示如下：

命令： zoom

指定窗口的角点，输入比例因子 (nX 或 nXP)，或者 [全部 (A)/ 中心 (C)/ 动态 (D)/ 范围 (E)/ 上一个 (P)/ 比例 (S)/ 窗口 (W)/ 对象 (O)]< 实时 >:

用户可以按照提示选择需要的命令进行输入后按 Enter 键，完成需要的缩放操作。

2.3.3 命名视图

按一定比例、位置和方向显示的图形称为视图。按名称保存特定视图后，可以在布局和打印或者需要参考特定的细节时恢复它们。在每一个图形任务中，可以恢复每个视图中显示的最后一个视图，最多可恢复前 10 个视图。命名视图随图形一起保存并可以随时使用。在构造布局时，可以将命名视图恢复到布局的视图中。下面具体介绍保存、恢复、删除命名视图的步骤。

1. 保存命名视图

(1) 选择【视图】|【命名视图】菜单命令，或者调出【视图】工具栏，在其中单击【命名视图】按钮，打开【视图管理器】对话框，如图 2-15 所示。

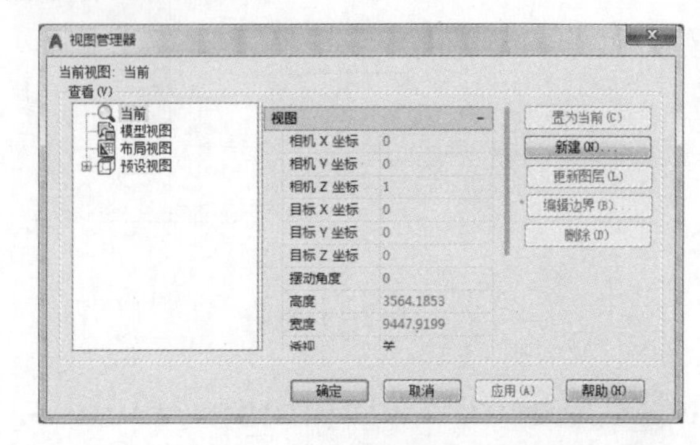

图 2-15

(2) 在【视图管理器】对话框中单击【新建】按钮，打开如图 2-16 所示的【新建视图 / 快照特性】对话框。在该对话框中可以为视图输入名称。

(3) 选择以下选项之一来定义视图区域。

【当前显示】：包括当前可见的所有图形。

【定义窗口】：保存部分当前显示。使用定点设备指定视图的对角点时，该对话框将关闭。单击【定义视图窗口】按钮，可以重定义该窗口。

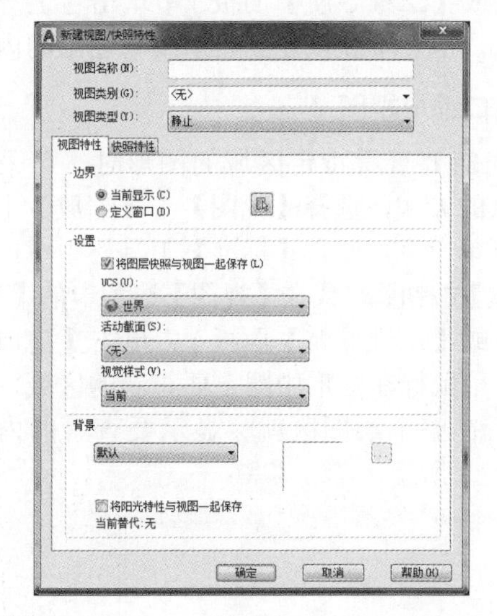

图 2-16

(4) 单击【确定】按钮，保存新视图并返回【视图管理器】对话框，再次单击【确定】按钮即可。

2. 恢复命名视图

(1) 选择【视图】|【命名视图】菜单命令，

或者在【视图】工具栏中单击【命名视图】按钮，打开【视图管理器】对话框。

(2) 在【视图管理器】对话框中，选择想要恢复的视图后，单击【置为当前】按钮，如图2-17所示。

(3) 单击【确定】按钮恢复视图并退出所有对话框。

3. 删除命名视图

(1) 选择【视图】|【命名视图】菜单命令，或者在【视图】工具栏中单击【命名视图】按钮，打开【视图管理器】对话框。

(2) 在【视图管理器】对话框中选择想要删除的视图后，单击【删除】按钮。

(3) 单击【确定】按钮删除视图并退出所有对话框。

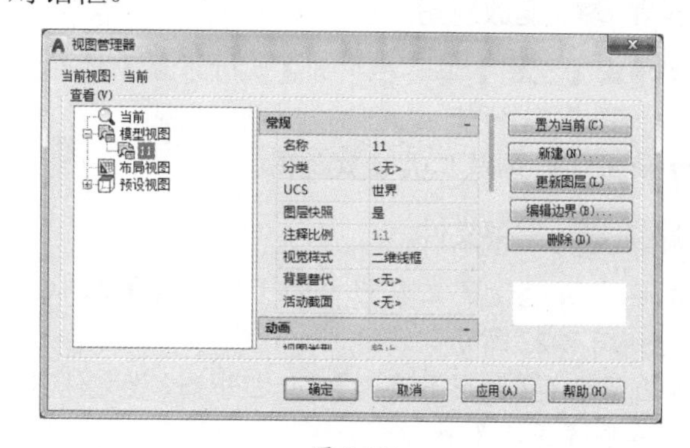

图 2-17

2.4 设计范例

本范例操作文件：ywj\02\2-1.dwg。

本范例完成文件：ywj\02\2-2.dwg。

案例分析

本节的范例是进行AutoCAD软件基本操作的练习，包括打开文件、另存文件、坐标系操作和视图控制等。

案例操作

步骤01 打开文件

① 单击快速访问工具栏中的【打开】按钮，如图2-18所示。

② 在弹出的【选择文件】对话框中，选择“2-1.dwg”文件。

③ 在【选择文件】对话框中，单击【打开】按钮。

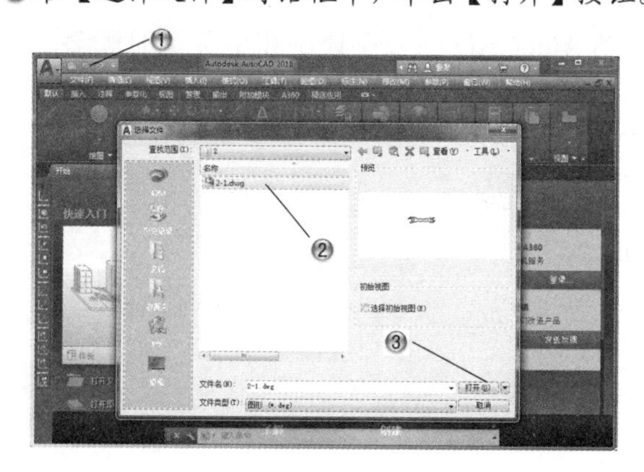

图 2-18

步骤02 创建UCS坐标

① 单击UCS工具栏中的UCS按钮，如图2-19所示。

② 在绘图区中放置坐标系。

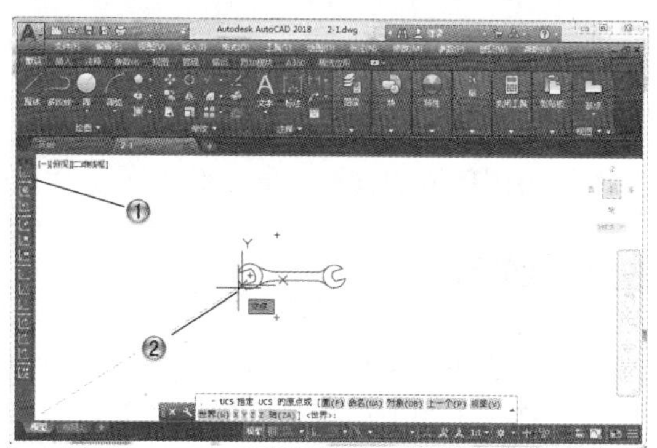

图 2-19

步骤03 平移视图

① 单击【视图】工具栏中的【平移】按钮，如

图 2-20 所示。

❷ 使用平移工具平移视图。

步骤 04 缩放视图

❶ 单击【视图】工具栏中的【实时缩放】按钮，如图 2-21 所示。

❷ 使用实时缩放工具缩放视图。

步骤 05 另存文件

❶ 单击快速访问工具栏中的【另存为】按钮，如图 2-22 所示。

❷ 在弹出的【图形另存为】对话框中，设置文件名。

❸ 单击【保存】按钮。

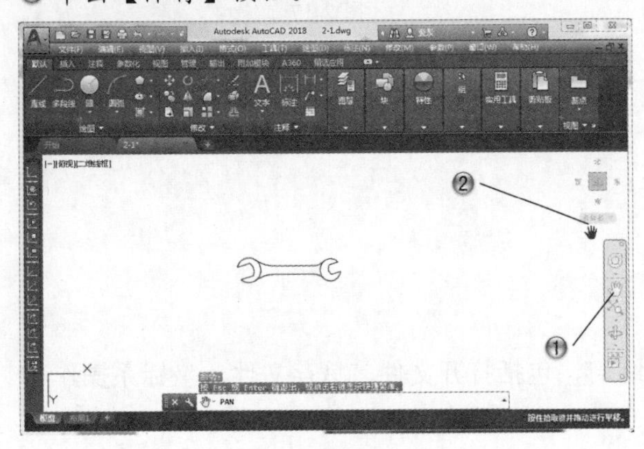

图 2-20

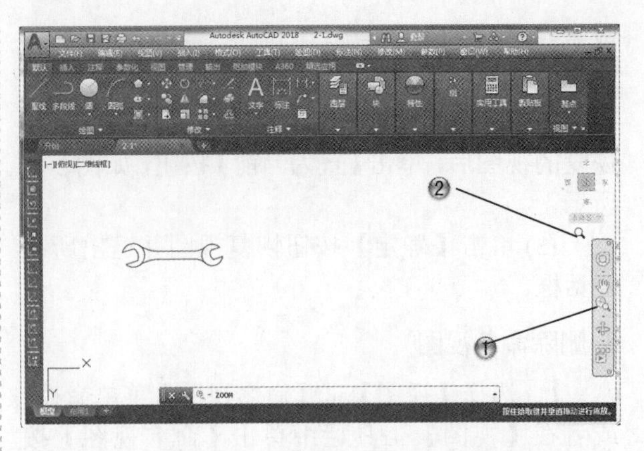

图 2-21

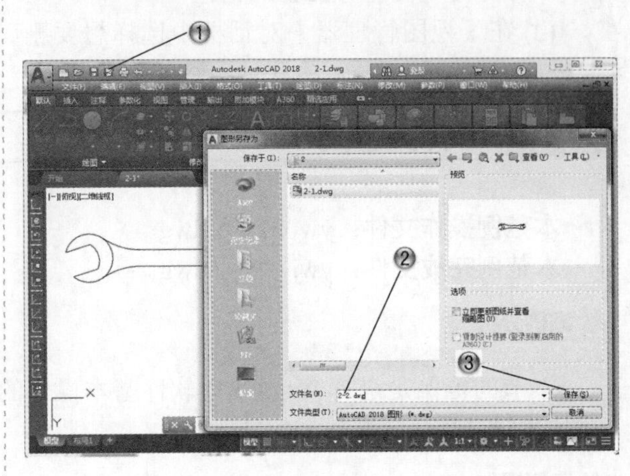

图 2-22

2.5 本章小结和练习

2.5.1 本章小结

本章主要介绍了 AutoCAD 2018 的基础知识，包括 AutoCAD 的视图控制和坐标系的概念，操作界面与绘图环境的设置，同时练习了文件操作和视图控制的方法。

2.5.2 练习

1. 熟悉 AutoCAD 软件的操作方法和视图操作工具。
2. 打开一个图形，创建用户坐标系。

第3章

绘制基本二维图形

本章导读

图形是由一些基本的元素组成的，如圆、直线和多边形等，而绘制这些图形是绘制复杂图形的基础。本章的目标就是使读者学会如何绘制一些基本图形并掌握一些基本的绘图技巧，为以后进一步的绘图奠定坚实的基础。

3.1 绘制点

点是构成图形最基本的元素之一，下面来介绍绘制点的方法。

3.1.1 绘制点的方法

AutoCAD 2018 提供的绘制点的方法有以下几种。

(1) 在菜单栏中选择【绘图】|【点】菜单命令，显示绘制点的命令，从中进行选择。

提示

选择【多点】命令也可进行单点的绘制。

(2) 在命令输入行中输入 point 后按 Enter 键。

(3) 单击【绘图】面板中相应的按钮。

3.1.2 绘制点的方式

绘制点的方式有以下几种。

1. 单点

确定了点的位置后，绘图区出现一个点，如图 3-1 中的 (a) 图所示。

2. 多点

用户还可以同时画多个点，如图 3-1 中的 (b) 图所示。

提示

按 Esc 键可以结束绘制点。

3. 定数等分画点

指定一个实体，然后输入该实体被等分的数目后，AutoCAD 2018 会自动在相应的位置上画出点，如图 3-1 中的 (c) 图所示。

4. 定距等分画点

选择一个实体，输入每一段的长度值后，AutoCAD 2018 会自动在相应的位置上画出点，如图 3-1 中的 (d) 图所示。

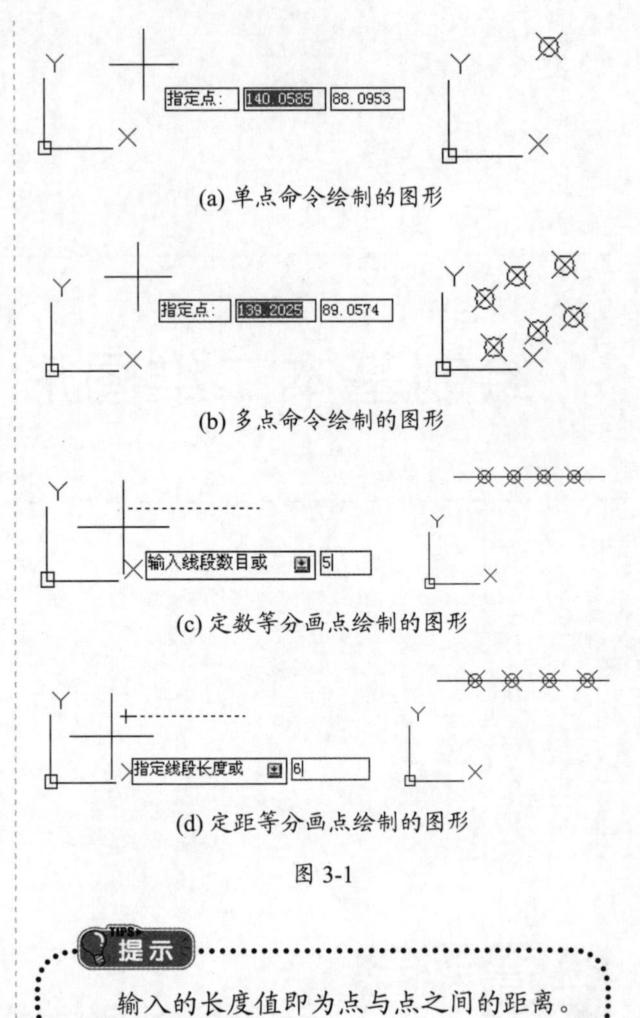

(a) 单点命令绘制的图形

(b) 多点命令绘制的图形

(c) 定数等分画点绘制的图形

(d) 定距等分画点绘制的图形

图 3-1

提示

输入的长度值即为点与点之间的距离。

3.1.3 设置点

用户在绘制点的过程中，可以改变点的形状和大小。

选择【格式】|【点样式】菜单命令，打开如图 3-2 所示的【点样式】对话框。在此对话框中，可以先选取上面点的形状，然后选中【相对于屏幕设置大小】或【按绝对单位设置大小】两个单选按钮中的一个，最后在【点大小】文本框中输入合适的数值。当选中【相对于屏幕

设置大小】单选按钮时，在【点大小】文本框中输入的是点的大小相对于屏幕大小的百分比的数值；当选中【按绝对单位设置大小】单选按钮时，在【点大小】文本框中输入的是像素点的绝对大小。

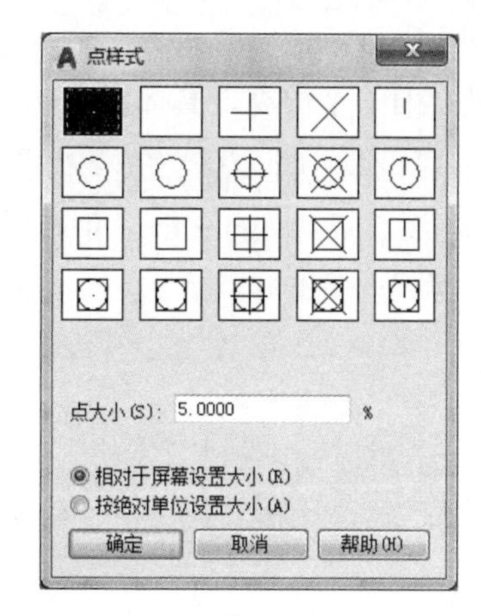

图 3-2

3.2 绘制线

AutoCAD 中常用的直线类型有直线、射线、构造线、多线，下面分别介绍这几种线条的绘制。

3.2.1 绘制直线

首先介绍绘制直线的具体方法。

1. 调用绘制直线的命令

绘制直线命令的调用方法有以下几种。

(1) 单击【绘图】面板中的【直线】按钮。

(2) 在命令输入行中输入 line 后按下 Enter 键。

(3) 在菜单栏中选择【绘图】|【直线】菜单命令。

2. 绘制直线的方法

执行命令后，命令输入行将提示用户指定第一点的坐标值，具体提示如下：

```
命令：_line 指定第一点：
```

指定第一点后绘图区如图 3-3 所示。

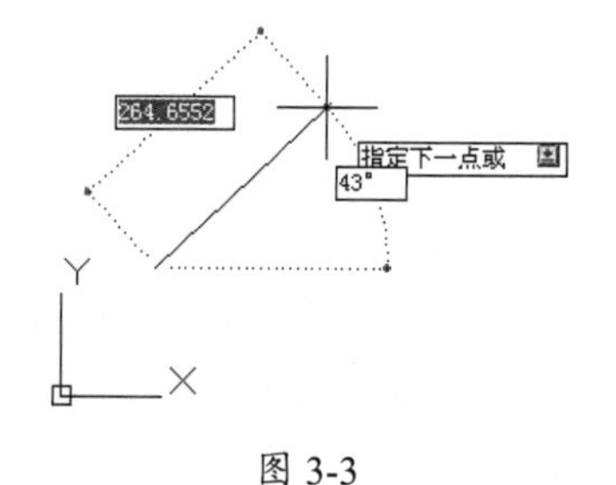

图 3-3

输入第一点后，命令输入行将提示用户指定下一点的坐标值或放弃，具体提示如下：

```
指定下一点或 [放弃 (U)]:
```

指定第二点后绘图区如图 3-4 所示。

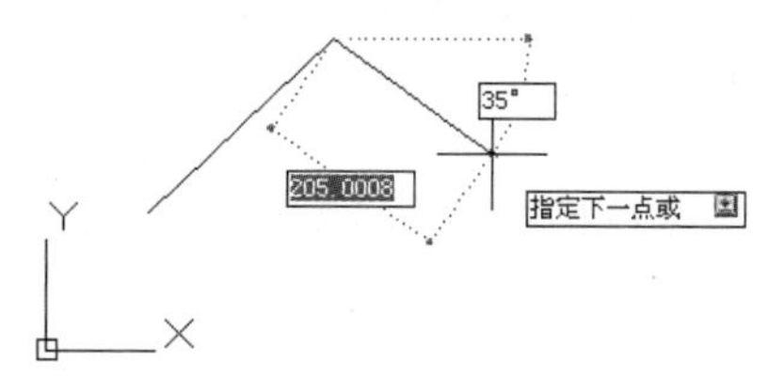

图 3-4

输入第二点后，命令输入行将提示用户再次指定下一点的坐标值或放弃，具体提示如下：

```
指定下一点或 [放弃 (U)]:
```

指定第三点后绘图区如图 3-5 所示。

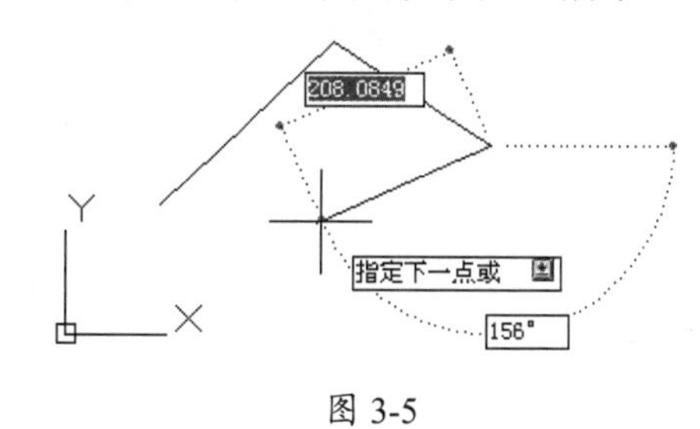

图 3-5

完成以上操作后，命令输入行将提示用户指定下一点或闭合 / 放弃，具体提示如下：

指定下一点或 [闭合 (C)/ 放弃 (U)]: c

在此输入 C 后按 Enter 键。用以上命令绘制的图形如图 3-6 所示。

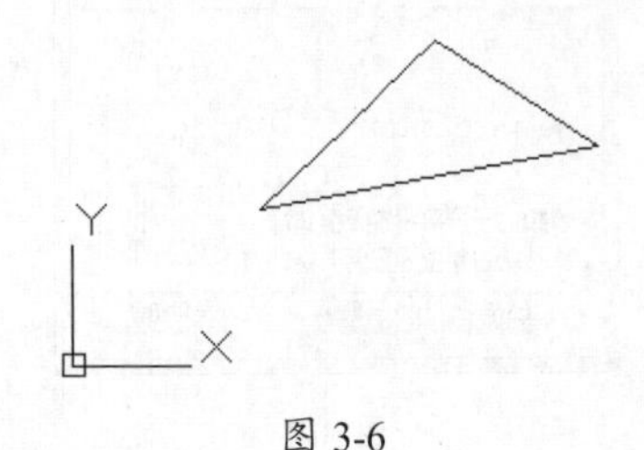

图 3-6

命令提示的意义如下。

【放弃】：取消最后绘制的直线。

【闭合】：由当前点到起始点生成封闭线。

3.2.2 绘制射线

射线是一种单向无限延伸的直线，在机械图形绘制中常用作绘图辅助线来确定一些特殊点或边界。

1. 调用绘制射线的命令

绘制射线命令的调用方法如下。

(1) 单击【绘图】面板中的【射线】按钮。

(2) 在命令输入行中输入 ray 后按下 Enter 键。

(3) 在菜单栏中选择【绘图】|【射线】菜单命令。

2. 绘制射线的方法

选择【射线】命令后，命令输入行将提示用户指定起点，具体提示如下：

命令 : _ray 指定起点 :

指定起点后绘图区如图 3-7 所示。

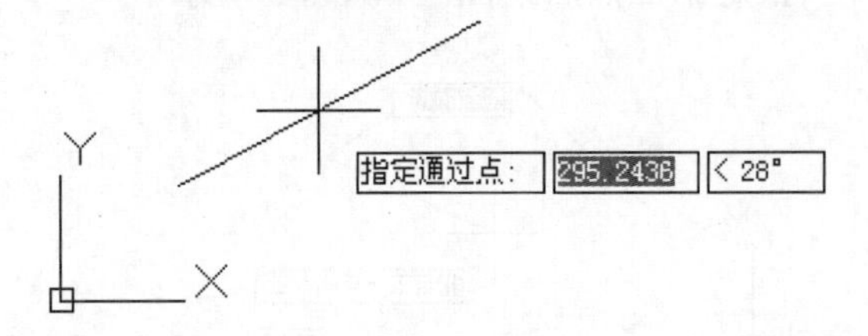

图 3-7

在输入起点之后，命令输入行将提示用户指定通过点，具体提示如下：

指定通过点 :

指定通过点后绘图区如图 3-8 所示。

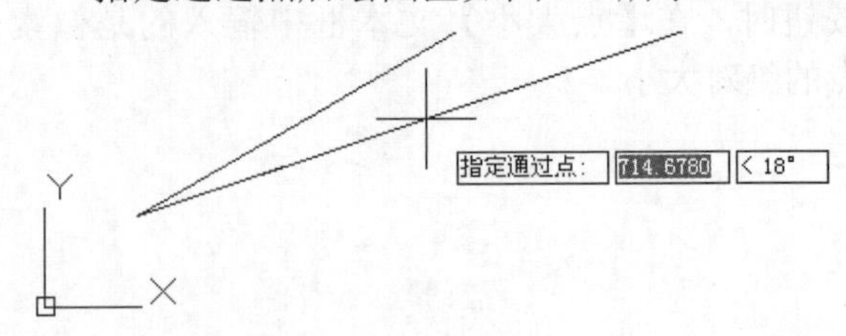

图 3-8

在 ray 命令下，AutoCAD 默认用户会画第 2 条射线，在此为演示用只画一条射线，然后右击或按 Enter 键结束。如图 3-9 所示即为用 ray 命令绘制的图形，可以看出，射线从起点沿射线方向一直延伸到无限远处。

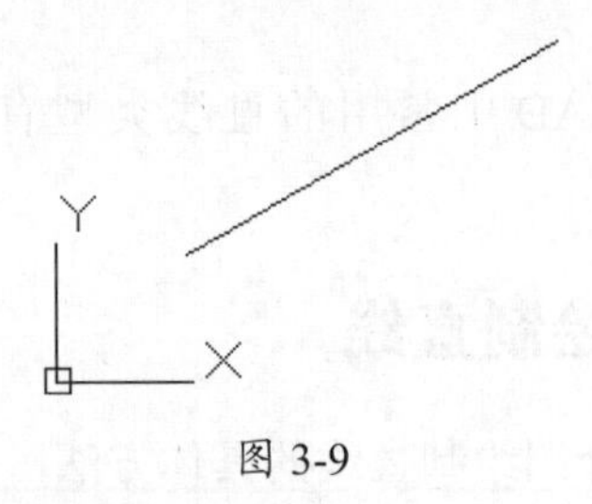

图 3-9

3.2.3 绘制构造线

构造线是一种双向无限延伸的直线，在机械图形绘制中也常用作绘图辅助线来确定一些特殊点或边界。

1. 调用绘制构造线的命令

绘制构造线命令的调用方法如下。

(1) 单击【绘图】面板中的【构造线】按钮。

(2) 在命令输入行中输入 xline 后按下 Enter 键。

(3) 在菜单栏中选择【绘图】|【构造线】菜单命令。

2. 绘制构造线的方法

选择【构造线】命令后，命令输入行将提示用户指定点或 [水平 (H)/ 垂直 (V)/ 角度 (A)/ 二等分 (B)/ 偏移 (O)]，具体提示如下：

命令 : _xline 指定点或 [水平 (H)/ 垂直 (V)/ 角度 (A)/ 二等分 (B)/ 偏移 (O)]:

指定点后绘图区如图 3-10 所示。

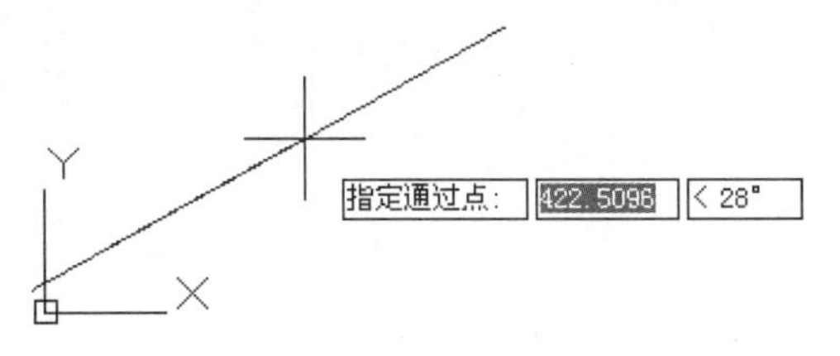

图 3-10

输入第 1 点的坐标值后，命令输入行将提示用户指定通过点，具体提示如下：

指定通过点：

指定通过点后绘图区如图 3-11 所示。

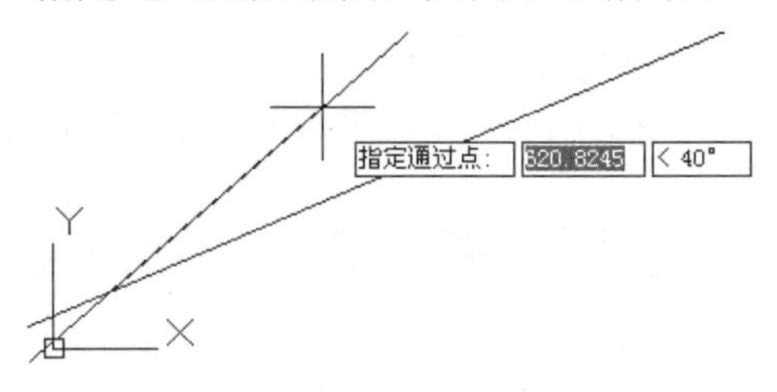

图 3-11

输入通过点的坐标值后，命令输入行将再次提示用户指定通过点，具体提示如下：

指定通过点：

右击或按 Enter 键后结束操作。由以上命令绘制的图形如图 3-12 所示。

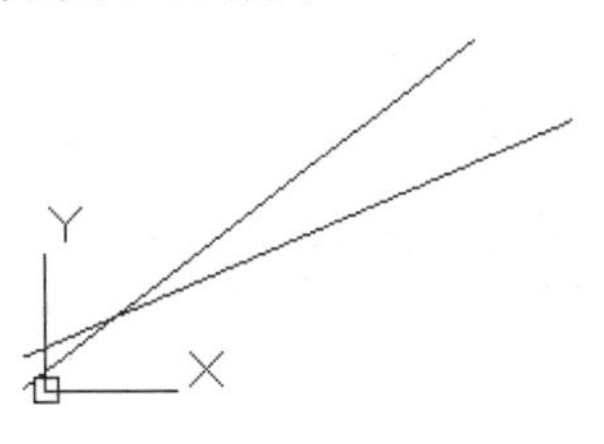

图 3-12

在执行【构造线】命令时，会出现部分让用户选择的命令，如下所示。

- 【水平】：放置水平构造线。
- 【垂直】：放置垂直构造线。
- 【角度】：在某一个角度上放置构造线。
- 【二等分】：用构造线平分一个角度。
- 【偏移】：放置平行于另一个对象的构造线。

3.3 绘制矩形

绘制矩形时，需要指定矩形的两个对角点。

3.3.1 绘制矩形命令的调用方法

绘制矩形命令的调用方法如下。

(1) 单击【绘图】面板中的【矩形】按钮。

(2) 在命令输入行中输入 rectang 后按 Enter 键。

(3) 在菜单栏中选择【绘图】|【矩形】菜单命令。

3.3.2 绘制矩形的步骤

选择【矩形】命令后，命令输入行将提示用户指定第一个角点或 [倒角 (C)/ 标高 (E)/ 圆角 (F)/ 厚度 (T)/ 宽度 (W)]，具体提示如下：

命令：_rectang

指定第一个角点或 [倒角 (C)/ 标高 (E)/ 圆角 (F)/ 厚度 (T)/ 宽度 (W)]:

指定第一个角点后绘图区如图 3-13 所示。

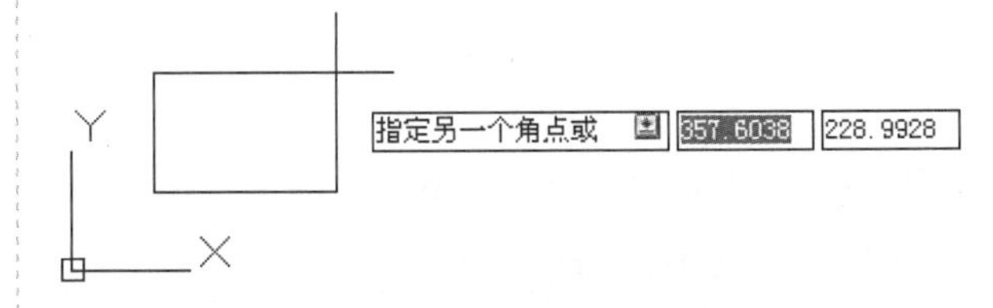

图 3-13

输入第一个角点值后，命令输入行将提示用户指定另一个角点或 [面积 (A)/ 尺寸 (D)/ 旋转 (R)]，具体提示如下：

指定另一个角点或 [面积 (A)/ 尺寸 (D)/ 旋转 (R)]:

由以上命令绘制的图形如图 3-14 所示。

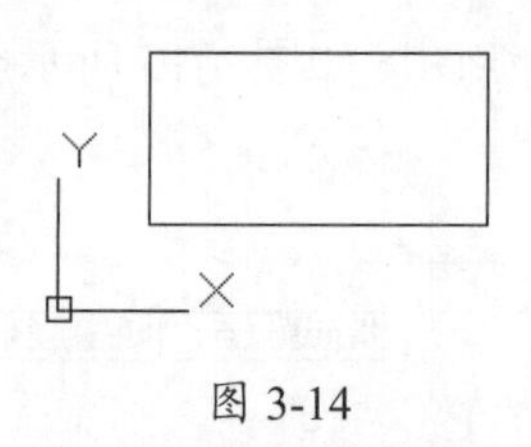

图 3-14

3.4 绘制正多边形

多边形是指有 3 ～ 1024 条等长边的闭合多段线，创建多边形是绘制等边三角形、正方形、六边形等的简便快速方法。

3.4.1 绘制多边形命令的调用方法

绘制多边形命令的调用方法如下。

(1) 单击【绘图】面板中的【多边形】按钮。

(2) 在命令输入行中输入 polygon 后按 Enter 键。

(3) 在菜单栏中选择【绘图】|【多边形】菜单命令。

3.4.2 绘制多边形的步骤

选择【多边形】命令后，命令输入行将提示用户输入侧面数，具体提示如下。

```
命令 : _polygon 输入侧面数 <8>: 8
```

此时绘图区如图 3-15 所示。

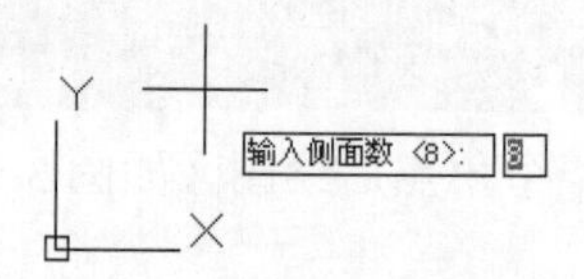

图 3-15

输入数目后，命令输入行将提示用户指定正多边形的中心点或 [边 (E)]，具体提示如下：

```
指定正多边形的中心点或 [ 边 (E)]:
```

指定正多边形的中心点后绘图区如图 3-16 所示。

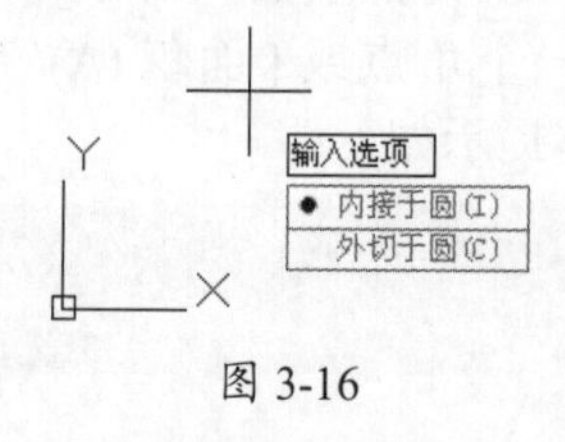

图 3-16

输入数值后，命令输入行将提示用户输入选项 [内接于圆 (I)/ 外切于圆 (C)] <I>，具体提示如下：

```
输入选项 [ 内接于圆 (I)/ 外切于圆 (C)] <I>: I
```

选择内接于圆 (I) 后绘图区如图 3-17 所示。

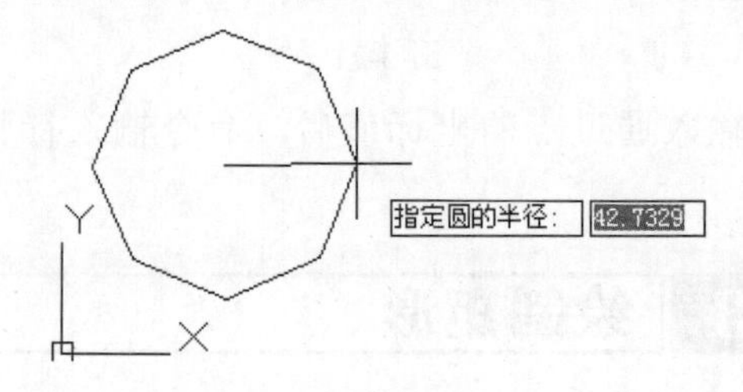

图 3-17

选择内接于圆 (I) 后，命令输入行将提示用户指定圆的半径，具体提示如下：

```
指定圆的半径 :
```

由以上命令绘制的图形如图 3-18 所示。

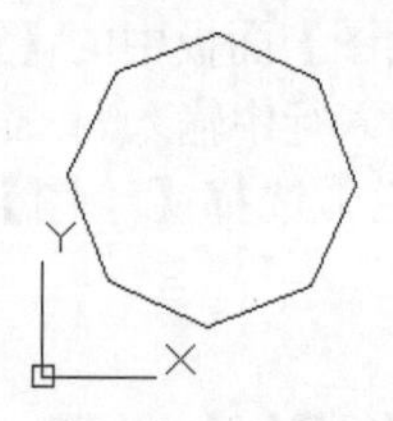

图 3-18

在执行【多边形】命令时，会出现部分让用户选择的命令，如下所示。

- 【内接于圆】：指定外接圆的半径，正多边形的所有顶点都在此圆周上。
- 【外切于圆】：指定内切圆的半径，正多边形与此圆相切。

3.5 绘制圆

圆是构成图形的基本元素之一。它的绘制方法有多种，下面将依次介绍。

3.5.1 绘制圆命令的调用方法

绘制圆命令的调用方法如下。

(1) 单击【绘图】面板中的【圆】按钮。

(2) 在命令输入行中输入 circle 后按 Enter 键。

(3) 在菜单栏中，选择【绘图】|【圆】菜单命令。

3.5.2 绘制圆的方法

绘制圆的方法有多种，下面分别介绍。

1. 圆心、半径画圆

这是 AutoCAD 默认的画圆方式。

选择命令后，命令输入行将提示用户指定圆的圆心或 [三点 (3P)/ 两点 (2P)/ 切点、切点、半径 (T)]，具体提示如下：

命令：_circle 指定圆的圆心或 [三点 (3P)/ 两点 (2P)/ 切点、切点、半径 (T)]:

指定圆的圆心后绘图区如图 3-19 所示。

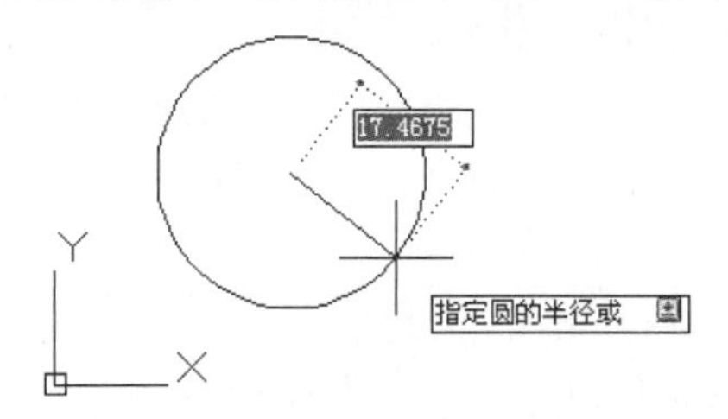

图 3-19

输入圆心坐标值后，命令输入行将提示用户指定圆的半径或 [直径 (D)]，具体提示如下：

指定圆的半径或 [直径 (D)]:

用以上命令绘制的图形如图 3-20 所示。

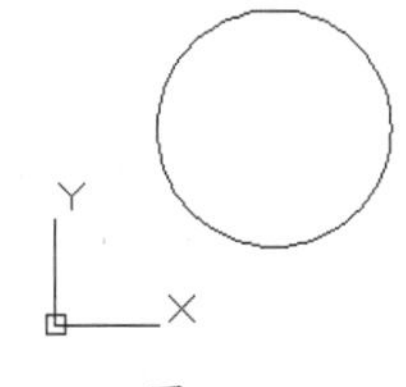

图 3-20

在执行【圆】命令时，会出现部分让用户选择的命令，如下所示。

- 【圆心】：基于圆和直径 (或半径) 绘制圆。
- 【三点】：指定圆周上的 3 点绘制圆。
- 【两点】：指定直径的两点绘制圆。
- 【切点、切点、半径】：根据与两个对象相切的指定半径绘制圆。

2. 圆心、直径画圆

选择命令后，命令输入行将提示用户指定圆的圆心或 [三点 (3P)/ 两点 (2P)/ 切点、切点、半径 (T)]，具体提示如下：

命令：_circle 指定圆的圆心或 [三点 (3P)/ 两点 (2P)/ 切点、切点、半径 (T)]:

指定圆的圆心后绘图区如图 3-21 所示。

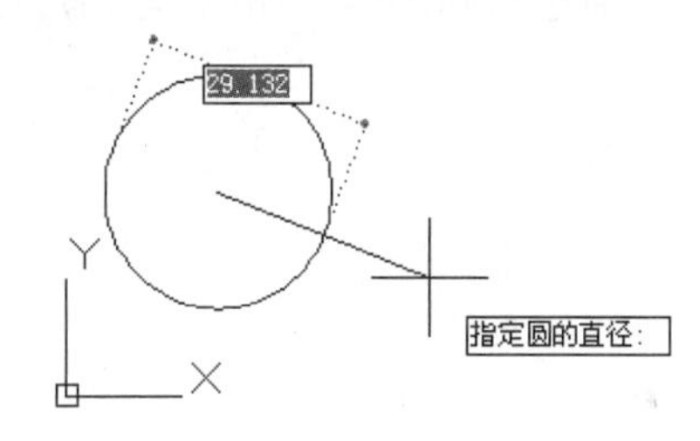

图 3-21

输入圆心坐标值后，命令输入行将提示用户指定圆的半径或 [直径 (D)] <100.0000>: _d 指定圆的直径 <200.0000>，具体提示如下：

指定圆的半径或 [直径 (D)] <100.0000>: _d 指定圆的直径 <200.0000>: 160

用以上命令绘制的图形如图 3-22 所示。

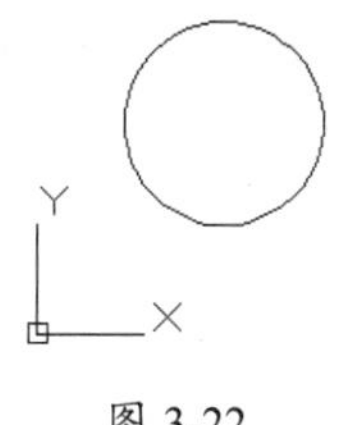

图 3-22

3. 两点画圆

选择命令后，命令输入行将提示用户指定

圆的圆心或 [三点 (3P)/ 两点 (2P)/ 切点、切点、半径 (T)]: _2p 指定圆直径的第一个端点，具体提示如下：

命令 : _circle 指定圆的圆心或 [三点 (3P)/ 两点 (2P)/ 切点、切点、半径 (T)]: _2p 指定圆直径的第一个端点 :

指定圆直径的第一个端点后绘图区如图 3-23 所示。

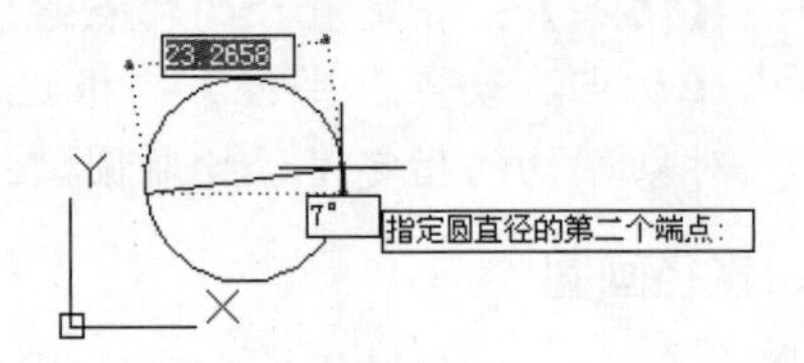

图 3-23

输入第一个端点的数值后，命令输入行将提示用户指定圆直径的第二个端点 (在此 AutoCAD 认为两点的距离为直径)，具体提示如下：

指定圆直径的第二个端点 :

用以上命令绘制的图形如图 3-24 所示。

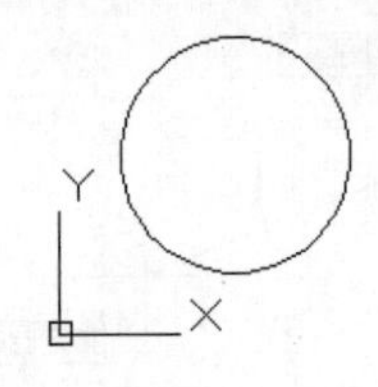

图 3-24

4. 三点画圆

选择命令后，命令输入行将提示用户指定圆的圆心或 [三点 (3P)/ 两点 (2P)/ 切点、切点、半径 (T)]: _3p 指定圆上的第一个点，具体提示如下：

命令 : _circle 指定圆的圆心或 [三点 (3P)/ 两点 (2P)/ 切点、切点、半径 (T)]: _3p 指定圆上的第一个点 :

指定圆上的第一个点后绘图区如图 3-25 所示。

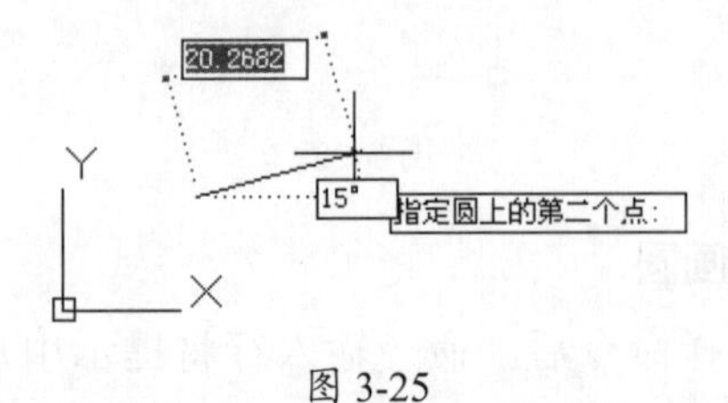

图 3-25

指定第一个点的坐标值后，命令输入行将提示用户指定圆上的第二个点，具体提示如下：

指定圆上的第二个点 :

指定圆上的第二个点后绘图区如图 3-26 所示：

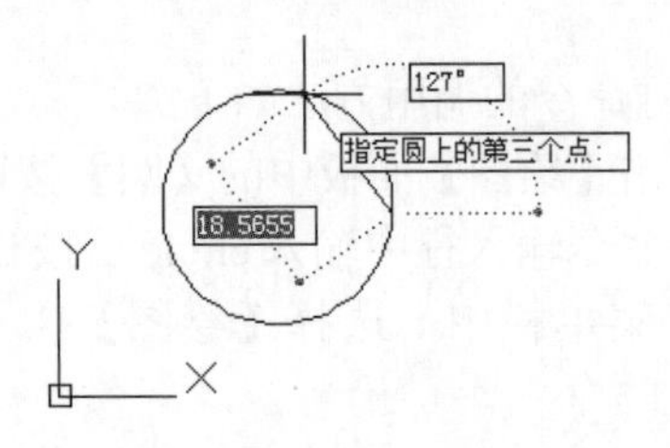

图 3-26

指定第二个点的坐标值后，命令输入行将提示用户指定圆上的第三个点，具体提示如下：

指定圆上的第三个点 :

用以上命令绘制的图形如图 3-27 所示。

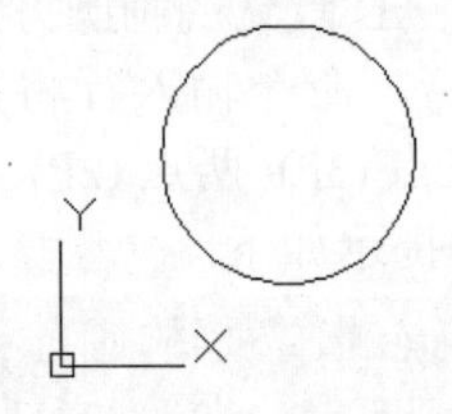

图 3-27　用三点命令绘制的圆

5. 相切、相切、半径

选择命令后，命令输入行将提示用户指定圆的圆心或 [三点 (3P)/ 两点 (2P)/ 切点、切点、半径 (T)]，具体提示如下：

命令 : _circle 指定圆的圆心或 [三点 (3P)/ 两点 (2P)/ 切点、切点、半径 (T)]: _ttr

选取与之相切的实体。命令输入行将提示用户指定对象与圆的第一个切点，具体提示如下：

指定对象与圆的第一个切点 :

指定第一个切点时绘图区如图 3-28 所示。

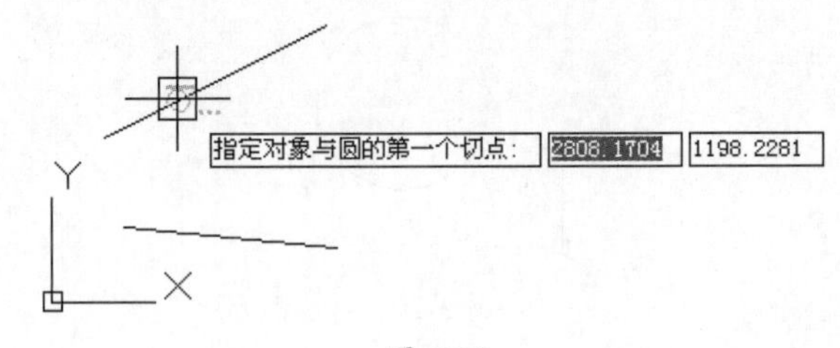

图 3-28

指定第一个切点后，命令输入行提示如下：

指定对象与圆的第二个切点：

指定第二个切点时绘图区如图 3-29 所示。

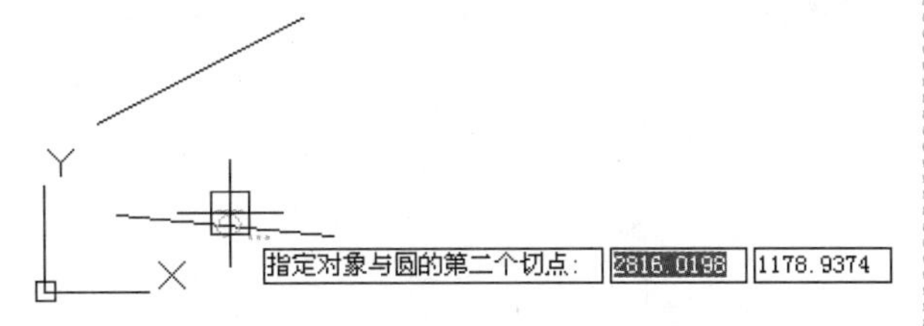

图 3-29

指定两个切点后，命令输入行将提示用户指定圆的半径 <100.0000>，具体提示如下：

指定圆的半径 <100.0000>:

指定圆的半径和第二点时绘图区如图 3-30 所示。

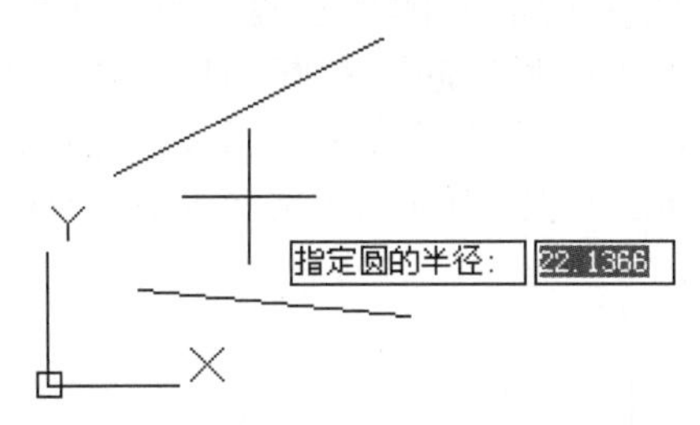

图 3-30

用以上命令绘制的图形如图 3-31 所示。

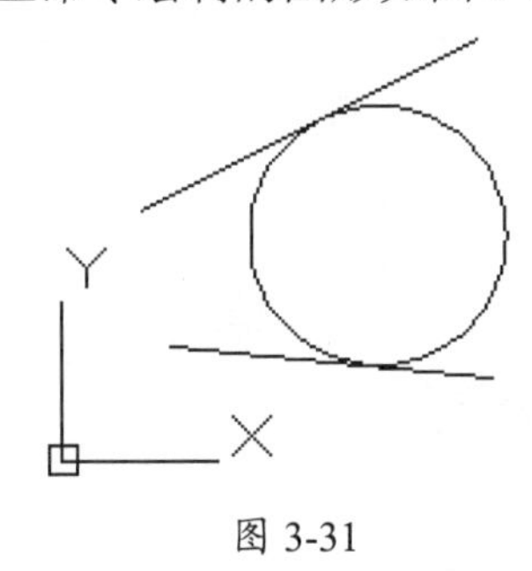

图 3-31

6. 相切、相切、相切

选择命令后，选取与之相切的实体，命令输入行提示如下：

命令：_circle 指定圆的圆心或 [三点 (3P)/ 两点 (2P)/ 切点、切点、半径 (T)]: _3p 指定圆上的第一个点：

指定圆上的第一个点时绘图区如图 3-32 所示。

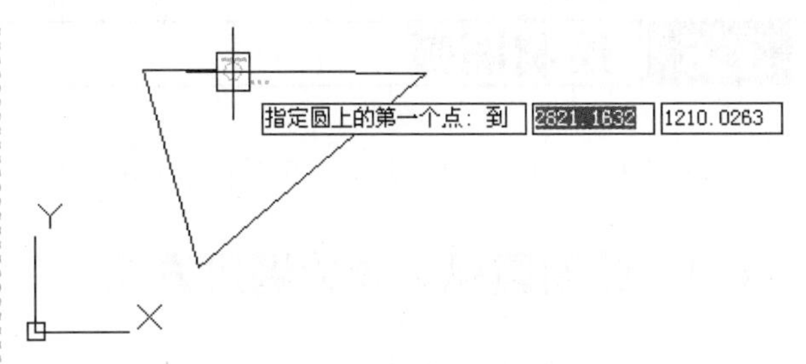

图 3-32

指定圆上的第一个点后，命令输入行提示如下：

指定圆上的第二个点：

指定圆上的第二个点时绘图区如图 3-33 所示。

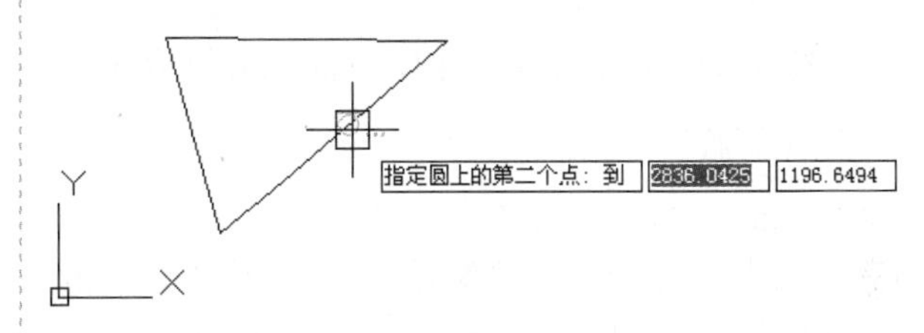

图 3-33

指定圆上的第二个点后，命令输入行提示如下：

指定圆上的第三个点：

指定圆上的第三个点时绘图区如图 3-34 所示。

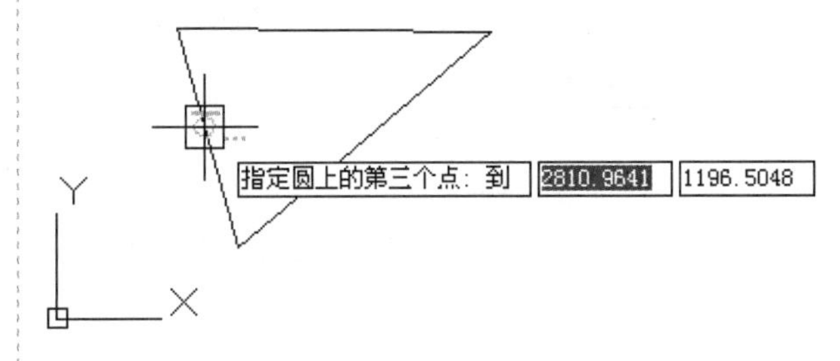

图 3-34

用以上命令绘制的图形如图 3-35 所示。

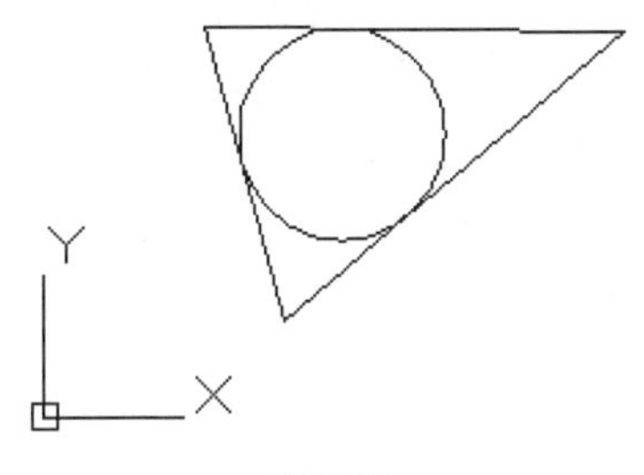

图 3-35

3.6 绘制圆弧

圆弧的绘制方法有很多，下面将详细介绍。

3.6.1 绘制圆弧命令的调用方法

绘制圆弧命令的调用方法如下。

(1) 单击【绘图】面板中的【圆弧】按钮。

(2) 在命令输入行中输入 arc 后按 Enter 键。

(3) 在菜单栏中选择【绘图】|【圆弧】菜单命令。

3.6.2 绘制圆弧的方法

绘制圆弧的方法有多种，下面来分别介绍。

1. 三点画弧

AutoCAD 提示用户输入起点、第二点和端点，顺时针或逆时针绘制圆弧，绘图区显示的图形如图 3-36 中的 (a) ～ (c) 所示。用此命令绘制的图形如图 3-37 所示。

(a) 指定圆弧的起点时绘图区所显示的图形

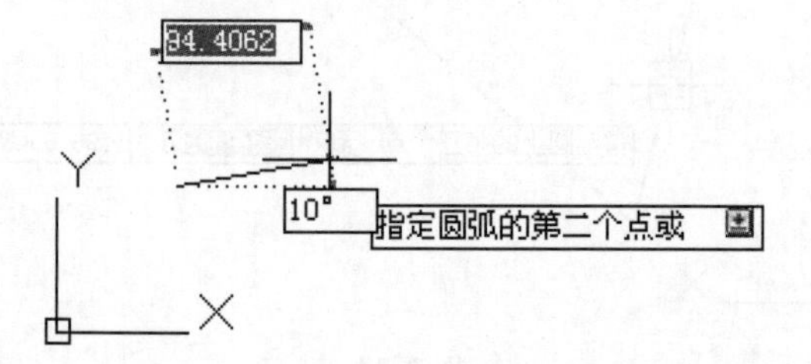

(b) 指定圆弧的第二个点时绘图区所显示的图形

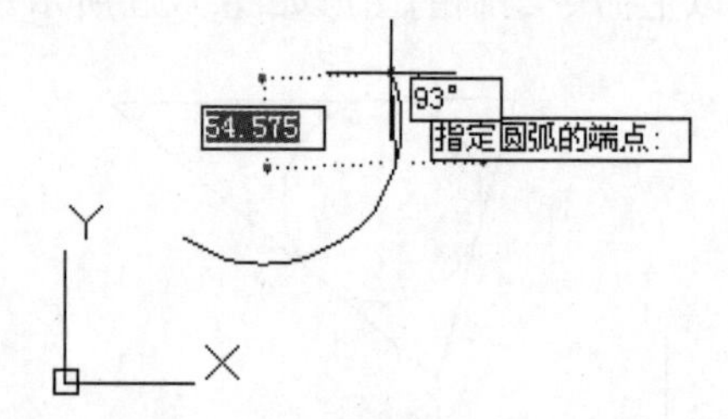

(c) 指定圆弧的端点时绘图区所显示的图形

图 3-36

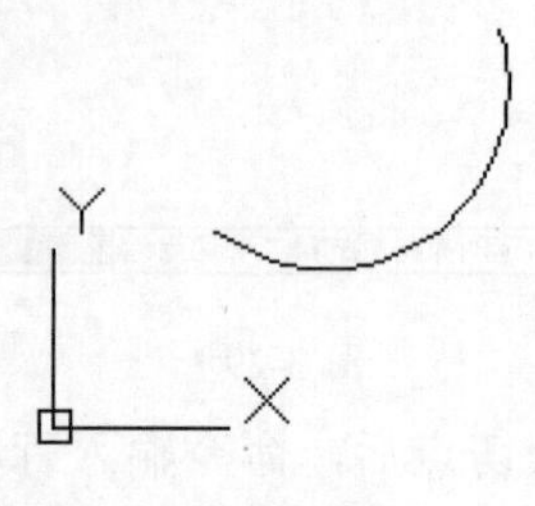

图 3-37

2. 起点、圆心、端点

AutoCAD 提示用户输入起点、圆心、端点，绘图区显示的图形如图 3-38 ～图 3-40 所示。在给出圆弧的起点和圆心后，弧的半径就确定了，端点只是用来决定弧长，因此，圆弧不一定通过终点。用此命令绘制的圆弧如图 3-41 所示。

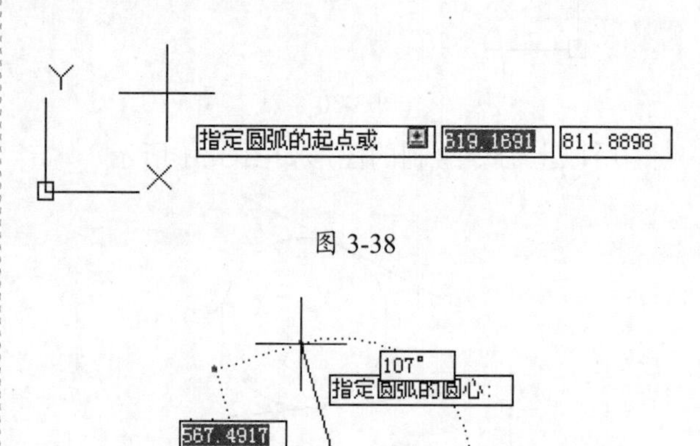

图 3-38

图 3-39

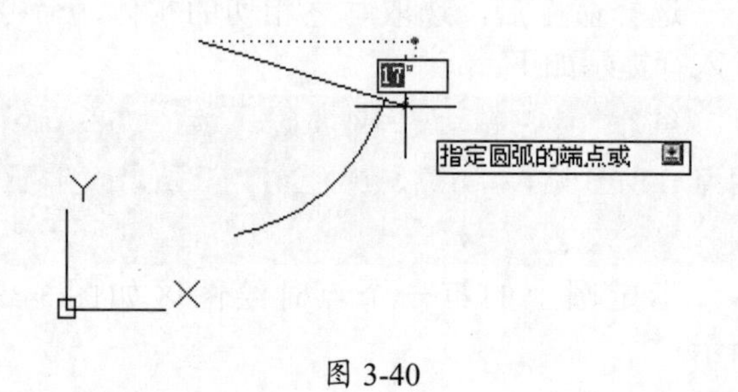

图 3-40

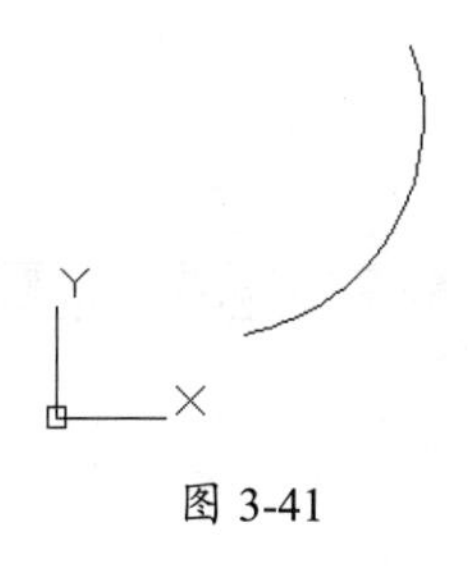

图 3-41

3. 起点、圆心、角度

AutoCAD 提示用户输入起点、圆心、角度(此处的角度为包含角，即圆弧的中心到两个端点的两条射线之间的夹角。若夹角为正值，按顺时针方向画弧；若为负值，则按逆时针方向画弧)，绘图区显示的图形如图 3-42 ～图 3-44 所示。用此命令绘制的圆弧如图 3-45 所示。

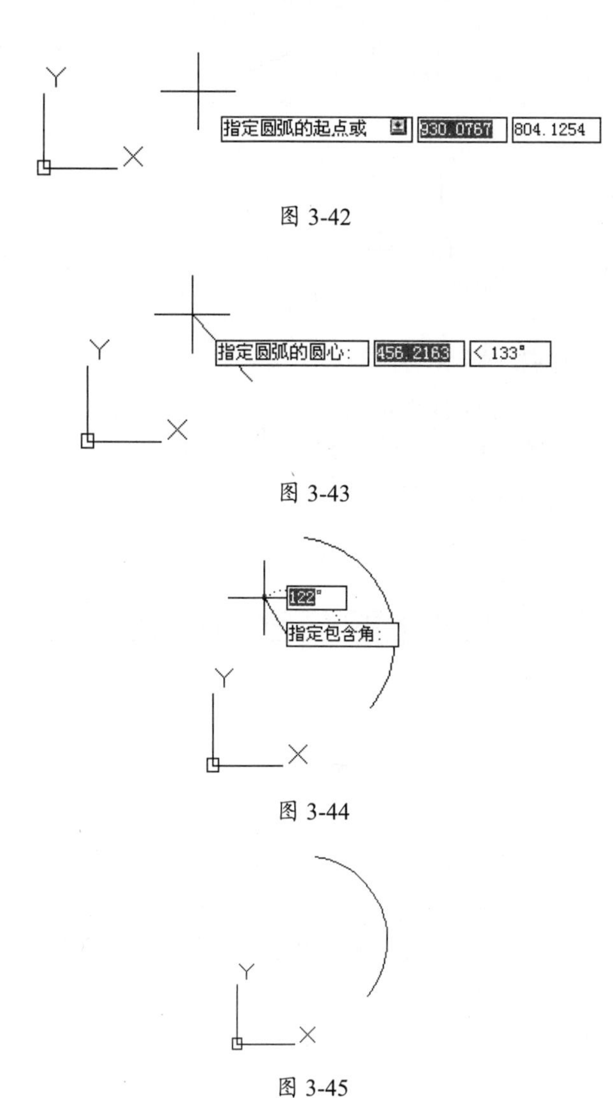

图 3-42

图 3-43

图 3-44

图 3-45

4. 起点、圆心、长度

AutoCAD 提示用户输入起点、圆心、弦长，绘图区显示的图形如图 3-46 ～图 3-48 所示。当逆时针画弧时，如果弦长为正值，则绘制的是与给定弦长相对应的最小圆弧；如果弦长为负值，则绘制的是与给定弦长相对应的最大圆弧。顺时针画弧则正好相反。用此命令绘制的图形如图 3-49 所示。

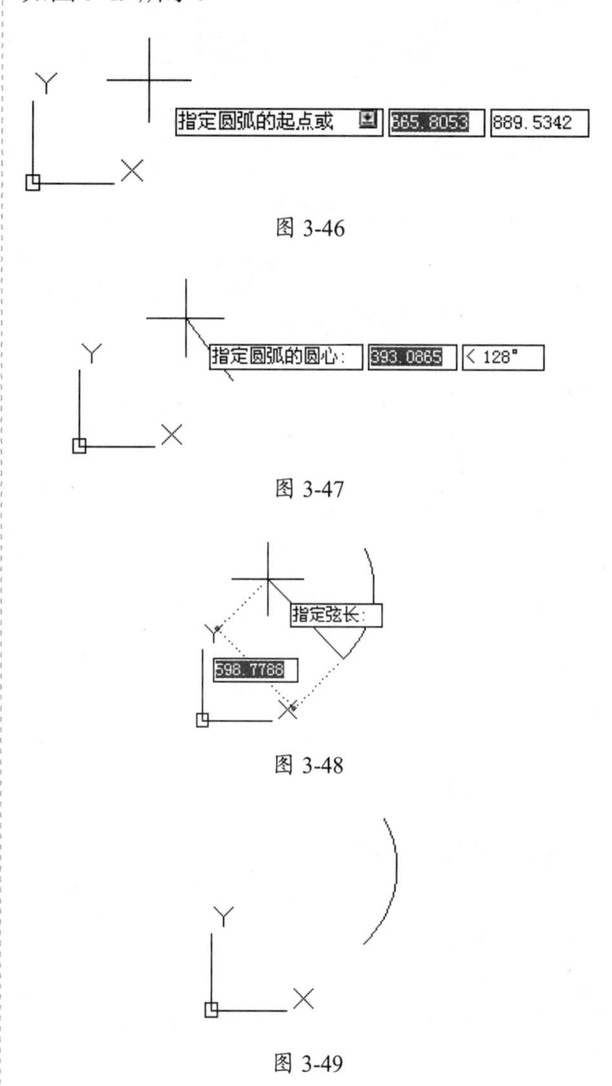

图 3-46

图 3-47

图 3-48

图 3-49

5. 起点、端点、角度

AutoCAD 提示用户输入起点、端点、角度(此角度也为包含角)，绘图区显示的图形如图 3-50 ～图 3-52 所示。当角度为正值时，按逆时针画弧，否则按顺时针画弧。用此命令绘制的图形如图 3-53 所示。

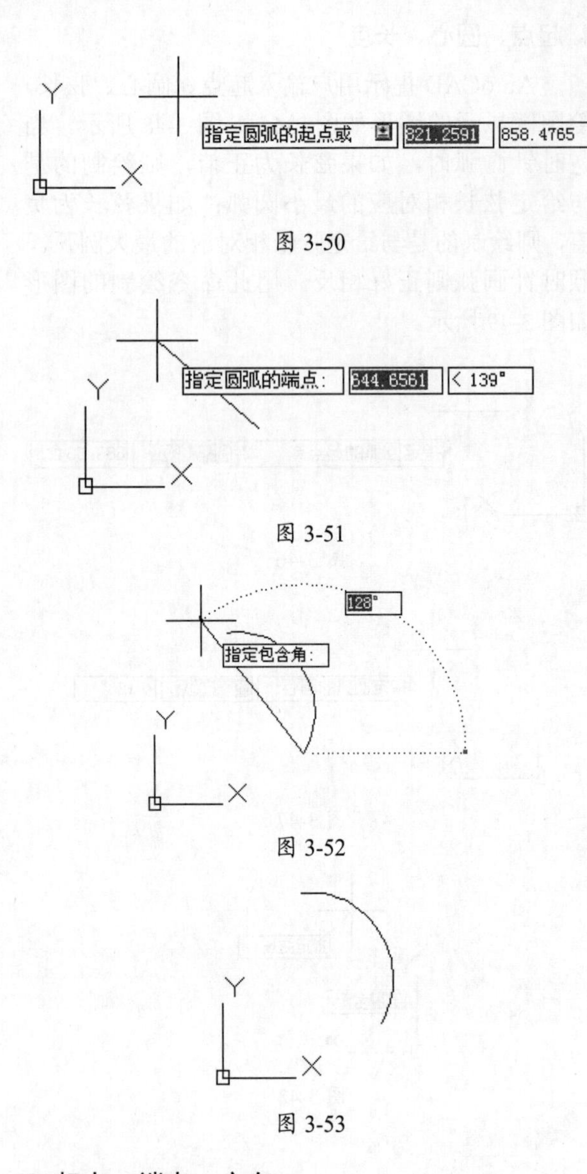

图 3-50

图 3-51

图 3-52

图 3-53

6. 起点、端点、方向

AutoCAD 提示用户输入起点、端点、起点切向 (所谓切向，指的是圆弧的起点切线方向，以度数来表示)，绘图区显示的图形如图 3-54 至图 3-56 所示。用此命令绘制的图形如图 3-57 所示。

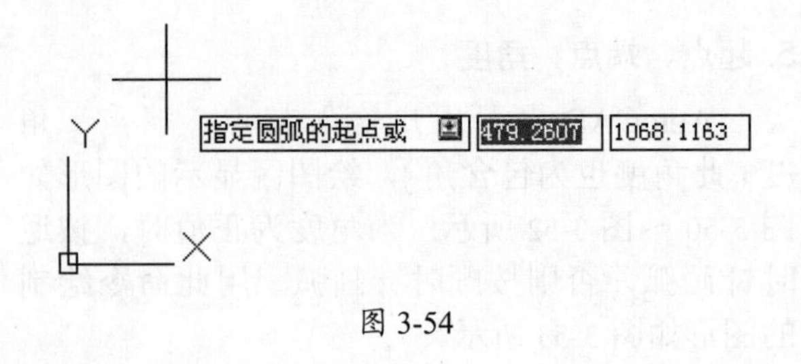

图 3-54

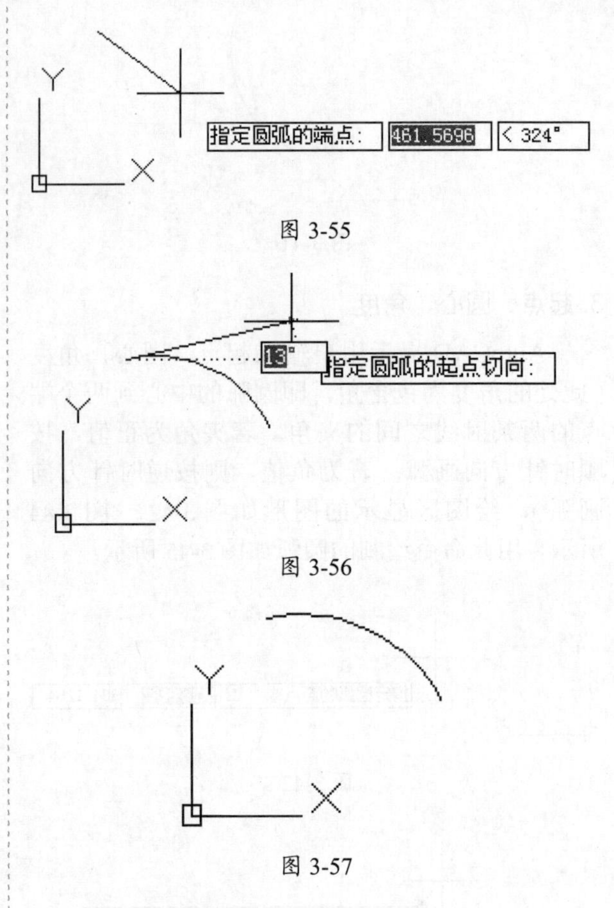

图 3-55

图 3-56

图 3-57

7. 起点、端点、半径

AutoCAD 提示用户输入起点、端点、半径，绘图区显示的图形如图 3-58 至图 3-60 所示。用此命令绘制的图形如图 3-61 所示。

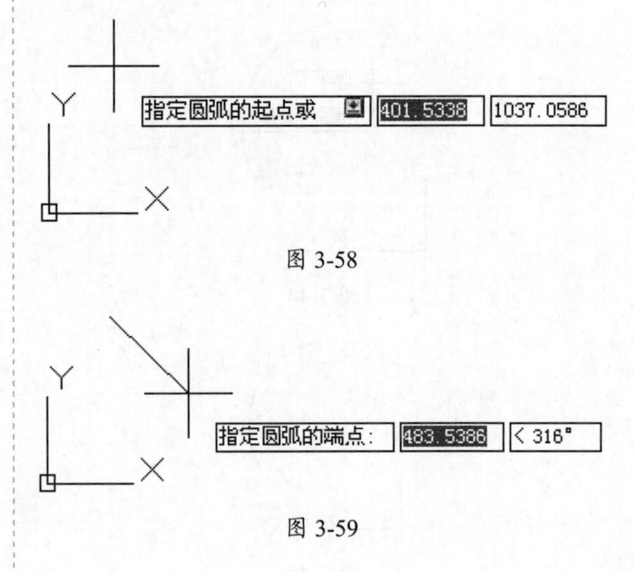

图 3-58

图 3-59

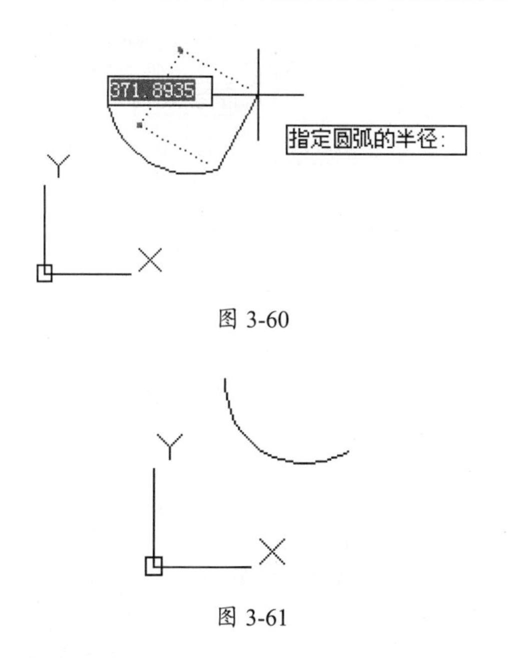

图 3-60

图 3-61

> **提示**
>
> 在此情况下，用户只能沿逆时针方向画弧，如果半径是正值，则绘制的是起点与终点之间的短弧，否则为长弧。

8. 圆心、起点、端点

AutoCAD 提示用户输入圆心、起点、端点，绘图区显示的图形如图 3-62 至图 3-64 所示。用此命令绘制的图形如图 3-65 所示。

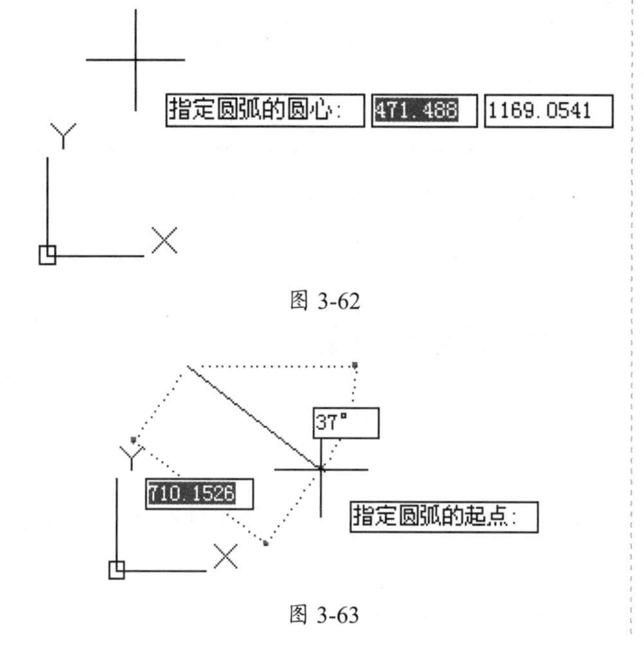

图 3-62

图 3-63

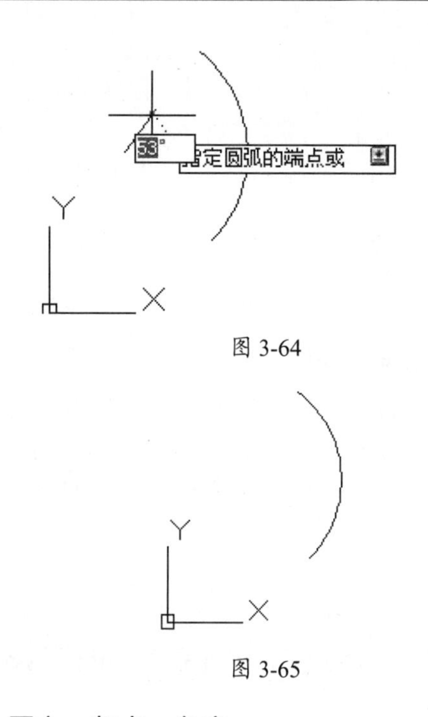

图 3-64

图 3-65

9. 圆心、起点、角度

AutoCAD 提示用户输入圆心、起点、角度（此角度为包含角），绘图区显示的图形如图 3-66 至图 3-68 所示。用此命令绘制的图形如图 3-69 所示。

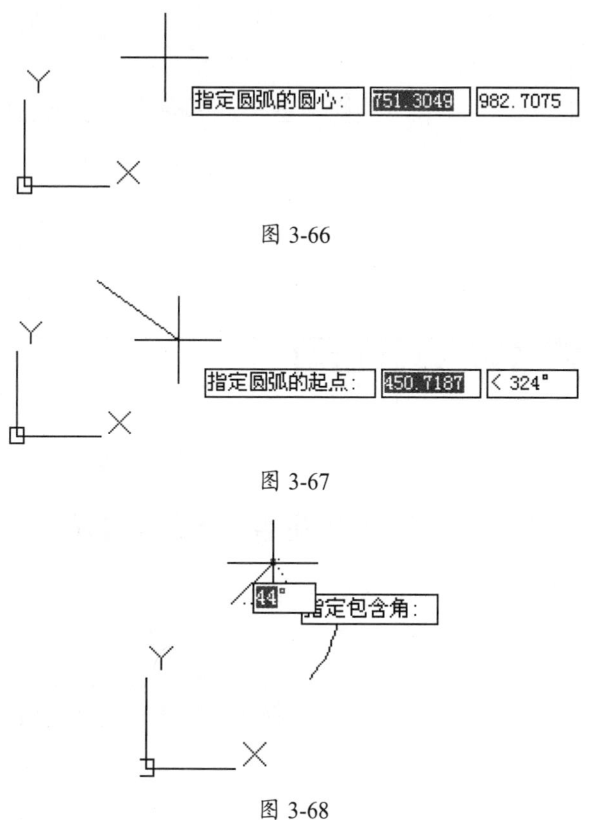

图 3-66

图 3-67

图 3-68

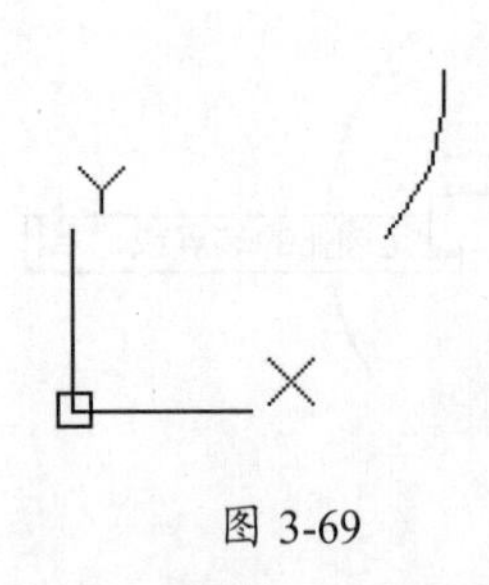

图 3-69

10. 圆心、起点、长度

AutoCAD 提示用户输入圆心、起点、长度（此长度也为弦长），绘图区显示的图形如图 3-70 至图 3-72 所示。用此命令绘制的图形如图 3-73 所示。

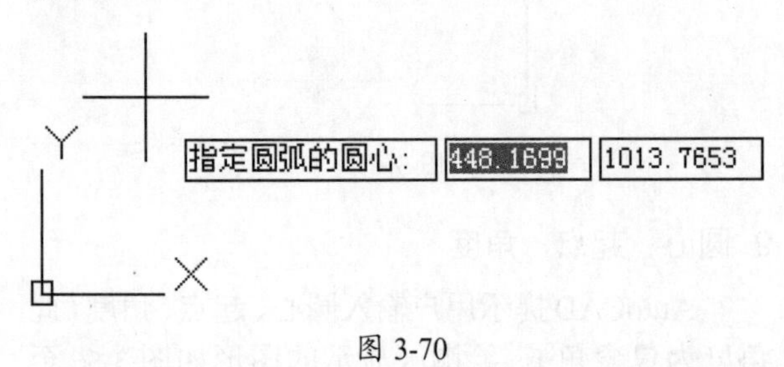

图 3-70

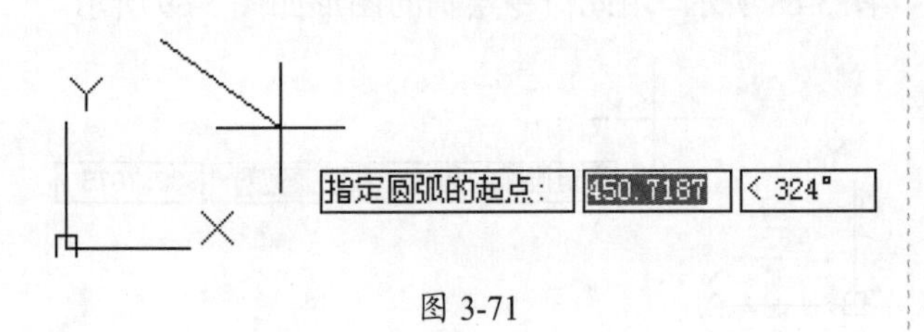

图 3-71

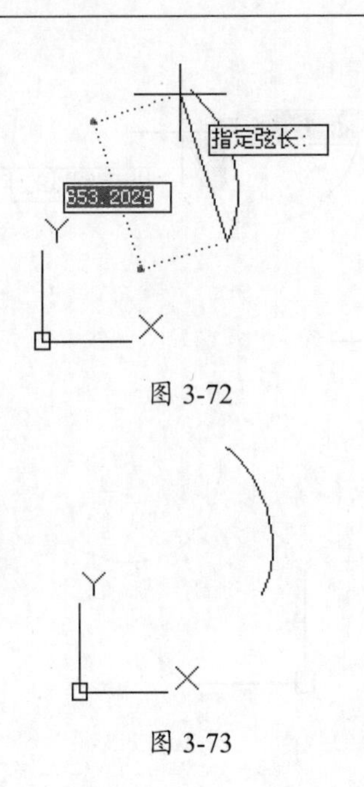

图 3-72

图 3-73

11. 连续

在这种方式下，用户可以从以前绘制的圆弧的终点开始继续绘制下一段圆弧。在此方式下画弧时，每段圆弧都与以前的圆弧相切。以前圆弧或直线的终点和方向就是此圆弧的起点和方向。

在 AutoCAD 2018 版本的圆弧绘制中，按住 Ctrl 键可以切换所绘制圆弧的方向。

3.7 绘制椭圆

椭圆的形状由长轴和宽轴确定，AutoCAD 提供了 3 种绘制椭圆的方法。

3.7.1 绘制椭圆命令的调用方法

绘制椭圆命令的调用方法如下：

(1) 单击【绘图】面板中的【椭圆】按钮。

(2) 在命令输入行中输入 ellipse 后按 Enter 键。

(3) 在菜单栏中，选择【绘图】|【椭圆】菜单命令。

3.7.2 绘制椭圆的方法

绘制椭圆的方法有多种，下面来分别介绍。

1. 中心点

选择命令后，命令输入行将提示用户指定椭圆的中心点，具体提示如下：

```
命令 : _ellipse
```

指定椭圆的轴端点或 [圆弧 (A)/ 中心点 (C)]: _c
指定椭圆的中心点 :

指定椭圆的中心点后绘图区如图 3-74 所示。

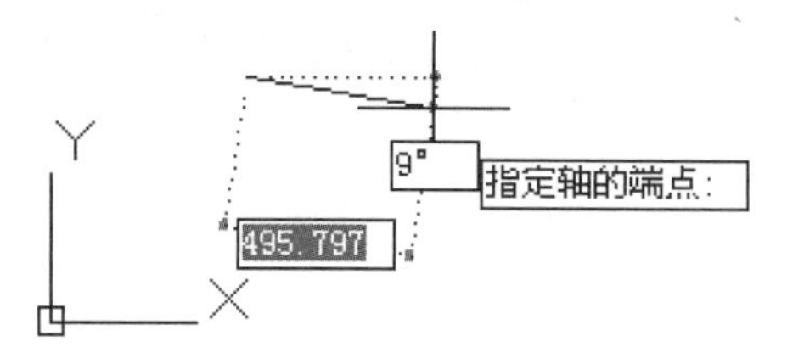

图 3-74

指定中心点后，命令输入行将提示用户指定轴的端点，具体提示如下：

指定轴的端点 :

指定轴的端点后绘图区如图 3-75 所示。

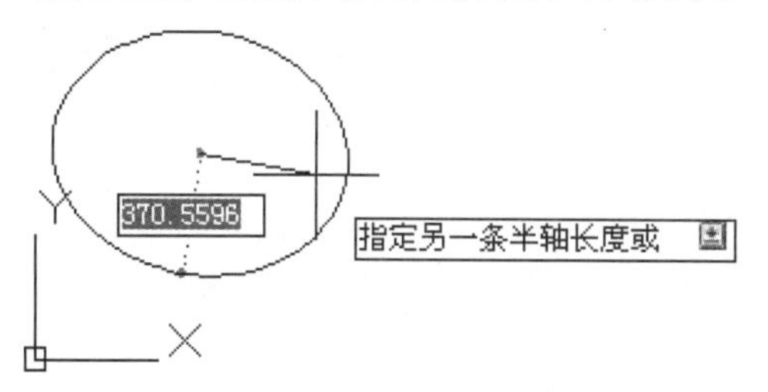

图 3-75

指定轴的端点后，命令输入行将提示用户指定另一条半轴长度或 [旋转 (R)]，具体提示如下：

指定另一条半轴长度或 [旋转 (R)]:

用以上命令绘制的图形如图 3-76 所示。

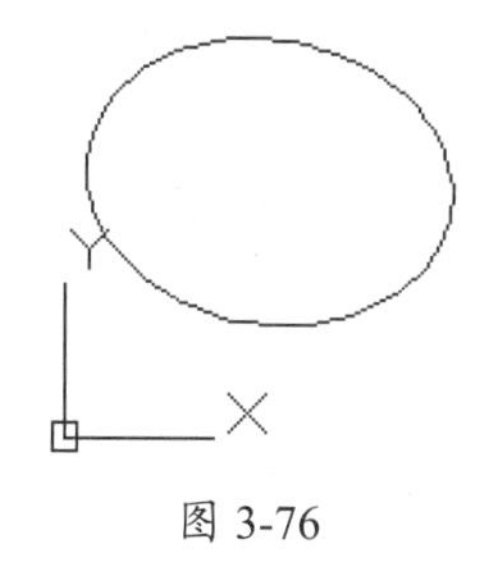

图 3-76

2. 轴、端点

选择命令后，命令输入行将提示用户指定椭圆的轴端点或 [圆弧 (A)/ 中心点 (C)]，具体提示如下：

命令 : _ellipse
指定椭圆的轴端点或 [圆弧 (A)/ 中心点 (C)]:

指定椭圆的轴端点后绘图区如图 3-77 所示。

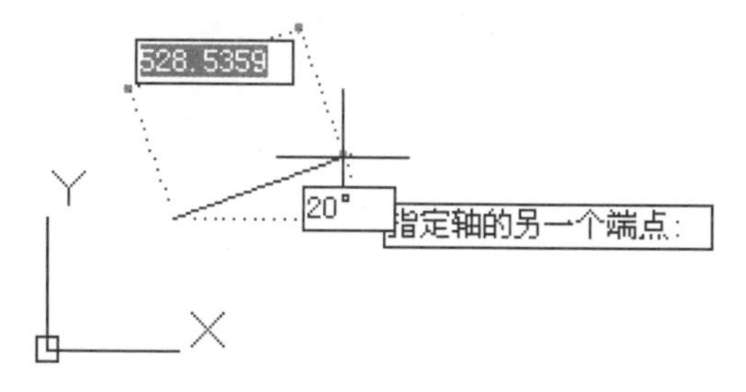

图 3-77

指定轴端点后，命令输入行将提示用户指定轴的另一个端点，具体提示如下：

指定轴的另一个端点 :

指定轴的另一个端点后绘图区如图 3-78 所示。

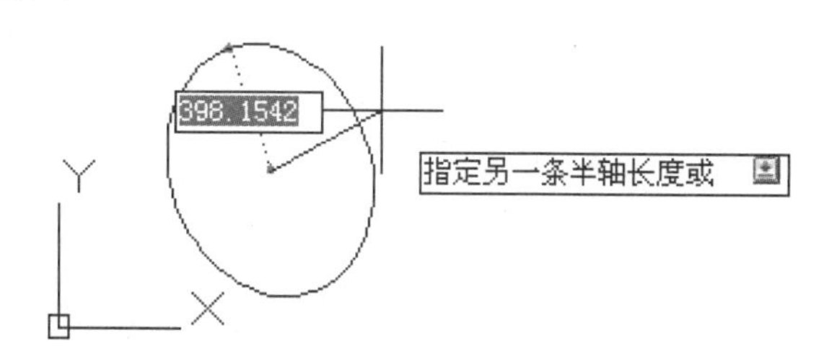

图 3-78

指定另一个端点后，命令输入行将提示用户指定另一条半轴长度或 [旋转 (R)]，具体提示如下：

指定另一条半轴长度或 [旋转 (R)]:

用轴、端点命令绘制的图形如图 3-79 所示。

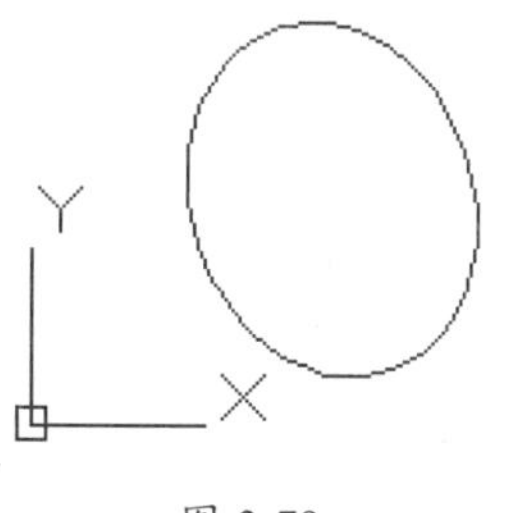

图 3-79

3. 椭圆弧

选择命令后，命令输入行将提示用户指定椭圆弧的轴端点或 [中心点 (C)]，具体提示如下：

命令 : _ellipse
指定椭圆的轴端点或 [圆弧 (A)/ 中心点 (C)]: _a

指定椭圆弧的轴端点或 [中心点 (C)]:

指定椭圆的圆弧 (A) 后绘图区如图 3-80 所示：

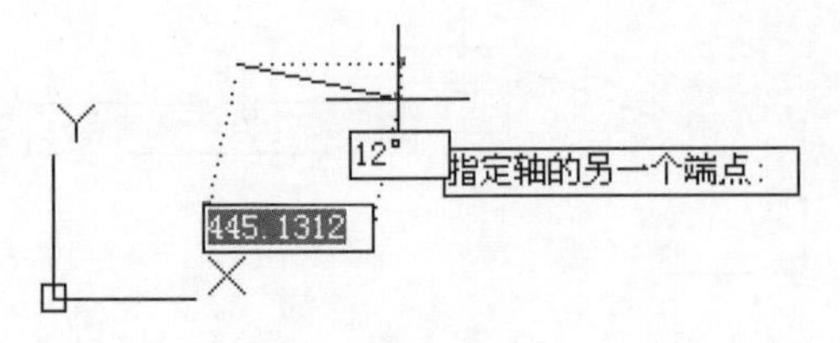

图 3-80

指定椭圆的圆弧 (A) 后，命令输入行将提示用户指定轴的另一个端点，具体提示如下：

指定轴的另一个端点：

指定轴的另一个端点后绘图区如图 3-81 所示。

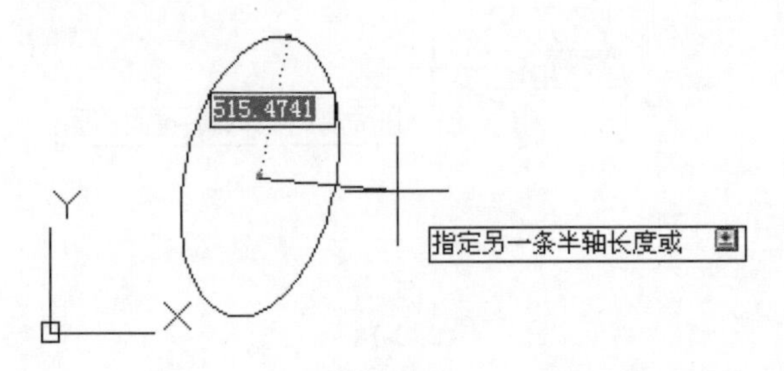

图 3-81

指定另一个端点后，命令输入行将提示用户指定另一条半轴长度或 [旋转 (R)]，具体提示如下：

指定另一条半轴长度或 [旋转 (R)]:

指定另一条半轴长度后绘图区如图 3-82 所示。

指定半轴长度后，命令输入行将提示用户指定起始角度或 [参数 (P)]，具体提示如下：

指定起始角度或 [参数 (P)]:

指定起始角度后绘图区如图 3-83 所示。

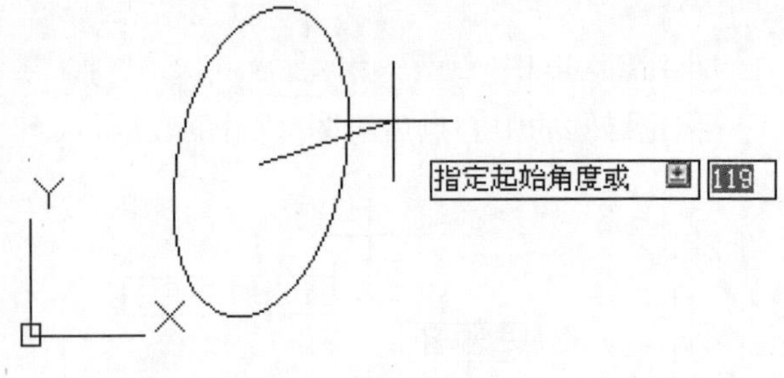

图 3-82

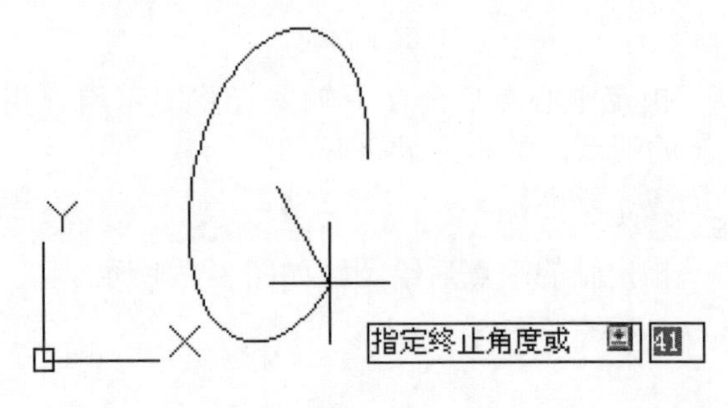

图 3-83

指定起始角度后，命令输入行将提示用户指定终止角度或 [参数 (P)/ 包含角度 (I)]，具体提示如下：

指定终止角度或 [参数 (P)/ 包含角度 (I)]:

用椭圆弧命令绘制的图形如图 3-84 所示。

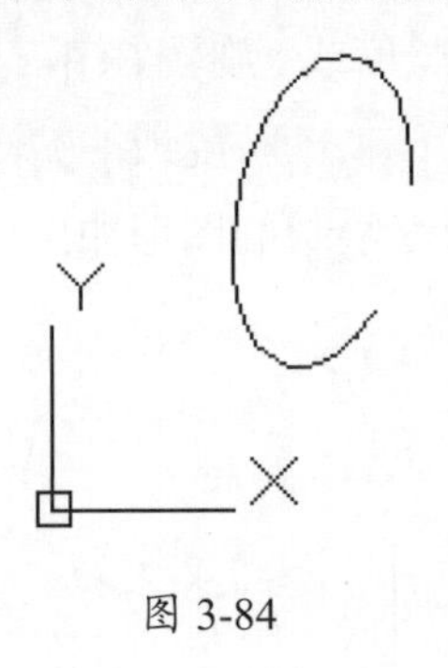

图 3-84

3.8 绘制圆环

圆环是经过实体填充的环。要绘制圆环，需要指定圆环的内外直径和圆心。

3.8.1 绘制圆环命令的调用方法

绘制圆环命令的调用方法如下。

(1) 单击【绘图】面板中的【圆环】按钮。

(2) 在命令输入行中输入 donut 后按 Enter 键。

(3) 在菜单栏中选择【绘图】|【圆环】菜单命令。

3.8.2 绘制圆环的步骤

选择命令后，命令输入行将提示用户指定圆环的内径，具体提示如下：

> 命令：_donut
> 指定圆环的内径 <50.0000>:

指定圆环的内径时绘图区如图 3-85 所示。

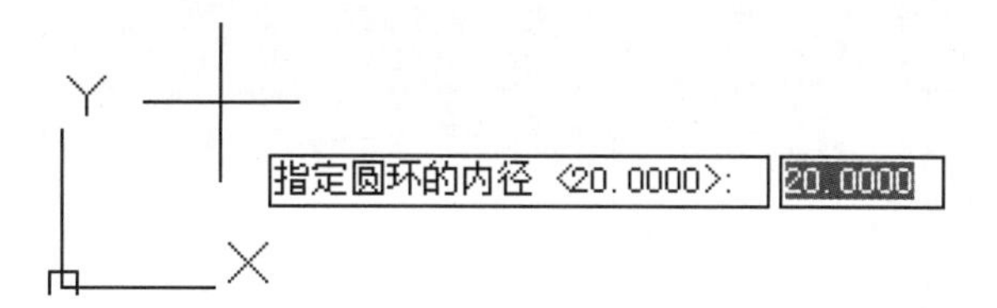

图 3-85

指定圆环的内径后，命令输入行将提示用户指定圆环的外径，具体提示如下：

> 指定圆环的外径 <60.0000>:

指定圆环的外径时绘图区如图 3-86 所示。

指定圆环的外径后，命令输入行将提示用户指定圆环的中心点或 <退出>，具体提示如下：

> 指定圆环的中心点或 <退出>:

指定圆环的中心点绘图区如图 3-87 所示。

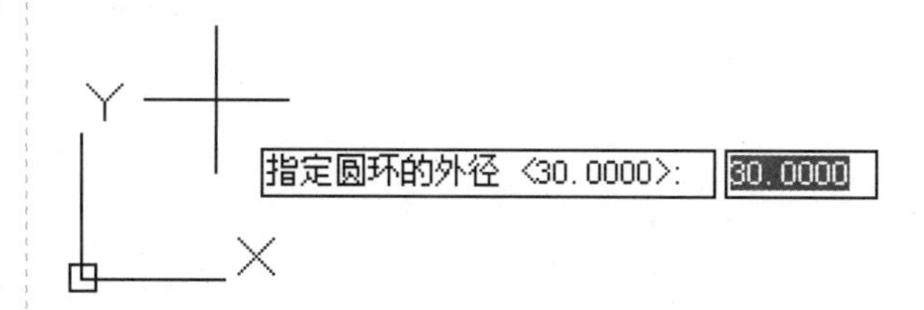

图 3-86

图 3-87

用以上命令绘制的图形如图 3-88 所示。

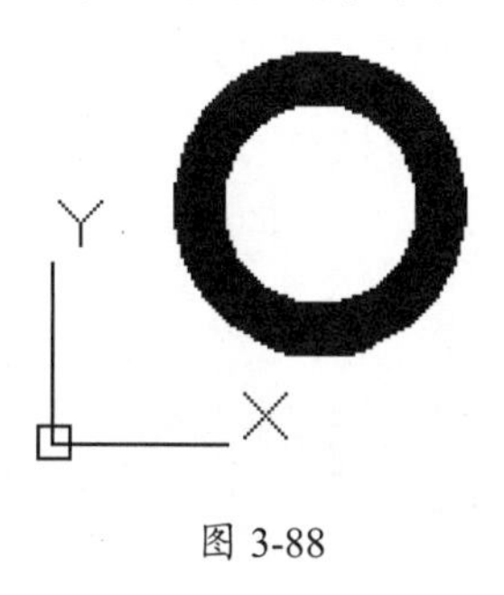

图 3-88

3.9 设计范例

3.9.1 阶梯轴图形绘制范例

本范例完成文件：ywj\03\3-1.dwg。

案例分析

本节的案例是绘制阶梯轴的二维图形，包括绘制线、矩形和点等操作。

案例操作

步骤 01 绘制构造线

① 单击【绘图】面板中的【构造线】按钮。

② 两次单击，绘制水平构造线，如图 3-89 所示。

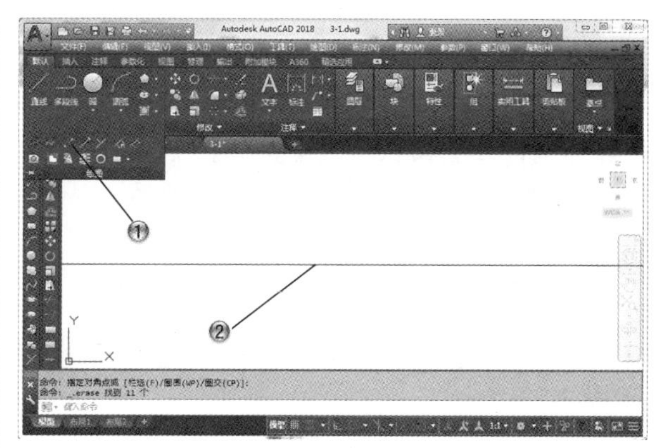

图 3-89

步骤 02 绘制矩形

① 单击【绘图】面板中的【直线】按钮。

② 依次绘制直线，绘制出一个矩形，如图 3-90 所示。

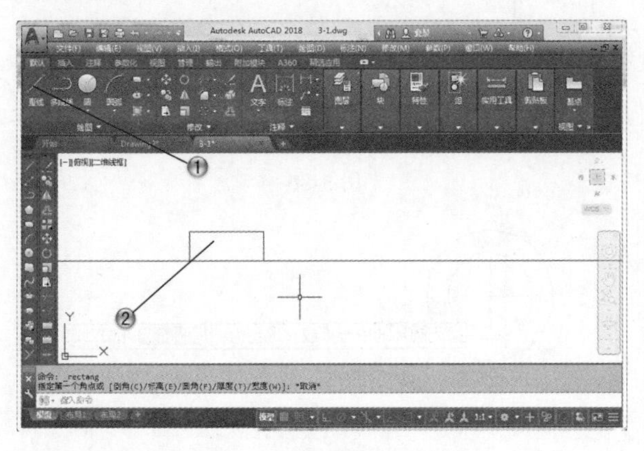

图 3-90

步骤 03 绘制第二个矩形

① 单击【绘图】面板中的【直线】按钮。

② 依次绘制直线，绘制出第二个矩形，如图 3-91 所示。

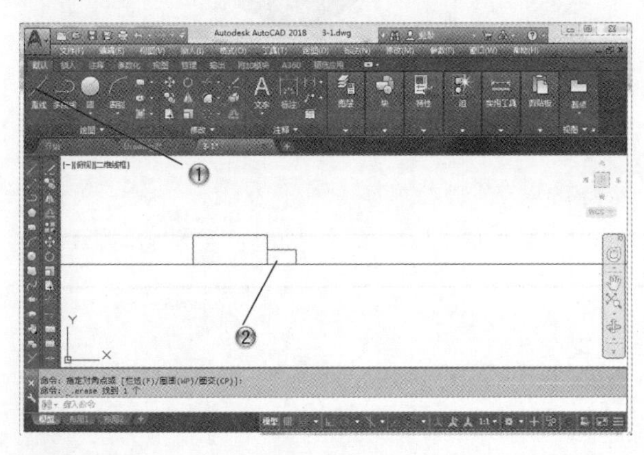

图 3-91

步骤 04 绘制其他矩形

① 单击【绘图】面板中的【直线】按钮。

② 依次绘制出其他矩形，如图 3-92 所示。

步骤 05 绘制矩形上的点

① 单击【绘图】面板中的【多点】按钮。

② 单击确定点的位置，绘制矩形上的点，如图 3-93 所示。

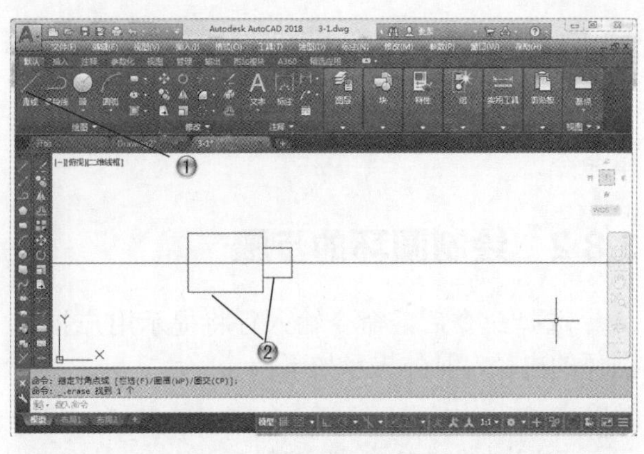

图 3-92

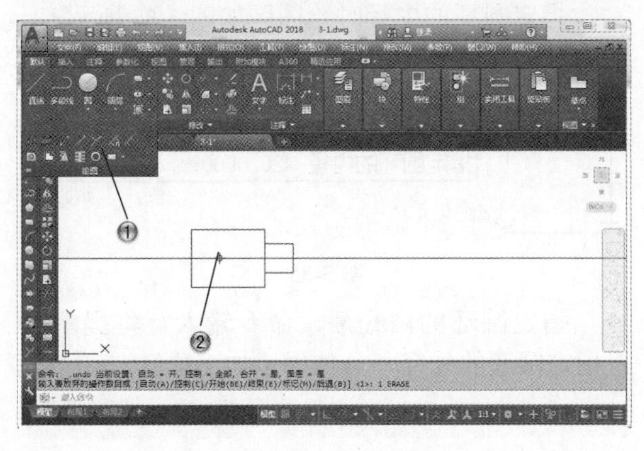

图 3-93

3.9.2 五角星图形绘制范例

本范例完成文件：ywj\03\3-2.dwg。

案例分析

本节的案例是使用多边形命令绘制五角星，包括绘制多边形和直线，并进行编辑等操作。

案例操作

步骤 01 绘制正五边形

① 单击【绘图】面板中的【多边形】按钮，如图 3-94 所示。

② 单击确定多边形的中心。

③ 确定五边形的方向，绘制五边形。

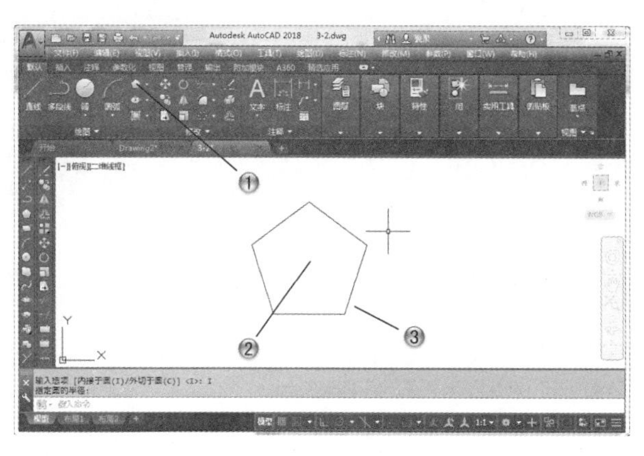

图 3-94

步骤 02 绘制五边形内直线

① 单击【绘图】面板中的【直线】按钮，如图 3-95 所示。

② 在五边形内部依次绘制直线。

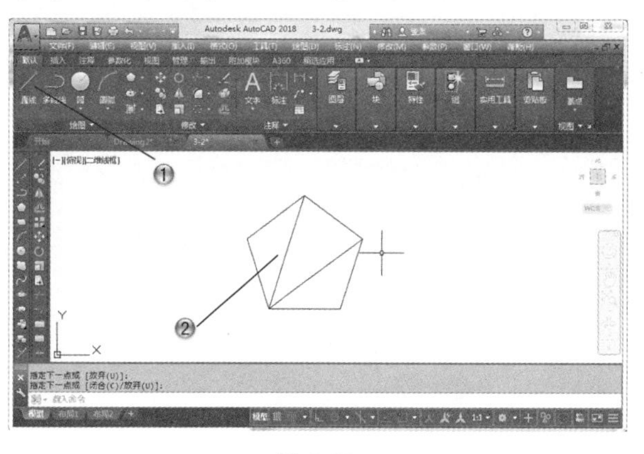

图 3-95

步骤 03 绘制其他直线

① 单击【绘图】面板中的【直线】按钮，如图 3-96 所示。

② 在五边形内部依次绘制其他直线。

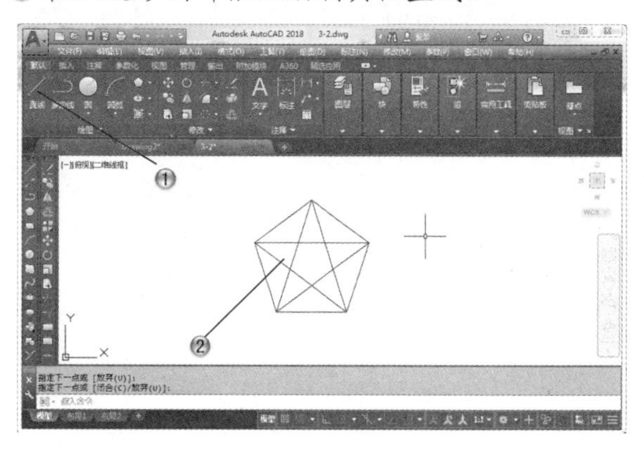

图 3-96

步骤 04 删除五边形

① 选择五边形，如图 3-97 所示。

② 单击【修改】面板中的【删除】按钮，删除五边形，完成五角星的绘制。

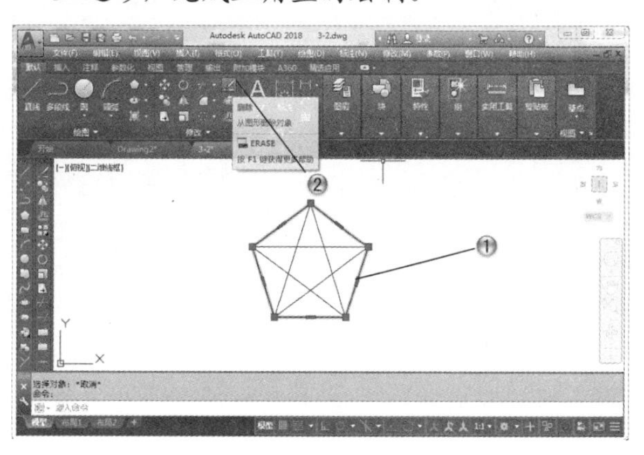

图 3-97

3.10 本章小结和练习

3.10.1 本章小结

本章主要讲解了 AutoCAD 2018 绘制图形的基本命令与概念，这些基本命令，在以后的绘图过程中会经常用到，所以要熟练掌握这些命令的使用方法。

3.10.2 练习

如图 3-98 所示，使用本章学过的命令来创建支座草图。

(1) 绘制主视图。
(2) 绘制对应直线。
(3) 绘制侧视图。
(4) 绘制俯视图。
(5) 绘制其他视图。

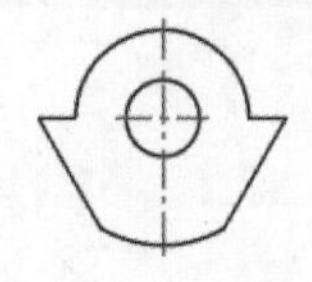
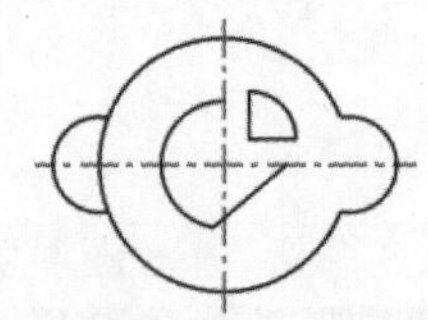
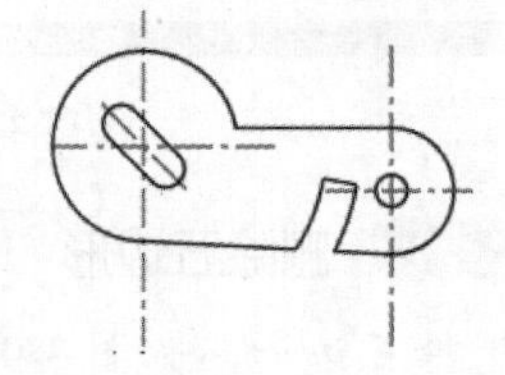
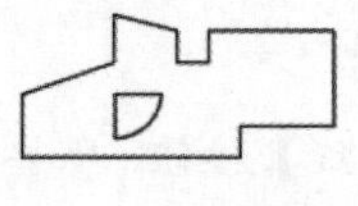

图 3-98

第 4 章

编辑基本图形

本章导读

在绘图的过程中，会发现某些图形不是一次就可以绘制出来的，并且不可避免地会出现一些错误操作，这时就要用到编辑命令。本章将介绍一些基本的编辑命令，如删除、移动和旋转、拉伸、比例缩放及拉长、修剪和分解等。

4.1 基本编辑工具

AutoCAD 2018 中的编辑工具包括删除、复制、镜像、偏移、阵列、移动、旋转、缩放、比例、拉伸、修剪、延伸、拉断于点、打断、合并、倒角、圆角、分解等。编辑图形对象的【修改】面板和【修改】工具栏如图 4-1 所示。

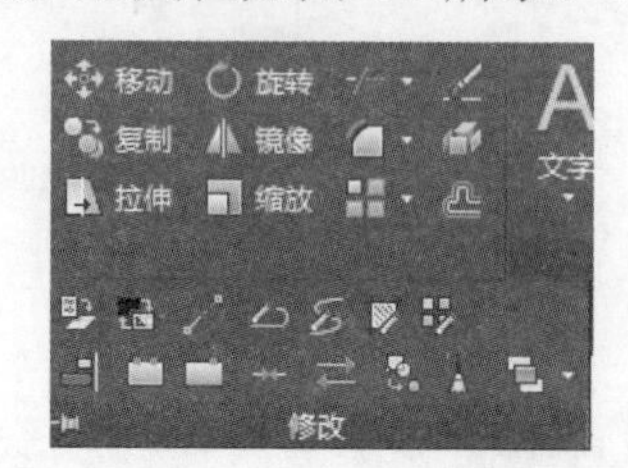

图 4-1

面板中的基本编辑命令功能说明如表 4-1 所示，本节将详细介绍较为常用的几种基本编辑命令。

表 4-1　编辑图形工具的图标及其功能

图标	功能说明	图标	功能说明
	删除图形对象		复制图形对象
	镜像图形对象		偏移图形对象
	阵列图形对象		移动图形对象
	旋转图形对象		缩放图形对象
	拉伸图形对象		修剪图形对象
	延伸图形对象		将图形对象某点打断
	删除打断某图形对象		合并图形对象
	对某图形对象倒角		对某图形对象倒圆
	分解图形对象		光顺曲线

4.1.1 删除

在绘图的过程中，删除一些多余的图形是很常见的操作，这时就要用到删除命令。

执行【删除】命令的三种方法如下。

(1) 单击【修改】面板中的【删除】按钮。

(2) 在命令输入行中输入 E 后按 Enter 键。

(3) 在菜单栏中选择【修改】|【删除】菜单命令。

执行上面的任意一种操作后，在编辑区会出现 □ 图标，而后移动鼠标到要删除图形对象的位置，单击图形后再右击或按 Enter 键，即可完成删除图形的操作。

4.1.2 复制

AutoCAD 为用户提供了复制命令，可以把绘制好的图形复制到其他地方。

执行【复制】命令的三种方法如下。

(1) 单击【修改】面板中的【复制】按钮。

(2) 在命令输入行中输入 Copy 命令后按 Enter 键。

(3) 在菜单栏中选择【修改】|【复制】菜单命令。

选择【复制】命令后，命令输入行提示如下：

```
命令：_copy
选择对象：
```

在提示下选取对象，如图 4-2 所示，命令输入行也将显示选中一个对象，命令输入行如下所示：

```
选择对象：找到 1 个
```

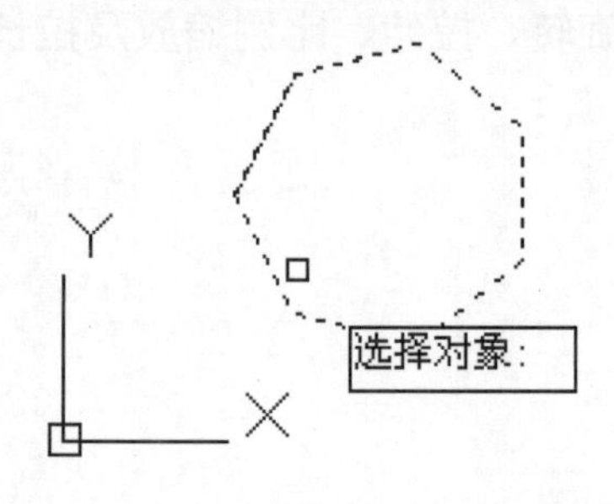

图 4-2

选取对象后命令输入行提示如下：

选择对象：

在 AutoCAD 中，此命令默认用户会继续选择下一个对象，右击或按 Enter 键即可结束选择。

AutoCAD 会提示用户指定基点或位移，在绘图区选择基点。命令输入行如下所示：

当前设置：复制模式 = 多个
指定基点或 [位移 (D)/ 模式 (O)] < 位移 >:

指定基点后绘图区如图 4-3 所示。

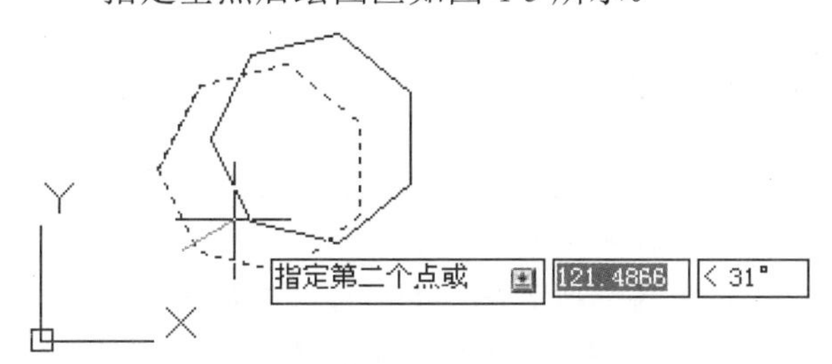

图 4-3

指定基点后，命令输入行提示如下。

指定第二个点或 [阵列 (A)] < 使用第一个点作为位移 >:

指定第二点后绘图区如图 4-4 所示。

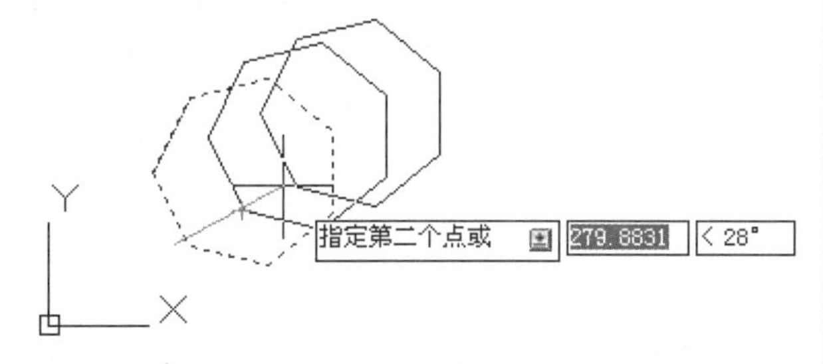

图 4-4

指定第二点后，命令输入行提示如下：

指定第二个点或 [阵列 (A)/ 退出 (E)/ 放弃 (U)] < 退出 >:

用此命令绘制的图形如图 4-5 所示。

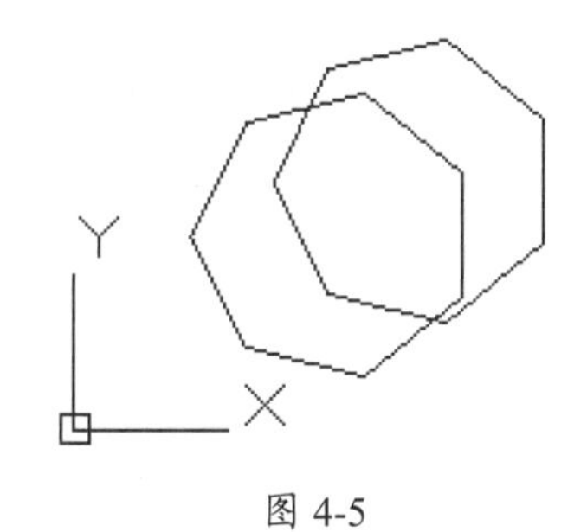

图 4-5

4.1.3 移动

移动图形对象是使某一图形沿着基点移动一段距离，使对象到达合适的位置。

执行【移动】命令的三种方法如下。

(1) 单击【修改】面板中的【移动】按钮。

(2) 在命令输入行中输入 M 命令后按 Enter 键。

(3) 在菜单栏中选择【修改】|【移动】菜单命令。

选择【移动】命令后出现 □ 图标，将鼠标指针移动到图形对象的位置。单击需要移动的图形对象，然后右击。AutoCAD 提示用户选择基点，选择基点后移动鼠标指针至相应的位置，命令输入行显示如下：

命令：_move
选择对象：找到 1 个

选取对象后绘图区如图 4-6 所示。

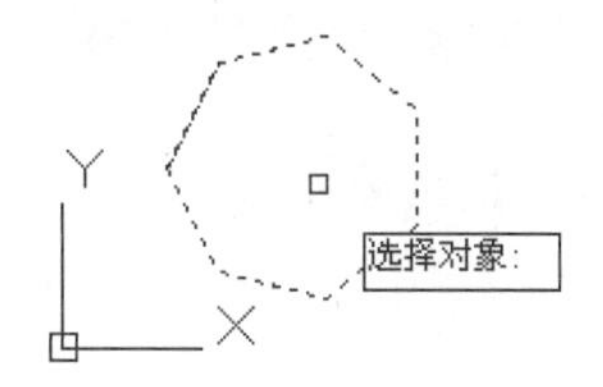

图 4-6

选取对象后命令输入行提示如下：

选择对象：
指定基点或 [位移 (D)] < 位移 >:　　// 选择基点后按 Enter 键
指定第二个点或 < 使用第一个点作为位移 >:

指定基点后绘图区如图 4-7 所示。

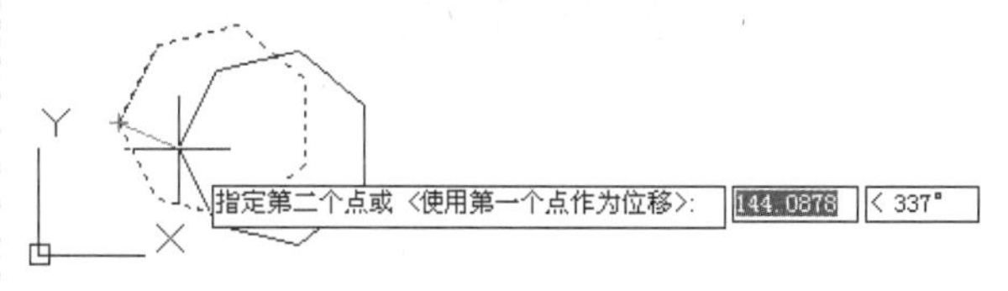

图 4-7

最终绘制的图形如图 4-8 所示。

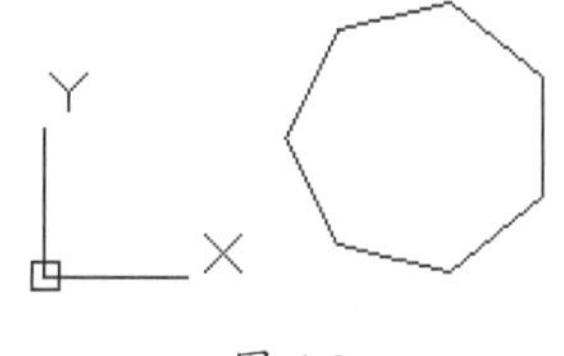

图 4-8

4.1.4 旋转

旋转对象是指用户将图形对象转一个角度使之符合用户的要求，旋转后的对象与原对象的距离取决于旋转的基点与被旋转对象的距离。

执行【旋转】命令的三种方法如下。

(1) 单击【修改】面板中的【旋转】按钮。

(2) 在命令输入行中输入 rotate 命令后按 Enter 键。

(3) 在菜单栏中选择【修改】|【旋转】菜单命令。

执行此命令后出现 □ 图标，移动鼠标指针到要旋转的图形对象的位置。单击选择需要移动的图形对象后右击，AutoCAD 提示用户选择基点。选择基点后移动鼠标指针至相应的位置，命令输入行提示如下：

命令：_rotate
UCS 当前的正角方向：ANGDIR= 逆时针 ANGBASE=0
选择对象：找到 1 个

选择对象后绘图区如图 4-9 所示。

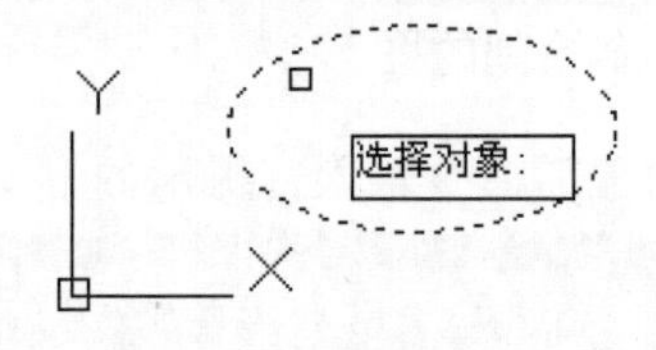

图 4-9

选取对象后命令输入行提示如下：

选择对象：
指定基点：

指定基点后绘图区如图 4-10 所示。

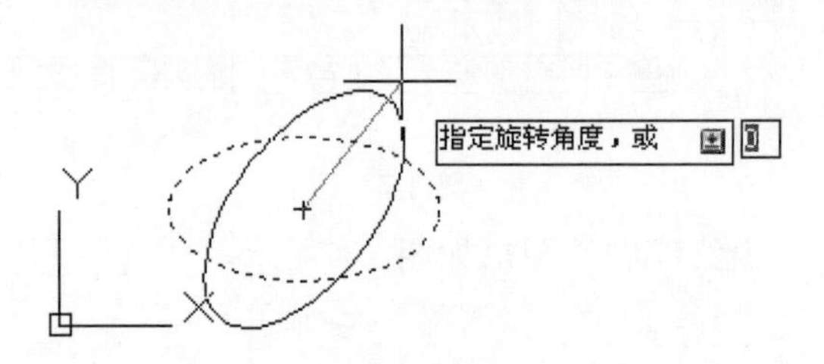

图 4-10

指定基点后命令输入行提示如下。

指定旋转角度，或 [复制 (C)/ 参照 (R)] <0>:

最终绘制的图形如图 4-11 所示。

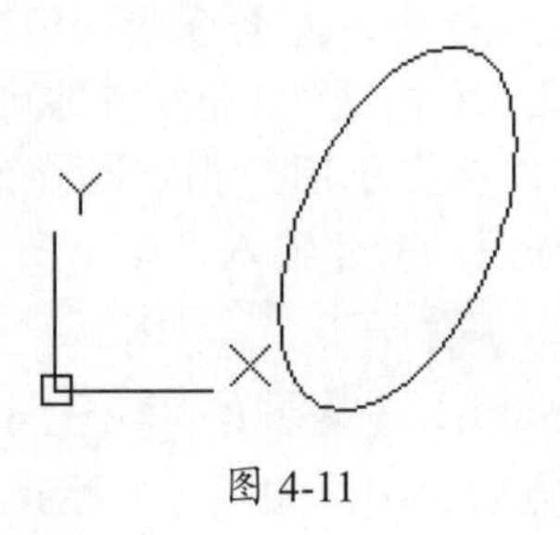

图 4-11

4.1.5 缩放

在 AutoCAD 中，可以通过缩放命令来使实际的图形对象放大或缩小。

执行【缩放】命令的三种方法如下。

(1) 单击【修改】面板中的【缩放】按钮。

(2) 在命令输入行中输入 scale 命令后按 Enter 键。

(3) 在菜单栏中选择【修改】|【缩放】菜单命令。

执行此命令后出现 □ 图标，AutoCAD 提示用户选择需要缩放的图形对象，移动鼠标指针到要缩放的图形对象位置。单击选择需要缩放的图形对象后右击，AutoCAD 提示用户选择基点。选择基点后，在命令输入行中输入缩放比例系数并按 Enter 键，缩放完毕。命令输入行提示如下：

命令：_scale
选择对象：找到 1 个

选取对象后绘图区如图 4-12 所示。

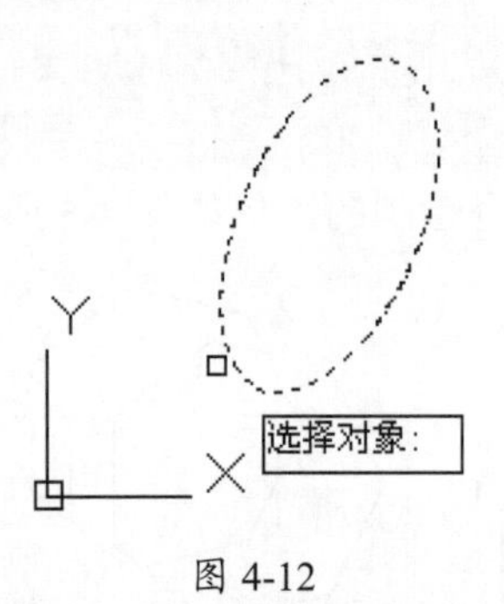

图 4-12

选取对象后命令输入行提示如下：

选择对象：
指定基点：

指定基点后绘图区如图 4-13 所示。

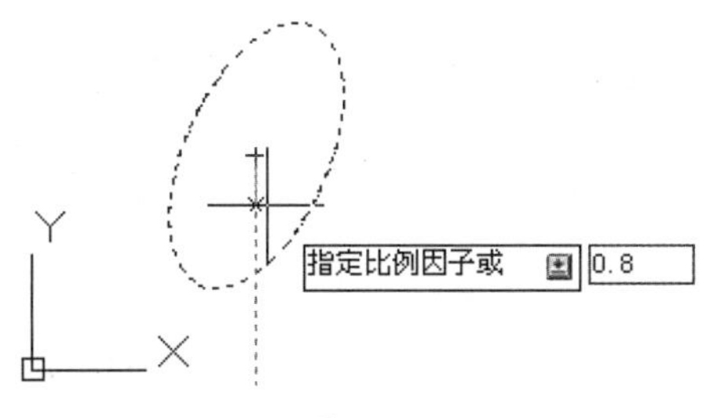

图 4-13

指定基点后命令输入行提示如下：

指定比例因子或 [复制 (C)/ 参照 (R)]: 0.8

最终绘制的图形如图 4-14 所示。

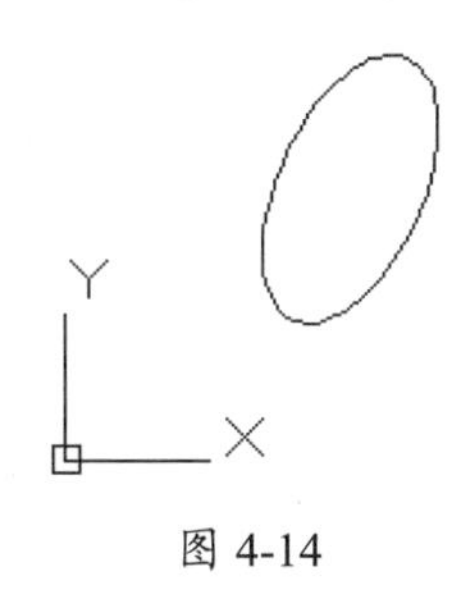

图 4-14

4.1.6 镜像

AutoCAD 为用户提供了镜像命令，用于把绘制好的图形复制到其他的地方。

执行【镜像】命令的三种方法如下。

(1) 单击【修改】面板中的【镜像】按钮。

(2) 在命令输入行中输入 Mirror 命令后按 Enter 键。

(3) 在菜单栏中选择【修改】|【镜像】菜单命令。

执行以上任一操作后，命令输入行如下所示：

命令 : _mirror
选择对象 : 找到 1 个

选取对象后绘图区如图 4-15 所示。

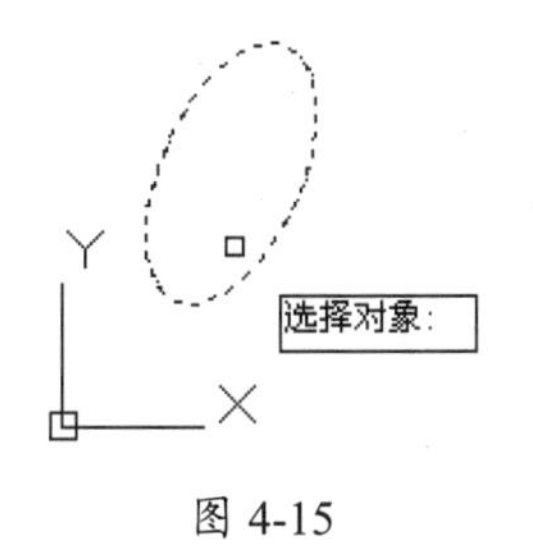

图 4-15

选取对象后命令输入行提示如下。

选择对象 :
在 AutoCAD 中，此命令默认用户会继续选择下一个实体，右击或按 Enter 键即可结束选择。然后在提示下选取镜像线的第一点和第二点。
指定镜像线的第一点 : 指定镜像线的第二点 :

指定镜像线的第一点后绘图区如图 4-16 所示：

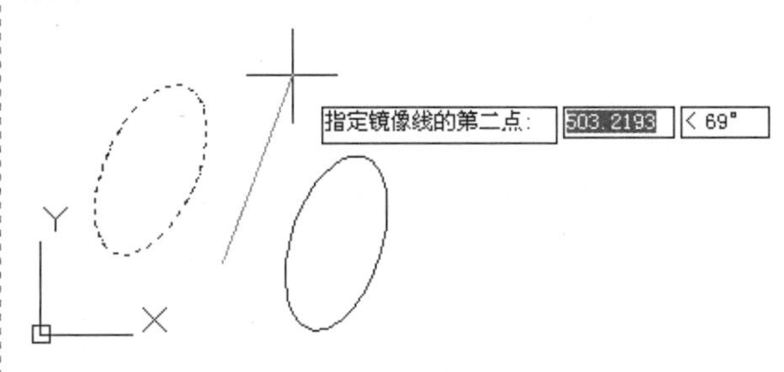

图 4-16

指定镜像线第二点后，AutoCAD 会询问用户是否要删除原图形，在此输入 N 后按 Enter 键，命令输入行提示如下：

要删除源对象吗？ [是 (Y)/ 否 (N)] <N>: n

用此命令绘制的图形如图 4-17 所示。

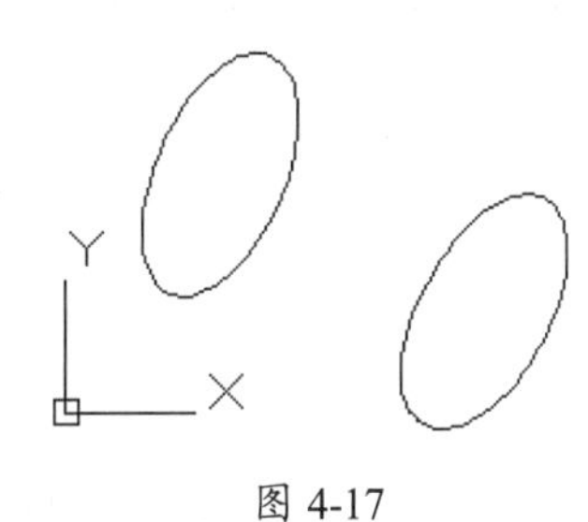

图 4-17

4.1.7 偏移

当两个图形严格相似，只是在位置上有偏差时，可以用偏移命令。AutoCAD 提供了偏移命令使用户可以很方便地绘制此类图形，特别是要绘制许多相似的图形时，使用此命令要比使用复制命令快捷。

执行【偏移】命令的三种方法如下。

(1) 单击【修改】面板中的【偏移】按钮。

(2) 在命令输入行中输入 Offset 命令后按 Enter 键。

(3) 在菜单栏中选择【修改】|【偏移】菜单命令。

执行上述任一操作后，命令输入行提示如下：

命令：_offset

当前设置：删除源=否 图层=源 OFFSETGAPTYPE=0

指定偏移距离或 [通过 (T)/ 删除 (E)/ 图层 (L)] <通过>: 10

指定偏移距离后绘图区如图 4-18 所示。

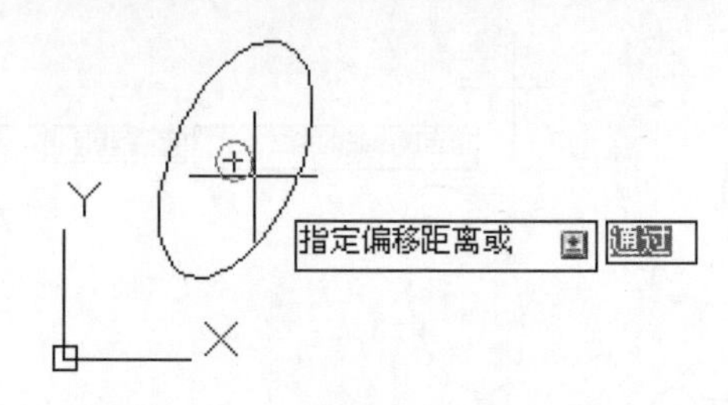

图 4-18

指定偏移距离后命令输入行提示如下：

选择要偏移的对象，或 [退出 (E)/ 放弃 (U)] <退出>:

选择要偏移的对象后绘图区如图 4-19 所示。

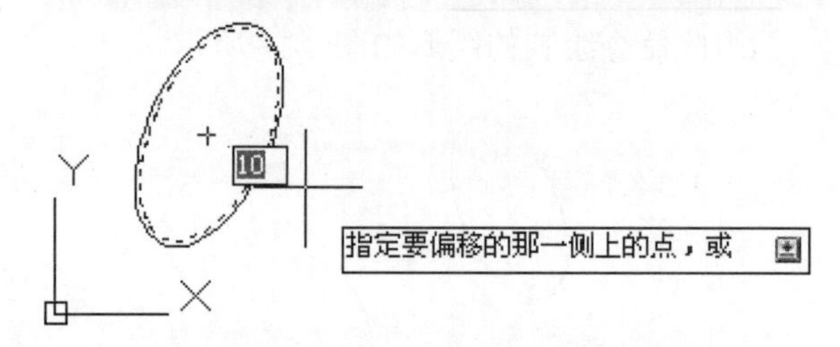

图 4-19

选择要偏移的对象后命令输入行提示如下。

指定要偏移的那一侧上的点，或 [退出 (E)/ 多个 (M)/ 放弃 (U)] <退出>:

指定要偏移的那一侧上的点后绘制的图形如图 4-20 所示。

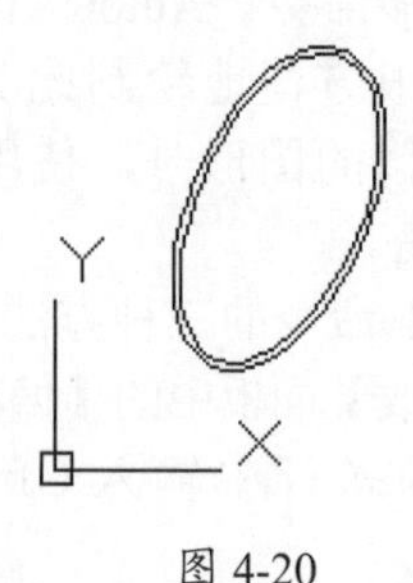

图 4-20

4.1.8 阵列

AutoCAD 为用户提供了阵列命令，可以把绘制的图形复制到其他的地方，包括矩形阵列、路径阵列和环形阵列，下面分别进行介绍。

1. 矩形阵列

执行【矩形阵列】命令的三种方法如下。

(1) 单击【修改】工具栏或【修改】面板中的【矩形阵列】按钮。

(2) 在命令输入行中输入 arrayrect 命令后按 Enter 键。

(3) 在菜单栏中选择【修改】|【阵列】|【矩形阵列】菜单命令。

执行上述任一操作后，AutoCAD 要求先选择对象。选择对象之后，选择夹点，如图 4-21 所示，之后移动指定目标点，如图 4-22 所示；然后右击弹出快捷菜单如图 4-23 所示，选择新的命令或者退出。

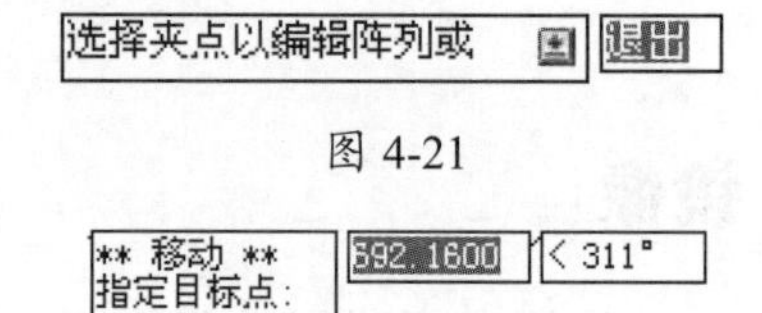

图 4-21

图 4-22

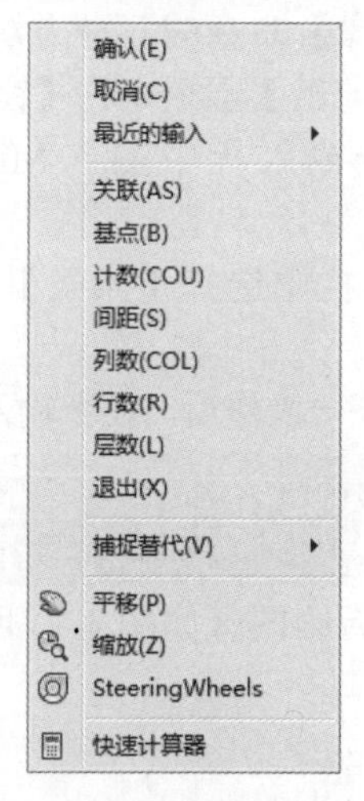

图 4-23

快捷菜单中的部分命令含义如下。

- 【行数】：按单位指定行间距。要向下添加行，指定负值。
- 【列数】：按单位指定列间距。要向

左边添加列，指定负值。

用矩形阵列命令绘制的图形如图4-24所示。

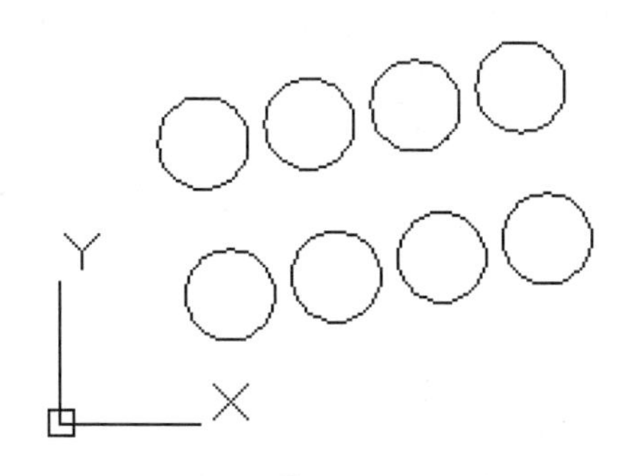

图 4-24

2. 路径阵列

执行【路径阵列】命令的三种方法如下。

(1) 单击【修改】工具栏或【修改】面板中的【路径阵列】按钮。

(2) 在命令输入行中输入 ARRAYPATH 命令后按 Enter 键。

(3) 在菜单栏中选择【修改】|【阵列】|【路径阵列】菜单命令。

选择此命令之后，系统要求选择路径，如图 4-25 所示。选择之后，选择夹点，如图 4-26 所示。

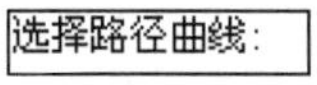

选择路径曲线:

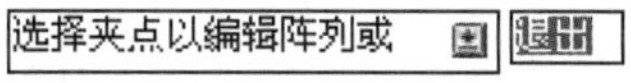

图 4-25

选择夹点以编辑阵列或 退出

图 4-26

设置完成之后，右击弹出快捷菜单，选择【退出】命令退出，如图 4-27 所示。绘制的路径阵列图形如图 4-28 所示。

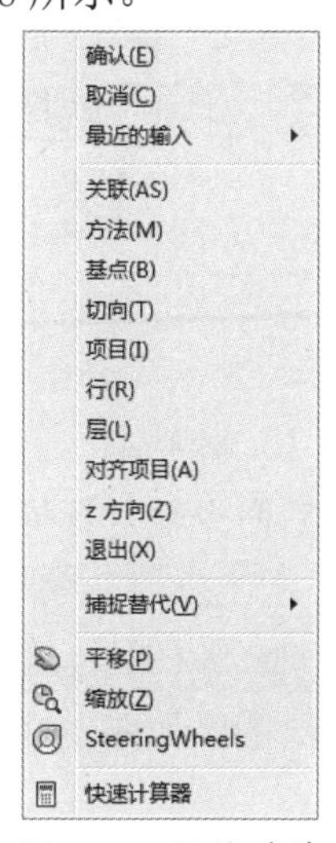

图 4-27 快捷菜单

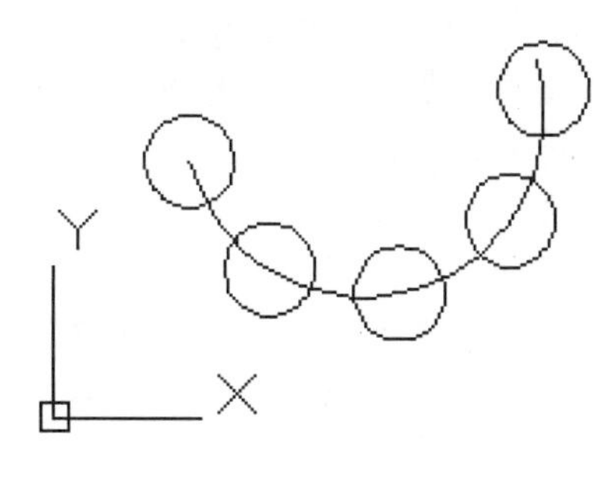

图 4-28

3. 环形阵列

执行【环形阵列】命令的三种方法如下。

(1) 单击【修改】工具栏或【修改】面板中的【环形阵列】按钮。

(2) 在命令输入行中输入 ARRAYPOLAR 命令后按 Enter 键。

(3) 在菜单栏中选择【修改】|【阵列】|【环形阵列】菜单命令。

选择【环形阵列】命令后，开始选择中心点，如图 4-29 所示；之后选择夹点，如图 4-30 所示。

指定阵列的中心点或 1591.1805 1744.2997

图 4-29

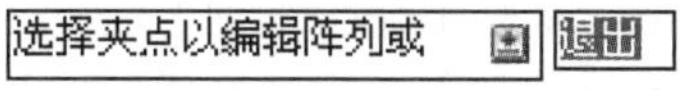

选择夹点以编辑阵列或 退出

图 4-30

最后，右击弹出快捷菜单，选择相应的命令，或者退出绘制，如图 4-31 所示。

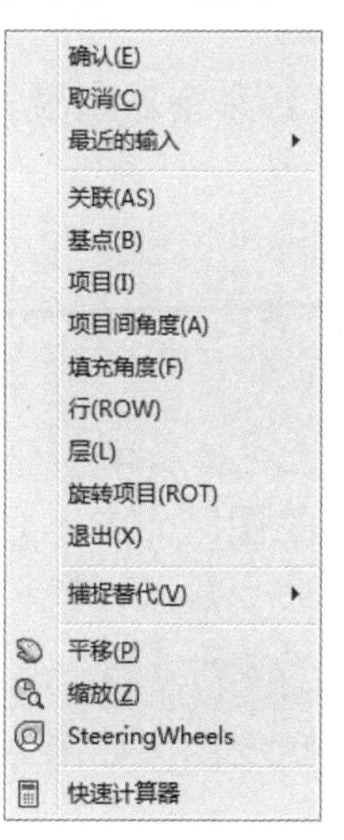

图 4-31

快捷菜单中的部分命令含义如下。

- 【项目】：设置在结果阵列中显示的对象。
- 【填充角度】：通过定义阵列中第一个和最后一个元素的基点之间的包含角来设置阵列大小。正值指定逆时针旋转。负值指定顺时针旋转。默认值为 360。不允许值为 0。
- 【项目间角度】：设置阵列对象的基点和阵列中心之间的包含角。输入一个正值。默认方向值为 90。
- 【基点】：设置新的 X 和 Y 基点坐标。

用环形阵列命令绘制的图形如图 4-32 所示。

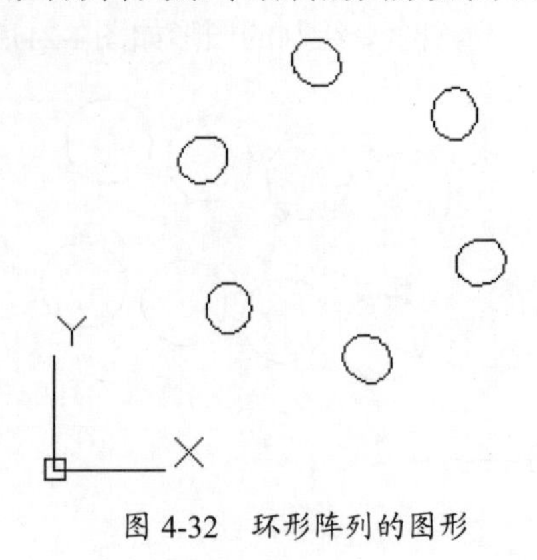

图 4-32　环形阵列的图形

4.2　扩展编辑工具

AutoCAD 2018 中的编辑工具有一部分属于扩展编辑工具，如拉伸、拉长、修剪、延伸、打断、倒角、圆角、分解。下面将详细介绍这些工具的使用方法。

4.2.1　拉伸

在 AutoCAD 中，允许将对象端点拉伸到不同的位置。

执行【拉伸】命令的三种方法如下。

(1) 单击【修改】面板中的【拉伸】按钮。

(2) 在命令输入行中输入 Stretch 命令后按 Enter 键。

(3) 在菜单栏中选择【修改】|【拉伸】菜单命令。

选择【拉伸】命令后出现 □ 图标，命令输入行如下所示：

> 命令：_stretch
> 以交叉窗口或交叉多边形选择要拉伸的对象 ...
> 选择对象：

选择对象后绘图区如图 4-33 所示。

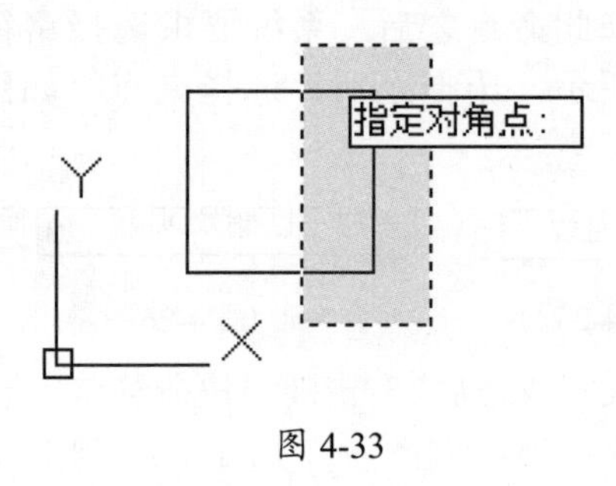

图 4-33

选取实体后命令输入行提示如下：

> 指定对角点：找到 1 个，总计 1 个

指定对角点后绘图区如图 4-34 所示。

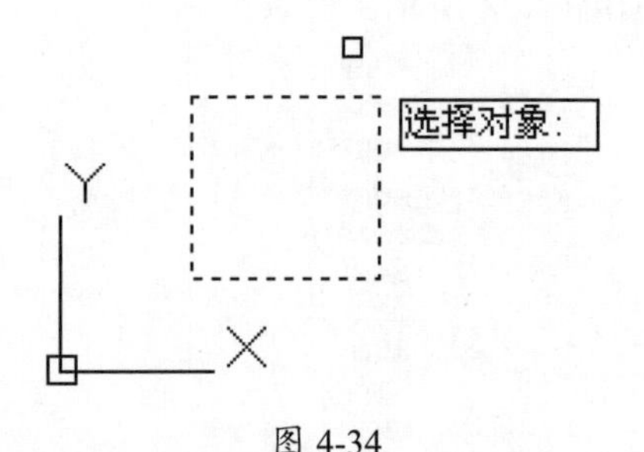

图 4-34

指定对角点后命令输入行提示如下：

> 选择对象：
> 指定基点或 [位移 (D)] < 位移 >:

指定基点后绘图区如图 4-35 所示。

图 4-35

指定基点后命令输入行提示如下：

指定第二个点或 < 使用第一个点作为位移 >:

指定第二个点后绘制的图形如图4-36所示。

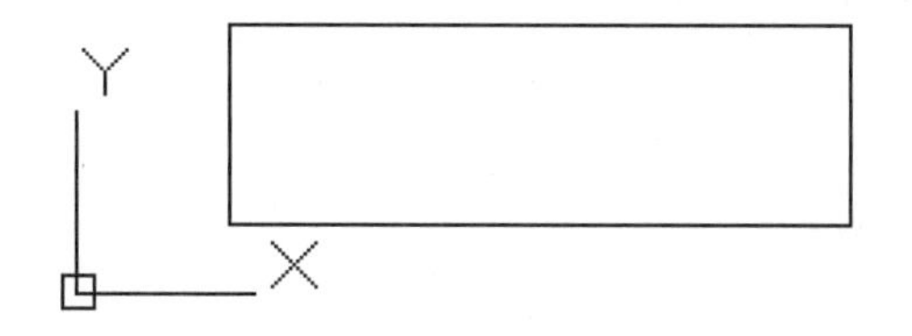

图 4-36

> **提示**
>
> 选择拉伸命令时，圆、点、块以及文字是特例，当基点在圆心、点的中心、块的插入点或文字行的最左边的点时只是移动图形对象而不会拉伸。

4.2.2 拉长

在绘制好的图形上，有时需要将图形的直线、圆弧的尺寸放大或缩小，或者要知道直线的长度值，可以用拉长命令来改变长度或读出长度值。

执行【拉长】命令的三种方法如下。

(1) 单击【修改】面板中的【拉长】按钮。

(2) 在命令输入行中输入 lengthen 命令后按 Enter 键。

(3) 在菜单栏中选择【修改】|【拉长】菜单命令。

选择【拉长】命令后出现 □ 图标，这时在命令输入行显示如下提示信息。

命令 : _lengthen

选择对象或 [增量 (DE)/ 百分数 (P)/ 全部 (T)/ 动态 (DY)]: DE

输入长度增量或 [角度 (A)] <26.7937>: 50

输入长度增量后绘图区如图 4-37 所示。

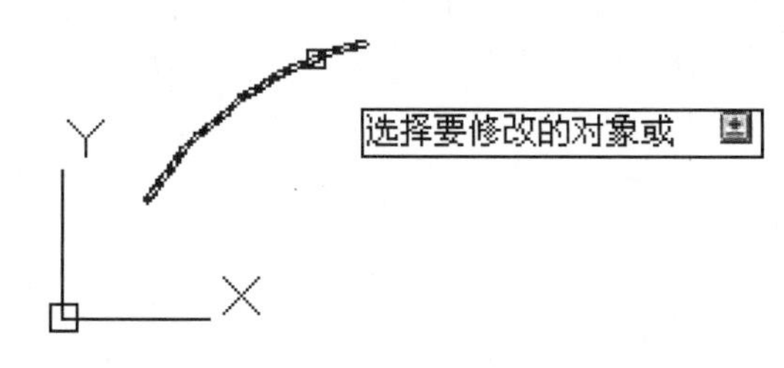

图 4-37

输入长度增量后命令输入行提示如下：

选择要修改的对象或 [放弃 (U)]:

用鼠标单击要修改的对象后绘制的图形如图 4-38 所示。

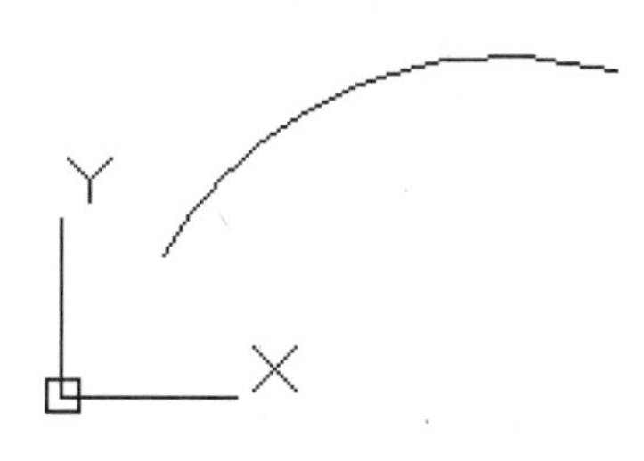

图 4-38

在执行【拉长】命令时，会出现部分让用户选择的命令。

- 【增量】：指差值 (当前长度与拉长后长度的差值)。
- 【百分数】：选择百分数命令后，在命令输入行输入大于 100 的数值就会拉长对象，输入小于 100 的数值就会缩短对象。
- 【全部】：指总长 (拉长后图形对象的总长)。
- 【动态】：指动态拉长 (动态地拉长或缩短图形实体)。

> **提示**
>
> 所有将要被拉长的图形实体的端点是对象上离选择点最近的端点。

4.2.3 修剪

【修剪】命令的功能是将一个对象以另一个对象或它的投影面作为边界进行精确的修剪。

执行【修剪】命令的三种方法如下。

(1) 单击【修改】面板中的【修剪】按钮。

(2) 在命令输入行中输入 trim 命令后按 Enter 键。

(3) 在菜单栏中选择【修改】|【修剪】菜单命令。

选择【修剪】命令后出现 □ 图标，在命令输入行中出现如下提示，要求用户选择实体作为将要被修剪实体的边界，这时可选取修剪实体的边界。

命令 : _trim
当前设置 : 投影 =UCS，边 = 延伸
选择剪切边 ...
选择对象或 < 全部选择 >: 找到 1 个

选择对象后绘图区如图 4-39 所示。

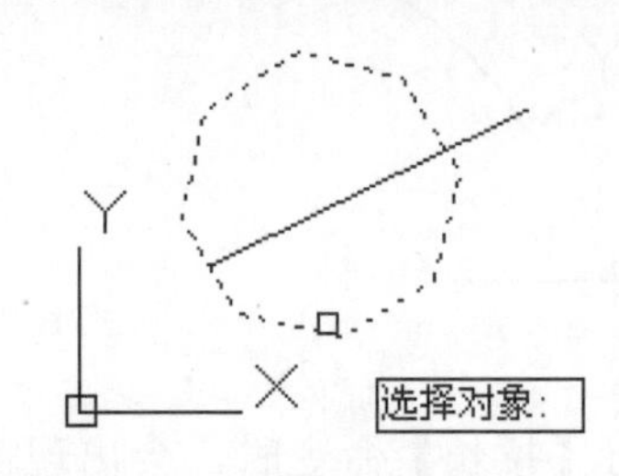

图 4-39

选取对象后命令输入行提示如下：

选择对象 :
选择要修剪的对象，或按住 Shift 键选择要延伸的对象，或 [栏选 (F)/ 窗交 (C)/ 投影 (P)/ 边 (E)/ 删除 (R)/ 放弃 (U)]: e

选择边 (E) 命令后绘图区如图 4-40 所示。

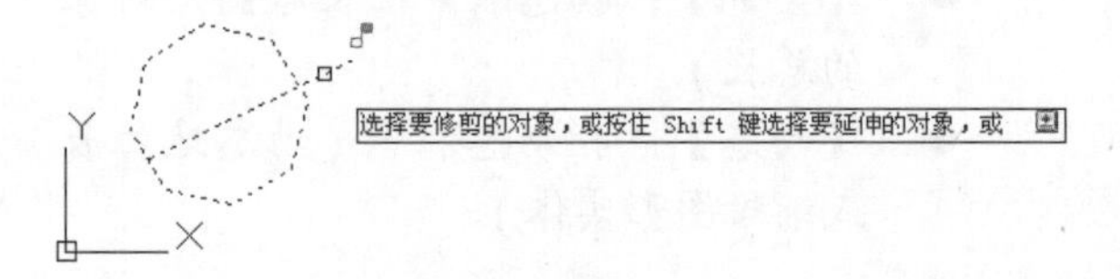

图 4-40

选择边 (E) 后命令输入行提示如下：

输入隐含边延伸模式 [延伸 (E)/ 不延伸 (N)] < 延伸 >: N
选择要修剪的对象，或按住 Shift 键选择要延伸的对象，或 [栏选 (F)/ 窗交 (C)/ 投影 (P)/ 边 (E)/ 删除 (R)/ 放弃 (U)]:

选择要修剪的对象后绘制的图形如图 4-41 所示。

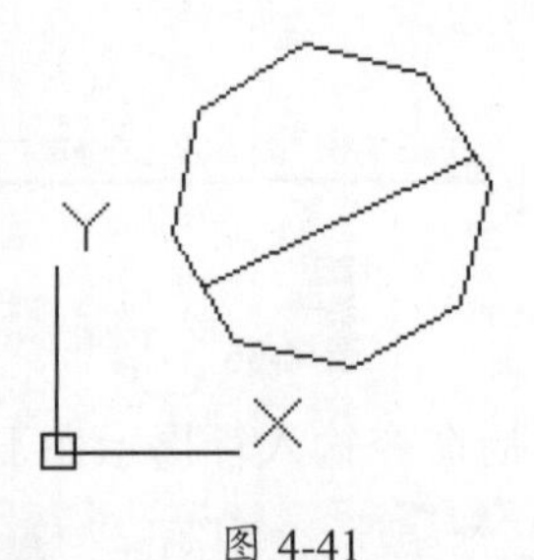

图 4-41

提示

在修剪过程中，AutoCAD 会一直认为用户要修剪实体，直至按下空格键或 Enter 键为止。

4.2.4 延伸

AutoCAD 提供的延伸命令正好与修剪命令相反，它是将一个对象或它的投影面作为边界进行延长。

执行【延伸】命令的三种方法如下。

(1) 单击【修改】面板中的【延伸】按钮。

(2) 在命令输入行中输入 extend 命令后按 Enter 键。

(3) 在菜单栏中选择【修改】|【延伸】菜单命令。

执行【延伸】命令后出现捕捉按钮图标 □，在命令输入行中出现如下提示，要求用户选择实体作为将要被延伸的边界，这时可选取延伸实体的边界。

命令 : _extend
当前设置 : 投影 = 视图，边 = 延伸
选择边界的边 ...
选择对象或 < 全部选择 >: 找到 1 个

选取对象后绘图区如图 4-42 所示。

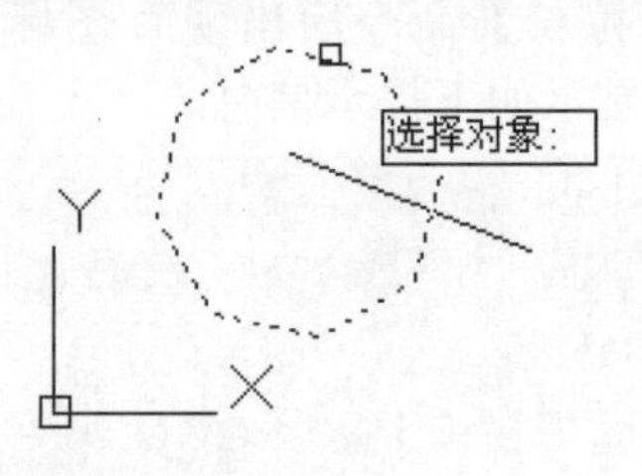

图 4-42

选取对象后命令输入行提示如下：

> 选择对象：
> 选择要延伸的对象，或按住 Shift 键选择要修剪的对象，或 [栏选 (F)/ 窗交 (C)/ 投影 (P)/ 边 (E)/ 放弃 (U)]: e

选择边 (E) 命令后绘图区如图 4-43 所示。

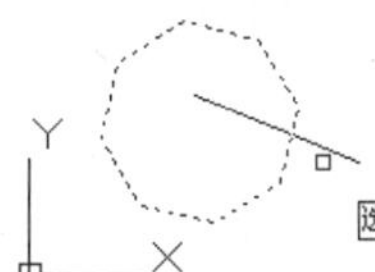

图 4-43

选择边 (E) 命令后输入行提示如下：

> 输入隐含边延伸模式 [延伸 (E)/ 不延伸 (N)] < 延伸 >:e
> 选择要延伸的对象，或按住 Shift 键选择要修剪的对象，或 [栏选 (F)/ 窗交 (C)/ 投影 (P)/ 边 (E)/ 放弃 (U)]:

用【延伸】命令绘制的图形如图 4-44 所示。

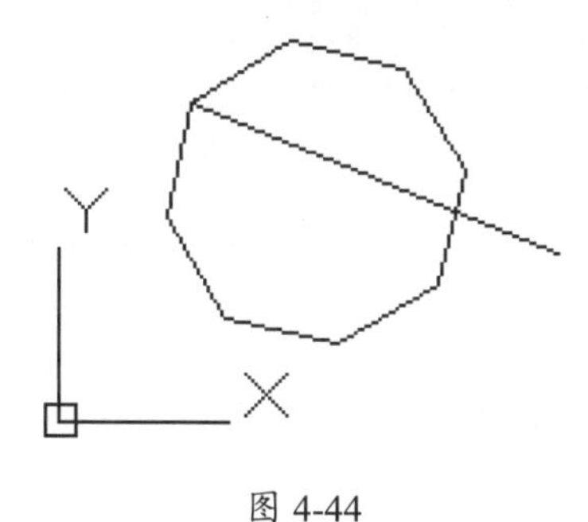

图 4-44

提示

在延伸执行过程中，AutoCAD 会一直认为用户要延伸实体，直至用户按下空格键或 Enter 键为止。

4.2.5 打断

【打断】命令主要用于删除直线、圆或圆弧等实体的一部分，或将一个图形对象分割为两个同类对象。包括以下两种情况。

1. 打断于点 (在某点打断)

执行此命令的两种方法如下。

(1) 单击【修改】面板中的【打断于点】按钮。

(2) 在命令输入行中输入 break 命令后按 Enter 键。

(3) 执行此命令后出现 □ 图标，在命令输入行中出现如下提示，要求用户选择一点作为打断的第 1 点。

> 命令 : _break 选择对象 :
> 指定第二个打断点 或 [第一点 (F)]: _f
> 指定第一个打断点 :

指定第一个打断点时绘图区如图 4-45 所示。

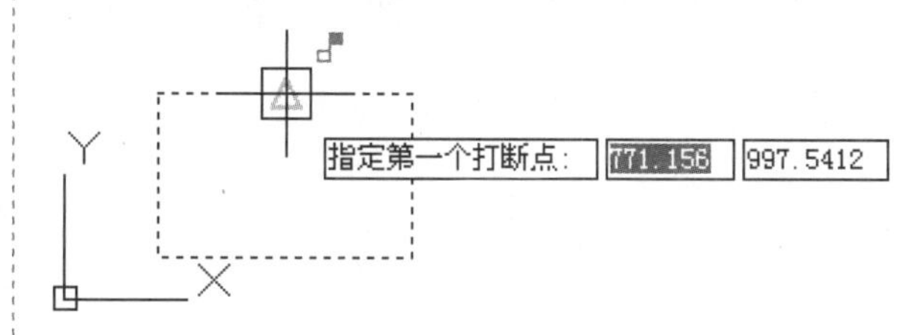

图 4-45

指定第一个打断点后命令输入行提示如下：

> 指定第二个打断点 : @

用【打断于点】命令绘制的图形如图 4-46 所示。

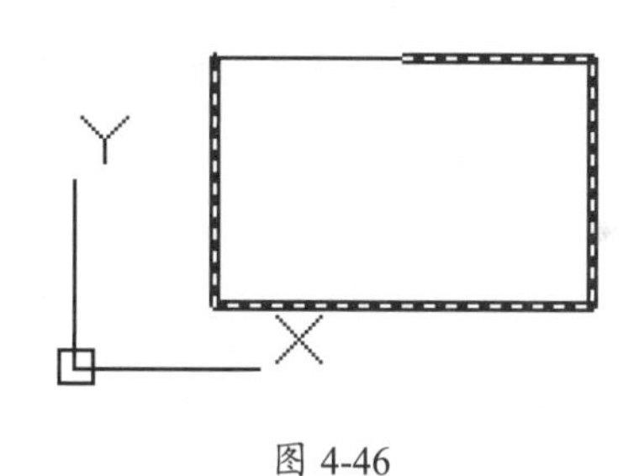

图 4-46

2. 打断 (打断并把两点之间的图形对象删除)

执行此命令的三种方法如下。

(1) 单击【修改】面板中的【打断】按钮。

(2) 在命令输入行中输入 break 命令后按 Enter 键。

(3) 在菜单栏中选择【修改】|【打断】菜单命令。

执行此命令后出现 □ 图标，命令输入行提示如下：

> 命令 : _break 选择对象 :
> 指定第二个打断点 或 [第一点 (F)]: f
> 指定第一个打断点 :

指定第一个打断点时绘图区如图4-47所示。

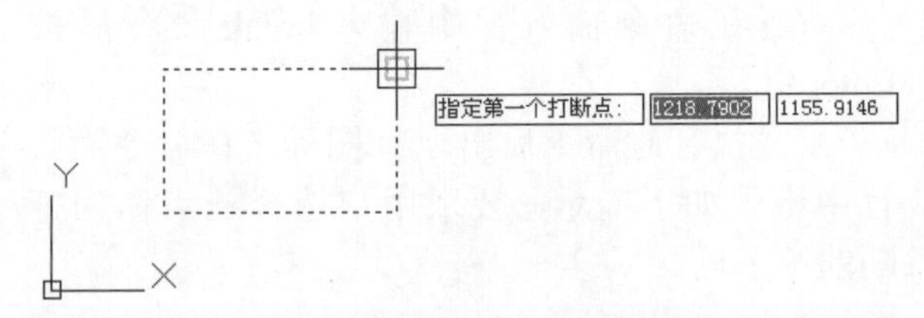

图 4-47

指定第一个打断点后命令输入行提示如下：

指定第二个打断点：

指定第二个打断点时绘图区如图4-48所示。

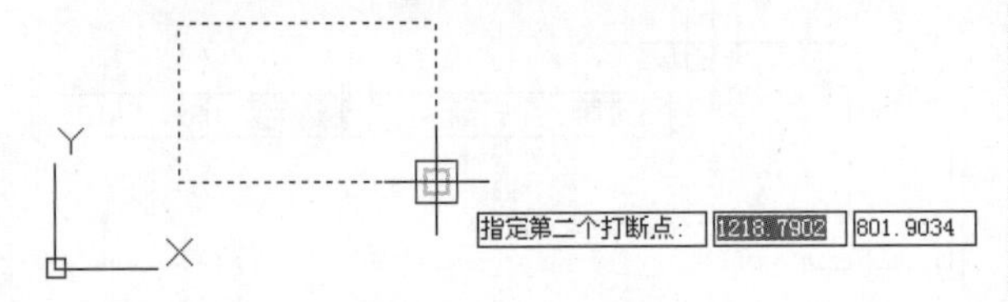

图 4-48

用【打断】命令绘制的图形如图 4-49 所示。

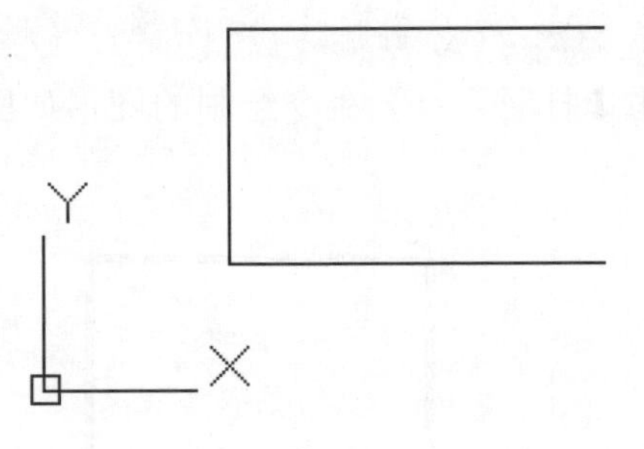

图 4-49

提示

打断的结果对于不同的图形对象来说是不同的。对于直线和圆弧等轨迹线而言，将按照用户所指定的两个分点打断；对于圆而言，将按照第 1 点到第 2 点的逆时针方向截去这两点之间的一段圆弧，从而将圆打断为一段圆弧。

4.2.6 倒角

【倒角】命令主要用于两条非平行直线或多段线进行的编辑，或将两条非平行直线进行相交连接。

执行【倒角】命令的三种方法如下。

(1) 单击【修改】面板中的【倒角】按钮。

(2) 在命令输入行中输入 chamfer 命令后按 Enter 键。

(3) 在菜单栏中选择【修改】|【倒角】菜单命令。

执行【倒角】命令后在视图中出现 □ 图标并且命令输入行提示如下：

命令：_chamfer

（“修剪”模式）当前倒角距离 1 = 30.0000，距离 2 = 30.0000

选择第一条直线或 [放弃 (U)/ 多段线 (P)/ 距离 (D)/ 角度 (A)/ 修剪 (T)/ 方式 (E)/ 多个 (M)]: t

输入修剪模式选项 [修剪 (T)/ 不修剪 (N)] <修剪>: t

选择第一条直线或 [放弃 (U)/ 多段线 (P)/ 距离 (D)/ 角度 (A)/ 修剪 (T)/ 方式 (E)/ 多个 (M)]: d

指定第一个倒角距离 <40.0000>:

指定第二个倒角距离 <40.0000>:

选择第一条直线或 [放弃 (U)/ 多段线 (P)/ 距离 (D)/ 角度 (A)/ 修剪 (T)/ 方式 (E)/ 多个 (M)]:

选择第一条直线后绘图区如图 4-50 所示。

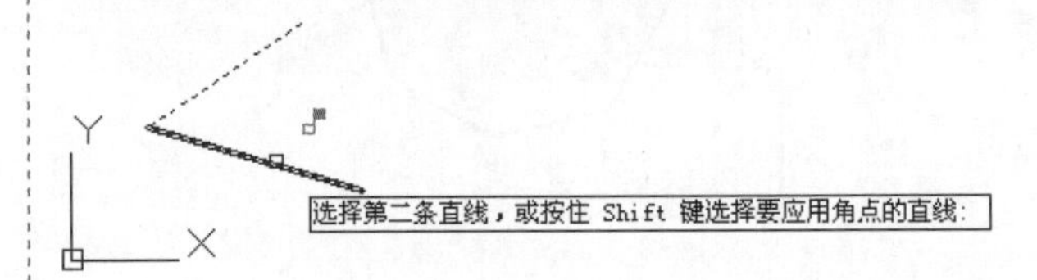

图 4-50

选择第一条直线后命令输入行提示如下：

选择第二条直线，或按住 Shift 键选择要应用角点的直线：

用【倒角】命令绘制的图形如图 4-51 所示。

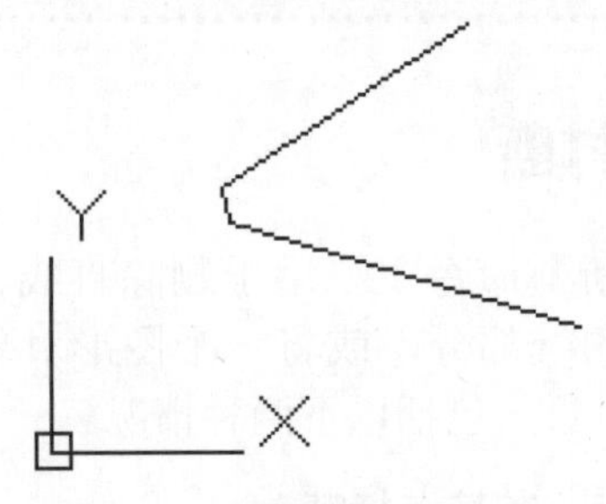

图 4-51　用倒角命令绘制的图形

在执行【倒角】命令时，会出现部分让用户选择的命令，下面将作介绍。

- 【多段线】：表示将要被倒角的线为多段线。用户可以在命令输入行中输入 P 后按 Enter 键选择此项。
- 【距离】：用于设置倒角顶点到倒角线的距离。用户可以在命令输入行中输入 D 后按 Enter 键选择此项，然后在命令输入行中输入一定的数值来设置。
- 【角度】：在命令输入行中输入 A 后按 Enter 键可选择该项。
- 【修剪】：用于设置将要被倒角的位置是否要将多余的线条修剪掉。可以在命令输入行输入 T 后按 Enter 键选择此项。
- 【方式】：此项的意义是控制 AutoCAD 使用两个距离，还是一个距离一个角度的方式。两个距离方式与【距离】的含义一样，一个距离一个角度的方式与【角度】的含义相同。默认情况下为上一次操作所定义的方式。
- 【多个】：选择此项，用户可以选择多个非平行直线或多段线进行倒角。

4.2.7 圆角

【圆角】命令主要用于使两条相交的弧线或直线或样条线等形成圆角连接。

执行【圆角】命令的三种方法如下。

(1) 单击【修改】面板中的【圆角】按钮。

(2) 在命令输入行中输入 fillet 命令后按 Enter 键。

(3) 在菜单栏中选择【修改】|【圆角】菜单命令。

执行【圆角】命令后在视图中出现 □ 图标并且命令输入行提示如下。

> 命令：_fillet
> 当前设置：模式 = 修剪，半径 = 0.0000
> 选择第一个对象或 [放弃 (U)/ 多段线 (P)/ 半径 (R)/ 修剪 (T)/ 多个 (M)]: r
> 指定圆角半径 <0.0000>: 30

> 选择第一个对象或 [放弃 (U)/ 多段线 (P)/ 半径 (R)/ 修剪 (T)/ 多个 (M)]:

选择第一个对象后绘图区如图 4-52 所示。

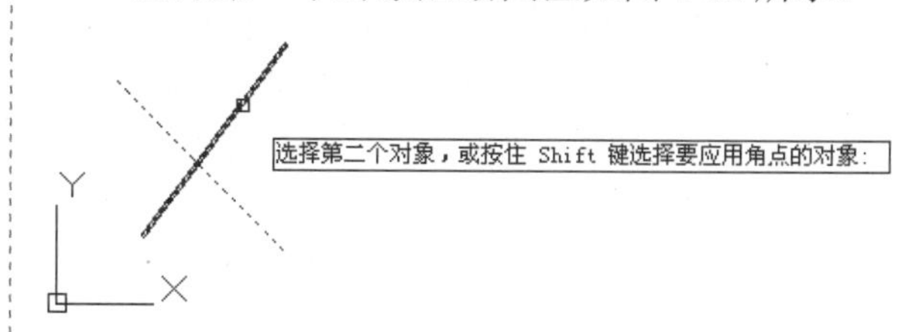

图 4-52

选择第一个对象后命令输入行提示如下：

> 选择第二个对象，或按住 Shift 键选择要应用角点的对象：

用【圆角】命令绘制的图形如图 4-53 所示。

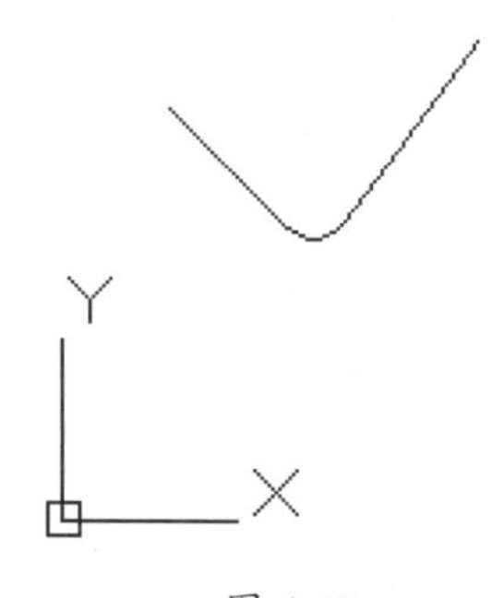

图 4-53

在执行【圆角】命令时，会出现部分让用户选择的命令，下面进行介绍。

- 【多段线】：表示将要被倒圆角的线为多段线。用户可以在命令输入行中输入 P 后按 Enter 键选择此项。
- 【半径】：若用户在命令输入行中输入 R 项，则表示用户需要设置要倒角的半径。
- 【修剪】：选择此项时，用户可以设置将要被倒角的位置是否要将多余的线条修剪掉。
- 【多个】：选择此项，用户可以选择多个相交的线段做圆角。

4.2.8 分解

图形块是作为一个整体插入到图形中的，用户不能对它的单个图形对象进行编辑，当用户需要对它进行单个编辑时，就需要用到分解命令。【分解】命令用于将块打碎，把块分解为原始的图形对象，这样用户就可以方便地进行编辑了。

执行【分解】命令的三种方法如下。

(1) 单击【修改】面板中的【分解】按钮。

(2) 在命令输入行中输入 explode 命令后按 Enter 键。

(3) 在菜单栏中选择【修改】|【分解】菜单命令。

命令输入行提示如下：

```
命令：_explode
选择对象：找到 1 个
```

选择对象后绘图区如图 4-54 所示。

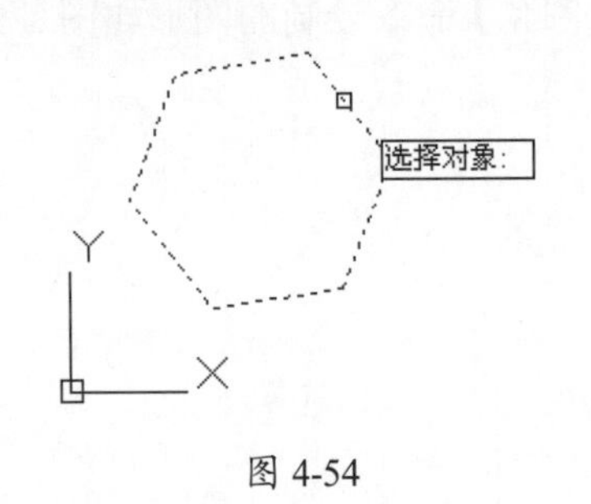

图 4-54

选取对象后命令输入行提示如下。

```
选择对象：
```

用【分解】命令绘制的图形如图 4-55 所示。

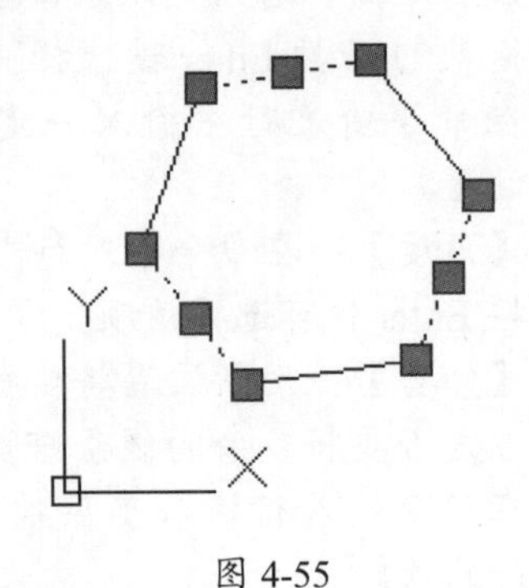

图 4-55

提示

严格来说，分解命令并不是一个基本的编辑命令，但是在绘制复杂图形时使用分解命令的确给用户带来了极大的方便。

4.3 设计范例

4.3.1 环形盘绘制范例

本范例完成文件：ywj\04\4-1.dwg。

案例分析

本节的案例是绘制环形盘的二维图形，在绘制的过程中要用到一些图形编辑操作，主要包括移动、旋转、镜像、偏移和阵列等。

案例操作

步骤 01 绘制直线

① 单击【绘图】面板中的【直线】按钮，如图 4-56 所示。

② 在绘制区单击两次，绘制直线。

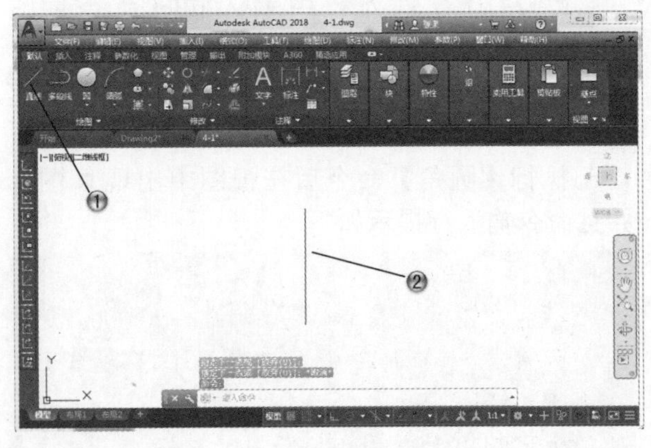

图 4-56

步骤 02 复制直线

➊ 单击【修改】面板中的【复制】按钮，如图 4-57 所示。

➋ 选择直线，单击进行复制。

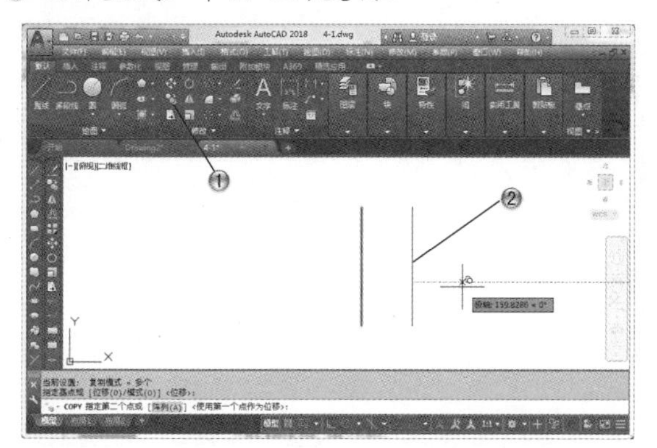

图 4-57

步骤 03 旋转直线

➊ 单击【修改】面板中的【旋转】按钮，如图 4-58 所示。

➋ 选择直线对象后，旋转 90 度。

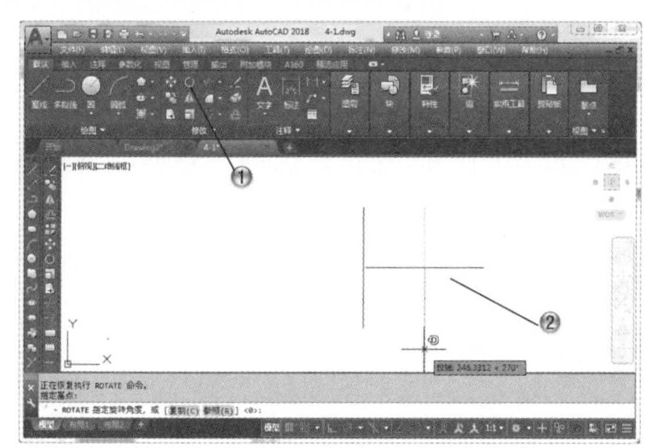

图 4-58

步骤 04 移动直线

➊ 单击【修改】面板中的【移动】按钮，如图 4-59 所示。

➋ 选择直线对象后，移动直线。

步骤 05 绘制圆形

➊ 单击【绘图】面板中的【圆心，半径】按钮，如图 4-60 所示。

➋ 绘制直径为 40 的圆。

➌ 绘制直径为 25 的圆。

➍ 绘制直径为 5 的圆，圆心间的距离为 32.5。

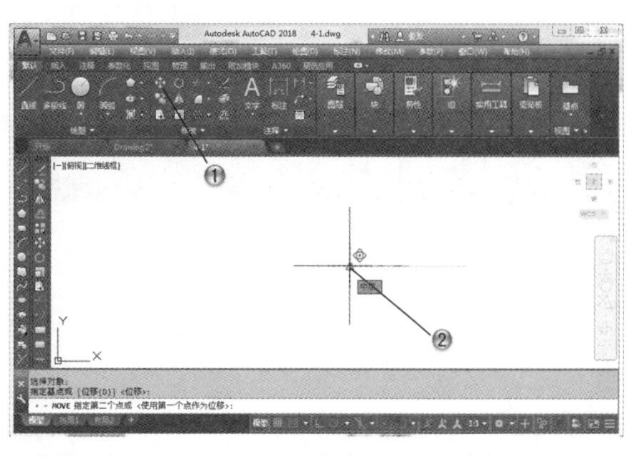

图 4-59

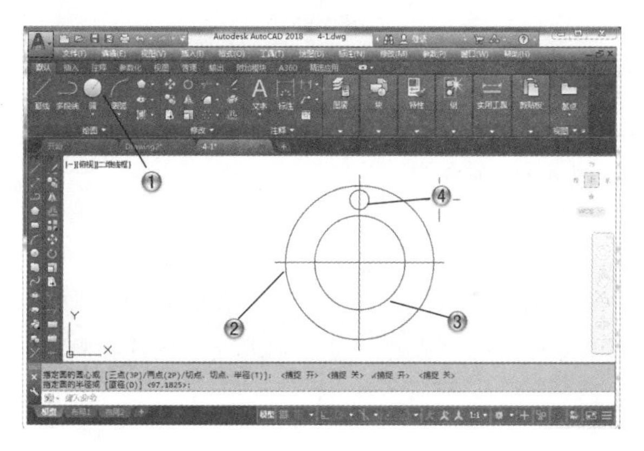

图 4-60

步骤 06 偏移圆形

➊ 单击【修改】面板中的【偏移】按钮，如图 4-61 所示。

➋ 偏移圆，距离为 1。

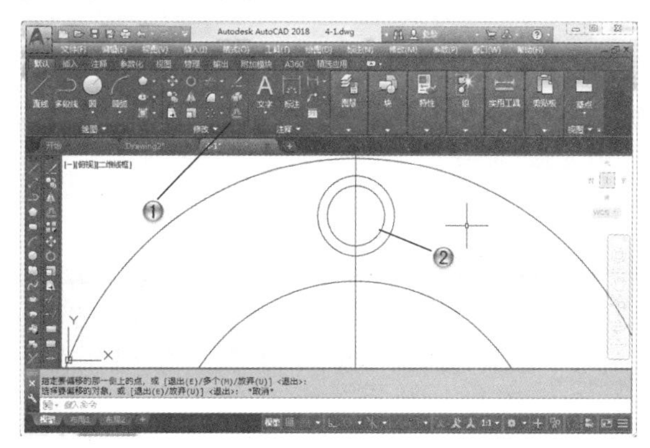

图 4-61

步骤 07 阵列圆形

➊ 单击【修改】面板中的【环形阵列】按钮，如图 4-62 所示。

② 阵列12个圆。

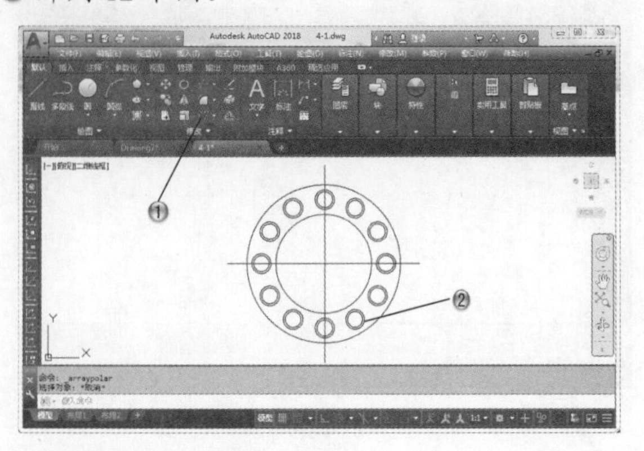

图 4-62

步骤 08 镜像图形

① 单击【修改】面板中的【镜像】按钮，如图 4-63 所示。

② 选择对象，进行镜像。

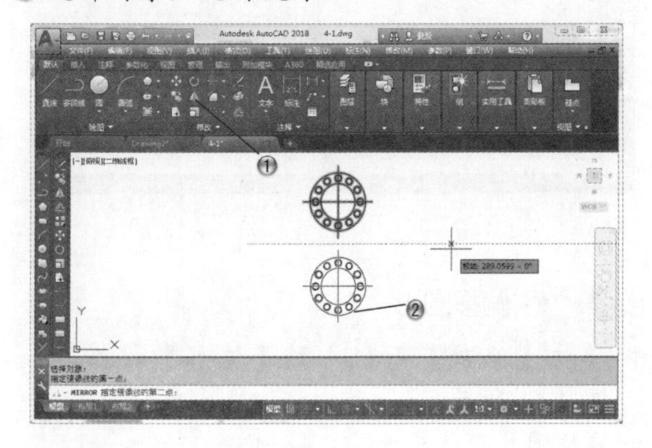

图 4-63

步骤 09 删除图形

① 单击【修改】面板中的【删除】按钮，如图 4-64 所示。

② 选择小圆，进行删除。

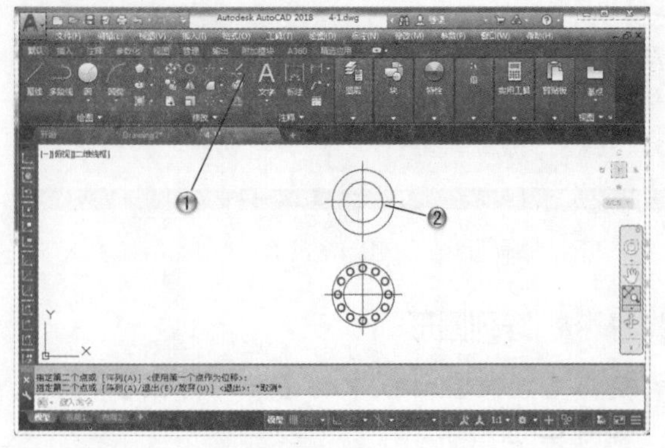

图 4-64

步骤 10 缩小图形

① 单击【修改】面板中的【缩放】按钮，如图 4-65 所示。

② 选择对象，进行 0.5 倍的缩放。

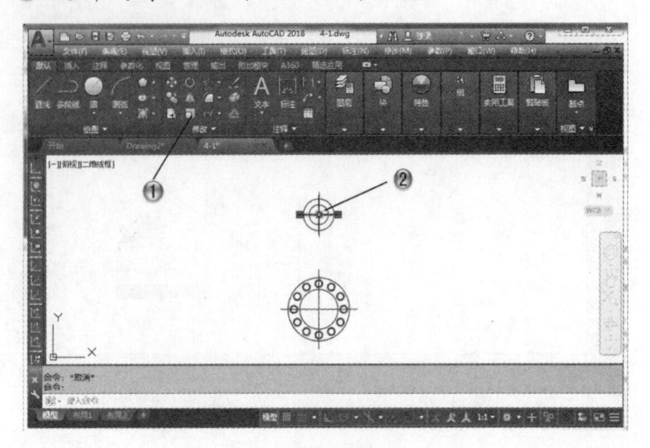

图 4-65

4.3.2 异形件绘制范例

本范例操作文件：ywj\04\4-2a.dwg。

本范例完成文件：ywj\04\4-2.dwg。

案例分析

本节的案例是绘制异形件，进行二维图形编辑的操作，包括复制、拉伸、修剪、倒角和圆角等操作。

案例操作

步骤 01 复制图形

① 打开文件后，单击【修改】面板中的【复制】按钮，如图 4-66 所示。

② 选择对象，单击进行复制。

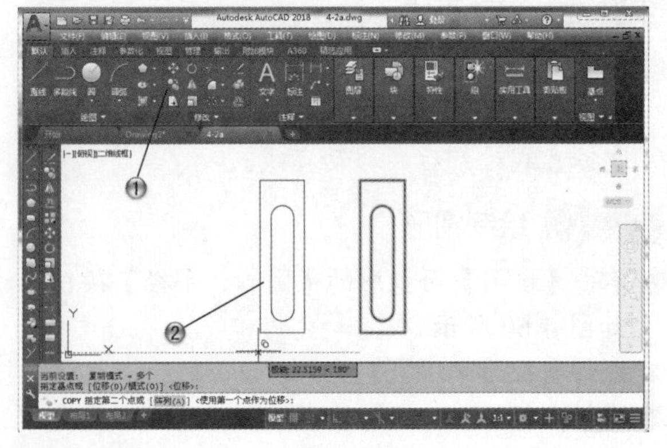

图 4-66

步骤 02 拉伸图形

❶ 单击【修改】面板中的【拉伸】按钮，如图 4-67 所示。

❷ 选择蓝色线框部分，进行拉伸。

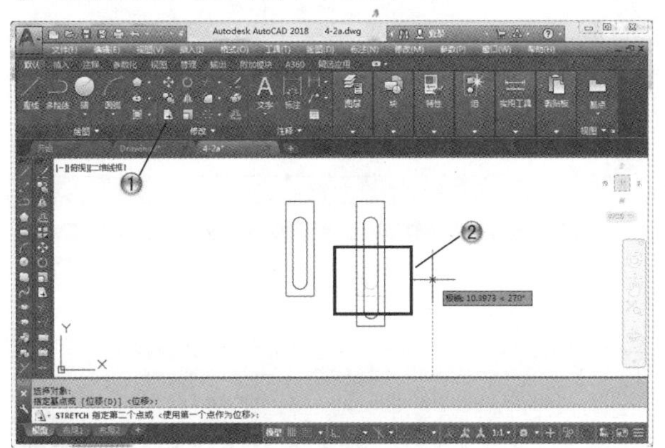

图 4-67

步骤 03 绘制直线

❶ 单击【绘图】面板中的【直线】按钮，如图 4-68 所示。

❷ 两次单击，绘制直线。

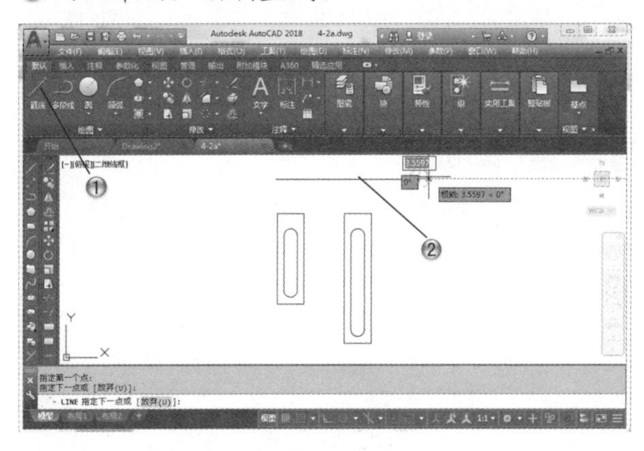

图 4-68

步骤 04 分解矩形

❶ 单击【修改】面板中的【分解】按钮，如图 4-69 所示。

❷ 选择矩形对象，进行分解。

步骤 05 延伸直线

❶ 单击【修改】面板中的【延伸】按钮，如图 4-70 所示。

❷ 选择对象，进行延伸。

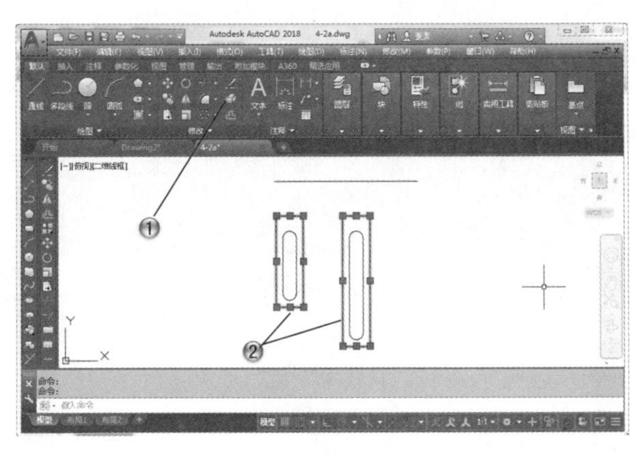

图 4-69

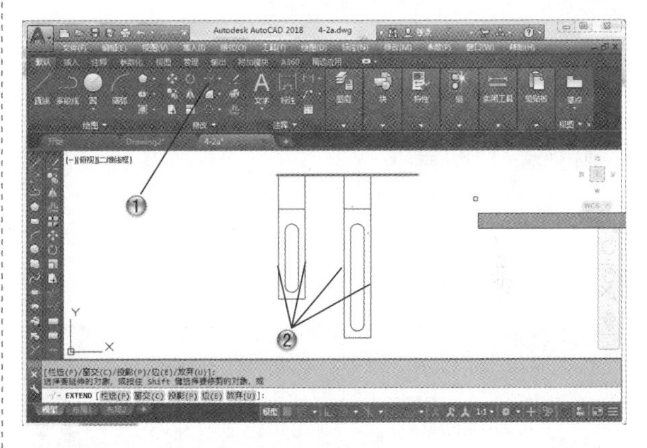

图 4-70

步骤 06 删除直线

❶ 单击【修改】面板中的【删除】按钮，如图 4-71 所示。

❷ 选择对象，进行删除。

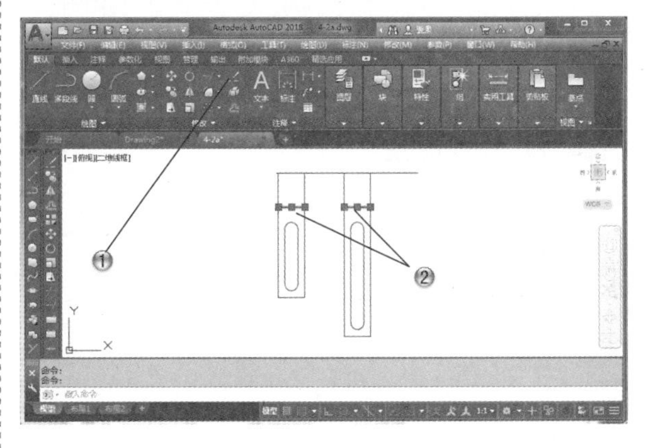

图 4-71

步骤 07 绘制直线

❶ 单击【绘图】面板中的【直线】按钮，如

图 4-72 所示。

❷ 绘制直线。

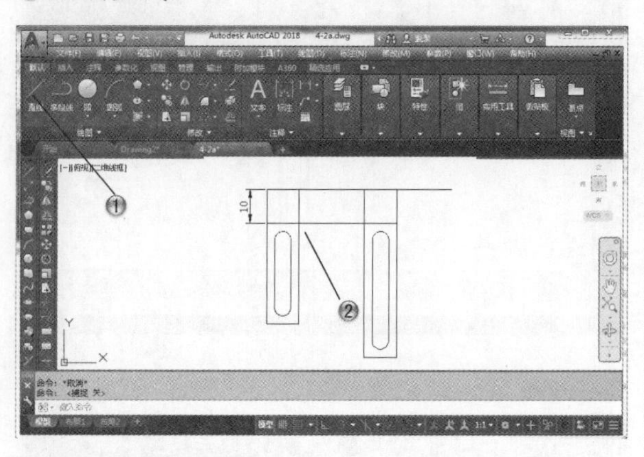

图 4-72

步骤 08 打断直线

❶ 单击【修改】面板中的【打断于点】按钮，如图 4-73 所示。

❷ 依次打断直线。

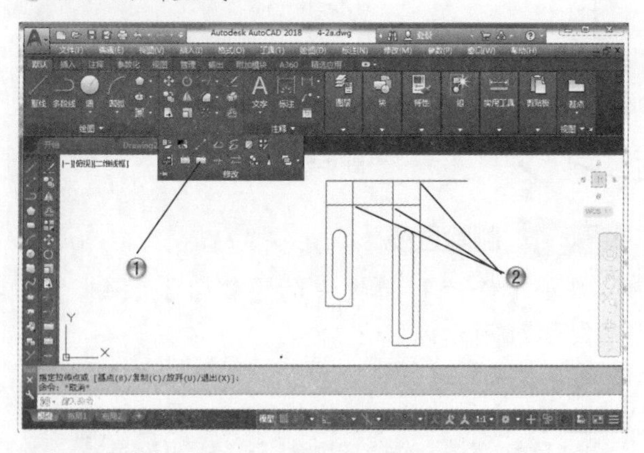

图 4-73

步骤 09 删除直线

❶ 单击【修改】面板中的【删除】按钮，如图 4-74 所示。

❷ 删除所选直线。

步骤 10 倒圆角

❶ 单击【修改】面板中的【圆角】按钮，如图 4-75 所示。

❷ 依次倒圆角，半径为 5。

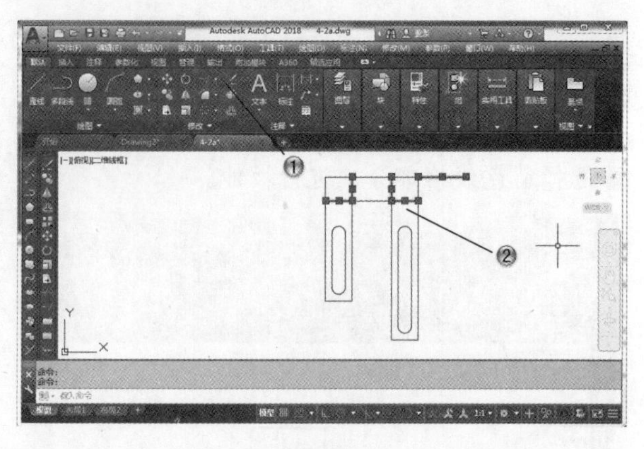

图 4-74

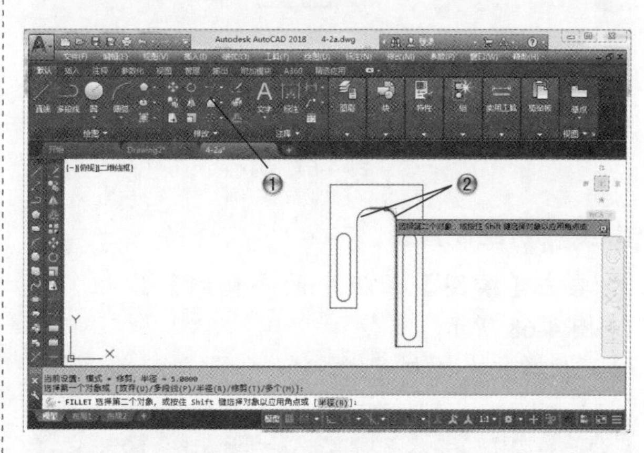

图 4-75

步骤 11 倒角

❶ 单击【修改】面板中的【倒角】按钮，如图 4-76 所示。

❷ 依次进行倒角。

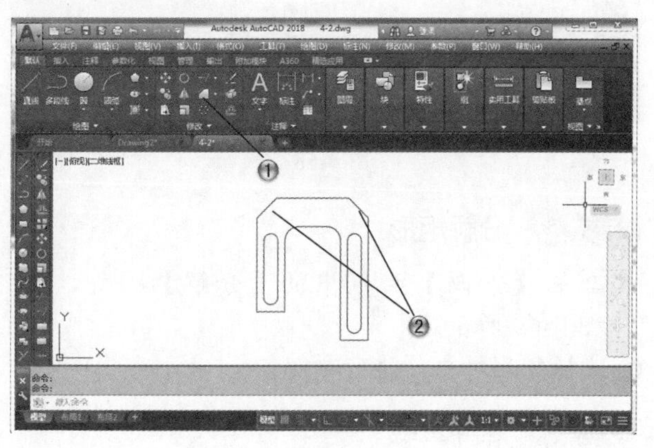

图 4-76

4.4 本章小结和练习

4.4.1 本章小结

本章主要介绍了 AutoCAD 2018 编辑基本图形的一些方法和命令，通过本章的学习，读者可以绘制较为复杂的二维图形，进一步提高绘图的效率与准确度。

4.4.2 练习

如图 4-77 所示，使用本章学过的命令来创建齿盘图形。

(1) 绘制主图形。

(2) 绘制单齿。

(3) 进行阵列。

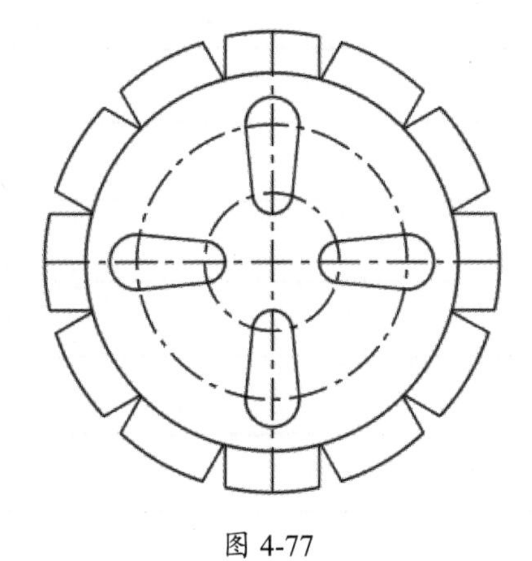

图 4-77

学习心得

第5章

绘制和编辑复杂二维图形

本章导读

在绘图时，往往会遇到一些比较复杂的二维曲线，如飞机的流线型外形需要拟合样条曲线实现。本章向读者讲述复杂二维曲线的绘制和编辑方法。通过本章的学习，读者可以学会绘制一些复杂的二维曲线，如多线、多段线和曲线等，以及编辑一些二维图形。

5.1 创建和编辑多线

多线是工程中常用的一种对象，多线对象由 1 至 16 条平行线组成，这些平行线称为元素。绘制多线时，可以使用包含两个元素的 STANDARD 样式，也可以指定一个以前创建的样式。开始绘制之前，可以修改多线的对正和比例。要修改多线及其元素，可以使用通用编辑命令、多线编辑命令和多线样式。

5.1.1 绘制多线

使用绘制多线的命令可以同时绘制若干条平行线，大大减轻了用 line 命令绘制平行线的工作量。在机械图形绘制中，该命令常用于绘制厚度均匀零件的剖切面轮廓线或它在某视图上的轮廓线。

1. 绘制多线命令的调用方法

在命令输入行中输入 mline 后按 Enter 键。

在菜单栏中选择【绘图】|【多线】菜单命令。

2. 绘制多线的具体方法

选择【多线】命令后，命令输入行的提示如下：

命令 : mline
当前设置 : 对正 = 上，比例 = 20.00，样式 = STANDARD

在命令输入行中将提示用户指定起点或 [对正 (J)/ 比例 (S)/ 样式 (ST)]，命令输入行的提示如下：

指定起点或 [对正 (J)/ 比例 (S)/ 样式 (ST)]:

指定起点后绘图区如图 5-1 所示。

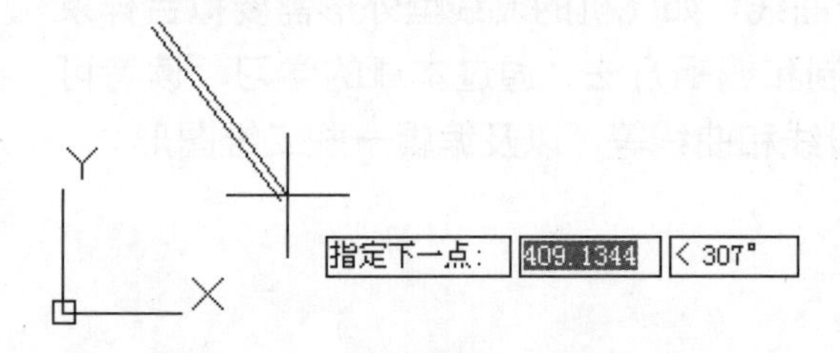

图 5-1

输入第 1 点的坐标值后，命令输入行将提示用户指定下一点，命令输入行的提示如下：

指定下一点 :

指定下一点后绘图区如图 5-2 所示。

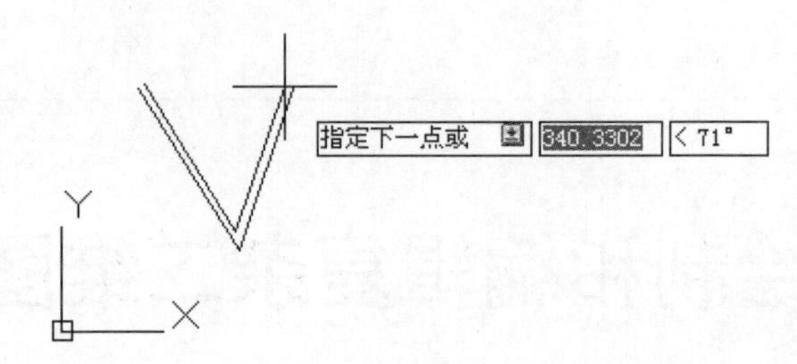

图 5-2

在 mline 命令下，AutoCAD 默认用户画第 2 条多线。命令输入行将提示用户指定下一点或 [放弃 (U)]，命令输入行的提示如下。

指定下一点或 [放弃 (U)]:

第 2 条多线从第 1 条多线的终点开始，以刚输入的点坐标为终点，画完后右击或按 Enter 键后结束。绘制的图形如图 5-3 所示。

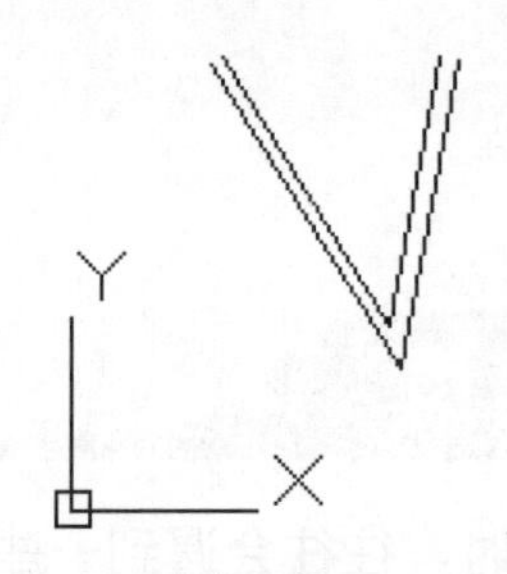

图 5-3

在执行【多线】命令时，会出现部分让用户选择的命令，下面进行介绍。

- 【对正】：指定多线的对齐方式。
- 【比例】：指定多线宽度缩放比例系数。
- 【样式】：指定多线样式名。

5.1.2 编辑多线的状态

用户可以通过编辑来增加、删除顶点或者

控制角点连接的显示等，还可以编辑多线的样式来改变各个直线元素的属性等。

1. 增加或删除多线的顶点

用户可以在多线的任何一处增加或删除顶点。增加或删除顶点的步骤如下。

(1) 在命令输入行中输入 mledit 后按 Enter 键；或者选择【修改】|【对象】|【多线】菜单命令。

(2) 执行此命令后，AutoCAD 将打开如图 5-4 所示的【多线编辑工具】对话框。

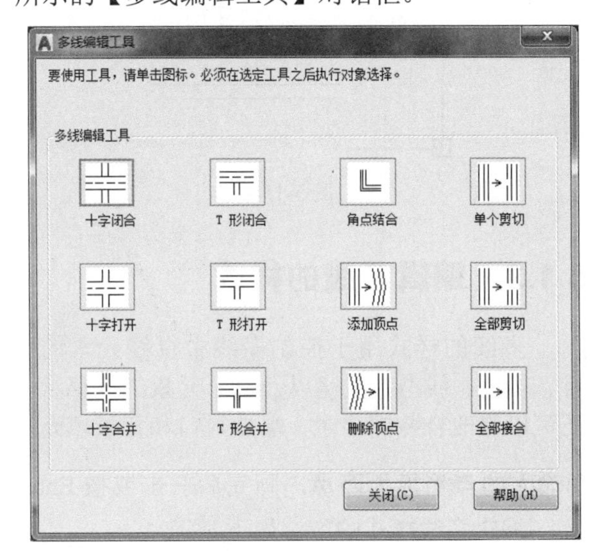

图 5-4

(3) 在【多线编辑工具】对话框中单击如图 5-5 所示的【删除顶点】按钮。

图 5-5

(4) 选择多线中要删除的顶点。绘制的图形如图 5-6 和图 5-7 所示。

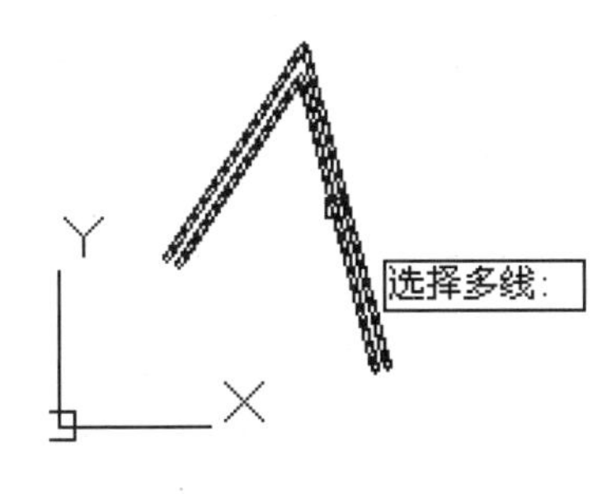

图 5-6

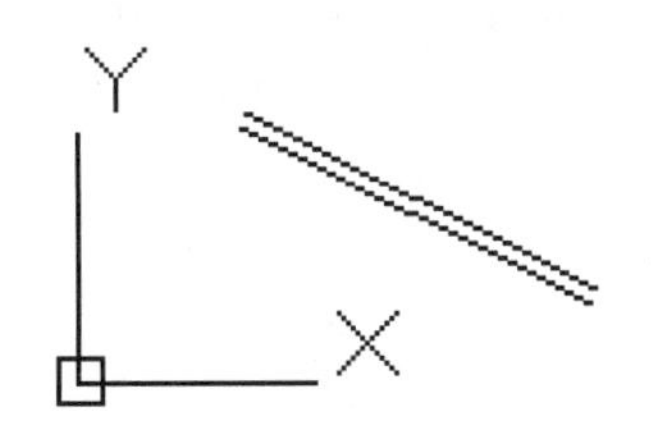

图 5-7

2. 编辑相交的多线

如果图形中有相交的多线，用户能够通过编辑来控制它们相交的方式。多线可以相交成十字形或 T 字形，并且十字形或 T 字形可以被闭合、打开或合并。编辑相交多线的步骤如下。

(1) 在命令输入行中输入 mledit 后按 Enter 键；或者选择【修改】|【对象】|【多线】菜单命令。

(2) 执行上一步，打开【多线编辑工具】对话框。

(3) 在此对话框中单击如图 5-8 所示的【十字合并】按钮。

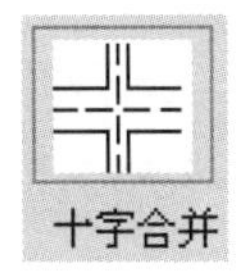

图 5-8

单击后 AutoCAD 会提示用户选择第一条多线，命令输入行的提示如下：

```
命令：_mledit
选择第一条多线：
```

选择第一条多线时绘图区如图 5-9 所示。

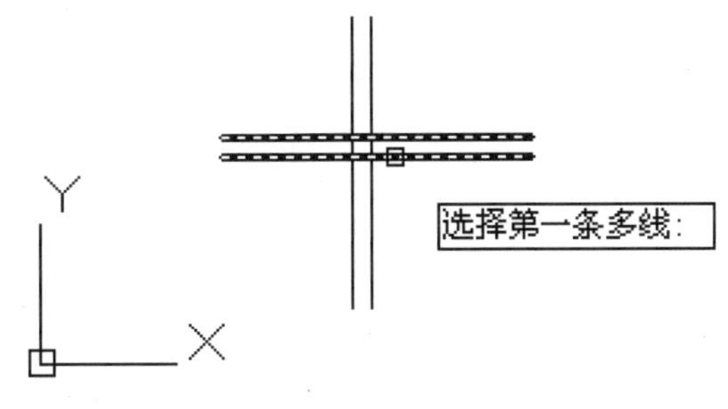

图 5-9

选择第一条多线后，命令输入行将提示用户选择第二条多线，命令输入行提示如下：

选择第二条多线：

选择第二条多线时绘图区如图 5-10 所示。

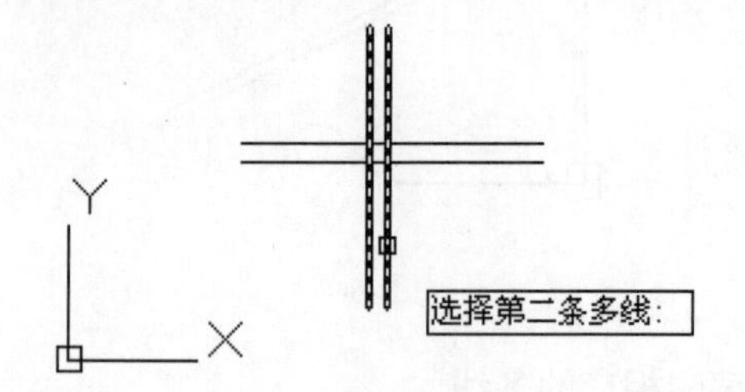

图 5-10

绘制的图形如图 5-11 所示。

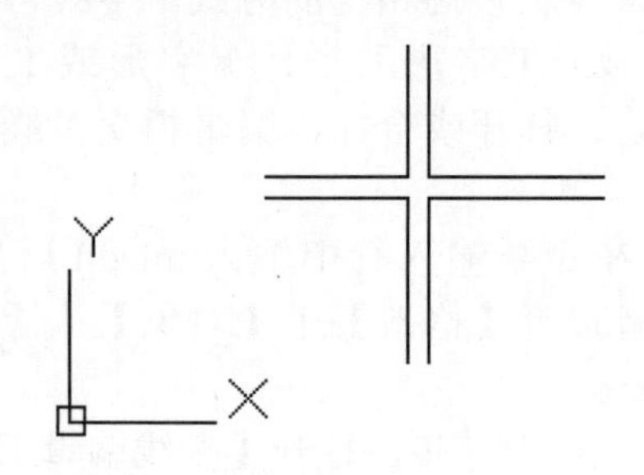

图 5-11

(4) 在【多线编辑工具】对话框中单击如图 5-12 所示的【T 形闭合】按钮。

图 5-12

单击后 AutoCAD 会提示用户选择第一条多线，命令输入行提示如下：

命令：_mledit
选择第一条多线：

选择第一条多线时绘图区如图 5-13 所示。

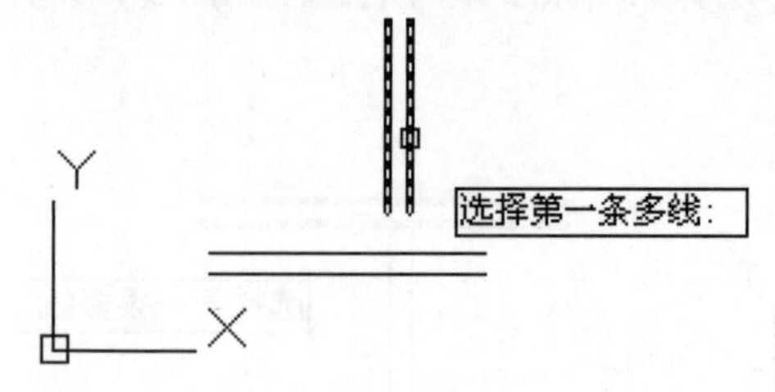

图 5-13

选择第一条多线后，命令输入行将提示用户选择第二条多线，命令输入行提示如下：

选择第二条多线：

选择第二条多线时绘图区如图 5-14 所示。

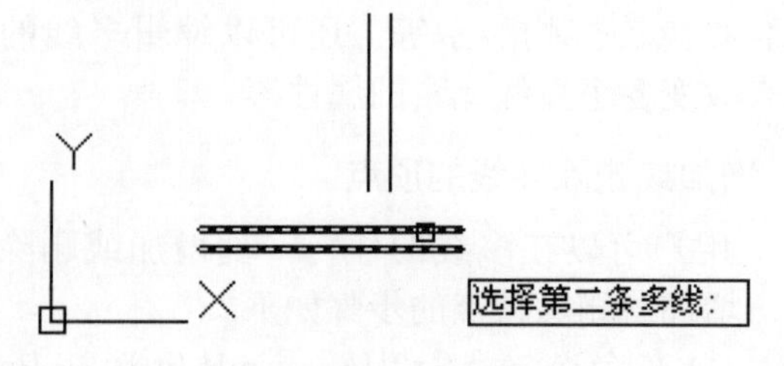

图 5-14

绘制的图形如图 5-15 所示。

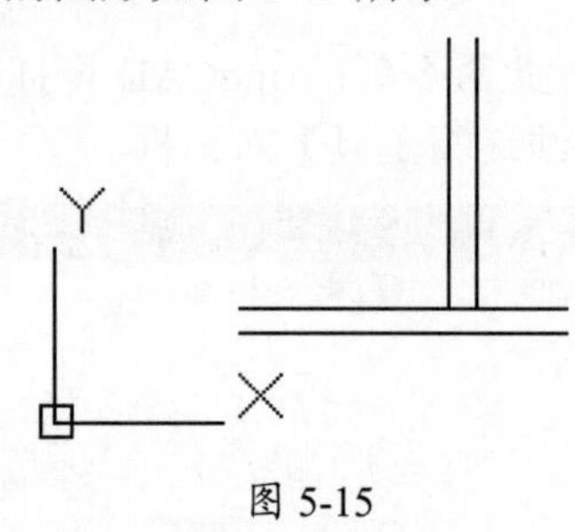

图 5-15

5.1.3 编辑多线的样式

多线的样式用于控制多线中直线元素的数目、颜色、线型、线宽以及每个元素的偏移量，还可以修改合并的显示、端点封口和背景填充。

1. 编辑多线样式的方法

编辑多线样式的方法如下。

(1) 在命令输入行中输入 mlstyle 后按 Enter 键，或者选择【格式】|【多线样式】菜单命令。执行此命令后打开如图 5-16 所示的【多线样式】对话框。

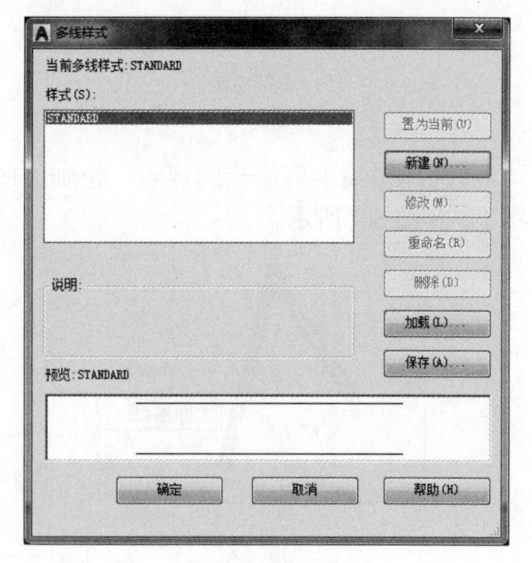

图 5-16

(2) 在此对话框中，可以对多线进行编辑工作，如新建、修改、重命名、删除、加载、保存。

2. 【多线样式】对话框的参数设置

下面将详细介绍【多线样式】对话框的内容。

(1)【当前多线样式】参数。

显示当前多线样式的名称，该样式将在后续创建的多线中用到。

(2)【样式】列表。

显示已加载到图形中的多线样式列表。多线样式列表中可以包含外部参照的多线样式，即存在于外部参照图形中的多线样式。

(3)【说明】参数。

显示选定多线样式的说明。

(4)【预览】参数。

显示选定多线样式的名称和图像。

(5)【置为当前】按钮。

设置用于后续创建的多线的当前多线样式，操作方法是从【样式】列表中选择一个名称，然后单击【置为当前】按钮。

> **注意：**
> 不能将外部参照中的多线样式设置为当前样式。

(6)【新建】按钮。

单击【新建】按钮将显示如图5-17所示的【创建新的多线样式】对话框，从中可以创建新的多线样式。其中，【新样式名】参数框用来命名新的多线样式；【基础样式】参数框确定要用于创建新多线样式的多线样式。在命名新的多线样式后单击【继续】按钮，会显示如图5-18所示的【新建多线样式】对话框，该对话框的参数介绍如下。

图 5-17

图 5-18

- 【说明】参数：为多线样式添加说明。最多可以输入255个字符(包括空格)。
- 【封口】参数：控制多线起点和端点封口。
  - 【直线】：显示穿过多线每一端的直线段，如图5-19所示。

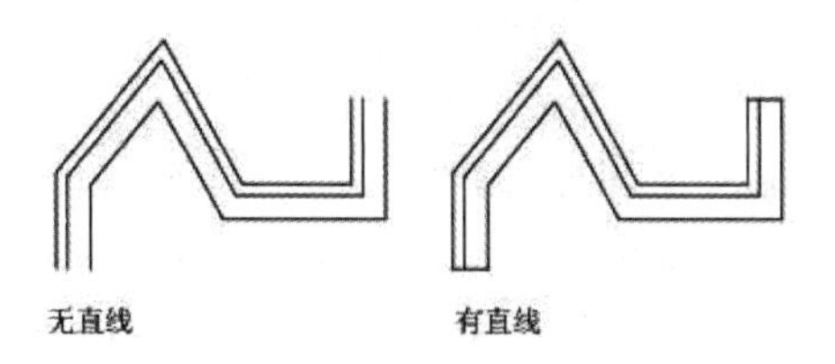

图 5-19

  - 【外弧】：显示多线的最外端元素之间的圆弧，如图5-20所示。

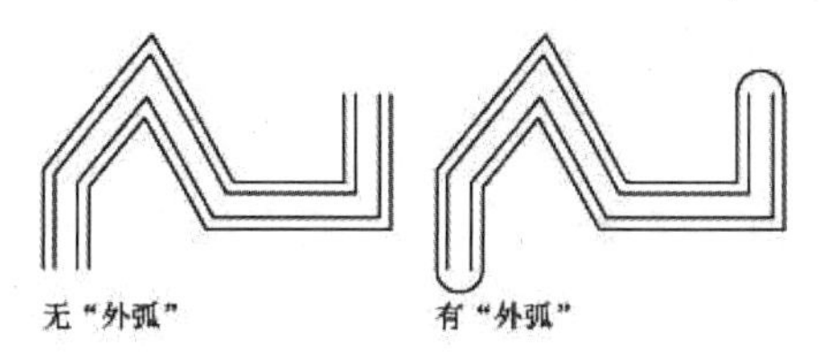

图 5-20

  - 【内弧】：显示成对的内部元素之间的圆弧。如果有奇数个元素，中心线将不被连接，如图5-21所示。

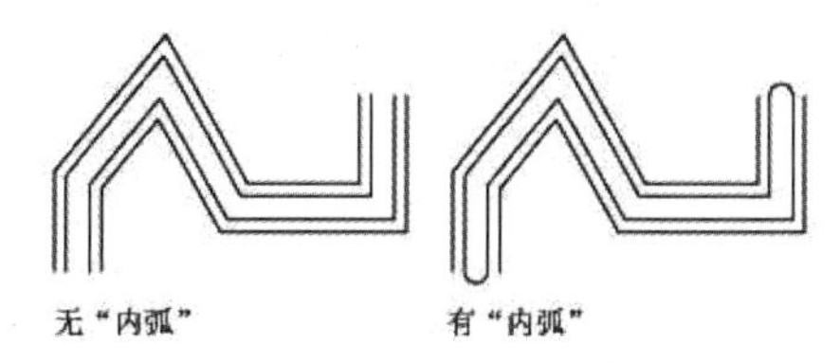

图 5-21

» 【角度】：指定端点封口的角度，如图 5-22 所示。

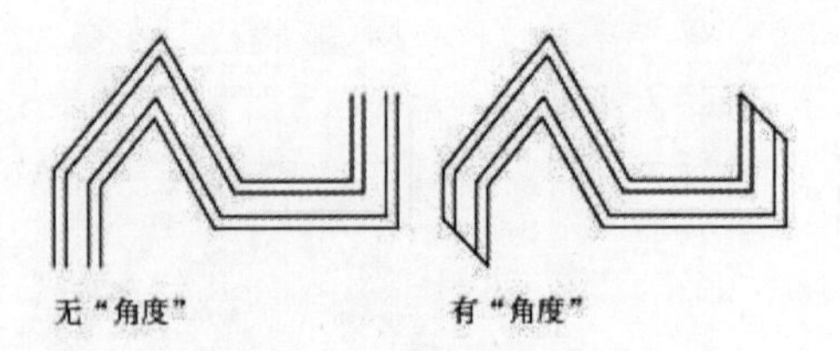

图 5-22

● 【填充】参数：控制多线的背景填充，其中【填充颜色】参数用来设置多线的背景填充色。如图 5-23 所示为【填充颜色】下拉列表框。

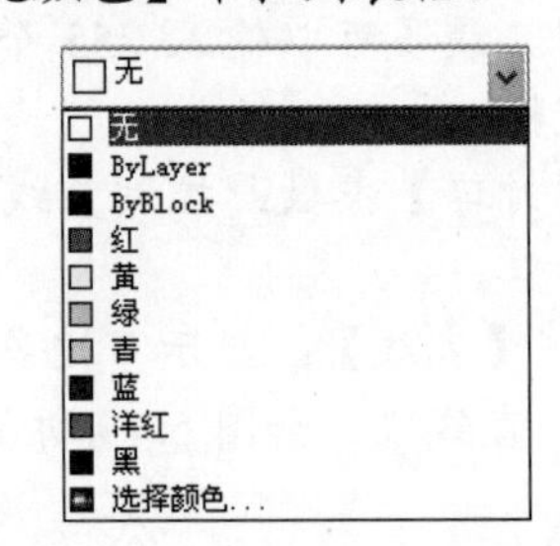

图 5-23

● 【显示连接】参数：控制每条多线线段顶点处连接的显示，如图 5-24 所示。

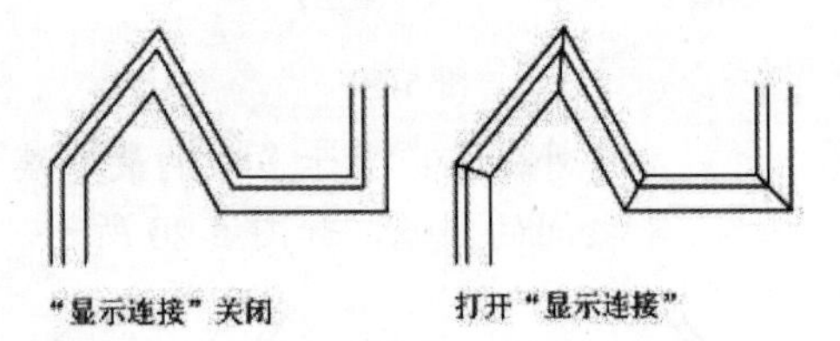

图 5-24

● 【图元】参数：用来设置新的和现有的多线元素的元素特性，主要参数设置如下。

» 【偏移】、【颜色】和【线型】：显示当前多线样式中的所有元素，样式中的每个元素由其相对于多线的中心、颜色及其线型定义。

» 【添加】：将新元素添加到多线样式，只有为除 STANDARD 以外的多线样式选择了颜色或线型后，此选项才可用。

» 【删除】：从多线样式中删除元素。

» 【偏移】：为多线样式中的每个元素指定偏移值，如图 5-25 所示。

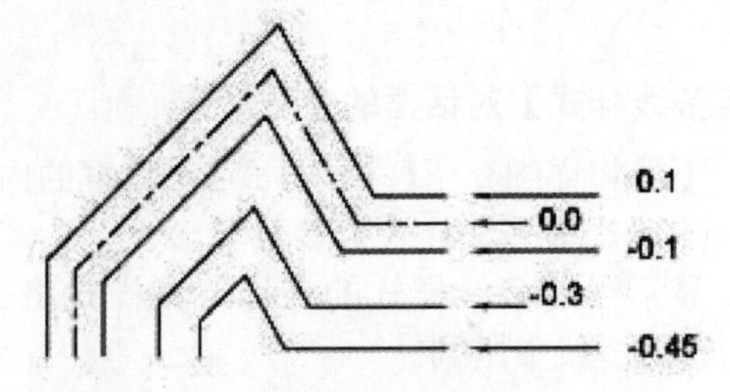

图 5-25

» 【颜色】：显示并设置多线样式中元素的颜色。如图 5-26 所示为【颜色】下拉列表框。

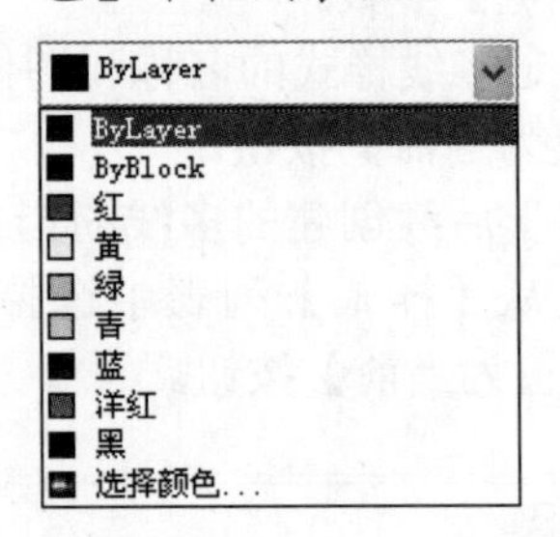

图 5-26

» 【线型】：显示并设置多线样式中元素的线型。如果选择【线型】选项，将显示如图 5-27 所示的【选择线型】对话框，该对话框中列出了已加载的线型。要加载新线型，则单击【加载】按钮。单击后将显示如图 5-28 所示的【加载或重载线型】对话框。

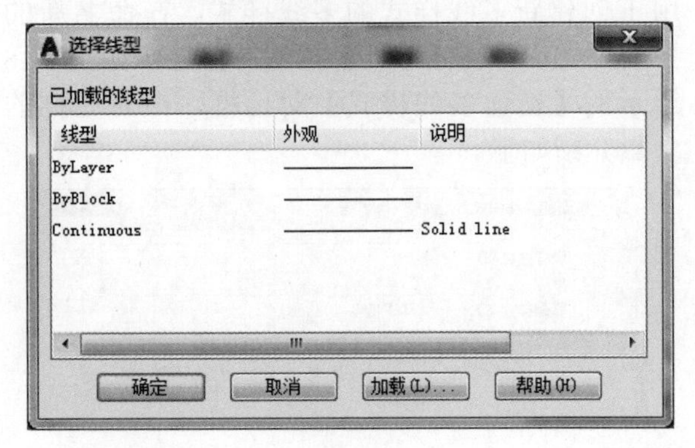

图 5-27

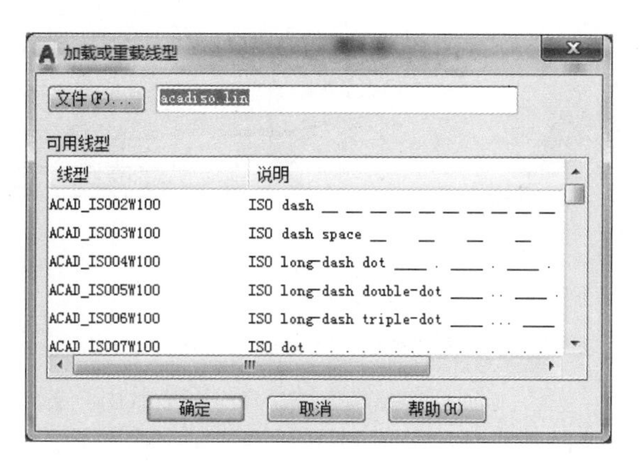

图 5-28

注意：

不能编辑 STANDARD 多线样式或图形中正在使用的任何多线样式的元素和多线特性。要编辑现有的多线样式，必须在使用该样式绘制任何多线之前进行。

(7)【重命名】按钮。

该按钮用来重命名当前选定的多线样式。注意不能重命名 STANDARD 多线样式。

(8)【删除】按钮。

该按钮用来从【样式】列表中删除当前选定的多线样式。此操作并不会删除 mln 文件中的样式，也不能删除 STANDARD 多线样式、当前多线样式或正在使用的多线样式。

(9)【加载】按钮。

单击【加载】按钮会显示如图 5-29 所示的【加载多线样式】对话框，可以从指定的 mln 文件加载多线样式。

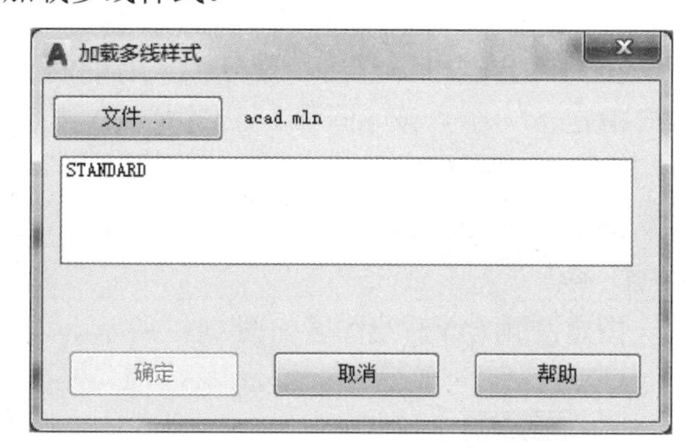

图 5-29

(10)【保存】按钮。

该按钮用来将多线样式保存或复制到多线库 (mln) 文件中。如果指定了一个已存在的 mln 文件，新样式定义将添加到此文件中，并且不会删除其中已有的定义。

5.2 创建和编辑二维多段线

多段线是作为单个对象创建的相互连接的序列线段，可以创建直线段、弧线段或两者的组合线段。还可以使用其他编辑选项修改多段线对象的形状，也可以合并各自独立的多段线。

5.2.1 创建多段线

多段线是相互连接的直线段或直线段与圆弧的组合，可以作为单一对象使用。可以一次性编辑多段线，也可以分别编辑各线段。用多段线命令可以生成任意宽度的直线，任意形状、任意宽度的曲线，或者二者的结合体。机械图形绘制中如果已知零件复杂轮廓 (如直线、曲线混合) 的具体尺寸，可方便地用一条多段线命令绘制该轮廓，从而避免交叉使用直线命令和曲线命令。

1. 绘制多段线命令的调用方法

(1) 单击【绘图】面板或【绘图】工具栏中的【多段线】按钮。

(2) 在命令输入行中输入 pline 后按 Enter 键。

(3) 在菜单栏中选择【绘图】|【多段线】菜单命令。

2. 绘制多段线的具体方法

选择【多段线】命令后，命令输入行将提示用户指定起点，命令输入行提示如下：

```
命令 : _pline
指定起点 :
当前线宽为 0.0000
```

指定起点后绘图区如图 5-30 所示。

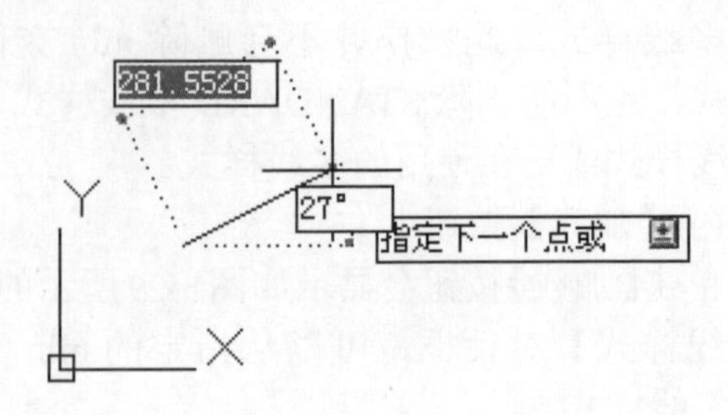

图 5-30

在输入起点坐标值后，命令输入行将提示用户指定下一个点或 [圆弧 (A)/ 半宽 (H)/ 长度 (L)/ 放弃 (U)/ 宽度 (W)]，命令输入行的提示如下：

指定下一个点或 [圆弧 (A)/ 半宽 (H)/ 长度 (L)/ 放弃 (U)/ 宽度 (W)]: A

指定圆弧 (A) 后绘图区如图 5-31 所示。

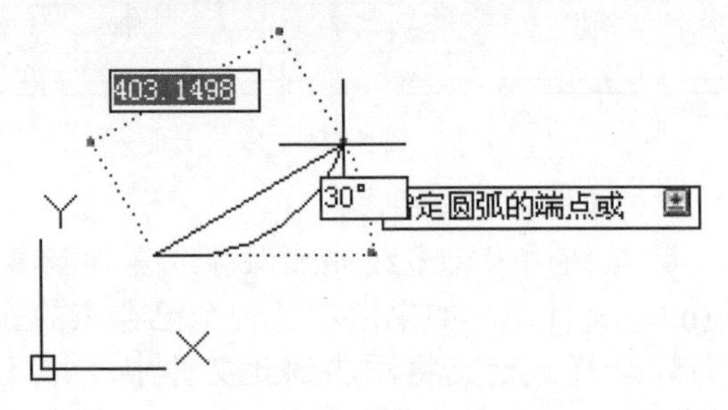

图 5-31

指定圆弧 (A) 后，命令输入行将提示用户指定圆弧的端点或 [角度 (A)/ 圆心 (CE)/ 方向 (D)/ 半宽 (H)/ 直线 (L)/ 半径 (R)/ 第二个点 (S)/ 放弃 (U)/ 宽度 (W)]，命令输入行的提示如下：

指定圆弧的端点或 [角度 (A)/ 圆心 (CE)/ 方向 (D)/ 半宽 (H)/ 直线 (L)/ 半径 (R)/ 第二个点 (S)/ 放弃 (U)/ 宽度 (W)]:ce

指定圆心 (CE) 后绘图区如图 5-32 所示。

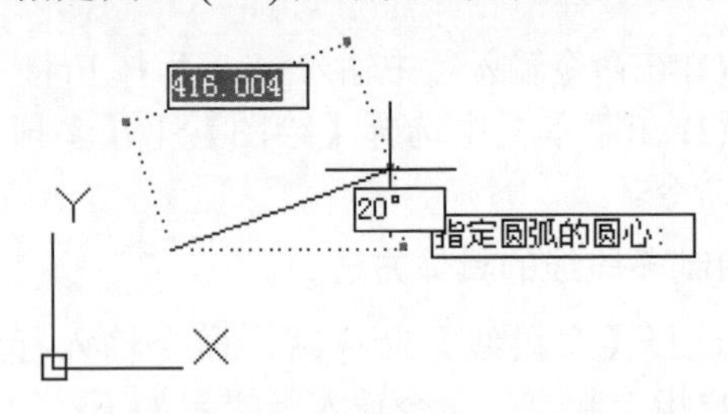

图 5-32

指定圆心 (CE) 后，命令输入行将提示用户指定圆弧的圆心，命令输入行的提示如下。

指定圆弧的圆心：

指定圆弧的圆心后绘图区如图 5-33 所示。

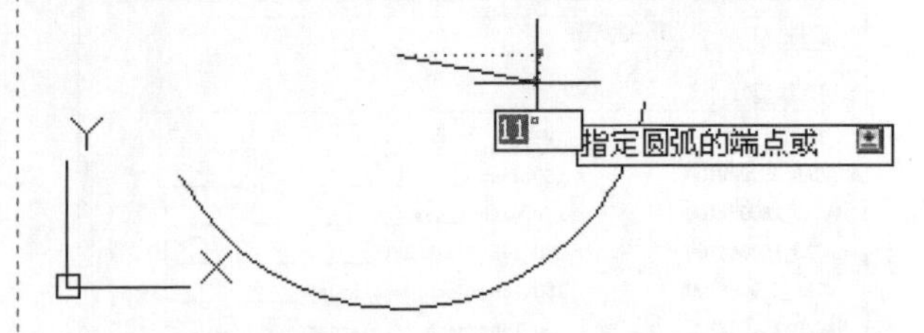

图 5-33　指定圆弧的圆心后绘图区所显示的图形

指定圆心后，命令输入行将提示用户指定圆弧的端点或 [角度 (A)/ 长度 (L)]，命令输入行如下所示：

指定圆弧的端点或 [角度 (A)/ 长度 (L)]:

指定圆弧的端点后绘图区如图 5-34 所示。

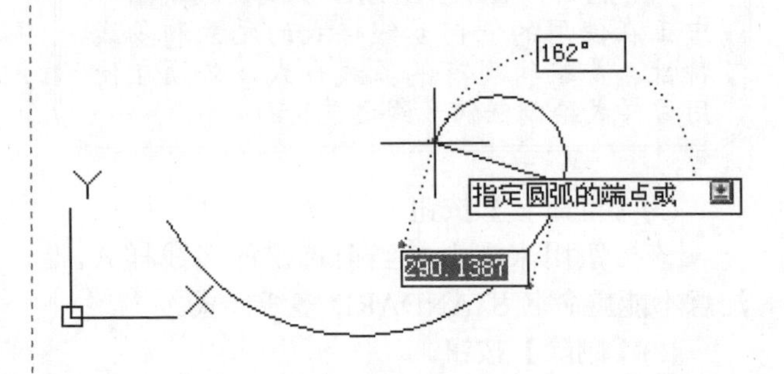

图 5-34

输入数值后，命令输入行提示用户指定圆弧的端点或 [角度 (A)/ 圆心 (CE)/ 闭合 (CL)/ 方向 (D)/ 半宽 (H)/ 直线 (L)/ 半径 (R)/ 第二个点 (S)/ 放弃 (U)/ 宽度 (W)]，命令输入行如下：

指定圆弧的端点或 [角度 (A)/ 圆心 (CE)/ 闭合 (CL)/ 方向 (D)/ 半宽 (H)/ 直线 (L)/ 半径 (R)/ 第二个点 (S)/ 放弃 (U)/ 宽度 (W)]:

最后绘制的图形如图 5-35 所示。

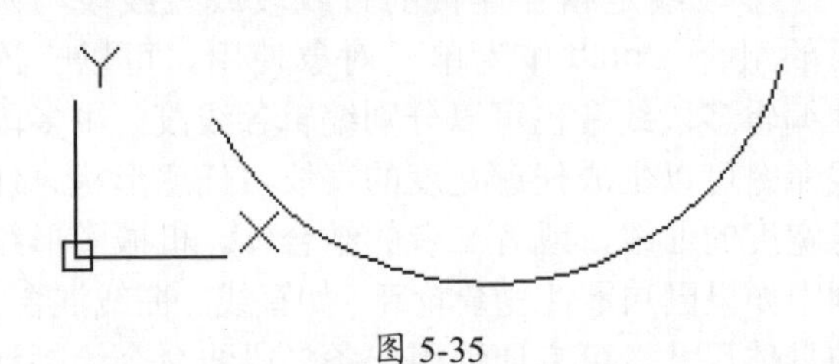

图 5-35

在执行【多段线】命令时，会出现部分让用户选择的命令。绘制圆弧段，命令输入行的提示如下：

指定圆弧的端点或 [角度 (A)/ 圆心 (CE)/ 闭合 (CL)/ 方向 (D)/ 半宽 (H)/ 直线 (L)/ 半径 (R)/ 第二个点 (S)/ 放弃 (U)/ 宽度 (W)]:

提示中的选项解释如下：

- 【圆弧端点】：绘制弧线段。弧线段从多段线上一段的最后一点开始并与多段线相切。
- 【角度】：指定弧线段从起点开始的包含角。输入正数将按逆时针方向创建弧线段，输入负数将按顺时针方向创建弧线段。
- 【圆心】：指定弧线段的圆心。
- 【闭合】：用弧线段将多段线闭合。
- 【方向】：指定弧线段的起始方向。
- 【半宽】：指定从具有一定宽度的多段线线段的中心到其一边的宽度。
- 【直线】：退出【圆弧】选项并返回pline命令的初始提示。
- 【半径】：指定弧线段的半径。
- 【第二个点】：指定三点圆弧的第二点和端点。
- 【放弃】：删除最近一次添加到多段线上的弧线段。
- 【宽度】：指定下一直线段或弧线段的起始宽度。

5.2.2 编辑多段线

可以通过闭合和打开多段线，以及移动、添加或删除单个顶点来编辑多段线。可以在任意两个顶点之间拉直多段线，也可以切换线型以便在每个顶点前或后显示虚线。可以为整个多段线设置统一的宽度，也可以分别控制各个线段的宽度。还可以通过多段线创建线型近似的样条曲线。

1. 多段线的标准编辑

以下两种方式可以实现编辑多段线功能。

(1) 在命令输入行中输入pedit后按下Enter键。

(2) 在菜单栏中选择【修改】|【对象】|【多段线】菜单命令。

执行编辑多段线命令后，在命令输入行中出现如下信息要求用户选择多段线：

选择多段线或 [多条 (M)]:

选择多段线后，AutoCAD会出现以下信息要求用户选择编辑方式：

输入选项 [闭合 (C)/ 合并 (J)/ 宽度 (W)/ 编辑顶点 (E)/ 拟合 (F)/ 样条曲线 (S)/ 非曲线化 (D)/ 线型生成 (L)/ 反转 (R)/ 放弃 (U)]:

这些编辑方式的含义分别如下。

- 【闭合】：创建多段线的闭合线段，连接最后一条线段与第一条线段。除非使用【闭合】选项闭合多段线，否则将会认为多段线是开放的。
- 【合并】：将直线、圆弧或多段线添加到开放的多段线的端点，并从曲线拟合多段线中删除曲线拟合。要将对象合并至多段线，其端点必须接触。
- 【宽度】：为整个多段线指定新的统一宽度。使用【宽度】选项可修改线段的起点宽度和端点宽度，如图5-36和图5-37所示。

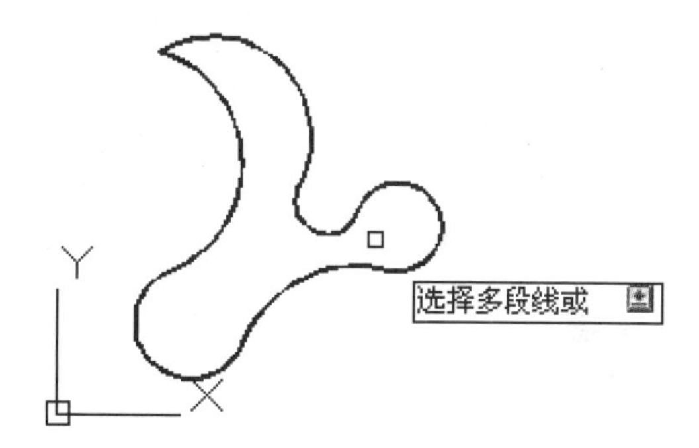

图 5-36

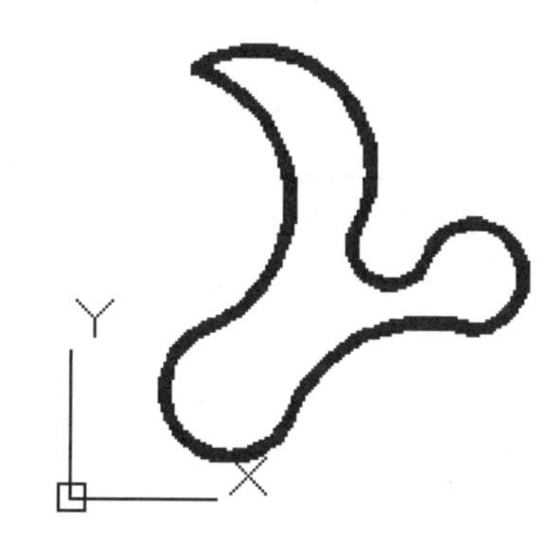

图 5-37

- 【编辑顶点】：通过在屏幕上绘制×来标记多段线的第一个顶点。如果已指定此顶点的切线方向，则在此方向上绘制箭头。

- 【拟合】：创建连接每一对顶点的平滑圆弧曲线。曲线经过多段线的所有顶点并使用任何指定的切线方向。
- 【样条曲线】：将选定多段线的顶点用作样条曲线拟合多段线的控制点或边框。除非原始多段线闭合，否则曲线经过第一个和最后一个控制点，如图 5-38 和图 5-39 所示。

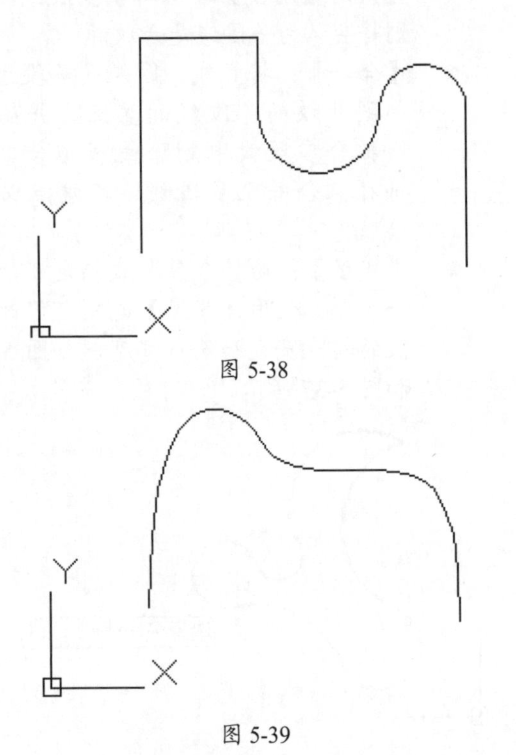

图 5-38

图 5-39

- 【非曲线化】：删除圆弧拟合或样条曲线拟合多段线插入的其他顶点并拉直多段线的所有线段。
- 【线型生成】：生成通过多段线顶点的连续图案的线型。此选项关闭时，将生成开始和末端的顶点处为虚线的线型。
- 【反转】：用来转换多线段的方向。
- 【放弃】：取消最后一步操作。

2. 多段线的倒角

除了以上的标准编辑外，还可以对多段线进行倒角和倒圆处理，倒角处理的方法基本上与相交直线的倒角相同。

(1) 用【多段线】命令绘制图形，如图 5-40 所示。

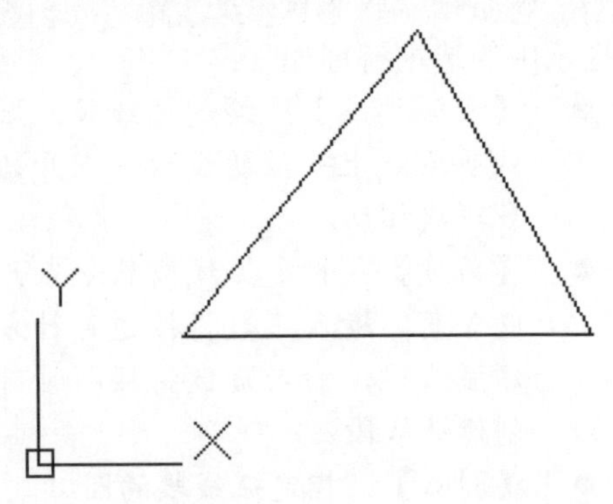

图 5-40

(2) 单击【修改】面板中的【倒角】按钮，也可以在命令输入行中输入 chamfer 后按 Enter 键，还可以选择【修改】|【倒角】菜单命令。命令输入行的提示如下：

命令：_chamfer

(“修剪”模式) 当前倒角距离 1 = 0.0000，距离 2 = 0.0000

选择第一条直线或 [放弃 (U)/ 多段线 (P)/ 距离 (D)/ 角度 (A)/ 修剪 (T)/ 方式 (E)/ 多个 (M)]: a

指定第一条直线的倒角长度 <0.0000>: 30

指定第一条直线的倒角角度 <0>: 30

选择第一条直线或 [放弃 (U)/ 多段线 (P)/ 距离 (D)/ 角度 (A)/ 修剪 (T)/ 方式 (E)/ 多个 (M)]: p

选择二维多段线：

3 条直线已被倒角

倒角后的多段线如图 5-41 所示。

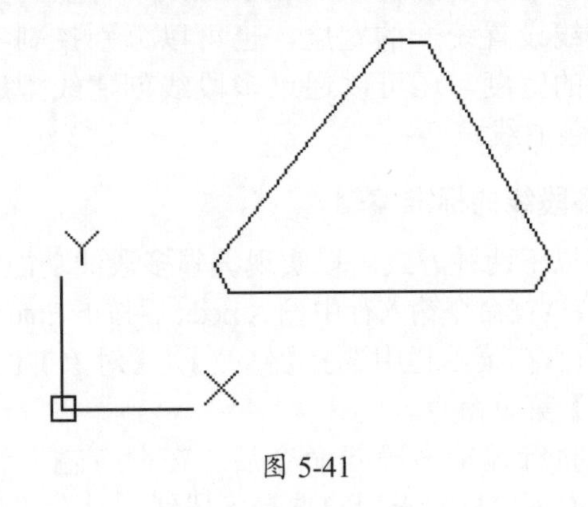

图 5-41

3. 多段线的倒圆角

多段线的倒圆角处理方法与一般的倒圆角处理基本相同。方法如下所示。

(1) 用【多段线】命令绘制图形，如图 5-42 所示。

(2) 单击【修改】面板中的【圆角】按钮，也可以在命令输入行中输入 fillet 命令后按 Enter 键，还可以选择【修改】|【圆角】菜单命令。命令输入行的提示如下：

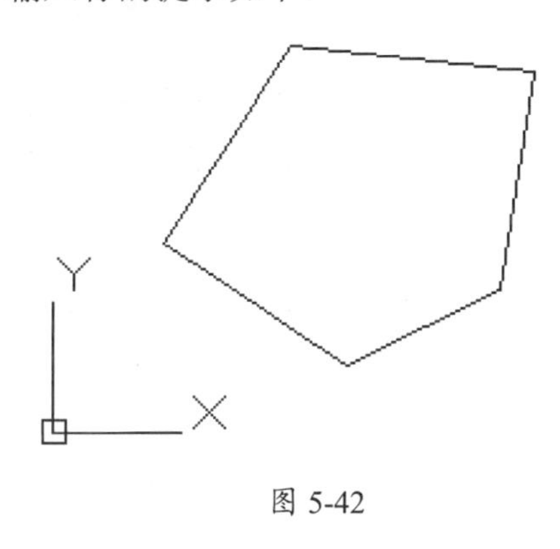

图 5-42

```
命令 : _fillet
当前设置 : 模式 = 修剪，半径 = 0.0000
选择第一个对象或 [ 放弃 (U)/ 多段线 (P)/ 半径 (R)/ 修剪 (T)/ 多个 (M)]: r
指定圆角半径 <0.0000>: 40
选择第一个对象或 [ 放弃 (U)/ 多段线 (P)/ 半径 (R)/ 修剪 (T)/ 多个 (M)]: p
选择二维多段线 :
5 条直线已被倒圆角
```

倒圆角后的多段线如图 5-43 所示。

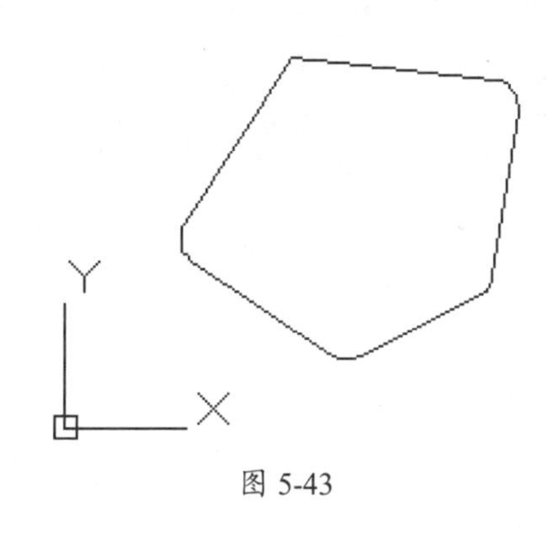

图 5-43

5.3 创建云线

修订云线是由连续圆弧组成的多段线，用于在检查阶段提醒用户注意图形的某个部分。

在检查或用红线圈阅图形时，可以使用修订云线功能亮显标记以提高工作效率。REVCLOUD 用于创建由连续圆弧组成的多段线以构成云线形对象。用户可以为修订云线选择样式：【普通】或【手绘】。如果选择【手绘】，修订云线看起来像是用画笔绘制的。

可以从头开始创建修订云线，也可以将对象 (如圆、椭圆、多段线或样条曲线) 转换为修订云线。将对象转换为修订云线时，如果 DELOBJ 设置为 1(默认值)，原始对象将被删除。

可以为修订云线的弧长设置默认的最小值和最大值。绘制修订云线时，可以使用拾取点选择较短的弧线段来更改圆弧的大小，也可以通过调整拾取点来编辑修订云线的单个弧长和弦长。

REVCLOUD 用于存储上一次使用的圆弧长度作为多个 DIMSCALE 系统变量的值，这样，就可以统一使用不同比例因子的图形。

在执行此命令之前，请确保能够看见要使用 REVCLOUD 添加轮廓的整个区域。REVCLOUD 不支持透明以及实时平移和缩放。

下面将介绍几种创建修订云线的方法。

1. 使用普通样式创建修订云线的方法

以下三种方式可以调用修订云线命令。

(1) 单击【绘图】面板中的【修订云线】按钮。

(2) 在命令输入行中输入 revcloud 后按 Enter 键。

(3) 在菜单栏中选择【绘图】|【修订云线】菜单命令。

执行【修订云线】命令后，命令输入行的提示如下：

命令：_revcloud
最小弧长：15 最大弧长：15 样式：
指定第一个点或 [弧长 (A)/ 对象 (O)/ 矩形 (R)/ 多边形 (P)/ 徒手画 (F)/ 样式 (S)/ 修改 (M)] < 对象 >:: s
选择圆弧样式 [普通 (N)/ 手绘 (C)] < 普通 >:n
普通
指定第一个点或 [弧长 (A)/ 对象 (O)/ 矩形 (R)/ 多边形 (P)/ 徒手画 (F)/ 样式 (S)/ 修改 (M)] < 对象 >:
沿云线路径引导十字光标 ...
修订云线完成。

使用普通样式创建的修订云线如图 5-44 所示。

图 5-44

提示

默认的弧长最小值和最大值设置为 0.5000 个单位。弧长的最大值不能超过最小值的 3 倍。可以随时按 Enter 键停止绘制修订云线。要闭合修订云线，请返回到它的起点。

2. 使用手绘样式创建修订云线的方法

使用前面介绍的方法执行【修订云线】命令后，命令输入行的提示如下：

命令：_revcloud
最小弧长：15 最大弧长：15 样式：
指定第一个点或 [弧长 (A)/ 对象 (O)/ 矩形 (R)/ 多边形 (P)/ 徒手画 (F)/ 样式 (S)/ 修改 (M)] < 对象 >: a
指定最小弧长 <0.5>: 1
指定最大弧长 <1>:
指定第一个点或 [弧长 (A)/ 对象 (O)/ 矩形 (R)/ 多边形 (P)/ 徒手画 (F)/ 样式 (S)/ 修改 (M)] < 对象 >: s
选择圆弧样式 [普通 (N)/ 手绘 (C)] < 普通 >:c
手绘
指定第一个点或 [弧长 (A)/ 对象 (O)/ 矩形 (R)/ 多边形 (P)/ 徒手画 (F)/ 样式 (S)/ 修改 (M)] < 对象 >:F
沿云线路径引导十字光标 ....
修订云线完成。

使用手绘样式创建的修订云线如图 5-45 所示。

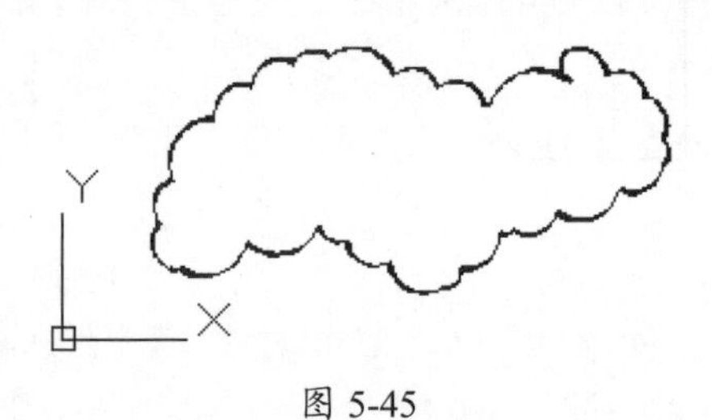

图 5-45

3. 将对象转换为修订云线的方法

要将对象转换为修订云线，首先绘制一个要转换为修订云线的圆、椭圆、多段线或样条曲线。

这里绘制一个圆形并将其转换为修订云线，如图 5-46 所示。

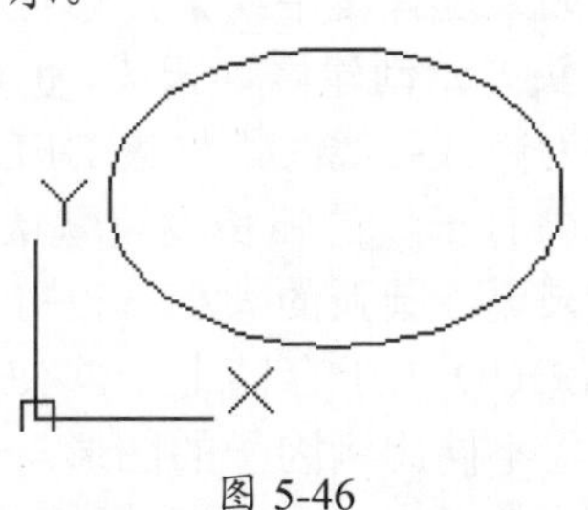

图 5-46

执行【修订云线】命令后，命令输入行的提示如下：

命令：_revcloud
最小弧长：30 最大弧长：30 样式：
指定第一个点或 [弧长 (A)/ 对象 (O)/ 矩形 (R)/ 多边形 (P)/ 徒手画 (F)/ 样式 (S)/ 修改 (M)] < 对象 >:: A

```
指定最小弧长 <30>: 60
指定最大弧长 <60>: 60
指定第一个点或 [ 弧长 (A)/ 对象 (O)/ 矩形 (R)/ 多边形 (P)/ 徒手画 (F)/ 样式 (S)/ 修改 (M)] <对象 >: o
选择对象 :
选择对象 :
反转方向 [ 是 (Y)/ 否 (N)] < 否 >: N
修订云线完成。
```

将圆转换为修订云线，如图 5-47 所示。

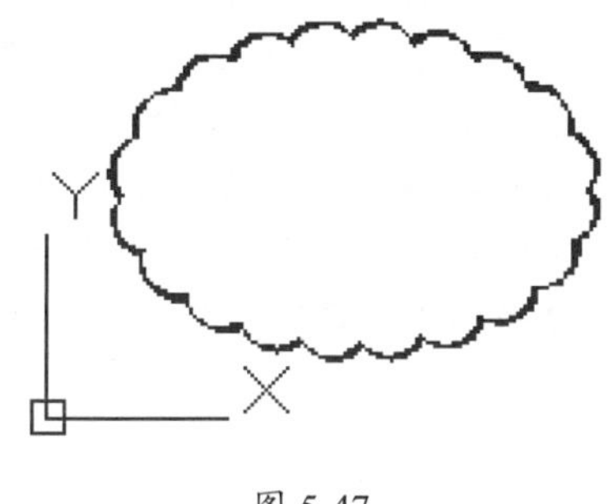

图 5-47

将多段线转换为修订云线，如图 5-48 和图 5-49 所示。

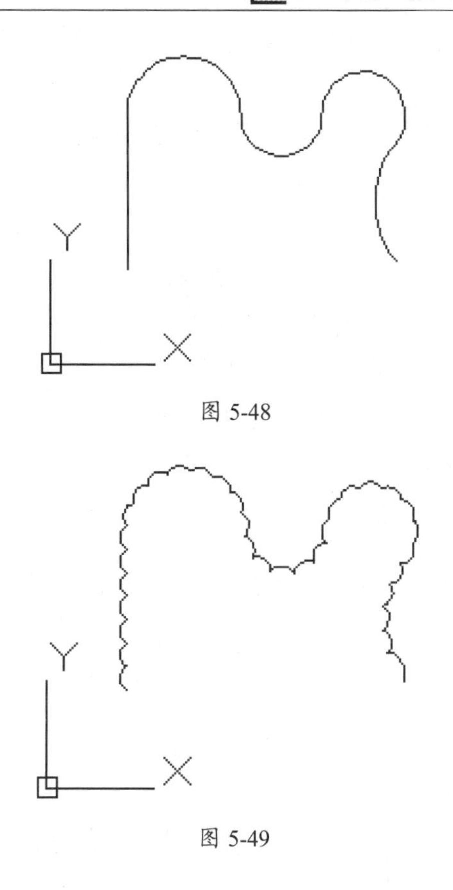

图 5-48

图 5-49

5.4 创建与编辑样条曲线

样条曲线是经过或接近一系列给定点的光滑曲线。可以控制曲线与点的拟合程度，可以通过指定点来创建样条曲线；也可以封闭样条曲线，使起点和端点重合。附加编辑选项可用于修改样条曲线对象的形状。除了在大多数对象上使用的一般编辑操作外，使用 SPLINEDIT 编辑样条曲线时还可以使用其他选项。

5.4.1 创建样条曲线

样条曲线适用于不规则的曲线，如汽车或飞机设计或地理信息系统所涉及的曲线。

用户可以通过以下几种方法绘制样条曲线。

(1) 单击【绘图】面板中的【样条曲线拟合】按钮和【样条曲线控制点】按钮

(2) 单击【绘图】工具栏中的【样条曲线】按钮。

(3) 在命令输入行中输入 spline 后按 Enter 键。

(4) 在菜单栏中，选择【绘图】|【样条曲线】菜单命令。

执行此命令后，AutoCAD 提示用户指定第一个点或 [对象 (O)]，命令输入行的提示如下：

```
命令 : _spline
当前设置 : 方式 = 拟合  节点 = 弦
指定第一个点或 [ 方式 (M)/ 节点 (K)/ 对象 (O)]:
```

指定第一个点后绘图区如图 5-50 所示。

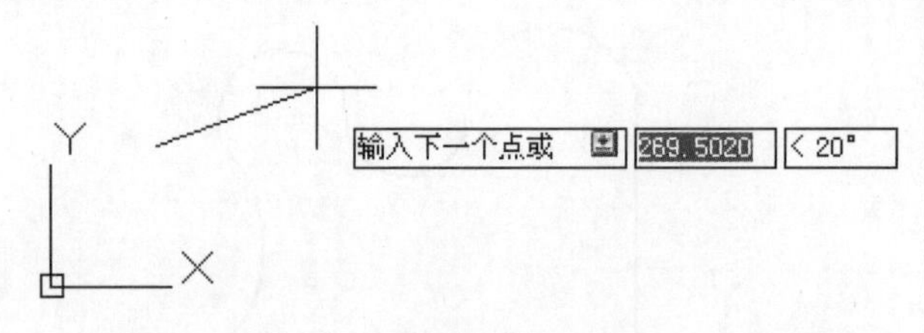

图 5-50

指定第一个点后 AutoCAD 提示用户指定下一点，命令输入行的提示如下：

输入下一个点或 [起点切向 (T)/ 公差 (L)]:

指定下一点后绘图区如图 5-51 所示。

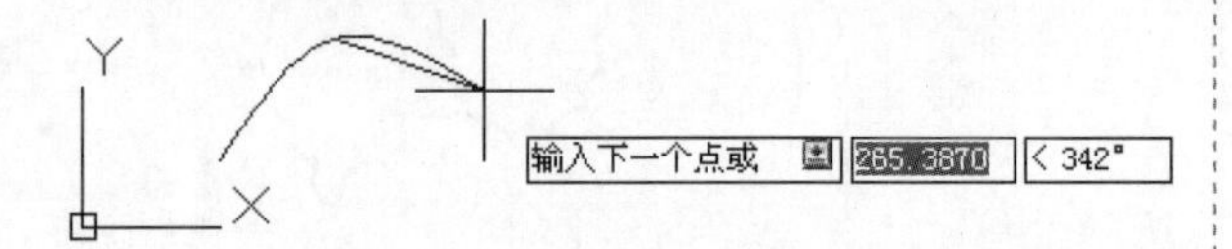

图 5-51

指定下一点后 AutoCAD 提示用户指定下一点或 [闭合 (C)/ 拟合公差 (F)] < 起点切向 >，命令输入行的提示如下：

输入下一个点或 [端点相切 (T)/ 公差 (L)/ 放弃 (U)/ 闭合 (C)]:

指定下一点后绘图区如图 5-52 所示。

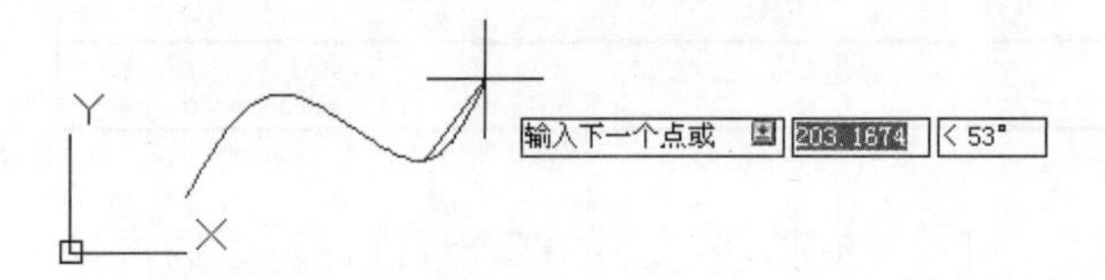

图 5-52

指定下一点后 AutoCAD 再次提示用户指定下一点或 [闭合 (C)/ 拟合公差 (F)] < 起点切向 >，命令输入行提示如下：

输入下一个点或 [端点相切 (T)/ 公差 (L)/ 放弃 (U)/ 闭合 (C)]:

指定下一点后绘图区如图 5-53 所示。

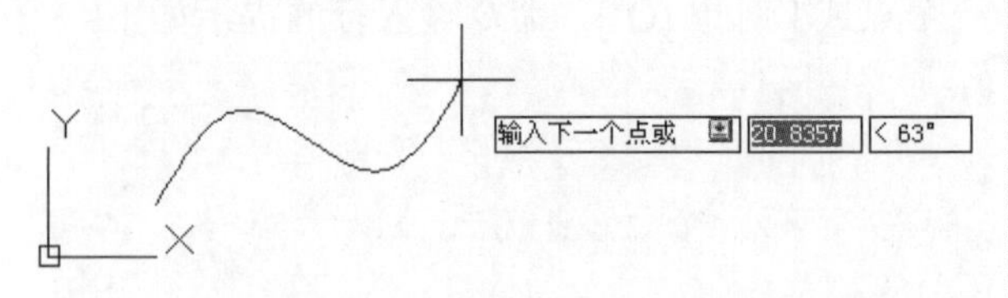

图 5-53

然后右击或按 Enter 键结束操作。用样条曲线命令绘制的图形如图 5-54 所示。

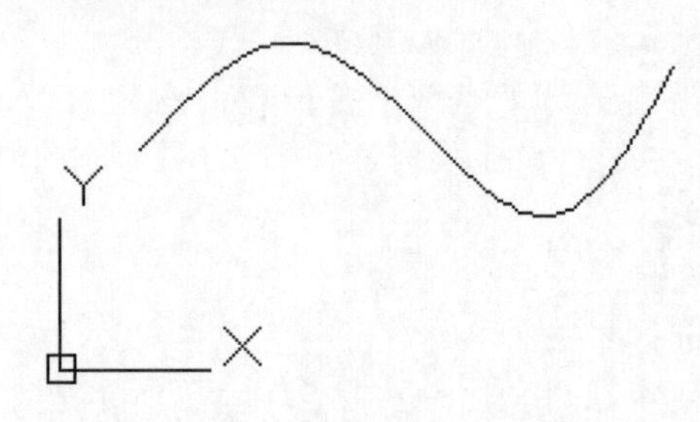

图 5-54

下面将对命令输入行中的其他选项进行介绍。

- 【闭合】：在命令输入行中输入 C 后，AutoCAD 会自动将最后一点定义为与第一点一致，并且使它在连接处相切。输入 C 后，在命令输入行中会要求用户选择切线方向，如图 5-55 所示。

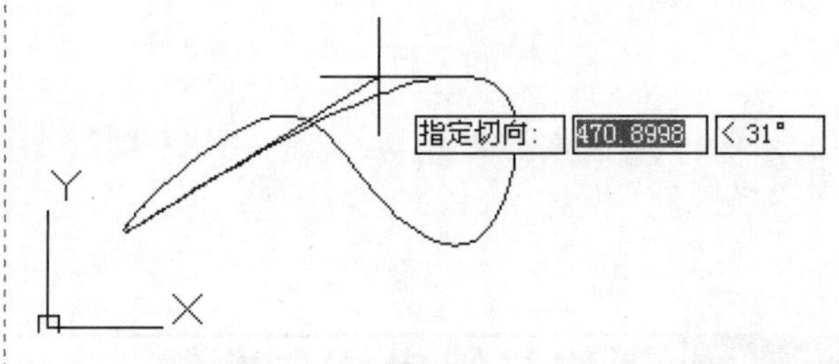

图 5-55

拖动鼠标，确定切向，在达到合适的位置时单击或者按 Enter 键。绘制的闭合样条曲线如图 5-56 所示。

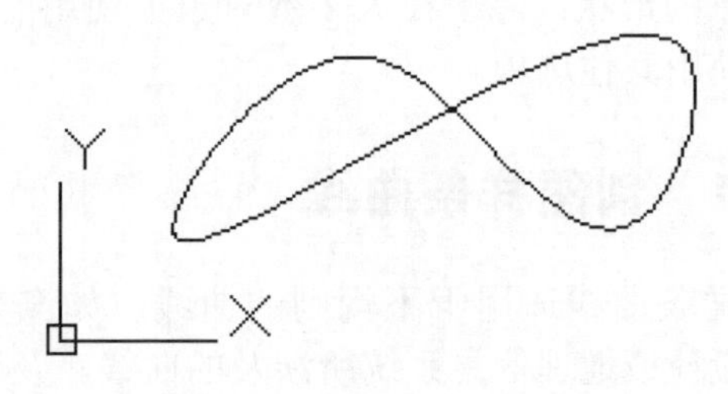

图 5-56

- 【拟合公差】：在命令输入行中输入 F 后，AutoCAD 会提示用户确定拟合公差的大小，用户可以在命令输入行中输入一定的数值来定义拟合公差的大小。

如图 5-57 和图 5-58 所示即为拟合公差分别

为 0 和 15 时的样条曲线。

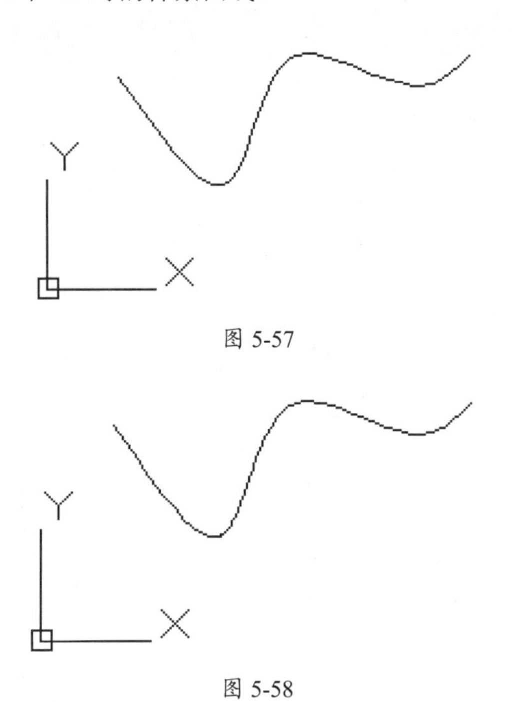

图 5-57

图 5-58

5.4.2 编辑样条曲线

用户能够删除样条曲线的拟合点，也可以提高精度增加拟合点或改变样条曲线的形状，还可以让样条曲线封闭或打开，以及编辑起点和终点的切线方向。样条曲线的方向是双向的，其切向偏差是可以改变的。这里所说的精确度是指样条曲线和拟合点的允差。允差越小，精确度越高。

用户可以向一段样条曲线中增加控制点的数目或改变指定的控制点的密度来提高样条曲线的精确度，还可以用改变样条曲线的次数来提高精确度。

可以通过以下 3 种方式执行编辑样条曲线的命令。

(1) 在命令输入行中输入 splinedit 后按 Enter 键。

(2) 在菜单栏中，选择【修改】|【对象】|【样条曲线】菜单命令。

(3) 单击【修改】面板中的【编辑样条曲线】按钮。

执行以上操作后，在命令输入行会出现如下信息提示用户选择样条曲线：

命令 : _splinedit

选择样条曲线 :

选择样条曲线后，AutoCAD 会提示用户选择下面的一个选项作为用户下一步的操作，命令输入行如下所示：

输入选项 [闭合 (C)/ 合并 (J)/ 拟合数据 (F)/ 编辑顶点 (E)/ 转换为多段线 (P)/ 反转 (R)/ 放弃 (U)/ 退出 (X)] < 退出 >:

下面讲述以上各选项的含义：

(1)【拟合数据】：编辑定义样条曲线的拟合点数据，包括修改公差。在命令输入行中输入 F 后，按下 Enter 键选择此项后，在命令输入行会出现如下信息要求用户选择某一项操作，然后在绘图区绘制此样条曲线的插值点会自动呈现高亮显示。

输入拟合数据选项

[添加 (A)/ 闭合 (C)/ 删除 (D)/ 扭折 (K)/ 移动 (M)/ 清理 (P)/ 切线 (T)/ 公差 (L)/ 退出 (X)] < 退出 >:

上面选项的含义及其说明如表 5-1 所示。

(2)【闭合】：使样条曲线的始末闭合，闭合的切线方向根据始末的切线方向由 AutoCAD 自定。

(3)【转换为多段线】：将样条曲线转换为多线段。

(4)【编辑顶点】：在命令输入行中输入 R 后，按下 Enter 键选择此项后，在命令输入行会出现如下信息要求用户选择某一项操作：

表 5-1 选项及其说明

选 项	说 明
添加	在样条曲线外部增加插值点
闭合	闭合样条曲线
删除	从外至内删除
扭折	在样条曲线上添加点
移动	移动插值点
清理	清除拟合数据
切线	调整起点和终点切线方向
公差	调整插值的公差
退出	退出此项操作（默认选项）

输入顶点编辑选项 [添加 (A)/ 删除 (D)/ 提

高阶数 (E)/ 添加折点 (K)/ 移动 (M)/ 权值 (W)/ 退出 (X)] < 退出 >:

如表 5-2 所示的选项及其含义。

表 5-2　顶点编辑的选项及其含义

选　项	含　义
添加折点	增加插值点
提高阶数	更改插值次数（如该二次插值为三次插值等）
权值	更改样条曲线的磅值（磅值越大，越接近插值点）
退出	退出此步操作

(5)【反转】：主要是为第三方应用程序使用的，是用来转换样条曲线的方向。

(6)【放弃】：取消最后一步操作。

5.5 图案填充

许多绘图软件都可以通过一个图案填充的过程填充图形的某些区域。AutoCAD 也不例外，它用图案填充来区分工程的部件或表现组成对象的材质。例如，对建筑装潢制图中的地面或建筑断层面用特定的图案填充来表现。

5.5.1 建立图案填充

在对图形进行图案填充时，可以使用预定义的填充图案，也可以使用当前线型定义简单的填充图案，还可以创建更复杂的填充图案。另外，也可以创建渐变填充，渐变填充是在一种颜色的不同灰度之间或两种颜色之间用于过渡。

1. 执行图案填充的方法

执行图案填充的方法如下。

(1) 单击【绘图】面板或【绘图】工具栏中的【图案填充】按钮。

(2) 在命令输入行中输入 bhatch 后按 Enter 键。

(3) 在菜单栏中选择【绘图】|【图案填充】菜单命令。

2.【图案填充和渐变色】对话框参数设置

执行此命令后将打开如图 5-59 所示的【图案填充创建】选项卡。用户可以在该选项卡中进行快捷设置；也可单击【选项】面板中的【图案填充设置】按钮，打开如图 5-60 所示的【图案填充和渐变色】对话框进行设置。下面介绍【图案填充和渐变色】对话框中的主要参数。

图 5-59

图 5-60

(1)【图案填充】选项卡。

此选项卡用来定义要应用的填充图案的外观，其中主要参数介绍如下。

- 【类型和图案】参数：用来指定图案填充的类型和图案，主要包括以下内容。
  - 【类型】：用来设置图案类型。其中自定义图案是在任何自定义 PAT 文件中定义的图案，这些文件已添加到搜索路径中，可以控制任何图案的角度和比例。如图 5-61 所示为【类型】下拉列表框。

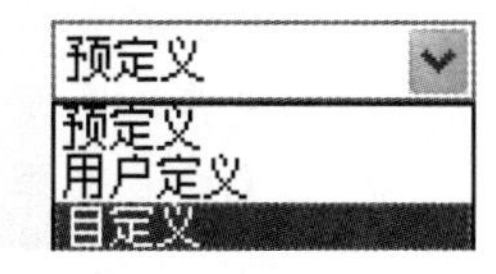

图 5-61

» 【图案】：列出可用的预定义图案。最近使用的六个用户预定义图案出现在列表顶部。HATCH 将选定的图案存储在 HPNAME 系统变量中。只有将【类型】设置为【预定义】，该选项才可用。单击后面的[...]按钮，会显示【填充图案选项板】对话框，从中可以同时查看所有预定义图案的预览图像，这将有助于用户做出选择，如图 5-62 所示。

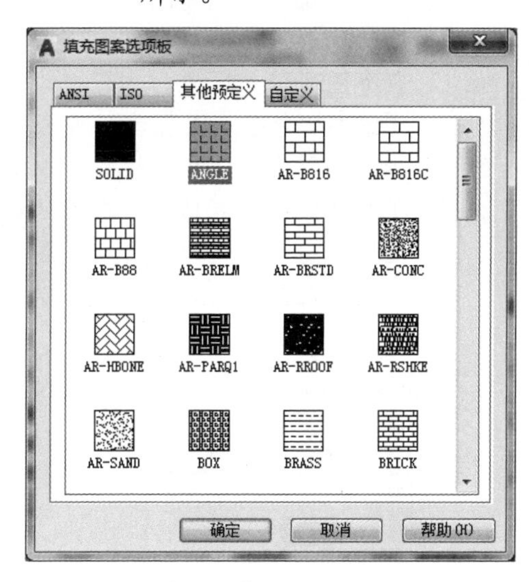

图 5-62

» 【颜色】：使用填充图案和实体填充的指定颜色替代当前颜色，选定的颜色存储在 HPCOLOR 系统变量中。

» 【样例】：显示选定图案的预览图像。可以单击【样例】框以显示【填充图案选项板】对话框。

» 【自定义图案】：列出可用的自定义图案，只有在【类型】下拉列表框中选择了【自定义】选项，此选项才可用。单击后面的[...]按钮可以显示【填充图案选项板】对话框，从中可以同时查看所有自定义图案的预览图像，这将有助于用户做出选择。

- 【角度和比例】参数：指定选定填充图案的角度和比例，主要包括以下参数。
  - » 【角度】：指定填充图案的角度(相对当前 UCS 坐标系的 X 轴)。
  - » 【比例】：放大或缩小预定义或自定义图案。只有将【类型】设置为【预定义】或【自定义】，此选项才可用。
  - » 【双向】：对于用户定义的图案，将绘制第二组直线，这些直线与原来的直线成 90 度角，从而构成交叉线。只有将【类型】设置为【用户定义】时，此选项才可用。(HPDOUBLE 系统变量)
  - » 【相对图纸空间】：相对于图纸空间单位缩放填充图案。使用此选项，可以很容易地做到以适合于布局的比例显示填充图案。该选项仅适用于布局。
  - » 【间距】：指定用户定义图案中的直线间距。只有将【类型】设置为【用户定义】，此选项才可用。
  - » 【ISO 笔宽】基于选定笔宽缩放 ISO 预定义图案。只有将【类型】设置为【预定义】，并将【图案】设置为可用的 ISO 图案的一种，此选项才可用。
- 【图案填充原点】参数：用来控制填充图案生成的起始位置。默认情况下，所有图案填充原点都对应于当前的 UCS 原点。它主要包括以下参数。
  - » 【使用当前原点】：使用存储在 HPORIGINMODE 系统变量中的参数进行设置。默认情况下，原点设置为 0,0。

» 【指定的原点】：指定新的图案填充原点。可用选项包括：【单击以设置新原点】用来直接指定新的图案填充原点；【默认为边界范围】用来基于图案填充的矩形范围计算新原点；【存储为默认原点】用来将新图案填充原点的值存储在HPORIGIN系统变量中。

● 【边界】参数：用来确定对象的边界，主要包括以下参数。

» 【添加：拾取点】：根据围绕指定点构成封闭区域的现有对象确定边界。单击该按钮后对话框将暂时关闭，系统会提示用户拾取一个点。如图5-63所示为使用【添加：拾取点】选项进行的图案填充。

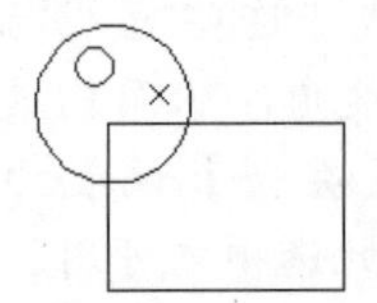
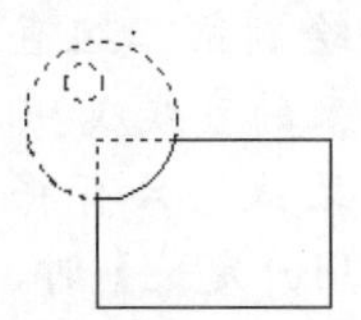
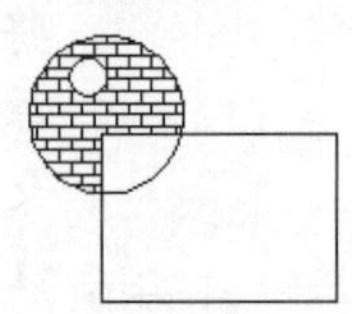

选定内部点　　图案填充边界　　图案填充效果

图 5-63

» 【添加：选择对象】：根据构成封闭区域的选定对象确定边界。单击该按钮后对话框将暂时关闭，系统会提示用户选择对象。如图5-64所示为使用【添加：选择对象】选项进行的图案填充。如图5-65所示为选定边界内的对象后图案填充效果。

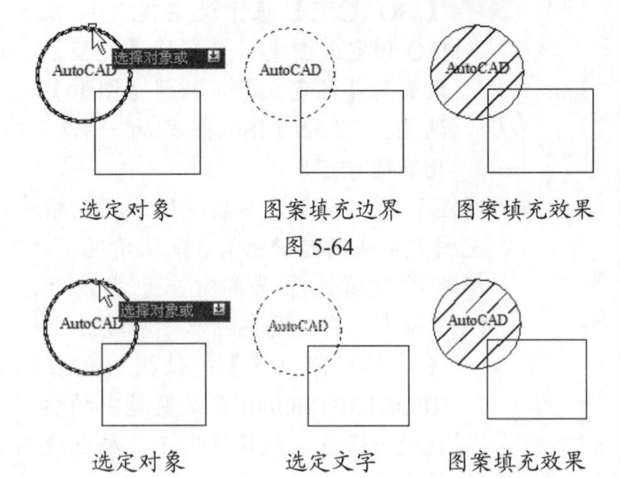

选定对象　　图案填充边界　　图案填充效果

图 5-64

选定对象　　选定文字　　图案填充效果

图 5-65

» 【删除边界】：从边界定义中删除以前添加的任何对象。

» 【重新创建边界】：围绕选定的图案填充或填充对象创建多段线，并使其与图案填充对象相关联。

» 【查看选择集】：单击该按钮后暂时关闭对话框，并使用当前的图案填充或填充设置显示当前定义的边界。如果未定义边界，则此选项不可用。

● 【选项】参数：用来控制几个常用的图案填充或填充选项，主要包括以下内容。

» 【注释性】：控制图形注释的特性。

» 【关联】：控制图案填充或填充的关联。关联的图案填充或填充在用户修改其边界时将会更新。

» 【创建独立的图案填充】：控制当指定了几个独立的闭合边界时，是创建单个图案填充对象，还是创建多个图案填充对象。

» 【绘图次序】：为图案填充或填充指定绘图次序。图案填充可以放在所有其他对象之后、所有其他对象之前、图案填充边界之后或图案填充边界之前。如图5-66所示为【绘图次序】下拉列表框。

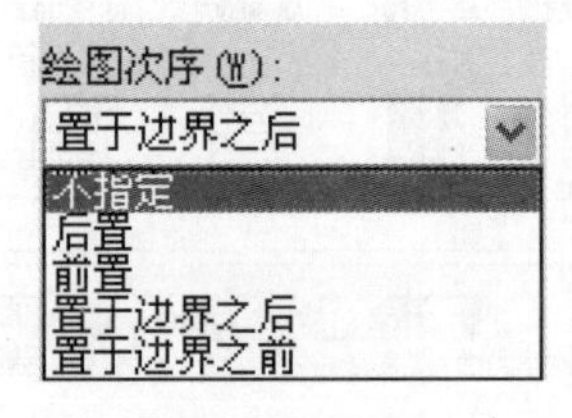

图 5-66

» 【图层】：为指定的图层指定新图案填充对象，替代当前图层。选择"使用当前项"可使用当前图层。

» 【透明度】：设定新图案填充或填充的透明度，替代当前对象的透明度。选择"使用当前值"可使用当前对象的透明度设置。

● 【继承特性】参数：使用选定图案填充对象的图案填充或填充特性对指定

的边界进行图案填充或填充。

- 【预览】按钮：单击该按钮后关闭对话框，并使用当前图案填充设置显示当前定义的边界。如果没有指定用于定义边界的点，或没有选择用于定义边界的对象，则此选项不可用。

(2)【渐变色】选项卡。

下面介绍【渐变色】选项卡(如图5-67所示)中的参数设置，该选项卡主要用来定义要应用的渐变填充的外观。

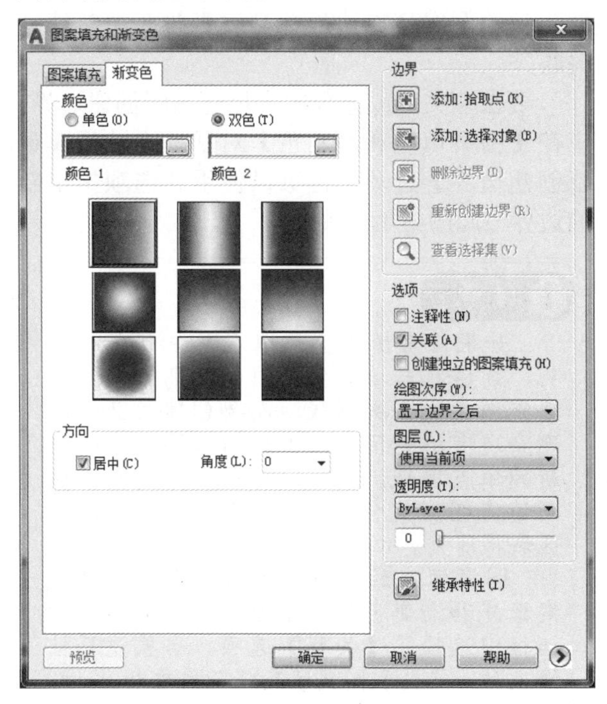

图 5-67

- 【颜色】参数：主要包括单色和双色渐变。
  - 【单色】：指定使用从较深着色到较浅色调平滑过渡的单色填充。选中【单色】单选按钮时，对话框将显示带有【着色】与【渐浅】滑块的颜色样本。
  - 【双色】：指定在两种颜色之间平滑过渡的双色渐变填充。选中【双色】单选按钮时，对话框将分别显示颜色1和颜色2显示带有浏览按钮的颜色样本。
  - 【颜色样本】用来指定渐变填充的颜色。单击色块后的[...]按钮可以打开【选择颜色】对话框，如图5-68所示，从中可以选择AutoCAD颜色索引(ACI)颜色、真彩色或配色系统颜色，显示的默认颜色为图形的当前颜色。

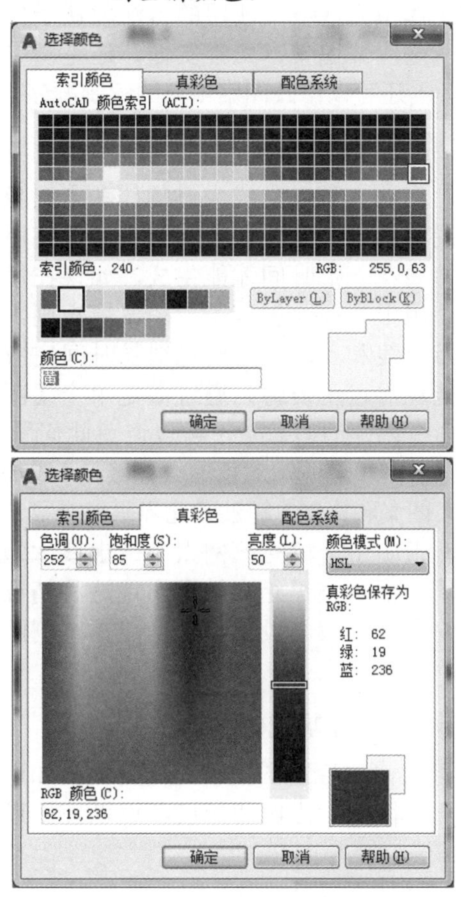

图 5-68

- 【渐变图案】色彩框：用来显示用于渐变填充的九种固定图案，这些图案包括线性扫掠状、球状和抛物面状图案。
- 【方向】：用来指定渐变色的角度以及其是否对称，主要参数设置如下。
  - 【居中】复选框用来指定对称的渐变配置。如果没有选定此选项，渐变填充将朝左上方变化，创建光源在对象左边的图案。
  - 【角度】下拉列表框用来指定渐变填充的角度。相对于当前UCS指定的角度，此选项与指定给图案填充的角度互不影响。

5.5.2 修改图案填充

既可以修改填充图案和填充边界，还可以修改实体填充区域，使用的方法取决于实体填充区域是实体图案、二维实面，还是宽多段线或圆环；还可以修改图案填充的绘制顺序。

1. 控制填充图案密度

图案填充可以生成大量的线和点对象。存储为图案填充对象，这些线和点对象使用磁盘空间并要花一定时间才能生成。如果在填充区域时使用很小的比例因子，图案填充则需要成千上万个线和点，因此要花很长时间完成并且很可能耗尽可用资源。通过限定单个【图案填充】命令创建的对象数，可以避免此问题。如果特定图案填充所需对象的大概数量(考虑边界范围、图案和比例)超过了此界限，会显示一条信息，指明由于填充比例太小或虚线太短，此图案填充要求被拒绝。如果出现这种情况，请仔细检查图案填充设置，有可能是比例因子不合理，需要调整。

2. 更改现有图案填充的填充特性

可以修改特定图案填充的特性，如现有图案填充的图案、比例和角度。可以使用以下方式更改。

(1)【图案填充编辑】对话框(建议)。

(2)【特性】选项板。

还可以将特性从一个图案填充复制到另一个图案填充。使用【图案填充编辑】对话框中的【继承特性】按钮，可以将所有特定图案填充的特性(包括图案填充原点)从一个图案填充复制到另一个图案填充。

还可以使用 EXPLODE 将图案填充分解为其部件对象。

3. 修改填充边界

图案填充边界可以被复制、移动、拉伸和修剪等。像处理其他对象一样，使用夹点可以拉伸、移动、旋转、缩放和镜像填充边界以及和它们关联的填充图案。如果编辑仍保持边界闭合，关联填充会自动更新。如果编辑中生成了开放边界，图案填充将失去任何边界关联性，并保持不变。如果填充图案文件在编辑时不可用，则在编辑填充边界的过程中可能会失去关联性。

可以随时删除图案填充的关联，但是一旦删除现有图案填充的关联，就不能再重建。要恢复关联性，必须重新创建图案填充或者必须创建新的图案填充边界并且边界与此图案填充关联。

要在非关联或无限图案填充周围创建边界，应在【图案填充和渐变色】对话框中使用【重新创建边界】选项。也可以使用此选项指定新的边界与此图案填充关联。

注意：

如果修剪填充区域以在其中创建一个孔，则该孔与填充区域内的孤岛不同，且填充图案失去关联性。而要创建孤岛，请删除现有填充区域，用新的边界创建一个新的填充区域。此外，如果修剪填充区域而填充图案文件(PAT)不可再用，则填充区域将消失。

图案填充的关联性取决于是否在【图案填充和渐变色】和【图案填充编辑】对话框中选择了【关联】选项。当原边界被修改时，非关联图案填充将不被更新。

4. 修改图案填充的绘制顺序

编辑图案填充时，可以更改其绘制顺序，使其显示在图案填充边界后面、图案填充边界前面、所有其他对象后面或所有其他对象前面。

修改图案填充有以下三种方法。

(1) 在命令输入行中输入 hatchedit 后按 Enter 键。

(2) 在菜单栏中选择【修改】|【对象】|【图案填充】菜单命令。

(3) 单击【绘图】面板中的【图案填充】按钮。

5.6 设计范例

5.6.1 绘制接头零件主视图范例

本范例完成文件：ywj\05\5-1.dwg。

案例分析

本节将介绍接头零件主视图的绘制方法，主要使用直线命令进行绘制，之后使用镜像、圆角等命令进行编辑修改。绘制图纸之前，首先设置图层，常用的图层一般有4种；之后绘制主视图的直线外形，使用镜像创建对称的部分，最后进行填充。

案例操作

步骤01 设置图层

❶ 单击【默认】选项卡【图层】面板中的【图层特性】按钮，如图5-69所示。

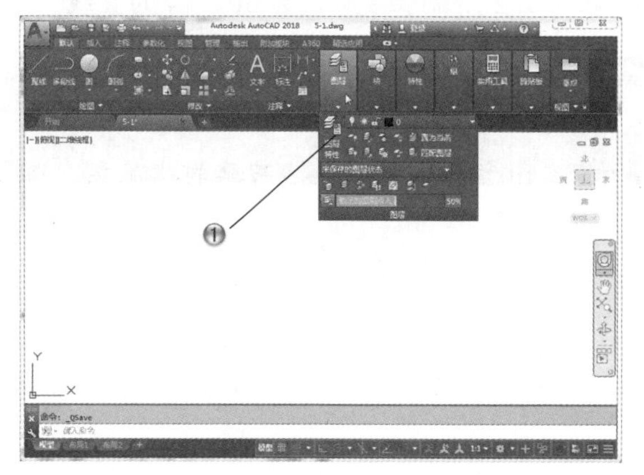

图 5-69

❷ 在弹出的【图层特性管理器】工具选项板中单击【新建图层】按钮，如图5-70所示。

❸ 依次创建3个图层，并设置图层属性。

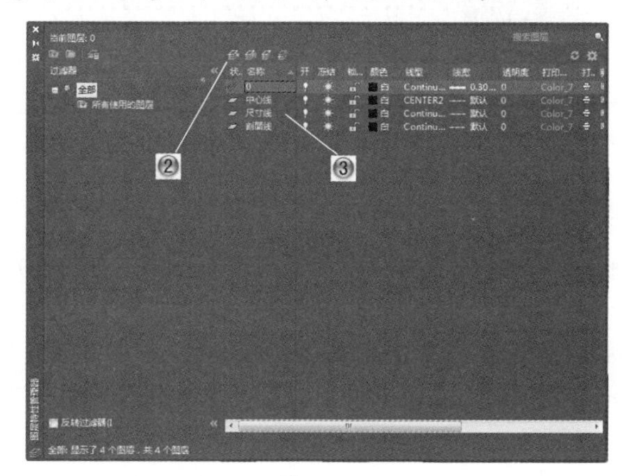

图 5-70

步骤02 绘制中心线

❶ 单击【默认】选项卡【绘图】面板中的【直线】按钮，如图5-71所示。

❷ 在绘图区绘制中心线。

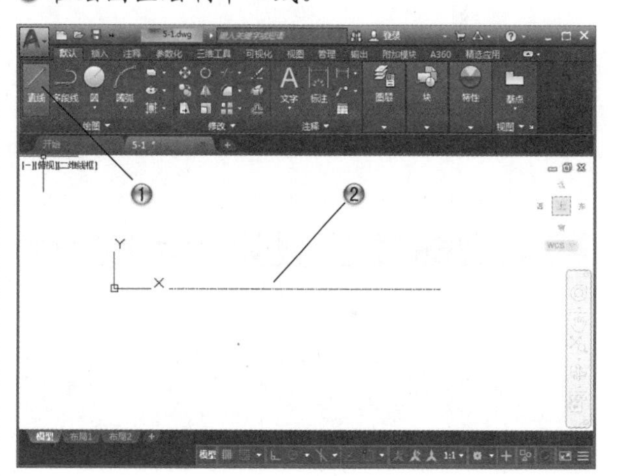

图 5-71

❸ 单击【绘图】面板中的【直线】按钮，如图5-72所示。

❹ 在绘图区绘制长度分别为36、7的直线图形。

步骤03 绘制直线图形

❶ 单击【绘图】面板中的【直线】按钮，如图5-73所示。

❷ 在绘图区绘制长度分别为14、4的直线。

❸ 单击【绘图】面板中的【直线】按钮，如图5-74所示。

❹ 在绘图区绘制长度分别为2、16、2的直线。

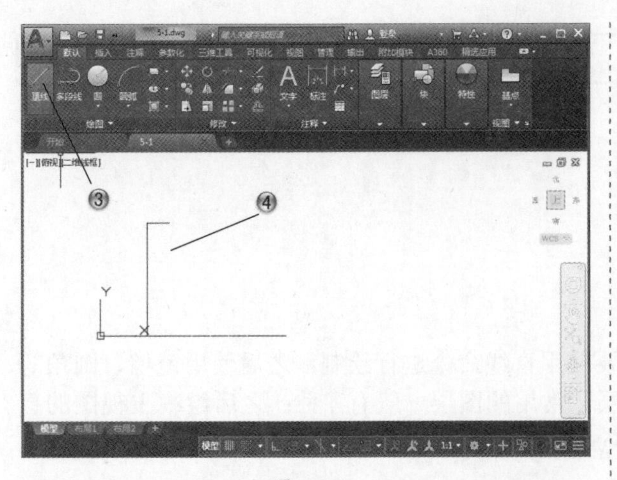

图 5-72

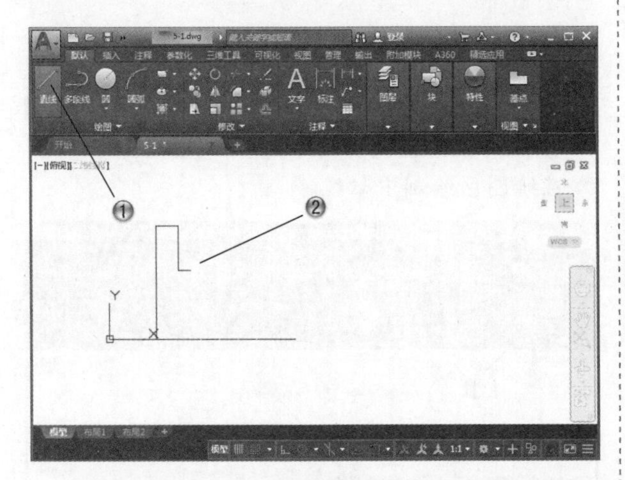

图 5-73

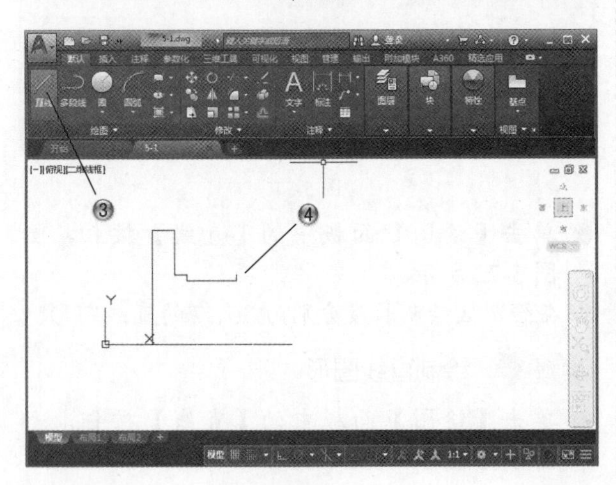

图 5-74

步骤 04 绘制直线图形

❶ 单击【绘图】面板中的【直线】按钮，如图 5-75 所示。

❷ 在绘图区绘制长度为 13 的直线和封闭直线。

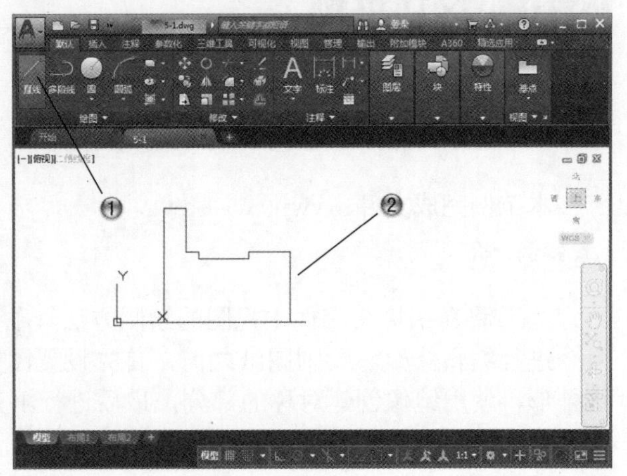

图 5-75

❸ 单击【绘图】面板中的【直线】按钮，如图 5-76 所示。

❹ 在绘图区绘制长度分别为 30、14 的直线。

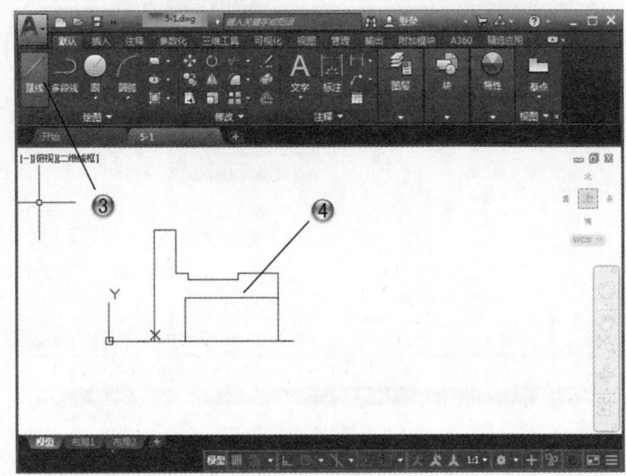

图 5-76

提示

绘制对称图形时，可以只绘制一半的图形，之后进行镜像操作。

步骤 05 绘制圆角

❶ 单击【修改】面板中的【圆角】按钮，如图 5-77 所示。

❷ 在绘图区绘制半径为 4 的圆角。

❸ 单击【修改】面板中的【圆角】按钮，如图 5-78 所示。

④ 在绘图区绘制半径为 2 的圆角。

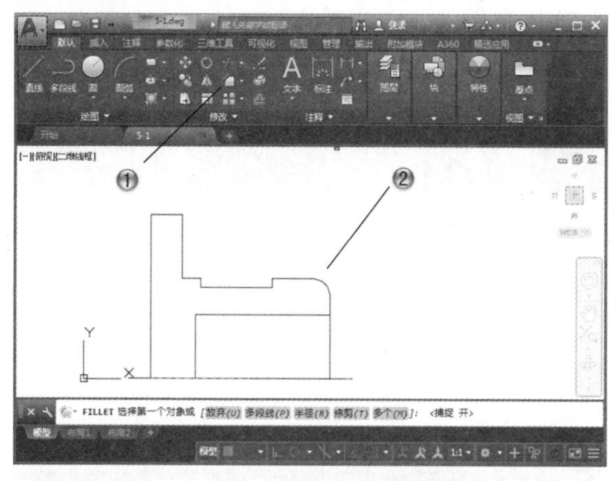

图 5-77

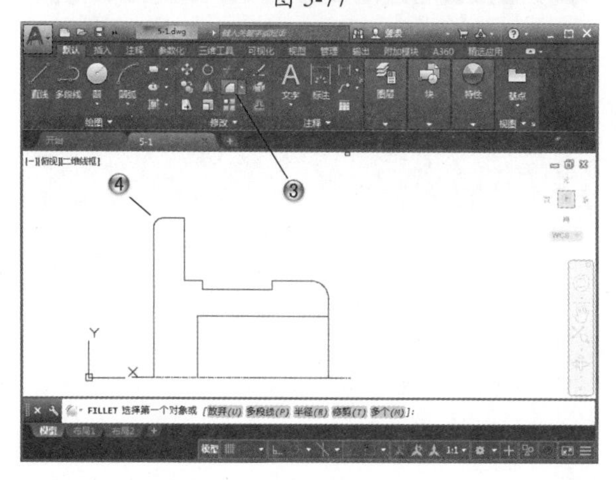

图 5-78

步骤 06 绘制孔图形

① 单击【绘图】面板中的【直线】按钮，如图 5-79 所示。

② 在绘图区绘制中心线。

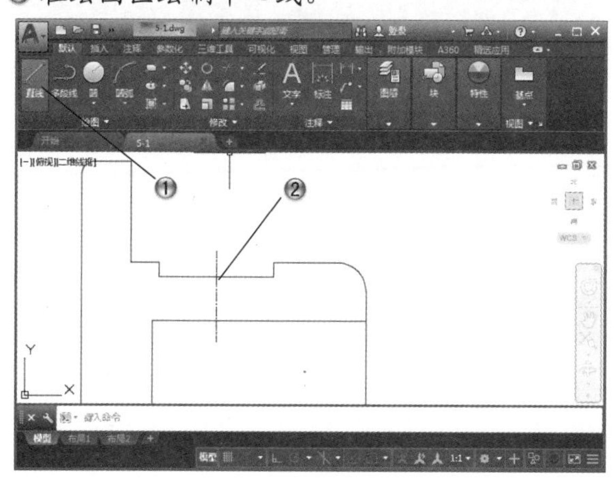

图 5-79

③ 单击【绘图】面板中的【直线】按钮，如图 5-80 所示。

④ 在绘图区绘制两条直线作为孔。

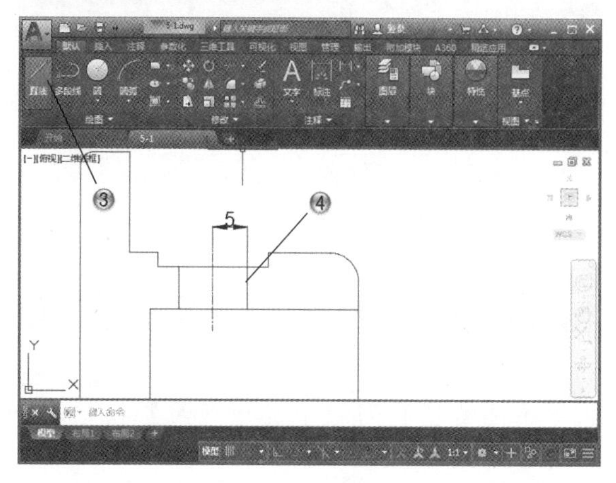

图 5-80

⑤ 单击【绘图】面板中的【圆弧】按钮，如图 5-81 所示。

⑥ 在绘图区绘制两条圆弧。

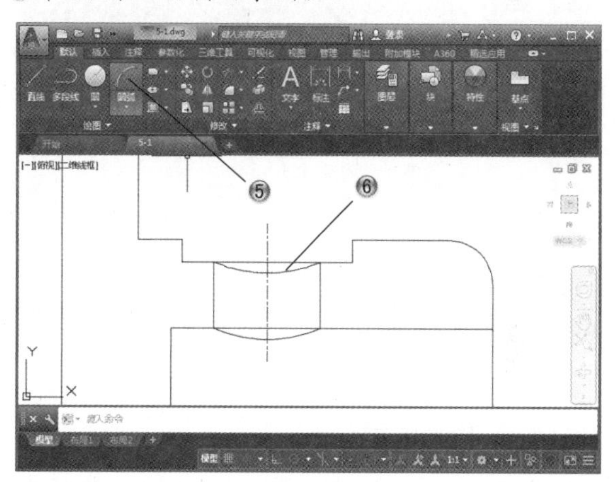

图 5-81

TIPS 提示

在绘制孔、圆等细节时，需要添加中心线，表示这是一个对称的图形特征。

步骤 07 绘制孔图形

① 单击【绘图】面板中的【直线】按钮，如图 5-82 所示。

② 在绘图区绘制中心线。

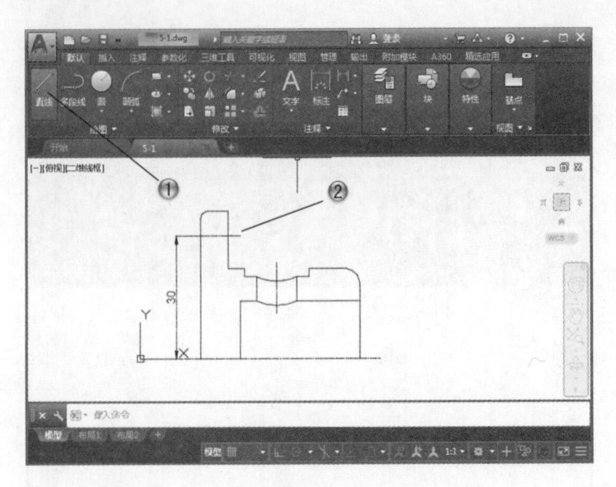

图 5-82

③ 单击【绘图】面板中的【直线】按钮，如图 5-83 所示。

④ 在绘图区绘制孔直线。

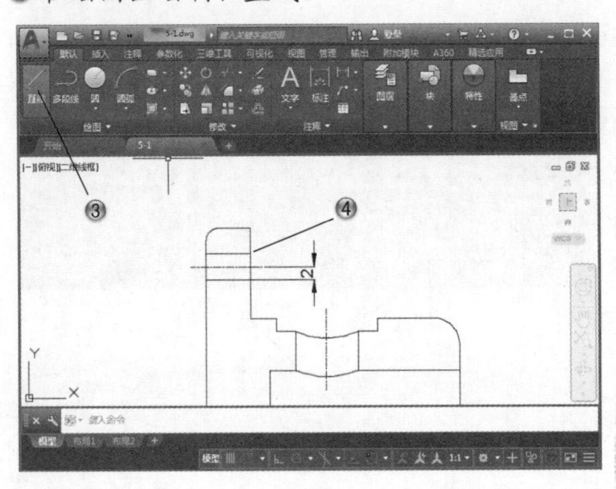

图 5-83

步骤 08 镜像图形

① 单击【默认】选项卡【修改】面板中的【镜像】按钮，如图 5-84 所示。

② 在绘图区镜像图形。

③ 单击【绘图】面板中的【直线】按钮，如图 5-85 所示。

④ 在绘图区绘制延伸直线。

步骤 09 图案填充

① 单击【默认】选项卡【绘图】面板中的【图案填充】按钮，如图 5-86 所示。

② 在绘图区，选择区域进行填充，这样就完成了接头零件主视图绘制。

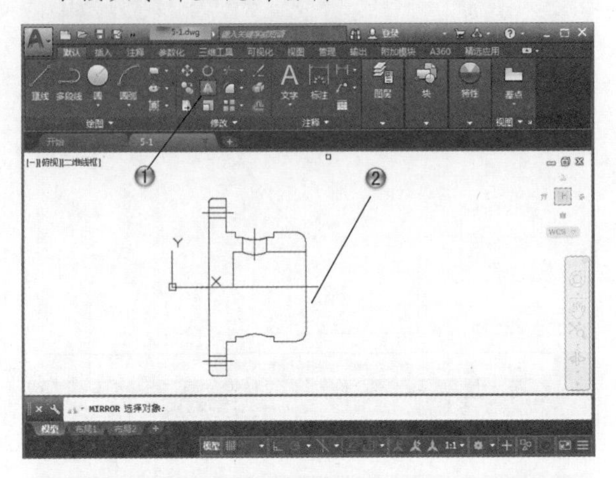

图 5-84

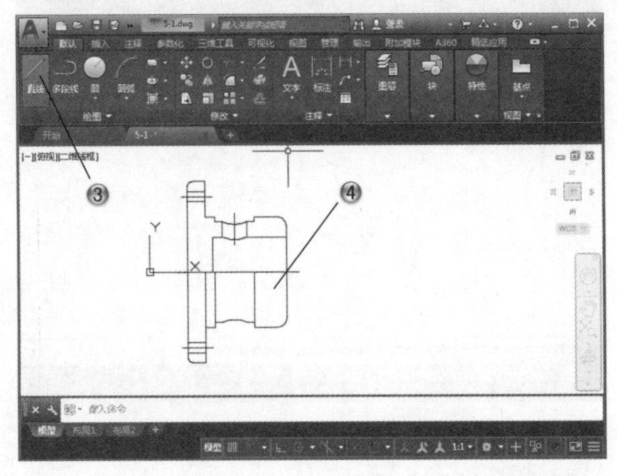

图 5-85

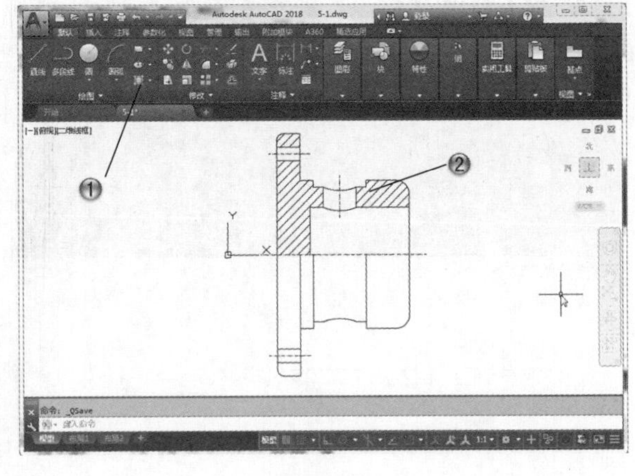

图 5-86

TIPS 提示

填充图形的比例、角度和图案等特征，在【图案填充创建】选项卡中进行设置。

5.6.2 绘制接头零件侧视图范例

本范例完成文件：ywj\05\5-2.dwg。

案例分析

本节将在上一节范例的基础上，介绍接头零件侧视图的绘制方法，创建主视图后，创建对应的侧视图，主要使用圆形命令绘制，并进行阵列特征的创建。

案例操作

步骤 01 创建中心线

① 单击【绘图】面板中的【直线】按钮，如图 5-87 所示。

② 在绘图区绘制两条中心线。

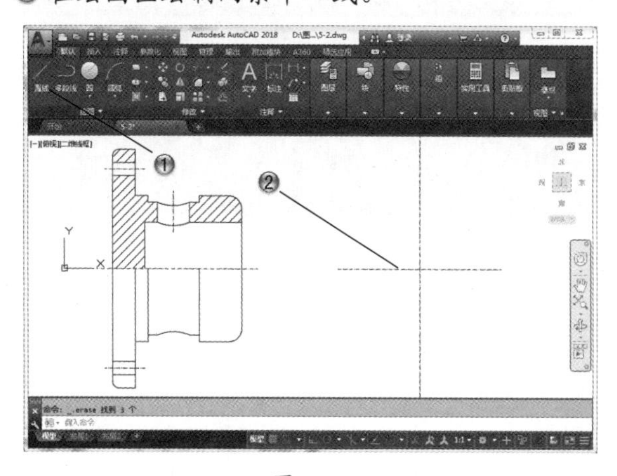

图 5-87

步骤 02 绘制中心线

① 单击【绘图】面板中的【圆】按钮，如图 5-88 所示。

② 在绘图区绘制半径为 22 的圆形。

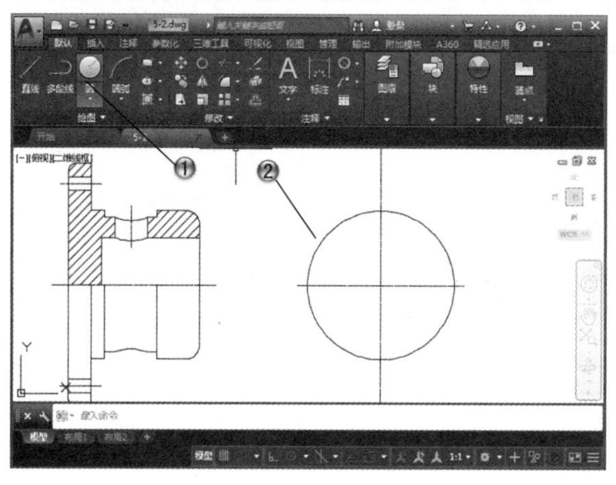

图 5-88

③ 单击【绘图】面板中的【圆】按钮，如图 5-89 所示。

④ 在绘图区绘制半径为 2、6 的圆形。

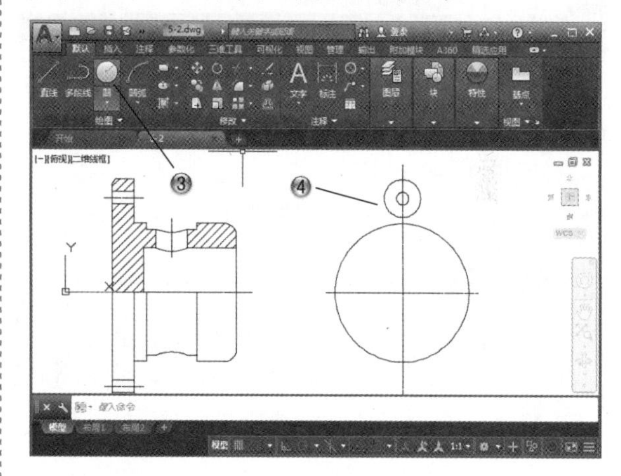

图 5-89

步骤 03 绘制阵列图形

① 单击【绘图】面板中的【直线】按钮，如图 5-90 所示。

② 在绘图区绘制两条切线。

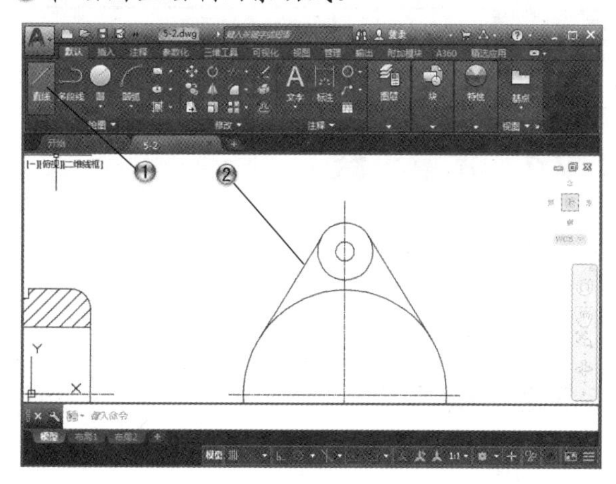

图 5-90

③ 单击【修改】面板中的【修剪】按钮，如图 5-91 所示。

④ 在绘图区修剪图形。

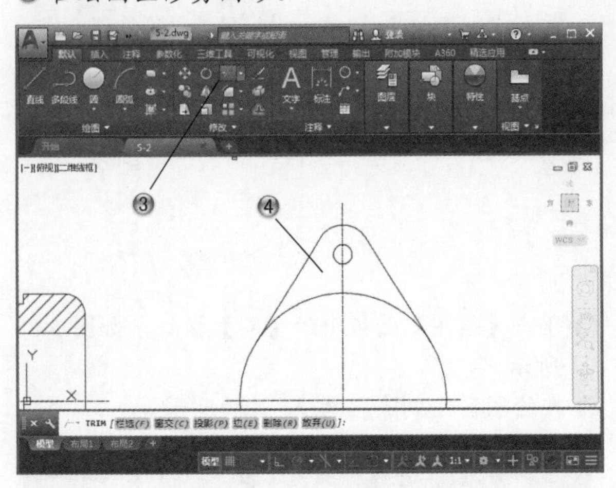

图 5-91

⑤ 单击【修改】面板中的【环形阵列】按钮，如图 5-92 所示。

⑥ 在绘图区创建圆形阵列图形。

> **提示**
>
> 阵列特征参数在【阵列创建】选项卡中进行设置，包括项目数、介于、填充等参数。

步骤 04 创建圆形

① 单击【绘图】面板中的【圆】按钮，如图 5-93 所示。

② 在绘图区绘制半径为 14 的圆形，至此就完成了接头零件侧视图的绘制。

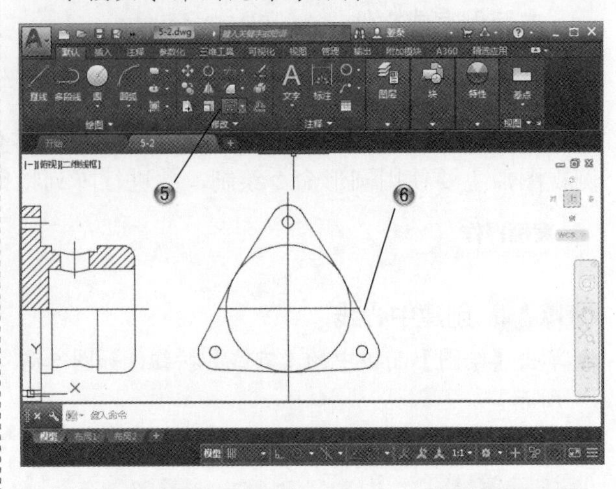

图 5-92

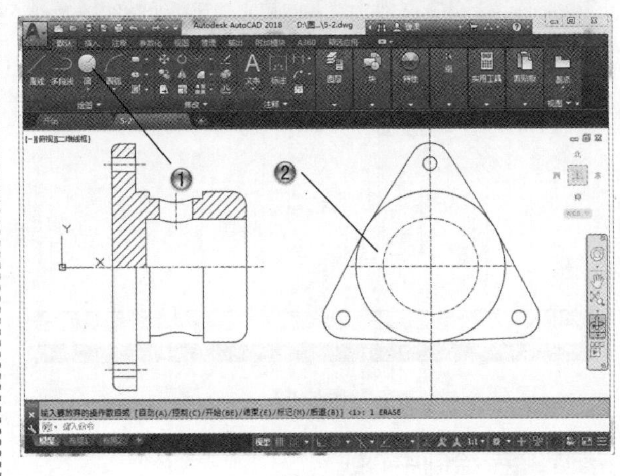

图 5-93

5.7 本章小结和练习

5.7.1 本章小结

本章主要介绍了如何绘制与编辑复杂的二维图形，包括创建和编辑多线，创建和编辑二维多段线，创建云线，创建和编辑样条曲线，以及图案填充，上述这些方法在绘制复杂图形时会用到，需要读者认真掌握。

5.7.2 练习

如图 5-94 所示，使用本章学过的命令来创建皮带轮草图。

(1) 绘制主视图。
(2) 进行镜像。
(3) 绘制俯视图。
(4) 进行填充。

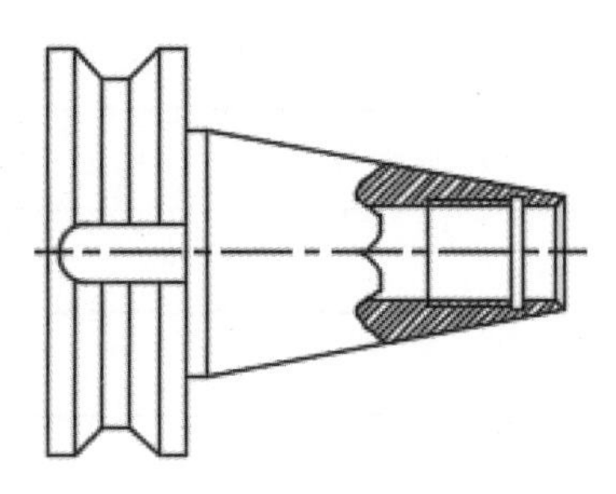

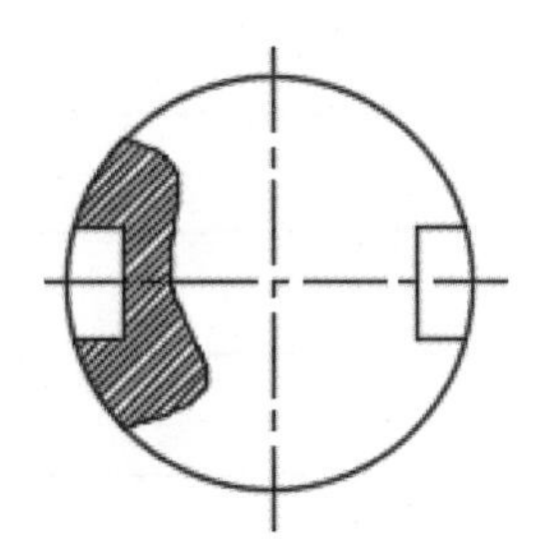

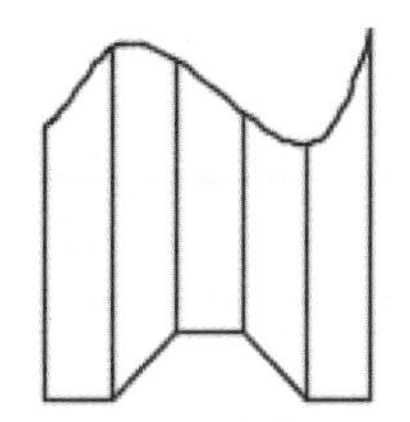

图 5-94

学习心得

第 6 章

尺寸和公差标注

本章导读

尺寸标注是图形绘制的一个重要组成部分，它是图形的测量注释，可以测量和显示对象的长度、角度等测量值。AutoCAD 提供了多种标注样式和设置标注样式的方法，可以满足建筑、机械、电子等大多数应用领域的要求。在绘图时使用尺寸标注，能够为图形的各个部分添加提示和解释等辅助信息，既方便用户绘制，又方便使用者阅读。本章将讲述自行设置尺寸标注样式的方法以及对图形进行尺寸标注和公差等注释标注的方法。

6.1 尺寸标注的概念

尺寸标注是一种通用的图形注释，用来描述图形对象的几何尺寸、实体间的角度和距离等。在 AutoCAD 2018 中，对绘制的图形进行尺寸标注时应遵循以下规则。

(1) 物体的真实大小应以图样上所标注的尺寸数值为依据，与图形的大小及绘图的准确度无关。

(2) 图样中的尺寸以毫米为单位时，不需要标注计量单位的代号或名称。如采用其他单位，则必须注明相应计量单位的代号或名称，如度、厘米及米等。

(3) 图样中所标注的尺寸为该图样所表示的物体的最后完工尺寸，否则应另加说明。

(4) 一般物体的每一尺寸只标注一次，并应标注在最后反映该结构最清晰的图形上。

6.1.1 尺寸标注的元素

尽管 AutoCAD 提供了多种类型的尺寸标注，但通常都是由以下几种基本元素构成的。下面对尺寸标注的组成元素进行介绍。

一个完整的尺寸标注包括尺寸线、尺寸界线、尺寸箭头和标注文字四个组成元素，如图 6-1 所示。

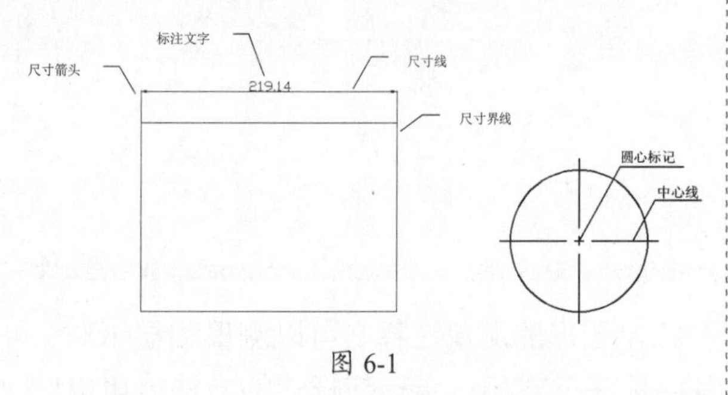

图 6-1

- 尺寸线：用于指示标注的方向和范围，通常使用箭头来指出尺寸线的起点和端点。AutoCAD 将尺寸线放置在测量区域中，而且通常被分割成两条线，标注文字沿尺寸线放置。角度标注的尺寸线是一条圆弧。
- 尺寸界线：从被标注的对象延伸到尺寸线，又被称为投影线或证示线，一般垂直于尺寸线。但在特殊情况下用户也可以根据需要将尺寸界线倾斜一定的角度。
- 尺寸箭头：显示在尺寸线的两端，表明测量的开始和结束位置。AutoCAD 默认使用闭合的填充箭头符号，同时 AutoCAD 还提供了多种箭头符号可供选择，用户也可以自定义符号。
- 标注文字：用于表明图形实际测量值。可以使用由 AutoCAD 自动计算出的测量值，并可附加公差、前缀和后缀等。用户也可以自行指定文字或取消文字。
- 圆心标记：标记圆或圆弧的圆心。
- 中心线：标记圆的中心位置线。

6.1.2 尺寸标注的过程

虽然 AutoCAD 提供了多种类型的尺寸标注，但是尺寸标注的过程是一致的。

(1) 选择【标注】菜单。

(2) 在出现的下拉菜单中选择标注类型。

(3) 选择标注对象进行标注。

在进行尺寸标注以后，有时发现不能看到所标注的尺寸文本，这是因为尺寸标注的整体比例因子设置得太小，将尺寸标注方式对话框打开，修改其数值即可。

6.2 尺寸标注的样式

在 AutoCAD 中，要使标注的尺寸符合要求，就必须先设置尺寸样式，即确定四个基本元素的大小及相互之间的基本关系。本节将对尺寸标注样式管理、创建及其具体设置做详尽的讲解。

6.2.1 标注样式的管理

设置尺寸标注样式有以下几种方法。

(1) 在菜单栏中选择【标注】|【标注样式】菜单命令。

(2) 在命令输入行中输入 Ddim 命令后按 Enter 键。

(3) 单击【默认】选项卡【注释】面板或【标注】工具栏中的【标注样式】按钮。

使用上述任何一种方法，AutoCAD 都会打开如图 6-2 所示的【标注样式管理器】对话框。其中显示了当前可以选择的尺寸样式名，可以查看所选择样式的预览图。

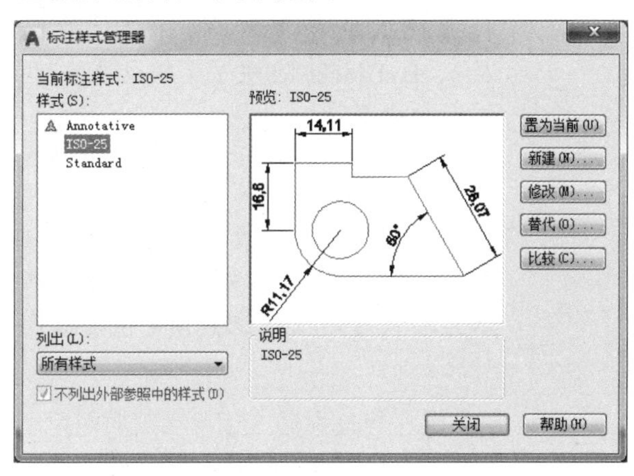

图 6-2

下面对【标注样式管理器】对话框中的部分功能作具体介绍。

- 【置为当前】按钮：用于建立当前尺寸标注类型。
- 【新建】按钮：用于新建尺寸标注类型。单击该按钮，将打开【创建新标注样式】对话框，其具体应用在下节介绍。
- 【修改】按钮：用于修改尺寸标注类型。单击该按钮，将打开如图 6-3 所示的【修改标注样式：ISO-25】对话框，此图显示的是对话框中的【线】选项卡的内容。

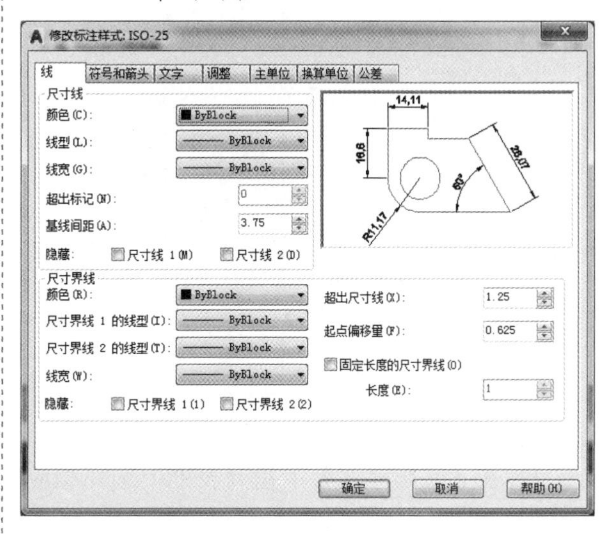

图 6-3

- 【替代】按钮：替代当前尺寸标注类型。单击该按钮，将打开【替代当前样式】对话框，其中的选项与【修改标注样式】对话框中的一致。
- 【比较】按钮：比较尺寸标注样式。单击该按钮，将打开如图 6-4 所示的【比较标注样式】对话框。比较功能可以帮助用户快速地比较几个标注样式在参数上的不同。

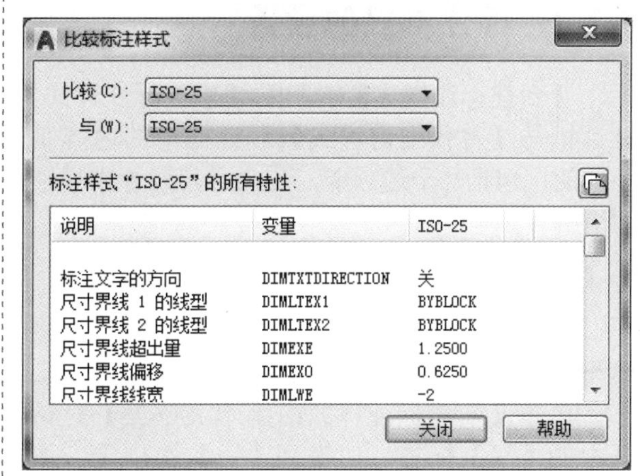

图 6-4

6.2.2 创建新标注样式

单击【标注样式管理器】对话框中的【新建】按钮，出现如图 6-5 所示的【创建新标注样式】

对话框。

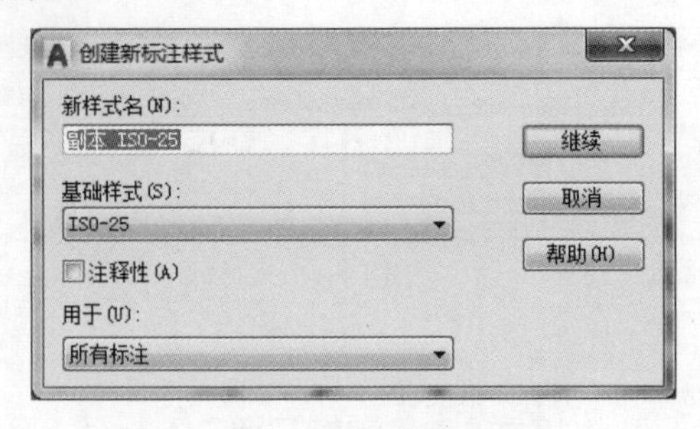

图 6-5

在其中，可以进行以下设置。

(1) 在【新样式名】文本框中输入新的尺寸样式名。

(2) 在【基础样式】下拉列表框中选择相应的标准。

(3) 在【用于】下拉列表框中选择需要将此尺寸样式应用到的尺寸标注上。

设置完毕后单击【继续】按钮即可进入【新建标注样式】对话框进行各项设置，其内容与【修改标注样式】对话框中的内容一致。

AutoCAD 提供标注样式的导入、导出功能，可以用标注样式的导入、导出功能实现在新建图形中引用当前图形中的标注样式或者导入样式应用标注，后缀名为 dim。

6.2.3　标注样式的设置

【新建标注样式】对话框、【修改标注样式】对话框与【替代当前样式】对话框中的内容是一致的，包括 7 个选项卡，在此对其设置作详细的讲解。

1.【线】选项卡

此选项卡用来设置尺寸线和尺寸界线的格式和特性。

单击【新建标注样式：副本 ISO-25】对话框中的【线】标签，切换到【线】选项卡，如图 6-3 所示。在此选项卡中，用户可以设置尺寸的几何变量。

此选项卡中各选项的内容如下。

(1)【尺寸线】：设置尺寸线的特性。在此选项组中，AutoCAD 为用户提供了以下 6 个选项供用户选择。

- 【颜色】：显示并设置尺寸线的颜色。用户可以选择【颜色】下拉列表框中的某种颜色作为尺寸线的颜色，或在列表框中直接输入颜色名来获得尺寸线的颜色。如果选择【颜色】下拉列表框中的【选择颜色】选项，则会打开【选择颜色】对话框，用户可以从 288 种 AutoCAD 颜色索引 (ACI) 颜色、真彩色和配色系统颜色中选择颜色。
- 【线型】：设置尺寸线的线型。用户可以选择【线型】下拉列表框中的某种线型作为尺寸线的线型。
- 【线宽】：设置尺寸线的线宽。用户可以选择【线宽】下拉列表框中的某种属性来设置线宽，如 ByLayer(随层)、ByBlock(随块) 及默认或一些固定的线宽等。
- 【超出标记】：显示的是当用短斜线代替尺寸箭头时尺寸线超过尺寸界线的距离。用户可以在此输入自己的预定值。默认情况下为 0。如图 6-6 所示为输入【超出标记】预定值前后的对比。

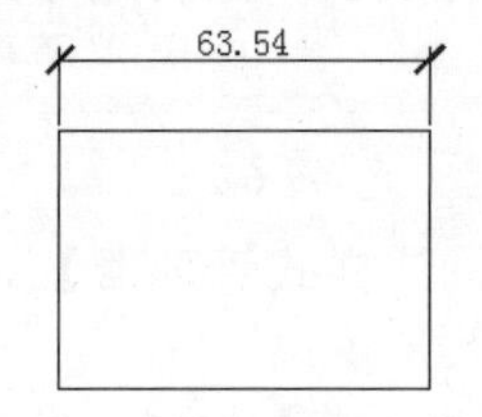

【超出标记】预定值为 0 时的效果

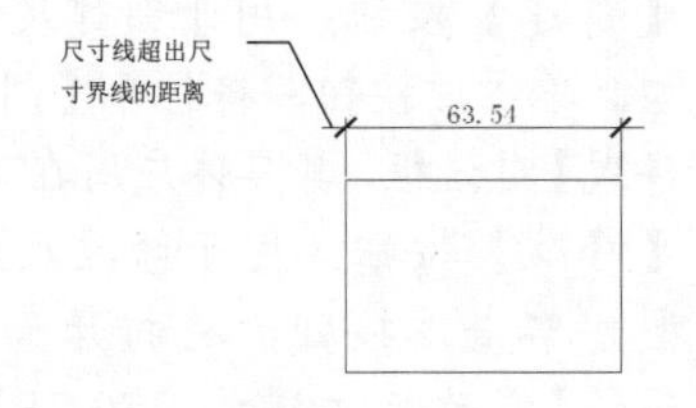

【超出标记】预定值为 3 时的效果

图 6-6

- 【基线间距】：显示的是两尺寸线之间的距离。用户可以在此输入自己的预定值。该值将在进行连续和基线尺寸标注时用到。
- 【隐藏】：不显示尺寸线。当标注文字

在尺寸线中间时，如果选中【尺寸线 1】复选框，将隐藏前半部分尺寸线；如果选中【尺寸线 2】复选框，则隐藏后半部分尺寸线；如果同时选中两个复选框，则尺寸线将被全部隐藏。如图 6-7 所示为隐藏部分尺寸线的尺寸标注。

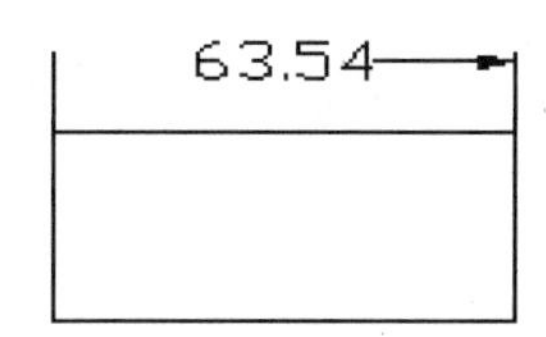

隐藏前半部分尺寸线的尺寸标注

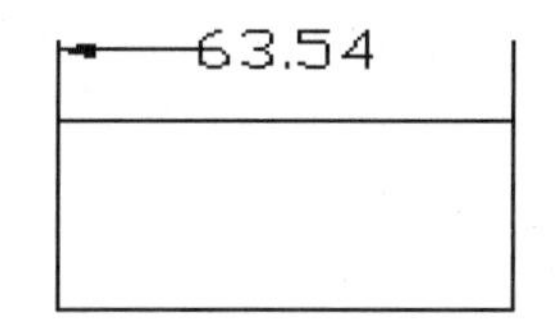

隐藏后半部分尺寸线的尺寸标注

图 6-7

(2)【尺寸界线】：控制尺寸界线的外观。在此选项组中，AutoCAD 提供了以下 8 个选项供用户选择。

- 【颜色】：显示并设置尺寸界线的颜色。用户可以选择【颜色】下拉列表框中的某种颜色作为尺寸界线的颜色，或在列表框中直接输入颜色名来获得尺寸界线的颜色。如果选择【颜色】下拉列表框中的【选择颜色】选项，则会打开【选择颜色】对话框，用户可以从 288 种 AutoCAD 颜色索引 (ACI) 颜色、真彩色和配色系统颜色中选择颜色。
- 【尺寸界线 1 的线型】及【尺寸界线 2 的线型】：设置尺寸界线的线型。用户可以选择其下拉列表框中的某种线型作为尺寸界线的线型。
- 【线宽】：设置尺寸界线的线宽。用户可以选择【线宽】下拉列表框中的某种属性来设置线宽，如 ByLayer(随层)、ByBlock(随块) 及默认或一些固定的线宽等。
- 【隐藏】：不显示尺寸界线。如果选中【尺寸界线 1】复选框，将隐藏第一条尺寸界线；如果选中【尺寸界线 2】复选框，则隐藏第二条尺寸界线。如果同时选中两个复选框，则尺寸界线将被全部隐藏。如图 6-8 所示为隐藏部分尺寸界限的尺寸标注。

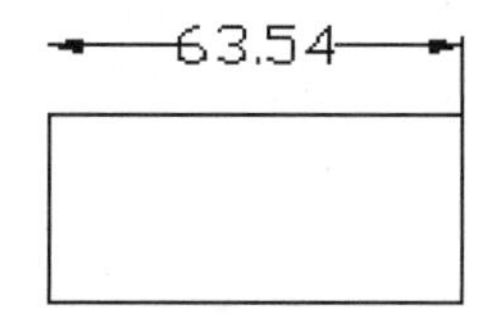

隐藏第一条尺寸界线的尺寸标注

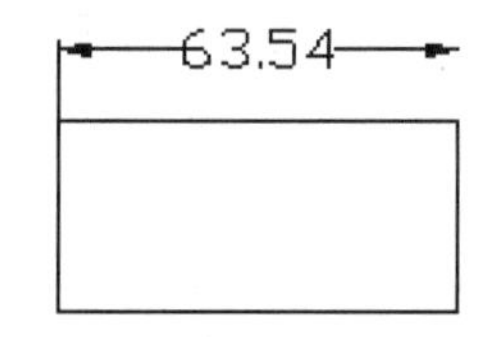

隐藏第二条尺寸界线的尺寸标注

图 6-8

- 【超出尺寸线】：显示的是尺寸界线超过尺寸线的距离。用户可以在此输入自己的预定值。如图 6-9 所示为输入【超出尺寸线】预定值前后的对比。

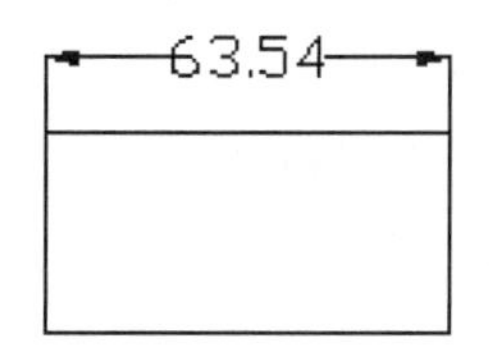

【超出尺寸线】预定值为 0 时的效果

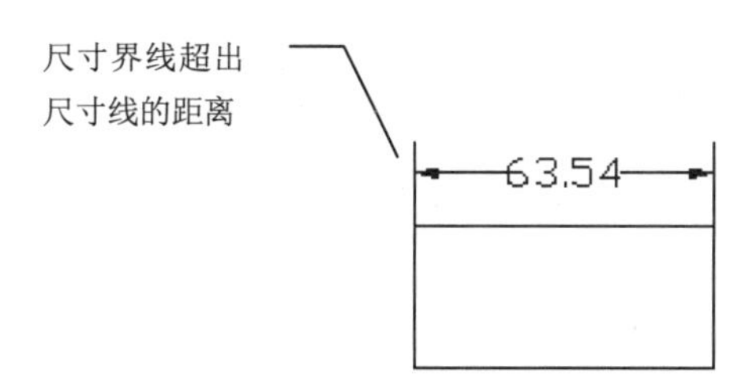

【超出尺寸线】预定值为 3 时的效果

图 6-9

- 【起点偏移量】：用于设置自图形中定义标注的点到尺寸界线的偏移距离。一般来说，尺寸界线与所标注的图形之间有间隙，该间隙即为起点偏移量，即在【起点偏移量】微调框中所显示的数值。用户也可以把它设为另外一个值。
- 【固定长度的尺寸界线】：用于设置尺寸界线从尺寸线开始到标注原点的总长度。如图 6-10 所示为设定固定长度尺寸界线前后的对比。无论是否设置了固定长度的尺寸界线，尺寸界线偏移都将从尺寸界线原点开始的最小偏移距离进行设置。

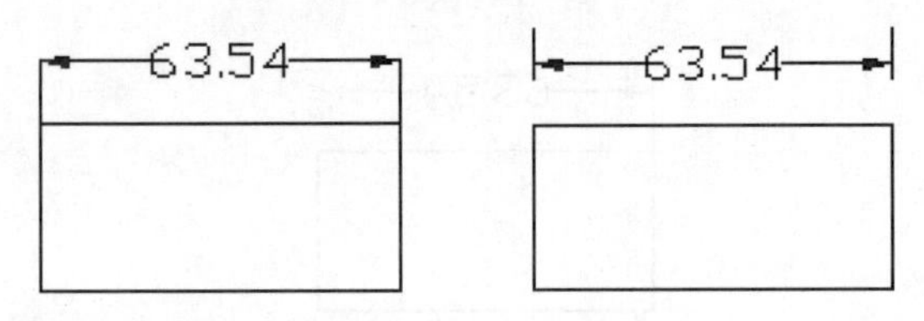

设定固定长度尺寸界线前　设定固定长度尺寸界线后

图 6-10

2.【符号和箭头】选项卡

此选项卡用来设置箭头、圆心标记、折断标注、弧长符号、半径折弯标注和线性折弯标注的格式和位置。

单击【新建标注样式：副本 ISO-25】对话框中的【符号和箭头】标签，切换到【符号和箭头】选项卡，如图 6-11 所示。

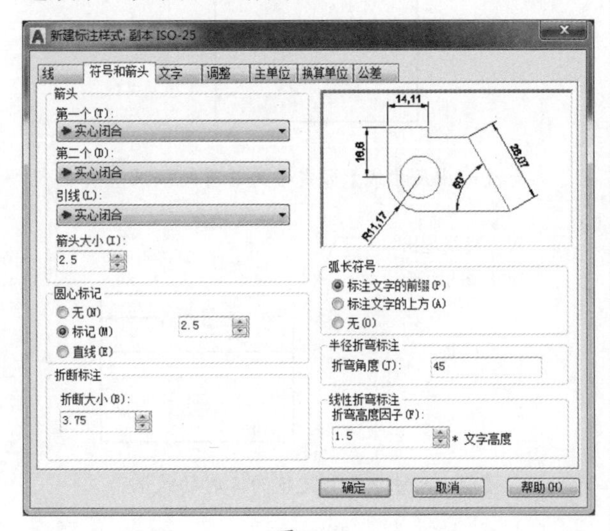

图 6-11

此选项卡中各选项的含义如下。

(1)【箭头】：控制标注箭头的外观。在此选项组中，AutoCAD 提供了以下 4 个选项供用户选择。

- 【第一个】：用于设置第一条尺寸线的箭头。当改变第一个箭头的类型时，第二个箭头将自动改变以便与第一个箭头相匹配。
- 【第二个】：用于设置第二条尺寸线的箭头。
- 【引线】：用于设置引线尺寸标注的指引箭头类型。
- 【箭头大小】：此微调框用于设置箭头的大小。用户可以单击上下三角图标选择相应的大小值，或直接在微调框中输入数值以确定箭头的大小。

(2)【圆心标记】：控制直径标注和半径标注的圆心标记和中心线的外观。在此选项组中，AutoCAD 提供了以下 3 个选项供用户选择。

- 【无】：不创建圆心标记或中心线，其存储值为 0。
- 【标记】：创建圆心标记，其大小存储为正值。
- 【直线】：创建中心线，其大小存储为负值。

(3)【折断标注】：在此微调框中显示和设置在折断标注中圆心标记的大小。

(4)【弧长符号】：控制弧长标注中圆弧符号的显示。在此选项组中，AutoCAD 提供了以下 3 个选项供用户选择。

- 【标注文字的前缀】：将弧长符号放置在标注文字的前面。
- 【标注文字的上方】：将弧长符号放置在标注文字的上方。
- 【无】：不显示弧长符号。

(5)【半径折弯标注】：控制折弯 (Z 字形) 半径标注的显示。折弯半径标注通常在中心点位于页面外部时创建。

【折弯角度】：用于确定连接半径标注的尺寸界线和尺寸线的横向直线的角度，如图 6-12 所示。

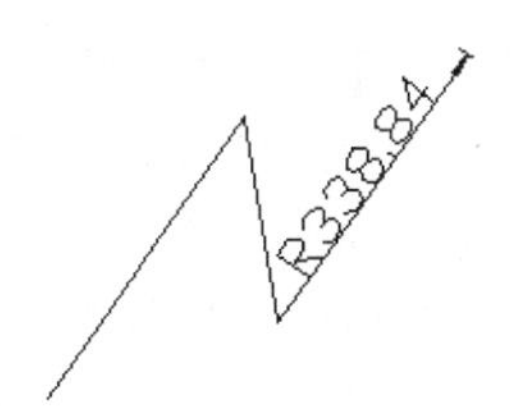

图 6-12

(6)【线性折弯标注】：控制线性折弯标注的显示。

用户可以在【折弯高度因子】微调框中设置文字高度的大小。

3.【文字】选项卡

此选项卡用来设置标注文字的外观、位置和对齐方式。

单击【新建标注样式：副本 ISO-25】对话框中的【文字】标签，切换到【文字】选项卡，如图 6-13 所示。

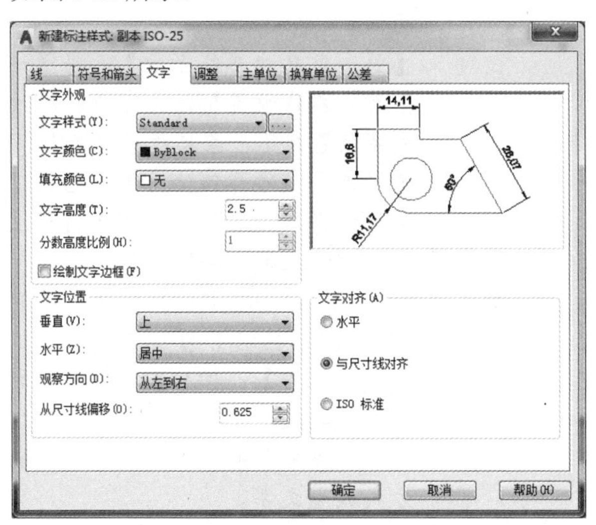

图 6-13

此选项卡中各选项的含义如下。

(1)【文字外观】：设置标注文字的样式、颜色和大小等属性。在此选项组中，AutoCAD 提供了以下 6 个选项供用户选择。

- 【文字样式】：用于显示和设置当前标注文字的样式。用户可以从其下拉列表框中选择一种样式。若用户要创建和修改标注文字样式，可以单击下拉列表框旁边的□按钮，打开【文字样式】对话框，如图 6-14 所示，从中进行标注文字样式的创建和修改。

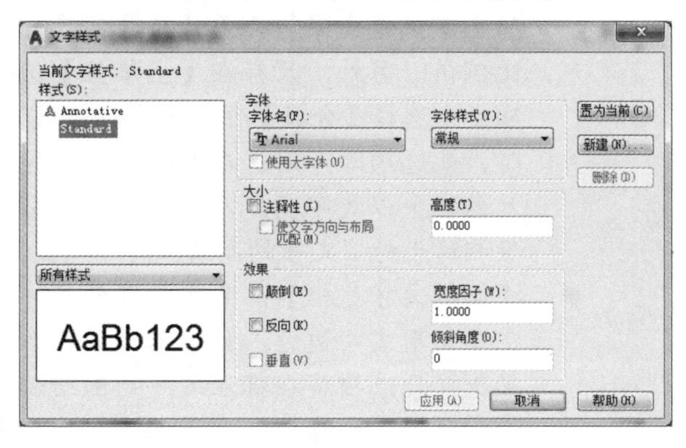

图 6-14

- 【文字颜色】：用于设置标注文字的颜色。用户可以选择其下拉列表框中的某种颜色作为标注文字的颜色，或在列表框中直接输入颜色名来获得标注文字的颜色。如果单击其下拉列表框中的【选择颜色】选项，则会打开【选择颜色】对话框，用户可以从 288 种 AutoCAD 颜色索引 (ACI) 颜色、真彩色和配色系统颜色中选择颜色。
- 【填充颜色】：用于设置标注文字背景的颜色。用户可以选择其下拉列表框中的某种颜色作为标注文字背景的颜色，或在列表框中直接输入颜色名来获得标注文字背景的颜色。如果单击其下拉列表框中的【选择颜色】选项，则会打开【选择颜色】对话框，用户可以从 288 种 AutoCAD 颜色索引 (ACI) 颜色、真彩色和配色系统颜色中选择颜色。
- 【文字高度】：用于设置当前标注文字样式的高度。用户可以直接在文本框中输入需要的数值。如果用户在【文字样式】选项中将文字高度设置为固定值 (即文字样式高度大于 0)，则该高度将替代此处设置的文字高度。如果要使用在【文字】选项卡中设置的高度，必须确保【文字样式】中的文字高度设置为 0。
- 【分数高度比例】：用于设置相对于标注文字的分数比例，用在公差标注中，当公差样式有效时可以设置公差的上下偏差文字与公差的尺寸高度的比例值。另外，只有在【主单位】选项卡中选择【分数】作为【单位格式】时，此选项才可用。在此微调框中输入的值乘以文字高度，可确定标注分数相对于标注文字的高度。

- 【绘制文字边框】：某些特殊的尺寸需要使用文字边框，如基本公差。如果选择此选项将在标注文字周围绘制一个边框。如图 6-15 所示为有文字边框和无文字边框的尺寸标注效果。

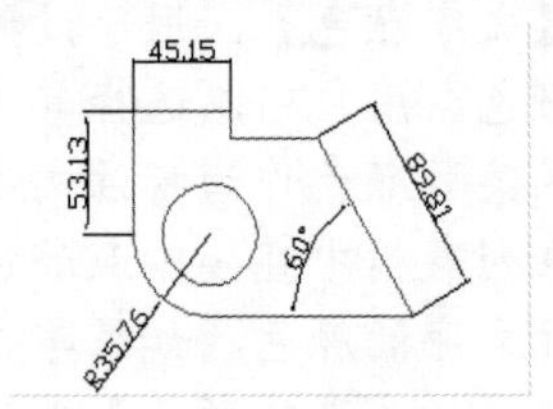

无文字边框的尺寸标注

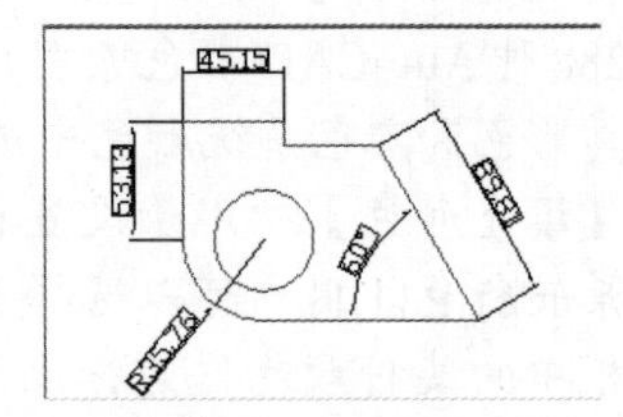

有文字边框的尺寸标注

图 6-15

(2)【文字位置】：用于设置标注文字的位置。在此选项组中，AutoCAD 提供了以下 4 个选项供用户选择。

- 【垂直】：用来调整标注文字与尺寸线在垂直方向的位置。用户可以在此下拉列表框中选择当前的垂直对齐位置，此下拉列表框中共有以下 5 个选项供用户选择。
  - 【居中】：将文本置于尺寸线的中间。
  - 【上】：将文本置于尺寸线的上方。从尺寸线到文本的最低基线的距离就是当前的文字间距。
  - 【外部】：将文本置于尺寸线上远离第一个定义点的一边。
  - JIS：按日本工业的标准放置。
  - 【下】：将文本置于尺寸线的下方。
- 【水平】：用来调整标注文字与尺寸线在平行方向的位置。用户可以在此下拉列表框中选择当前的水平对齐位置，此下拉列表框中共有以下 5 个选项供用户选择。
  - 【居中】：将标注文字置于尺寸界线的中间。
  - 【第一条尺寸界线】：将标注文字沿尺寸线与第一条尺寸界线左对正。尺寸界线与标注文字的距离是箭头大小加上文字间距之和的两倍。
  - 【第二条尺寸界线】：将标注文字沿尺寸线与第二条尺寸界线右对正。尺寸界线与标注文字的距离是箭头大小加上文字间距之和的两倍。
  - 【第一条尺寸界线上方】：沿第一条尺寸界线放置标注文字或将标注文字放置在第一条尺寸界线之上。
  - 【第二条尺寸界线上方】：沿第二条尺寸界线放置标注文字或将标注文字放置在第二条尺寸界线之上。
- 【观察方向】：用于控制标注文字的观察方向。包括以下两个选项。
  - 【从左到右】：按从左到右阅读的方式放置文字。
  - 【从右到左】：按从右到左阅读的方式放置文字。
- 【从尺寸线偏移】：用于调整标注文字与尺寸线之间的距离，即文字间距。此值也可用作尺寸线段所需的最小长度。另外，只有当生成的线段至少与文字间隔同样长时，才会将文字放置在尺寸界线内侧。当箭头、标注文字以及页边距有足够的空间容纳文字间距时，才会将尺寸线上方或下方的文字置于内侧。

(3)【文字对齐】：用于控制标注文字放在尺寸界线外边或里边时的方向是保持水平还是与尺寸界线平行。在此选项组中，AutoCAD 提供了以下3个选项供用户选择。

- 【水平】：选中此单选按钮表示无论尺寸标注为何种角度，它的标注文字总是水平的。
- 【与尺寸线对齐】：选中此单选按钮表示尺寸标注为何种角度，它的标注文字即为何种角度，文字方向总是与尺寸线平行。
- 【ISO 标准】：选中此单选按钮表示标注文字的方向遵循ISO标准。当文字在尺寸界线内时，文字与尺寸线对齐；当文字在尺寸界线外时，文字水平排列。

4.【调整】选项卡

此选项卡用来设置标注文字、箭头、引线和尺寸线的放置位置。

单击【新建标注样式：副本 ISO-25】对话框中的【调整】标签，切换到【调整】选项卡，如图6-16所示。

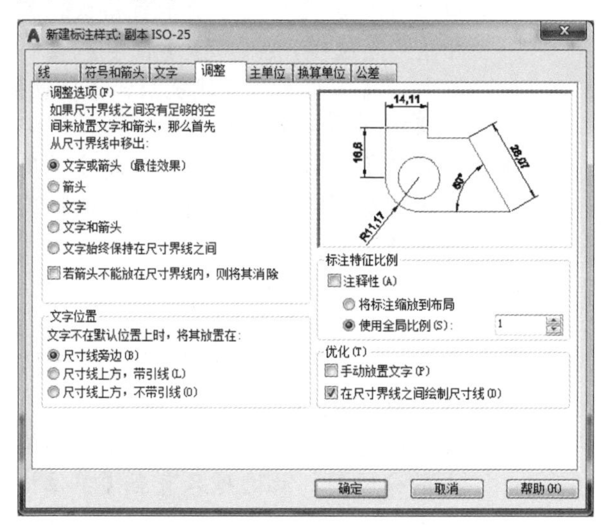

图 6-16

此选项卡中各选项的含义如下。

(1)【调整选项】：用于在特殊情况下调整尺寸的某个要素的最佳表现方式。在此选项组中，AutoCAD提供了以下6个选项供用户选择。

- 【文字或箭头(最佳效果)】：选中此单选按钮表示AutoCAD会自动选取最优的效果，当没有足够的空间放置文字和箭头时，AutoCAD会自动把文字或箭头移出尺寸界线。
- 【箭头】：选中此单选按钮表示在尺寸界线之间如果没有足够的空间放置文字和箭头时，将首先把箭头移出尺寸界线。
- 【文字】：选中此单选按钮表示在尺寸界线之间如果没有足够的空间放置文字和箭头时，将首先把文字移出尺寸界线。
- 【文字和箭头】：选中此单选按钮表示在尺寸界线之间如果没有足够的空间放置文字和箭头时，将会把文字和箭头同时移出尺寸界线。
- 【文字始终保持在尺寸界线之间】：选中此单选按钮表示在尺寸界线之间如果没有足够的空间放置文字和箭头时，文字将始终留在尺寸界线内。
- 【若箭头不能放在尺寸界线内，则将其消除】：选中此复选框，表示当文字和箭头在尺寸界线内放置不下时，则消除箭头，即不画箭头。如图6-17所示的R11.17半径标注为选中此复选框前后的对比。

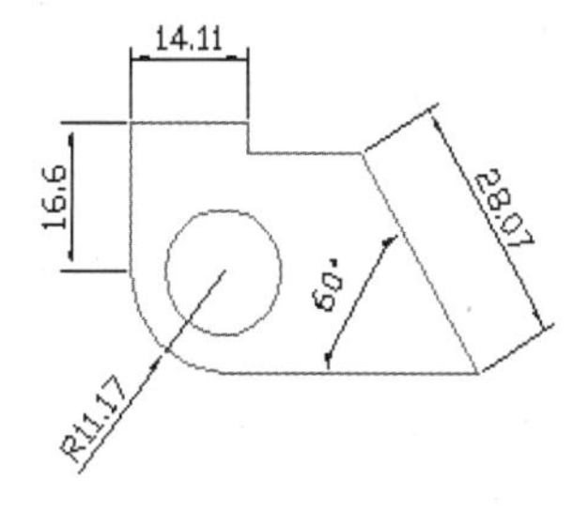

选中前

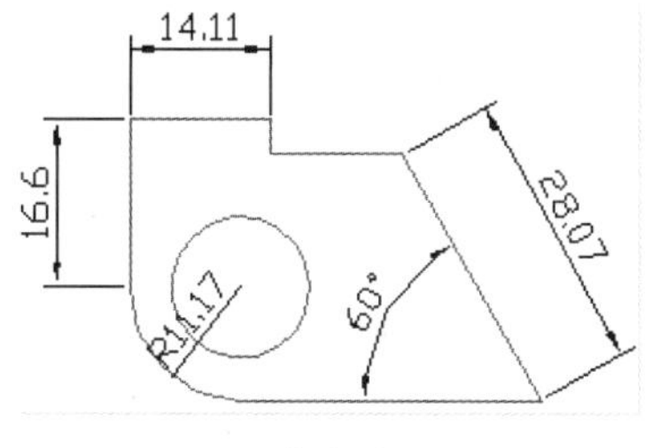

选中后

图 6-17

(2)【文字位置】：用于设置标注文字从默

认位置(由标注样式定义的位置)移动后的位置。在此选项组中，AutoCAD 为用户提供了以下 3 个选项。

- 【尺寸线旁边】：当标注文字不在默认位置时，将文字标注在尺寸线旁。这是默认的选项。
- 【尺寸线上方，带引线】：当标注文字不在默认位置时，将文字标注在尺寸线的上方，并加一条引线。
- 【尺寸线上方，不带引线】：当标注文字不在默认位置时，将文字标注在尺寸线的上方，不加引线。

(3)【标注特征比例】：用于设置全局标注比例值或图纸空间比例。在此选项组中，AutoCAD 为用户提供了以下 3 个选项。

- 【注释性】：指定标注为注释性。
- 【将标注缩放到布局】：表示以相对于图纸的布局比例来缩放尺寸标注。
- 【使用全局比例】：表示整个图形的尺寸比例，比例值越大表示尺寸标注的字体越大。选中此单选按钮后，用户可以在其微调框中选择某一个比例或直接在微调框中输入一个数值表示全局的比例。

(4)【优化】：提供用于放置标注文字的其他选项。在此选项组中，AutoCAD 为用户提供了以下两个选项。

- 【手动放置文字】：选中此复选框表示每次标注时总是需要用户设置放置文字的位置，反之则在标注文字时使用默认设置。
- 【在尺寸界线之间绘制尺寸线】：选中该复选框表示当尺寸界线距离比较近时，在界线之间也要绘制尺寸线，反之则不绘制。

5.【主单位】选项卡

此选项卡用来设置主标注单位的格式和精度，并设置标注文字的前缀和后缀。

单击【新建标注样式：副本 ISO-25】对话框中的【主单位】标签，切换到【主单位】选项卡，如图 6-18 所示。

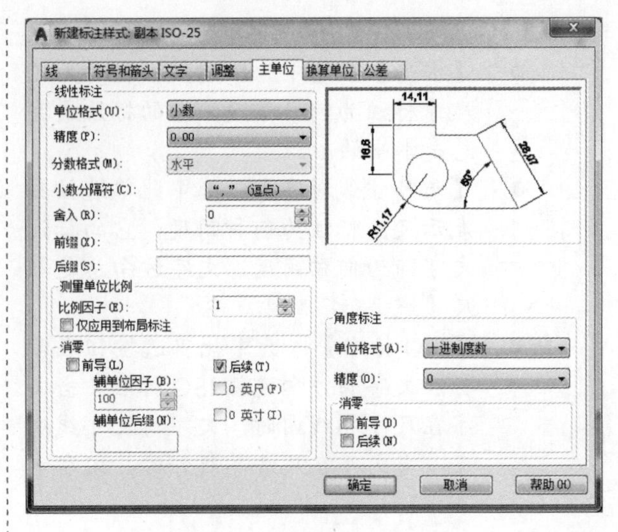

图 6-18

此选项卡中各选项的含义如下。

(1)【线性标注】：用于设置线性标注的格式和精度。在此选项组中，AutoCAD 为用户提供了以下 9 个选项。

- 【单位格式】：设置除角度之外的所有尺寸标注类型的当前单位格式。其中有 6 个选项，它们是：【科学】、【小数】、【工程】、【建筑】、【分数】和【Windows 桌面】。
- 【精度】：设置尺寸标注的精度。用户可以通过在其下拉列表框中选择某一项作为标注精度。
- 【分数格式】：设置分数的表现格式。此选项只有当【单位格式】选中【分数】时才有效。它包括【水平】、【对角】、【非堆叠】3 项。
- 【小数分隔符】：设置用于十进制格式的分隔符。此选项只有当【单位格式】选中【小数】时才有效，它包括.(句点)、,(逗点)、(空格)3 项。
- 【舍入】：设置四舍五入的位数及具体数值。用户可以在其微调框中直接输入相应的数值来设置。如果输入 0.28，则所有标注距离都以 0.28 为单位进行舍入；如果输入 1.0，则所有标注距离都将舍入为最接近的整数。小数点后显示的位数取决于【精度】设置。

- 【前缀】：在此文本框中用户可以为标注文字输入一定的前缀，可以输入文字或使用控制代码显示特殊符号。如图 6-19 所示，在【前缀】文本框中输入 %%C 后，标注文字前加表示直径的前缀“Ø”。

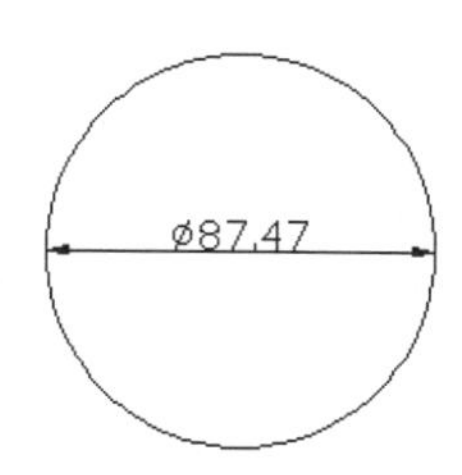

图 6-19

- 【后缀】：在此文本框中用户可以为标注文字输入一定的后缀，可以输入文字或使用控制代码显示特殊符号。如图 6-20 所示，在【后缀】文本框中输入 cm 后，标注文字后加后缀“cm”。

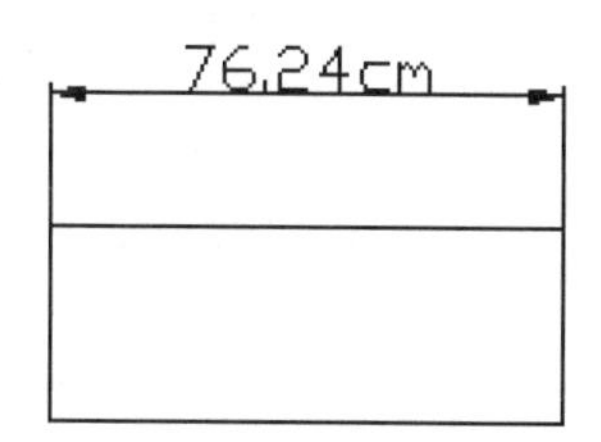

图 6-20

提示

当输入前缀或后缀时，输入的前缀或后缀将覆盖在直径和半径等标注中使用的任何默认前缀或后缀。如果指定了公差，前缀或后缀将添加到公差和主标注中。

- 【测量单位比例】：定义线性比例选项，主要应用于传统图形。用户可以通过在【比例因子】微调框中输入相应的数字表示设置比例因子。但是建议不要更改此值的默认值 1.00。例如，如果输入 2，则 1 英寸直线的尺寸将显示为 2 英寸。用户也可以选中【仅应用到布局标注】复选框或不选中而使设置应用到整个图形文件中。
- 【消零】：用来控制不输出前导零、后续零以及零英尺、零英寸部分，即在标注文字中不显示前导零、后续零以及零英尺、零英寸部分。

(2)【角度标注】：用于显示和设置角度标注的当前格式。在此选项组中，AutoCAD 提供了以下 3 个选项。

- 【单位格式】：设置角度单位格式。其中共有 4 个选项，它们是：【十进制度数】、【度/分/秒】、【百分度】和【弧度】。
- 【精度】：设置角度标注的精度。用户可以通过在其下拉列表框中选择某一项作为标注精度。
- 【消零】：用来控制不输出前导零、后续零，即在标注文字中不显示前导零和后续零。

6.【换算单位】选项卡

此选项卡用来设置标注测量值中换算单位是否显示并设置其格式和精度。

单击【新建标注样式：副本 ISO-25】对话框中的【换算单位】标签，切换到【换算单位】选项卡，如图 6-21 所示。

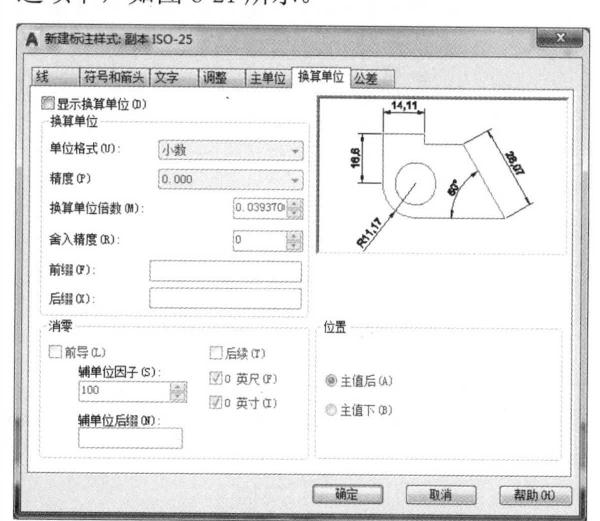

图 6-21

此选项卡中各选项的含义如下。

(1)【显示换算单位】：用于向标注文字添加换算测量单位。只有当用户选中此复选框时，【换算单位】选项卡的所有选项才有效；否则为无效，即在尺寸标注中换算单位无效。

(2)【换算单位】：用于显示和设置角度标注的当前格式。在此选项组中，AutoCAD 为用户提供了以下 6 个选项。

- 【单位格式】：设置换算单位格式。此项与主单位的单位格式设置相同。
- 【精度】：设置换算单位的尺寸精度。此项也与主单位的精度设置相同。
- 【换算单位倍数】：设置换算单位之间的比例，用户可以指定一个乘数，作为主单位和换算单位之间的换算因子使用。例如，要将英寸转换为毫米，则输入 26.4。此值对角度标注没有影响，而且不会应用于舍入值或者正、负公差值。
- 【舍入精度】：设置四舍五入的位数及具体数值。如果输入 0.28，则所有标注测量值都以 0.28 为单位进行舍入；如果输入 1.0，则所有标注测量值都将舍入为最接近的整数。小数点后显示的位数取决于【精度】设置。
- 【前缀】：在此文本框中用户可以为换算单位输入一定的前缀，可以输入文字或使用控制代码显示特殊符号。如图 6-22 所示，在【前缀】文本框中输入 %%C 后，换算单位前加表示直径的前缀“Ø”。

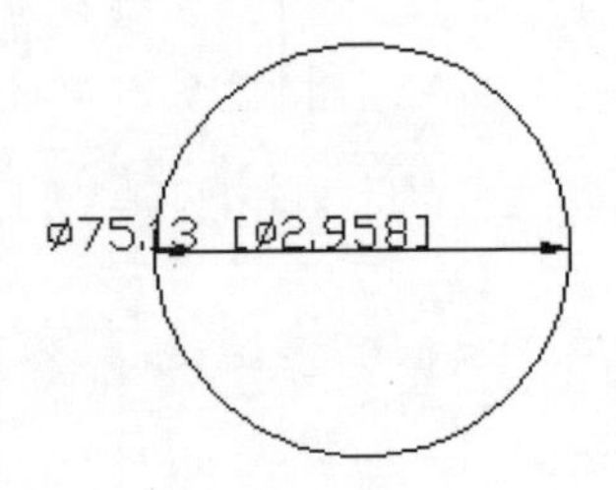

图 6-22

- 【后缀】：在此文本框中用户可以为换算单位输入一定的后缀，可以输入文字或使用控制代码显示特殊符号。如图 6-23 所示，在【后缀】文本框中输入 cm 后，换算单位后加后缀“cm”。

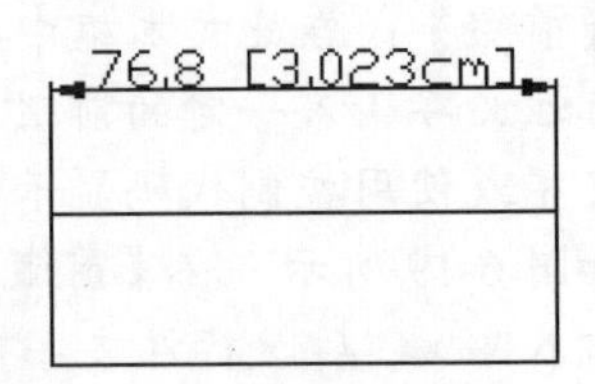

图 6-23

(3)【消零】：用来控制不输出前导零、后续零以及零英尺、零英寸部分，即在换算单位中不显示前导零、后续零以及零英尺、零英寸部分。

(4)【位置】：用于设置标注文字中换算单位的放置位置。在此选项组中，有以下两个单选按钮。

- 【主值后】：选中此单选按钮表示将换算单位放在标注文字中的主单位之后。
- 【主值下】：选中此单选按钮表示将换算单位放在标注文字中的主单位下面。

如图 6-24 所示为换算单位放置在主单位之后和主单位下面的尺寸标注对比效果。

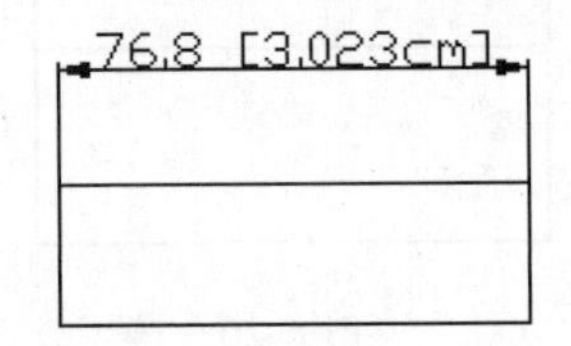

将换算单位放置在主单位之后的尺寸标注

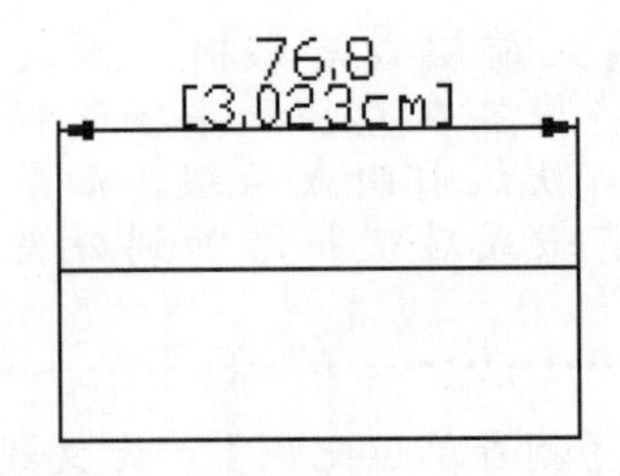

将换算单位放置在主单位下面的尺寸标注

图 6-24

7.【公差】选项卡

此选项卡用来设置公差格式及换算公差等。

单击【新建标注样式：副本 ISO-25】对话框中的【公差】标签，切换到【公差】选项卡，如图 6-25 所示。

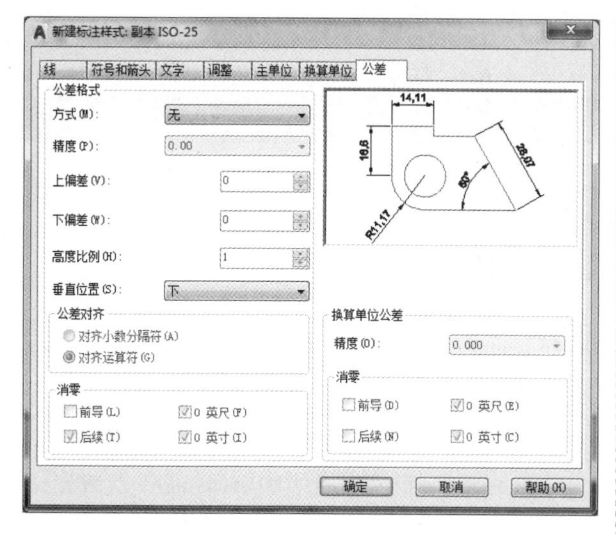

图 6-25

此选项卡中各选项的含义如下：

(1)【公差格式】：用于设置标注文字中公差的格式及显示。在此选项组中，AutoCAD 为用户提供了以下 8 个选项。

- 【方式】：设置公差格式。用户可以在其下拉列表框中选择公差的标注格式，共有 5 项：【无】、【对称】、【极限偏差】、【极限尺寸】和【基本尺寸】。
  - 【无】：不添加公差。
  - 【对称】：添加公差的正 / 负表达式，其中一个偏差量的值应用于标注测量值。标注后面将显示加号或减号。在【上偏差】微调框中输入公差值。
  - 【极限偏差】：添加正 / 负公差表达式。不同的正公差和负公差值将应用于标注测量值。在【上偏差】微调框中输入的公差值前面将显示正号 (+)。在【下偏差】中输入的公差值前面将显示负号 (-)。
  - 【极限尺寸】：创建极限标注。在此类标注中，将显示一个最大值和一个最小值，一个在上，另一个在下。最大值等于标注值加上在【上偏差】微调框中输入的值。最小值等于标注值减去在【下偏差】微调框中输入的值。
  - 【基本尺寸】：创建基本标注，这将在整个标注范围周围显示一个框。
- 【精度】：设置公差的小数位数。
- 【上偏差】：设置最大公差或上偏差。如果在【方式】下拉列表框中选择【对称】选项，则此项数值将用于公差。
- 【下偏差】：设置最小公差或下偏差。
- 【高度比例】：设置公差文字的当前高度。
- 【垂直位置】：设置对称公差和极限公差的文字对正。
- 【公差对齐】：对齐小数分隔符或运算符。
- 【消零】：用来控制不输出前导零、后续零以及零英尺、零英寸部分，即在公差中不显示前导零、后续零以及零英尺、零英寸部分。

(2)【换算单位公差】：用于设置换算单位公差的格式。此选项组中【精度】、【消零】的设置与前面的设置相同。

设置各选项后，单击任一选项卡的【确定】按钮，然后单击【标注样式管理器：副本 ISO-25】对话框中的【关闭】按钮即可完成设置。

6.3 创建尺寸标注

尺寸标注是图形设计中基本的设计步骤和过程，其随图形的多样性而有多种不同的标注。AutoCAD 提供了多种标注类型，包括线性尺寸标注、对齐尺寸标注等。通过了解这些尺寸标注，可以灵活地给图形添加尺寸标注。下面介绍 AutoCAD 2018 的尺寸标注方法和规则。

6.3.1 线性尺寸标注

线性尺寸标注用来标注图形的水平尺寸和垂直尺寸，如图 6-26 所示。

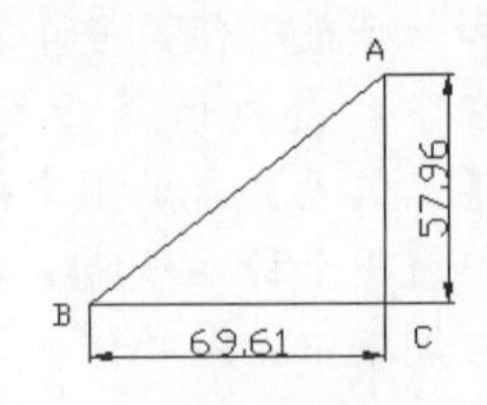

图 6-26

创建线性尺寸标注有以下几种方法。

(1) 在菜单栏中选择【标注】|【线性】菜单命令。

(2) 在命令输入行中输入 Dimlinear 命令后按 Enter 键。

(3) 单击【注释】选项卡的【标注】面板（或【默认】选项卡的【注释】面板）中的【线性】按钮。

执行上述任一操作后，命令输入行提示如下：

命令：_dimlinear

指定第一个尺寸界线原点或 <选择对象>: // 选择 A 点后单击

指定第二条尺寸界线原点：// 选择 C 点后单击

指定尺寸线位置或 [多行文字 (M)/ 文字 (T)/ 角度 (A)/ 水平 (H)/ 垂直 (V)/ 旋转 (R)]: 标注文字 = 57.96

// 按住鼠标左键不放拖动尺寸线移动到合适的位置后单击

以上各选项的解释如下。

- 【多行文字】：可以在标注的同时输入多行文字。
- 【文字】：只能输入一行文字。
- 【角度】：输入标注文字的旋转角度。
- 【水平】：标注水平方向距离尺寸。
- 【垂直】：标注垂直方向距离尺寸。
- 【旋转】：输入尺寸线的旋转角度。

在 AutoCAD 中，有很多特殊的字符和标注，这些特殊字符和标注由控制字符来实现。AutoCAD 的特殊字符及其对应的控制字符如表 6-1 所示。

表 6-1 特殊字符及其对应的控制字符表

特殊符号或标注	控制字符	示例
圆直径标注符号 (Ø)	%%c	Ø48
百分号	%%%	%30
正/负公差符号 (±)	%%p	20±0.8
度符号 (º)	%%d	48º
字符数 nnn	%%nnn	Abc
加上划线	%%o	123
加下划线	%%u	123

在 AutoCAD 实际操作中有时需要为数据标注上下标，下面就介绍为数据标注上下标的方法。

(1) 上标：编辑文字时，输入 2^，然后选中 2^，单击【格式】面板中的堆叠按钮。

(2) 下标：编辑文字时，输入 ^2，然后选中 ^2，单击【格式】面板中的堆叠按钮。

(3) 上下标：编辑文字时，输入 2^2，然后选中 2^2，单击【格式】面板中的堆叠按钮。

6.3.2 对齐尺寸标注

对齐尺寸标注是指标注两点间的距离，标注的尺寸线平行于两点间的连线。如图 6-27 所示为线性尺寸标注与对齐尺寸标注的对比效果。

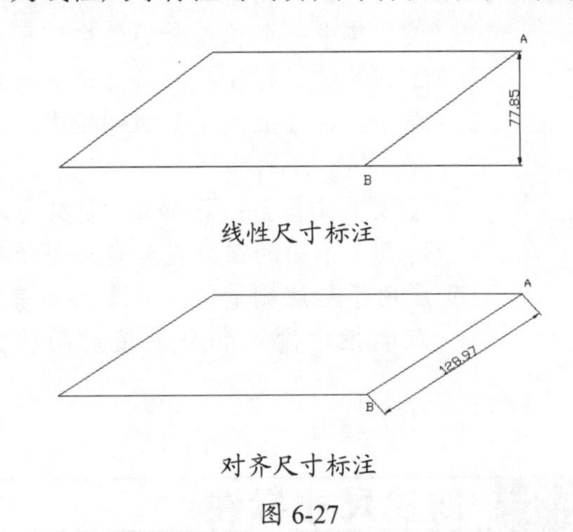

线性尺寸标注

对齐尺寸标注

图 6-27

创建对齐尺寸标注有以下几种方法。

(1) 在菜单栏中选择【标注】|【对齐】菜单命令。

(2) 在命令输入行中输入 Dimaligned 命令后按 Enter 键。

(3) 单击【注释】选项卡的【标注】面板 (或【默认】选项卡的【注释】面板) 中的【对齐】按钮。

执行上述任一操作后，命令输入行提示如下：

命令 : _dimaligned

指定第一个尺寸界线原点或 <选择对象>:
// 选择 A 点后单击

指定第二条尺寸界线原点 :
// 选择 B 点后单击

指定尺寸线位置或 [多行文字 (M)/ 文字 (T)/ 角度 (A)]: 标注文字 = 126.97

// 按住鼠标左键不放拖动尺寸线移动到合适的位置后单击

6.3.3 半径尺寸标注

半径尺寸标注用来标注圆或圆弧的半径，如图 6-28 所示。

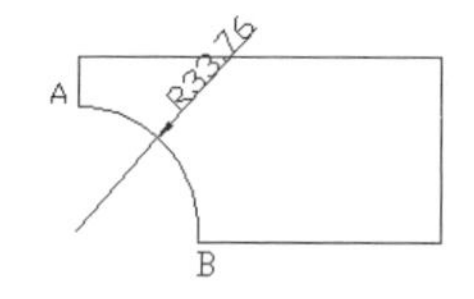

图 6-28

创建半径尺寸标注有以下三种方法。

(1) 在菜单栏中选择【标注】|【半径】菜单命令。

(2) 在命令输入行中输入 Dimradius 命令后按 Enter 键。

(3) 单击【注释】选项卡的【标注】面板 (或【默认】选项卡的【注释】面板) 中的【半径】按钮。

执行上述任一操作后，命令输入行提示如下：

命令 : _dimradius

选择圆弧或圆 : // 选择圆弧 AB 后单击

标注文字 = 33.76

指定尺寸线位置或 [多行文字 (M)/ 文字 (T)/ 角度 (A)]: // 移动尺寸线至合适位置后单击

6.3.4 直径尺寸标注

直径尺寸标注用来标注圆的直径，如图 6-29 所示。

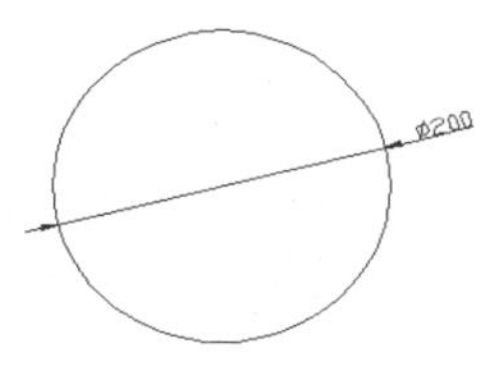

图 6-29

创建直径尺寸标注有以下几种方法。

(1) 在菜单栏中选择【标注】|【直径】菜单命令。

(2) 在命令输入行中输入 Dimdiameter 命令后按 Enter 键。

(3) 单击【注释】选项卡的【标注】面板 (或【默认】选项卡的【注释】面板) 中的【直径】按钮。

执行上述任一操作后，命令输入行提示如下：

命令 : _dimdiameter

选择圆弧或圆 : // 选择圆后单击

标注文字 = 200

指定尺寸线位置或 [多行文字 (M)/ 文字 (T)/ 角度 (A)]: // 移动尺寸线至合适位置后单击

6.3.5 角度尺寸标注

角度尺寸标注用来标注两条不平行线的夹角或圆弧的夹角。如图 6-30 所示为不同图形的角度尺寸标注。

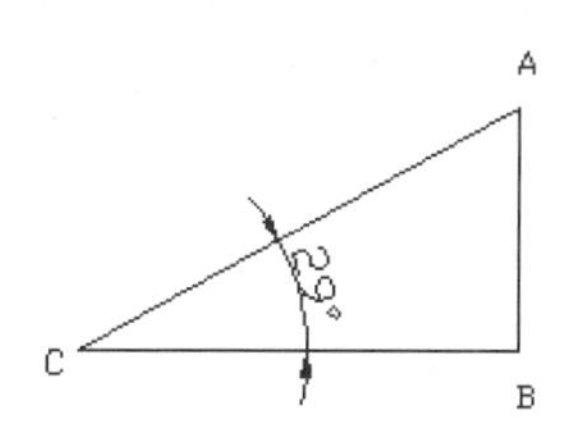

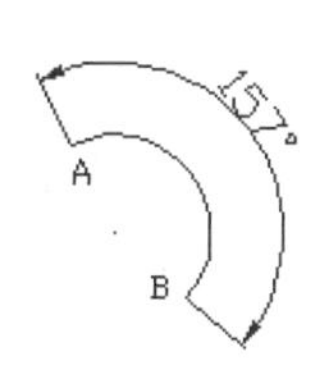

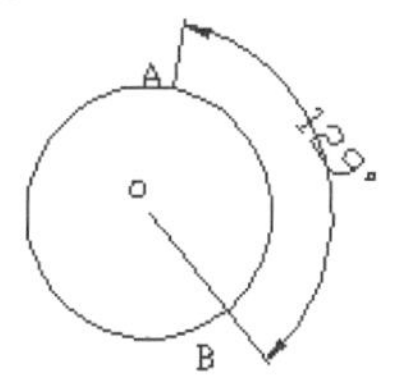

选择两条直线的角度尺寸标注　选择圆弧的角度尺寸标注　选择圆的角度尺寸标注

图 6-30

创建角度尺寸标注有以下几种方法。

(1) 在菜单栏中选择【标注】|【角度】菜单命令。

(2) 在命令输入行中输入 Dimangular 命令后按 Enter 键。

(3) 单击【注释】选项卡的【标注】面板(或【默认】选项卡的【注释】面板)中的【角度】按钮。

如果选择直线，执行上述任一操作后，命令输入行提示如下：

命令：_dimangular
选择圆弧、圆、直线或 <指定顶点>: // 选择直线 AC 后单击
选择第二条直线： // 选择直线 BC 后单击
指定标注弧线位置或 [多行文字 (M)/ 文字 (T)/ 角度 (A)/ 象限点 (Q)]:
// 选定标注位置后单击
标注文字 = 29

如果选择圆弧，执行上述任一操作后，命令输入行提示如下：

命令：_dimangular
选择圆弧、圆、直线或 <指定顶点>: // 选择圆弧 AB 后单击
指定标注弧线位置或 [多行文字 (M)/ 文字 (T)/ 角度 (A)]: // 选定标注位置后单击
标注文字 = 157

如果选择圆，执行上述任一操作后，命令输入行提示如下：

命令：_dimangular
选择圆弧、圆、直线或 <指定顶点>: // 选择圆 O 并指定 A 点后单击
指定角的第二个端点： // 选择点 B 后单击
指定标注弧线位置或 [多行文字 (M)/ 文字 (T)/ 角度 (A)/ 象限点 (Q)]:
// 选定标注位置后单击
标注文字 = 129

6.3.6 基线尺寸标注

基线尺寸标注用来标注以同一基准为起点的一组相关尺寸，如图 6-31 所示。

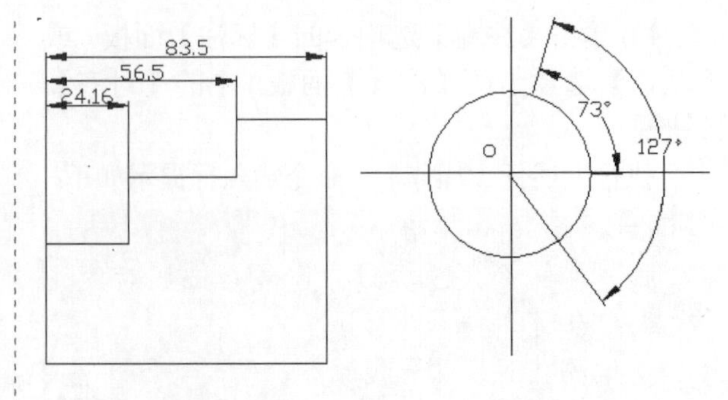

图 6-31

创建基线尺寸标注有以下几种方法。

(1) 在菜单栏中选择【标注】|【基线】菜单命令。

(2) 在命令输入行中输入 Dimbaseline 命令后按 Enter 键。

(3) 单击【注释】选项卡的【标注】面板中的【基线】按钮。

如果当前任务中未创建任何标注，执行上述任一操作后，系统将提示用户选择线性标注、坐标标注或角度标注，以用作基线标注的基准。命令输入行提示如下：

选择基准标注： // 选择线性标注 (图 6-29 中线性标注 24.16)、坐标标注或角度标注 (图 6-29 中角度标注 73º)

否则，系统将跳过该提示，并使用上次在当前任务中创建的标注对象。如果基准标注是线性标注或角度标注，将显示下列提示：

命令：_dimbaseline
指定第二条尺寸界线原点或 [放弃 (U)/ 选择 (S)] <选择>: // 选定第二条尺寸界线原点后单击或按下 Enter 键
标注文字 = 56.5(图 6-29 中的标注) 或 127º (图 6-29 中圆的标注)
指定第二条尺寸界线原点或 [放弃 (U)/ 选择 (S)] <选择>: // 选定第三条尺寸界线原点后按下 Enter 键
标注文字 = 83.5(图 6-29 中的标注)

如果基准标注是坐标标注，将显示下列提示：

指定点坐标或 [放弃 (U)/ 选择 (S)] <选择>:

6.3.7 连续尺寸标注

连续尺寸标注用来标注一组连续相关尺寸，即前一尺寸标注是后一尺寸标注的基准，如图 6-32 所示。

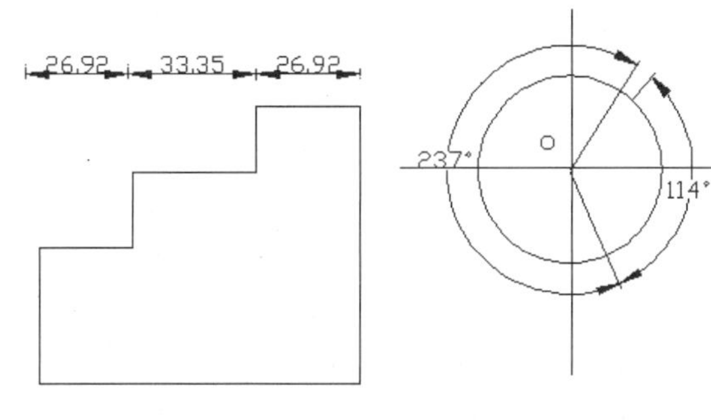

图 6-32

创建连续尺寸标注有以下几种方法。

(1) 在菜单栏中选择【标注】|【连续】菜单命令。

(2) 在命令输入行中输入 Dimcontinue 命令后按 Enter 键。

(3) 单击【注释】选项卡的【标注】面板中的【连续】按钮。

如果当前任务中未创建任何标注，执行上述任一操作后，系统将提示用户选择线性标注、坐标标注或角度标注，以用作连续标注的基准。命令输入行提示如下：

选择连续标注： // 选择线性标注 (图 6-30 中线性标注 26.92)、坐标标注或角度标注 (图 6-30 中角度标注 114º)

否则，系统将跳过该提示，并使用上次在当前任务中创建的标注对象。如果基准标注是线性标注或角度标注，将显示下列提示：

命令：_dimcontinue

指定第二条尺寸界线原点或 [放弃 (U)/ 选择 (S)] < 选择 >: // 选定第二条尺寸界线原点后单击或按下 Enter 键

标注文字 = 33.35(图 6-30 中的矩形标注) 或 237(图 6-30 中圆的标注)

指定第二条尺寸界线原点或 [放弃 (U)/ 选择 (S)] < 选择 >: // 选定第三条尺寸界线原点后按下 Enter 键

标注文字 = 26.92(图 6-30 中的矩形标注)

如果基准标注是坐标标注，将显示下列提示：

指定点坐标或 [放弃 (U)/ 选择 (S)] < 选择 >:

6.3.8 引线尺寸标注

引线尺寸标注是从图形上的指定点引出连续的引线，用户可以在引线上输入标注文字，如图 6-33 所示。

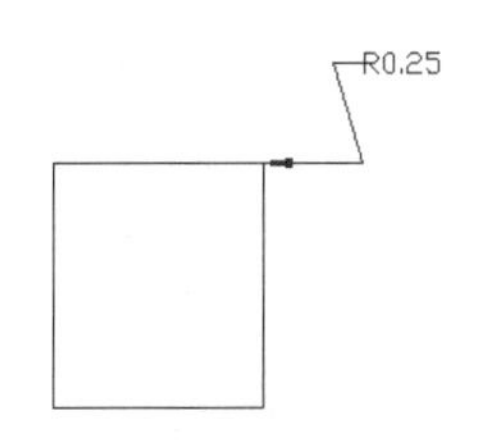

图 6-33

创建引线尺寸标注的方法是在命令输入行中输入 qleader 命令后按 Enter 键。

执行上述操作后，命令输入行提示如下：

命令：_qleader

指定第一个引线点或 [设置 (S)] < 设置 >: // 选定第一个引线点

指定下一点： // 选定第二个引线点

指定下一点：

指定文字宽度 <0>:8 // 输入文字宽度 8

输入注释文字的第一行 < 多行文字 (M)>: R0.25 // 输入注释文字 R0.25 后连续两次按下 Enter 键

若用户执行“设置”操作，即在命令输入行中输入 S；命令输入行提示如下：

命令：_qleader

指定第一个引线点或 [设置 (S)] < 设置 >: S // 输入 S 后按下 Enter 键

此时打开【引线设置】对话框，如图 6-34 所示，在其中的【注释】选项卡中可以设置引线注释类型、指定多行文字选项，并指明是否需要重复使用注释；在【引线和箭头】选项卡中可以设置引线和箭头的格式；在【附着】选项卡中可以设置引线和多行文字注释的附着位置(只有在【注释】选项卡中选中【多行文字】单选按钮时，此选项卡才可用)。

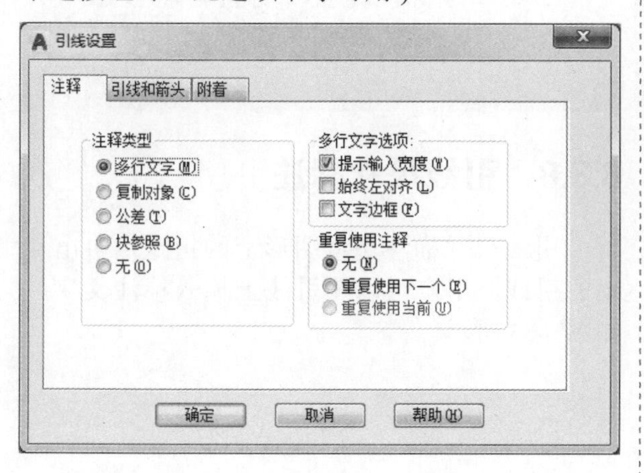

图 6-34

6.3.9 坐标尺寸标注

坐标尺寸标注用来标注指定点到用户坐标系(UCS)原点的坐标距离。如图 6-35 所示，圆心沿横向坐标方向的坐标距离为 13.24，圆心沿纵向坐标方向的坐标距离为 480.24。

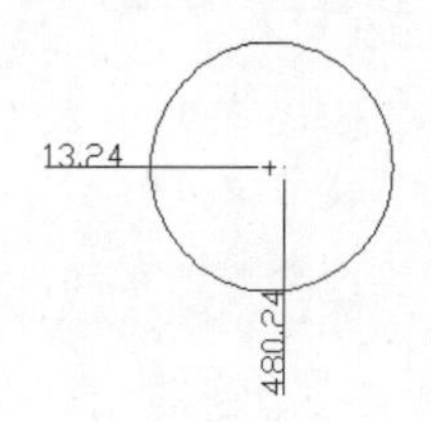

图 6-35

创建坐标尺寸标注有以下几种方法。

(1) 在菜单栏中选择【标注】|【坐标】菜单命令。

(2) 在命令输入行中输入 dimordinate 命令后按 Enter 键。

(3) 单击【注释】选项卡的【标注】面板(或【默认】选项卡的【注释】面板)中的【坐标】按钮。

执行上述任一操作后，命令输入行提示如下：

命令 : _dimordinate
指定点坐标 : //选定圆心后单击
指定引线端点或 [X 基准 (X)/Y 基准 (Y)/ 多行文字 (M)/ 文字 (T)/ 角度 (A)]: 标注文字 = 13.24
//拖动鼠标确定引线端点至合适位置后单击

6.3.10 快速尺寸标注

快速尺寸标注用来标注一系列图形对象，如为一系列圆进行标注，如图 6-36 所示。

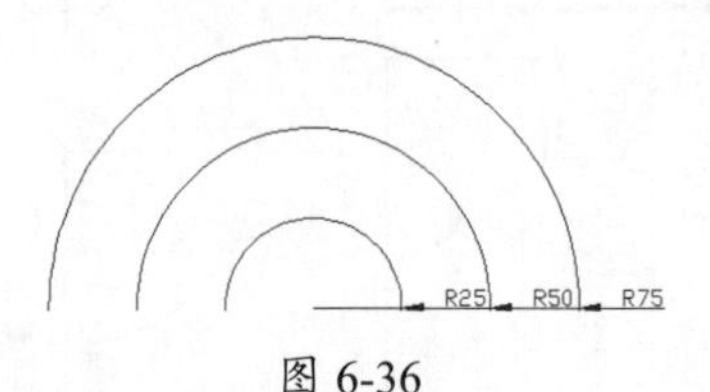

图 6-36

创建快速尺寸标注有以下几种方法：

(1) 在菜单栏中选择【标注】|【快速标注】菜单命令。

(2) 在命令输入行中输入 qdim 命令后按 Enter 键。

(3) 单击【注释】选项卡的【标注】面板或【标注】工具栏中的【快速标注】按钮。

执行上述任一操作后，命令输入行提示如下：

命令 : _qdim
关联标注优先级 = 端点
选择要标注的几何图形 : 找到 1 个
选择要标注的几何图形 : 找到 1 个，总计 2 个
选择要标注的几何图形 : 找到 1 个，总计 3 个
选择要标注的几何图形 :
指定尺寸线位置或 [连续 (C)/ 并列 (S)/ 基线 (B)/ 坐标 (O)/ 半径 (R)/ 直径 (D)/ 基准点 (P)/ 编辑 (E)/ 设置 (T)]
< 半径 >: //标注一系列半径型尺寸标注并移动尺寸线至合适位置后单击

命令输入行中各选项的含义如下。

- 【连续】：标注一系列连续型尺寸标注。
- 【并列】：标注一系列并列型尺寸标注。
- 【基线】：标注一系列基线型尺寸标注。
- 【坐标】：标注一系列坐标型尺寸标注。
- 【半径】：标注一系列半径型尺寸标注。
- 【直径】：标注一系列直径型尺寸标注。
- 【基准点】：为基线和坐标标注设置新的基准点。
- 【编辑】：编辑标注。
- 【设置】：设置标注的格式。

6.4 标注形位公差

形位公差尺寸标注用来标注图形的形位公差，如垂直度、同轴度、圆跳度、对称度等，这些公差用来标注图形的形状误差、位置误差，表示机械加工的精度和等级。本节将对其样式和标注方法作详细介绍。

6.4.1 形位公差的样式

形位公差是指实际被测要素对图样上给定的理想形状、理想位置的允许变动量，主要包括形状公差和位置公差，主要的公差项目如表 6-2 所示。

表 6-2 公差项目表

分类	项目	符号
形状公差	直线度	—
	平面度	▱
	圆度	○
	圆柱度	⌭
位置公差	平行度	//
	垂直度	⊥
	倾斜度	∠
	同轴度	◎
	对称度	⌯
	位置度	⌖
	圆跳动	↗
	全跳动	⌰

形位公差的基本标注样式如图 6-37 所示，它主要包括指引线、公差项目、公差值、与被测项目有关的符号、基准符号等五个组成部分。

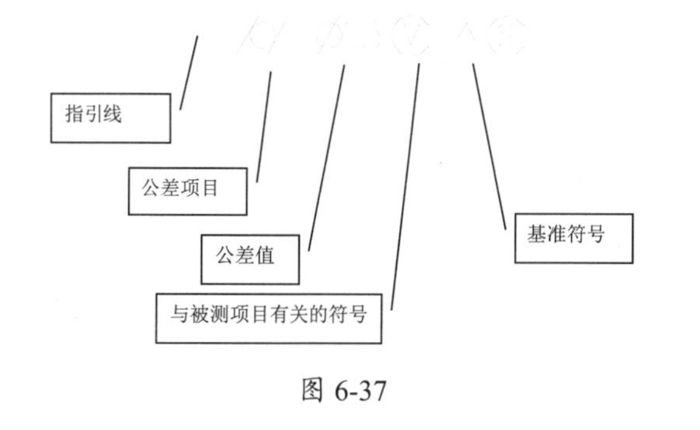

图 6-37

6.4.2 标注形位公差

下面来介绍在 AutoCAD 2018 中标注形位公差的具体方法。

首先选择【标注】|【公差】菜单命令或单击【标注】工具栏中的【公差】按钮，打开【形位公差】对话框，如图 6-38 所示。在其中可以设置形位公差的项目和公差值等参数。

在【形位公差】对话框中的【符号】项下单击黑色块，会打开【特征符号】选择框，如图 6-39 所示，在这里可以选择相应的形位公差项目符号。选择完形位公差符号后，在【公差 1】、【公差 2】后的文本框中可以输入公差数值，在【基准标识符】文本框中可以输入基准符号。【高度】参数可以设置公差标注的文本高度。设置完成后，单击【确定】按钮即可完成公差标注。

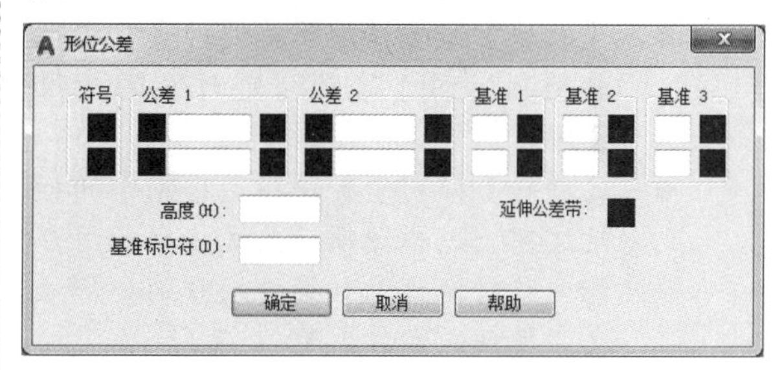

图 6-38

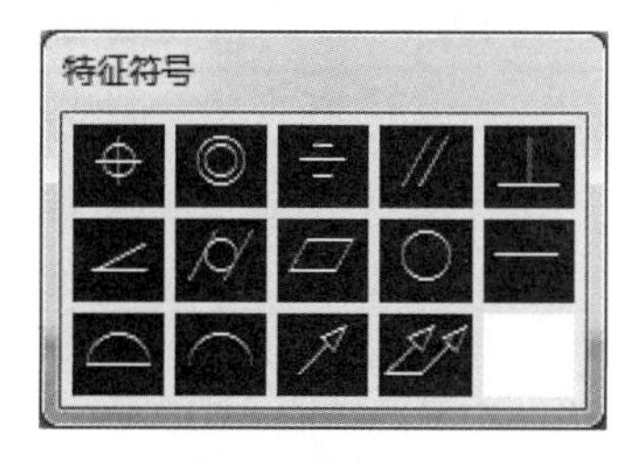

图 6-39

6.5 编辑尺寸标注

用户在标注的过程中难免会出现差错，这时就需要对尺寸标注进行编辑。

6.5.1 编辑标注

编辑标注是指编辑标注文字的位置和标注样式，以及创建新标注。

1. 编辑标注的操作方法

(1) 在命令输入行中输入 dimedit 命令后按下 Enter 键。

(2) 在菜单栏中选择【标注】|【倾斜】菜单命令。

(3) 单击【注释】选项卡的【标注】面板中的【倾斜】按钮。

执行上述任一操作后，命令输入行提示如下：

命令 : dimedit

输入标注编辑类型 [默认 (H)/ 新建 (N)/ 旋转 (R)/ 倾斜 (O)] < 默认 >:

选择对象 :

命令输入行中各选项的含义如下。

- 【默认】：用于将指定对象中的标注文字移回到默认位置。
- 【新建】：选择该项将调用多行文字编辑器，用于修改指定对象的标注文字。
- 【旋转】：用于旋转指定对象中的标注文字。选择该项后系统将提示用户指定旋转角度，如果输入 0 则把标注文字按默认方向放置。
- 【倾斜】：调整线性标注尺寸界线的倾斜角度。选择该项后系统将提示用户选择对象并指定倾斜角度，如图 6-40 所示。

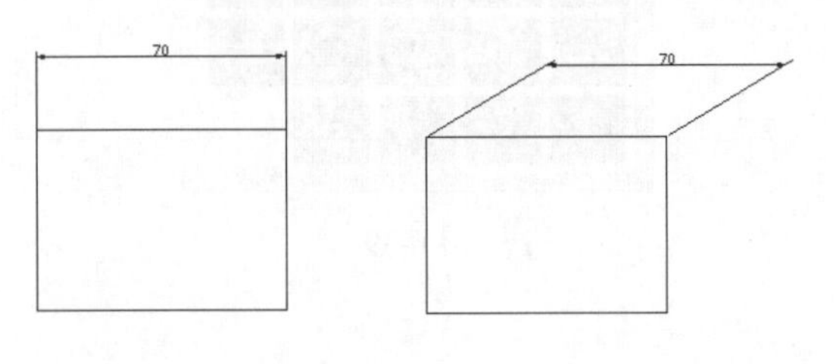

图 6-40

2. 编辑标注文字的操作方法

(1) 在菜单栏中选择【标注】|【对齐文字】|【默认】、【角度】、【左】、【居中】或【右】菜单命令。

(2) 在命令输入行中输入 dimtedit 命令后按 Enter 键。

(3) 单击【注释】选项卡的【标注】面板中的【文字角度】、【左对正】、【居中对正】或【右对正】按钮。

执行上述任一操作后，命令输入行提示如下：

命令 : _dimtedit

选择标注 :

指定标注文字的新位置或 [左对齐 (L)/ 右对齐 (R)/ 居中 (C)/ 默认 (H)/ 角度 (A)]: _a

命令输入行中各选项的含义如下。

- 【左对齐】：沿尺寸线左移标注文字。本选项只适用于线性标注、直径标注和半径标注。
- 【右对齐】：沿尺寸线右移标注文字。本选项只适用于线性标注、直径标注和半径标注。
- 【居中】：标注文字位于两尺寸边界线中间；
- 【角度】：指定标注文字的角度。若输入零度角将使标注文字以默认方向放置，如图 6-41 所示。

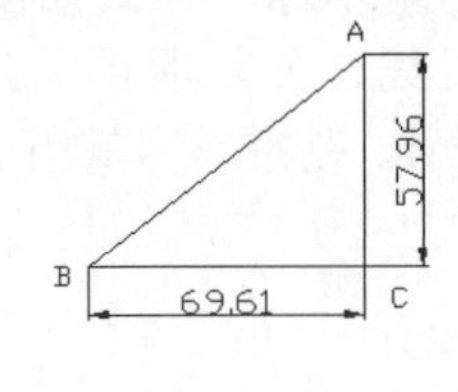

图 6-41

6.5.2 替代

使用标注样式替代，无须更改当前标注样式便可临时更改标注系统变量。

标注样式替代是对当前标注样式中的指定设置所做的修改，它在不修改当前标注样式的情况下修改尺寸标注系统变量。可以为单独的标注或当前的标注样式定义标注样式替代。

某些标注特性对于图形或尺寸标注的样式来说是通用的，因此适合作为永久标注样式设置。其他标注特性一般基于单个基准应用，因此可以作为替代以便更有效地应用。例如，图形通常使用单一箭头类型，因此将箭头类型定义为标注样式的一部分是有意义的。但是，隐藏尺寸界线通常只应用于个别情况，更适于标注样式替代。

有几种设置标注样式替代的方式：可以通过修改对话框中的选项或修改命令输入行的系统变量来设置。可以通过将修改的设置返回其初始值来撤销替代。替代将应用到正在创建的标注以及所有使用该标注样式创建的标注，直到撤销替代或将其他标注样式置为当前为止。

1. 替代的操作方法

(1) 在命令输入行中输入 dimoverride 命令后按 Enter 键。

(2) 在菜单栏中选择【标注】|【替代】菜单命令。

(3) 在【注释】选项卡的【标注】面板中单击【替代】按钮。

可以通过在命令输入行中输入标注系统变量的名称创建标注的同时，替代当前标注样式。如本例中，尺寸线颜色发生改变。改变将影响随后创建的标注，直到撤销替代或将其他标注样式置为当前。命令输入行提示如下。

命令 : dimoverride
输入要替代的标注变量名或 [清除替代(C)]: // 输入值或按 ENTER 键
选择对象： // 使用对象选择方法选择标注

2. 设置标注样式替代的步骤

(1) 选择【标注】|【标注样式】菜单命令，打开【标注样式管理器】对话框。

(2) 在【标注样式管理器】对话框的【样式】列表框中，选择要为其创建替代的标注样式，单击【替代】按钮，打开【替代当前样式】对话框。

(3) 在【替代当前样式】对话框中单击相应的选项卡来修改标注样式。

(4) 单击【确定】按钮返回【标注样式管理器】对话框。这时在“标注样式名称”列表中的修改样式下，列出了“样式替代”。

(5) 单击【关闭】按钮。

3. 应用标注样式替代的步骤

(1) 选择【标注】|【标注样式】菜单命令，打开【标注样式管理器】对话框。

(2) 在【标注样式管理器】对话框中单击【替代】按钮，打开【替代当前样式】对话框。

(3) 在【替代当前样式】对话框中输入样式替代。单击【确定】按钮返回【标注样式管理器】对话框。

在【标注样式管理器】对话框中的“标注样式名称”下将显示“样式替代”。

创建标注样式替代后，可以继续修改标注样式，将它们与其他标注样式进行比较，或者删除或重命名该替代。

另外还有其他编辑标注的方法，可以使用AutoCAD的编辑命令或夹点来编辑标注的位置。如可以使用夹点或者 stretch 命令拉伸标注；可以使用 trim 和 extend 命令来修剪和延伸标注。此外，还可通过 Properties(特性) 窗口来编辑包括标注文字在内的任何标注特性。

6.6 设计范例

6.6.1 接头图纸标注范例

本范例操作文件：ywj\06\6-1a.dwg。

本范例完成文件：ywj\06\6-1.dwg。

案例分析

本节将介绍接头零件图纸的尺寸标注和符号标注方法。在零件视图上，使用线性命令标注视图的尺寸；在侧视图上，使用半径和直径标注命令标注，最后使用直线和文字命令创建符号标注。

案例操作

步骤 01 创建主视图尺寸

❶ 单击【注释】面板中的【线性】按钮，如图 6-42 所示。

❷ 在绘图区中，绘制三段水平的线性标注。

❸ 单击【注释】面板中的【线性】按钮，如图 6-43 所示。

❹ 在绘图区中，绘制下面的水平线性标注和右侧的竖直线性标注。

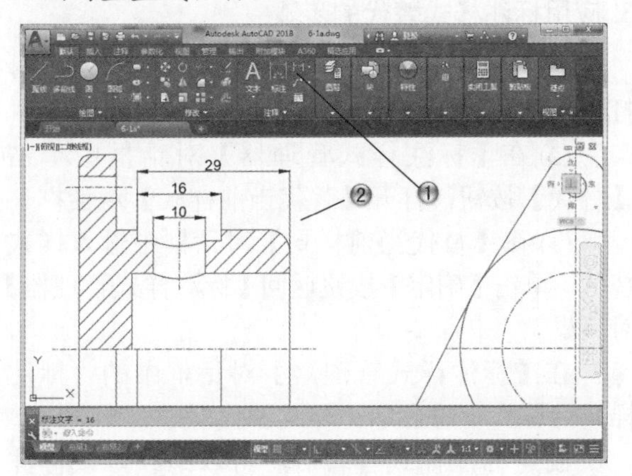

图 6-42

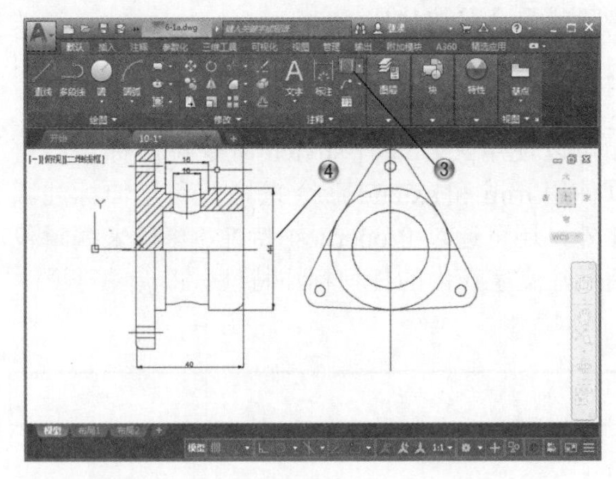

图 6-43

步骤 02 创建侧视图尺寸

❶ 单击【注释】面板中的【直径】按钮，如图 6-44 所示。

❷ 在绘图区中，绘制三个直径标注。

❸ 单击【注释】面板中的【半径】按钮，如图 6-45 所示。

❹ 在绘图区中，绘制上面的半径标注。

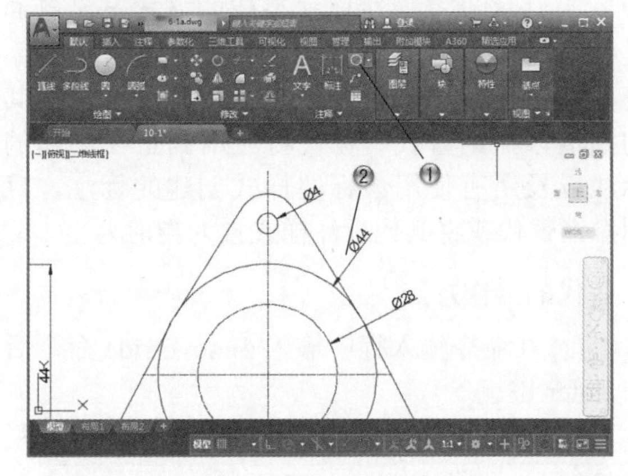

图 6-44

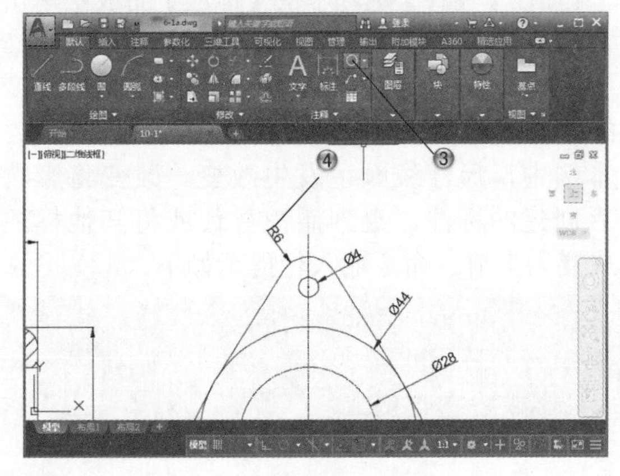

图 6-45

步骤 03 创建粗糙度标注

❶ 单击【绘图】面板中的【直线】按钮，如图 6-46 所示。

❷ 在绘图区中，绘制粗糙度符号。

❸ 单击【注释】面板中的【文字】按钮，如图 6-47 所示。

④ 在绘图区中，添加粗糙度标注文字。

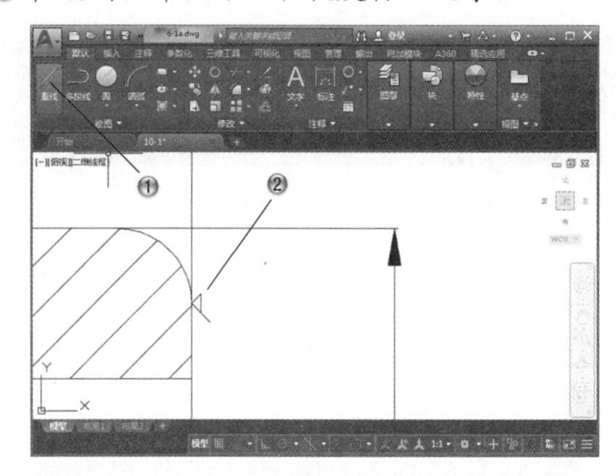

图 6-46

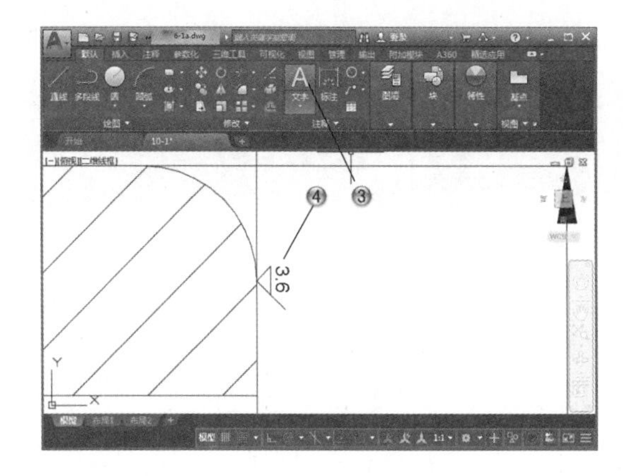

图 6-47

步骤 04 创建基准标注

① 单击【绘图】面板中的【直线】按钮，如图 6-48 所示。

② 在绘图区中，绘制垂直度符号。

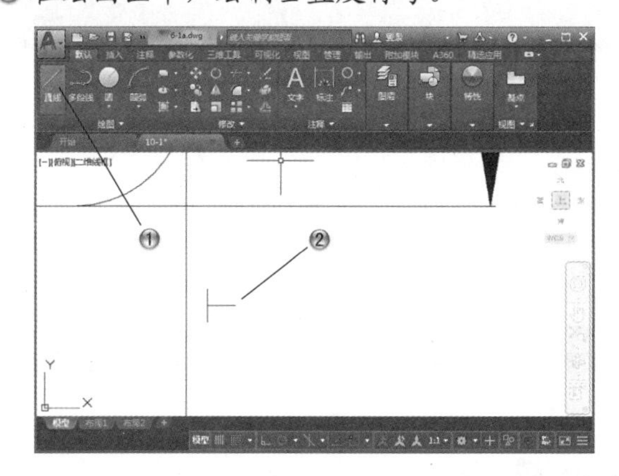

图 6-48

③ 单击【绘图】面板中的【圆】按钮，如图 6-49 所示。

④ 在绘图区中，绘制圆形。

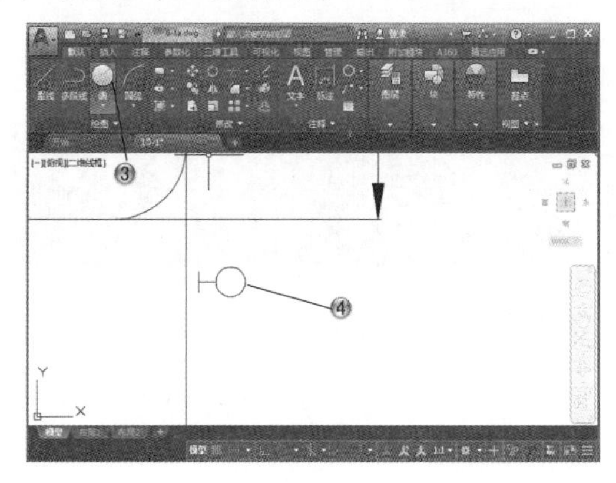

图 6-49

⑤ 单击【注释】面板中的【文字】按钮，如图 6-50 所示。

⑥ 在绘图区中，添加垂直基准面文字。

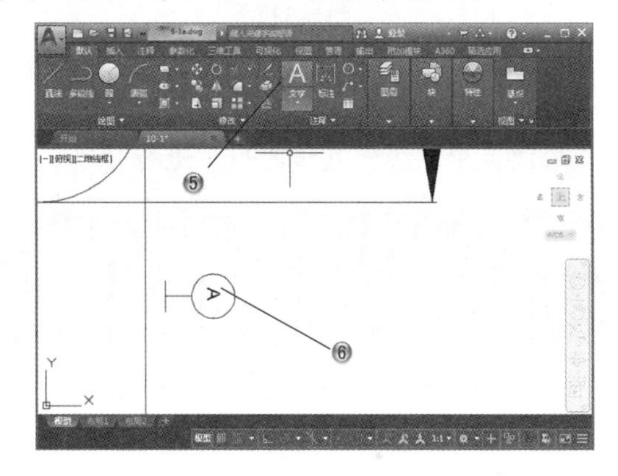

图 6-50

步骤 05 创建形位公差

① 单击【注释】面板中的【引线】按钮，如图 6-51 所示。

② 在绘图区中，绘制箭头引线。

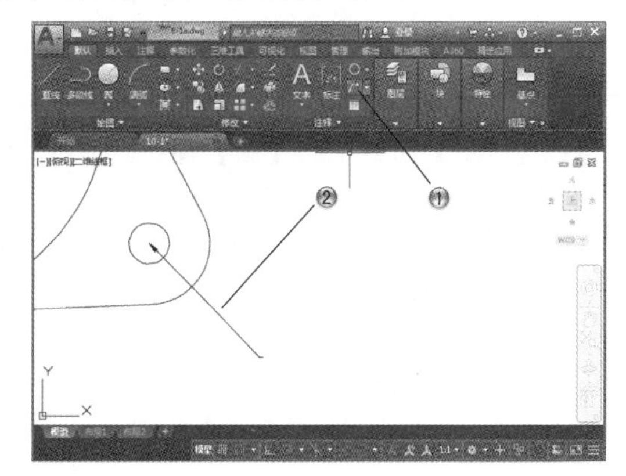

图 6-51

③ 单击【绘图】面板中的【矩形】按钮，如图 6-52 所示。

④ 在绘图区中，绘制矩形外框。

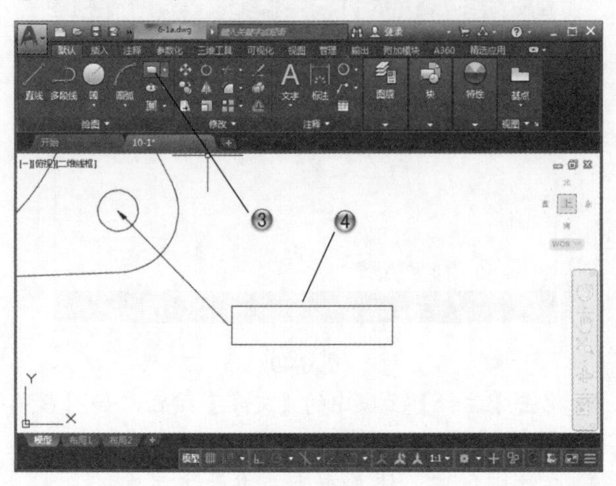

图 6-52

⑤ 单击【绘图】面板中的【直线】按钮，如图 6-53 所示。

⑥ 在绘图区中，绘制直线图形，进行分隔。

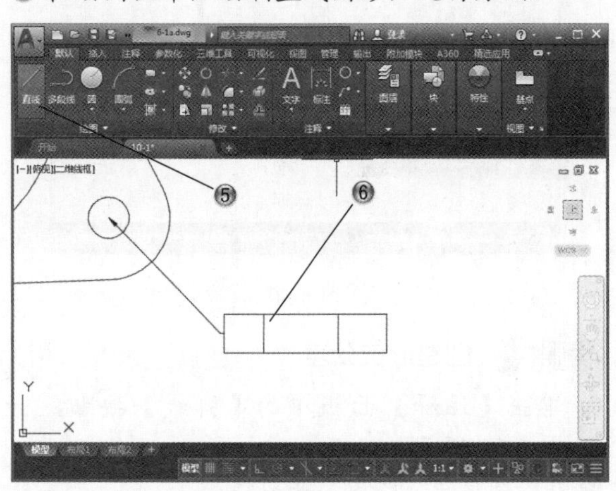

图 6-53

步骤 06 完成形位公差

① 单击【绘图】面板中的【圆】按钮，如图 6-54 所示。

② 在绘图区中，绘制圆形符号。

③ 单击【绘图】面板中的【直线】按钮，如图 6-55 所示。

④ 在绘图区中，绘制直线符号。

⑤ 单击【注释】面板中的【文字】按钮，如图 6-54 所示。

⑥ 在绘图区中，添加公差标注文字。

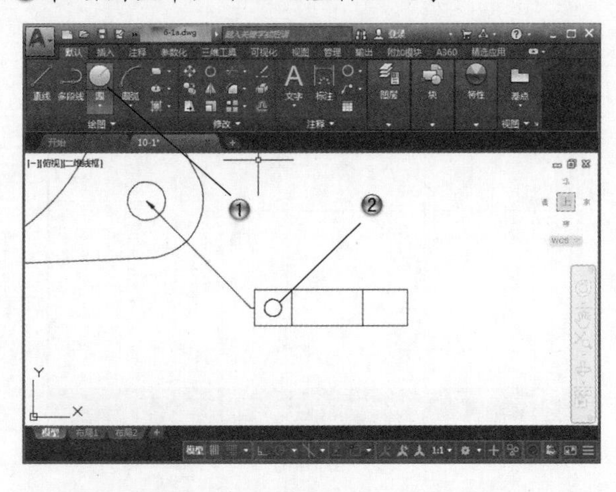

图 6-54

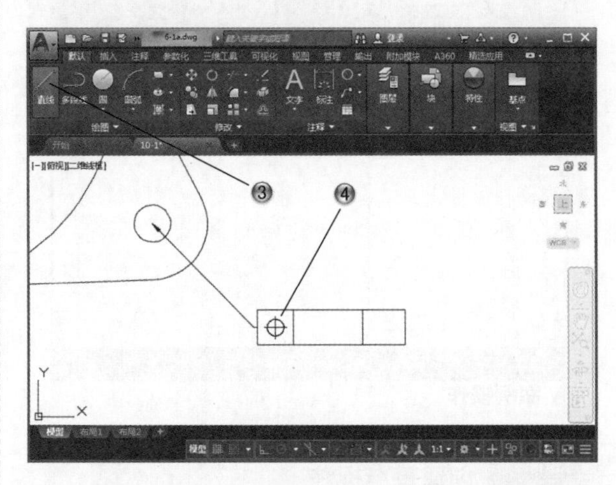

图 6-55

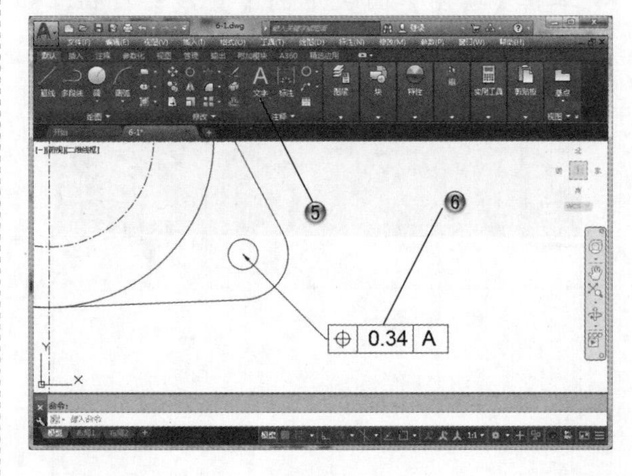

图 6-56

步骤 07 完成接头图纸标注

最终完成的接头图纸范例效果如图 6-57 所示。

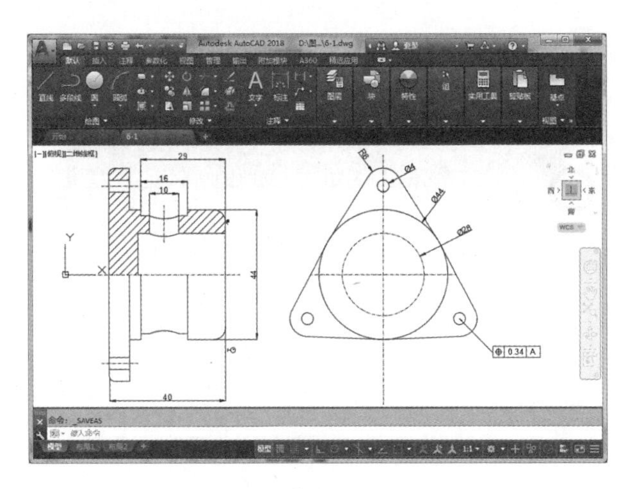

图 6-57

6.6.2 盖板图纸标注范例

本范例操作文件：ywj\06\6-2a.dwg。

本范例完成文件：ywj\06\6-2.dwg。

案例分析

本节将介绍接头盖板图纸的尺寸标注和符号标注方法，主要熟悉零件图纸尺寸标注和公差标注的方法。

案例操作

步骤 01 标注孔尺寸

① 打开图形文件后，单击【注释】面板中的【线性】按钮，如图 6-58 所示。

② 在绘图区中，添加孔的线性尺寸。

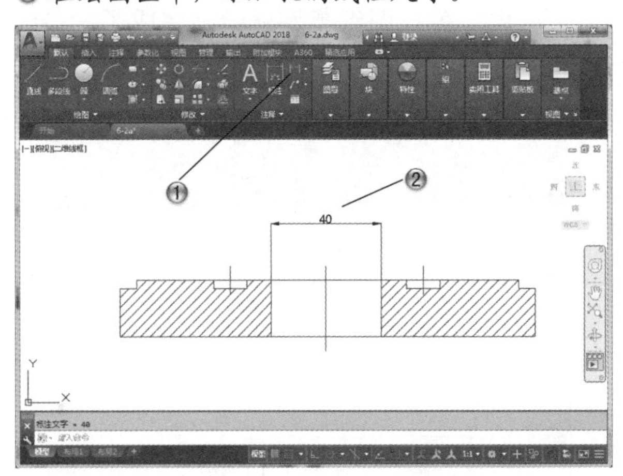

图 6-58

步骤 02 标注高度尺寸

① 单击【注释】面板中的【线性】按钮，如图 6-59 所示。

② 在绘图区中，添加高度尺寸。

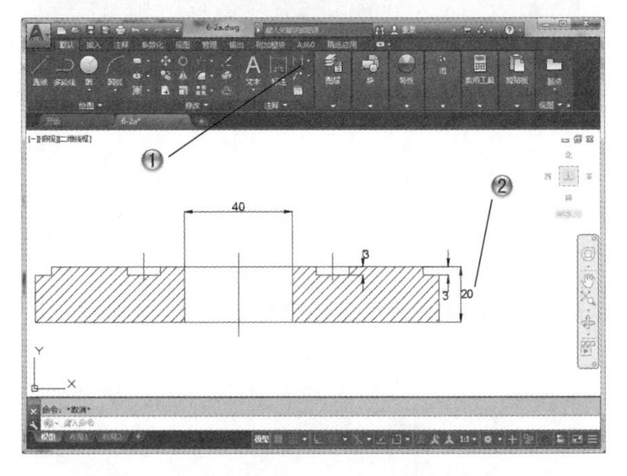

图 6-59

步骤 03 标注俯视图

① 单击【注释】面板中的【线性】按钮，如图 6-60 所示。

② 在绘图区中，添加俯视图中的线性尺寸。

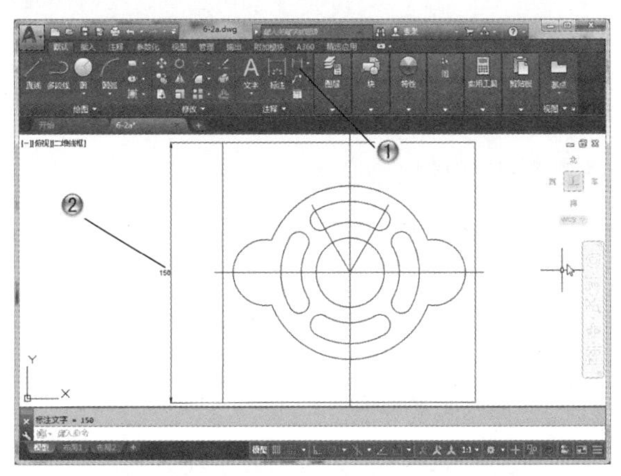

图 6-60

步骤 04 标注直径

① 单击【注释】面板中的【直径】按钮，如图 6-61 所示。

② 在俯视图中添加直径尺寸。

步骤 05 标注半径

① 单击【注释】面板中的【半径】按钮，如图 6-62 所示。

② 在俯视图中添加半径尺寸，这样就完成了尺寸标注。

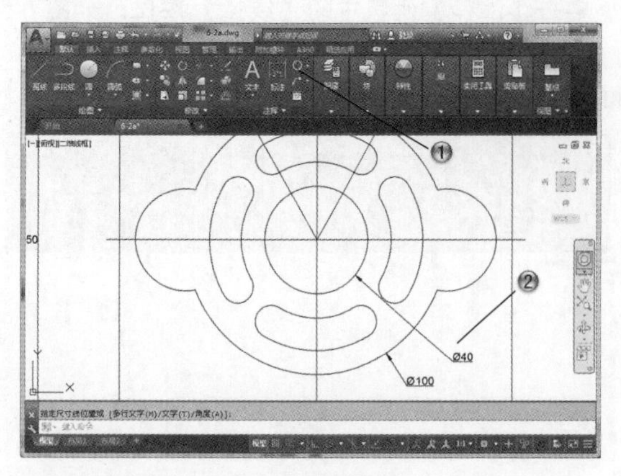

图 6-61

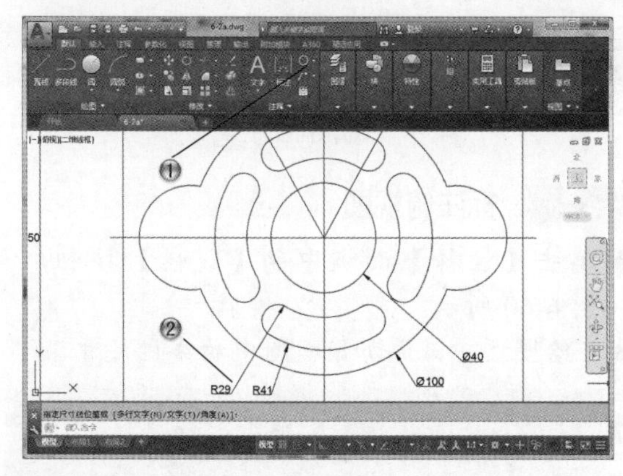

图 6-62

步骤 06 创建形位公差

① 单击【标注】工具栏中的【公差】按钮，如图 6-63 所示。

② 打开【形位公差】对话框后，设置公差参数的符号和文字。

③ 单击【确定】按钮。

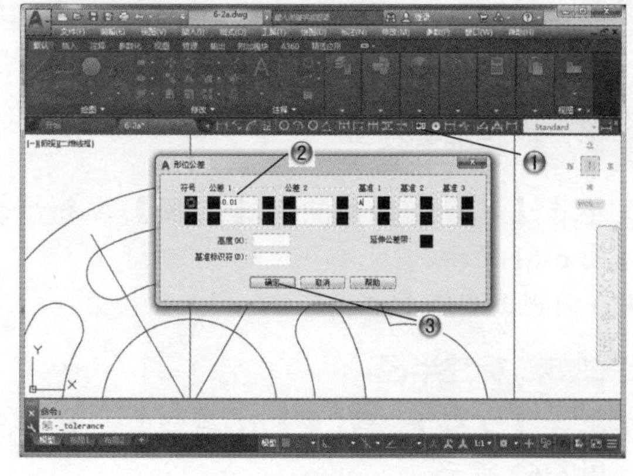

图 6-63

④ 在绘图区中，放置公差，如图 6-64 所示。

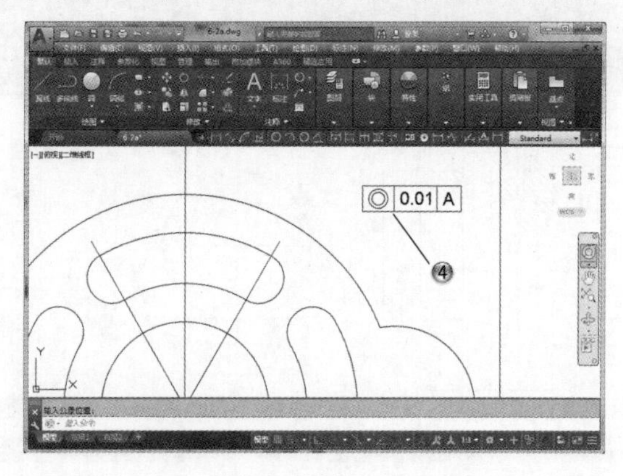

图 6-64

⑤ 单击【注释】面板中的【引线】按钮，如图 6-65 所示。

⑥ 在绘图区中，放置引线。

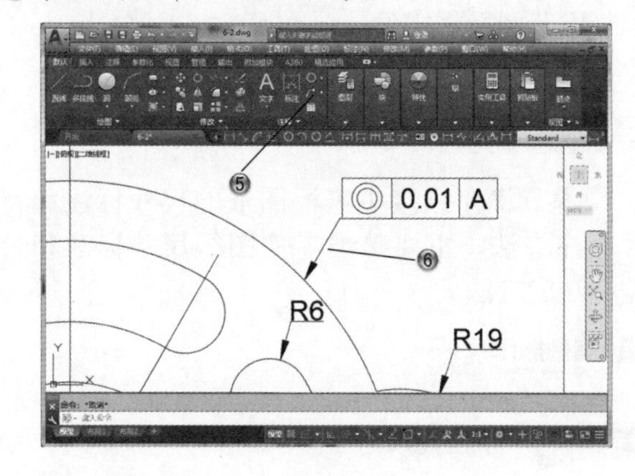

图 6-65

步骤 07 完成盖板图纸标注

这样，盖板图纸范例就绘制完成了，最终效果如图 6-66 所示。

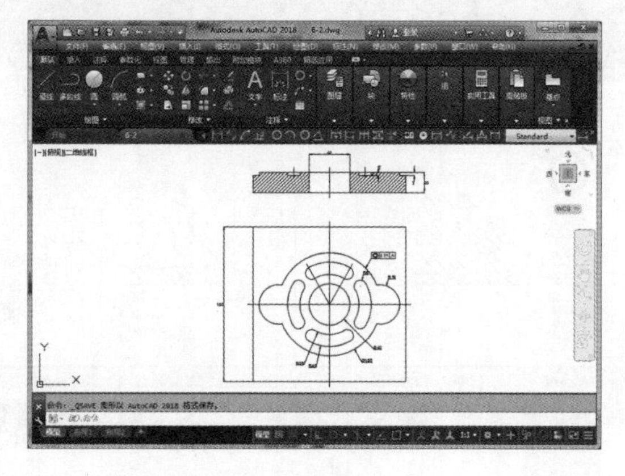

图 6-66

6.7 本章小结和练习

6.7.1 本章小结

本章主要介绍了 AutoCAD 的尺寸和公差标注，通过本章内容的学习，读者可以对尺寸和公差标注有进一步的了解。

6.7.2 练习

如图 6-67 所示，使用本章学过的各种命令创建阀盖图纸。

(1) 绘制主视图部分，使用镜像命令完成视图。

(2) 延伸直线绘制侧视图。

(3) 标注零件尺寸。

(4) 进行公差标注。

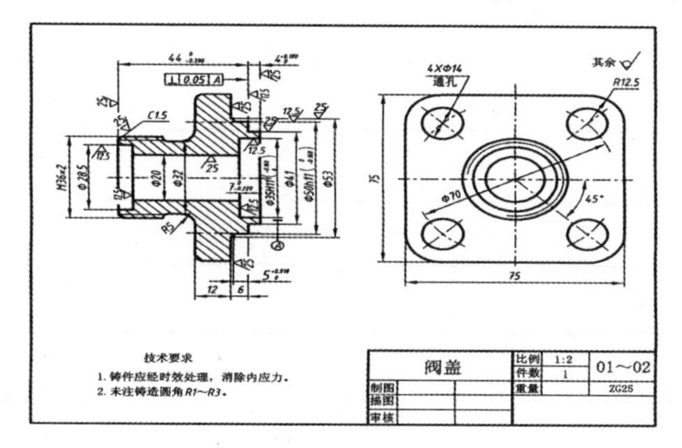

图 6-67

学习心得

第 7 章

文字和表格应用

本章导读

在利用 AutoCAD 绘图时，同样离不开文字对象。建立和编辑文字的方法与绘制一般的图形对象不同，因此有必要专门讲述其使用方法。本章将讲述建立文字、设置文字样式，以及修改和编辑文字的方法和技巧。通过学习本章，读者应该能够根据工作的需要，在图形文件的相应位置建立文字，并能够进一步编辑修改此文字。

另外，在使用 AutoCAD 绘制图形时，会遇到大量相似的图形实体和表格，如果重复绘制，效率很低。通过本章的学习，读者可以学会一些基本的表格样式的设置和表格的创建和编辑操作，以减小图形文件的容量，节省存储空间，进而提高绘图速度。

7.1 单行文字

单行文字一般用于图形对象的规格说明、标题栏信息和标签等，也可以作为图形的一个有机组成部分。对于这种不需要使用多种字体的简短内容，可以使用【单行文字】命令创建单行文字。

7.1.1 创建单行文字

创建单行文字的几种方法如下。

(1) 在命令输入行中输入 dtext 命令后按 Enter 键。

(2) 在【默认】选项卡的【注释】面板或【注释】选项卡的【文字】面板中单击【单行文字】按钮A。

(3) 在菜单栏中选择【绘图】|【文字】|【单行文字】菜单命令。

每行文字都是独立的对象，可以重新定位、调整格式或进行其他修改。

创建单行文字时，要指定文字样式并设置对正方式。文字样式设置文字对象的默认特征。对正方式决定字符的哪一部分与插入点对正。

执行此命令后，命令输入行提示如下：

命令：_dtext
当前文字样式："Standard" 文字高度：2.5000 注释性：否
指定文字的起点或 [对正 (J)/ 样式 (S)]:

此命令输入行各选项的含义如下：

- 【对正】：用来设置文字对齐的方式，AutoCAD 默认的对齐方式为左对齐。由于此项的内容较多，在后面会有详细的说明。
- 【样式】：用来选择文字样式。

在命令输入行中输入 S 并按 Enter 键，执行此命令，AutoCAD 会出现如下信息：

输入样式名或 [?] <Standard>:
此信息提示用户在输入样式名或 [?] <Standard> 后输入一种文字样式的名称 (默认值是当前样式名)。

输入样式名称后，AutoCAD 又会出现指定文字的起点或 [对正 (J)/ 样式 (S)] 的提示，提示用户输入起点位置。输入完起点坐标后按 Enter 键，AutoCAD 会出现如下提示：

指定高度 <2.5000>:

提示用户指定文字的高度。指定高度后按 Enter 键，命令输入行提示如下：

指定文字的旋转角度 <0>:

指定角度后按 Enter 键，这时用户就可以输入文字内容了。

在指定文字的起点或 [对正 (J)/ 样式 (S)] 后输入 J 并按 Enter 键，命令输入行将出现如下信息。

输入选项
[对齐 (A)/ 布满 (F)/ 居中 (C)/ 中间 (M)/ 右对齐 (R)/ 左上 (TL)/ 中上 (TC)/ 右上 (TR)/ 左中 (ML)/ 正中 (MC)/ 右中 (MR)/ 左下 (BL) / 中下 (BC)/ 右下 (BR)]:

即用户可以有以上多种对齐方式可选，各种对齐方式及其说明如表 7-1 所示。

表 7-1 各种对齐方式及其说明

对齐方式	说　明
对齐 (A)	提供文字基线的起点和终点，文字在此基线上均匀排列，这时可以调整字高比例以防止字符变形
布满 (F)	给定文字基线的起点和终点，文字在此基线上均匀排列，而文字的高度保持不变，这时字型的间距要进行调整
居中 (C)	给定一个点的位置，文字以该点为中心水平排列
中间 (M)	指定文字串的中间点
右对齐 (R)	指定文字串的右基线点
左上 (TL)	指定文字串的顶部左端点与大写字母顶部对齐
中上 (TC)	指定文字串的顶部中心点与大写字母顶部对齐

续表

对齐方式	说　明
右上 (TR)	指定文字串的顶部右端点与大写字母顶部对齐
左中 (ML)	指定文字串的中部左端点与大写字母和文字基线之间的线对齐
正中 (MC)	指定文字串的中部中心点与大写字母和文字基线之间的中心线对齐
右中 (MR)	指定文字串的中部右端点与大写字母和文字基线之间的一点对齐
左下 (BL)	指定文字左侧起始点，与水平线的夹角为字体的选择角，且过该点的直线就是文字中最下方字符字底的基线
中下 (BC)	指定文字沿排列方向的中心点，最下方字符字底基线与 BL 相同
右下 (BR)	指定文字串的右端底部是否对齐

TIPS 提示

要结束单行输入，在一空白行处按 Enter 键即可。

如图 7-1 所示即为 4 种对齐方式的示意图，分别为对齐方式、中间方式、右上方式、左下方式。

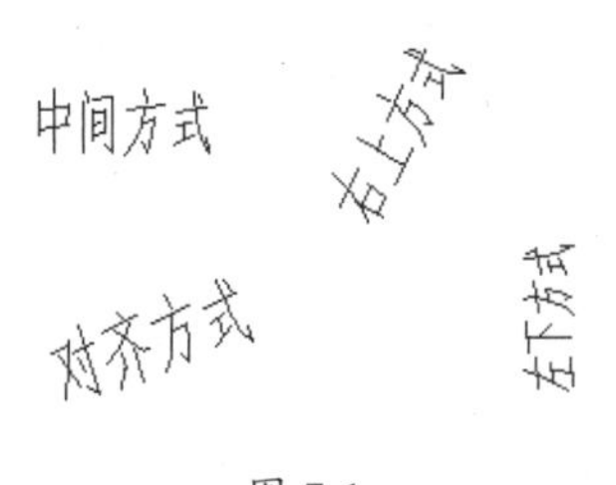

图 7-1

7.1.2　编辑单行文字

在创建文字时，也有可能出现错误操作，这时就需要编辑文字。

1. 编辑单行文字的方法

(1) 在命令输入行中输入 Ddedit 后按 Enter 键。

(2) 双击文字，即可实现编辑单行文字操作。

2. 编辑单行文字的具体操作

在命令输入行中输入 Ddedit 后按 Enter 键，出现捕捉标志 □。移动鼠标指针使捕捉标志位于需要编辑的文字位置，然后单击选中文字实体。

在其中可以修改的只是单行文字的内容，修改完文字内容后按两次 Enter 键即可。

7.2　多行文字

对于较长和较为复杂的内容，可以使用【多行文字】命令来创建多行文字。多行文字可以布满指定的宽度，在垂直方向上无限延伸。用户可以自行设置多行文字对象中的单个字符的格式。

多行文字由任意数目的文字行或段落组成，与单行文字不同的是，在一个多行文字编辑任务中创建的所有文字行或段落都被当作同一个多行文字对象。多行文字可以被移动、旋转、删除、复制、镜像、拉伸或比例缩放。

7.2.1　多行文字介绍

可以将文字高度、对正、行距、旋转、样式和宽度应用到文字对象中或将字符格式应用到特定的字符中。对齐方式要考虑文字边界以决定文字要插入的位置。

与单行文字相比，多行文字具有更多的编辑选项。可以将下划线、字体、颜色和高度变化应用到段落中的单个字符、词语或词组。

在【默认】选项卡的【注释】面板或【注释】选项卡的【文字】面板中单击【多行文字】按钮A，在主窗口会打开【文字编辑器】选项卡 (包括如图 7-2 所示的几个面板) 和【在位文字编辑器】及【标尺】，如图 7-3 所示。

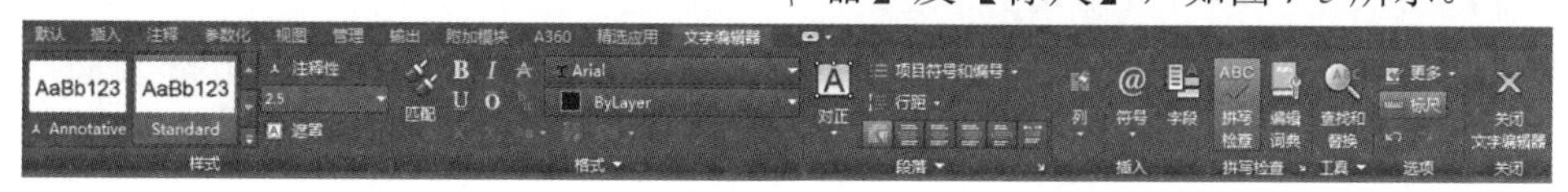

图 7-2

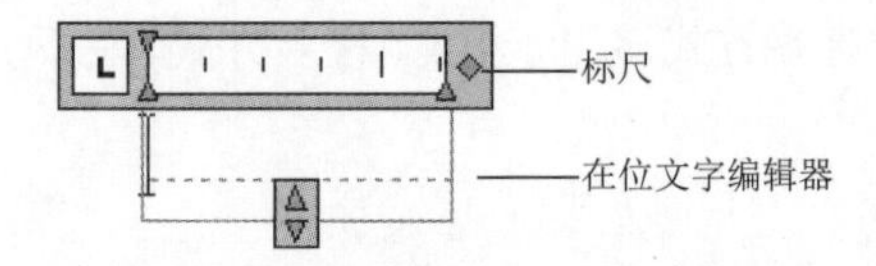

图 7-3

【文字编辑器】选项卡中包括【样式】、【格式】、【段落】、【插入】、【拼写检查】、【工具】、【选项】、【关闭】8 个面板，用户可以根据不同的需要对多行文字进行编辑和修改，下面进行具体介绍。

1. 【样式】面板

在【样式】面板中可以选择文字样式，可以选择或输入文字高度，其中【文字高度】下拉列表如图 7-4 所示。

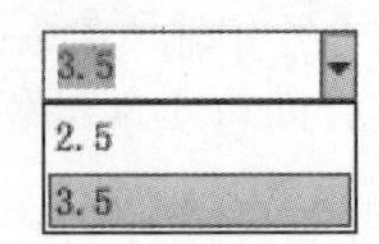

图 7-4

2. 【格式】面板

在【格式】面板中可以对字体进行设置，如可以将字体修改为粗体、斜体等。用户还可以选择自己需要的字体及颜色。【字体】下拉列表如图 7-5 所示，【颜色】下拉列表如图 7-6 所示。

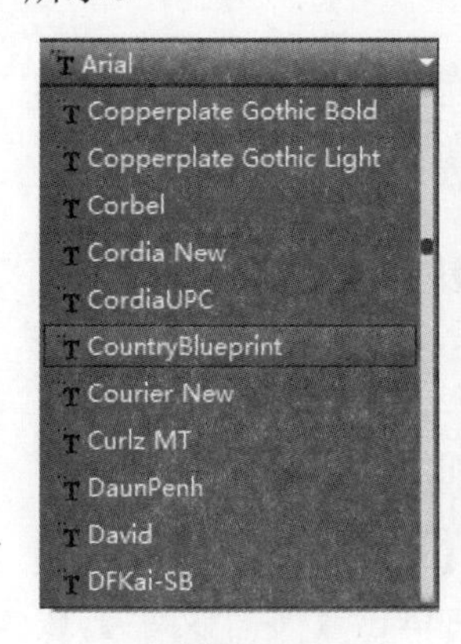

图 7-5

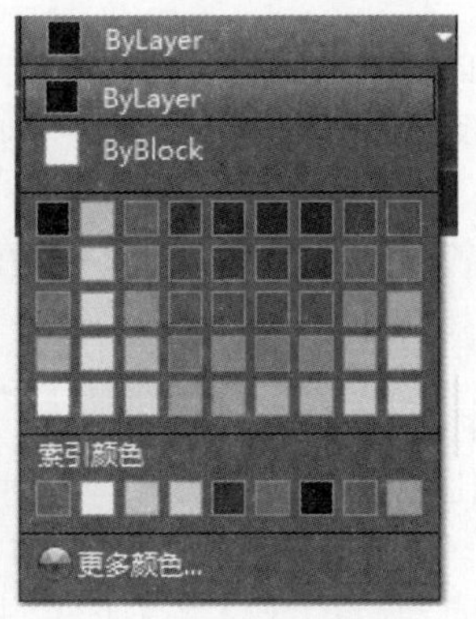

图 7-6

3. 【段落】面板

在【段落】面板中可以对段落进行设置，包括对正、编号、分布、对齐等，其中【对正】下拉列表如图 7-7 所示。

图 7-7

4. 【插入】面板

在【插入】面板中可以插入符号、字段，可以进行分栏设置，其中【符号】下拉列表如图 7-8 所示。

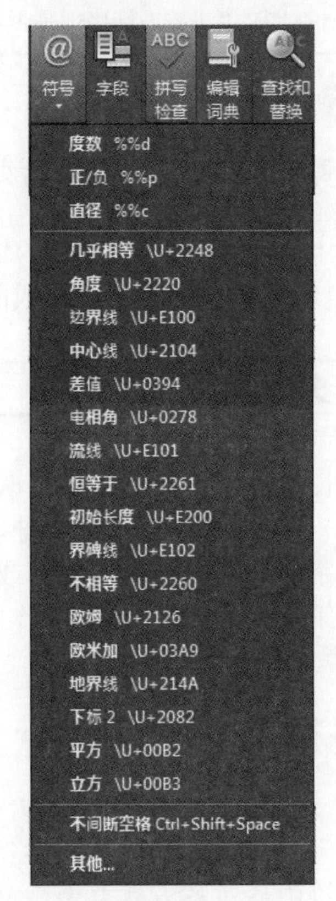

图 7-8

5. 【拼写检查】面板

在【拼写检查】面板中将文字输入图形中时可以检查所有文字的拼写。也可以指定已使用的特定语言的词典并自定义和管理多个自定义拼写词典。

可以检查图形中所有文字对象的拼写，包括：单行文字和多行文字、标注文字、多重引线文字、块属性中的文字和外部参照中的文字。

使用拼写检查功能，将搜索用户指定的图形或图形的文字区域中拼写错误的词语。如果找到拼写错误的词语，将亮显该词语并且绘图区域将缩放为便于读取该词语的比例。

6.【工具】面板

在【工具】面板中可以搜索指定的文字字符串并用新文字进行替换。

7.【选项】面板

在【选项】面板中可以显示其他文字选项列表框，如图7-9所示。在其中选择【编辑器设置】|【显示工具栏】命令，如图7-10所示，可打开如图7-11所示的【文字格式】工具栏，用户可以用此工具栏中的命令来编辑多行文字。它和【多行文字】选项卡下的几个面板提供的命令一样。

图 7-9

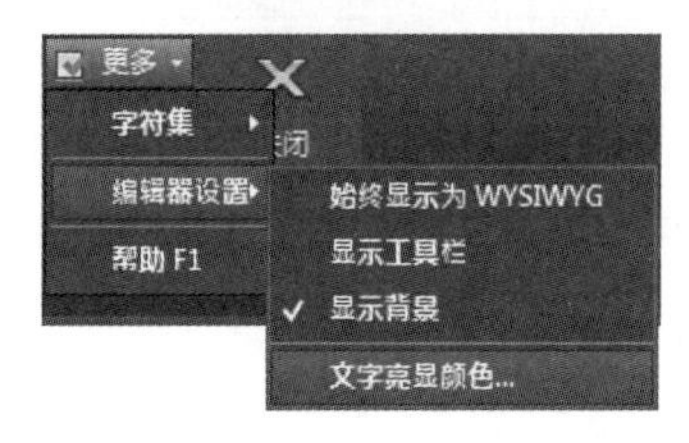

图 7-10

图 7-11

8.【关闭】面板

单击【关闭文字编辑器】按钮可以返回主窗口，完成多行文字的编辑操作。

7.2.2 创建多行文字的步骤

可以通过以下几种方式创建多行文字。

(1) 在【默认】选项卡的【注释】面板或【注释】选项卡的【文字】面板中单击【多行文字】按钮A。

(2) 在命令输入行中输入 mtext 后按 Enter 键。

(3) 在菜单栏中选择【绘图】|【文字】|【多行文字】菜单命令。

启动多行文字命令后，命令输入行提示如下。

命令：_mtext 当前文字样式："Standard" 文字高度:2.5 注释性：否

指定第一角点：

指定对角点或 [高度 (H)/ 对正 (J)/ 行距 (L)/ 旋转 (R)/ 样式 (S)/ 宽度 (W) / 栏 (C)]: h

指定高度 <2.5>: 60

指定对角点或 [高度 (H)/ 对正 (J)/ 行距 (L)/ 旋转 (R)/ 样式 (S)/ 宽度 (W) / 栏 (C)]: w

指定宽度 :100

此时绘图区如图7-12所示。

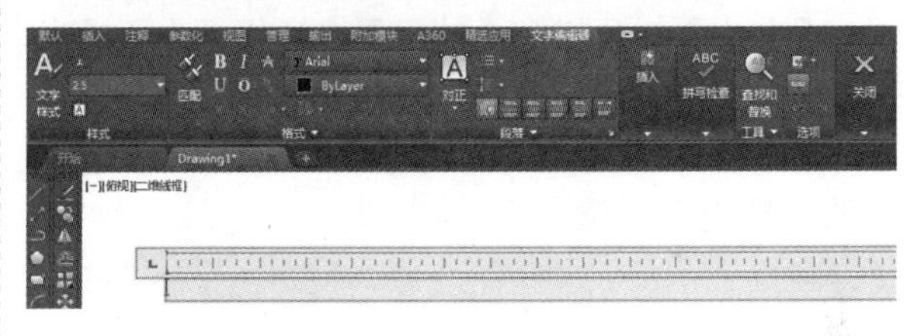

图 7-12

用【多行文字】命令创建的文字如图7-13所示。

云杰漫步多
媒体

图 7-13

7.2.3 编辑多行文字

1. 编辑多行文字的方法

(1) 在命令输入行中输入 mtedit 后按 Enter 键。

(2) 在菜单栏中选择【修改】|【对象】|【文字】|【编辑】菜单命令。

2. 编辑多行文字的操作

在命令输入行中输入 mtedit 后，选择多行文字对象，会重新打开【文字编辑器】选项卡和【在位文字编辑器】，可以将原来的文字重新编辑为用户所需要的文字。原来的文字如图 7-14 所示，编辑后的文字如图 7-15 所示。

云杰媒体
工作

图 7-14

云杰媒体
工作

图 7-15

7.3 文字样式

在 AutoCAD 图形中，所有的文字都有与之相关的文字样式。当输入文字时，AutoCAD 会使用当前的文字样式作为其默认的样式，该样式可以包括字体、样式、高度、宽度比例和其他文字特性，而设置文字样式通常是在【文字样式】对话框中进行的。

打开【文字样式】对话框有以下几种方法。

(1) 在命令输入行中输入 style 后按下 Enter 键。

(2) 在【默认】选项卡的【注释】面板中单击【文字样式】按钮A。

(3) 在菜单栏中选择【格式】|【文字样式】菜单命令。

【文字样式】对话框如图 7-16 所示，它包含 4 个选项组：【样式】选项组、【字体】选项组、【大小】选项组和【效果】选项组。由于【大小】选项组中的参数通常会按照默认进行设置，不做修改，因此，下面着重介绍其他三个选项组的参数设置方法。

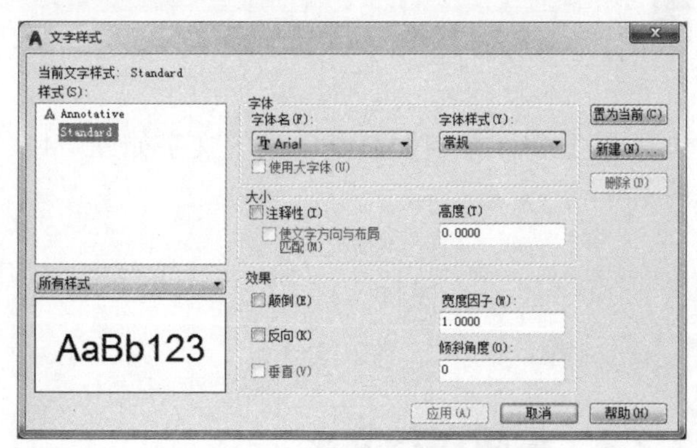

图 7-16

7.3.1 【样式】选项组参数设置

在【样式】选项组中可以新建、重命名和删除文字样式。用户可以从左边的列表框中选择相应的文字样式名称，可以单击【新建】按钮来新建一个文字样式的名称；可以右击选择的样式，在右键快捷菜单中选择【重命名】命令为某一文字样式重新命名；还可以单击【删除】按钮删除某一文字样式的名称。

当用户所需的文字样式不够用时，需要创建一个新的文字样式，具体操作步骤如下。

(1) 在命令输入行中输入 style 命令后按 Enter 键，或者在打开的【文字样式】对话框中单击【新建】按钮，打开如图 7-17 所示的【新建文字样式】对话框。

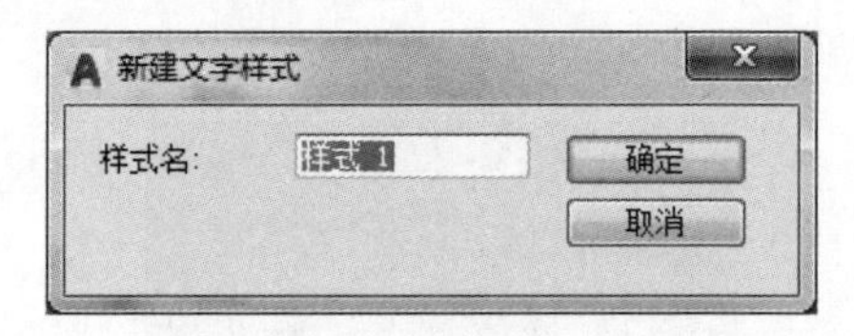

图 7-17

(2) 在【样式名】文本框中输入新创建的文字样式的名称后，单击【确定】按钮。若未输入文字样式的名称，则 AutoCAD 会自动将该样式命名为“样式 1”(AutoCAD 会自动为每一个新命名的样式加 1)。

7.3.2 【字体】选项组参数设置

在【字体】选项组中可以设置字体的名

称和样式等。AutoCAD 为用户提供了多种不同的字体，用户可以在如图 7-18 所示的【字体名】下拉列表中选择要使用的字体，可以在【字体样式】下拉列表框中选择要使用的字体样式。

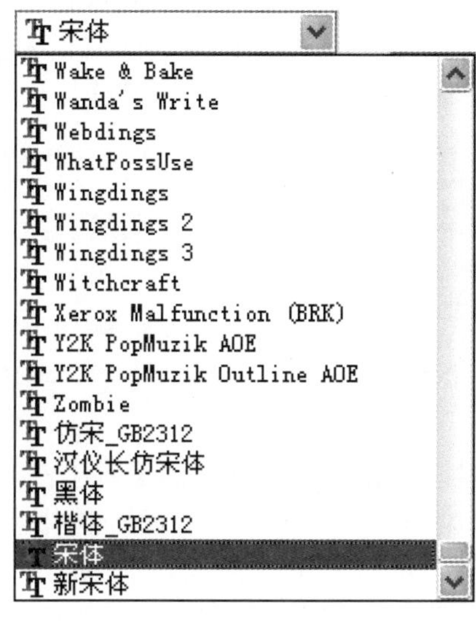

图 7-18

7.3.3 【效果】选项组参数设置

在【效果】选项组中可以设置字体的排列方法和距离等。用户可以选中【颠倒】、【反向】和【垂直】复选框来分别设置文字的排列样式，也可以在【宽度因子】和【倾斜角度】文本框中输入相应的数值来设置文字的辅助排列样式。

当选中【颠倒】复选框时，显示如图 7-19 所示，显示的【颠倒】文字效果如图 7-20 所示。

选中【反向】复选框时，显示如图 7-21 所示，显示的【反向】文字效果如图 7-22 所示。

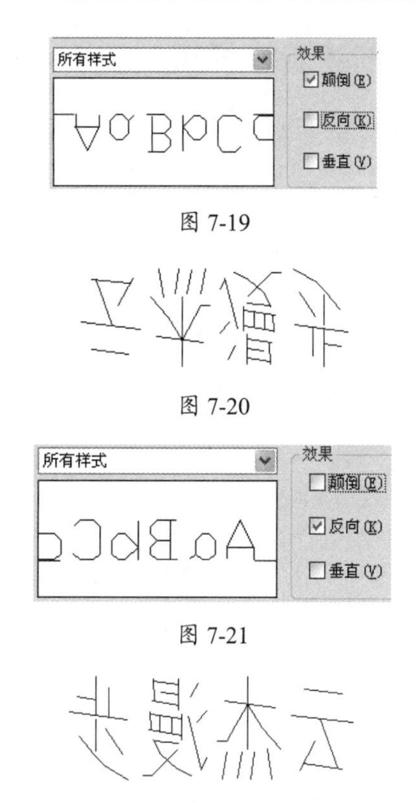

图 7-19

图 7-20

图 7-21

图 7-22

选中【垂直】复选框时，显示如图 7-23 所示，显示的【垂直】文字效果如图 7-24 所示。

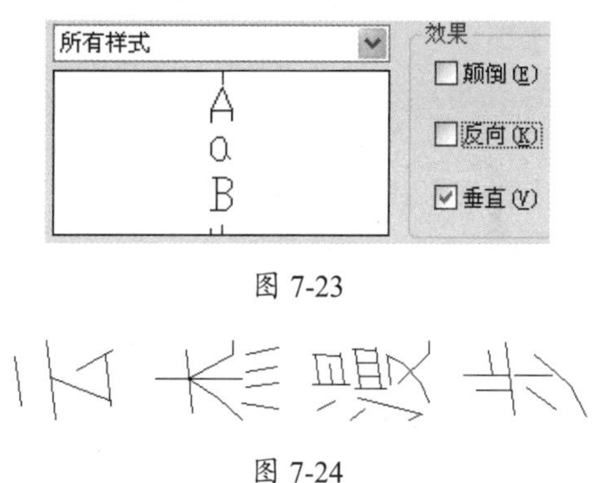

图 7-23

图 7-24

7.4 创建和编辑表格

在 AutoCAD 中，可以使用【表格】命令创建表格；可以从 Microsoft Excel 中直接复制表格，并将其作为 AutoCAD 表格对象粘贴到图形中；也可以从外部直接导入表格对象。此外，还可以输出 AutoCAD 的表格数据，以供 Microsoft Excel 或其他应用程序使用。

7.4.1 创建表格样式

使用表格可以使信息表达得很有条理、便于阅读，同时表格也具备计算功能。

1.【表格样式】对话框

在菜单栏中选择【格式】|【表格样式】菜单命令，打开如图 7-25 所示的【表格样式】对话框，可以设置当前表格样式，以及创建、修改和删除表格样式。

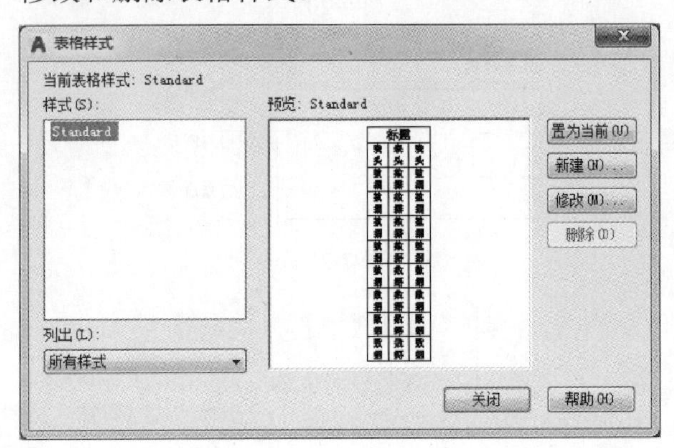

图 7-25

下面介绍【表格样式】对话框中各主要选项的功能。

(1)【当前表格样式】：显示应用于所创建表格的表格样式的名称。默认表格样式为 Standard。

(2)【样式】：显示表格样式列表框。当前样式被亮显。

(3)【列出】：控制【样式】列表框中的内容。

【所有样式】：显示所有表格样式。

【正在使用的样式】：仅显示被当前图形中的表格引用的表格样式。

(4)【预览】：显示【样式】列表框中选定样式的效果。

(5)【置为当前】：将【样式】列表框中选定的表格样式设置为当前样式。所有新表格都将使用此表格样式创建。

(6)【新建】：单击显示【创建新的表格样式】对话框，从中可以定义新的表格样式。

(7)【修改】：单击显示【修改表格样式】对话框，从中可以修改表格样式。

(8)【删除】：单击删除【样式】列表框中选定的表格样式。不能删除图形中正在使用的样式。

2.【创建新的表格样式】对话框

单击【新建】按钮，出现如图 7-26 所示的【创建新的表格样式】对话框，在此可定义新的表格样式。在【新样式名】文本框中输入要建立的表格名称，然后单击【继续】按钮。

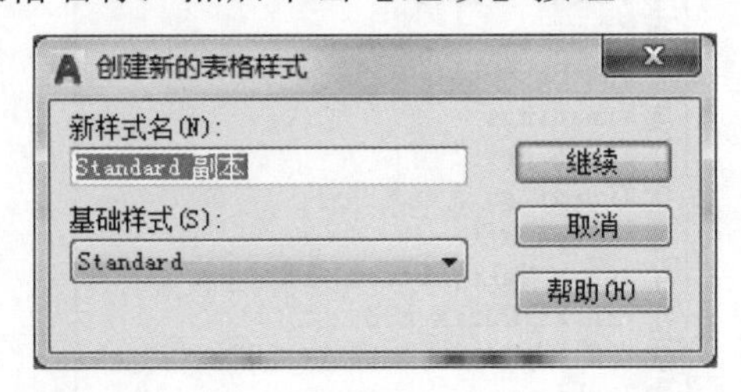

图 7-26

此时出现如图 7-27 所示的【新建表格样式：Standard 副本】对话框，在该对话框中通过设置起始表格、常规、单元样式等参数完成对表格样式的设置。

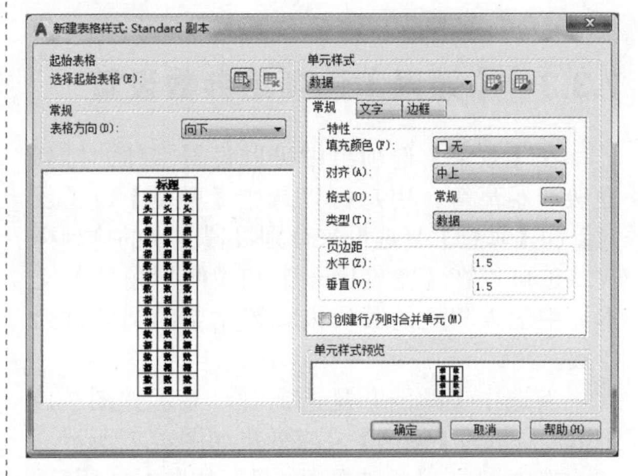

图 7-27

(1)【起始表格】选项组。

起始表格是图形中用于设置新表格样式的样例表格。一旦选定表格，用户即可指定要从此表格复制到表格样式的结构和内容。创建新的表格样式时，可以指定一个起始表格，也可以从表格样式中删除起始表格。

(2)【常规】选项组。

【表格方向】：设置表格方向。选择【向下】选项，将创建由上而下读取的表格，标题行和列标题位于表格的顶部；选择【向上】选项，将创建由下而上读取的表格，标题行和列标题位于表格的底部。

如图 7-28 所示为表格方向设置的效果。

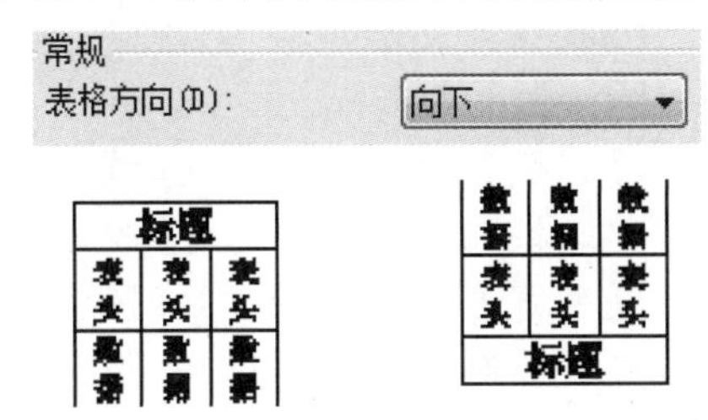

(a) 表格方向向下　　(b) 表格方向向上

图 7-28

(3)【单元样式】选项组。

该选项组用于定义新的单元样式或修改现有的单元样式。可以创建任意数量的单元样式。

- 【单元样式】下拉列表框：显示表格中的单元样式。
- 【创建新单元样式】按钮：单击该按钮，可打开【创建新单元样式】对话框。
- 【管理单元样式】按钮：单击该按钮，可打开【管理单元样式】对话框。
- 【常规】选项卡：主要包括【特性】、【页边距】和【创建行/列时合并单元】等参数设置，如图 7-29 所示。

图 7-29

- 【文字】选项卡：主要包括表格内文字的样式、高度、颜色和角度等属性设置，如图 7-30 所示。

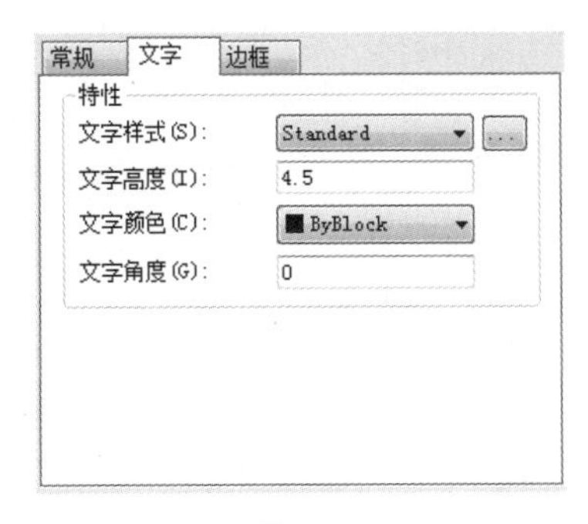

图 7-30

- 【边框】选项卡：主要用于设置表格边框的线宽、线型和边框的颜色，还可以将表格内的线设置成双线形式。单击表格边框按钮可以将选定的特性应用到边框，如图 7-31 所示。

图 7-31

(4)【单元样式预览】：显示当前表格样式设置效果。

> **注意：**
> 边框设置好后一定要单击表格边框按钮应用选定的特征，如不应用，表格中的边框线在打印和预览时都看不见。

7.4.2 绘制及编辑表格

1. 绘制表格的方法

创建表格样式的最终目的是绘制表格，下面将详细介绍按照表格样式绘制表格的方法。

在菜单栏中选择【绘图】|【表格】菜单命令，或在命令输入行中输入 TABLE 后按 Enter 键，都会出现如图 7-32 所示的【插入表格】对话框。

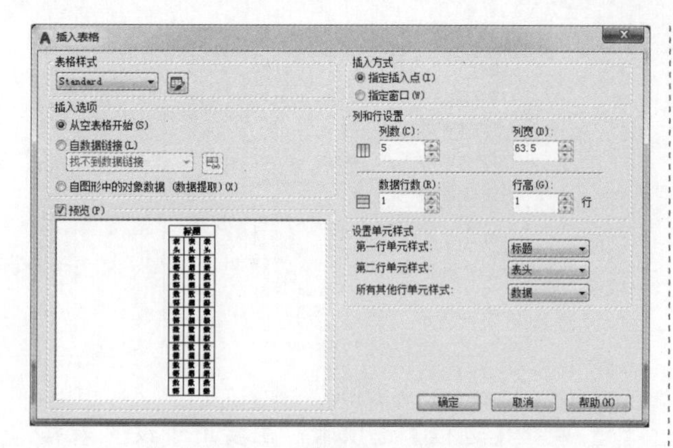

图 7-32

下面介绍【插入表格】对话框中各选项的功能。

(1)【表格样式】选项组。

该选项组用于在要从中创建表格的当前图形中选择表格样式。单击下拉列表框旁边的按钮，可以创建新的表格样式。

(2)【插入选项】选项组。

该选项组用于指定插入表格的方式，主要选项介绍如下。

- 【从空表格开始】单选按钮：创建可以手动填充数据的空表格。
- 【自数据链接】单选按钮：用外部电子表格中的数据创建表格。
- 【自图形中的对象数据(数据提取)】单选按钮：启动【数据提取】向导。

(3)【预览】复选框。

显示当前表格样式的样例。

(4)【插入方式】选项组。

该选项组用于指定表格位置，主要选项介绍如下：

- 【指定插入点】单选按钮：指定表格左上角的位置。可以使用定点设备，也可以在命令提示下输入坐标值。如果表格样式将表格的方向设置为由下而上读取，则插入点位于表格的左下角。
- 【指定窗口】单选按钮：指定表格的大小和位置。可以使用定点设备，也可以在命令提示下输入坐标值。选定此选项时，行数、列数、列宽和行高取决于窗口的大小以及列和行的设置。

(5)【列和行设置】选项组。

该选项组用于设置列和行的数目和大小，主要选项介绍如下。

- ▥按钮：表示列。
- ☰按钮：表示行。
- 【列数】：指定列数。选中【指定窗口】单选按钮并选中【列数】单选按钮时，【列宽】变为自动，且列数由表格的宽度控制，如图 7-33 所示。

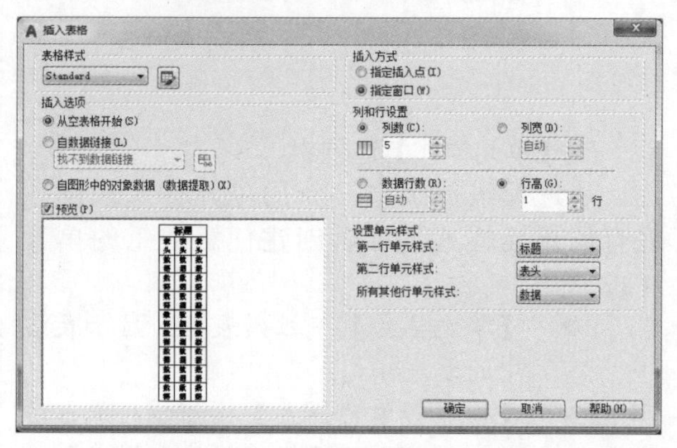

图 7-33

- 【列宽】：指定列的宽度。选中【指定窗口】单选按钮并选中【列宽】单选按钮时，【列数】变为自动，且列宽由表格的宽度控制。最小列宽为一个字符。
- 【数据行数】：指定行数。选中【指定窗口】单选按钮并选中【数据行数】单选按钮时，【行高】变为自动，且行数由表格的高度控制。带有标题行和表格头行的表格样式最少应有三行。最小行高为一个文字行。
- 【行高】：按照行数指定行高。文字行高基于文字高度和单元边距，这两项均在表格样式中设置。选中【指定窗口】单选按钮并选中【行高】单选按钮时，【数据行数】变为自动，且行高由表格的高度控制。

注意：

在【插入表格】对话框中，要注意列宽和行高的设置。

(6)【设置单元样式】选项组。

对于那些不包含起始表格的表格样式，需指定新表格中行的单元格式，主要选项如下。

- 【第一行单元样式】：指定表格中第一行的单元样式。默认情况下，使用标题单元样式。
- 【第二行单元样式】：指定表格中第二行的单元样式。默认情况下，使用表头单元样式。
- 【所有其他行单元样式】：指定表格中所有其他行的单元样式。默认情况下，使用数据单元样式。

2. 编辑表格的方法

通常在创建表格之后，需要对表格的内容进行修改，编辑表格的方法包括合并单元格和增删表格内容，利用夹点修改表格。

(1) 合并单元格。

选择要合并的单元格并右击，在弹出的快捷菜单中选择【合并】命令，如图 7-34 所示，其包含【按行】、【按列】、【全部】三个命令。

图 7-34

(2) 增删表格内容。

在表格内，如果想增删内容，比如增加列。可执行以下步骤。

选中单元格并右击，在弹出的快捷菜单中选择【列】命令，其包含【在左侧插入】、【在右侧插入】、【删除】三个命令，用户可按需要完成增加列和删除列的操作。

7.4.3 设置表格文字

下面介绍设置表格文字的方法。

1. 启动【文字编辑器】

打开一个表格，双击要输入文字的单元格，出现如图 7-35 所示的【文字编辑器】选项卡，该选项卡用于控制多行文字对象的文字样式和选定文字的字符格式和段落格式。

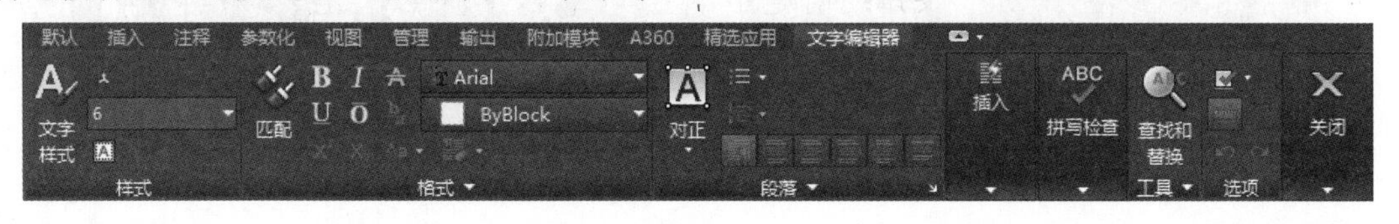

图 7-35

2. 【文字编辑器】选项卡介绍

下面介绍【文字编辑器】选项卡中主要选项的功能。

(1)【样式】面板。

该面板用来设置多行文字对象应用的文字样式。当前样式保存在 TEXTSTYLE 系统变量中。

- 【注释性】按钮：打开或关闭当前多行文字对象的“注释性”。
- 【文字高度】下拉列表框：按图形单位设置新文字的字符高度或修改选定文字的高度。如果当前文字样式没有固定高度，则文字高度是 TEXTSIZE 系统变量中存储的值。

(2)【格式】面板。

- 【字体】下拉列表框：为新输入的文字指定字体或改变选定文字的字体。其中 TrueType 字体按字体的名称列出，AutoCAD 编译的形 (SHX) 字体按字体所在文件的名称列出。
- 【文字颜色】选项 ByBlock：指定新文字的颜色或更改选定文字的颜色，可以为文字指定与被打开的图层相关联的颜色 (随层) 或所在的块的颜色 (随块)，也可以从颜色列表中选择一种颜色。
- 【堆叠】按钮：如果选定文字中包含堆叠字符，则创建堆叠文字 (例如分数)。如果选定堆叠文字，则取消堆叠。使用堆叠字符、插入符 (^)、正向斜杠 (/) 和磅符号 (#) 时，堆叠在字符左侧的文字将堆叠在字符右侧的文字之上。

(3)【段落】面板。

- 【对正】按钮：单击该按钮，可打

开【多行文字对正】菜单，其中有 9 个对齐选项可用，【左上】为默认选项。

- 【段落】按钮：单击该按钮，可打开【段落】对话框。
- 【左对齐、居中、右对齐、对正和分布】按钮：用于设置当前段落或选定段落的左、中或右文字边界的对正和分布方式。
- 【行距】按钮：单击该按钮，可打开建议的行距选项或【段落】对话框。在当前段落或选定段落中设置行距。注意行距是多行段落中文字的上一行底部和下一行顶部之间的距离。
- 【编号】按钮：单击该按钮，可打开【项目符号和编号】菜单。

(4)【选项】面板。

- 【放弃】按钮：在【在位文字编辑器】中放弃操作，包括对文字内容或文字格式所做的修改。也可以使用 Ctrl+Z 组合键。
- 【重做】按钮：在【在位文字编辑器】中重做操作，包括对文字内容或文字格式所做的修改。也可以使用 Ctrl+Y 组合键。

注意：

根据正在编辑的内容不同，有些选项可能不可用。

7.4.4 表格内容的填写

表格内容的填写包括输入文字、单元格内插入块、插入公式等，下面将详细介绍。

1. 单击表格

单击要输入文字的表格，出现如图 7-36 所示的【表格单元】选项卡。利用其中的【行】、【列】和【合并】面板可以插入新的表格；在【单元样式】和【单元格式】面板中，可以设置相应的单元内容。

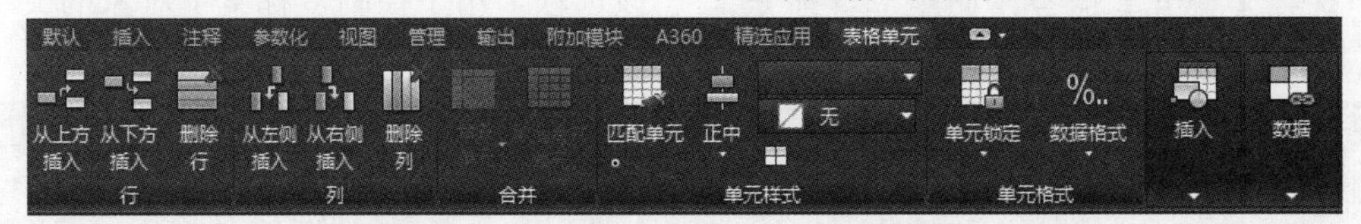

图 7-36

2. 输入文字

单击要输入文字的表格，出现如图 7-37 所示的【文字编辑器】选项卡。利用其中的【插入】面板可以插入新的表格；在【样式】和【格式】面板中，可以设置相应的单元内容。

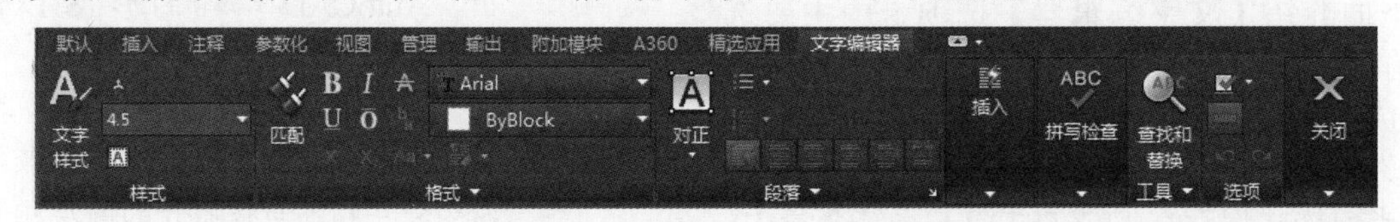

图 7-37

3. 单元格内插入块

选择任意单元格并右击，在弹出的快捷菜单中选择【插入点】|【块】命令，打开如图 7-38 所示的【在表格单元中插入块】对话框。

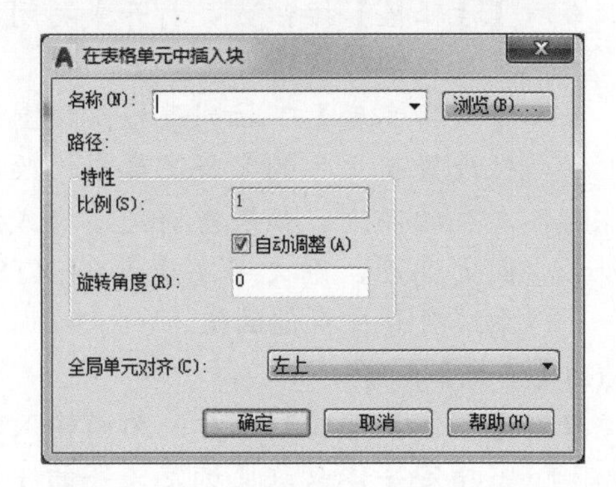

图 7-38

下面介绍此对话框中各主要选项的功能。

(1)【名称】下拉列表框。

该下拉列表框主要用来设置块的名称。单击后面的【浏览】按钮可以查找其他图形中的块。

(2)【特性】选项组。

- 【比例】：指定块参照的比例。输入值或选中【自动调整】复选框可缩放块以适应选定的单元格。
- 【旋转角度】：指定块的旋转角度。

(3)【全局单元对齐】下拉列表框。

该下拉列表框用于指定块在表格单元中的对齐方式。块相对于上、下单元边框居中对齐、上对齐或下对齐；相对于左、右单元边框居中对齐、左对齐或右对齐。

4. 插入公式

选择任意单元格，右击，在弹出的快捷菜单中选择【插入点】|【公式】|【方程式】命令，如图7-39所示，在单元格内输入公式。完成输入后，单击【文字格式】对话框中的【确定】按钮，完成公式的输入。

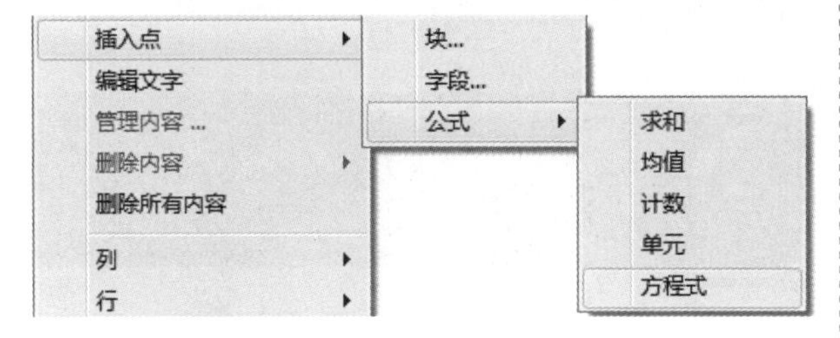

图 7-39

5. 直接插入块

(1) 注释性块的插入。

注释性块的操作方法为选择【插入】|【块】菜单命令，打开【插入】对话框来完成块的插入，如图7-40所示。

图 7-40

该对话框中各参数的含义如下。

- 【名称】：指定要插入块的名称，或指定要作为块插入的文件的名称。单击右侧的【浏览】按钮可以打开【选择图形文件】对话框，从中可选择要插入的块或图形文件。
- 【路径】选项组：指定块的路径。
- 【插入点】选项组：指定块的插入点。其中，【在屏幕上指定】复选框是用定点设备指定块的插入点。
- 【比例】选项组：指定插入块的缩放比例。其中，【在屏幕上指定】复选框是用定点设备指定块的比例；【统一比例】复选框是为X、Y和Z坐标指定单一的比例值。
- 【旋转】选项组：在当前UCS中指定插入块的旋转角度。其中，【在屏幕上指定】复选框是用定点设备指定块的旋转角度；【角度】文本框用于设置插入块的旋转角度。
- 【块单位】选项组：显示有关块单位的信息。其中，【单位】文本框用于指定插入块的INSUNITS值；【比例】文本框显示单位比例因子，该比例因子是根据块的INSUNITS值和图形单位计算的。
- 【分解】复选框：分解块并插入该块的各个部分。选中【分解】复选框时，只可以指定统一的比例因子，在图层0上绘制的块的部件对象仍保留在图层0上，颜色为随层的对象为白色，线型为随块的对象具有CONTINUOUS线型。

注意：

直接插入的块，不能保证块在表格中的位置，但直接插入的块与表格不是一个整体，以后可对块单独进行编辑。而在单元格内插入块，能保证块的对齐方式，但不能在表格中对块直接进行编辑。

(2) 动态属性块的插入。

动态属性块的设置可以在绘图中提供方便，但插入表格之后，动态属性块就不具有动态性，不能再进行编辑，因此动态属性块的插入 (如需编辑) 也应采用直接插入块的方法。

7.5 设计范例

7.5.1 绘制零件图文字范例

本范例操作文件：ywj\07\7-1a.dwg。

本范例完成文件：ywj\07\7-1.dwg。

案例分析

本节将介绍接头零件图纸的标题栏文字绘制方法，即在零件视图上，使用直线和文字命令创建标题栏和文字标注。

案例操作

步骤 01 绘制图框

① 单击【绘图】面板中的【矩形】按钮，如图 7-41 所示。

② 在绘图区中绘制 287×180 的矩形。

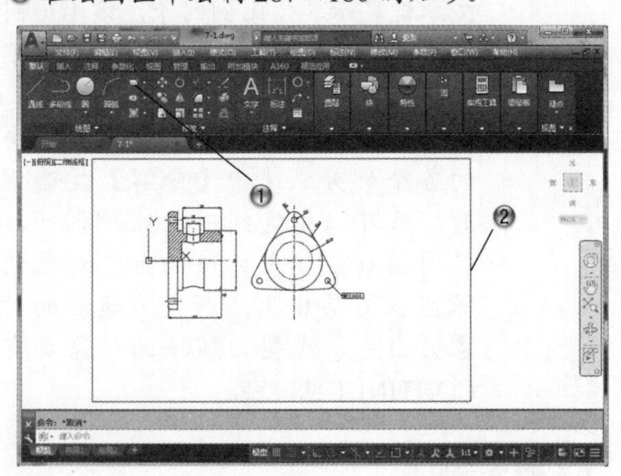

图 7-41

③ 单击【绘图】面板中的【直线】按钮，如图 7-42 所示。

④ 在绘图区中绘制直线图形。

步骤 02 绘制标题栏框

① 单击【绘图】面板中的【直线】按钮，如图 7-43 所示。

② 在绘图区中绘制标题栏框。

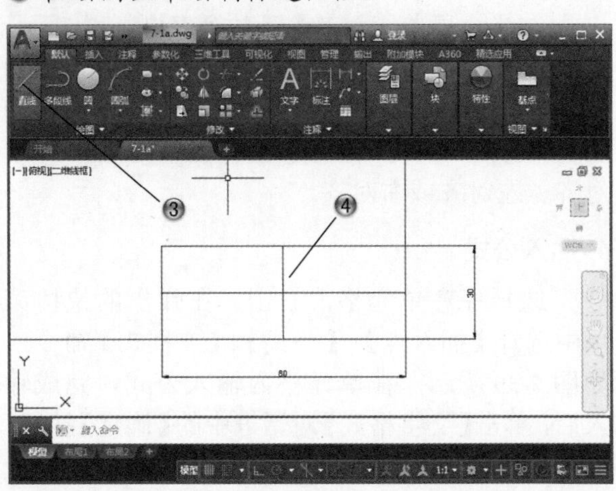

图 7-42

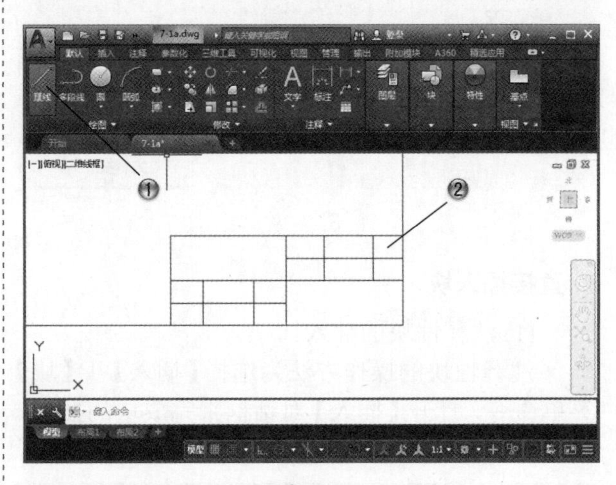

图 7-43

步骤 03 输入标题栏文字

① 单击【注释】面板中的【文字】按钮，如图 7-44 所示。

② 在绘图区中添加文字。

③ 设置文字样式、格式和段落。

④ 输入文字内容，如图 7-45 所示。

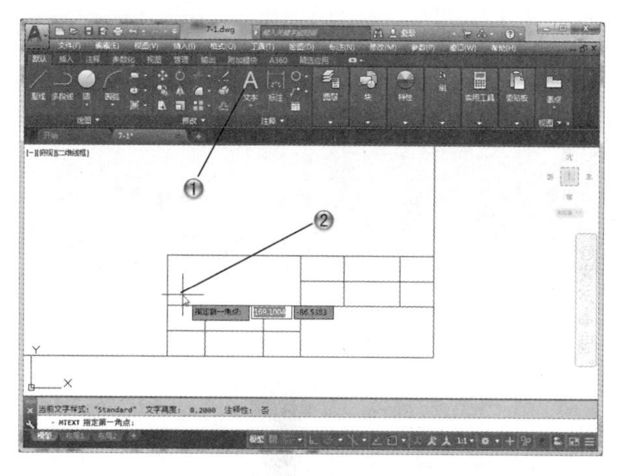

图 7-44

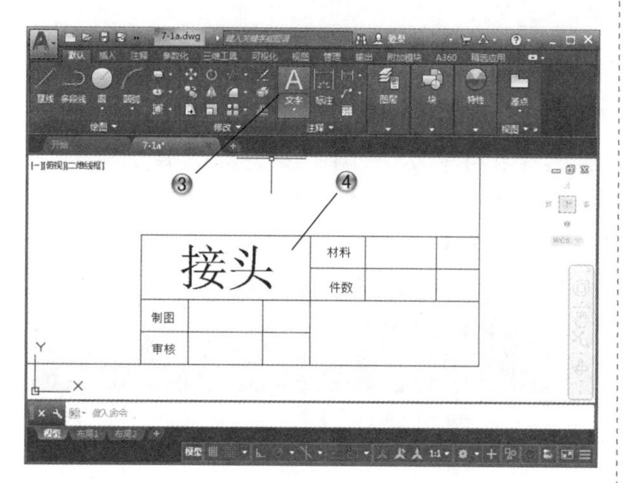

图 7-45

步骤 04 完成零件文字注释

这样，绘制零件图文字范例就制作完成了，结果如图 7-46 所示。

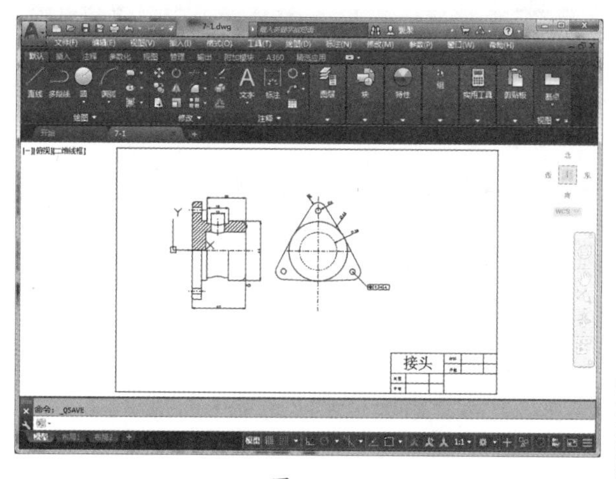

图 7-46

> **提示**
>
> 图纸的图框和标题栏可按照机械制图中的标准绘制，包含图纸的名称、绘制人员、比例、材质等信息。

7.5.2 绘制图纸表格范例

本范例操作文件：ywj\07\7-2a.dwg。

本范例完成文件：ywj\07\7-2.dwg。

案例分析

本节的案例是在 AutoCAD 中进行表格的基本操作，包括插入表格、设置表格样式、调整移动表格和编辑表格等。

案例操作

步骤 01 插入表格

① 打开图形文件，单击【注释】面板中的【表格】按钮，打开【插入表格】对话框，如图 7-47 所示。

② 在【插入表格】对话框中设置表格的各项参数。

③ 单击【确定】按钮，插入表格。

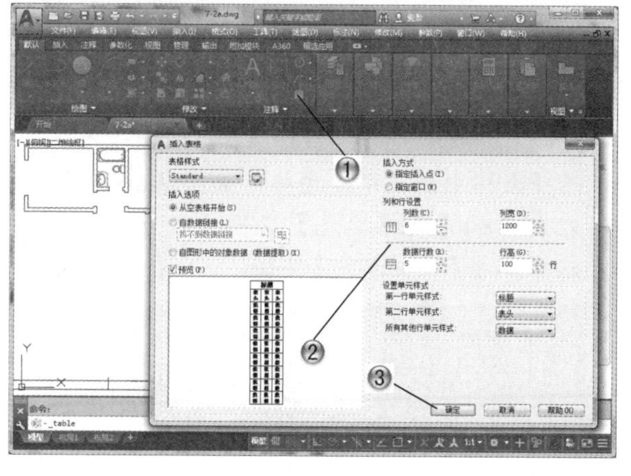

图 7-47

步骤 02 取消合并单元格

① 选择表格单元格，如图 7-48 所示。

② 在打开的【表格单元】选项卡的【合并】面板中单击【取消合并单元】按钮，取消表格单元格合并。

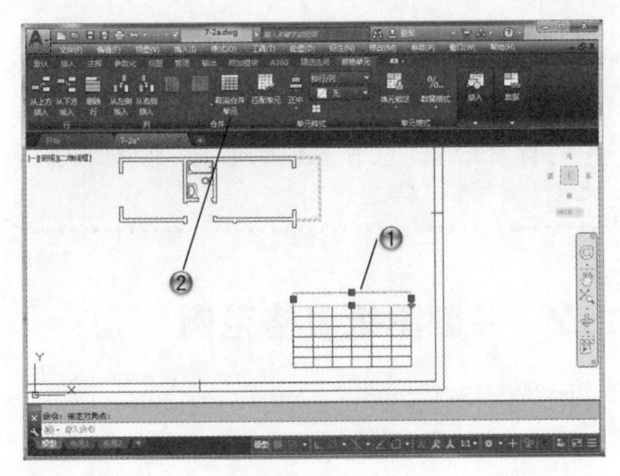

图 7-48

步骤 03 移动表格

❶ 依次移动表格，如图 7-49 所示。

❷ 调整表格中的间距。

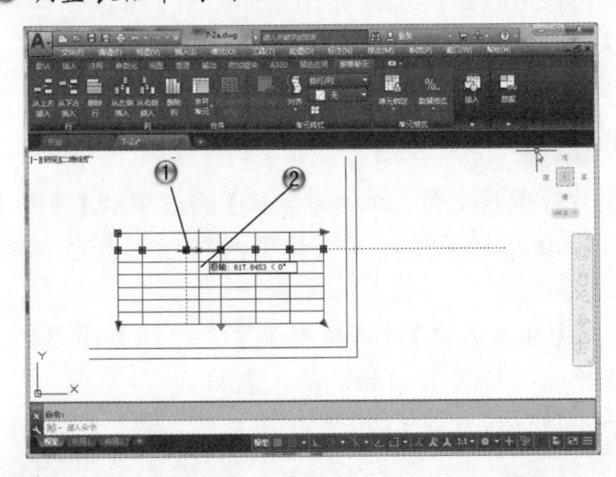

图 7-49

步骤 04 合并表格

❶ 选择表格中的几个单元格，如图 7-50 所示。

❷ 在打开的【表格单元】选项卡的【合并】面板中单击【合并单元】按钮，合并表格单元格。

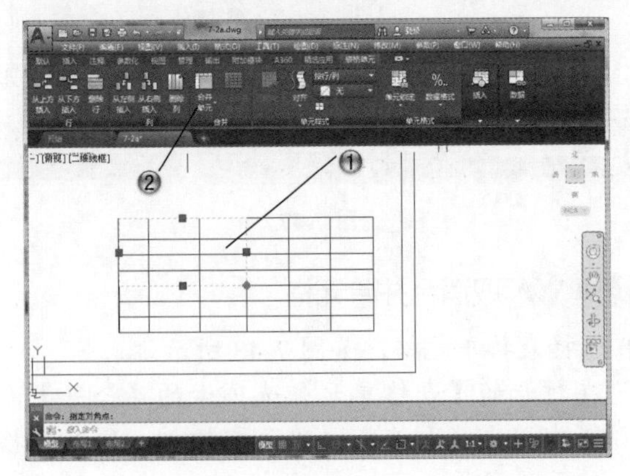

图 7-50

❸ 继续选择表格单元格，如图 7-51 所示。

❹ 在打开的【表格单元】选项卡的【合并】面板中单击【合并单元】按钮，合并表格单元格。

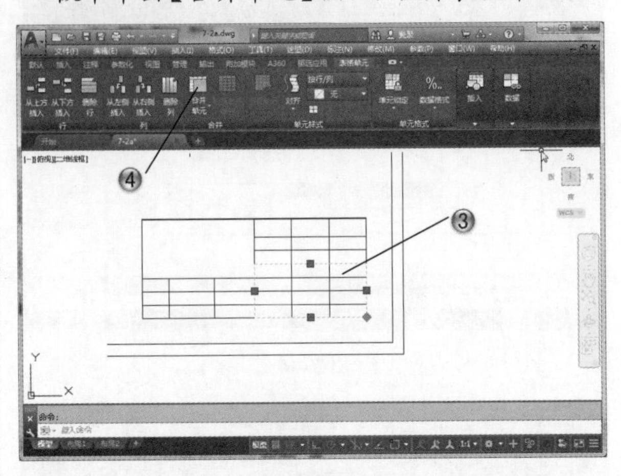

图 7-51

❺ 选择表格中另外的单元格，如图 7-52 所示。

❻ 在打开的【表格单元】选项卡的【合并】面板中单击【合并单元】按钮，合并表格单元格。

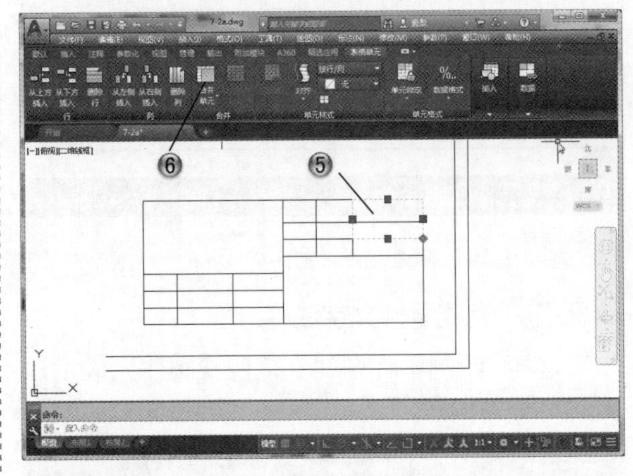

图 7-52

步骤 05 绘制直线

❶ 单击【绘图】面板中的【直线】按钮，如图 7-53 所示。

❷ 绘制直线划分单元格。

步骤 06 填写表格

❶ 单击表格中的单元格，如图 7-54 所示。

❷ 在单元格中添加文字“建筑平面图”。

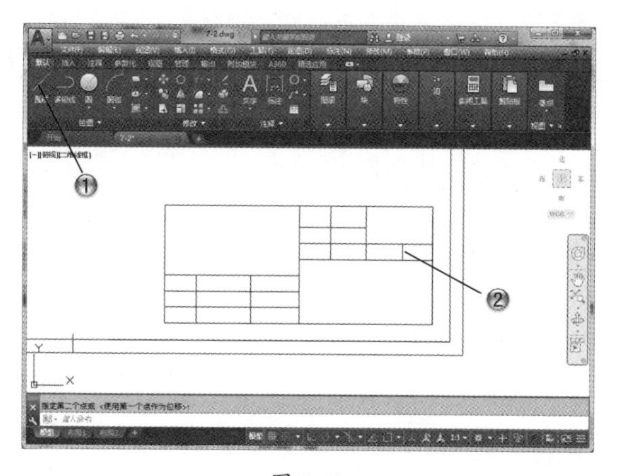

图 7-53

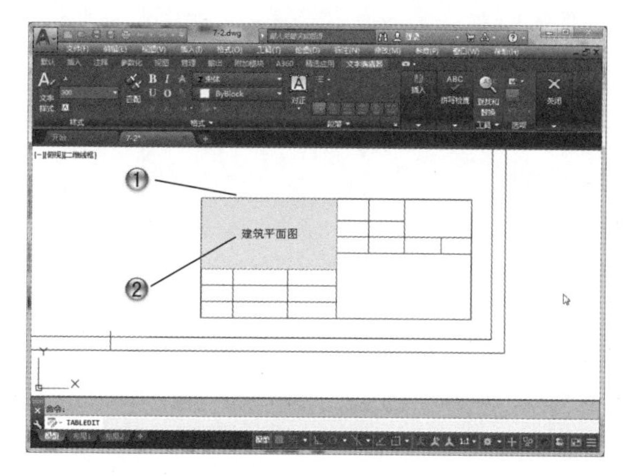

图 7-54

步骤 07 填写其他内容

❶ 单击下面的单元格，添加文字“制图”，如图 7-55 所示。

❷ 用同样的方式添加文字“描图”。

❸ 添加文字“审核”。

❹ 添加文字“比例”。

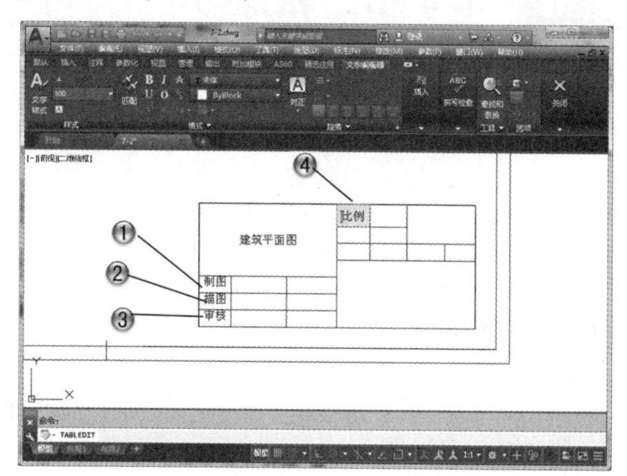

图 7-55

步骤 08 移动表格

❶ 单击【修改】面板中的【移动】按钮，如图 7-56 所示。

❷ 移动表格到图框中合适的位置。

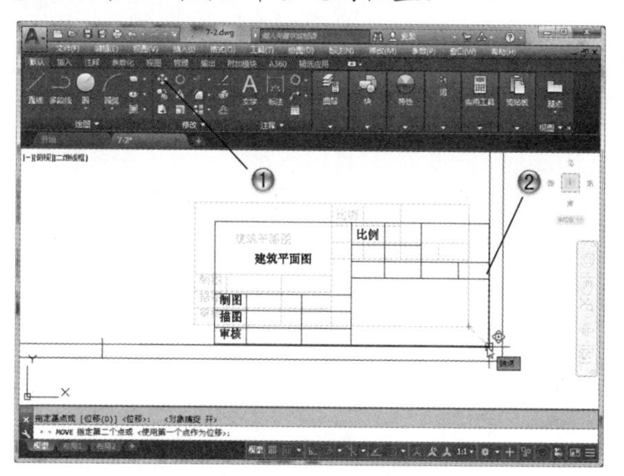

图 7-56

步骤 09 完成图纸表格绘制

至此，图纸表格范例就绘制完成了，最终结果如图 7-57 所示。

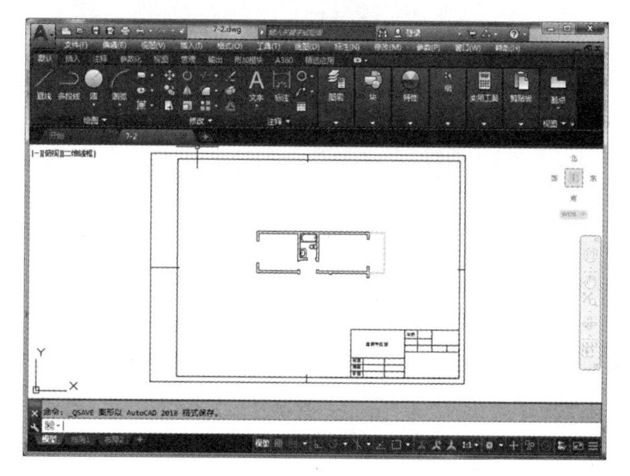

图 7-57

7.6 本章小结和练习

7.6.1 本章小结

本章主要介绍了 AutoCAD 2018 中文字、表格的创建与编辑，通过本章的学习，读者可以对图形进行文字的添加与编辑，使所绘制的图形更加详细与准确。

7.6.2 练习

如图 7-58 所示，使用本章学过的命令来创建并注释蝶阀草图。

(1) 绘制主视图。

(2) 进行阵列。

(3) 创建注释文字。

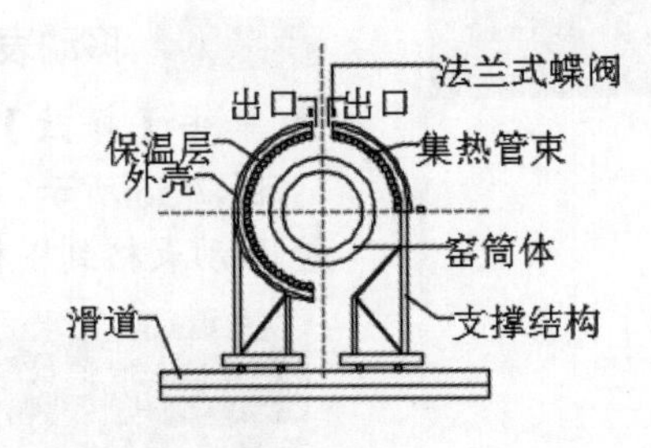

图 7-58

第8章

应用图层和块

本章导读

本章主要讲述图层的状态、特性和管理方法。图层是 AutoCAD 的一大特点，也是计算机绘图所不可缺少的功能，用户可以使用图层来管理图形的显示与输出。图层像透明的覆盖图，运用它可以很好地组织不同类型的图形信息。图形对象都具有很多图形特性，如颜色、线型、线宽等，对象可以直接使用其所在图层定义的特性，也可以专门给各个对象指定特性。颜色有助于区分图形中相似的元素；线宽则可以区分不同的绘图元素（如中心线和点划线），可以表示对象的大小和类型，提高了图形的表达能力和可读性。合理地组织图层和图层上的对象，可以使图形中的信息处理更加容易。

在使用AutoCAD绘制图形时，会遇到大量相似的图形实体，如果重复绘制，效率很低。AutoCAD 提供了一种有效的工具——“块”。块是一组相互集合的实体，可以作为单个目标加以应用，可以由 AutoCAD 中的任何图形实体组成。本章还将介绍块的使用方法。

8.1 图层管理

本节将介绍创建新图层的方法，在创建新图层的过程中，涉及图层的命名，图层颜色、线型和线宽的设置。

图层可以具有颜色、线型和线宽等特性。若某个图形对象的这几种特性均设为 ByLayer（随层），则这些特性与其所在图层的特性保持一致，并且可以随着图层特性的改变而改变。例如，图层 Center 的颜色为“黄色”，在该图层上绘有若干直线，其颜色特性均为 ByLayer，则直线颜色也为黄色。

8.1.1 创建图层

在绘图设计中，用户可以为设计概念相关的一组对象创建和命名图层，并为这些图层指定通用特性。对于一个图形可创建的图层数和在每个图层中创建的对象数都是没有限制的，只要将对象分类并置于各自的图层中，即可方便、有效地对图形进行编辑和管理。

通过创建图层，可以将类型相似的对象指定给同一个图层使其相关联。例如，可以将构造线、文字、标注和标题栏置于不同的图层上，然后进行控制。本节就来讲述如何创建新图层。

1. 创建图层

(1) 在【默认】选项卡的【图层】面板中单击【图层特性】按钮，将打开【图层特性管理器】工具选项板，图层列表中将自动添加名称为“0”的图层，所添加的图层将被选中，即呈高亮显示。

(2) 在【名称】列为新建的图层命名。图层名最多可包含 255 个字符，其中可包括字母、数字和一些特殊字符，如￥符号等，但图层名中不可包含空格和<>∧“”：；？｜，= 等字符。

(3) 若要创建多个图层，可以多次单击【新建图层】按钮，并以同样的方法为每个图层命名，按名称的字母顺序来排列图层。创建完成的图层如图 8-1 所示。

每个新图层的特性都被指定为默认设置，即在默认情况下，新建图层与当前图层的状态、颜色、线型、线宽等设置相同。当然用户既可以使用默认设置，也可以给每个图层指定新的颜色、线型、线宽和打印样式。

在绘图过程中，为了更好地描述图层中的图形，用户还可以随时对图层进行重命名，但图层 0 和依赖外部参照的图层不能重命名。

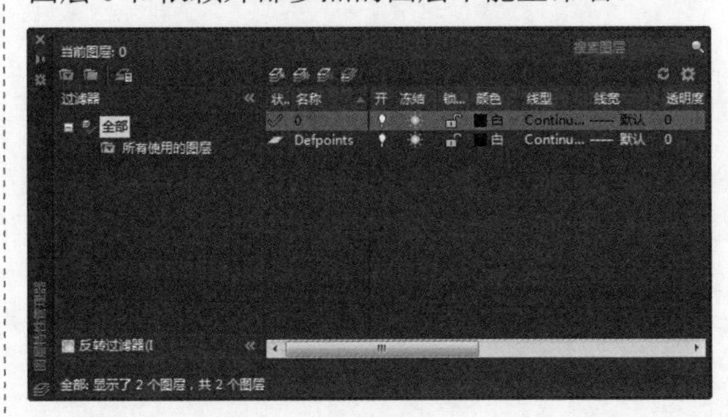

图 8-1

2. 图层颜色

设置图层颜色也就是为选定图层指定颜色或修改颜色。颜色在图形中具有非常重要的作用，可用来表示不同的组件、功能和区域。图层的颜色实际上是图层中图形对象的颜色，每个图层都拥有自己的颜色。对不同的图层既可以设置相同的颜色，也可以设置不同的颜色，这样绘制复杂图形时就可以很容易地区分图形的各个部分。

要设置图层颜色，可以通过以下几种方式。

(1) 在【视图】选项卡的【选项板】面板中单击【特性】按钮，打开【特性】选项板，如图 8-2 所示，在【常规】选项组的【颜色】下拉列表中选择需要的颜色。

(2) 在【图层特性管理器】工具选项板中选中要指定修改颜色的图层，单击【颜色】图标，即可打开【选择颜色】对话框设置颜色，如图 8-3 所示。

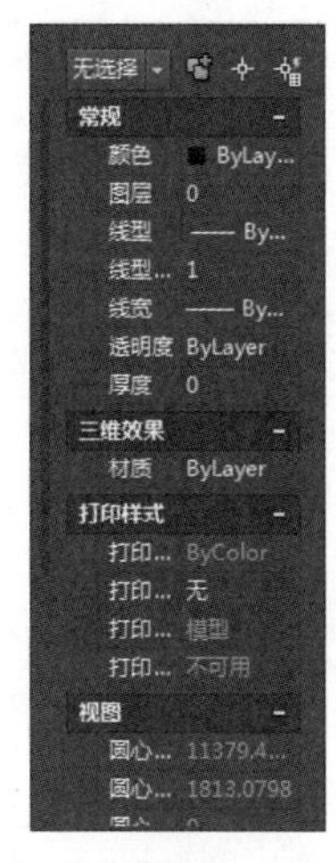

图 8-2

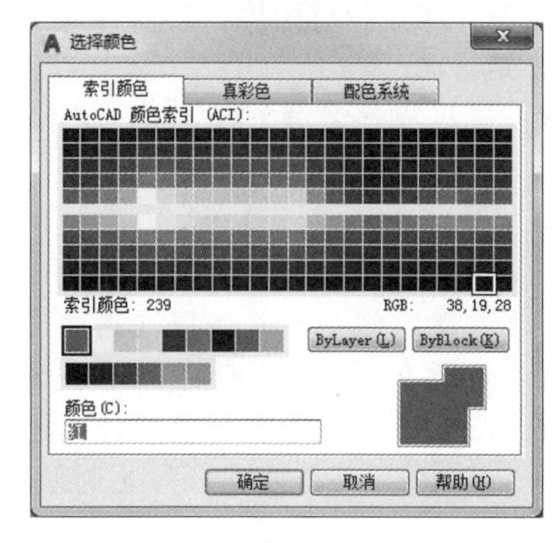

图 8-3

(3) 在【特性】面板的【选择颜色】下拉列表中选择系统提供的几种颜色或自定义颜色。

注意：

若AutoCAD系统的背景色设置为白色，则“白色”颜色显示为黑色。

3. 图层线型

线型是指图形基本元素中线条的组成和显示方式，如虚线和实线等。在 AutoCAD 中既有简单线型，又有由一些特殊符号组成的复杂线型，以满足不同国家或行业标准的要求。

在图层中绘图时，给不同的图层指定不同的线型，可达到区分线型的目的。若为图形对象指定某种线型，则该对象将根据此线型的设置进行显示和打印。

在【图层特性管理器】工具选项板中选择一个图层，然后在【线型】列单击即可选择线型。

在设置线型时，也可以采用其他途径。

(1) 在【视图】选项卡的【选项板】面板中单击【特性】按钮，打开【特性】选项板，在【常规】选项组的【线型】下拉列表中选择线的类型。

在这里我们需要知道一些“线型比例”的知识。

通过全局修改或单独修改每个对象的线型比例因子，可以以不同的比例使用同一个线型。

默认情况下，全局线型和单个线型比例均设置为 1.0。比例越小，每个绘图单位中生成的重复图案就越多。

(2) 在【特性】面板的【选择线型】下拉列表中选择。

- ByLayer(随层)：逻辑线型，表示对象与其所在图层的线型保持一致。
- ByBlock(随块)：逻辑线型，表示对象与其所在块的线型保持一致。
- Continuous(连续)：连续的实线。

当然，用户可使用的线型远不止这几种。AutoCAD 系统提供了线型库文件，其中包含数十种线型定义。用户可随时加载该文件，并使用其定义各种线型。若这些线型仍不能满足用户的需要，则用户可以自行定义某种线型，并在 AutoCAD 中使用。

4. 图层线宽

线宽设置就是改变线条的宽度，可用于除 TrueType 字体、光栅图像、点和实体填充(二维实体)之外的所有图形对象。通过更改图层和对象的线宽设置来更改对象显示于绘图区上的宽度特性。在 AutoCAD 中，使用不同宽度的线条表现对象的大小或类型，可以提高图形的表达能力和可读性。若为图形对象指定线宽，那么对象将根据此线宽的设置进行显示和打印。

在【图层特性管理器】工具选项板中选择一个图层，然后在【线宽】列单击即可设置线宽。

同理在设置线宽时，也可以采用其他途径。

(1) 在【视图】选项卡的【选项板】面板中单击【特性】按钮，打开【特性】选项板，在

【常规】选项组的【线宽】下拉列表中选择线的宽度。

(2) 在【特性】面板的【选择线宽】下拉列表中选择。

- ByLayer(随层)：逻辑线宽，表示对象与其所在图层的线宽保持一致。
- ByBlock(随块)：逻辑线宽，表示对象与其所在块的线宽保持一致。
- 默认：创建新图层时采用默认线宽，其默认值为 0.25mm。

注意：

图层特性(如线型和线宽)可以通过【图层特性管理器】对话框和【特性】选项板来设置，但对于重命名图层来说，只能在【图层特性管理器】对话框中修改，而不能在【特性】选项板中修改。对于块引用所使用的图层也可以进行保存和恢复，但外部参照的保存图层状态不能被当前图形所使用。若使用 wblock 命令创建外部块文件，那么只有在创建时选择 Entire Drawing(整个图形)选项，才能将保存的图层状态信息包含在内，并且仅涉及那些含有对象的图层。

8.1.2 图层管理

图层管理包括图层的创建、图层过滤器的命名、图层的保存、图层的恢复等，下面对图层的管理做详细的讲解。

1. 命名图层过滤器

绘制一个图形时，可能需要创建多个图层，当只需列出部分图层时，通过【图层特性管理器】工具选项板的过滤图层设置，可以按一定的条件对图层进行过滤，最终只列出满足要求的部分图层。

在过滤图层时，可依据图层的名称、颜色、线型、线宽、打印样式或图层的可见性等条件过滤图层。这样，可以更加方便地选择或清除具有特定名称或特性的图层。

单击【图层特性管理器】工具选项板中的【新建特性过滤器】按钮，打开【图层过滤器特性】对话框，如图 8-4 所示。

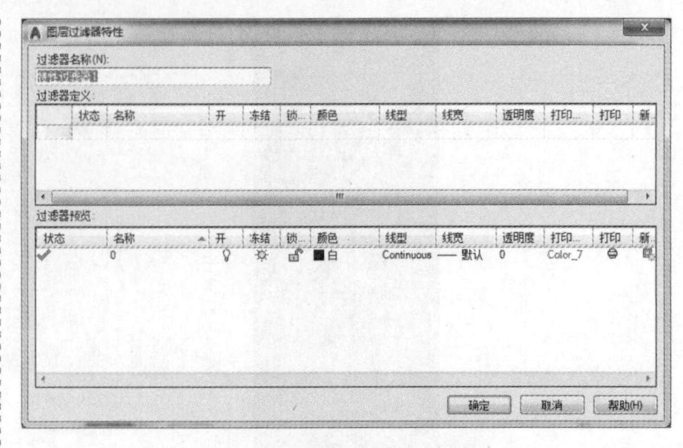

图 8-4

在该对话框中可以选择或输入图层状态、设置特性，包括状态、名称、开、冻结、锁定、颜色、线型、线宽、透明度、打印样式、打印、新视口冻结等。

- 【过滤器名称】文本框：用于输入图层特性过滤器的名称。
- 【过滤器定义】列表：显示图层特性。可以使用一个或多个特性定义过滤器。例如，可以将过滤器定义为显示所有的红色或蓝色且正在使用的图层。若用户想要包含多种颜色、线型或线宽，可以在下一行复制该过滤器，然后选择一种不同的设置。
- 【过滤器预览】列表：显示根据用户定义的条件进行过滤的结果，即选定此过滤器后将在图层特性管理器的图层列表中显示的图层。

若在【图层特性管理器】工具选项板中选中了【反转过滤器】复选框，那么可反向过滤图层，这样，可以方便地查看未包含某个特性的图层。使用图层过滤器的反转功能，可只列出被过滤的图层。例如，若图形中所有的场地规划信息均包括在名称中包含字符 site 的多个图层中，则可以先创建一个以名称 (*site*) 过滤图层的过滤器定义，然后使用【反向过滤器】选项，这样，该过滤器就包括了除场地规划信息以外的所有信息。

2. 删除图层

可以通过从【图层特性管理器】工具选项板中执行删除图层命令来从图形中删除不使用的图层，但是只能删除未被参照的图层。被参照的图层包括图层 0 及 Defpoints、包含对象 (包括块定义中的对象) 的图层、当前图层和依赖外部参照的图层不能删除。删除图层操作步骤如下。

在【图层特性管理器】工具选项板中选择图层，单击【删除图层】按钮，如图 8-5 所示，则选定的图层被删除。继续单击【删除图层】按钮，可以连续删除不需要的图层。

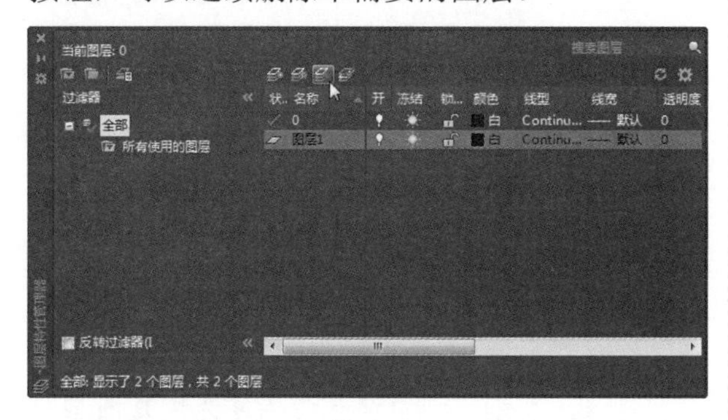

图 8-5

3. 设置当前图层

绘图时，新创建的对象将置于当前图层上。当前图层可以是默认图层 (0)，也可以是用户自己创建并命名的图层。通过将其他图层置为当前图层，可以从一个图层切换到另一个图层；随后创建的任何对象都与新的当前图层关联并采用其颜色、线型和其他特性。但是不能将冻结的图层或依赖外部参照的图层设置为当前图层。其操作步骤如下。

在【图层特性管理器】工具选项板中选择图层，单击【置为当前】按钮，则选定的图层被设置为当前图层。

4. 显示图层细节

【图层特性管理器】工具选项板用来显示图形中的图层列表及其特性。在 AutoCAD 中，使用【图层特性管理器】工具选项板不仅可以创建图层，设置图层的颜色、线型和线宽，还可以对图层进行更多的设置与管理，如图层的切换、重命名、删除及图层的显示控制、修改图层特性或添加说明。利用以下 3 种方法中的任意一种方法都可以打开【图层特性管理器】工具选项板。

(1) 单击【图层】面板中的【图层特性】按钮。

(2) 在命令输入行中输入 Layer 后按 Enter 键。

(3) 在菜单栏中选择【格式】|【图层】菜单命令。

> **注意：**
> 若处理的是共享工程中的图形或基于一系列图层标准的图形，删除图层时要特别小心。

5. 保存图层状态

单击【图层特性管理器】工具选项板中的【图层状态管理器】按钮，打开【图层状态管理器】对话框，运用【图层状态管理器】来保存、恢复和管理图层状态，如图 8-6 所示。

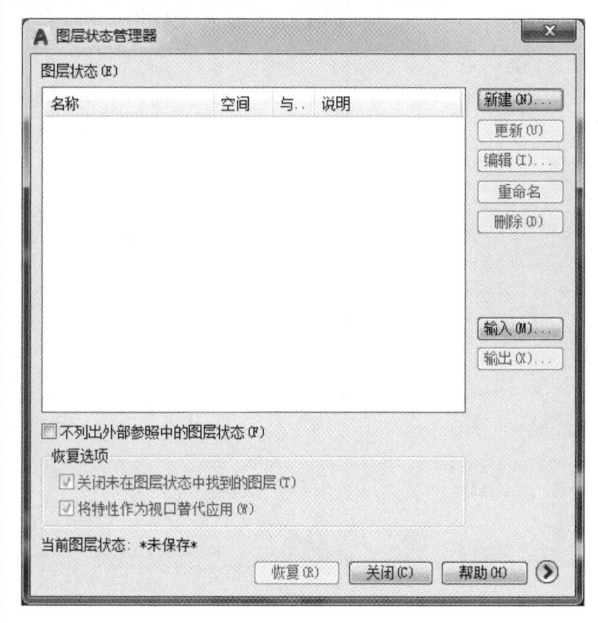

图 8-6

单击【新建】按钮，显示【要保存的新图层状态】对话框，如图 8-7 所示，从中可以输入新图层状态的名称和说明。

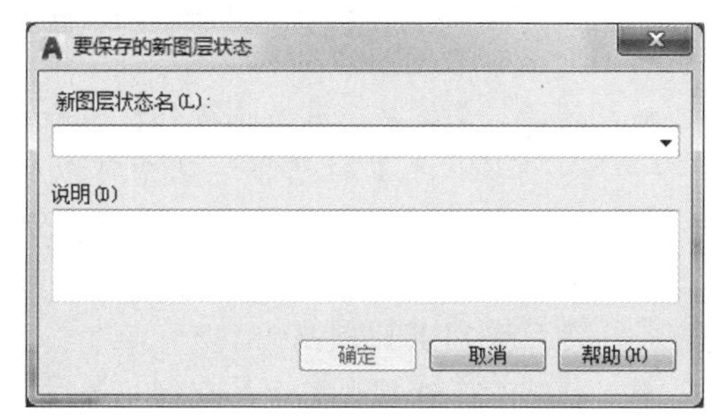

图 8-7

6. 管理图层状态

图层在实际应用中有极大优势，当一幅图过于复杂或图形中各部分干扰较大时，可以按一定的原则将一幅图分解为几个部分，然后分别将每一部分按着相同的坐标系和比例画在不同的层中，最终组成一幅完整的图形。当需要修改其中某一部分时，只需将要修改的图层抽取出来单独进行修改，而不会影响其他部分。在默认情况下，对象是按照创建时的次序进行绘制的。但在某些特殊情况下，如两个或更多对象相互覆盖时，常常需要修改对象的绘制和打印顺序来保证正确的显示和打印输出。

(1)【图层状态管理器】对话框。

【图层状态管理器】对话框中的一些功能介绍如下。

- 【编辑】按钮：单击此按钮，显示【编辑图层状态】对话框，如图 8-8 所示，从中可以修改选定的命名图层状态。

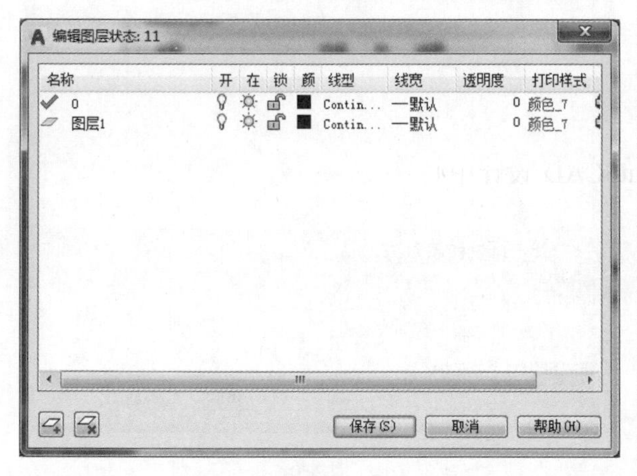

图 8-8

- 【重命名】按钮：单击此按钮，在位编辑图层状态名。
- 【删除】按钮：单击此按钮，删除选定的命名图层状态。
- 【输入】按钮：单击此按钮，显示【输入图层状态】对话框，从中可以将上一次输出的图层状态 (LAS) 文件加载到当前图形。输入图层状态文件可能导致创建其他图层。
- 【输出】按钮：单击此按钮，显示【输出文件状态】对话框，从中可以将选定的命名图层状态保存到图层状态 (LAS) 文件中。
- 【不列出外部参照中的图层状态】复选框：控制是否显示外部参照中的图层状态。
- 【恢复选项】选项组：指定恢复选定命名图层状态时所要恢复的图层状态设置和图层特性，主要包括以下两项内容。
  - 【关闭未在图层状态中找到的图层】复选框：用于恢复命名图层状态时，关闭未保存设置的新图层，以便图形的外观与保存命名图层状态时一样。
  - 【将特性作为视口替代应用】复选框：视口替代将恢复为恢复图层状态时当前的视口。
- 【恢复】按钮：将图形中所有图层的状态和特性设置为先前保存的设置。仅恢复保存该命名图层状态时选定的那些图层状态和特性设置。
- 【关闭】按钮：关闭【图层状态管理器】对话框并保存所作更改。
- 【更多恢复选项】按钮：单击该按钮，可打开如图 8-9 所示的【图层状态管理器】对话框，显示更多的恢复设置选项。该对话框主要参数设置如下。

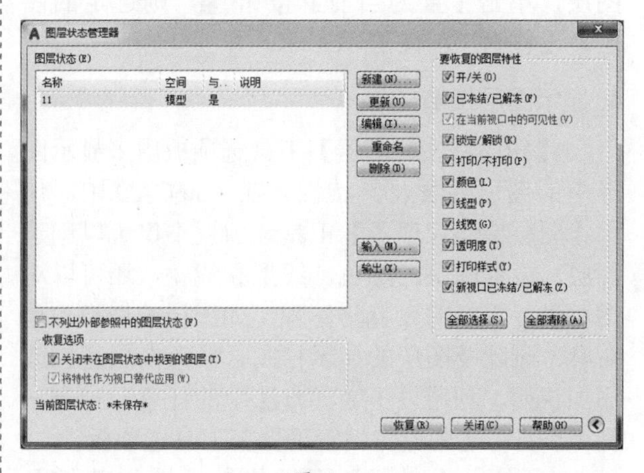

图 8-9

  - 【要恢复的图层特性】选项组：指定恢复选定命名图层状态时所要

恢复的图层状态设置和图层特性。在状态栏的【模型】选项卡上保存命名图层状态时，【在当前视口中的可见性】和【新视口冻结/解冻】复选框不可用。

» 【全部选择】按钮：选择所有设置。
» 【全部清除】按钮：从所有设置中删除选定设置。

(2) 修改对象次序。

AutoCAD 提供了 draworder 命令来修改对象的次序，该命令输入行提示如下：

```
命令 : draworder
选择对象 : 找到 1 个
选择对象 :
输入对象排序选项 [ 对象上 (A)/ 对象下 (U)/ 最前 (F)/ 最后 (B)] < 最后 >: B
```

以上各选项的作用如下。

- 对象上：将选定的对象移动到指定参照对象的上面。
- 对象下：将选定的对象移动到指定参照对象的下面。
- 最前：将选定的对象移到图形次序的最前面。
- 最后：将选定的对象移到图形次序的最后面。

若一次选中多个对象进行排序，则被选中对象之间的相对显示顺序不会改变，而只改变与其他对象的相对位置。

8.2 块应用

在绘制图形时，如果图形中有大量相同或相似的内容，或者所绘制的图形与已有的图形文件相同，则可以把要重复绘制的图形创建成块 (也称为图块)，并根据需要为块创建属性，指定块的名称、用途及设计者等信息，在需要时直接插入它们。当然，用户也可以把已有的图形文件以参照的形式插入当前图形中 (即外部参照)，或是通过 AutoCAD 设计中心浏览、查找、预览、使用和管理 AutoCAD 的不同资源文件。块的广泛应用是由它本身的特点决定的。

一般来说，块具有如下特点。

(1) 提高绘图速度。

用 AutoCAD 绘图时，常常要绘制一些重复出现的图形。如果把这些经常要绘制的图形定义成块保存起来，绘制它们时就可以用插入块的方法实现，即把绘图变成了拼图，避免了重复性工作，同时又提高了绘图速度。

(2) 节省存储空间。

AutoCAD 要保存图中每一个对象的相关信息，如对象的类型、位置、图层、线型、颜色等，这些信息要占用存储空间。如果一幅图中绘有大量相同的图形，则会占据较大的磁盘空间。但如果把相同的图形事先定义成一个块，绘制它们时就可以直接把块插入图中的不同位置。这样既满足了绘图要求，又可以节省磁盘空间。因为虽然在块的定义中包含了图形的全部对象，但系统只需要一次这样的定义。对块的每次插入，AutoCAD 仅需要记住这个块对象的有关信息 (如块名、插入点坐标、插入比例等)，从而节省了磁盘空间。对于复杂但需多次绘制的图形，这一特点表现得更为显著。

(3) 便于修改图形。

一张工程图纸往往需要多次修改。如在机械设计中，旧国标用虚线表示螺栓的内径，新国标用细实线表示。如果对旧图纸上的每一个螺栓按新国标修改，既费时又不方便。但如果螺栓是通过插入块的方法绘制的，则只要简单地进行再定义块等操作，图中插入的所有该块均会自动进行修改。

(4) 加入属性。

很多块还要求有文字信息以进一步解释、说明。AutoCAD 允许为块定义这些文字属性，而且还可以决定在插入的块中显示或不显示这些属性，从图中提取这些信息并将它们传送到数据库中。

块是一个或多个对象组成的对象集合，常

用于绘制复杂、重复的图形。一旦一组对象组合成块，就可以根据作图需要将这组对象插入到图中任意指定的位置，而且还可以按不同的比例和旋转角度插入。

概括地讲，块操作是指通过操作达到用户使用块的目的，如创建块、保存块、插入块等。

8.2.1 创建并编辑块

1. 创建块

创建块是把一个或是一组实体定义为一个整体“块”。可以通过以下方式来创建块。

(1) 单击【块】面板中的【创建块】按钮。

(2) 在命令输入行输入 block 后按 Enter 键。

(3) 在命令输入行输入 bmake 后按 Enter 键。

(4) 在菜单栏中选择【绘图】|【块】|【创建】菜单命令。

执行上述任一操作后，AutoCAD 会打开如图 8-10 所示的【块定义】对话框。

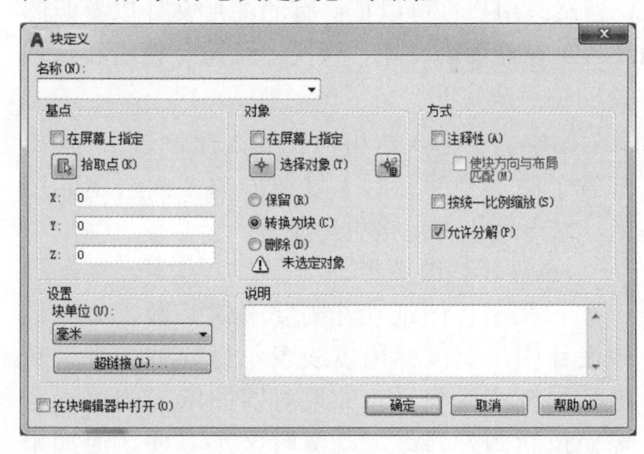

图 8-10

下面介绍此对话框中各主要选项的功能。

- 【名称】下拉列表框：指定块的名称。如果将系统变量 EXTNAMES 设置为 1，块名最长可达 255 个字符，包括字母、数字、空格以及 Microsoft Windows 和 AutoCAD 没有用于其他用途的特殊字符。

块名称及块定义保存在当前图形中。

> **注意：**
> 不能用 DIRECT、LIGHT、AVE_RENDER、RM_SDB、SH_SPOT 和 OVERHEAD 作为有效的块名称。

- 【基点】选项组：指定块的插入基点。默认值是 (0，0，0)。用户可以通过单击【拾取点】按钮暂时关闭对话框以使能在当前图形中拾取插入基点，然后利用鼠标直接在绘图区选取。X 文本框用于指定 X 坐标值。Y 文本框用于指定 Y 坐标值。Z 文本框用于指定 Z 坐标值。
- 【对象】选项组：指定新块中要包含的对象，以及创建块之后是保留、删除选定的对象还是将它们转换成块引用，主要包括以下内容。
  - 【选择对象】按钮：单击此按钮，暂时关闭【块定义】对话框，然后可以在绘图区选择图形实体作为将要定义的块实体。完成对象选择后，按 Enter 键重新显示【块定义】对话框。
  - 【快速选择】按钮：单击该按钮，可打开【快速选择】对话框，如图 8-11 所示，在此定义选择集。

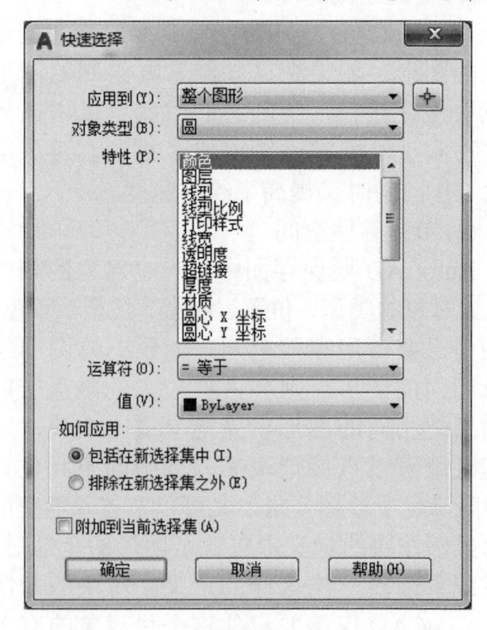

图 8-11

» 【保留】单选按钮：创建块以后，将选定对象保留在图形中作为区别对象。

» 【转换为块】单选按钮：创建块以后，将选定对象转换成图形中的块引用。

» 【删除】单选按钮：创建块以后，从图形中删除选定的对象。

» 【未选定对象】按钮：创建块以后，显示选定对象的数目。

- 【设置】选项组：指定块的设置，主要包括以下参数。

» 【块单位】下拉列表框：指定块参照插入单位。

» 【超链接】按钮：单击该按钮，可打开【插入超链接】对话框，如图 8-12 所示，在该对话框中将某个超链接与块定义相关联。

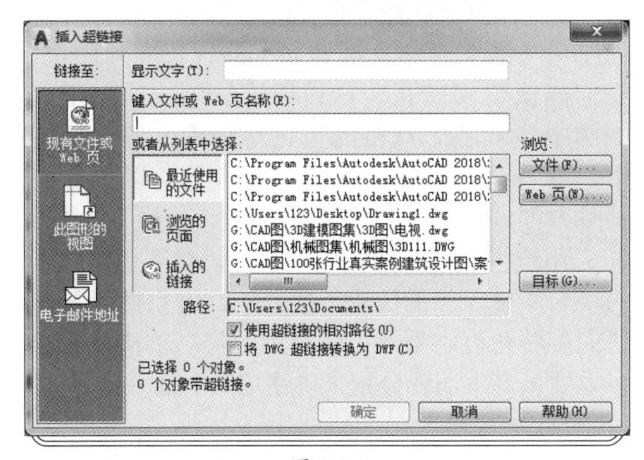

图 8-12

- 【方式】选项组。

» 【注释性】：指定块为 annotative。单击信息图标以了解有关注释性对象的更多信息。

» 【使块方向与布局匹配】：指定在图纸空间视口中的块参照的方向与布局的方向匹配。如果未选择【注释性】选项，则该选项不可用。

» 【按统一比例缩放】复选框：指定是否阻止块参照不按统一比例缩放。

» 【允许分解】复选框：指定块参照是否可以被分解。

- 【在块编辑器中打开】复选框：选中此复选框后单击【块定义】对话框中的【确定】按钮，则在块编辑器中打开当前的块定义。

当需要重新创建块时，用户可以在命令输入行输入 block 后按 Enter 键，命令输入行提示如下：

```
命令 : _block
输入块名或 [?]:              // 输入块名
指定插入基点 :           // 确定插入基点位置
选择对象 :// 选择将要被定义为块的图形实体
```

TIPS 提示

如果用户输入的是以前存在的块名，AutoCAD 会提示用户此块已经存在，用户是否需要重新定义它，命令输入行提示如下：

块“w”已存在。是否重定义？ [是 (Y)/ 否 (N)] <N>:

当用户输入 n 后按下 Enter 键，AutoCAD 会自动退出此命令。当用户输入 y 后按下 Enter 键，AutoCAD 会提示用户继续插入基点位置。

2. 将块保存为文件

用户创建的块会保存在当前图形文件的块的列表中。当保存图形文件时，块的信息和图形一起保存。当再次打开该图形时，块信息同时也被载入。但是当用户需要将所定义的块应用于另一个图形文件时，就需要先将定义的块保存，然后再调出使用。

使用 wblock 命令，块将以独立的图形文件 (dwg) 的形式保存。同样，任何 dwg 图形文件都可以作为块来插入。执行保存块的操作步骤如下。

(1) 在命令输入行输入 wblock 后按 Enter 键。

(2) 在打开的如图 8-13 所示的【写块】对话框中进行设置后，单击【确定】按钮。

图 8-13

下面介绍【写块】对话框中部分参数的设置。

- 【源】选项组：有 3 个选项供用户选择。
  - 【块】：选中【块】单选按钮后，可以通过右侧的下拉列表框选择将要保存的块名或直接输入将要保存的块名。
  - 【整个图形】：选中此单选按钮，AutoCAD 会认为用户选择整个图形作为块来保存。
  - 【对象】：选中此单选按钮，可以选择一个图形实体作为块来保存。选中此单选按钮后，用户才可以进行下面的设置，如选择基点，选择实体等。这部分内容与前面定义块的内容相同，在此就不赘述了。
- 【基点】和【对象】选项组：主要用于通过基点或对象的方式来选择目标。
- 【目标】选项组：指定文件的新名称和新位置以及插入块时所用的测量单位。用户可以将此块保存至相应的文件夹中。可以在【文件名和路径】下拉列表框中选择路径或是单击...按钮来指定路径。【插入单位】下拉列表框用来指定从设计中心拖动新文件并将其作为块插入到使用不同单位的图形中时自动缩放所使用的单位值。如果用户希望插入时不自动缩放图形，则选择【无单位】选项。

> **注意：**
>
> 在执行 wblock 命令时，不必先定义一个块，可以直接将所选图形实体作为一个图块保存在磁盘上。当所输入的块不存在时，AutoCAD 会显示【AutoCAD 提示信息】对话框，提示块不存在，是否要重新选择。在多视窗中，wblock 命令只适用于当前窗口。存储后的块可以重复使用，而不需要从提供这个块的原始图形中选取。

3. 插入块

定义块和保存块的目的是为了使用块，使用插入命令将块插入到当前的图形中。

图块是 CAD 操作中比较核心的工作，许多程序员与绘图工作者都建立了各种各样的图块。我们能像使用砖瓦一样使用这些图块。如工程制图中建立各个规格的齿轮与轴承，建筑制图中建立一些门、窗、楼梯、台阶等，以便在绘制时方便调用。

用户插入一个块到图形中时，必须指定插入的块名，插入点的位置，插入的比例系数以及图块的旋转角度。插入可以分为两类：单块插入和多重插入。下面就分别来讲述这两个插入命令。

(1) 单块插入。

在命令输入行输入 insert 后按 Enter 键或者在菜单栏中，选择【插入】|【块】菜单命令，或者单击【块】面板中的【插入】按钮，可以打开如图 8-14 所示的【插入】对话框。下面来讲解其中的参数设置。

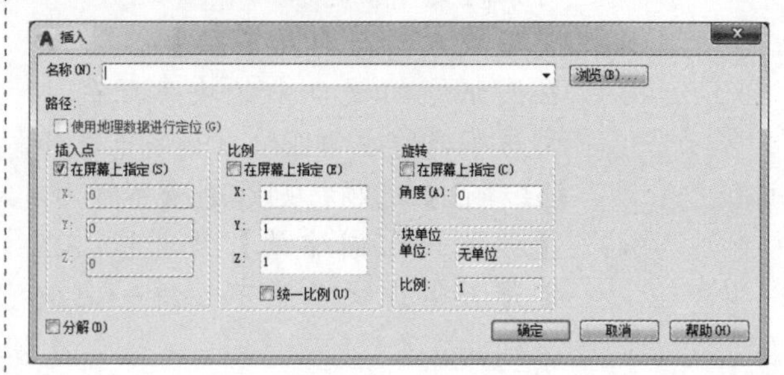

图 8-14

- 【名称】：在【名称】文本框中输入块名或是单击[浏览(B)...]按钮来浏览文件，然后从中选择块。
- 【插入点】选项组：当用户选中【在屏幕上指定】复选框时，插入点可以用鼠标动态选取；当用户取消选中【在屏幕上指定】复选框时，可以在下面的 X、Y、Z 文本框中输入所需的坐标值。
- 【比例】选项组：如果用户选中【在屏幕上指定】复选框时，则比例将在插入时动态缩放；当用户取消选中【在屏幕上指定】复选框时，可以在下面的 X、Y、Z 文本框中输入所需的比例值。在此处如果选中【统一比例】复选框，则只能在 X 文本框中输入统一的比例因子表示缩放系数。
- 【旋转】选项组：如果用户选中【在屏幕上指定】复选框时，则旋转角度在插入时确定。当用户取消选中【在屏幕上指定】复选框时，可以在下面的【角度】文本框中输入图块的旋转角度。
- 【块单位】选项组：显示有关块单位的信息。【单位】指定插入块的单位值。【比例】显示单位比例因子，该比例因子是根据块的单位值和图形单位计算的。
- 【分解】复选框：用户可以通过选中它分解块并插入该块的单独部分。

设置完毕后，单击【确定】按钮，完成插入块的操作。

(2) 多重插入。

有时同一个块在一幅图中要插入多次，并且这种插入有一定的规律性，如阵列方式，这时可以直接采用多重插入命令。这种方法不但大大节省绘图时间，提高绘图速度，而且能节约磁盘空间。

多重插入的步骤如下。

在命令输入行输入 minsert 命令后按 Enter 键，命令输入行提示如下：

```
命令：_minsert
输入块名或 [?] <新块>:                    //输入将要被插入的块名
单位：毫米   转换：  1.0000
指定插入点或 [基点 (B)/ 比例 (S)/X/Y/Z/旋转 (R)]:        //输入插入块的基点
输入 X 比例因子，指定对角点，或 [角点 (C)/XYZ(XYZ)] <1>: //输入 X 方向的比例
输入 Y 比例因子或 <使用 X 比例因子>: //输入 Y 方向的比例
指定旋转角度 <0>:                    //输入旋转块的角度
输入行数 (---) <1>:                    //输入阵列的行数
输入列数 (|||) <1>:                    //输入阵列的列数
输入行间距或指定单位单元 (---): //输入行间距
指定列间距 (|||):                    //输入列间距
```

按照提示进行相应的操作即可。

4. 设置基点

要设置当前图形的插入基点，可以选用下列三种方法。

(1) 单击【块】面板中的【设置基点】按钮。

(2) 在菜单栏中选择【绘图】|【块】|【基点】菜单命令。

(3) 在命令输入行输入 Base 后按 Enter 键，命令输入行提示如下：

```
命令：_base
输入基点 <0.0000,0.0000,0.0000>:      //指定点，或按 Enter 键
```

基点是用当前 UCS 中的坐标来表示的。当向其他图形插入当前图形或将当前图形作为其他图形的外部参照时，此基点将被用作插入基点。

8.2.2 块属性

在一个块中，附带有很多信息，这些信息就称为属性。属性是块的一个组成部分，从属

于块，可以随块一起保存并随块一起插入到图形中，它为用户提供了一种将文本附于块的交互式标记。每当用户插入一个带有属性的块时，AutoCAD 就会提示用户输入相应的数据。

属性在第一次建立块时可以被定义，或者在插入块时增加属性，AutoCAD 还允许用户自定义一些属性。属性具有以下特点。

一个属性包括属性标志和属性值两个方面。

在定义块之前，每个属性要用命令进行定义。由它来具体规定属性默认值、属性标志、属性提示以及属性的显示格式等具体信息。属性定义后，该属性在图中显示出来，并把有关信息保留在图形文件中。

在插入块之前，AutoCAD 将通过属性提示要求用户输入属性值。插入块后，属性以属性值表示。因此同一个定义块，在不同的插入点可以有不同的属性值。如果在定义属性时，把属性值定义为常量，那么 AutoCAD 将不询问属性值。

1. 创建块属性

块属性是附属于块的非图形信息，是块的组成部分，可包含在块定义中的文字对象。在定义一个块时，属性必须预先定义而后选定。通常属性用于在块的插入过程中进行自动注释。

要创建一个块的属性，可以使用 ddattdef 或 attdef 命令先建立一个属性定义来描述属性特征，包括标记、提示符、属性值、文本格式、位置以及可选模式等。创建属性的步骤如下。

选用下列任意一种方法打开【属性定义】对话框。

(1) 在命令输入行中输入 ddattdef 或 attdef 后按 Enter 键。

(2) 在菜单栏中选择【绘图】|【块】|【定义属性】菜单命令。

(3) 单击【块】面板中的【定义属性】按钮。

在打开的如图 8-15 所示的【属性定义】对话框中，设置块的一些插入点及属性标记等。然后单击【确定】按钮即可完成块属性的创建。

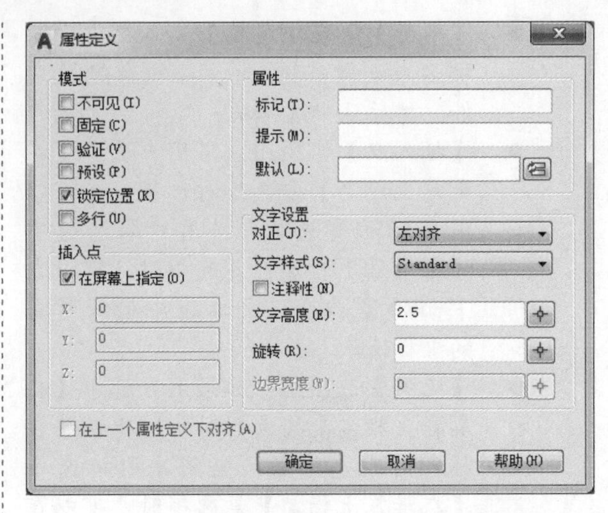

图 8-15

下面介绍【属性定义】对话框中的参数设置。

- 【模式】选项组：在此选项组中，有以下几个复选框，用户可以任意组合这几种模式。
  - 【不可见】：当该模式被选中时，属性为不可见。当用户只想把属性数据保存到图形中，而不想显示或输出时，应选中该项。反之则禁用。
  - 【固定】：当该模式被选中时，属性用固定的文本值设置。如果用户插入的是常数模式的块，则在插入后，如果不重新定义块，则不能编辑块。
  - 【验证】：在该模式下把属性值插入图形文件前可检验可变属性的值。在插入块时，AutoCAD 显示可变属性的值，等待用户按 Enter 键确认。
  - 【预设】：选中该模式可以创建自动可接受默认值的属性。插入块时，不再提示输入属性值，但它与常数不同，块在插入后还可以进行编辑。
  - 【锁定位置】：锁定块参照中属性的位置。解锁后，属性可以相对于使用夹点编辑的块的其他部分移动，并且可以调整多行属性的大小。
  - 【多行】：指定属性值可以包含多行文字。选定此选项后，可以指定属性的边界宽度。

> **注意：**
> 在动态块中，由于属性的位置包括在动作的选择集中，因此必须将其锁定。

- 【属性】选项组：在该选项组中有以下3组设置。
  - 【标记】：每个属性都有一个标记，作为属性的标识符。属性标签可以是除了空格和！号之外的任意字符。

> **注意：**
> AutoCAD会自动将标签中的小写字母换成大写字母。

  - 【提示】：用户设定的插入块时的提示。如果该属性值不为常数值，当用户插入该属性的块时，AutoCAD将使用该字符串，提示用户输入属性值。如果设置了常数模式，那么该提示将不会出现。
  - 【默认】：可变属性一般将默认的属性默认为【未输入】。插入带属性的块时，AutoCAD显示默认的属性值，如果用户按Enter键，则将接受默认值。单击右侧的【插入字段】按钮，可以插入一个字段作为属性的全部或部分值，如图8-16所示。

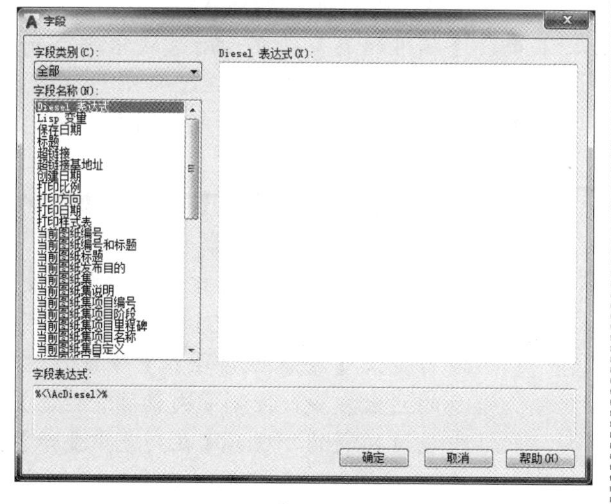

图 8-16

- 【插入点】选项组：在此选项组中，用户可以通过选中【在屏幕上指定】复选框，利用鼠标在绘图区选择某一点，也可以直接在下面的X、Y、Z文本框中输入用户将设置的坐标值。
- 【文字设置】选项组：在此选项组中，用户可以设置以下几项。
  - 【对正】：此选项可以设置块属性的文字对齐情况。用户可以在如图8-17所示的下拉列表框中选择某项作为对齐方式。
  - 【文字样式】：此选项可以设置块属性的文字样式。用户可以通过在如图8-18所示的下拉列表框中选择某项作为文字样式。

图 8-17

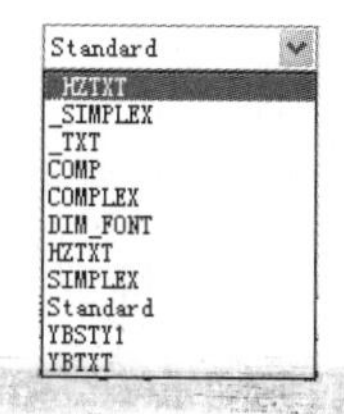

图 8-18

  - 【注释性】复选框：使用此特性，用户可以自动完成缩放注释的过程，从而使注释能够以正确的大小在图纸上打印或显示。
  - 【文字高度】：如果用户设置的文字样式中已经设置了文字高度，则此项为灰色，表示不可设置；否则用户可以通过单击按钮来利用鼠标在绘图区动态地选取或是直接在文本框中输入文字高度。
  - 【旋转】：如果用户设置的文字样式中已经设置了文字旋转角度，则此项为灰色，表示不可设置；否则用户可以通过单击按钮来利用鼠标在绘图区动态地选取角度或是直接在文本框中输入文字旋转角度。
  - 【边界宽度】：换行前，请指定多线属性中文字行的最大长度。值

0.000 表示对文字行的长度没有限制。此选项不适用于单线属性。

- 【在上一个属性定义下对齐】复选框：用来将属性标记直接置于定义的上一个属性的下面。如果之前没有创建属性定义，则此选项不可用。

2. 编辑属性定义

创建完属性后，就可以定义带属性的块了。定义带属性的块可以按照如下步骤来进行。

(1) 在命令输入行中输入 Block 后按 Enter 键，或是在菜单栏中选择【绘图】|【块】|【创建】菜单命令，打开【块定义】对话框。

(2) 下面的操作和创建块基本相同，步骤可以参考创建块，在此不再赘述。

> **注意：**
> 先创建“块”，再给这个“块”加上“定义属性”，最后再把两者创建成一个“块”。

3. 编辑块属性

创建带属性的块后，用户需要插入此块，在插入带有属性的块后，还能再次用 attedit 或者 ddatte 命令编辑块的属性。可以通过如下方法来编辑块的属性。

(1) 在命令输入行中输入 attedit 或 ddatte 命令后按 Enter 键，用鼠标选取某块，打开【编辑属性】对话框。

(2) 选择【修改】|【对象】|【属性】|【块属性管理器】菜单命令，打开【块属性管理器】对话框，单击其中的【编辑】按钮，打开【编辑属性】对话框，如图 8-19 所示，用户可以在此对话框中修改块的属性。

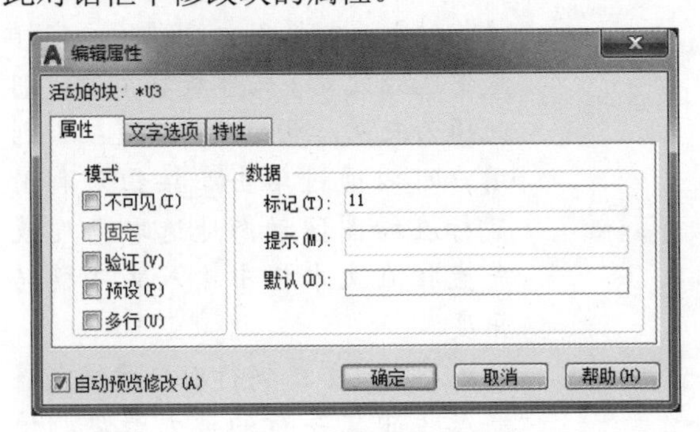

图 8-19

4. 块属性管理器

在前面的讲述中，已经运用【块属性管理器】对话框中的选项编辑过块属性，下面将对其功能作具体的讲解。

选择【修改】|【对象】|【属性】|【块属性管理器】菜单命令，打开【块属性管理器】对话框，如图 8-20 所示。

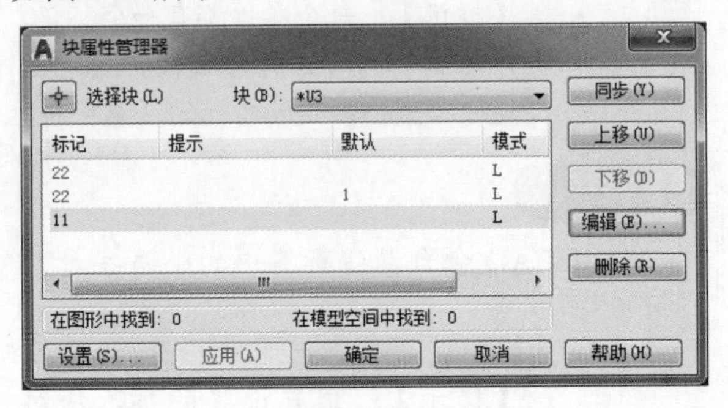

图 8-20

【块属性管理器】用于管理当前图形中块的属性定义。用户可以通过它在块中编辑属性、从块中删除属性以及更改插入块时系统提示用户输入属性值的顺序。

选定块的属性显示在属性列表中，在默认的情况下，【标记】、【提示】、【默认】和【模式】属性特性显示在属性列表中。

下面讲解此对话框中各选项、按钮的功能。

- 【选择块】按钮：单击此按钮，可以使用定点设备从图形区域选择块。
- 【块】下拉列表框：可以列出具有属性的当前图形中的所有块定义，从中选择要修改属性的块。
- 【属性列表】：显示所选块中每个属性的特征。
- 【在图形中找到】：当前图形中选定块的实例数。
- 【在模型空间中找到】：当前模型空间或布局中选定块的实例数。
- 【设置】按钮：用来打开【块属性设置】对话框，如图 8-21 所示。从中可以自定义【块属性管理器】中属性信息的列出方式，控制【块属性管理器】中属性列表的外观。(【在列表中显示】选项组中指定要在属性列表中显示的特性。此列表中仅显示选定的特性。其中的“标记”特性总是选定的。【全部选择】按钮用来选择所有特性。【全部清除】按钮用来清除所有特性。【突出显示重复的标记】复选框用于打开或关闭复制强调标记。如果选择此选项，在属性列表中，复制属性标记显示为红色。如果不选择此选项，则在属性列表中不突出显示重复的标记。【将修改应用到现有参照】复选框指定是否更新正在修改其属性的块的所有现有实例。如果选择该选项，则通过新属性定义更新此块的所有实例。如果不选择该选项，则仅通过新属性定义更新此块的新实例。)

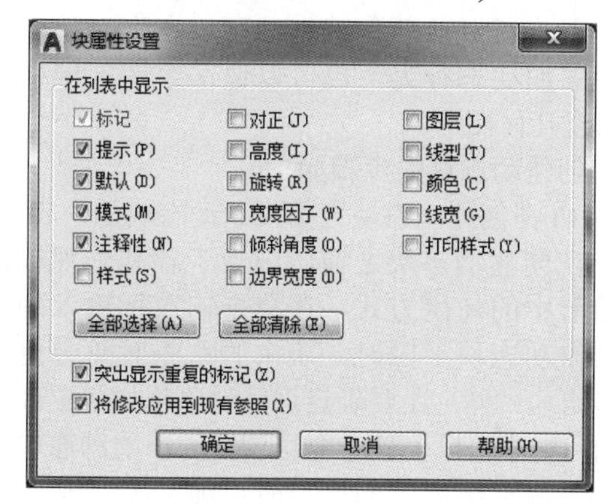

图 8-21

- 【应用】按钮：应用用户所做的更改，但不关闭对话框。
- 【同步】按钮：用来更新具有当前定义的属性特性的选定块的全部实例。此项操作不会影响每个块中赋给属性的值。
- 【上移】按钮：在提示序列的早期阶段移动选定的属性标签。当选定固定属性时，【上移】按钮不可用。
- 【下移】按钮：在提示序列的后期阶段移动选定的属性标签。当选定常量属性时，【下移】按钮不可使用。
- 【编辑】按钮：用来打开【编辑属性】对话框，此对话框的功能已在第三节中做了介绍。
- 【删除】按钮：从块定义中删除选定的属性。如果在单击【删除】按钮之前选中了【设置】对话框中的【将修改应用到现有参照】复选框，将删除当前图形中全部块实例的属性。对于仅具有一个属性的块，【删除】按钮不可使用。

8.2.3 动态块

块，是大多数图形中的基本构成部分，用于表示现实中的物体。现实物体的不同种类需要定义各种不同的块，在这种情况下，如果块的某个外观有些区别，用户就需要分解开图块来编辑其中的几何图形。这种解决方法会产生大量的、矛盾的和错误的图形。动态块功能使用户可编辑图形外观而不需要炸开它们，用户可以在插入图形时或插入块后操作块实例。

1. 动态块概述

动态块具有灵活性和智能性，其特点如下。

(1) 选择多种图形的可见性。

块定义可包含特定符号的多个外观形状。在插入后，用户可选择使用哪种外观形状。例如，一个单一的块可保存水龙头的多个视图、多种安装尺寸，或多种阀的符号。

(2) 使用多个不同的插入点。

在插入动态块时，可以遍历块的插入点来查找更适合的插入点插入。这样可以避免在插入块后还要移动块的操作。

(3) 贴齐到图中的图形。

在用户将块移动到图中的其他图形附近时，块会自动贴齐到这些对象上。

(4) 编辑图块几何图形。

指定动态块中的夹点可以移动、缩放、拉伸、旋转和翻转块中的部分几何图形。编辑块可以强迫在最大值和最小值间指定或直接在定义好属性的固定列表中选择值。如有一个螺钉的块，可以在总长 1 到 4 个图形单位间拉伸。在拉伸螺钉时，长度按 0.5 个单位的增量增加，而且螺纹也在拉伸过程中自动增加或减少。又如有一个插图编号的块，包含圆、文字和引线。用户可以绕圆旋转引线，而文字和圆则保持原有状态。又如有一个门的块，用户可拉伸门的宽度和翻转门轴的方向。

2. 创建动态块

用户可以使用【块编辑器】创建动态块。

【块编辑器】是专门用于创建块定义并添加动态行为的编写区域。【块编辑器】提供了专门的编写选项板。通过这些选项板可以快速访问块编写工具。除了块编写选项板之外，【块编辑器】还提供了绘图区域，用户可以根据需要在程序的主绘图区域绘制和编辑几何图形。用户可以指定【块编辑器】绘图区域的背景颜色。选择【工具】|【块编辑器】菜单命令，打开【编辑块定义】对话框，如图 8-22 所示，指定块名称后单击【确定】按钮，打开【块编写选项板】工具选项板，如图 8-23 所示。

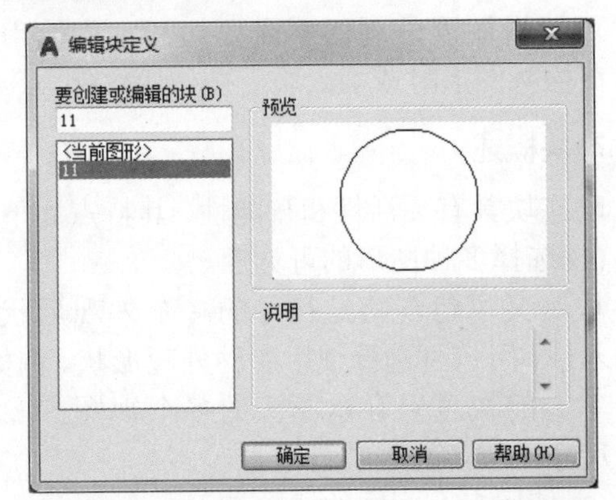

图 8-22

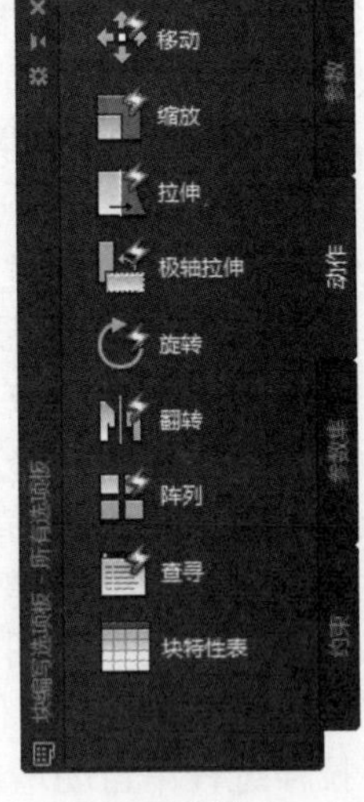

(a) 参数　　(b) 动作

图 8-23

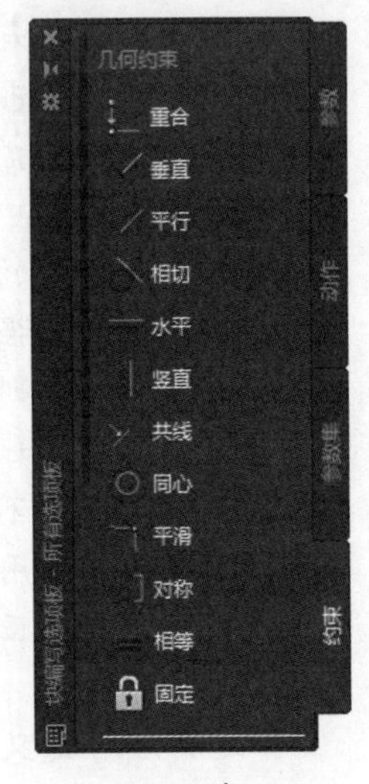

(c) 参数集　　(d) 约束

图 8-23(续)

用户可以从新创建块，可以在现有的块定义中添加动态行为，也可以像在绘图区域中一样创建几何图形。

创建动态块的步骤如下。

(1) 在创建动态块之前规划动态块的内容。

在创建动态块之前，应当了解其外观以及在图形中的使用方式。在命令输入行输入确定当操作动态块参照时，块中的哪些对象会更改或移动。另外，还要确定这些对象将如何更改。例如，用户可以创建一个可调整大小的动态块。另外，调整块参照的大小时可能会显示其他几何图形。这些因素决定了添加到块定义中的参数和动作的类型，以及如何使参数、动作和几何图形共同作用。

(2) 绘制几何图形。

可以在绘图区域或【块编辑器】中绘制动态块中的几何图形，也可以使用图形中的现有几何图形或现有的块定义。

(3) 了解块元素如何共同作用。

在向块定义中添加参数和动作之前，应了解它们相互之间以及它们与块中的几何图形的相关性。在向块定义添加动作时，需要将动作与参数以及几何图形的选择集相关联。此操作将创建相关性。向动态块参照添加多个参数和动作时，需要设置正确的相关性，以便块参照在图形中正常工作。

(4) 添加参数。

按照命令输入行的提示向动态块定义中添加适当的参数。

(5) 添加动作。

向动态块定义中添加适当的动作。按照命令输入行的提示进行操作，确保将动作与正确的参数和几何图形相关联。动作，表示在插入或编辑图块实例时怎样更改几何图形。

(6) 定义动态块参照的操作方式。

用户可以指定在图形中操作动态块参照的方式。可以通过自定义夹点和自定义特性来操作动态块参照。在创建动态块定义时，用户将定义显示哪些夹点以及如何通过这些夹点来编辑动态块参照。另外还指定了是否在“特性”选项板中显示出块的自定义特性，以及是否可以通过该选项板或自定义夹点来更改这些特性。

(7) 保存块然后在图形中进行测试。

保存动态块定义并退出块编辑器。将动态块参照插入到一个图形中，并测试该块的功能。

由于动态块的编辑方式和参数设置比较多，这里不再逐一介绍，希望读者能够自己多多练习和理解。

8.3 设计范例

8.3.1 编辑零件图范例

本范例操作文件：ywj\08\8-1a.dwg。

本范例完成文件：ywj\08\8-1.dwg。

案例分析

本节的案例是进行图层管理应用的基本操作，包括设置图层、删除图层和图层过滤器等操作。

案例操作

步骤 01 设置图层

❶ 打开图形文件，单击【图层】面板中的【图层特性】按钮，如图 8-24 所示。

❷ 在【图层特性管理器】工具选项板中设置图层。

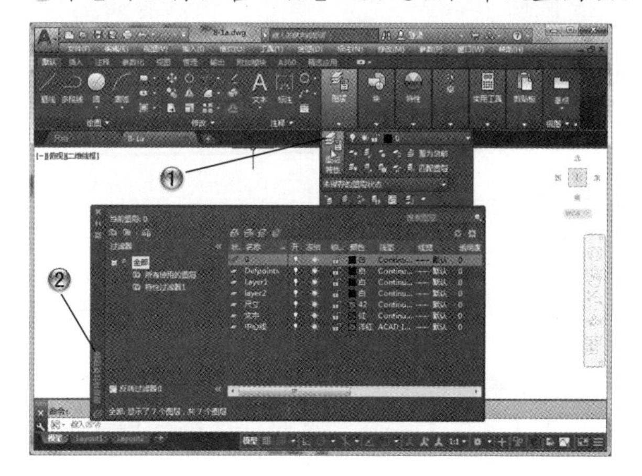

图 8-24

步骤 02 删除图层

❶ 在【图层特性管理器】工具选项板中选择图层 layer2，如图 8-25 所示。

❷ 单击【删除图层】按钮，删除图层。

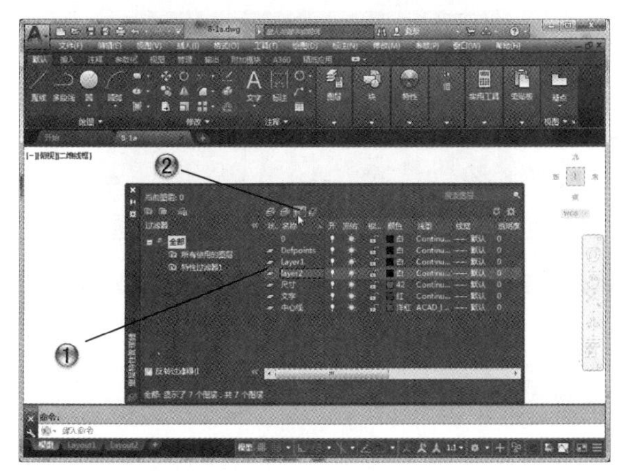

图 8-25

步骤 03 新建图层过滤器

❶ 在【图层特性管理器】工具选项板中单击【新建特性过滤器】按钮，打开【图层过滤器特性】对话框，如图 8-26 所示。

❷ 在【图层过滤器特性】对话框中设置过滤器定义。

❸ 单击【图层过滤器特性】对话框中的【确定】按钮。

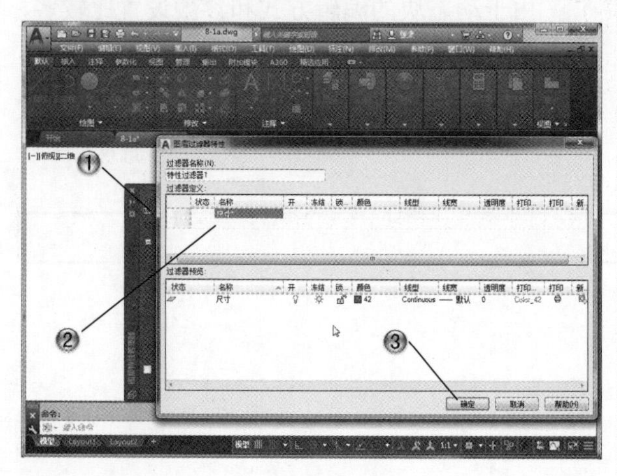

图 8-26

步骤 04 置为当前图层

❶ 在【图层特性管理器】工具选项板中选择【尺寸】图层，如图 8-27 所示。

❷ 单击【置为当前】按钮，置为当前图层。

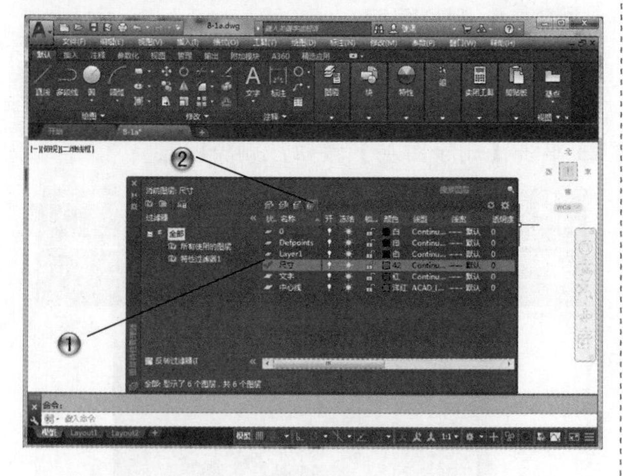

图 8-27

步骤 05 尺寸标注

❶ 单击【注释】面板中的【线性】按钮，如图 8-28 所示。

❷ 标注线性尺寸。

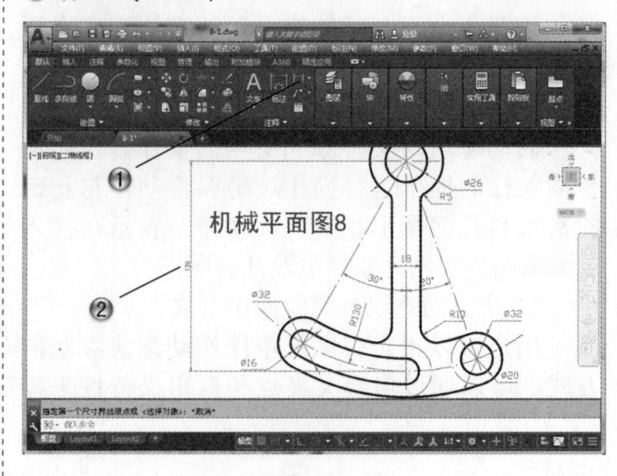

图 8-28

步骤 06 更新图层状态

❶ 在【图层特性管理器】工具选项板中单击【图层状态管理器】按钮，打开【图层状态管理器】对话框，如图 8-29 所示。

❷ 单击【更新】按钮，打开【图层-覆盖图层状态】对话框。

❸ 单击【是】按钮，更新图层状态。

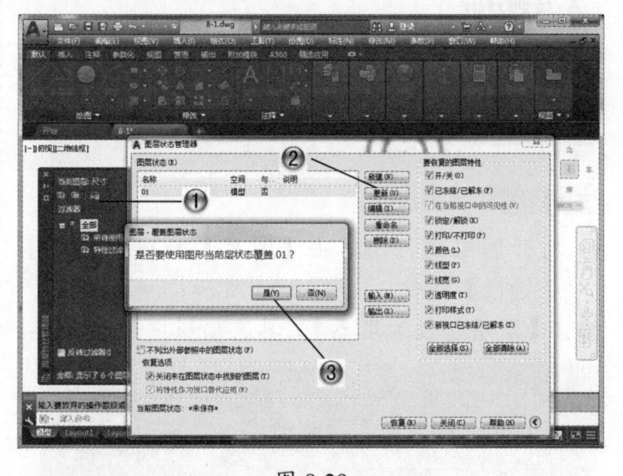

图 8-29

步骤 07 编辑图层状态

❶ 在【图层状态管理器】对话框中单击【编辑】按钮，打开【编辑图层状态】对话框，如图 8-30 所示。

❷ 在其中编辑图层状态的参数。

❸ 单击【确定】按钮，至此，这个范例就制作完成了。

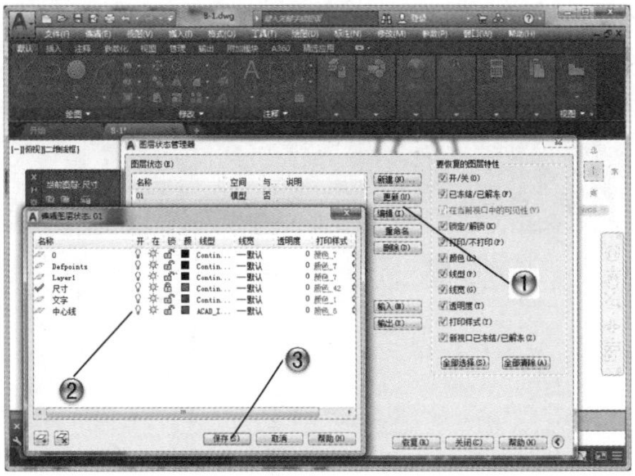

图 8-30

8.3.2 绘制电子元件图范例

本范例操作文件：ywj 件 \08\8-2a.dwg。

本范例完成文件：ywj\08\8-2.dwg。

案例分析

本节的案例是使用块进行快捷绘图，包括创建块、保存块和插入块等一系列操作。

案例操作

步骤 01 创建块

① 单击【块】面板中的【创建块】按钮，打开【块定义】对话框，如图 8-31 所示。

② 在【块定义】对话框中设置参数。

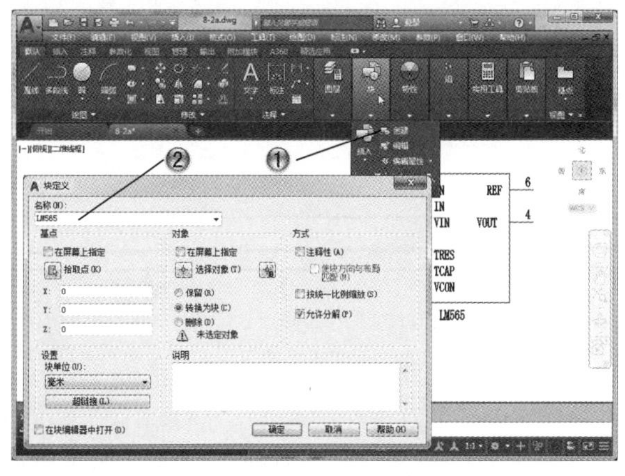

图 8-31

步骤 02 选择对象

① 在【块定义】对话框中单击【选择对象】按钮，如图 8-32 所示。

② 选择绘图区中的图形。

③ 单击【块定义】对话框中的【确定】按钮。

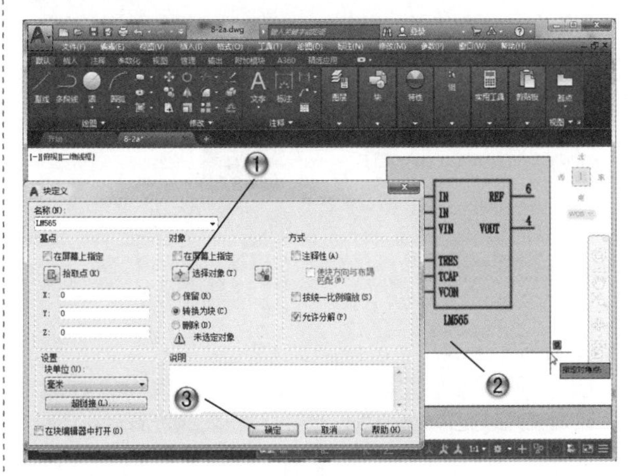

图 8-32

步骤 03 保存块

① 在【命令行】中输入 wblock 后按 Enter 键，打开【写块】对话框，单击【选择对象】按钮，如图 8-33 所示。

② 在绘图区中选择图形块。

③ 单击【写块】对话框中的【确定】按钮，保存块。

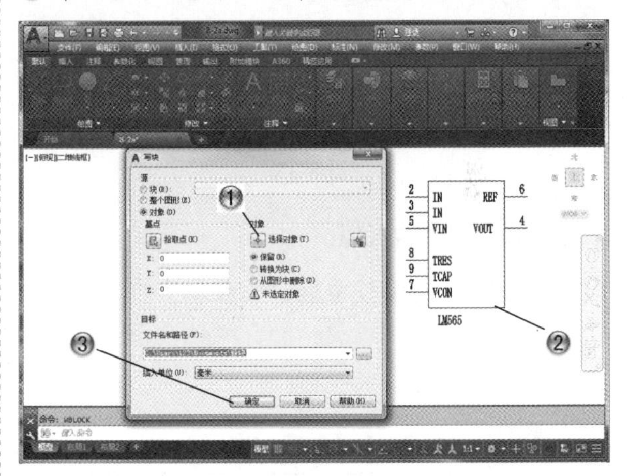

图 8-33

步骤 04 插入块

① 单击【块】面板中的【插入】按钮，打开【插入】对话框，如图 8-34 所示。

② 单击【插入】对话框中的【浏览】按钮。

步骤 05 选择块文件

① 在打开的【选择图形文件】对话框中选择文件，

如图 8-35 所示。

❷ 单击【选择图形文件】对话框中的【打开】按钮。

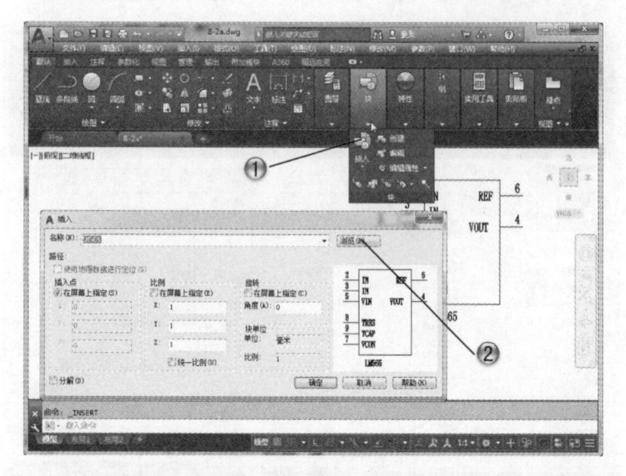

图 8-34

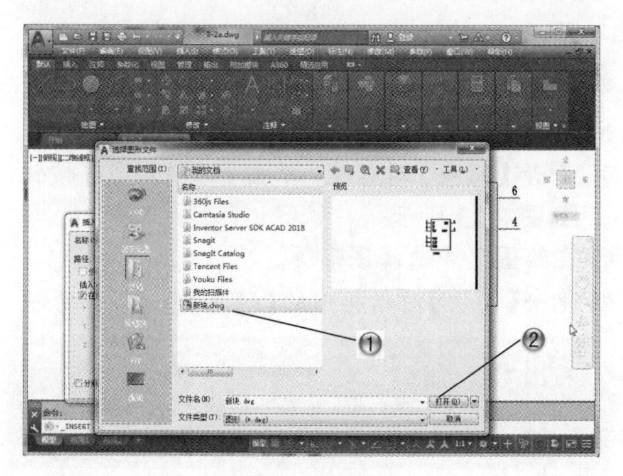

图 8-35

步骤 06 选择插入点

❶ 返回到【插入】对话框，单击其中的【确定】按钮。如图 8-36 所示。

❷ 在绘图区单击，放置插入的块。

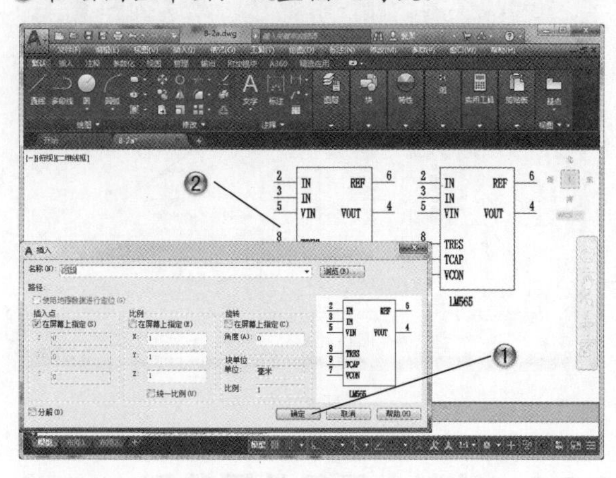

图 8-36

步骤 07 完成的电子元件图

至此这个范例就制作完成了，最后的结果如图 8-37 所示。

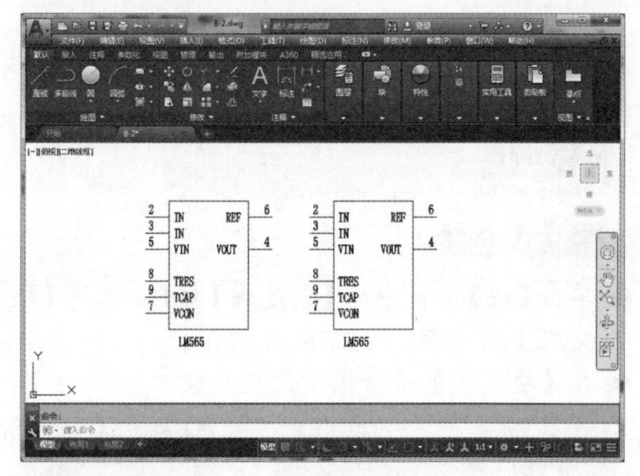

图 8-37

8.4 本章小结和练习

8.4.1 本章小结

本章主要介绍了 AutoCAD 2018 新建图层与图层管理的命令与方法。读者通过对图层的了解和运用，能够在绘制和编辑复杂图形的过程中更加得心应手。另外，本章还介绍了如何在 AutoCAD 2018 中创建和编辑块、创建和管理属性块等，并对 AutoCAD 动态块的使用方法进行了详细的讲解。通过本章的学习，读者应该能够熟练掌握创建、编辑和插入块的方法，这样在以后的绘图过程中会节省很多时间。

8.4.2 练习

如图 8-38 所示，使用本章学过的命令来创建法兰图纸。

(1) 使用直线命令绘制中心线。

(2) 绘制圆形和阵列。

(3) 创建表格和块。

(4) 插入表格块。

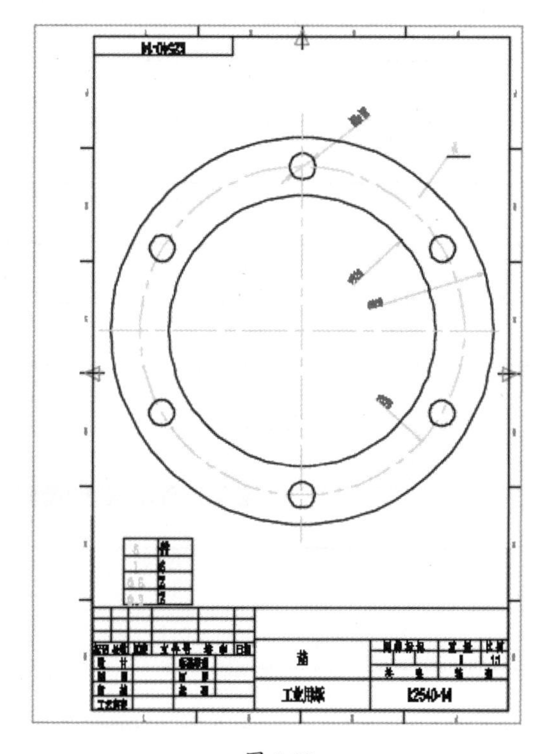

图 8-38

学习心得

第 9 章

精确绘图和图纸打印

本章导读

由于计算机屏幕大小的限制，使用 AutoCAD 作图时，往往需要缩小图形以便于观察较大范围甚至全部图面。除非利用 AutoCAD 提供的工具进行精确作图，否则图形元素看似相接，实际放大后进行观察或者用绘图仪输出时，往往是断开的、冒头的或者交错的。AutoCAD 2018 提供了很多精确绘图的命令，如定位端点、中点、元素的中心点、元素的交点等，利用这些命令可以很容易地实现精确绘图。除了能够得到高质量的图纸之外，精确绘图还可以提高尺寸标注的效率。

打印是将绘制好的图形用打印机或绘图仪绘制出来。通过本章的学习，读者可以掌握如何添加与配置绘图设备、如何设置打印样式、如何设置页面，以及如何打印绘图文件等知识。

9.1 栅格和捕捉

要提高绘图的速度和效率，可以显示并捕捉栅格点的矩阵，还可以控制其间距、角度和对齐。【捕捉模式】和【栅格显示】开关按钮位于主窗口底部的应用程序状态栏中，如图 9-1 所示。

图 9-1

9.1.1 栅格和捕捉介绍

栅格是点的矩阵，遍布指定为图形栅格界限的整个区域。使用栅格类似于在图形下放置一张坐标纸。利用栅格可以对齐对象并直观显示对象之间的距离。不打印栅格。如果放大或缩小图形，可能需要调整栅格间距，使其更适合新的放大比例。如图 9-2 所示为打开栅格时绘图区的效果。

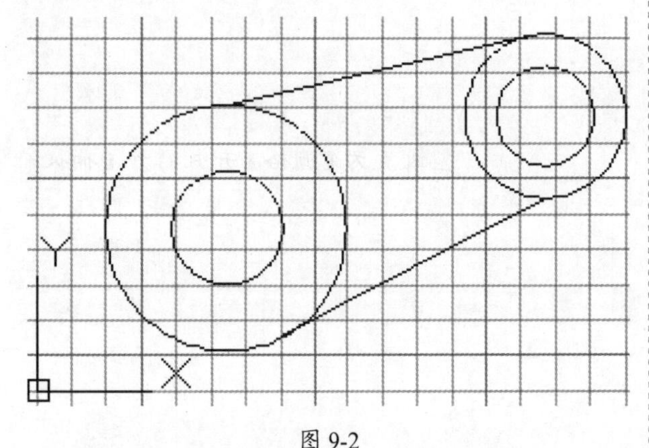

图 9-2

捕捉模式用于限制十字鼠标指针，使其按照用户定义的间距移动。当打开【捕捉】模式时，鼠标指针似乎附着或捕捉到不可见的栅格。捕捉模式有助于使用箭头键或定点设备来精确地定位点。

9.1.2 栅格的应用

选择【工具】|【绘图设置】菜单命令，或者在命令输入行中输入 Dsettings，都会打开【草图设置】对话框。单击【捕捉和栅格】标签，切换到【捕捉和栅格】选项卡，可以对栅格捕捉属性进行设置，如图 9-3 所示。

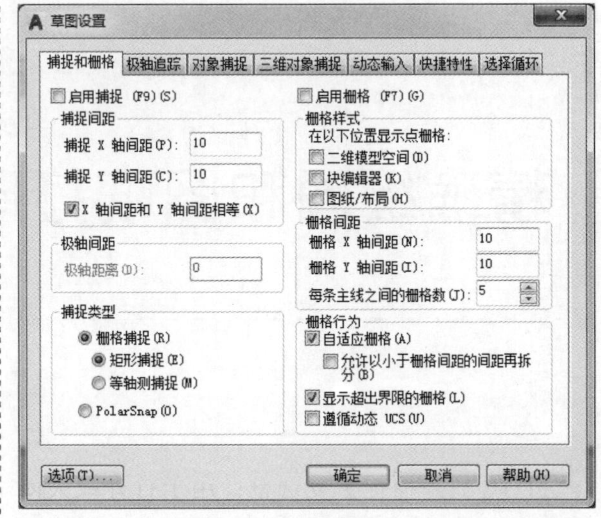

图 9-3

下面介绍【捕捉和栅格】选项卡中有关栅格的主要功能设置。

- 【启用栅格】复选框：用于打开或关闭栅格。也可以通过单击状态栏上的【栅格】按钮，或按 F7 键，或使用 GRIDMODE 系统变量，来打开或关闭栅格模式。
- 【栅格间距】选项组：用于控制栅格的显示，有助于形象化显示距离。主要包括以下参数。
  - 【栅格 X 轴间距】：指定 X 方向上的栅格间距。如果该值为 0，则栅格采用【捕捉 X 轴间距】的值。
  - 【栅格 Y 轴间距】：指定 Y 方向上的栅格间距。如果该值为 0，则栅格采用【捕捉 Y 轴间距】的值。
  - 【每条主线之间的栅格数】：指定主栅格线相对于次栅格线的频率。VSCURRENT 设置为除二维线框之外的任何视觉样式时，将显示栅格线而不是栅格点。

- 【栅格行为】选项组：用于控制当VSCURRENT设置为除二维线框之外的任何视觉样式时，所显示栅格线的外观，主要包括以下参数。
  - 【自适应栅格】：栅格间距缩小时，限制栅格密度。
  - 【允许以小于栅格间距的间距再拆分】：栅格间距放大时，生成更多间距更小的栅格线。主栅格线的频率确定这些栅格线的频率。
  - 【显示超出界限的栅格】：用于显示超出LIMITS命令指定区域的栅格。
  - 【遵循动态UCS】：用于更改栅格平面以遵循动态UCS的XY平面。

9.1.3 捕捉的应用

下面详细介绍【捕捉和栅格】选项卡中的捕捉功能的设置。

(1)【启用捕捉】复选框：用于打开或关闭捕捉模式。也可以通过单击状态栏上的【捕捉】按钮，或按F9键，或使用SNAPMODE系统变量，来打开或关闭捕捉模式。

(2)【捕捉间距】选项组：用于控制捕捉位置处的不可见矩形栅格，以限制鼠标指针仅在指定的X和Y间隔内移动。

- 【捕捉X轴间距】：指定X方向的捕捉间距。间距值必须为正实数。
- 【捕捉Y轴间距】：指定Y方向的捕捉间距。间距值必须为正实数。
- 【X轴间距和Y轴间距相等】：为捕捉间距和栅格间距强制使用同一X和Y间距值。捕捉间距可以与栅格间距不同。

(3)【极轴间距】选项组：用于控制极轴捕捉增量距离。

【极轴距离】：在选择【捕捉类型】选项组下的PolarSnap单选按钮时，设置捕捉增量距离。如果该值为0，则极轴捕捉距离采用【捕捉X轴间距】的值。注意：【极轴距离】的设置需与极坐标追踪和/或对象捕捉追踪结合使用。如果两个追踪功能都未选择，则【极轴距离】设置无效。

(4)【捕捉类型】选项组：用于设置捕捉样式和捕捉类型。

- 【栅格捕捉】：设置栅格捕捉类型。如果指定点，鼠标指针将沿垂直或水平栅格点进行捕捉，主要包括以下参数。
  - 【矩形捕捉】：将捕捉样式设置为标准【矩形】捕捉模式。当捕捉类型设置为【栅格】并且打开【捕捉】模式时，鼠标指针将捕捉矩形捕捉栅格。
  - 【等轴测捕捉】：将捕捉样式设置为【等轴测】捕捉模式。当捕捉类型设置为【栅格】并且打开【捕捉”模式时，鼠标指针将捕捉等轴测捕捉栅格。
- PolarSnap：将捕捉类型设置为“PolarSnap”。如果打开了【捕捉】模式并在极轴追踪打开的情况下指定点，鼠标指针将沿在【极轴追踪】选项卡上相对于极轴追踪起点设置的极轴对齐角度进行捕捉。

9.1.4 正交

正交是指在绘制线形图形对象时，线形对象的方向只能为水平或垂直，即当指定第一点时，第二点只能在第一点的水平方向或垂直方向。

9.2 对象捕捉

当绘制精度要求非常高的图形时，细小的差错也许会造成重大的失误，为尽可能提高绘图的精度，AutoCAD提供了对象捕捉功能，这样可以快速、准确地绘制图形。

使用对象捕捉功能可以迅速指定对象上的精确位置，而不必输入坐标值或绘制构造线。该功能可将指定点限制在现有对象的确切位置上，如中点或交点等，例如使用对象捕捉功能可以绘制到圆心或多段线中点的直线。

在菜单栏中选择【工具】|【工具栏】|AutoCAD |【对象捕捉】菜单命令，打开如图 9-4 所示的【对象捕捉】工具栏。

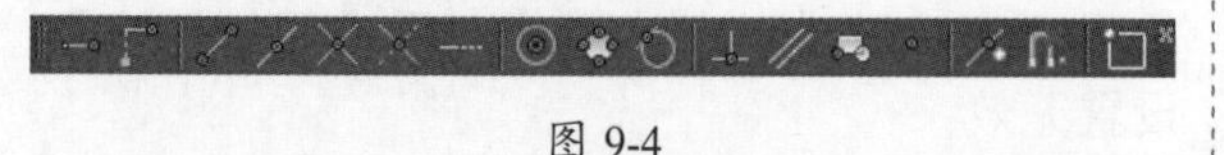

图 9-4

对象捕捉名称和捕捉功能如表 9-1 所示。

表 9-1　对象捕捉列表

图标	命令缩写	对象捕捉名称
	TT	临时追踪点
	FROM	捕捉自
	ENDP	捕捉到端点
	MID	捕捉到中点
	INT	捕捉到交点
	APPINT	捕捉到外观交点
	EXT	捕捉到延长线
	CEN	捕捉到圆心
	QUA	捕捉到象限点
	TAN	捕捉到切点
	PER	捕捉到垂足
	PAR	捕捉到平行线
	INS	捕捉到插入点
	NOD	捕捉到节点
	NEA	捕捉到最近点
	NON	无捕捉
	OSNAP	对象捕捉设置

9.2.1　使用对象捕捉

如果需要对【对象捕捉】属性进行设置，可选择【工具】|【绘图设置】菜单命令，或者在命令输入行中输入 Dsettings，这都会打开【草图设置】对话框，单击【对象捕捉】标签，切换到【对象捕捉】选项卡，如图 9-5 所示。

对象捕捉有两种方式。

(1) 如果在运行某个命令时设计对象捕捉，则当该命令结束时，捕捉也结束，这叫单点捕捉。这种捕捉形式一般是单击对象捕捉工具栏的相关命令按钮。

(2) 如果在运行绘图命令前设置捕捉，则该捕捉在绘图过程中一直有效，该捕捉形式在【草图设置】对话框的【对象捕捉】选项卡中进行设置。

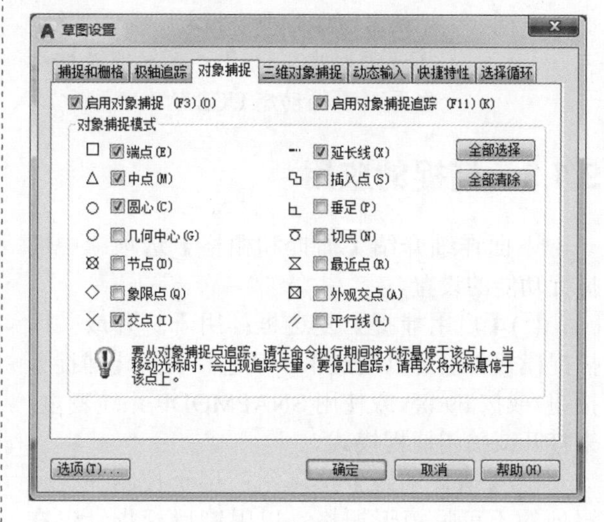

图 9-5

下面将详细介绍【对象捕捉】选项卡中的内容。

- 【启用对象捕捉】：打开或关闭执行对象捕捉。当打开对象捕捉时，在【对象捕捉模式】下选定的对象捕捉处于活动状态。(OSMODE 系统变量)
- 【启用对象捕捉追踪】：打开或关闭对象捕捉追踪。使用对象捕捉追踪，在命令输入行中指定点时，鼠标指针可以沿基于其他对象捕捉点的对齐路径进行追踪。要使用对象捕捉追踪，必须打开一个或多个对象捕捉。(AUTOSNAP 系统变量)
- 【对象捕捉模式】：列出在执行对象捕捉时打开的对象捕捉模式。

- 【端点】：捕捉到圆弧、椭圆弧、直线、多线、多段线线段、样条曲线、面域或射线最近的端点，或捕捉宽线、实体或三维面域的最近角点，如图 9-6 所示。

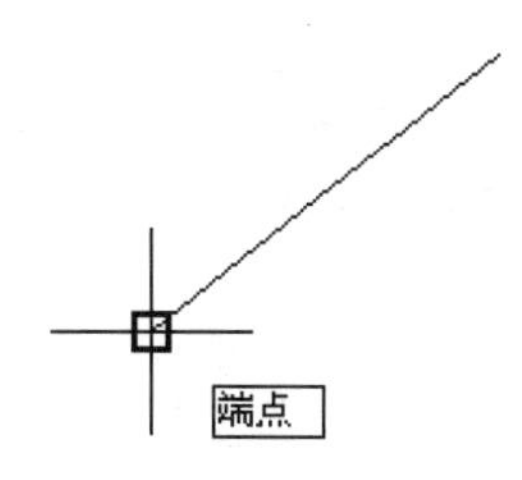

图 9-6

- 【中点】：捕捉到圆弧、椭圆、椭圆弧、直线、多线、多段线线段、面域、实体、样条曲线或参照线的中点，如图 9-7 所示。

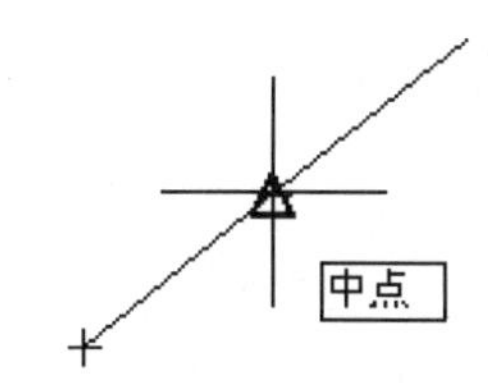

图 9-7

- 【圆心】：捕捉到圆弧、圆、椭圆或椭圆弧的圆点，如图 9-8 所示。

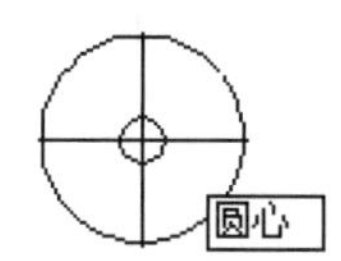

图 9-8

- 【节点】：捕捉到点对象、标注定义点或标注文字起点，如图 9-9 所示。

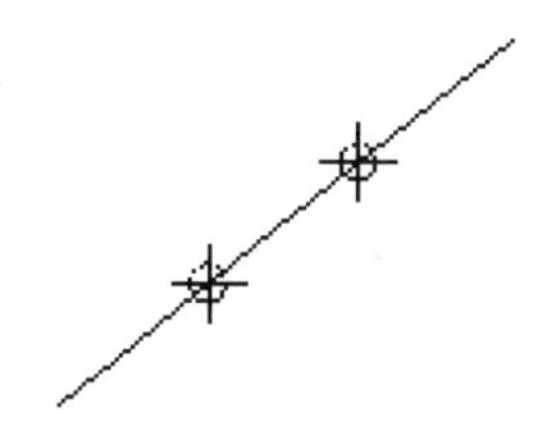

图 9-9

- 【象限点】：捕捉到圆弧、圆、椭圆或椭圆弧的象限点，如图 9-10 所示。

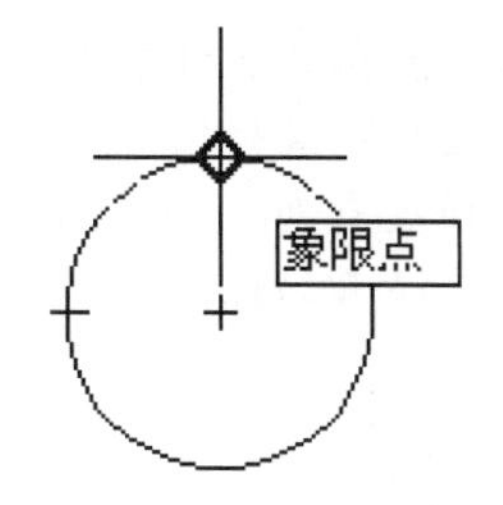

图 9-10

- 【交点】：捕捉到圆弧、圆、椭圆、椭圆弧、直线、多线、多段线、射线、面域、样条曲线或参照线的交点。【延长线交点】不能用作执行对象捕捉模式。【交点】和【延长线交点】不能和三维实体的边或角点一起使用，如图 9-11 所示。

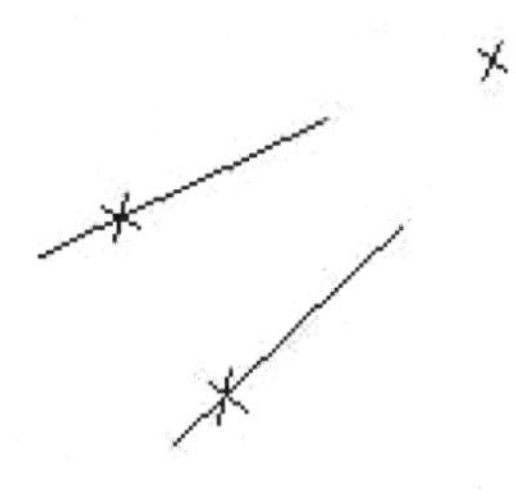

图 9-11

> **注意：**
> 如果同时打开【交点】和【外观交点】执行对象捕捉，可能会得到不同的结果。

- 【延长线】：当鼠标指针经过对象的端点时，显示临时延长线或圆弧，以便用户在延长线或圆弧上指定点。
- 【插入点】：捕捉到属性、块、形或文字的插入点。
- 【垂足】：捕捉圆弧、圆、椭圆、椭圆弧、直线、多线、多段线、射线、面域、实体、样条曲线或参照线的垂足。当正在绘制的对象需要捕捉多个垂足时，将自动打开【递延垂足】捕捉模式。可以用直线、圆弧、圆、多段线、射线、参照线、多线或三维实体的边作为绘制垂直线的基础对象。可以用【递延垂足】在这些对象之间绘制垂直线。当十字鼠标指针经过【递延垂足】捕捉点时，将显示 AutoSnap 工具栏提示和标记，如图 9-12 所示。

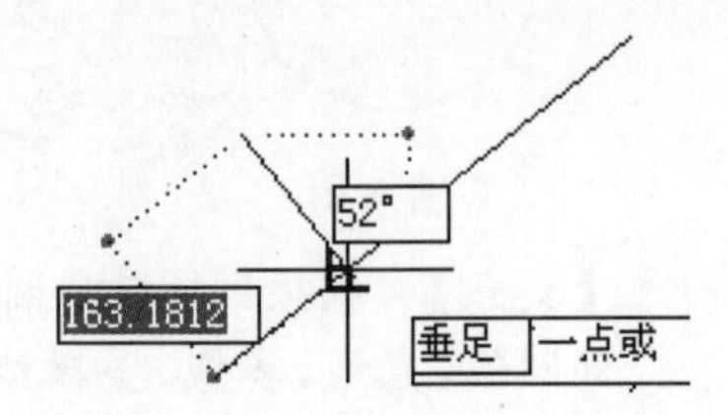

图 9-12

» 【切点】：捕捉到圆弧、圆、椭圆、椭圆弧或样条曲线的切点。当正在绘制的对象需要捕捉多个垂足时，将自动打开【递延切点】捕捉模式。例如，可以用【递延切点】来绘制与两条弧、两条多段线弧或两条圆相切的直线。当十字鼠标指针经过【递延切点】捕捉点时，将显示标记和 AutoSnap 工具栏提示，如图 9-13 所示。

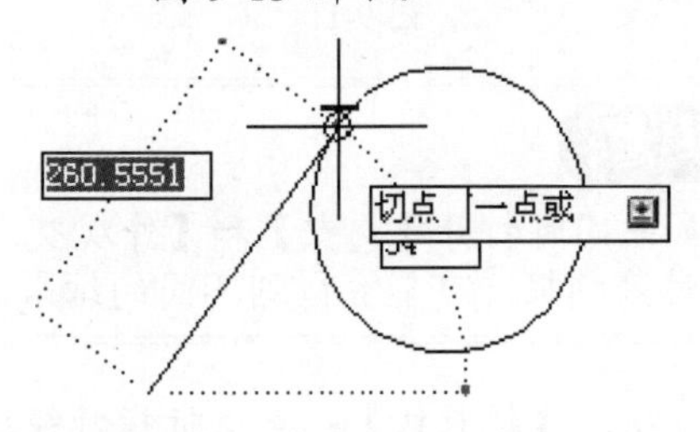

图 9-13

注意：

当用【自】选项结合【切点】捕捉模式绘制除开始于圆弧或圆的直线以外的对象时，第一个绘制的点是与在绘图区域最后选定的点相关的圆弧或圆的切点。

» 【最近点】：捕捉到圆弧、圆、椭圆、椭圆弧、直线、多线、点、多段线、射线、样条曲线或参照线的最近点。

» 【外观交点】：捕捉到不在同一平面但是可能看起来在当前视图中相交的两个对象的外观交点。【延伸外观交点】不能用作执行对象捕捉模式。【外观交点】和【延伸外观交点】不能和三维实体的边或角点一起使用。

» 【平行线】：无论何时提示用户指定矢量的第二个点时，都要绘制与另一个对象平行的矢量。指定矢量的第一个点后，如果将鼠标指针移动到另一个对象的直线段上，即可获得第二个点。如果创建的对象的路径与这条直线段平行，将显示一条对齐路径，可用它创建平行对象。

» 【全部选择】：打开所有对象捕捉模式。

● 【全部清除】：关闭所有对象捕捉模式。

9.2.2 自动捕捉

控制使用对象捕捉时显示的形象化辅助工具称作自动捕捉。自动捕捉 (AutoSnap ™) 设置保存在注册表中。如果鼠标指针或靶框处在对象上，可以按 Tab 键遍历该对象的所有可用捕捉点。

9.2.3 捕捉设置

如果需要对【自动捕捉】属性进行设置，可打开【草图设置】对话框，单击【选项】按钮，打开如图 9-14 所示的【选项】对话框，单击【绘图】标签，切换到【绘图】选项卡进行设置。

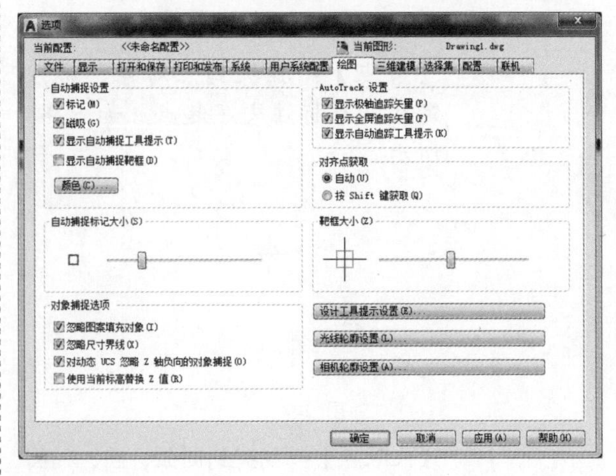

图 9-14

下面将介绍【自动捕捉设置】选项组中的内容。

- 【标记】：控制自动捕捉标记的显示。该标记是当十字鼠标指针移到捕捉点上时显示的几何符号。(AUTOSNAP 系统变量)
- 【磁吸】：打开或关闭自动捕捉磁吸。磁吸是指十字鼠标指针自动移动并锁定到最近的捕捉点上。(AUTOSNAP 系统变量)
- 【显示自动捕捉工具提示】：控制自动捕捉工具栏显示的提示。工具栏提示是一个标签，用来描述捕捉到的对象部分。(AUTOSNAP 系统变量)
- 【显示自动捕捉靶框】：控制自动捕捉靶框的显示。靶框是捕捉对象时出现在十字鼠标指针内部的方框。(APBOX 系统变量)
- 【颜色】：指定自动捕捉标记的颜色。单击【颜色】按钮后，会打开【图形窗口颜色】对话框，在【界面元素】中选择【二维自动捕捉标记】，在【颜色】下拉列表框中可以任意选择一种颜色，如图 9-15 所示。

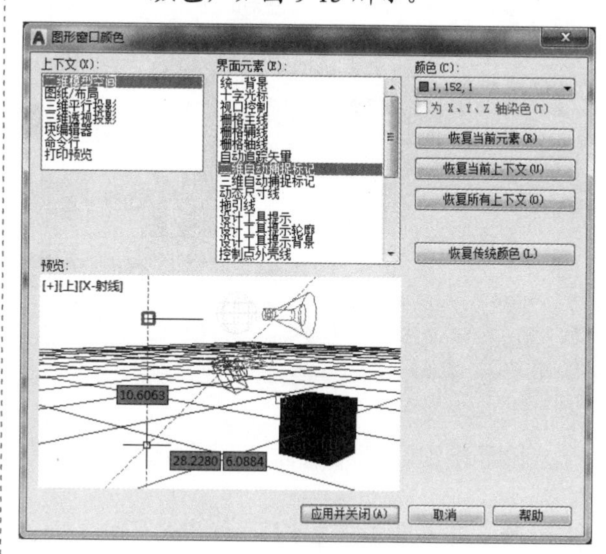

图 9-15

9.3 极轴追踪

创建或修改对象时，可以使用【极轴追踪】来显示由指定的极轴角度所定义的临时对齐路径。可以使用 PolarSnap ™ 沿对齐路径按指定距离进行捕捉。

9.3.1 使用极轴追踪

使用极轴追踪，鼠标指针将按指定角度进行移动。

例如，在图 9-16 中绘制一条从点 1 到点 2 的两个单位的直线，然后绘制一条到点 3 的两个单位的直线，并与第一条直线成 45 度角。如果打开 45 度极轴角增量，当鼠标指针跨过 0 度或 45 度角时，将显示对齐路径和工具栏提示。当鼠标指针从该角度移开时，对齐路径和工具栏提示消失，如图 9-16 所示。

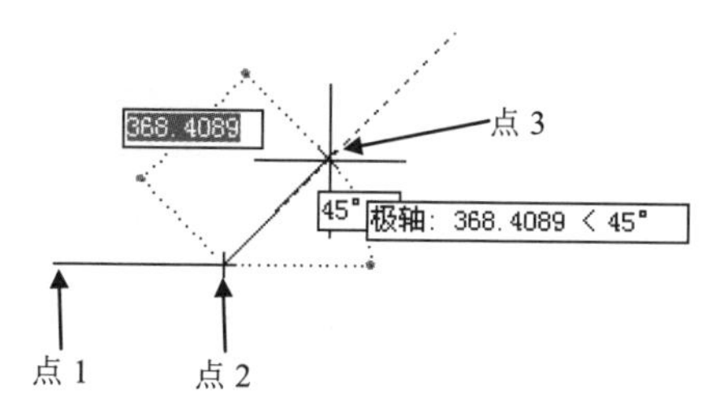

图 9-16

如果需要对【极轴追踪】属性进行设置，可选择【工具】|【草图设置】菜单命令，或者在命输入行中输入 Dsettings，打开【草图设置】对话框，单击【极轴追踪】标签，切换到【极轴追踪】

选项卡，如图 9-17 所示。

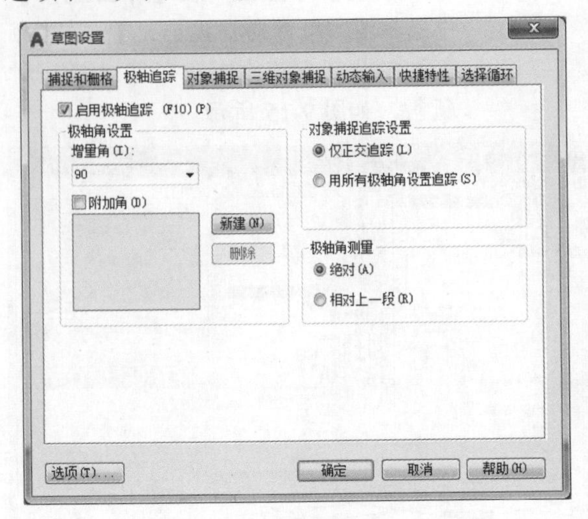

图 9-17

下面详细介绍【极轴追踪】选项卡中的内容。

- 【启用极轴追踪】：打开或关闭极轴追踪。也可以按F10键或使用 AUTOSNAP 系统变量来打开或关闭极轴追踪。
- 【极轴角设置】：设置极轴追踪的对齐角度。(POLARANG 系统变量)
  - 》 【增量角】：设置用来显示极轴追踪对齐路径的极轴角增量。可以输入任何角度，也可以从列表中选择 90、45、30、22.5、18、15、10 或 5 这些常用角度。(POLARANG 系统变量)【增量角】下拉列表如图 9-18 所示。

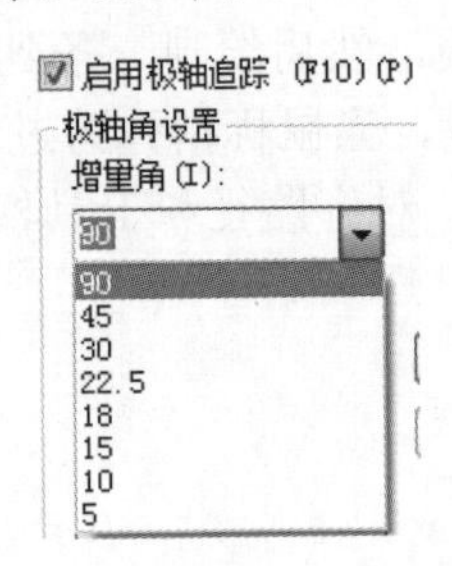

图 9-18

  - 》 【附加角】：对极轴追踪使用列表中的任何一种附加角度。【附加角】复选框受 POLARMODE 系统变量控制。【附加角】列表受 POLARADDANG 系统变量控制。

注意：

附加角度是绝对的，而非增量的。

  - 》 【附加角】列表：如果选定【附加角】，将列出可用的附加角度。要添加新的角度，单击【新建】按钮。要删除现有的角度，单击【删除】按钮。(POLARADDANG 系统变量)
  - 》 【新建】：最多可以添加 10 个附加极轴追踪对齐角度。

注意：

添加分数角度之前，必须将 AUPREC 系统变量设置为合适的十进制精度，以防止不需要的舍入。例如，如果 AUPREC 的值为 0(默认值)，则所有输入的分数角度将舍入为最接近的整数。

  - 》 【删除】：删除选定的附加角度。
- 【对象捕捉追踪设置】：设置对象捕捉追踪选项。
  - 》 【仅正交追踪】：当对象捕捉追踪打开时，仅显示已获得的对象捕捉点的正交(水平/垂直)对象捕捉追踪路径。(POLARMODE 系统变量)
  - 》 【用所有极轴角设置追踪】：将极轴追踪设置应用于对象捕捉追踪。使用对象捕捉追踪时，鼠标指针将从获取的对象捕捉点起沿极轴对齐角度进行追踪。(POLARMODE 系统变量)

注意：

单击状态栏上的【极轴】和【对象追踪】也可以打开或关闭极轴追踪和对象捕捉追踪。

- 【极轴角测量】：设置测量极轴追踪对齐角度的基准。
  - 》 【绝对】：根据当前用户坐标系

(UCS) 确定极轴追踪角度。

» 【相对上一段】：根据上一个绘制线段确定极轴追踪角度。

9.3.2 自动追踪

可以使用户在绘图的过程中按指定的角度绘制对象，或者绘制与其他对象有特殊关系的对象。当此模式处于打开状态时，临时的对齐虚线有助于用户精确地绘图。用户还可以通过一些设置来更改对齐路线以适合自己的需求，这样就可以达到精确绘图的目的。

打开【草图设置】对话框，单击【选项】按钮，打开如图 9-19 所示的【选项】对话框，在【绘图】选项卡的【AutoTrack 设置】选项组中进行【自动追踪】的设置。

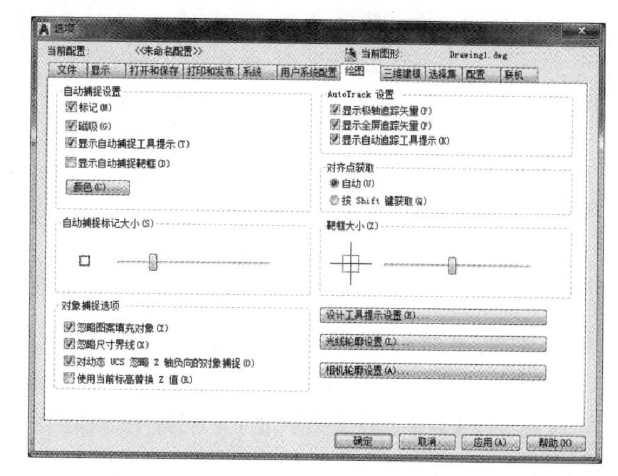

图 9-19

- 【显示极轴追踪矢量】：当极轴追踪打开时，将沿指定角度显示一个矢量。使用极轴追踪，可以沿角度绘制直线。极轴角是 90 度的约数，如 45、30 和 15 度。
- 【显示全屏追踪矢量】：控制追踪矢量的显示。追踪矢量是辅助用户按特定角度或与其他对象的特定关系绘制对象的构造线。如果选中此复选框，对齐矢量将显示为无限长的线。
- 【显示自动追踪工具提示】：控制自动追踪工具提示的显示。工具提示是一个标签，它显示追踪坐标。(AUTOSNAP 系统变量)

9.4 图纸打印

本节讲解了图纸打印输出的一般内容，在以后的图形输出与打印过程中可以根据不同的需求设定。

9.4.1 创建布局

布局是一种图纸空间环境，用于模拟图纸页面，提供直观的打印设置。在布局中可以创建并放置视口对象，还可以添加标题栏或其他几何图形。可以在图形中创建多个布局以显示不同的视图，每个布局可以包含不同的打印比例和图纸尺寸。布局显示的图形与图纸页面上打印出来的图形完全一样。

1. 模型空间和图纸空间

AutoCAD 最有用的功能之一就是可以在两个环境中完成绘图和设计工作，即“模型空间”和“图纸空间”。模型空间又可分为平铺式的模型空间和浮动式的模型空间。大部分设计和绘图工作都是在平铺式模型空间中完成的，而图纸空间是模型手工绘图的空间，它是为绘制平面图而准备的一张虚拟图纸，是一个二维空间的工作环境。从某种意义上来说，图纸空间就是为布局图面、打印出图而设计的，还可在其中添加诸如边框、注释、标题和尺寸标注等内容。

可以根据坐标标志来区分模型空间和图纸空间，当处于模型空间时，屏幕显示 UCS 标志；当处于图纸空间时，屏幕显示图纸空间标志，即一个直角三角形，所以旧的版本将图纸空间又称作“三角视图”。

注意：

模型空间和图纸空间是两种不同的制图空间，同一个图形无法同时在这两个环境中工作。

2. 在图纸空间中创建布局

在 AutoCAD 中，可以用【布局向导】命令创建新布局，也可以用 LAYOUT 命令以模板的方式来创建新布局，这里主要介绍以向导方式创建布局的过程。

(1) 选择【插入】|【布局】|【创建布局向导】命令或在命令输入行输入 block 后按 Enter 键。

(2) 执行上述操作后，AutoCAD 会打开如图 9-20 所示的【创建布局 - 开始】对话框。该对话框用于为新布局命名。左边一列项目是创建过程要进行的 8 个步骤，前面标有三角符号的是当前步骤。在【输入新布局的名称】文本框中输入名称。

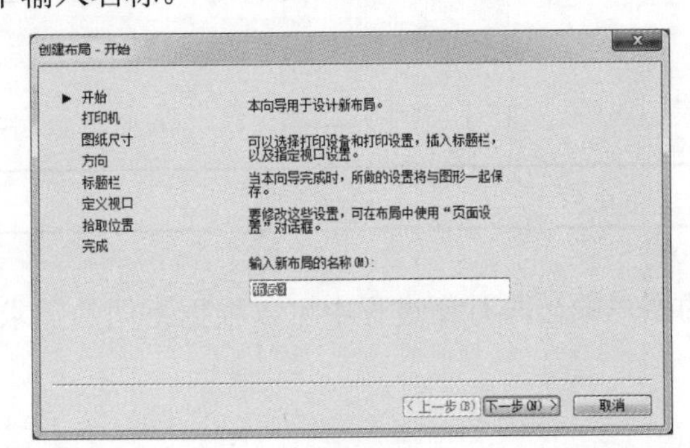

图 9-20

(3) 单击【下一步】按钮，出现如图 9-21 所示的【创建布局 - 打印机】对话框。在列表中列出了本机可用的打印机设备，从中选择一种打印机作为输出设备。

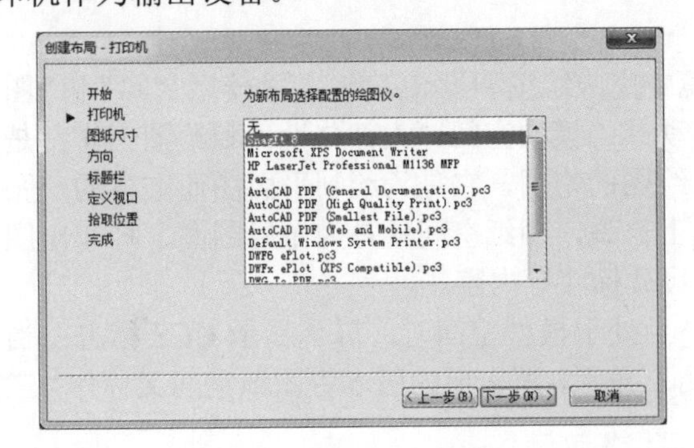

图 9-21

(4) 选择打印机后单击【下一步】按钮，出现如图 9-22 所示的【创建布局 - 图纸尺寸】对话框。

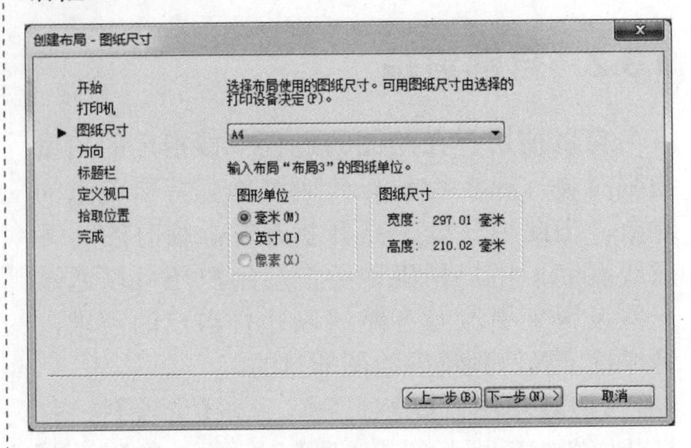

图 9-22

该对话框用于选择打印图纸的大小和所用的单位。对话框的下拉列表框中列出了可用的各种格式的图纸，它由选择的打印设备决定，可从中选择一种格式。

- 【图形单位】：用于控制图形单位，可以选择毫米、英寸或像素。
- 【图纸尺寸】：当图形单位有所变化时，图形尺寸也相应变化。

(5) 单击【下一步】按钮，出现如图 9-23 所示的【创建布局 - 方向】对话框。

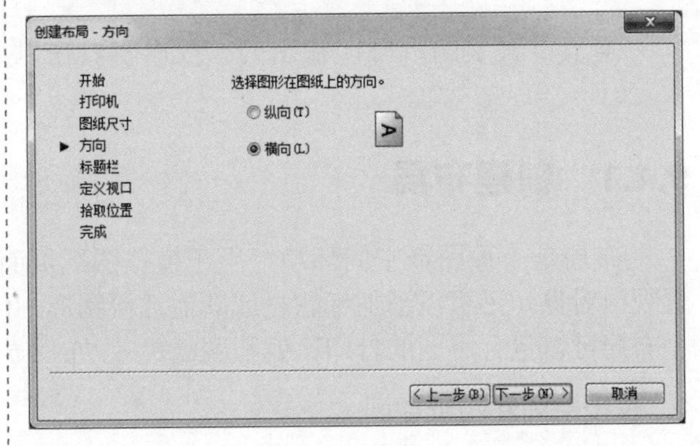

图 9-23

此对话框用于设置打印的方向，两个单选按钮分别表示不同的打印方向。

- 【横向】：表示按横向打印。
- 【纵向】：表示按纵向打印。

(6) 完成打印方向设置后，单击【下一步】按钮，出现如图 9-24 所示的【创建布局 - 标题栏】对话框。

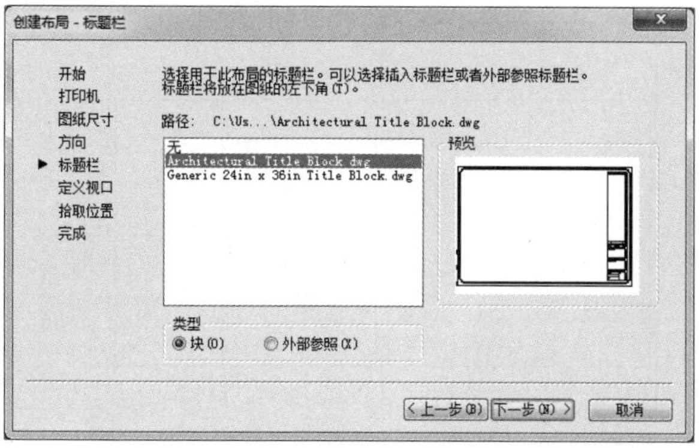

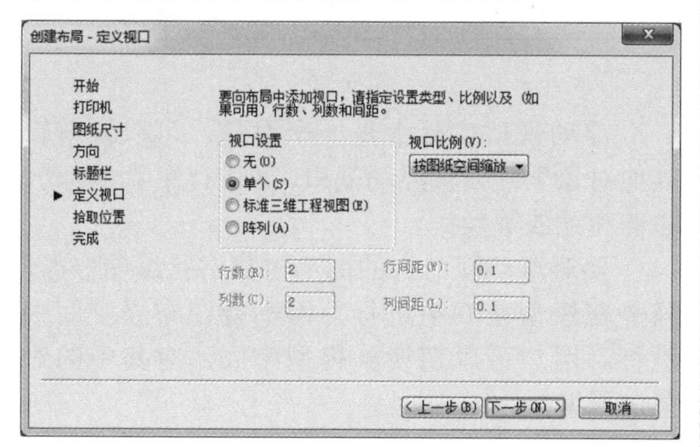

图 9-24

此对话框用于选择图纸的边框和标题栏的样式。

- 【路径】：列出了当前可用的样式，可从中选择一种。
- 【预览】：显示所选样式的预览图像。
- 【类型】：指定所选择的标题栏图形文件是作为“块”还是作为“外部参照”插入到当前图形中。

(7) 单击【下一步】按钮，出现如图 9-25 所示的【创建布局 - 定义视口】对话框。

图 9-25

此对话框可指定新创建的布局默认视口设置和比列等。分以下 2 组设置。

- 【视口设置】：用于设置当前布局定义视口数。
- 【视口比例】：用于设置视口的比例。

选中【阵列】单选按钮，则下面的文本框变为可用，分别输入视口的行数和列数，以及视口的行间距和列间距。

(8) 单击【下一步】按钮，出现如图 9-26 所示的【创建布局 - 拾取位置】对话框。

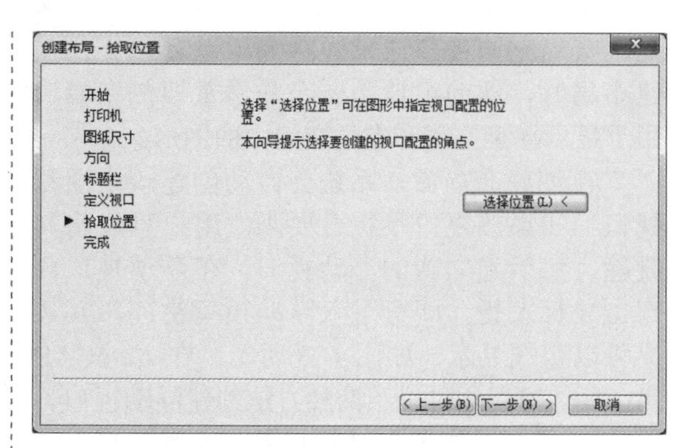

图 9-26

此对话框用于制定视口的大小和位置。单击【选择位置】按钮，系统将暂时关闭该对话框，返回到图形窗口，从中制定视口的大小和位置。选择恰当的视口大小和位置以后，出现如图 9-27 所示的【创建布局 - 完成】对话框。

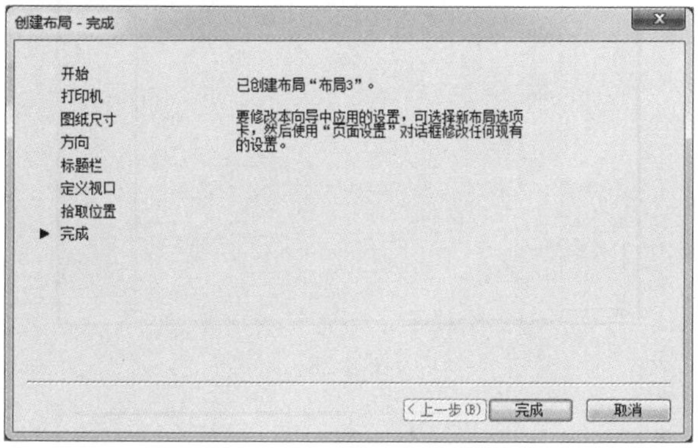

图 9-27

如果对当前的设置都很满意，单击【完成】按钮完成新布局的创建，系统自动返回到布局空间，显示新创建的布局。

除了使用上面的向导创建新的布局外，还可以使用 LAYOUT 命令在命令行创建布局。用该命令能以多种方式创建新布局，如从已有的模板开始创建、从已有的布局开始创建或从头开始创建。另外，还可以用该命令管理已创建的布局，如删除、改名、保存以及设置等。

3. 浮动视口

与模型空间一样，用户也可以在布局空间建立多个视口，以便显示模型的不同视图。在布局空间建立视口时，可以确定视口的大小，并且可以将其定位于布局空间的任意位置，因此，布局空间视口通常被称为浮动视口。在创建布局时，浮动视口是一个非常重要的工具，用于显示模型空间和布局空间中的图形。

在创建布局后，系统会自动创建一个浮动视口。如果该视口不符合要求，用户可以将其删除，然后建立新的浮动视口。在浮动视口内双击鼠标左键，即可进入浮动模型空间，其边界将以粗线显示，如图 9-28 所示。在 AutoCAD 2018 中，可以通过以下两种方法创建浮动视口。

(1) 选择【视图】|【视口】|【新建视口】菜单命令，弹出【视口】对话框，在【标准视口】列表框中有两个选项，选择【垂直】选项时，创建的浮动视口如图 9-29 所示。

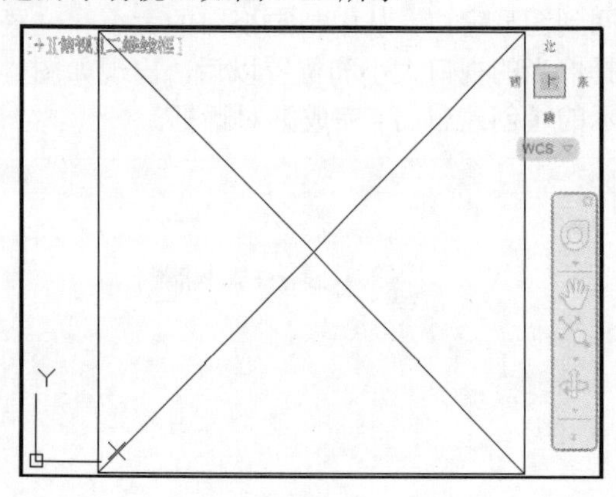

图 9-28

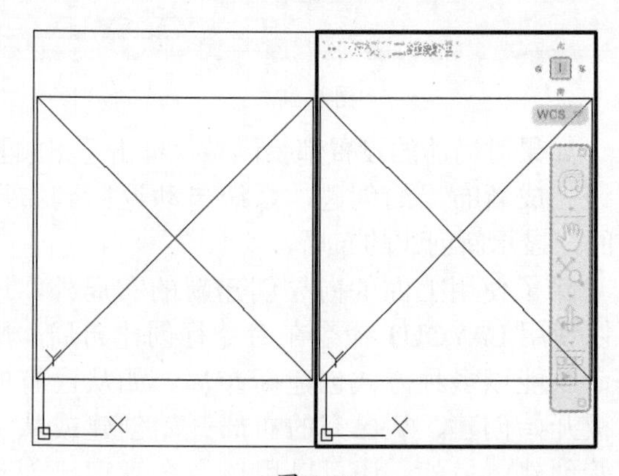

图 9-29

(2) 使用夹点编辑创建的浮动视口：在浮动视口外双击鼠标左键，选择浮动视口的边界，在右上角的夹点处拖曳鼠标，先将该浮动视口缩小，如图 9-30 所示，然后连续按两次 Enter 键，在命令提示行中选择【复制】选项，对该浮动视口进行复制，并将其移动至合适位置，效果如图 9-31 所示。

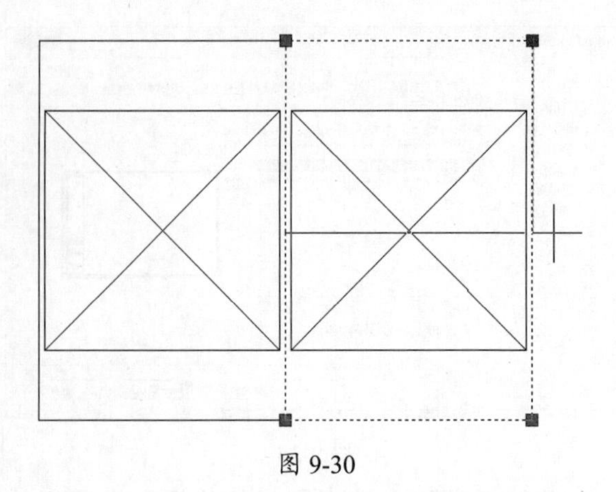

图 9-30

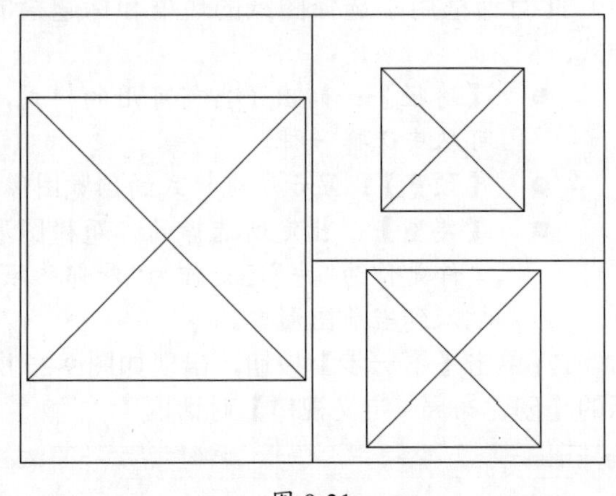

图 9-31

浮动视口实际上是一个对象，可以像编辑其他对象一样编辑浮动视口，如进行删除、移动、拉伸和缩放等操作。

要对浮动视口内的图形对象进行编辑修改，只能在模型空间中进行，而不能在布局空间中进行。用户可以切换到模型空间，对其中的对象进行编辑。

9.4.2 图形输出

AutoCAD 可以将图形输出为各种格式的文件，以方便用户将在 AutoCAD 中绘制的图形文件在其他软件中继续进行编辑或修改。

1. 可输出的文件类型

选择【文件】|【输出】菜单命令后，可以打开【输出数据】对话框，在其中的【文件类型】下拉列表中就列出了可输出的文件类型，如图 9-32 所示。

图 9-32

(1) 按 Enter 键，文件以默认格式保存。

(2) 命令输入行中会出现“EXPORT 要发布的对象 [全部 (A) 选择 (S)]< 全部 >：”，然后按 Enter 键。

(3) 命令输入行中会出现“EXPORT 与材质一起分布 [否 (N) 是 (Y)]< 是 >：”，再次按 Enter 键。弹出如图 9-33 所示的【查看三维 DWF】对话框，如果要查看文件则单击【是】按钮；反之则单击【否】按钮。

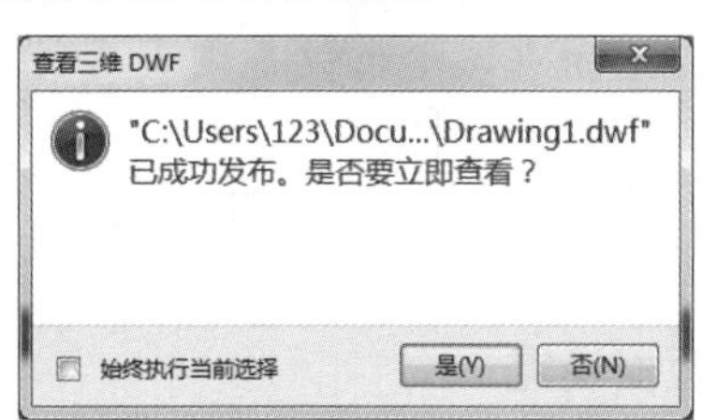

图 9-33

2. 输出 PDF 文件

AutoCAD 2018 具有直接输出 PDF 文件的功能，下面介绍它的使用方法。

打开功能区的【输出】选项卡，可以看到【输出为 DWF/PDF】面板，如图 9-34 所示。

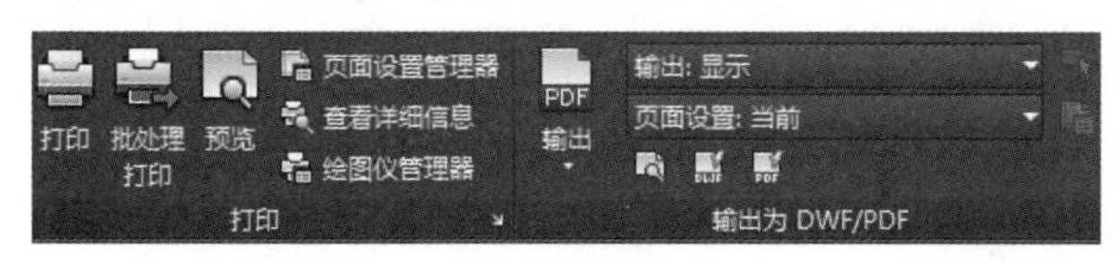

图 9-34

在其中单击【输出 PDF】按钮，就可以打开【另存为 PDF】对话框，如图 9-35 所示，设置好文件名后，单击【保存】按钮，即可输出 PDF 文件。

图 9-35

9.4.3 页面设置

建立布局后，可以修改页面设置中的设置或应用其他页面设置。用户可以通过以下方法设置页面。

1. 页面设置管理器

【页面设置管理器】的设置方法如下。

(1) 选择【文件】|【页面设置管理器】菜单命令或在命令输入行中输入 pagesetup 后按 Enter 键，然后 AutoCAD 会自动打开如图 9-36 所示的【页面设置管理器】对话框。

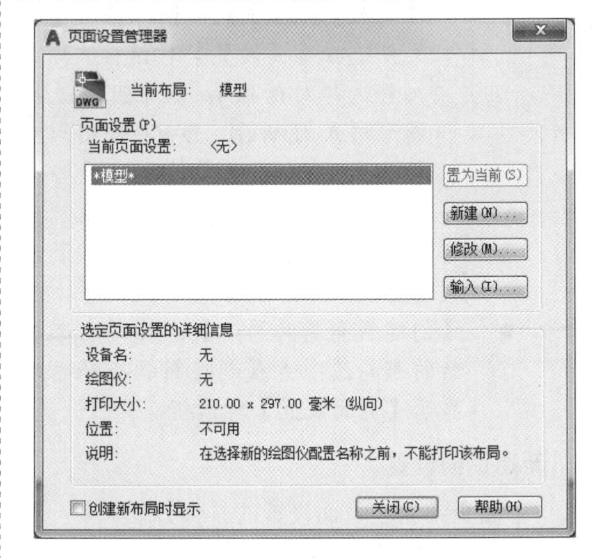

图 9-36

(2)【页面设置管理器】对话框可以为当前布局或图纸指定页面设置。也可以创建页面设置、修改现有页面设置，或从其他图纸中输入页面设置。

- 【当前布局】：列出要应用页面设置的当前布局。如果从图纸集管理器打开页面设置管理器，则显示当前图纸集的名称。如果从某个布局打开页面设置管理器，则显示当前布局的名称。
  - 【当前页面设置】：显示应用于当前布局的页面设置。由于在创建整个图纸集后，不能再对其应用页面设置，因此，如果从【图纸集管理器】中打开【页面设置管理器】，将显示“不适用”。
  - 【页面设置列表】：列出可应用于当前布局的页面设置，或列出发布图纸集时可用的页面设置。
  - 【置为当前】：将所选页面设置设置为当前布局的当前页面设置。不能将当前布局设置为当前页面设置。【置为当前】功能对图纸集不可用。
  - 【新建】：单击此按钮，可以进行新的页面设置。
  - 【修改】：单击此按钮，可以对页面设置的参数进行修改。
  - 【输入】：单击此按钮，显示【从文件选择页面设置】对话框(标准文件选择对话框)，从中可以选择图形格式(DWG)、DWT或图形交换格式(DXF)™文件，从这些文件中输入一个或多个页面设置。
- 【选定页面设置的详细信息】：显示所选页面设置的信息。
- 【创建新布局时显示】：指定当选中新的布局选项卡或创建新的布局时，显示【页面设置】对话框。

2. 新建页面设置

下面介绍新建页面设置的具体方法。

在【页面设置管理器】对话框中单击【新建】按钮，显示【新建页面设置】对话框，如图9-37所示，从中可以为新建页面设置输入名称，并指定要使用的基础页面设置。

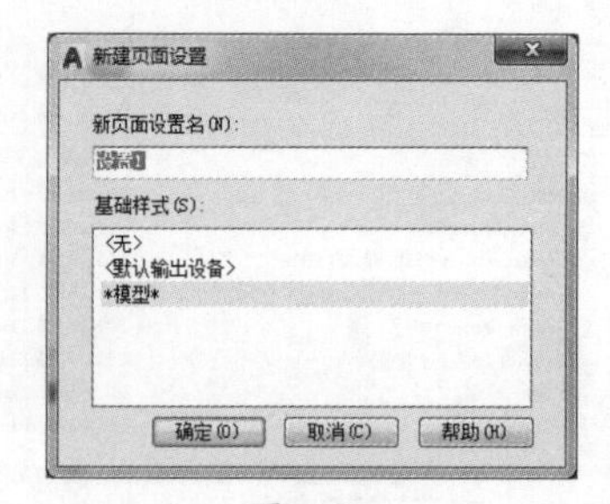

图 9-37

(1)【新页面设置名】：指定新建页面设置的名称。

(2)【基础样式】：指定新建页面设置要使用的基础页面设置。单击【确定】按钮，将显示【页面设置】对话框以及所选页面设置的设置，必要时可以修改这些设置。

如果从图纸集管理器打开【新建页面设置】对话框，将只列出页面设置替代文件中的命名页面设置。

- 【<无>】：指定不使用任何基础页面设置。可以修改【页面设置】对话框中显示的默认设置。
- 【<默认输出设备>】：指定将【选项】对话框的【打印和发布】选项卡中指定的默认输出设备设置为新建页面设置的打印机。
- 【*模型*】：指定新建页面设置使用上一个打印作业中指定的设置。

3. 修改页面设置

下面介绍修改页面设置的具体方法。

在【页面设置管理器】对话框中单击【修改】按钮，显示【页面设置-模型】对话框，如图9-38所示，从中可以编辑所选页面设置的设置。

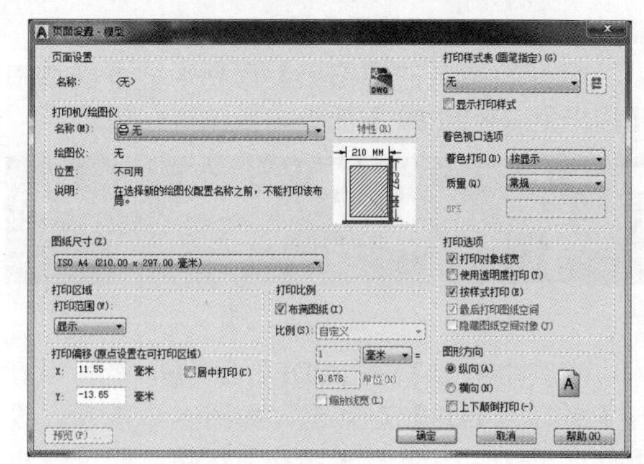

图 9-38

下面介绍【页面设置 - 模型】对话框中部分选项的含义。

(1)【图纸尺寸】选项。

该选项用于显示所选打印设备可用的标准图纸尺寸，如 A4、A3、A2、A1、B5、B4 等。如图 9-39 所示为【图纸尺寸】下拉列表框，如果未选择绘图仪，将显示全部标准图纸尺寸。

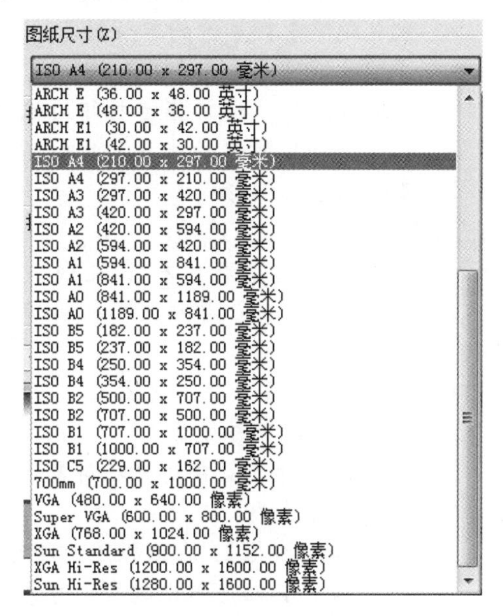

图 9-39

如果所选绘图仪不支持布局中选定的图纸尺寸，将显示警告，用户可以选择绘图仪的默认图纸尺寸或自定义图纸尺寸。

使用【添加绘图仪】向导创建 PC3 文件时，将为打印设备设置默认的图纸尺寸。在【页面设置】对话框中选择的图纸尺寸将随布局一起保存，并将替代 PC3 文件设置。

页面的实际可打印区域(取决于所选打印设备和图纸尺寸)在布局中由虚线表示。

如果打印的是光栅图像(如 BMP 或 TIFF 文件)，打印区域大小的指定将以像素为单位而不是英寸或毫米。

(2)【打印区域】选项。

【打印区域】选项用于指定要打印的图形区域。在【打印范围】下拉列表框中可以选择要打印的图形区域，如图 9-40 所示为【打印范围】下拉列表框。

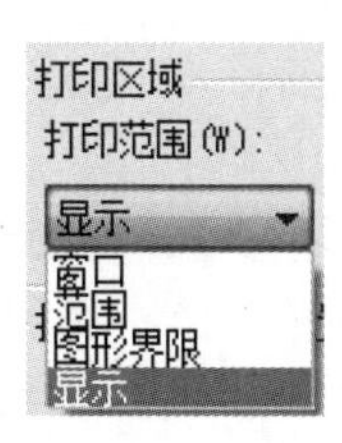

页面设置为【模型】时的【打印范围】下拉列表框

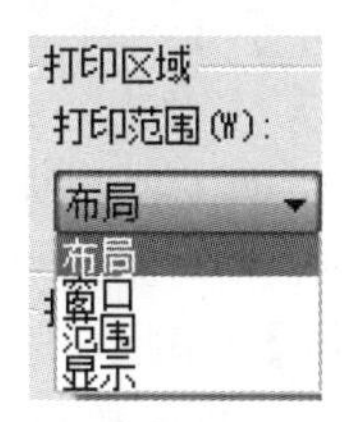

页面设置为【布局】时的【打印范围】下拉列表框

图 9-40

- 【布局】：打印图纸和打印区域中的所有对象。此选项仅在页面设置为【布局】时可用。
- 【窗口】：打印指定的图形部分。指定要打印区域的两个角点时，【窗口】按钮才可用。单击【窗口】按钮以使用定点设备指定要打印区域的两个角点，或输入坐标值。
- 【范围】：打印包含对象的图形的部分当前空间。当前空间内的所有几何图形都将被打印。打印之前，可能会重新生成图形以重新计算范围。
- 【图形界限】：打印布局时，将打印指定图纸尺寸的可打印区域内的所有内容，其原点从布局中的 0,0 点计算得出。
- 【显示】：打印【模型】选项卡当前视口中的视图或布局选项卡上当前图纸空间视图中的视图。

(3)【打印偏移(原点设置在可打印区域)】选项。

根据【指定打印偏移时相对于】选项(【选项】对话框的【打印和发布】选项卡)中的设置，指定打印区域相对于可打印区域左下角或图纸边界的偏移。【页面设置 - 模型】对话框的【打印偏移】区域在括号中显示指定的打印偏移选项。

图纸的可打印区域由所选输出设备决定，

在布局中以虚线表示。修改为其他输出设备时，可能会修改可打印区域。

- 【居中打印】：自动计算“X 偏移”和“Y 偏移”值，在图纸上居中打印。当【打印区域】设置为【布局】时，此选项不可用。
- X：相对于【打印偏移】选项中的设置指定 X 方向上的打印原点。
- Y：相对于【打印偏移】选项中的设置指定 Y 方向上的打印原点。

(4)【打印比例】选项。

控制图形单位与打印单位之间的相对尺寸。打印布局时，默认缩放比例设置为 1:1。从【模型】选项卡打印时，默认设置为【布满图纸】。如图 9-41 所示为打印的【比例】下拉列表框。

> **注意：**
>
> 如果在【打印区域】中指定了【布局】选项，那么无论在【比例】中指定了何种设置，都将以 1:1 的比例打印布局。

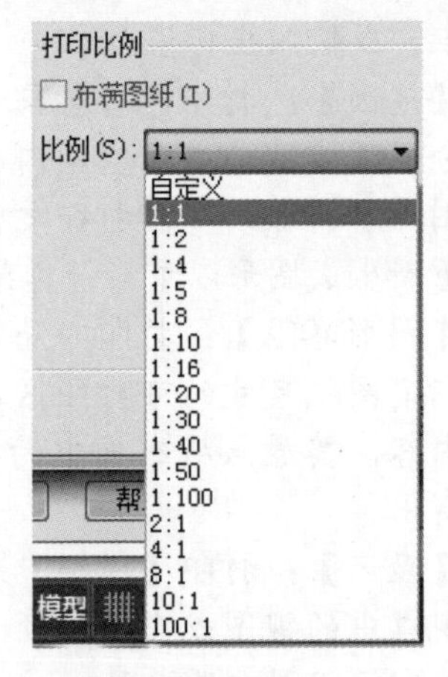

图 9-41

- 【布满图纸】：缩放打印图形以布满所选图纸尺寸，并在【比例】、【毫米 =】和【单位】框中显示自定义的缩放比例因子。
- 【比例】：定义打印的精确比例。选择【自定义】选项可以自己定义的比例。可以通过输入与图形单位数等价的英寸（或毫米）数来创建自定义比例。

> **注意：**
>
> 可以使用 SCALELISTEDIT 修改比例列表。

- 【毫米 =】：指定与指定的单位数等价的英寸数或毫米数。
- 【单位】：指定与指定的英寸数、毫米数或像素数等价的单位数。
- 【缩放线宽】：与打印比例成正比缩放线宽。线宽通常指定打印对象的线的宽度并按指定的线宽尺寸打印，而不受打印比例影响。

(5)【着色视口选项】选项。

该选项组用于指定着色和渲染视口的打印方式，并确定它们的分辨率大小和每英寸点数 (DPI)。

- 【着色打印】：指定视图的打印方式，主要包括以下参数。
  - 【按显示】：按对象在屏幕上的显示方式打印。
  - 【传统线框】：在线框中打印对象，不考虑其在屏幕上的显示方式。
  - 【传统隐藏】：打印对象时消除隐藏线，不考虑其在屏幕上的显示方式。
  - 【概念】：打印对象时应用“概念”视觉样式，不考虑其在屏幕上的显示方式。
  - 【真实】：打印对象时应用“真实”视觉样式，不考虑其在屏幕上的显示方式。
  - 【渲染】：按渲染的方式打印对象，不考虑其在屏幕上的显示方式。
- 【质量】：指定着色和渲染视口的打印分辨率。
- DPI：指定渲染和着色视图的每英寸点数，最大可为当前打印设备的最大分辨率。只有在【质量】下拉列表框中选择了【自定义】选项后，此选项才可用。

(6)【打印选项】选项。

- 【打印对象线宽】：指定是否打印为

对象或图层指定的线宽。

- 【使用透明度打印】：指定打印对象具有一定的透明度。
- 【按样式打印】：指定是否打印应用于对象和图层的打印样式。如果选择该选项，也将自动选择【打印对象线宽】。
- 【最后打印图纸空间】：用来指定首先打印模型空间几何图形。通常先打印图纸空间几何图形，然后再打印模型空间几何图形。
- 【隐藏图纸空间对象】：指定 HIDE 操作是否应用于图纸空间视口中的对象。此选项仅在布局选项卡中可用。此设置的效果反映在打印预览中，而不反映在布局中。

(7)【图形方向】选项。

- 【纵向】：放置并打印图形，使图纸的短边位于图形页面的顶部，如图 9-42 所示。

图 9-42

- 【横向】：放置并打印图形，使图纸的长边位于图形页面的顶部，如图 9-43 所示。

图 9-43

- 【上下颠倒打印】：上下颠倒地放置并打印图形，如图 9-44 所示。

图 9-44

9.4.4 打印设置

打印是将绘制好的图形用打印机或绘图仪输出。通过本节的学习，读者可以掌握如何添加与配置绘图设备、如何配置打印样式、如何设置页面，以及如何打印绘图文件。

设置好所有的配置后，单击【输出】选项卡的【打印】面板上的【打印】按钮或在命令输入行中输入 plot 后按 Enter 键或按 Ctrl+P 组合键，或选择【文件】|【打印】菜单命令，打开如图 9-45 所示的【打印 - 模型】对话框。在该对话框中，显示了用户最近设置的一些选项，用户还可以更改这些选项。如果认为设置符合要求，则单击【确定】按钮，AutoCAD 即可自动开始打印。

图 9-45

1. 打印预览

在将图形发送到打印机或绘图仪之前，最好先生成打印图形的预览。

预览显示图形在打印时的确切外观，包括线宽、填充图案和其他打印样式选项。

预览图形时，将隐藏活动工具栏和工具选项板，并显示临时的【预览】工具栏，其中提供了打印、平移和缩放图形的按钮。

在【打印】和【页面设置】对话框中，缩微预览还会在页面上显示可打印区域和图形的位置。

预览打印的步骤如下。

(1) 选择【文件】|【打印】菜单命令，打开【打印】对话框。

(2) 在【打印】对话框中，单击【预览】按钮。

(3) 打开【预览】窗口，鼠标指针将变为实时缩放鼠标指针。

(4) 单击右键可显示包含以下选项的快捷菜单：【打印】、【平移】、【缩放】、【缩放窗口】或【缩放为原窗口】(缩放至原来的预览比例)。

(5) 按 Esc 键退出预览并返回到【打印】对话框。

(6) 如果需要，继续调整其他打印设置，然后再次预览打印图形。

(7) 设置正确之后，单击【确定】按钮以打印图形。

2. 打印图形

绘制图形后，可以使用多种方法输出。可以将图形打印在图纸上，也可以创建成文件以供其他应用程序使用。以上两种情况都需要进行打印设置。

打印图形的步骤如下。

(1) 选择【文件】|【打印】菜单命令，打开【打印】对话框。

(2) 在【打印】对话框的【打印机/绘图仪】选项组中，从【名称】下拉列表框中选择一种绘图仪。如图 9-46 所示为【名称】下拉列表框。

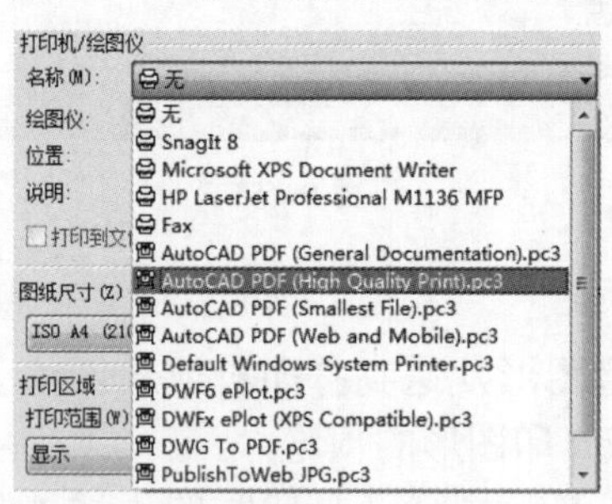

图 9-46

(3) 在【图纸尺寸】下拉列表框中选择图纸尺寸。在【打印份数】微调框中，输入要打印的份数。在【打印区域】选项组中，指定图形中要打印的部分。在【打印比例】选项组中，从【比例】下拉列表框中选择缩放比例。

(4) 有关其他选项的信息，单击【更多选项】按钮，如图 9-47 所示。如不需要则可单击【更少选项】按钮。

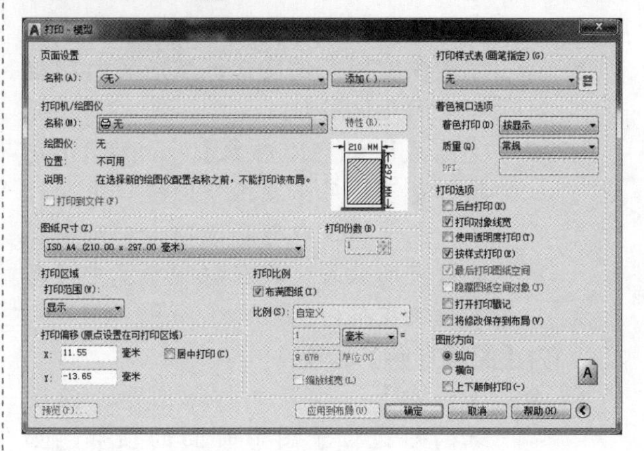

图 9-47

(5) 在【打印样式表(画笔指定)】下拉列表框中选择打印样式表。在【着色视口选项】和【打印选项】选项组中，选择适当的设置。在【图形方向】选项组中，选择一种方向。

(6) 单击【确定】按钮即可进行最终的打印。

> **注意：**
>
> 打印戳记只在打印时出现，不与图形一起保存。

9.5 设计范例

9.5.1 电气元件绘制范例

本范例完成文件：ywj/09/9-1.dwg

案例分析

本节的案例是使用捕捉和栅格功能精确绘制一个电气元件，主要用来熟悉捕捉和栅格操作命令。

案例操作

步骤 01 绘制水平直线

① 单击【状态栏】面板中的【显示图形栅格】按钮，在绘图区显示图形栅格，如图 9-48 所示。
② 单击【状态栏】面板中的【捕捉到图形栅格】按钮。
③ 单击【绘图】面板中的【直线】按钮。
④ 在绘图区中捕捉栅格点两次并单击，绘制水平直线。

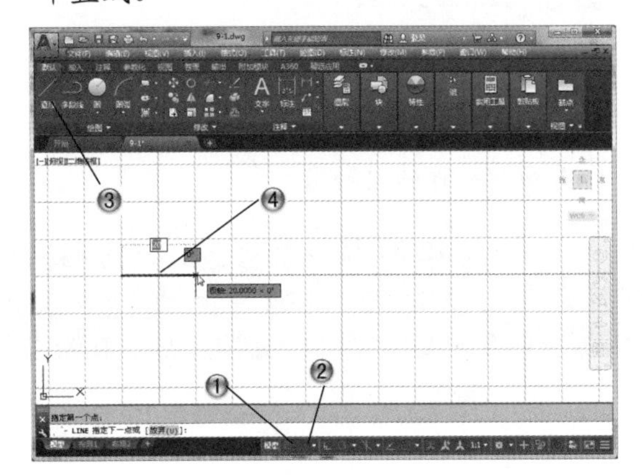

图 9-48

步骤 02 绘制三角形

① 单击【绘图】面板中的【直线】按钮，如图 9-49 所示。
② 在绘图区捕捉栅格点三次并单击，绘制三角形。

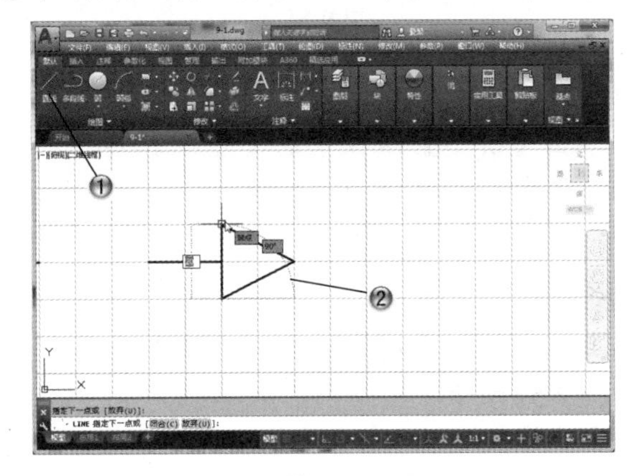

图 9-49

步骤 03 绘制垂直直线

① 单击【绘图】面板中的【直线】按钮，如图 9-50 所示。
② 在绘图区捕捉栅格点并单击，绘制垂直直线和水平直线。

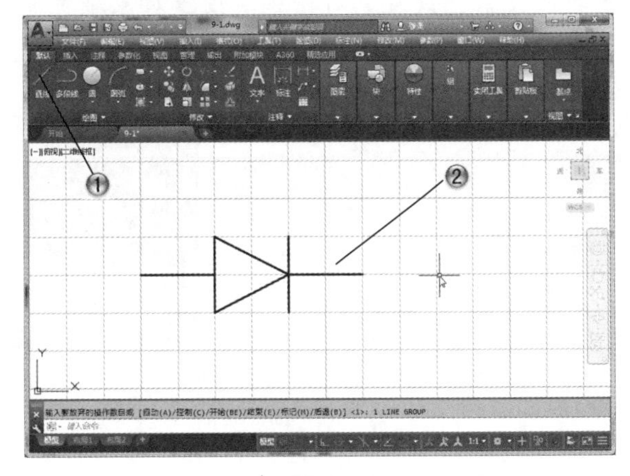

图 9-50

步骤 04 完成图形

① 至此，范例制作完成，单击【状态栏】面板中的【显示图形栅格】按钮，如图 9-51 所示。
② 在绘图区取消栅格显示，查看图形。

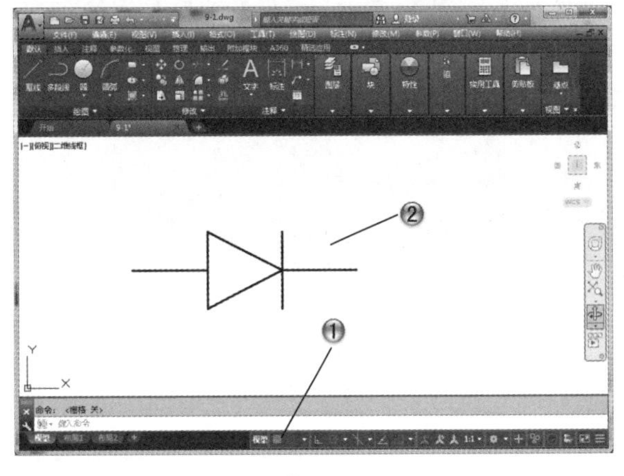

图 9-51

9.5.2 轴承座图形绘制范例

本范例完成文件：ywj/09/9-2.dwg

案例分析

本节的案例是绘制一个轴承座的图形，主要使用对象捕捉命令进行绘图。

案例操作

步骤 01 设置对象捕捉参数

❶ 选择【工具】|【绘图设置】菜单命令，如图 9-52 所示。

❷ 打开【草图设置】对话框，设置对象捕捉的参数。

❸ 单击【草图设置】对话框中的【确定】按钮。

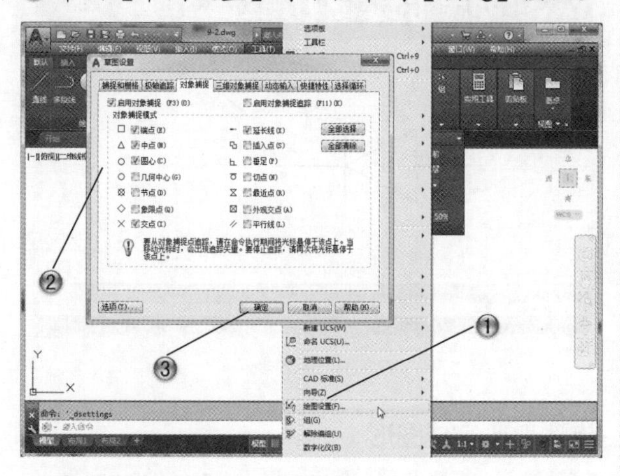

图 9-52

步骤 02 绘制矩形

❶ 单击【绘图】面板中的【矩形】按钮，如图 9-53 所示。

❷ 设置矩形的尺寸为 100×10，绘制矩形。

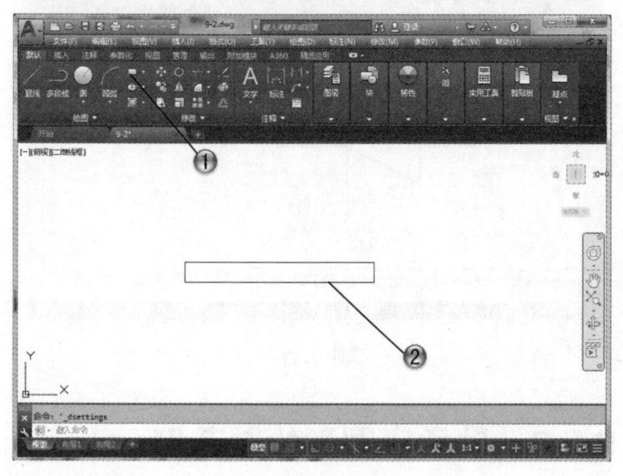

图 9-53

步骤 03 绘制中心线

❶ 单击【绘图】面板中的【直线】按钮，如图 9-54 所示。

❷ 在绘图区单击两次，绘制中心线。

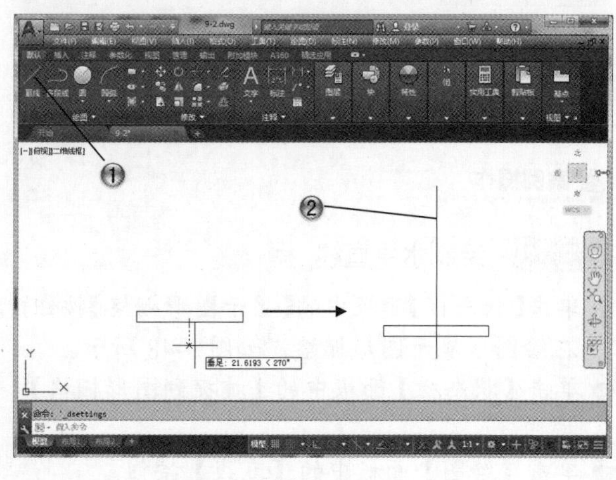

图 9-54

步骤 04 绘制同心圆

❶ 单击【绘图】面板中的【圆心，半径】按钮，如图 9-55 所示。

❷ 在绘图区捕捉中心线的中点作为圆心绘制半径为 20 和 10 的同心圆。

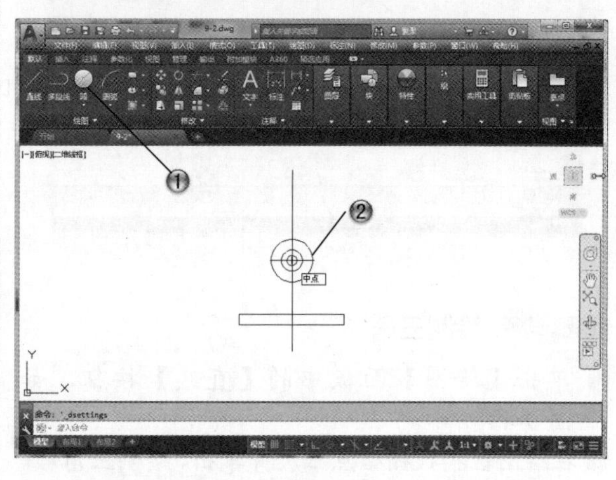

图 9-55

步骤 05 绘制切线

❶ 单击【绘图】面板中的【直线】按钮，如图 9-56 所示。

❷ 在绘图区捕捉大圆的切点绘制两条相切直线。

步骤 06 绘制相交线

❶ 单击【绘图】面板中的【直线】按钮，如图 9-57 所示。

❷ 在绘图区绘制两条垂直相交线。至此这个案例就制作完成了。

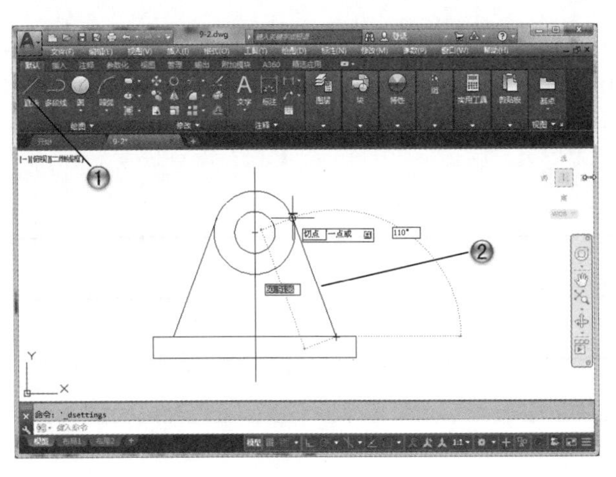

图 9-56

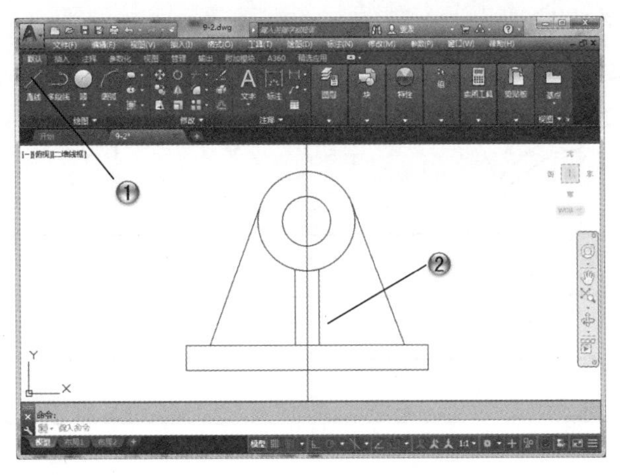

图 9-57

9.6 本章小结和练习

9.6.1 本章小结

本章主要介绍了用 AutoCAD 2018 精确绘图的方法和命令，读者通过本章的学习，可以进一步提高绘图的准确度与精确度。另外本章还介绍了图形输出打印方法，讲解了有关图纸打印输出的一般内容，读者在以后的图形输出与打印过程中可以根据不同的需求进行设定。

9.6.2 练习

如图 9-58 所示，使用本章学过的命令来创建机械零件图。

(1) 设置对象捕捉。

(2) 绘制机械零件平面。

(3) 标注尺寸。

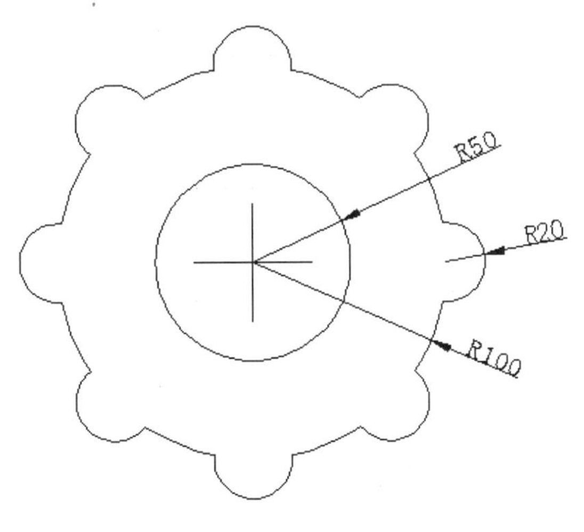

图 9-58

学习心得

第10章

绘制和编辑三维模型

本章导读

在 AutoCAD 2018 中有一项重要的功能，即三维绘图。三维绘图是二维绘图的延伸，也是绘图中较为高端的手段。本章主要介绍三维绘图的基础知识，包括轴视图和透视图的概念、坐标系统和视点的使用，同时讲解基本的三维图形界面和绘制三维模型的方法，介绍绘制三维实体的方法和命令，使用户对三维实体绘图有所认识。

10.1 三维界面和坐标系

三维立体是一个直观的立体的表现方式，但要在平面的基础上表示三维图形，则需要有一些三维知识，并且要对平面的立体图形有所认识。在 AutoCAD 2018 中有三维绘图的界面，更加适合三维绘图的习惯。下面来认识三维建模界面和用户坐标系统，并了解用户坐标系统的一些基本操作。

10.1.1 三维界面

【三维建模】界面是 AutoCAD 2018 中的一种界面形式，启动【三维建模】界面的方法比较简单，在【状态栏】中单击【切换工作空间】按钮，打开菜单后选择【三维建模】选项，如图 10-1 所示，即可启动【三维建模】界面，如图 10-2 所示。

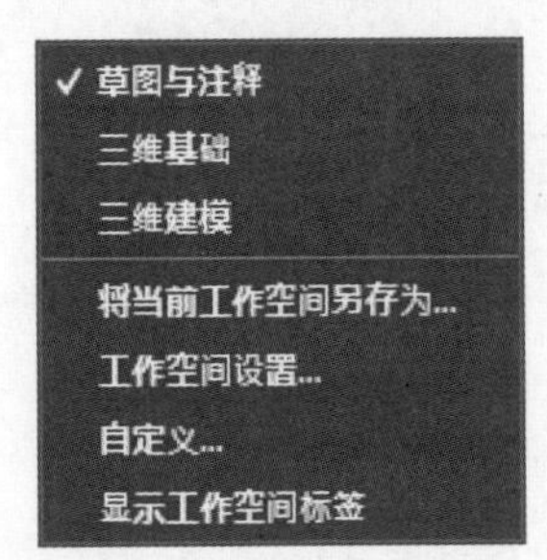

图 10-1

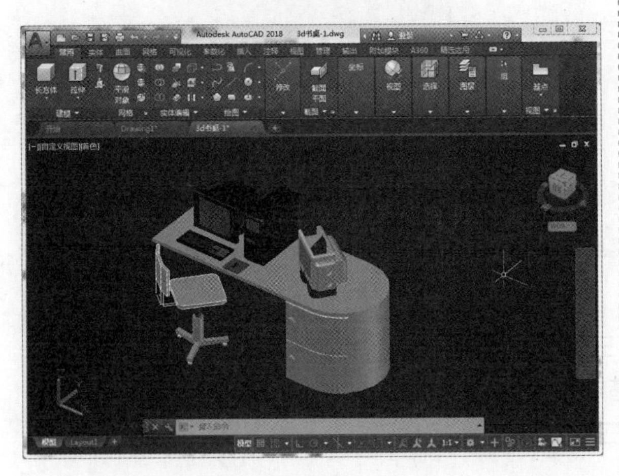

图 10-2

【三维建模】界面和普通界面的结构基本相同，但是其面板区变为了三维面板，主要包括【建模】、【网格】、【实体编辑】、【绘图】、【修改】和【截面】等面板，集成了多个工具按钮，可以方便三维绘图的使用。

10.1.2 坐标系简介

用户坐标系是用于创建坐标、操作平面和观察图形的一种可移动的坐标系统。用户坐标系统由用户来指定，它可以在任意平面上定义 XY 平面，并根据这个平面，垂直拉伸出 Z 轴，组成坐标系统。这大大方便了绘制三维物体时坐标的定位。

打开【视图】选项卡，常用的关于坐标系的命令就放在如图 10-3 所示【坐标】面板里，用户只要单击其中的按钮即可启动对应的坐标系命令。也可以使用【工具】菜单中【新建 UCS】子菜单的各种命令，如图 10-4 所示。

图 10-3

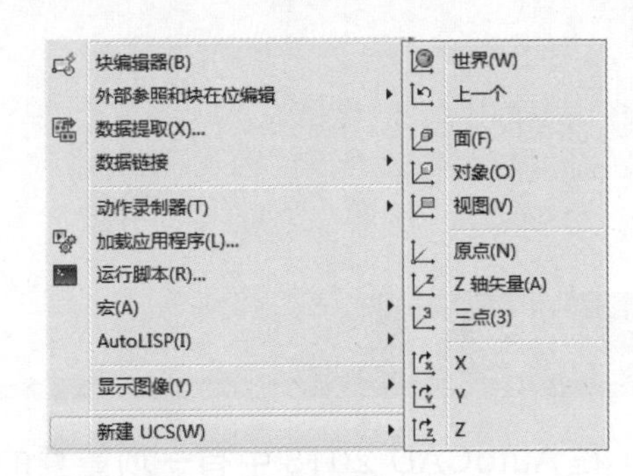

图 10-4

AutoCAD 的大多数几何编辑命令取决于 UCS 的位置和方向，图形将绘制在当前 UCS 的 XY 平面上。UCS 命令用于设置用户坐标系在三维空间中的方向，可以定义二维对象的方向和 THICKNESS 系统变量的拉伸方向。它可以提供 ROTATE(旋转) 命令的旋转轴，并为指定点提供默认的投影平面。当使用定点设备定义点时，定义的点通常置于 XY 平面上。如果 UCS 旋转使 Z 轴位于与观察平面平行的平面上 (XY 平面对于观察者来说显示为一条边)，那么可能很难查看该点的位置。这种情况下，将把该点定位在与观察平面平行的包含 UCS 原点的平面上。例如，如果观察方向沿着 X 轴，那么用定点设备指定的坐标将定义在包含 UCS 原点的 YZ 平面上。不同的对象新建的 UCS 也有所不同，如表 10-1 所示。

表 10-1 不同对象新建 UCS 的情况

对象	确定 UCS 的情况
圆弧	圆弧的圆心成为新 UCS 的原点，X 轴通过距离指定的点最近的圆弧端点
圆	圆的圆心成为新 UCS 的原点
直线	距离所指定的点最近的直线上的端点成为新 UCS 的原点，选择新 X 轴，直线位于新 UCS 的 XZ 平面上。直线第二个端点在新系统中的 Y 坐标为 0
二维多段线	多段线的起点为新 UCS 的原点，X 轴沿从起点到下一个顶点的线段延伸

10.1.3 新建 UCS

执行下面两种操作之一可以启动 UCS。

(1) 单击【视图】选项卡的 UCS 面板中的【原点】按钮。

(2) 在命令输入行输入 UCS。

执行上述任一操作后，命令输入行将会出现如下提示：

命令 : ucs
当前 UCS 名称 : * 世界 *
指定 UCS 的原点或 [面 (F)/ 命名 (NA)/ 对象 (OB)/ 上一个 (P)/ 视图 (V)/ 世界 (W)/X/Y/Z/Z 轴 (ZA)] < 世界 >:

提示

该命令不能选择下列对象：三维实体、三维多段线、三维网络、视窗、多线、面、样条曲线、椭圆、射线、构造线、引线、多行文字。

输入 N(新建) 时，命令输入行有如下提示，提示用户选择新建用户坐标系的方法：

指定 UCS 的原点或 [面 (F)/ 命名 (NA)/ 对象 (OB)/ 上一个 (P)/ 视图 (V)/ 世界 (W)/X/Y/Z/Z 轴 (ZA)] < 世界 >: N
指定新 UCS 的原点或 [Z 轴 (ZA)/ 三点 (3)/ 对象 (OB)/ 面 (F)/ 视图 (V)/X/Y/Z] <0,0,0>:

用下列 7 种方法可以建立新坐标系。

(1) 原点。

通过指定当前用户坐标系 UCS 的新原点，保持其 X、Y 和 Z 轴方向不变，从而定义新的 UCS，如图 10-5 所示。命令输入行提示如下：

指定新 UCS 的原点或 [Z 轴 (ZA)/ 三点 (3)/ 对象 (OB)/ 面 (F)/ 视图 (V)/X/Y/Z] <0,0,0>: // 指定点

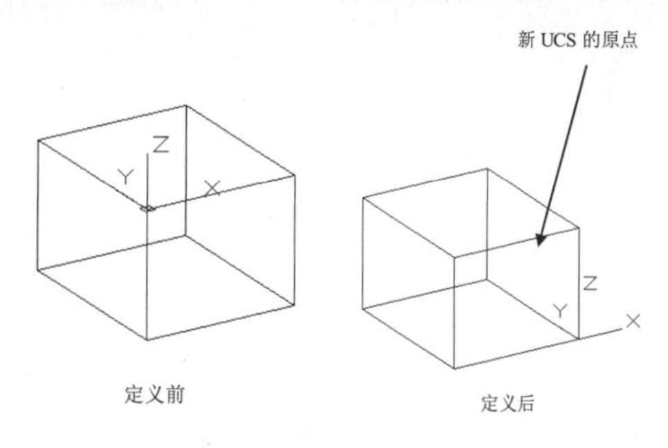

图 10-5

(2)Z 轴 (ZA)。

用特定的 Z 轴正半轴定义 UCS。命令输入行提示如下：

指定 UCS 的原点或 [面 (F)/ 命名 (NA)/ 对象 (OB)/ 上一个 (P)/ 视图 (V)/ 世界 (W)/X/Y/Z/Z 轴 (ZA)] < 世界 >: ZA
指定新原点或 [对象 (O)] <0,0,0>: // 指定点
在正 Z 轴范围上指定点 :// 指定点

指定新原点和位于新建 Z 轴正半轴上的点。【Z 轴】选项使 XY 平面倾斜，如图 10-6 所示。

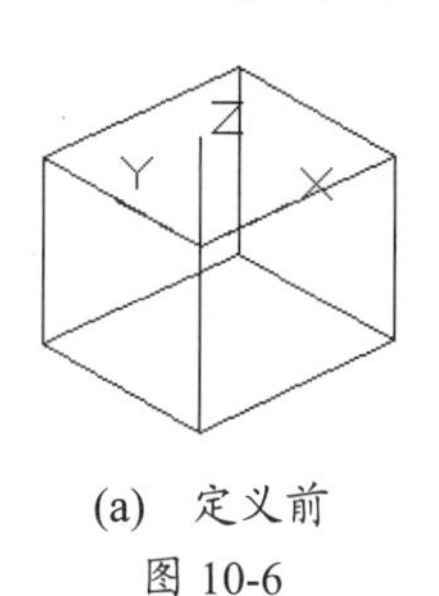

(a) 定义前

图 10-6

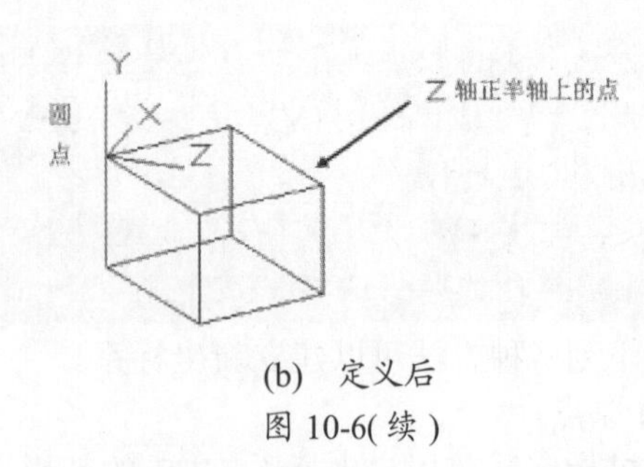

(b) 定义后

图 10-6(续)

(3) 三点 (3)。

指定新 UCS 的原点及其 X 和 Y 轴的正方向，Z 轴由右手螺旋定则确定。可以使用此选项指定任意可能的坐标系。也可以在 UCS 面板中单击【3 点 UCS】按钮。命令输入行提示如下：

指定新 UCS 的原点或 [Z 轴 (ZA)/ 三点 (3)/ 对象 (OB)/ 面 (F)/ 视图 (V)/X/Y/Z] <0,0,0>:3

指定新原点 <0,0,0>: _ner // 捕捉如图 10-7(a) 所示的最近点

在正 X 轴范围上指定点 <1.0000,-106.9343,0.0000>: @0,10,0 // 按相对坐标确定 X 轴通过的点

在 UCS XY 平面的正 Y 轴范围上指定点 <-1.0000,-106.9343,0.0000>: @-10,0,0 // 按相对坐标确定 Y 轴通过的点

效果如图 10-7(b) 所示。

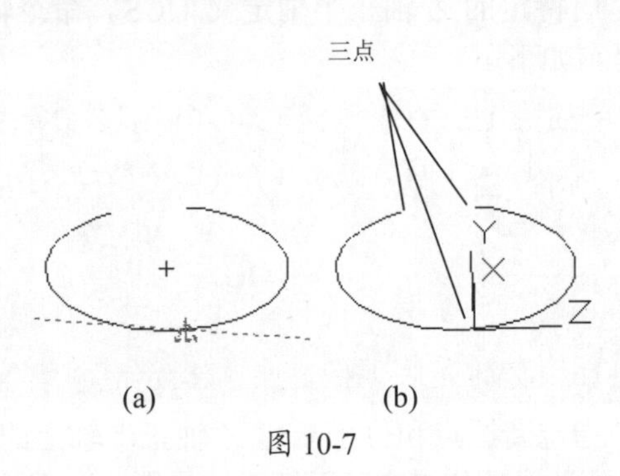

(a) (b)

图 10-7

第一点指定新 UCS 的原点。第二点定义了 X 轴的正方向。第三点定义了 Y 轴的正方向。第三点可以位于新 UCS XY 平面 Y 轴正半轴上的任何位置。

(4) 对象 (OB)。

根据选定的三维对象定义新的坐标系。新坐标系 UCS 的 Z 轴正方向为选定对象的拉伸方向，如图 10-8 所示。命令输入行提示如下：

指定新 UCS 的原点或 [Z 轴 (ZA)/ 三点 (3)/ 对象 (OB)/ 面 (F)/ 视图 (V)/X/Y/Z] <0,0,0>: OB

选择对齐 UCS 的对象 :// 选择对象

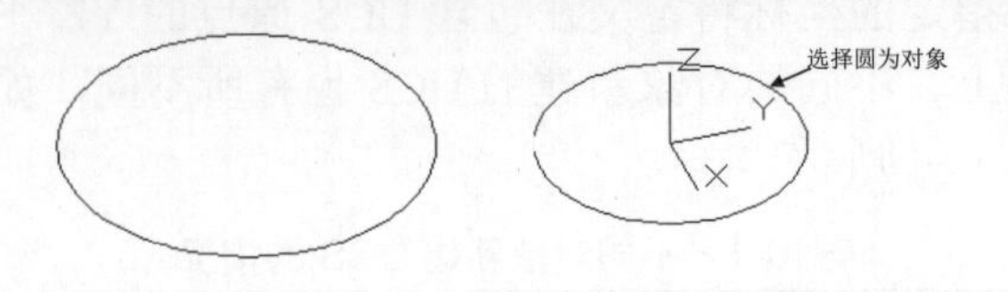

图 10-8

此选项不能用于下列对象：三维实体、三维多段线、三维网格、面域、样条曲线、椭圆、射线、参照线、引线、多行文字等不能拉伸的图形对象。

对于非三维面的对象，新 UCS 的 XY 平面与绘制该对象时生效的 XY 平面平行。但 X 和 Y 轴可作不同的旋转。

(5) 面 (F)。

将 UCS 与实体对象的选定面对齐。要选择一个面，可以在此面的边界内或面的边上单击，被选中的面将亮显，UCS 的 X 轴将与找到的第一个面上的最近的边对齐。命令输入行提示如下：

指定 UCS 的原点或 [面 (F)/ 命名 (NA)/ 对象 (OB)/ 上一个 (P)/ 视图 (V)/ 世界 (W)/X/Y/Z/Z 轴 (ZA)] : f

选择实体对象的面：

输入选项 [下一个 (N)/X 轴反向 (X)/Y 轴反向 (Y)] < 接受 >:

提示中各选项的解释如下。

- 【下一个】：将 UCS 定位于邻接的面或选定边的后向面。
- 【X 轴反向】：将 UCS 绕 X 轴旋转 180 度。
- 【Y 轴反向】：将 UCS 绕 Y 轴旋转 180 度。
- 【接受】：如果按 Enter 键，则接受该位置。否则将重复出现提示，直到接受位置为止，如图 10-9 所示。

(6) 视图 (V)。

以垂直于观察方向 (平行于屏幕) 的平面为 XY 平面，建立新的坐标系。UCS 原点保持不变，如图 10-10 所示。

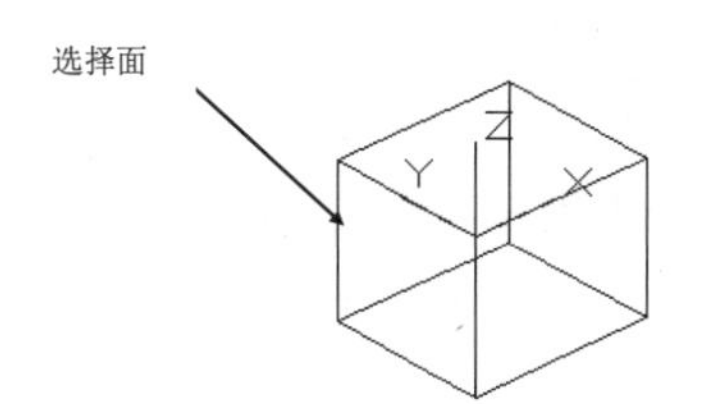

图 10-9

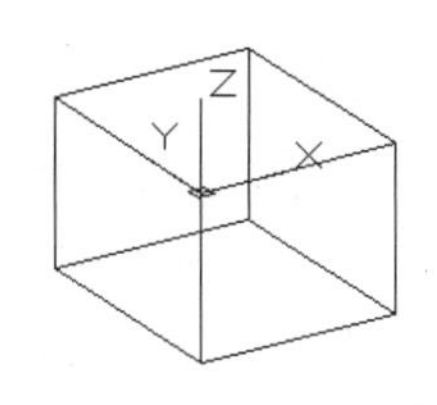

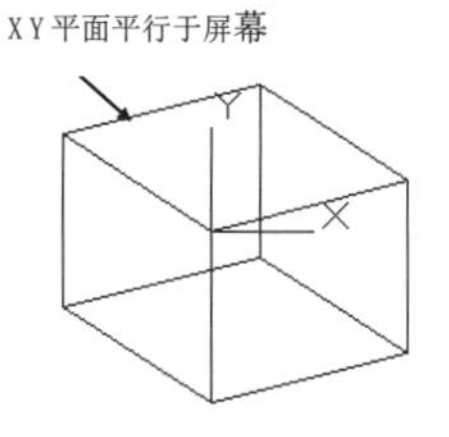

图 10-10

(7)X/Y/Z。

绕指定轴旋转当前 UCS。命令输入行提示如下：

> 指定新 UCS 的原点或 [Z 轴 (ZA)/ 三点 (3)/ 对象 (OB)/ 面 (F)/ 视图 (V)/X/Y/Z] <0,0,0>:X
> // 或者输入 Y 或者 Z
> 指定绕 X 轴的旋转角度 <0>:// 指定角度

输入正或负的角度以旋转 UCS。AutoCAD 用右手定则来确定绕该轴旋转的正方向。通过指定原点和一个或多个绕 X、Y 或 Z 轴的旋转，可以定义任意的 UCS，如图 10-11 所示。也可以通过 UCS 面板上的【绕 X 轴旋转当前 UCS】按钮、【绕 Y 轴旋转当前 UCS】按钮和【绕 Z 轴旋转当前 UCS】按钮来实现。

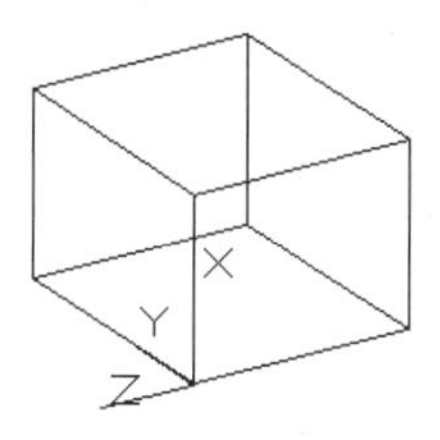

旋转前

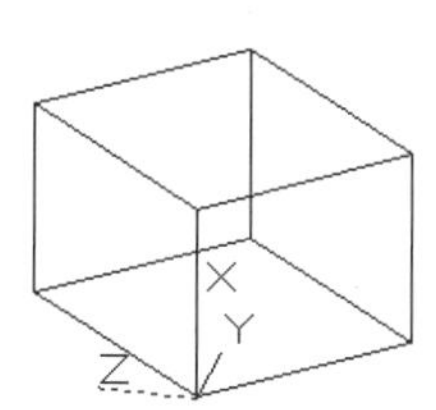

绕 X 轴旋转 45º

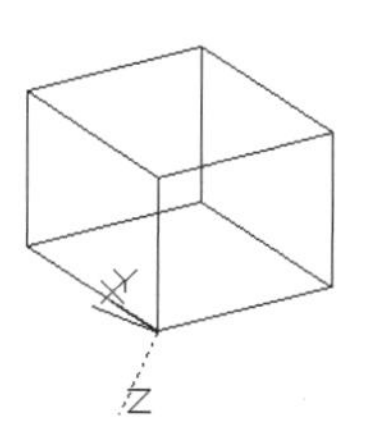

绕 Y 轴旋转 -60º

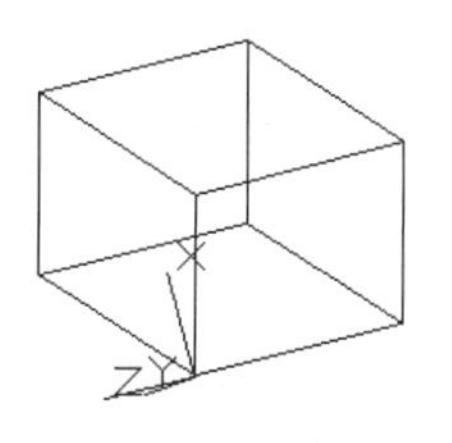

绕 Z 轴旋转 30º

图 10-11

10.1.4 命名 UCS

新建 UCS 后，还可以对 UCS 进行命名。

用户可以使用下面的方法启动 UCS 命名工具。

(1) 在命令输入行输入命令 dducs。

(2) 选择【工具】|【命名 UCS】菜单命令。

这时会打开 UCS 对话框，如图 10-12 所示。

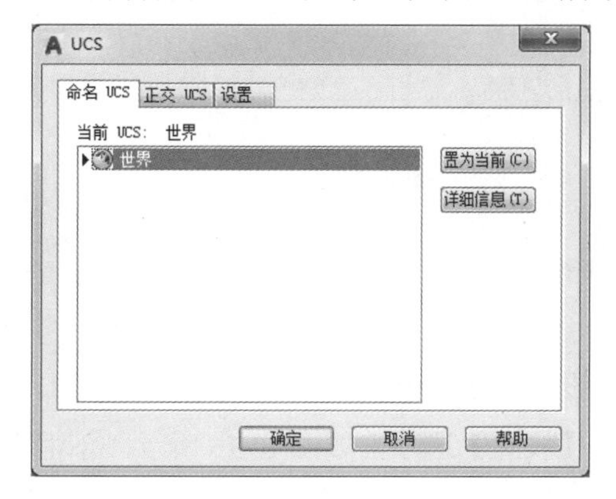

图 10-12

UCS 对话框中的参数用来设置和管理 UCS 坐标，下面分别对这些参数进行介绍。

1.【命名 UCS】选项卡

该选项卡如图 10-12 所示，其中列出了已有的 UCS。

在列表中选取一个 UCS，然后单击【置为当前】按钮，则将该 UCS 坐标设置为当前坐标系。

再在列表中选取一个 UCS，单击【详细信息】按钮，则打开【UCS 详细信息】对话框，如图 10-13 所示，在这个对话框中详细列出了该 UCS 坐标系的原点坐标，X、Y、Z 轴的方向。

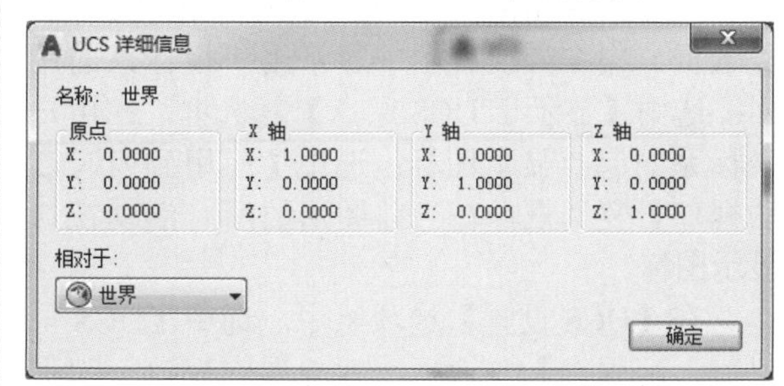

图 10-13

2.【正交 UCS】选项卡

【正交 UCS】选项卡如图 10-14 所示，在列表中有【俯视】、【仰视】、【前视】、【后视】、【左视】和【右视】六种当前图形中的正投影类型。

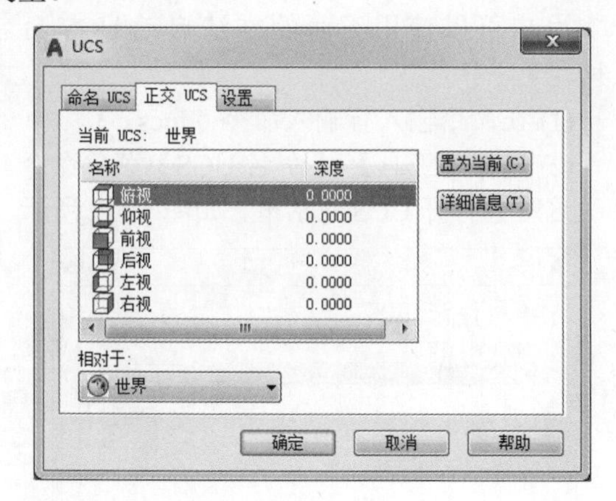

图 10-14

3.【设置】选项卡

【设置】选项卡如图 10-15 所示。下面介绍各项参数的设置。

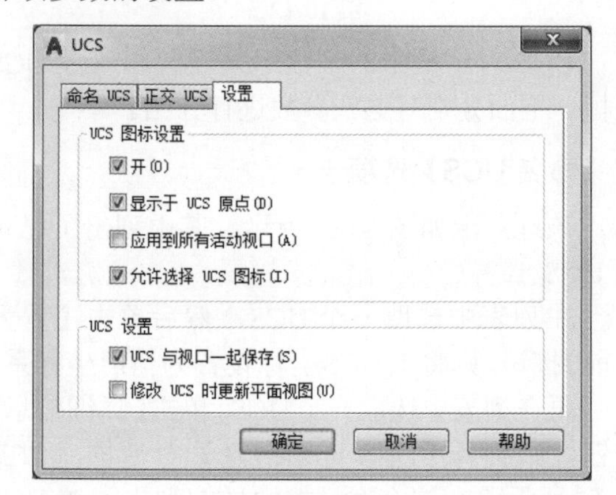

图 10-15

在【UCS 图标设置】选项组中，选中【开】复选框，则在当前视图中显示用户坐标系的图标；选中【显示于 UCS 原点】复选框，在用户坐标系的起点显示图标；选中【应用到所有活动视口】复选框，在当前图形的所有活动视口显示图标。

在【UCS 设置】选项组中，选中【UCS 与视口一起保存】复选框，就与当前视口一起保存坐标系，该选项由系统变量 UCSVP 控制；选中【修改 UCS 时更新平面视图】复选框，则当窗口的坐标系改变时，保存平面视图，该选项由系统变量 UCSFOLLOW 控制。

10.1.5 正交 UCS

指定 AutoCAD 提供的 6 个正交 UCS 之一。这些 UCS 设置通常用于查看和编辑三维模型。命令输入行提示如下：

指定 UCS 的原点或 [面 (F)/ 命名 (NA)/ 对象 (OB)/ 上一个 (P)/ 视图 (V)/ 世界 (W)/X/Y/Z/Z 轴 (ZA)] < 世界 >:G

输入选项 [俯视 (T)/ 仰视 (B)/ 前视 (F)/ 后视 (BA)/ 左视 (L)/ 右视 (R)] : // 输入选项

默认情况下，正交 UCS 设置将相对于世界坐标系 (WCS) 的原点和方向确定当前 UCS 的方向。 UCSBASE 系统变量控制 UCS，这个 UCS 是正交设置的基础。使用 UCS 命令的移动选项可修改正交 UCS 设置中的原点或 Z 向深度。

10.1.6 设置 UCS

要了解当前用户坐标系的方向，可以显示用户坐标系图标。有几种版本的图标可供使用，可以改变图标的大小、位置和颜色。

为了指示 UCS 的位置和方向，将在 UCS 原点或当前视口的左下角显示 UCS 图标。

可以选择三种图标中的一种来表示 UCS，如图 10-16 所示。

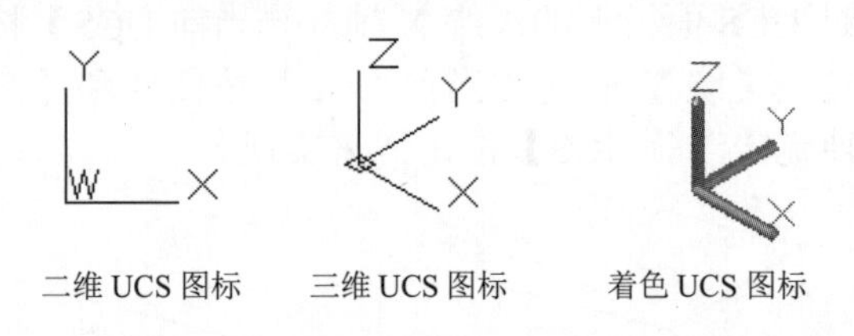

二维 UCS 图标　三维 UCS 图标　着色 UCS 图标

图 10-16

使用 UCSICON 命令在显示二维或三维 UCS 图标之间选择。要指示 UCS 的原点和方向，可以使用 UCSICON 命令在 UCS 原点显示 UCS 图标。

如果图标显示在当前 UCS 的原点处，则图标中有一个加号 (+)。如果图标显示在视口的左下角，则图标中没有加号。

如果存在多个视口，则每个视口都显示自己的 UCS 图标。

下面是一些图标的样例，如图 10-17 所示。

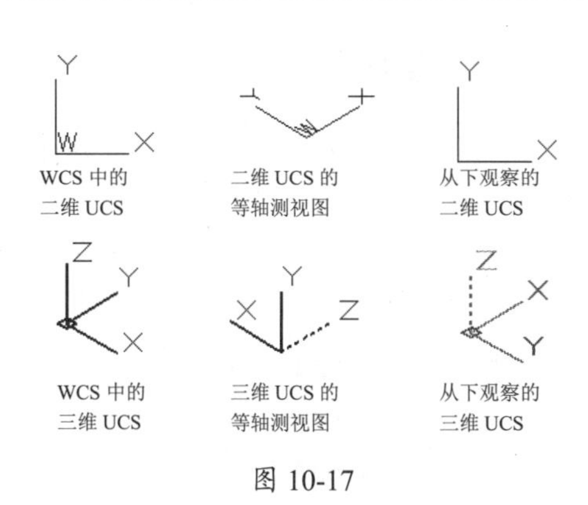

图 10-17

10.1.7 移动 UCS

可以通过平移当前 UCS 的原点或修改其 Z 轴深度来重新定义 UCS，但保留其 XY 平面的方向不变。修改 Z 轴深度将使 UCS 相对于当前原点沿自身 Z 轴的正方向或负方向移动。命令输入行提示如下：

指定 UCS 的原点或 [面 (F)/ 命名 (NA)/ 对象 (OB)/ 上一个 (P)/ 视图 (V)/ 世界 (W)/X/Y/Z/Z 轴 (ZA)] < 世界 >:M

指定新原点或 [Z 向深度 (Z)] <0，0，0>: // 指定或输入 z

主要选项解释如下：

- 新原点：修改 UCS 的原点位置。
- Z 向深度 (Z): 指定 UCS 原点在 Z 轴上移动的距离。命令提示行如下：

指定 Z 向深度 <0>: // 输入距离

如果有多个活动视口，且改变视口来指定新原点或 Z 向深度时，那么所作修改将被应用到命令开始执行时的当前视口中的 UCS 上，且命令结束后此视图被置为当前视图。

10.1.8 三维坐标系

视点是指用户在三维空间观察三维模型的位置。视点的 X、Y、Z 坐标确定了一个由原点发出的矢量，这个矢量就是观察方向。由视点沿矢量方向向原点看所见到的图形称为视图。

10.2 设置三维视点和动态观察

绘制三维图形时经常需要改变视点，以满足从不同角度观察图形各部分的需要。同时，应用三维动态可视化工具，可以从不同视点动态观察各种三维图形。

10.2.1 使用视点预设命令

选择【视图】|【三维视图】|【视点预设】菜单命令或者在命令输入行输入 Vpoint 后按 Enter 键，打开【视点预设】对话框，如图 10-18 所示，其中各参数的解释如下。

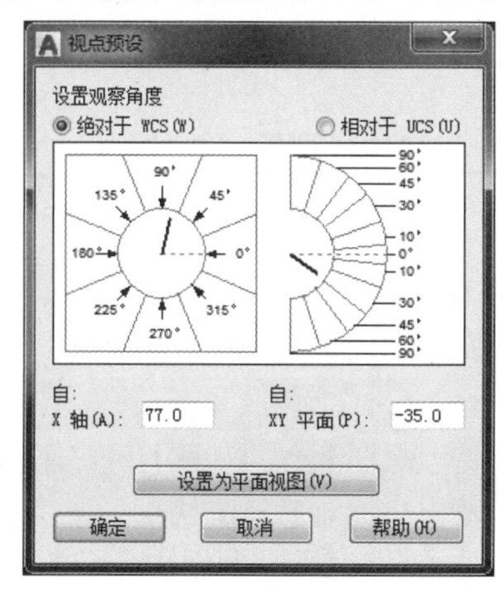

图 10-18

- 【绝对于 WCS】：所设置的坐标系基于世界坐标系。
- 【相对于 UCS】：所设置的坐标系相对于当前用户坐标系。
- 左半部分方形分度盘表示观察点和原点连线在 XY 平面投影与 X 轴夹角。有 8 个位置可选。
- 右半部分半圆分度盘表示观察点与原点的连线与 XY 平面形成的夹角。有 9 个位置可选。
- 【X 轴】文本框：可输入 360 度以内任意值设置观察方向与 X 轴的夹角。

- 【XY 平面】文本框：可输入 ±90 度内任意值设置观察方向与 XY 平面的夹角。
- 【设置为平面视图】按钮：单击该按钮，则取标准值，设置的平面与 X 轴夹角 270 度，与 XY 平面夹角 90 度。

10.2.2 其他特殊视点

在视点设置过程中，还可以选取预定义标准观察点，可以从 AutoCAD 2018 中预定义的 10 个标准视图中直接选取。

在菜单栏中选择【视图】|【三维视图】中的命令，如图 10-19 所示，即可定义观察点。这些标准视图包括：俯视图、仰视图、左视图、右视图、前视图、后视图、西南等轴测视图、东南等轴测视图、东北等轴测视图和西北等轴测视图。

图 10-19

10.2.3 三维动态观察器

应用三维动态可视化工具，可以从不同视点动态观察各种三维图形。

选择【视图】|【动态观察】菜单命令，如图 10-20 所示，可以启动这三种观察工具。

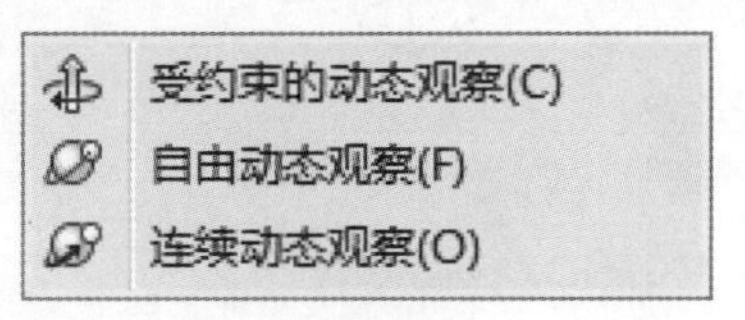

图 10-20

启动三维动态观察器工具后，如图 10-21 所示。按住鼠标左键不放，移动鼠标指针，坐标系原点、观察对象相应转动，实现动态观察。松开鼠标左键，画面定位。

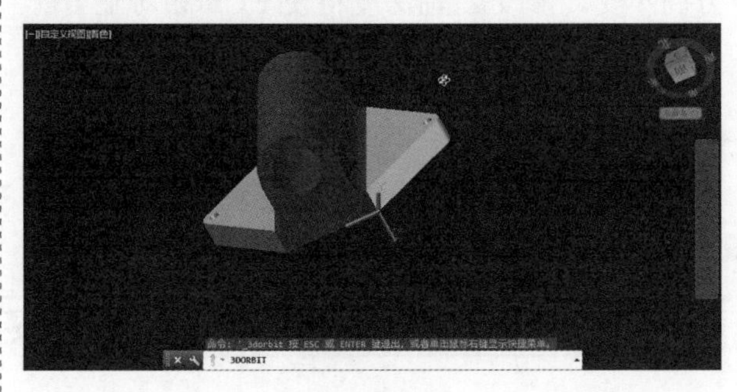

图 10-21

10.3 绘制三维曲面

AutoCAD 2018 可绘制的三维图形有线框模型、表面模型和实体模型等，并且可以对三维图形进行编辑。

10.3.1 绘制三维面

三维面命令用来创建任意方向的三边或四边三维面，四点可以不共面。【三维面】命令的调用方法：

(1) 选择【绘图】|【建模】|【网格】|【三维面】菜单命令。

(2) 在命令输入行输入命令 3dface。

命令输入行提示如下：

```
命令 : 3dface
指定第一点或 [ 不可见 (I)]:
指定第二点或 [ 不可见 (I)]:
指定第三点或 [ 不可见 (I)] < 退出 >:                //
直接按 Enter 键，生成三边面，指定点继续
```

指定第四点或 [不可见 (I)] < 创建三侧面 >:

在提示行中若指定第四点，则命令提示行继续提示指定第三点或退出，直接按 Enter 键，则生成四边平面或曲面。若继续确定点，则上一个第三点和第四点连线成为后续平面第一边，三维面递进生长。命令提示行如下：

指定第三点或 [不可见 (I)] < 退出 >:
指定第四点或 [不可见 (I)] < 创建三侧面 >:

绘制成的三边平面、四边面和多个面如图 10-22 所示。

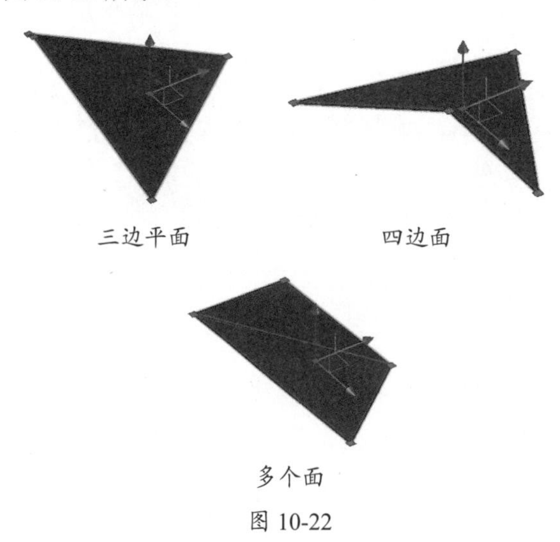

图 10-22

命令提示行中的选项说明如下。

- 第一点：定义三维面的起点。在输入第一点后，可按顺时针或逆时针方向输入其余的点，以创建普通三维面。如果四个顶点在同一个平面上，那么 AutoCAD 将创建一个类似于面域对象的平面。当着色或渲染对象时，该平面将被填充。
- 【不可见】：控制三维面各边的可见性，以便建立有孔对象的正确模型。在边的第一点之前输入 i 或 invisible，可以使该边不可见。不可见属性必须在使用任何对象捕捉模式、XYZ 过滤器或输入边的坐标之前定义。可以创建所有边都不可见的三维面。这样的面是虚幻面，它不显示在线框图中，但在线框图形中会遮挡形体。

10.3.2 绘制基本三维曲面

三维线框模型 (Wire model) 是三维形体的框架，是一种较直观和简单的三维表达方式。AutoCAD 2018 中的三维线框模型只是空间点之间相连直线、曲线信息的集合，没有面和体的定义，因此，它不能消隐、着色或渲染。但是它有简洁、好编辑的优点。

1. 三维线条

二维绘图中使用的直线 (Line) 和样条曲线 (Spline) 命令可直接用于绘制三维图形，操作方式与二维绘制相同，在此就不重复了，只是绘制三维线条，输入点的坐标值时，要输入 X、Y、Z 的坐标值。

2. 三维多段线

三维多段线是由多条空间线段首尾相连的多段线，其可以作为单一对象编辑，但其与二维多段线有区别，它只能为线段首尾相连，不能设计线段的宽度。图 10-23 所示为三维多段线。

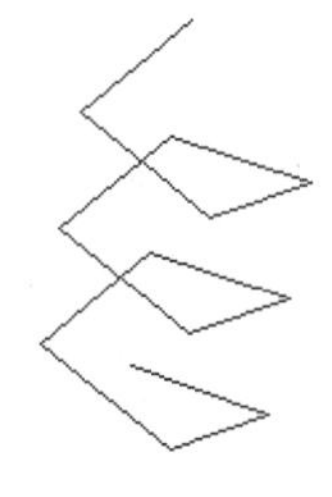

图 10-23

绘制三维多段线的方法如下。

- 在【默认】选项卡【绘图】面板中单击【三维多段线】按钮
- 选择【绘图】|【三维多段线】菜单命令。
- 在命令输入行输入命令 3dpoly。

命令输入行提示如下：

指定多段线的起点 :
指定直线的端点或 [放弃 (U)]:
指定直线的端点或 [放弃 (U)]:
指定直线的端点或 [闭合 (C)/ 放弃 (U)]:

从前一点到新指定的点绘制一条直线。命令提示不断重复，直到按 Enter 键结束命令为止。如果在命令行输入命令：U，则结束绘制三维多段线；如果输入指定三点后，输入命令：C，则多段线闭合。指定点可以用鼠标选择或者输入点的坐标。

三维多段线和二维多段线的比较如表 10-2 所示。

表 10-2 三维多段线和二维多段线比较表

	三维多段线	二维多段线
相同点	◆ 多段线是一个对象。 ◆ 可以分解。 ◆ 可以用 Pedit 命令进行编辑	
不同点	◆ Z坐标值可以不同。 ◆ 不含弧线段，只有直线段。 ◆ 不能有宽度。 ◆ 不能有厚度。 ◆ 只有实线一种线形	◆ Z坐标值均为0。 ◆ 包括弧线段等多种线段。 ◆ 可以有宽度。 ◆ 可以有厚度。 ◆ 有多种线形

10.3.3 绘制三维网格

使用【三维网格】命令可以生成矩形三维多边形网格，主要用于图解二维函数。绘制三维网格命令的调用方法为：在命令输入行输入命令 3dmesh。

命令输入行提示如下：

```
命令 : 3dmesh
输入 M 方向上的网格数量 :
输入 N 方向上的网格数量 :
为顶点 (0, 0) 指定位置 :
为顶点 (0, 1) 指定位置 :
为顶点 (1, 0) 指定位置 :
为顶点 (1, 1) 指定位置 :
为顶点 (2, 0) 指定位置 :
为顶点 (2, 1) 指定位置 :
```

注意：

M 和 N 的数值在 2 ～ 256 之间。

绘制成的三维网格如图 10-24 所示。

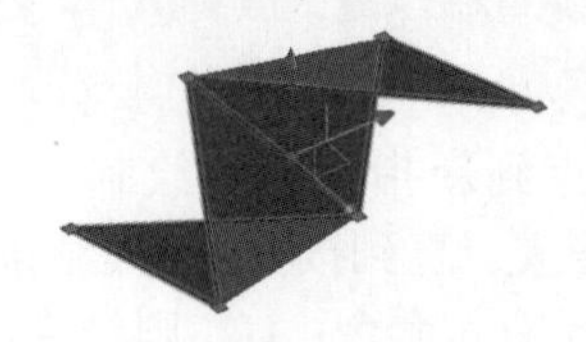

图 10-24

10.3.4 绘制旋转曲面

【旋转网格】命令是将对象绕指定轴旋转，生成旋转网格曲面。【旋转网格】命令的调用方法有如下几种。

- 选择【绘图】|【建模】|【网格】|【旋转网格】菜单命令。
- 单击【网格】选项卡的【图元】面板中的【旋转网格】按钮。
- 在命令输入行输入命令 revsurf。

执行上述任一操作后，命令输入行提示如下：

```
命令 : revsurf
当前线框密度 : SURFTAB1=6  SURFTAB2=6
选择要旋转的对象 :          // 选择一个对象
选择定义旋转轴的对象 :   // 选择一个对象，通常为直线
指定起点角度 <0>:
指定包含角 (+= 逆时针，-= 顺时针 ) <360>:
```

绘制成的旋转网格如图 10-25 所示。

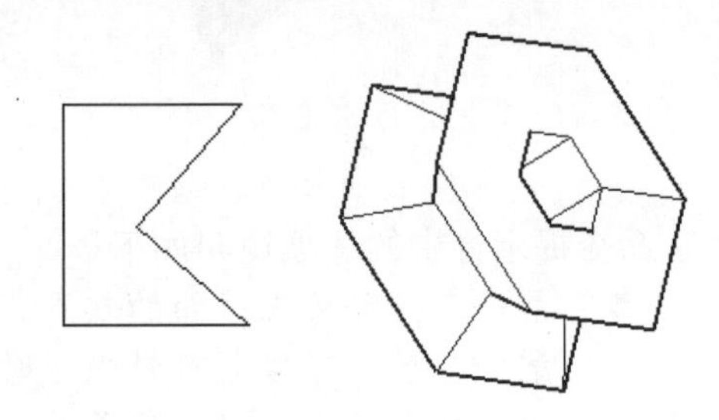

图 10-25

注意：

在执行【旋转网格】命令前，应绘制好轮廓曲线和旋转轴。

TIPS 提示

在命令输入行输入 SURFTAB1 或 SURF TAB2 后按 Enter 键，可调整线框的密度值。

10.3.5 绘制平移曲面

【平移网格】命令可以绘制一个由路径曲

线和方向矢量决定的多边形网格。【平移网格】命令的调用方法有如下几种。

- 选择【绘图】|【建模】|【网格】|【平移网格】菜单命令。
- 单击【网格】选项卡的【图元】面板中的【平移网格】按钮。
- 在命令输入行输入命令 tabsurf。

执行上述任一操作后，命令输入行提示如下：

命令 : _tabsurf
当前线框密度 : SURFTAB1=6
选择用作轮廓曲线的对象 :
选择用作方向矢量的对象 :

注意：

在执行此命令前，应绘制好轮廓曲线和方向矢量。轮廓曲线可以是直线、圆弧、曲线等。

绘制成的平移曲面如图 10-26 所示。

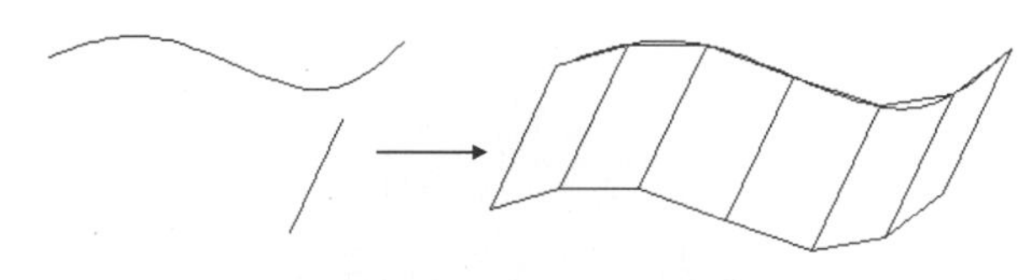

图 10-26

10.3.6 绘制直纹曲面

【直纹网格】命令用于在两个对象之间建立一个 2*N 的直纹网格曲面。【直纹网格】命令的调用方法有如下几种。

- 选择【绘图】|【建模】|【网格】|【直纹网格】菜单命令。
- 单击【网格】选项卡的【图元】面板中的【直纹网格】按钮。
- 在命令输入行输入命令 rulesurf。

执行上述任一操作后，命令输入行提示如下：

命令 : rulesurf
当前线框密度 : SURFTAB1=6
选择第一条定义曲线 :
选择第二条定义曲线 :

绘制成的直纹网格如图 10-27 所示。

图 10-27

10.3.7 绘制边界曲面

【边界网格】命令是把四个称为边界的对象创建为孔斯曲面片网格。边界可以是圆弧、直线、多线段、样条曲线和椭圆弧，并且必须形成闭合环和公共端点。孔斯曲面片是插在四个边界间的双三次曲面 (一条 M 方向上的曲线和一条 N 方向上的曲线)。【边界网格】命令的调用方法有如下几种。

- 选择【绘图】|【建模】|【网格】|【边界网格】菜单命令。
- 单击【网格】选项卡的【图元】面板中的【边界网格】按钮
- 在命令输入行输入命令 edgesurf。

执行上述任一操作后，命令输入行提示如下：

命令 : edgesurf
当前线框密度 : SURFTAB1=6 SURFTAB2=6
选择用作曲面边界的对象 1:
选择用作曲面边界的对象 2:
选择用作曲面边界的对象 3:
选择用作曲面边界的对象 4:

绘制成的边界网格如图 10-28 所示。

图 10-28

10.4 绘制三维实体

在 AutoCAD 2018 中，提供了多种基本的实体模型，可以直接建立实体模型，如长方体、球体、圆柱体、圆锥体、楔体、圆环等多种模型。

10.4.1 绘制长方体

绘制长方体命令的调用方法如下。

- 选择【绘图】|【建模】|【长方体】菜单命令。
- 单击【默认】选项卡的【建模】面板中的【长方体】按钮。
- 在命令行输入命令 box。

执行上述任一操作后，命令输入行提示如下：

命令 : box
指定第一个角点或 [中心 (C)]: // 指定长方体的第一个角点
指定其他角点或 [立方体 (C)/ 长度 (L)]: // 输入 C 则创建立方体
指定高度或 [两点 (2P)]:

> TIPS 提示
> 长度 (L) 是指按照指定长、宽、高创建长方体。长度与 X 轴对应，宽度与 Y 轴对应，高度与 Z 轴对应。

绘制完成的长方体如图 10-29 所示。

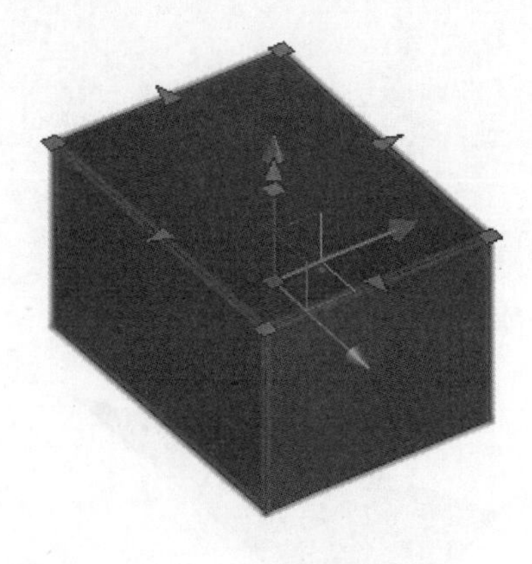

图 10-29

10.4.2 绘制球体

绘制球体命令的调用方法有如下几种。

- 选择【绘图】|【建模】|【球体】菜单命令。
- 在命令输入行输入命令 sphere。
- 单击【默认】选项卡的【建模】面板中的【球体】按钮。

执行上述任一操作后，命令输入行提示如下：

命令 : _sphere
指定中心点或 [三点 (3P)/ 两点 (2P)/ 切点、切点、半径 (T)]:
指定半径或 [直径 (D)]:

绘制完成的球体如图 10-30 所示。

图 10-30

10.4.3 绘制圆柱体

圆柱底面既可以是圆，也可以是椭圆。绘制圆柱体命令的调用方法有如下几种。

- 选择【绘图】|【建模】|【圆柱体】菜单命令。
- 在命令输入行输入命令 cylinder。
- 单击【默认】选项卡的【建模】面板中的【圆柱体】按钮。

首先来绘制圆柱体，命令输入行提示如下：

命令 : cylinder
指定底面的中心点或 [三点 (3P)/ 两点 (2P)/ 切点、切点、半径 (T)/ 椭圆 (E)]: // 输入坐标或者指定点
指定底面半径或 [直径 (D)]:
指定高度或 [两点 (2P)/ 轴端点 (A)]:

绘制完成的圆柱体如图 10-31 所示。

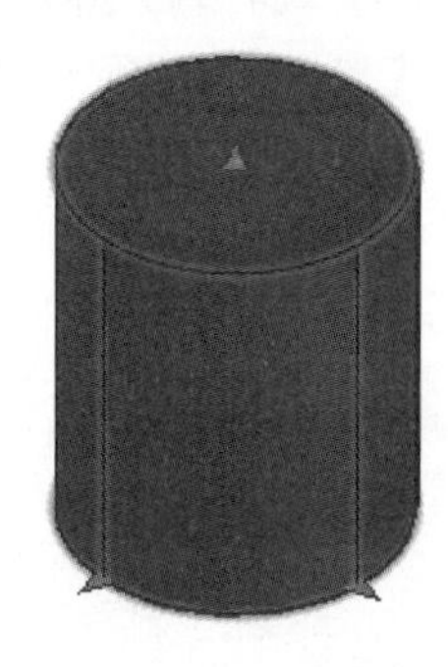

图 10-31

下面来绘制椭圆柱体，命令输入行提示如下：

命令 : cylinder
指定底面的中心点或 [三点 (3P)/ 两点 (2P)/ 切点、切点、半径 (T)/ 椭圆 (E)]: E(执行绘制椭圆柱体选项)
指定第一个轴的端点或 [中心 (C)]: c(执行中心点选项)
指定中心点 :
指定到第一个轴的距离 :
指定第二个轴的端点 :
指定高度或 [两点 (2P)/ 轴端点 (A)]:

绘制完成的椭圆柱体如图 10-32 所示。

图 10-32

10.4.4 绘制圆锥体

CONE 命令用来创建圆锥体或椭圆锥体。绘制圆锥体命令的调用方法有如下几种。

- 选择【绘图】|【建模】|【圆锥体】菜单命令。
- 在命令输入行输入命令 cone。
- 单击【默认】选项卡的【建模】面板中的【圆锥体】按钮。

执行上述任一操作后，命令输入行提示如下：

命令 : cone
指定底面的中心点或 [三点 (3P)/ 两点 (2P)/ 切点、切点、半径 (T)/ 椭圆 (E)]: // 输入 E 可以绘制椭圆锥体
指定底面半径或 [直径 (D)]:
指定高度或 [两点 (2P)/ 轴端点 (A)/ 顶面半径 (T)]:

绘制完成的圆锥体如图 10-33 所示。

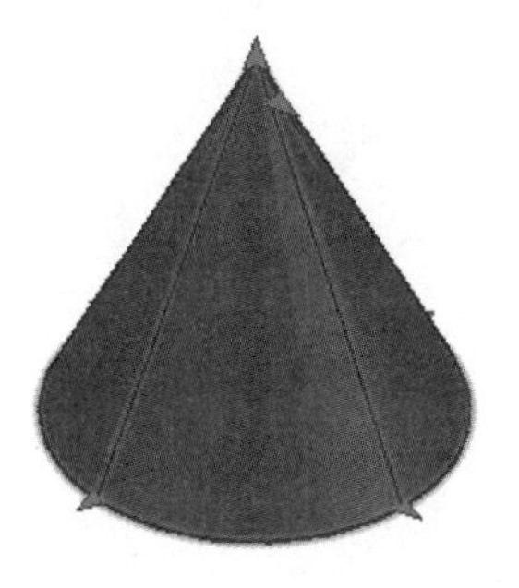

图 10-33

10.4.5 绘制楔体

WEDGE 命令用来绘制楔体。绘制楔体命令的调用方法有如下几种。

- 选择【绘图】|【建模】|【楔体】菜单命令。
- 在命令输入行输入命令 wedge。
- 单击【默认】选项卡的【建模】面板中的【楔体】按钮。

执行上述任一操作后，命令输入行提示如下：

命令 : wedge
指定第一个角点或 [中心 (C)]:

指定其他角点或 [立方体 (C)/ 长度 (L)]:
指定高度或 [两点 (2P)]:

绘制完成的楔体如图 10-34 所示。

图 10-34

10.4.6 绘制圆环体

TORUS 命令用来绘制圆环。绘制圆环体命令的调用方法有如下几种。

- 选择【绘图】|【建模】|【圆环体】菜单命令。
- 在命令输入行输入命令 torus。
- 单击【默认】选项卡的【建模】面板中的【圆环体】按钮。

执行上述任一操作后，命令输入行提示如下：

命令 : torus
指定中心点或 [三点 (3P)/ 两点 (2P)/ 切点、切点、半径 (T)]:
指定半径或 [直径 (D)] : // 指定圆环体中心到圆环圆管中心的距离
指定圆管半径或 [两点 (2P)/ 直径 (D)]: // 指定圆环体圆管的半径

绘制完成的圆环体如图 10-35 所示。

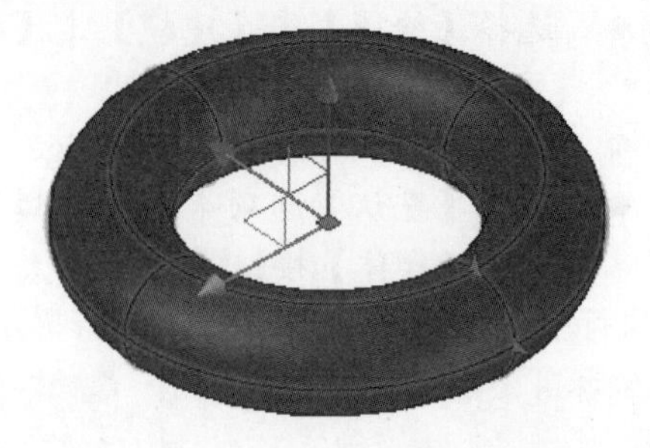

图 10-35

10.4.7 拉伸实体

【拉伸】命令用来拉伸二维对象生成三维实体，二维对象可以是多边形、圆、椭圆、样条封闭曲线等。绘制拉伸体命令的调用方法有如下几种。

- 选择【绘图】|【建模】|【拉伸】菜单命令。
- 在命令输入行输入命令 extrude。
- 单击【默认】选项卡的【建模】面板中的【拉伸】按钮

执行上述任一操作后，命令输入行提示如下：

命令 : _extrude
当前线框密度： ISOLINES=4，闭合轮廓创建模式 = 实体
选择要拉伸的对象或 [模式 (MO)]: _MO 闭合轮廓创建模式 [实体 (SO)/ 曲面 (SU)] < 实体 >: _SO // 选择一个图形对象
选择要拉伸的对象或 [模式 (MO)]: 找到 1 个
选择要拉伸的对象或 [模式 (MO)]:
指定拉伸的高度或 [方向 (D)/ 路径 (P)/ 倾斜角 (T)/ 表达式 (E)]: P // 沿路径进行拉伸
选择拉伸路径或 [倾斜角 (T)]:
// 选择作为路径的对象

> TIPS 提示
> 可以选取直线、圆、圆弧、椭圆、多段线等作为拉伸路径的对象。

绘制完成的拉伸实体如图 10-36 所示。

图 10-36

10.4.8 旋转实体

旋转是将闭合曲线绕一条旋转轴旋转生成回转三维实体。绘制旋转体命令的调用方法有如下几种。

- 选择【绘图】|【建模】|【旋转】菜单命令。
- 在命令输入行输入命令 revolve。
- 单击【默认】选项卡的【建模】面板中的【旋转】按钮。

执行上述任一操作后，命令输入行提示如下：

```
命令 : revolve
当前线框密度： ISOLINES=4，闭合轮廓创建模式 = 实体
选择要旋转的对象或 [ 模式 (MO)]: 找到 1 个                // 选择旋转对象
选择要旋转的对象或 [ 模式 (MO)]:
指定轴起点或根据以下选项之一定义轴 [ 对象 (O)/X/Y/Z] < 对象 >:    // 选择轴起点
指定轴端点 :// 选择轴端点
指定旋转角度或 [ 起点角度 (ST)/ 反转 (R)/ 表达式 (EX)] <360>:
```

注意：

执行此命令，要先选择对象。

绘制完成的旋转实体如图 10-37 所示。

图 10-37

10.5 编辑三维对象

与二维图形对象一样，用户也可以编辑三维图形对象，且编辑二维图形对象的大多数命令都适用于三维图形。下面将介绍编辑三维图形对象的命令，包括三维阵列、三维镜像、三维旋转、截面、剖切实体等。

10.5.1 剖切实体

AutoCAD 2018 提供了对三维实体进行剖切的功能，用户可以利用这个功能很方便地绘制实体的剖切面。【剖切】命令的调用方法有如下几种。

- 选择【修改】|【三维操作】|【剖切】菜单命令。
- 在命令输入行输入命令 slice。

执行上述任一操作后，命令输入行提示如下：

```
命令 : slice
选择要剖切的对象 : 找到 1 个           // 选择剖切对象
选择要剖切的对象 :
指定切面的起点或 [ 平面对象 (O)/ 曲面 (S)/Z 轴 (Z)/ 视 图 (V)/XY(XY)/YZ(YZ)/ZX(ZX)/ 三点 (3)] < 三点 >:          // 选择点 1
指定平面上的第二个点 :          // 选择点 2
指定平面上的第三个点 :          // 选择点 3
在所需的侧面上指定点或 [ 保留两个侧面 (B)] < 保留两个侧面 >:// 输入 B 则两侧都保留
```

剖切后的实体如图 10-38 所示。

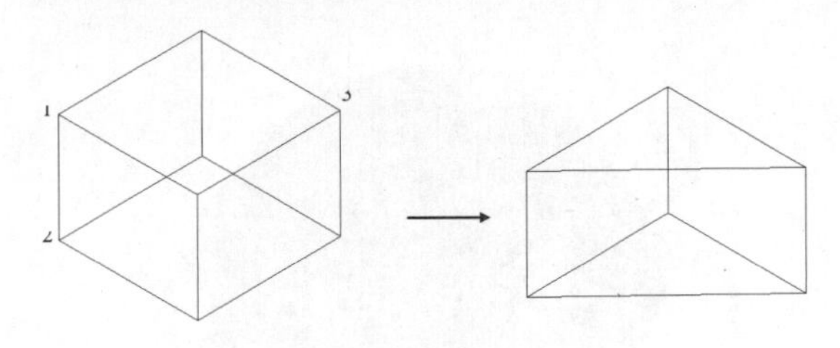

图 10-38

10.5.2 截面

创建横截面的目的是为了显示三维对象的内部细节。

通过截面命令，可以创建截面对象作为穿过实体、曲面、网格或面域的剪切平面。然后打开活动截面，在三维模型中移动截面对象，以实时显示其内部细节。

可以通过多种方法对齐截面对象。

1．将截面平面与三维面对齐

设置截面平面的一种方法是单击现有三维对象的面。移动鼠标指针时，会出现一个点轮廓，表示要选择的平面的边。截面平面自动与所选面的平面对齐，如图 10-39 所示。

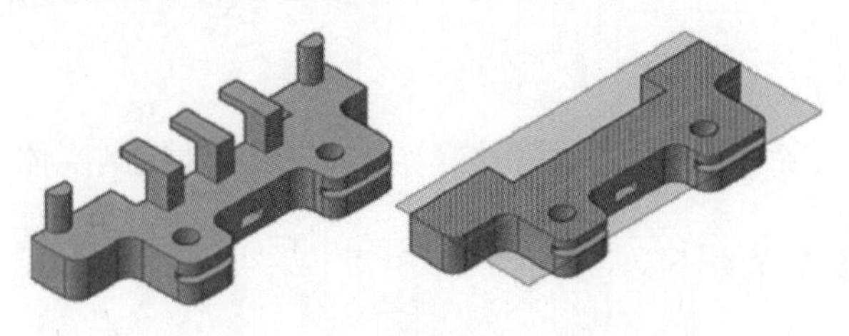

图 10-39

2．创建直剪切平面

拾取两个点以创建直剪切平面，如图 10-40 所示。

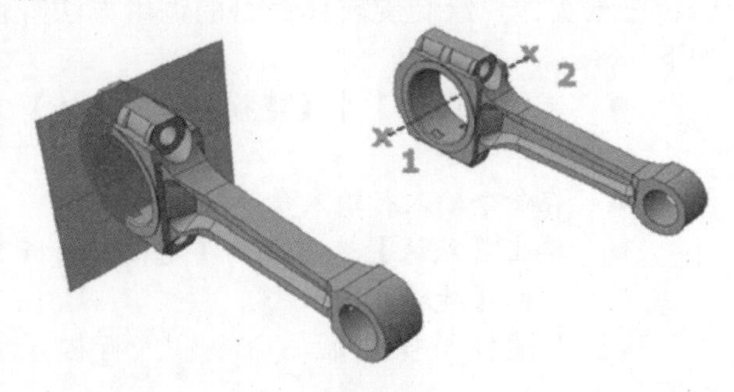

图 10-40

3．添加折弯段

截面平面可以是直线，也可以包含多个截面或折弯截面。例如，包含折弯的截面是从圆柱体切除扇形楔体形成的，如图 10-41 所示。

可以通过使用绘制截面选项，在三维模型中拾取多个点来创建包含折弯线段的截面线。

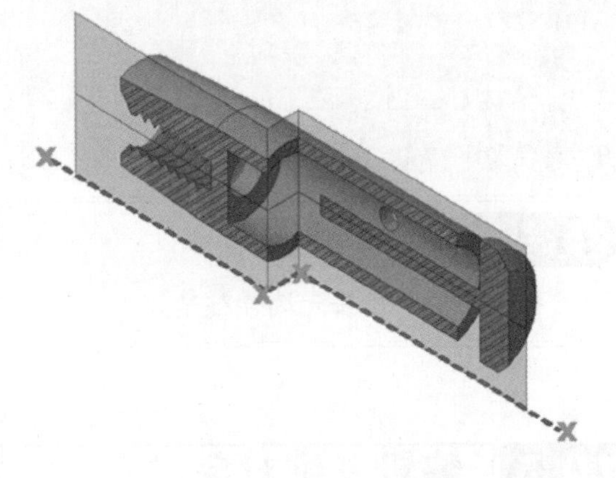

图 10-41

4．创建正交截面

可以将截面对象与当前 UCS 的指定正交方向对齐 (如前视、后视、仰视、俯视、左视或右视)，如图 10-42 所示。

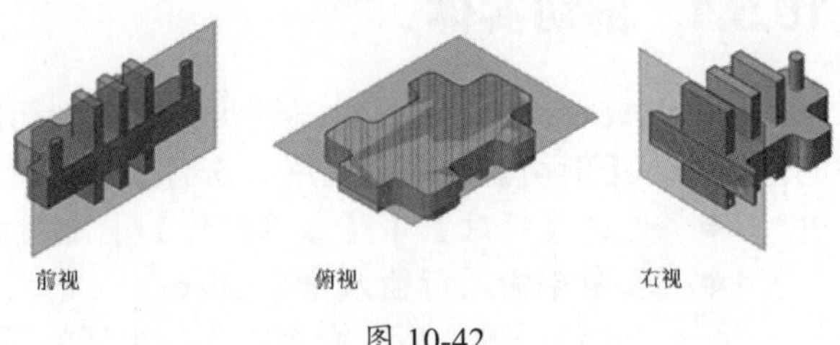

图 10-42

5. 创建面域以表示横截面

通过 SECTION 命令，可以创建二维对象，用于表示穿过三维实体对象的平面横截面。使用此方法创建横截面时无法使用活动截面功能，如图 10-43 所示。

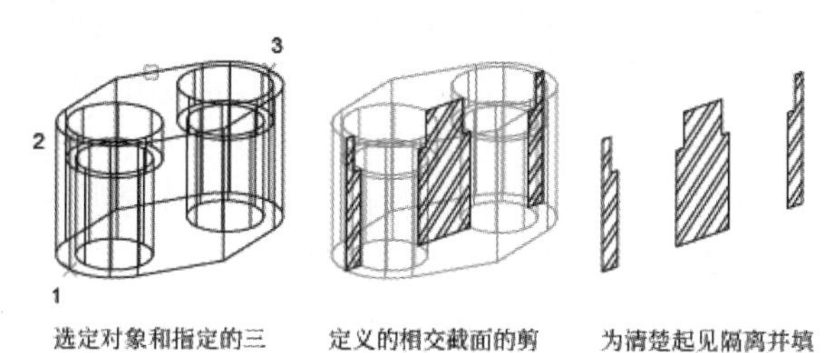

图 10-43

使用以下方法之一定义横截面的面。

(1) 指定三个点。

(2) 指定二维对象，如圆、椭圆、圆弧、样条曲线或多段线。

(3) 指定视图。

(4) 指定 Z 轴。

(5) 指定 XY、YZ 或 ZX 平面。

10.5.3 三维阵列

【三维阵列】命令用于在三维空间创建对象的矩形和环形阵列。【三维阵列】命令的调用方法有如下几种。

- 选择【修改】|【三维操作】|【三维阵列】菜单命令。
- 在命令输入行输入命令 3darray。

执行以上任一操作后，命令输入行提示如下：

```
命令 : 3darray
正在初始化 ... 已加载 3DARRAY。
选择对象 :                // 选择要阵列的对象
选择对象 :
输入阵列类型 [ 矩形 (R)/ 环形 (P)] < 矩形 >:
```

这里有两种阵列方式：矩形和环形。下面来分别介绍。

1. 矩形阵列

在行 (X 轴)、列 (Y 轴) 和层 (Z 轴) 矩阵中复制对象。一个阵列必须具有至少两个行、列或层。

执行三维阵列命令后，命令输入行提示如下：

```
输入阵列类型 [ 矩形 (R)/ 环形 (P)] < 矩形 >:R
输入行数 (---) <1>:
输入列数 (|||) <1>:
输入层数 (...) <1>:
指定行间距 (---):
指定列间距 (|||):
指定层间距 (...):
```

输入正值将沿 X、Y、Z 轴的正向生成阵列。输入负值将沿 X、Y、Z 轴的负向生成阵列。

矩形阵列得到的图形如图 10-44 所示。

图 10-44

2. 环形阵列

环形阵列是指绕旋转轴复制对象。执行三维阵列命令后，命令输入行提示如下：

```
输入阵列类型 [ 矩形 (R)/ 环形 (P)] < 矩形 >:P
输入阵列中的项目数目 :// 输入要阵列的数目
指定要填充的角度 (+= 逆时针 , -= 顺时针 ) <360>:
旋转阵列对象？ [ 是 (Y)/ 否 (N)] < 是 >:
指定阵列的中心点 :
指定旋转轴上的第二点 :
```

环形阵列得到的图形如图 10-45 所示。

图 10-45

10.5.4 三维镜像

【三维镜像】命令用来沿指定的镜像平面创建三维镜像。【三维镜像】命令的调用方法有如下几种。

- 选择【修改】|【三维操作】|【三维镜像】菜单命令。
- 在命令输入行输入命令 mirror3d。

执行以上任一操作后，命令输入行提示如下：

```
命令：_mirror3d
选择对象：                  // 选择要镜像的图形
选择对象：
指定镜像平面 ( 三点 ) 的第一个点或
[ 对象 (O)/ 最近的 (L)/Z 轴 (Z)/ 视图 (V)/XY 平面 (XY)/YZ 平面 (YZ)/ZX 平面 (ZX)/ 三点 (3)] < 三点 >:
```

命令提示行中各选项的说明如下。

(1)【对象】：使用选定平面对象的平面作为镜像平面。命令输入行提示如下：

```
选择圆、圆弧或二维多段线线段：
是否删除源对象？ [ 是 (Y)/ 否 (N)] < 否 >:
```

如果输入 y，AutoCAD 将把被镜像的对象放到图形中并删除原始对象。如果输入 n 或按 Enter 键，AutoCAD 将把被镜像的对象放到图形中并保留原始对象。

(2)【最近的】：相对于最后定义的镜像平面对选定的对象进行镜像处理。命令输入行提示如下：

```
是否删除源对象？ [ 是 (Y)/ 否 (N)] < 否 >:
```

(3)【Z 轴】：根据平面上的一个点和平面法线上的一个点定义镜像平面。命令输入行提示如下：

```
在镜像平面上指定点：
在镜像平面的 Z 轴 ( 法向 ) 上指定点：
是否删除源对象？ [ 是 (Y)/ 否 (N)] < 否 >:
```

如果输入 y，AutoCAD 将把被镜像的对象放到图形中并删除原始对象。如果输入 n 或按 Enter 键，AutoCAD 将把被镜像的对象放到图形中并保留原始对象。

(4)【视图】：将镜像平面与当前视窗中通过指定点的视图平面对齐。命令输入行提示如下：

```
在视图平面上指定点 <0,0,0>:// 指定点或按 Enter 键
是否删除源对象？ [ 是 (Y)/ 否 (N)] < 否 >:// 输入 y 或 n 或按 Enter 键
```

如果输入 y，AutoCAD 将把被镜像的对象放到图形中并删除原始对象。如果输入 n 或按 Enter 键，AutoCAD 将把被镜像的对象放到图形中并保留原始对象。

(5)【XY 平面 / YZ 平面 / ZX 平面】：将镜像平面与一个通过指定点的标准平面 (XY、YZ 或 ZX) 对齐。命令输入行提示如下：

```
指定 (XY,YZ,ZX) 平面上的点 <0,0,0>:
```

(6)【三点】：通过三个点定义镜像平面。如果通过指定一点指定此选项，则 AutoCAD 将不再显示“在镜像平面上指定第一点”提示。命令输入行提示如下：

```
在镜像平面上指定第一点：
在镜像平面上指定第二点：
在镜像平面上指定第三点：
是否删除源对象？ [ 是 (Y)/ 否 (N)] <N>:
```

三维镜像得到的图形如图 10-46 所示。

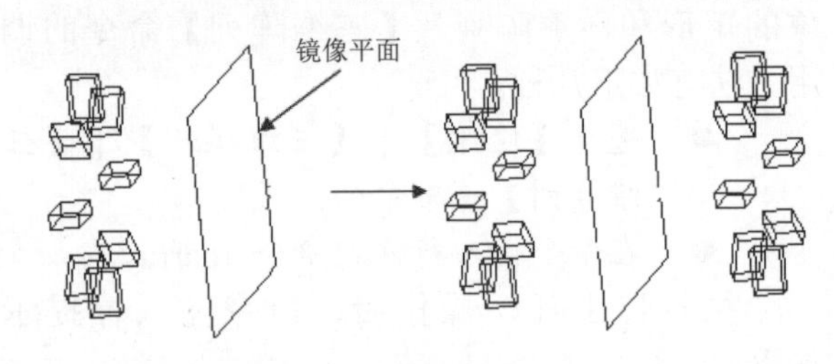

图 10-46

10.5.5 三维旋转

【三维旋转】命令用来在三维空间旋转三维对象。【三维旋转】命令的调用方法有如下几种。

- 选择【修改】|【三维操作】|【三维旋转】菜单命令。
- 在命令输入行输入命令 3drotate。

执行以上任一操作后，命令输入行提示如下：

```
命令：_3drotate
```

UCS 当前的正角方向：ANGDIR= 逆时针 ANGBASE=0
选择对象：找到 1 个
选择对象：
指定基点：
拾取旋转轴：
指定角的起点或键入角度：
指定角的端点：正在重生成模型。

三维实体及其旋转后的效果如图 10-47 所示。

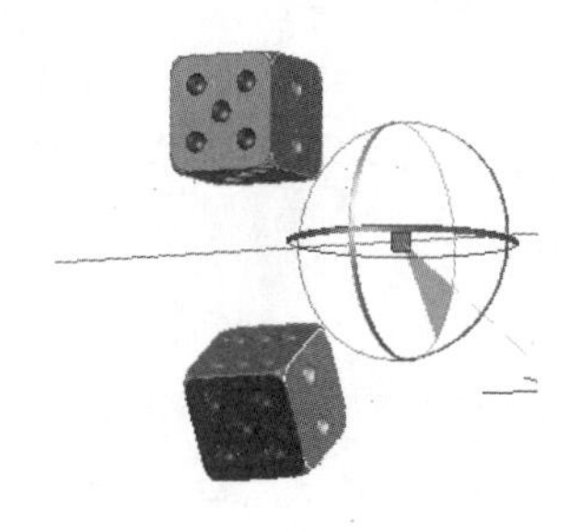

图 10-47

10.6 编辑三维实体

下面介绍针对三维实体所进行的编辑操作，以绘制更复杂的三维图形，这些操作包括布尔运算、面编辑和体编辑等，主要集中在【修改】菜单的【实体编辑】子菜单和【实体编辑】面板中，如图 10-48 所示。

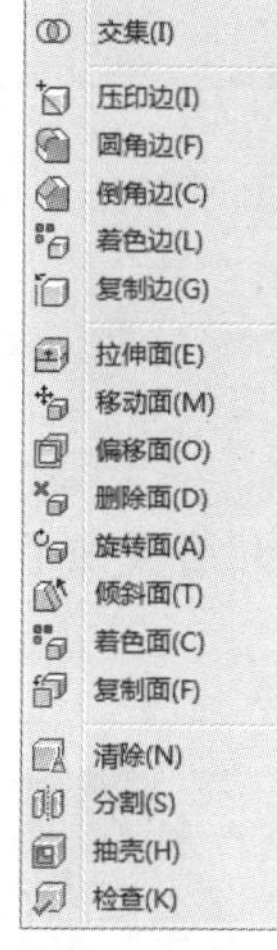

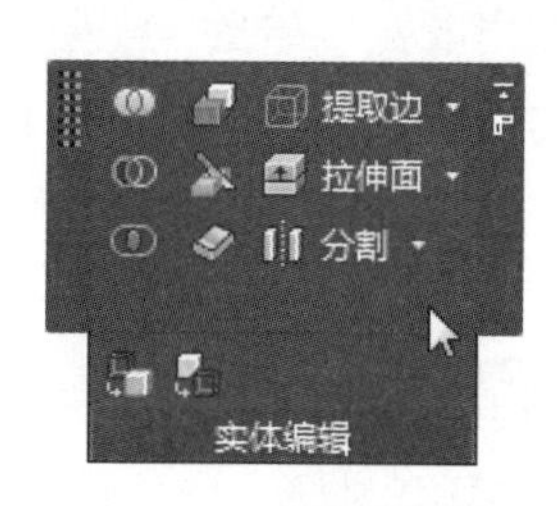

图 10-48

10.6.1 并集运算

并集运算是将两个以上的三维实体合为一体。【并集】命令的调用方法有如下几种。

- 单击【常用】选项卡【实体编辑】面板中的【并集】按钮。
- 选择【修改】|【实体编辑】|【并集】菜单命令。
- 在命令输入行输入命令 union。

执行以上任一操作后，命令输入行提示如下：

命令：union
选择对象：　　// 选择第 1 个实体
选择对象：　　// 选择第 2 个实体
选择对象：

实体并集运算后的结果如图 10-49 所示。

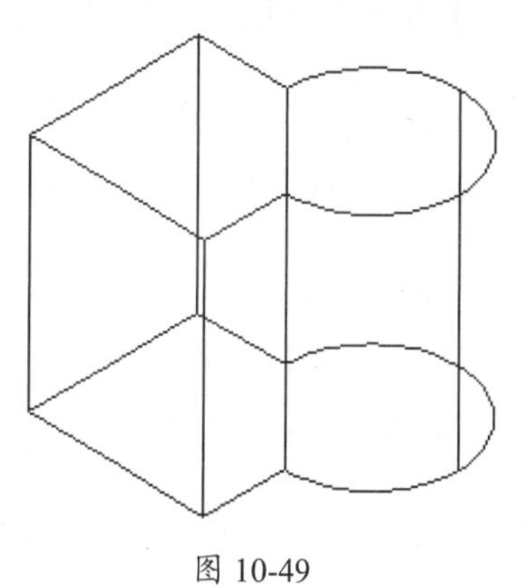

图 10-49

10.6.2 差集运算

差集运算是从一个三维实体中去除与其他实体的公共部分。【差集】命令的调用方法有如下几种。

- 单击【常用】选项卡【实体编辑】面板中的【差集】按钮。
- 选择【修改】|【实体编辑】|【差集】菜单命令。

- 在命令输入行输入命令 subtract。

执行以上任一操作后，命令输入行提示如下：

命令 : _subtract
选择要从中减去的实体、曲面和面域 ...
选择对象 : // 选择被减去的实体
选择要减去的实体、曲面和面域 ..
选择对象 : // 选择减去的实体

实体进行差集运算的结果如图 10-50 所示。

图 10-50

10.6.3 交集运算

交集运算是将几个实体相交的公共部分保留。【交集】命令的调用方法有如下几种。

- 单击【常用】选项卡【实体编辑】面板中的【交集】按钮。
- 选择【修改】|【实体编辑】|【交集】菜单命令。
- 在命令输入行输入命令 intersect。

执行以上任一操作后，命令输入行提示如下：

命令 : _intersect
选择对象 : // 选择第 1 个实体
选择对象 : // 选择第 2 个实体

实体进行交集运算的结果如图 10-51 所示。

图 10-51

10.6.4 拉伸面

拉伸面主要用于对实体的某个面进行拉伸处理，从而形成新的实体。选择【修改】|【实体编辑】|【拉伸面】菜单命令，或者单击【常用】选项卡的【实体编辑】面板中的【拉伸面】按钮，即可进行拉伸面操作，命令输入行提示如下：

命令 : _solidedit
实体编辑自动检查 : SOLIDCHECK=1
输入实体编辑选项 [面 (F)/ 边 (E)/ 体 (B)/ 放弃 (U)/ 退出 (X)] < 退出 >: _face
输入面编辑选项
[拉伸 (E)/ 移动 (M)/ 旋转 (R)/ 偏移 (O)/ 倾斜 (T)/ 删除 (D)/ 复制 (C)/ 颜色 (L)/ 材质 (A)/ 放弃 (U)/ 退出 (X)] < 退出 >: _extrude
选择面或 [放弃 (U)/ 删除 (R)]:
// 选择实体上的面
选择面或 [放弃 (U)/ 删除 (R)/ 全部 (ALL)]:
指定拉伸高度或 [路径 (P)]: // 输入 P 则选择拉伸路径
指定拉伸的倾斜角度 <0>:
已开始实体校验。
已完成实体校验。

实体经过拉伸面操作后的结果如图 10-52 所示。

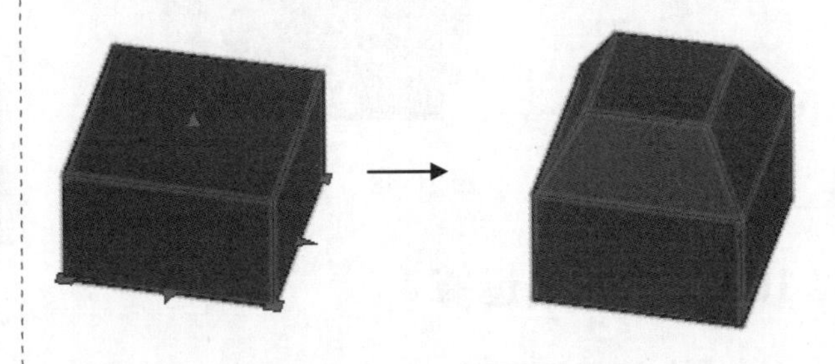

图 10-52

10.6.5 移动面

移动面主要用于对实体的某个面进行移动处理，从而形成新的实体。选择【修改】|【实体编辑】|【移动面】菜单命令，或者单击【常用】选项卡的【实体编辑】面板中的【移动面】按

钮，即可进行移动面操作，命令输入行提示如下：

命令 : _solidedit
实体编辑自动检查 : SOLIDCHECK=1
输入实体编辑选项 [面 (F)/ 边 (E)/ 体 (B)/ 放弃 (U)/ 退出 (X)] < 退出 >: _face
输入面编辑选项
[拉伸 (E)/ 移动 (M)/ 旋转 (R)/ 偏移 (O)/ 倾斜 (T)/ 删除 (D)/ 复制 (C)/ 颜色 (L)/ 材质 (A)/ 放弃 (U)/ 退出 (X)] < 退出 >: _move
选择面或 [放弃 (U)/ 删除 (R)]:
// 选择实体上的面
选择面或 [放弃 (U)/ 删除 (R)/ 全部 (ALL)]:
指定基点或位移 : // 指定一点
指定位移的第二点 : // 指定第 2 点
已开始实体校验。
已完成实体校验。

实体经过移动面操作后的结果如图 10-53 所示。

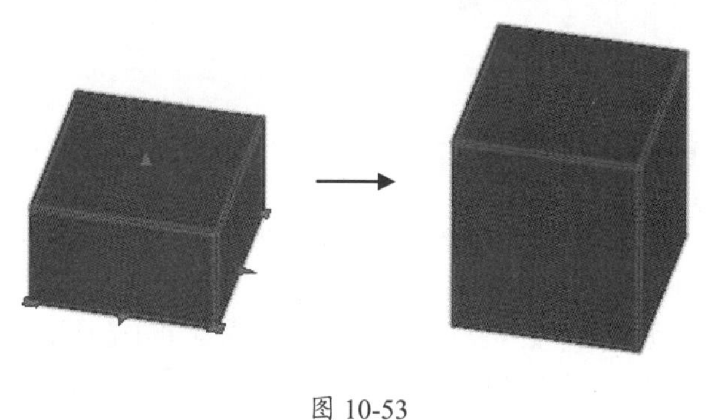

图 10-53

10.6.6 偏移面

偏移面是按指定的距离或通过指定的点，将面均匀地偏移。正值会增大实体的大小或体积，负值会减小实体的大小或体积。选择【修改】|【实体编辑】|【偏移面】菜单命令，或者单击【常用】选项卡的【实体编辑】面板中的【偏移面】按钮，即可进行偏移面操作，命令输入行提示如下：

命令 : _solidedit
实体编辑自动检查 : SOLIDCHECK=1
输入实体编辑选项 [面 (F)/ 边 (E)/ 体 (B)/ 放弃 (U)/ 退出 (X)] < 退出 >: _face
输入面编辑选项
[拉伸 (E)/ 移动 (M)/ 旋转 (R)/ 偏移 (O)/ 倾斜 (T)/ 删除 (D)/ 复制 (C)/ 颜色 (L)/ 材质 (A)/ 放弃 (U)/ 退出 (X)] < 退出 >:
_offset
选择面或 [放弃 (U)/ 删除 (R)]: 找到一个面。// 选择实体上的面
选择面或 [放弃 (U)/ 删除 (R)/ 全部 (ALL)]:
指定偏移距离 : 100
// 指定偏移距离
已开始实体校验。
已完成实体校验。
输入面编辑选项
[拉伸 (E)/ 移动 (M)/ 旋转 (R)/ 偏移 (O)/ 倾斜 (T)/ 删除 (D)/ 复制 (C)/ 颜色 (L)/ 材质 (A)/ 放弃 (U)/ 退出 (X)] < 退出 >: O // 输入编辑选项

实体经过偏移面操作后的结果如图 10-54 所示。

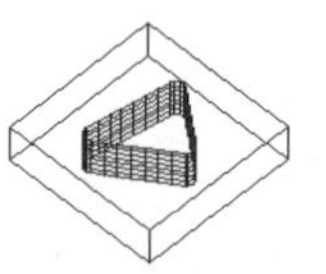

选定面

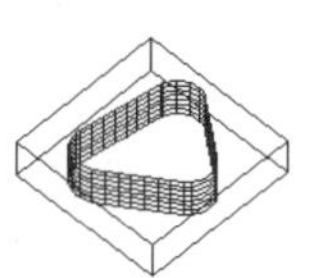

面偏移为正值

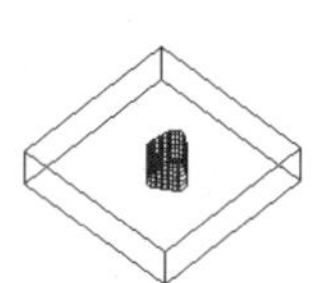

面偏移为负值

图 10-54

注意：

指定偏移距离，设置正值增加实体大小，或设置负值减小实体大小。

10.6.7 删除面

可以删除圆角和倒角边，并在稍后进行修改。如果更改后会生成无效的三维实体，将不删除面。选择【修改】|【实体编辑】|【删除面】菜单命令，或者单击【常用】选项卡的【实体编辑】面板中的【删除面】按钮，命令输入行提示如下：

命令：_solidedit

实体编辑自动检查：SOLIDCHECK=1

输入实体编辑选项 [面 (F)/ 边 (E)/ 体 (B)/ 放弃 (U)/ 退出 (X)] < 退出 >: _face

输入面编辑选项

[拉伸 (E)/ 移动 (M)/ 旋转 (R)/ 偏移 (O)/ 倾斜 (T)/ 删除 (D)/ 复制 (C)/ 颜色 (L)/ 材质 (A)/ 放弃 (U)/ 退出 (X)] < 退出 >: _delete

选择面或 [放弃 (U)/ 删除 (R)]: 找到一个面。 // 选择的面

选择面或 [放弃 (U)/ 删除 (R)/ 全部 (ALL)]:

已开始实体校验。

已完成实体校验。

输入面编辑选项

[拉伸 (E)/ 移动 (M)/ 旋转 (R)/ 偏移 (O)/ 倾斜 (T)/ 删除 (D)/ 复制 (C)/ 颜色 (L)/ 材质 (A)/ 放弃 (U)/ 退出 (X)] < 退出 >: D // 选择面的编辑选项

实体经过删除面操作后的结果如图 10-55 所示。

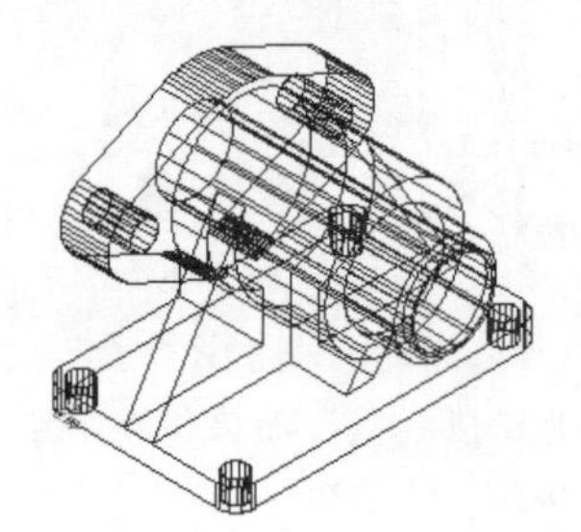
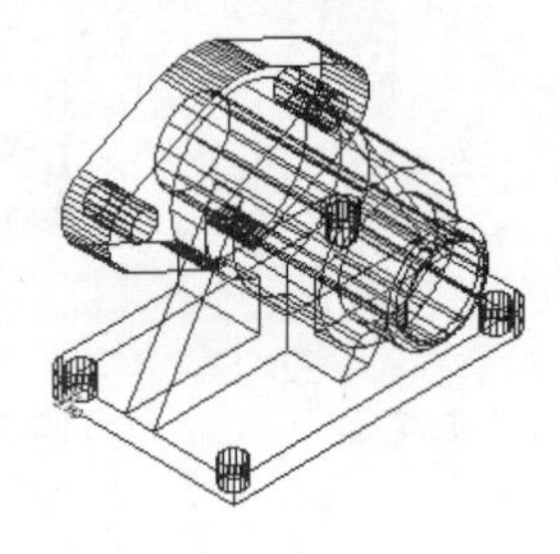

图 10-55

10.6.8 旋转面

旋转面主要用于对实体的某个面进行旋转处理，从而形成新的实体。选择【修改】|【实体编辑】|【旋转面】菜单命令，或者单击【常用】选项卡的【实体编辑】面板中的【旋转面】按钮，即可进行旋转面操作，命令输入行提示如下：

命令：_solidedit

实体编辑自动检查：SOLIDCHECK=1

输入实体编辑选项 [面 (F)/ 边 (E)/ 体 (B)/ 放弃 (U)/ 退出 (X)] < 退出 >: _face

输入面编辑选项

[拉伸 (E)/ 移动 (M)/ 旋转 (R)/ 偏移 (O)/ 倾斜 (T)/ 删除 (D)/ 复制 (C)/ 颜色 (L)/ 材质 (A)/ 放弃 (U)/ 退出 (X)] < 退出 >: _rotate

选择面或 [放弃 (U)/ 删除 (R)]:

// 选择实体上的面

选择面或 [放弃 (U)/ 删除 (R)/ 全部 (ALL)]:

指定轴点或 [经过对象的轴 (A)/ 视图 (V)/X 轴 (X)/Y 轴 (Y)/Z 轴 (Z)] < 两点 >:

在旋转轴上指定第二个点：

指定旋转角度或 [参照 (R)]:

已开始实体校验。

已完成实体校验。

实体经过旋转面操作后的结果如图 10-56 所示。

图 10-56

10.6.9 倾斜面

倾斜面主要用于对实体的某个面进行旋转处理，从而形成新的实体。选择【修改】|【实体编辑】|【倾斜面】菜单命令，或者单击【常用】选项卡的【实体编辑】面板中的【倾斜面】按钮，即可进行倾斜面操作，命令输入行提示如下：

命令：_solidedit

实体编辑自动检查：SOLIDCHECK=1

输入实体编辑选项 [面 (F)/ 边 (E)/ 体 (B)/ 放弃 (U)/ 退出 (X)] < 退出 >: _face

输入面编辑选项

[拉伸 (E)/ 移动 (M)/ 旋转 (R)/ 偏移 (O)/ 倾斜 (T)/ 删除 (D)/ 复制 (C)/ 颜色 (L)/ 材质 (A)/ 放弃 (U)/ 退出 (X)] < 退出 >: _taper

选择面或 [放弃 (U)/ 删除 (R)]:

// 选择实体上的面

选择面或 [放弃 (U)/ 删除 (R)/ 全部 (ALL)]:
指定基点 : // 指定一个点
指定沿倾斜轴的另一个点 :// 指定另一个点
指定倾斜角度 :
已开始实体校验。
已完成实体校验。

实体经过倾斜面操作后的结果如图 10-57 所示。

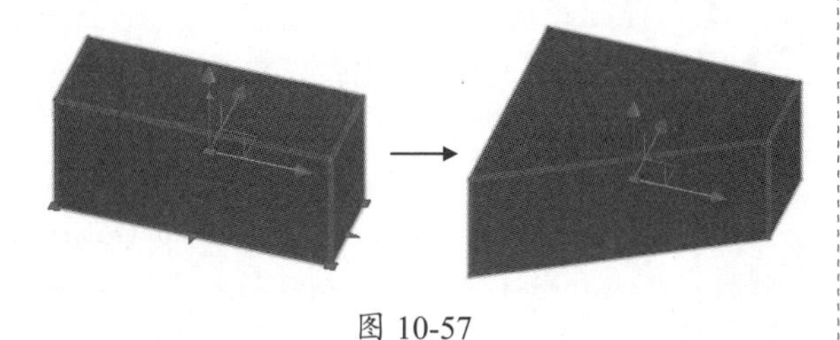

图 10-57

10.6.10 着色面

着色面可用于亮显复杂三维实体模型内的细节。选择【修改】|【实体编辑】|【着色面】菜单命令，或者单击【常用】选项卡的【实体编辑】面板中的【着色面】按钮，即可进行着色面操作，命令输入行提示如下：

命令 : _solidedit
实体编辑自动检查 : SOLIDCHECK=1
输入实体编辑选项 [面 (F)/ 边 (E)/ 体 (B)/ 放弃 (U)/ 退出 (X)] < 退出 >: _face
输入面编辑选项
[拉伸 (E)/ 移动 (M)/ 旋转 (R)/ 偏移 (O)/ 倾斜 (T)/ 删除 (D)/ 复制 (C)/ 颜色 (L)/ 材质 (A)/ 放弃 (U)/ 退出 (X)] < 退出 >: _color
选择面或 [放弃 (U)/ 删除 (R)]: 找到一个面。// 选择的面
选择面或 [放弃 (U)/ 删除 (R)/ 全部 (ALL)]:
输入面编辑选项
[拉伸 (E)/ 移动 (M)/ 旋转 (R)/ 偏移 (O)/ 倾斜 (T)/ 删除 (D)/ 复制 (C)/ 颜色 (L)/ 材质 (A)/ 放弃 (U)/ 退出 (X)] < 退出 >: L// 输入编辑选项

选择要着色的面后，打开如图 10-58 所示的【选择颜色】对话框，选择要着色的颜色后单击【确定】按钮。

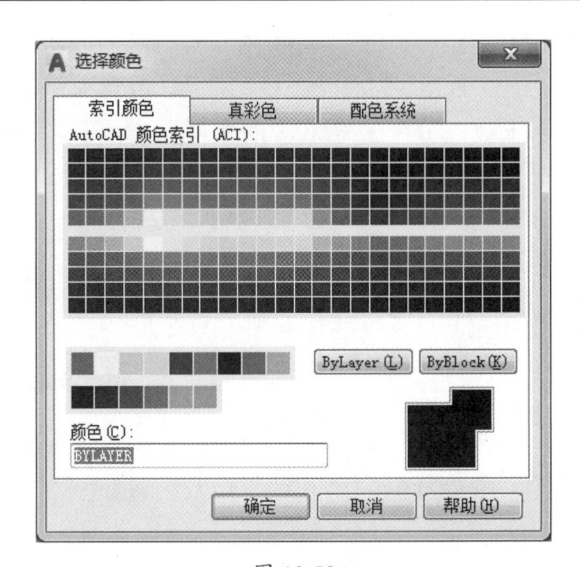

图 10-58

着色后的效果如图 10-59 所示。

图 10-59

10.6.11 复制面

选择【常用】|【实体编辑】|【复制面】菜单命令，或者单击【默认】选项卡的【实体编辑】面板中的【复制面】按钮，即可进行复制面操作，命令输入行提示如下：

命令 : _solidedit
实体编辑自动检查 : SOLIDCHECK=1
输入实体编辑选项 [面 (F)/ 边 (E)/ 体 (B)/ 放弃 (U)/ 退出 (X)] < 退出 >: _face

输入面编辑选项

[拉伸 (E)/ 移动 (M)/ 旋转 (R)/ 偏移 (O)/ 倾斜 (T)/ 删除 (D)/ 复制 (C)/ 颜色 (L)/ 材质 (A)/ 放弃 (U)/ 退出 (X)] < 退出 >: _copy

选择面或 [放弃 (U)/ 删除 (R)]: 找到一个面。// 选择复制的面

选择面或 [放弃 (U)/ 删除 (R)/ 全部 (ALL)]:

指定基点或位移 :// 选择基点

指定位移的第二点 :// 选择第二位移点

输入面编辑选项

[拉伸 (E)/ 移动 (M)/ 旋转 (R)/ 偏移 (O)/ 倾斜 (T)/ 删除 (D)/ 复制 (C)/ 颜色 (L)/ 材质 (A)/ 放弃 (U)/ 退出 (X)] < 退出 >: C

复制面后的效果如图 10-60 所示。

图 10-60

10.6.12 抽壳

抽壳常用于绘制中空的三维壳体类实体，主要是将实体进行内部去除脱壳处理。选择【修改】|【实体编辑】|【抽壳】菜单命令，或者单击【常用】选项卡的【实体编辑】面板中的【抽壳】按钮，即可进行抽壳操作，命令输入行提示如下：

命令 : _solidedit

实体编辑自动检查 : SOLIDCHECK=1

输入实体编辑选项 [面 (F)/ 边 (E)/ 体 (B)/ 放弃 (U)/ 退出 (X)] < 退出 >: _body

输入体编辑选项

[压印 (I)/ 分割实体 (P)/ 抽壳 (S)/ 清除 (L)/ 检查 (C)/ 放弃 (U)/ 退出 (X)] < 退出 >: _shell

选择三维实体 : // 选择实体

删除面或 [放弃 (U)/ 添加 (A)/ 全部 (ALL)]: // 选择要删除的实体上的面

删除面或 [放弃 (U)/ 添加 (A)/ 全部 (ALL)]:

输入抽壳偏移距离 :

已开始实体校验。

已完成实体校验。

实体经过抽壳操作后的结果如图 10-61 所示。

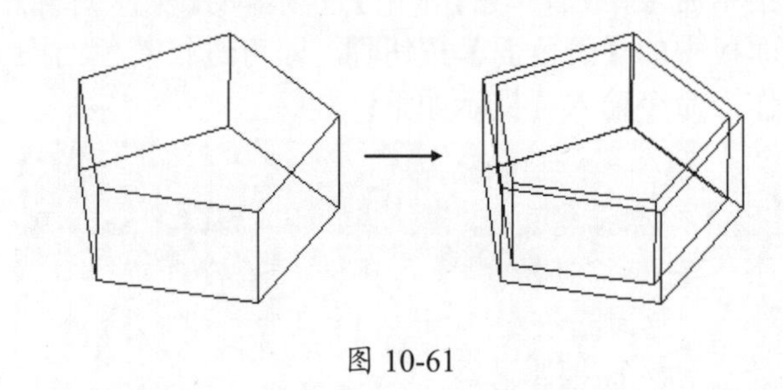

图 10-61

10.7 制作三维对象的效果

在 AutoCAD 早期版本中，三维图形的主要形式是线框模型。由于线框模型将一切棱边、顶点都表现在屏幕上，因此图形表达显得混乱而不清晰。但是在 AutoCAD 2018 中，用户可以在消隐、着色、渲染等状态下创建和编辑三维模型，并且可以动态观察。

10.7.1 消隐

消隐图形命令用于消除当前视窗中所有图形的隐藏线。

选择【视图】|【消隐】菜单命令，即可进行消隐，如图 10-62 所示。

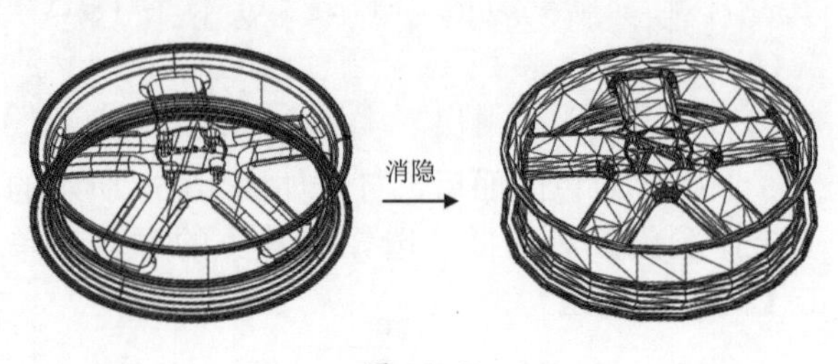

图 10-62

10.7.2 渲染

渲染工具主要进行渲染处理，添加光源，使模型表面表现出材质的明暗效果和光照效果。AutoCAD 2018 中的【渲染】子菜单如图 10-63 所示，其中包括多种渲染工具设置。

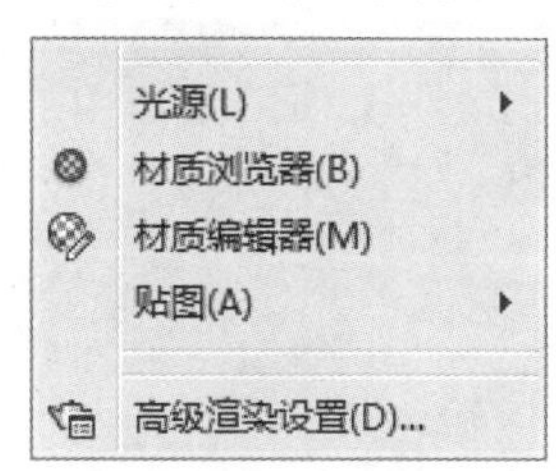

图 10-63

1. 光源设置

选择【视图】|【渲染】|【光源】命令，打开【光源】子菜单，可以新建多种光源。

选择【光源】子菜单中的【光源列表】命令，打开【模型中的光源】对话框，如图 10-64 所示，在其中可以显示场景中的光源。

图 10-64

2. 材质设置

选择【视图】|【渲染】|【材质编辑器】菜单命令，打开【材质编辑器】对话框，如图 10-65 所示。单击【创建或复制材质】按钮，即可复制或新建材质；单击【打开或关闭材料浏览器】按钮，即可查看现有的材质，如图 10-66 所示。

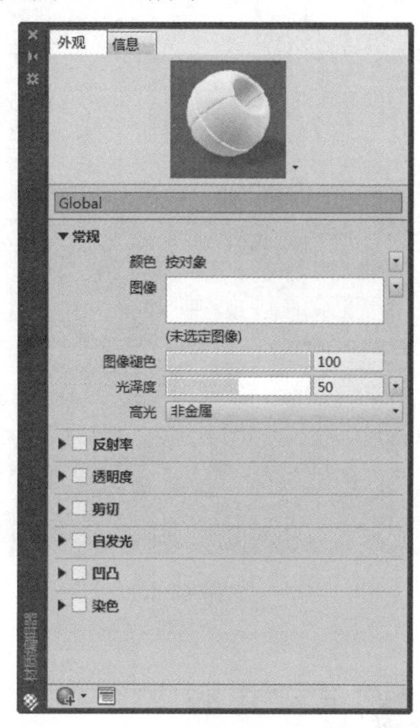

图 10-65

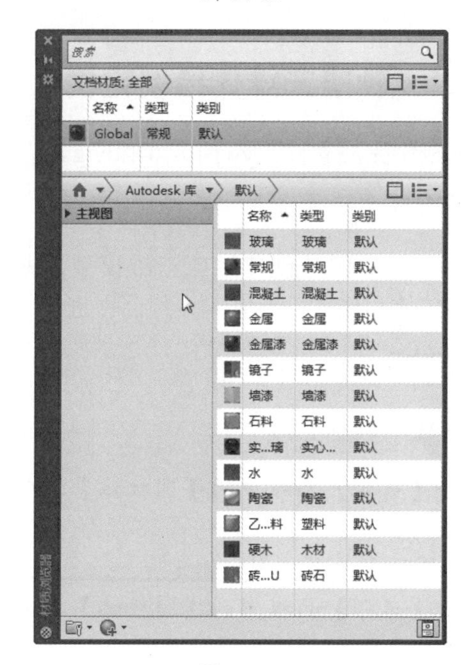

图 10-66

3. 渲染

设置好各参数后，选择【视图】|【渲染】|【高级渲染设置】菜单命令，在打开的如图 10-67 所示的【渲染预设管理器】对话框中单击【渲染】按钮，即可渲染出图形，如图 10-68 所示。

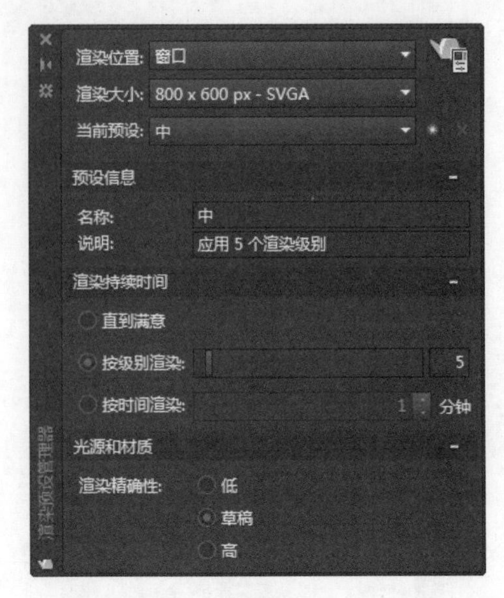

图 10-67

图 10-68

10.8 设计范例

10.8.1 轴座三维体绘制范例

本范例完成文件：ywj\10\10-1.dwg。

案例分析

本节的案例是创建轴座三维模型，即依次创建圆柱体和球体，形成实体特征再进行编辑。

案例操作

步骤 01 创建圆柱体

① 单击【建模】面板中的【圆柱体】按钮，如图 10-69 所示。

② 在绘图区中，创建圆柱体 1。

③ 单击【建模】面板中的【圆柱体】按钮，如图 10-70 所示。

④ 在绘图区中，创建圆柱体 2。

提示

创建的圆柱体的中心，都在默认几何坐标系的 (0，0，0) 点上。

步骤 02 创建圆柱体和球体

① 单击【建模】面板中的【圆柱体】按钮，如图 10-71 所示。

② 在绘图区中，在坐标(30,0,0)上创建圆柱体 3。

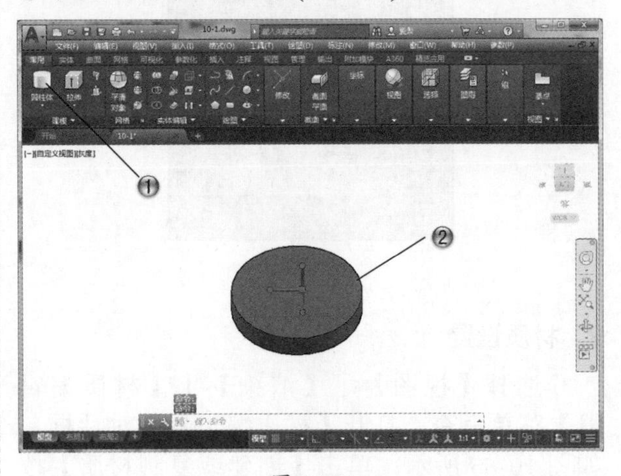

图 10-69

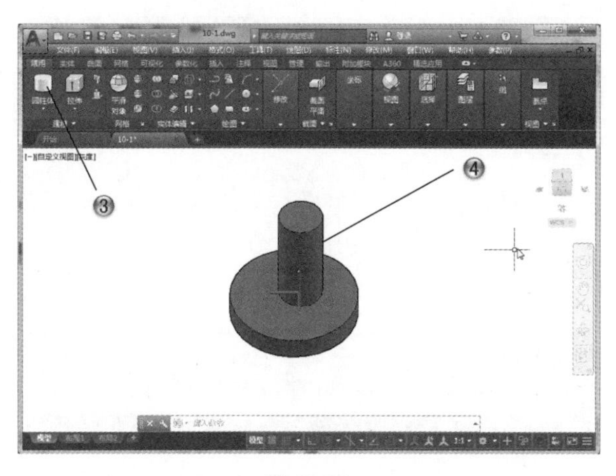

图 10-70

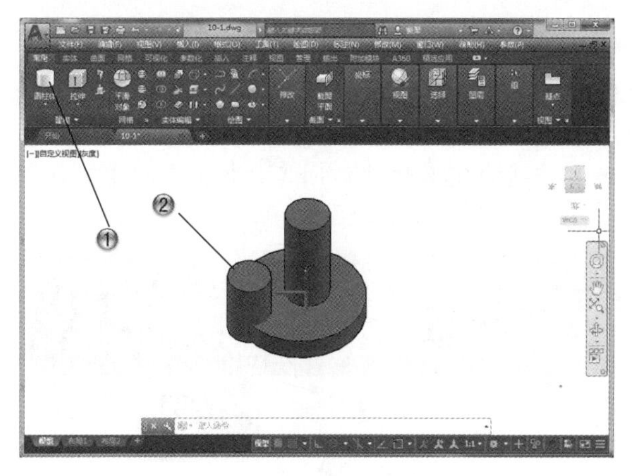

图 10-71

③ 单击【建模】面板中的【球体】按钮，如图 10-72 所示。

④ 在绘图区中，创建半径为 14 的球体。这样，范例就绘制完成了。

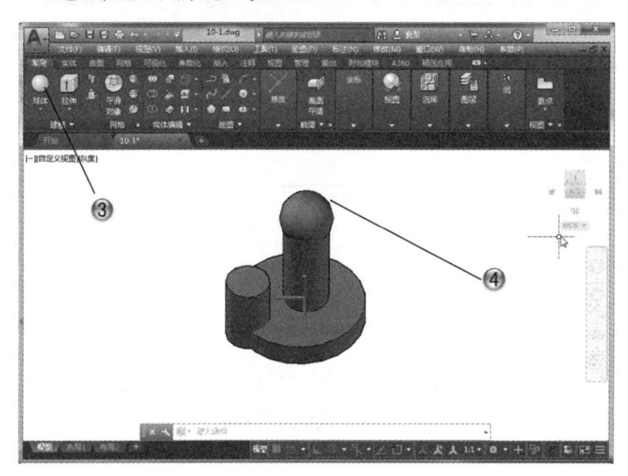

图 10-72

10.8.2 半轴座三维体绘制范例

本范例完成文件：ywj\10\10-2.dwg。

案例分析

本节案例是在前面轴座案例的基础上，完成基本三维模型绘制后，对模型进行布尔运算，再进行剖切，最后设置模型显示。

案例操作

步骤 01 布尔运算

① 打开 10-1.dwg 文件，单击【编辑】面板中的【并集】按钮，如图 10-73 所示。

② 在绘图区中，选择圆柱体和球体，创建并集。

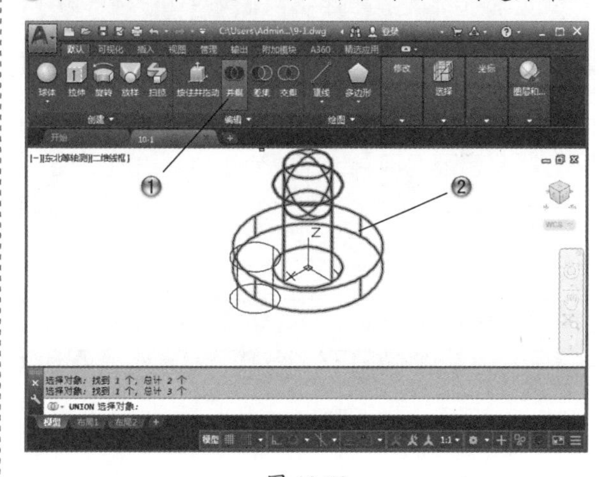

图 10-73

③ 单击【编辑】面板中的【差集】按钮，如图 10-74 所示。

④ 在绘图区中，选择前面的并集结果和圆柱体，创建差集。

步骤 02 剖切模型

① 单击【编辑】面板中的【剖切】按钮，如图 10-75 所示。

② 在绘图区中，选择实体特征。

③ 选择剖切面，如图 10-76 所示，完成剖切。

提示

剖切面的确定需要选择 3 点，才能形成一个平面，也可以选择现有的模型平面。

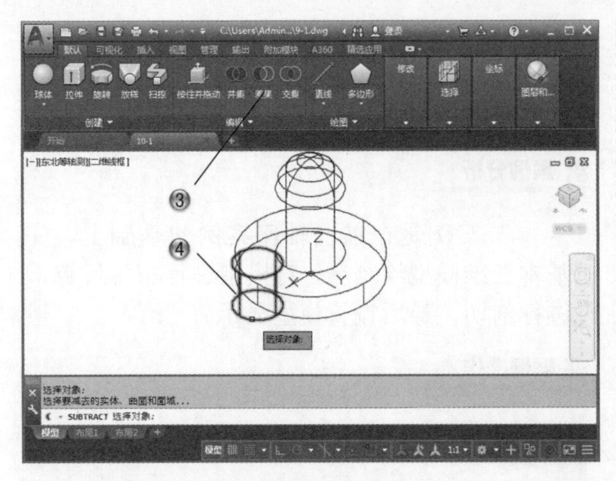

图 10-74

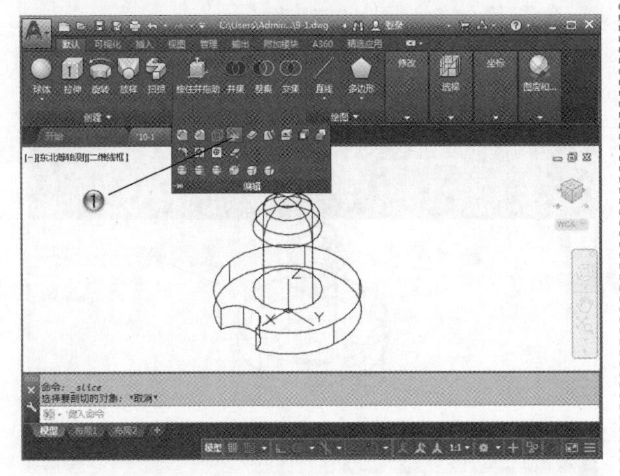

图 10-75

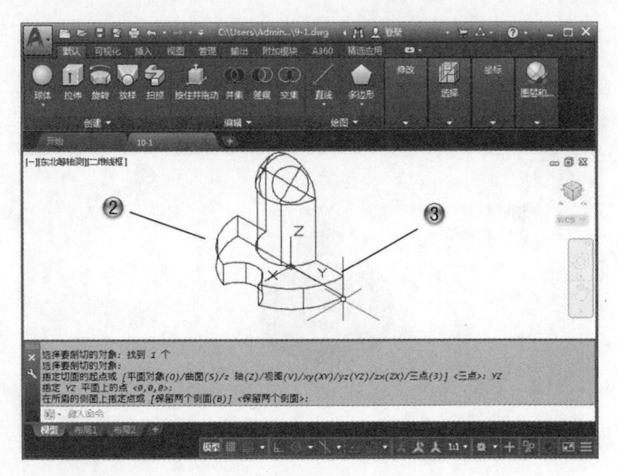

图 10-76

步骤 03 设置模型显示

① 在【视图】面板中选择【灰度】选项，如图 10-77 所示。

② 单击【自定义快速访问工具栏】中的【保存】按钮，保存模型。

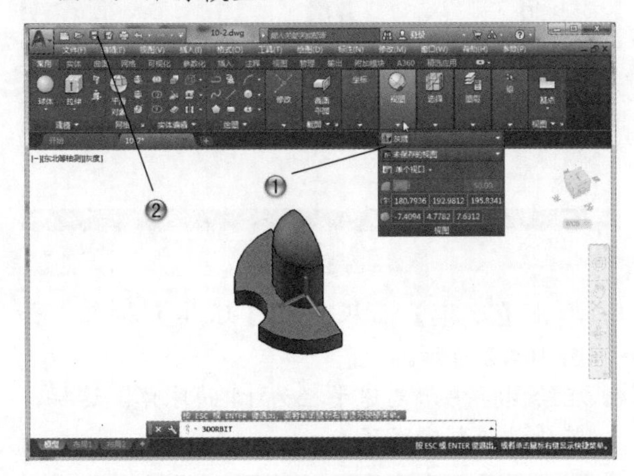

图 10-77

10.9 本章小结和练习

10.9.1 本章小结

本章主要介绍了在 AutoCAD 2018 中绘制三维图的方法，主要包括创建三维坐标和视点、绘制三维实体对象和三维实体的编辑与渲染等内容。读者通过本章学习，可以掌握绘制三维模型实体的方法，也可以对二维和三维绘图关系有进一步的了解。

10.9.2 练习

如图 10-78 所示，使用本章学过的命令来创建连杆三维模型。

(1) 绘制连杆柄草图进行拉伸。

(2) 绘制轴套部分草图进行拉伸。

(3) 添加孔特征。

(4) 添加圆角特征。

图 10-78

学习心得

第11章

综合设计范例（一）

本章导读

在学习了 AutoCAD 2018 的主要绘图功能后，本章将通过绘制综合范例，来加深读者对 AutoCAD 绘图方法的理解和掌握，同时增强绘图实战经验。本章介绍的三个案例是 AutoCAD 绘图中比较典型的案例，分别是机械装配图纸绘制、三维机械模型绘制和电气图的绘制，覆盖了 AutoCAD 的主要应用领域，具有很强的代表性，希望读者能认真学习掌握。

11.1 轴承底座装配图绘制范例

本范例完成文件：ywj\11\11-1.dwg。

11.1.1 案例分析

本节将介绍轴承底座装配模型图纸的绘制。首先绘制主视图，主视图包含半剖部分，显示底座内部的特征；之后绘制俯视图和剖视图；最后进行尺寸标注和图框的绘制，如图 11-1 所示。

通过这个案例的操作，讲述装配模型三视图的绘制方法，以及各种绘图和修改命令的综合应用，将熟悉如下内容。

(1) 前视图绘制。

(2) 俯视图绘制。

(3) 剖视图绘制。

(4) 尺寸标注和图幅标题栏设置。

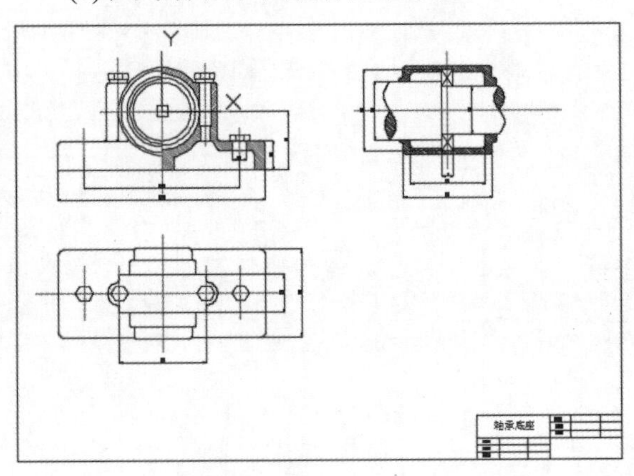

图 11-1

11.1.2 案例操作

步骤 01 设置图层

❶ 单击【默认】选项卡的【图层】面板中的【图层特性】按钮，如图 11-2 所示。

❷ 在弹出的【图层特性管理器】工具选项板中单击【新建图层】按钮。

❸ 依次创建 3 个新的图层，并设置图层属性。

步骤 02 绘制中心线

❶ 单击【绘图】面板中的【圆】按钮，如图 11-3 所示。

❷ 在绘图区中，绘制半径为 20 的圆形。

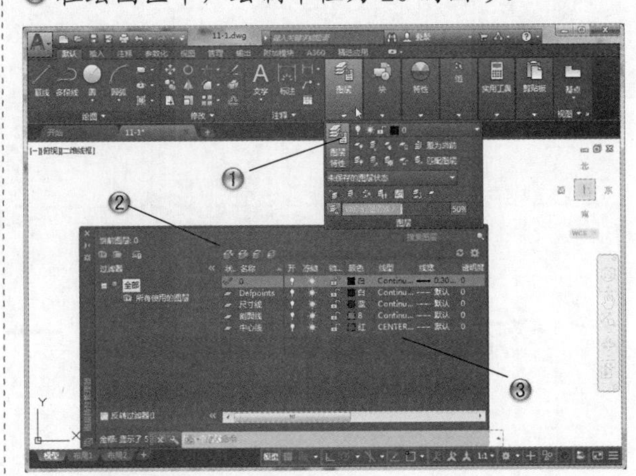

图 11-2

提示

一般图层都应该设置不同的颜色，为了绘图便于观察，这里同样设置不同的图层颜色。

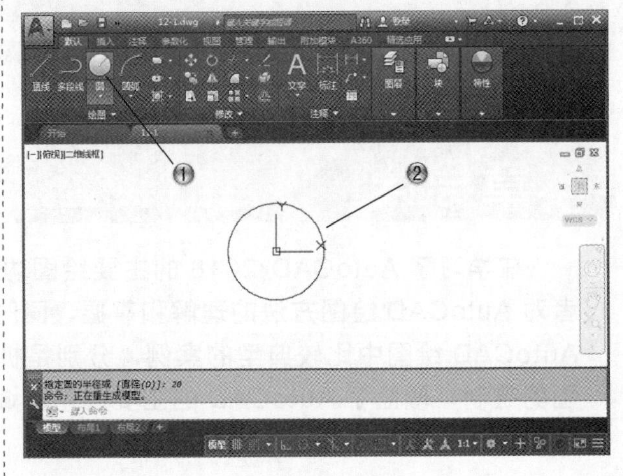

图 11-3

❸ 单击【绘图】面板中的【圆】按钮，如图 11-4 所示。

❹ 在绘图区中，绘制半径分别为 22、24 的圆形。

❺ 单击【绘图】面板中的【圆】按钮，如图 11-5 所示。

⑥ 在绘图区中，绘制半径分别为28、30的圆形。

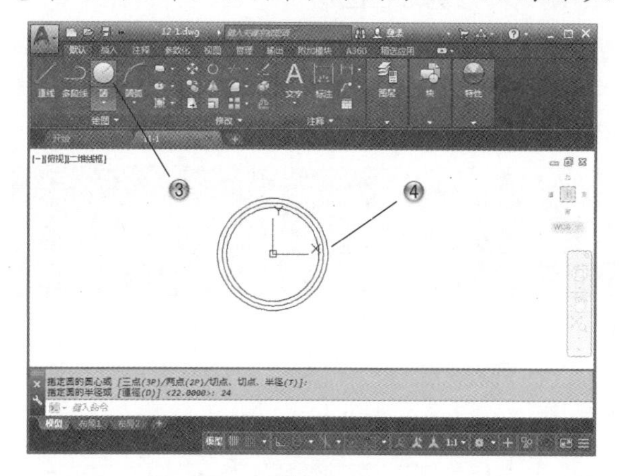

图 11-4

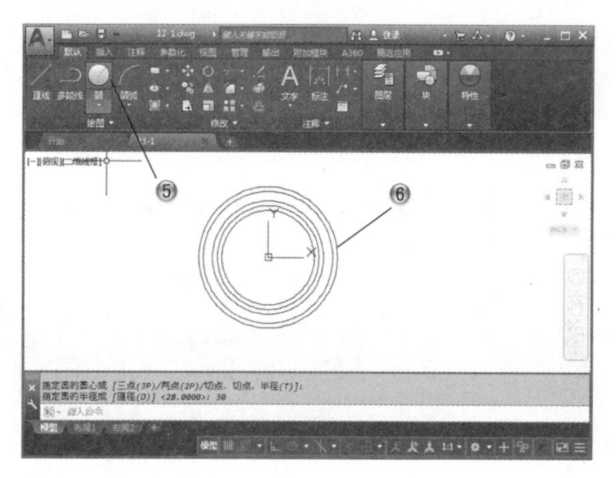

图 11-5

步骤03 创建直线图形

① 单击【绘图】面板中的【直线】按钮，如图 11-6 所示。

② 在绘图区中，绘制中心线。

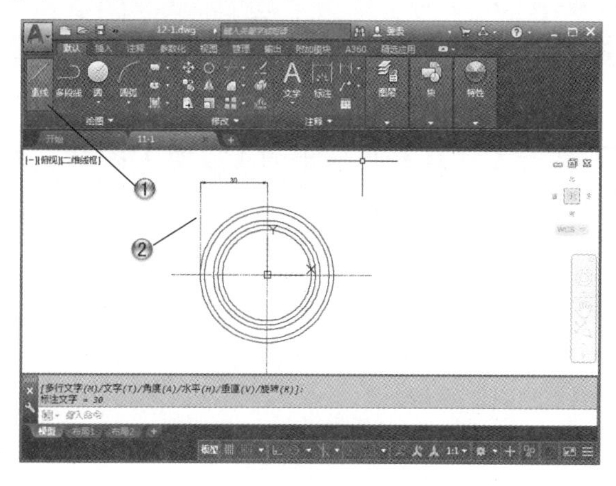

图 11-6 绘制中心线

③ 单击【绘图】面板中的【直线】按钮，如图 11-7 所示。

④ 在绘图区中，绘制直线图形。

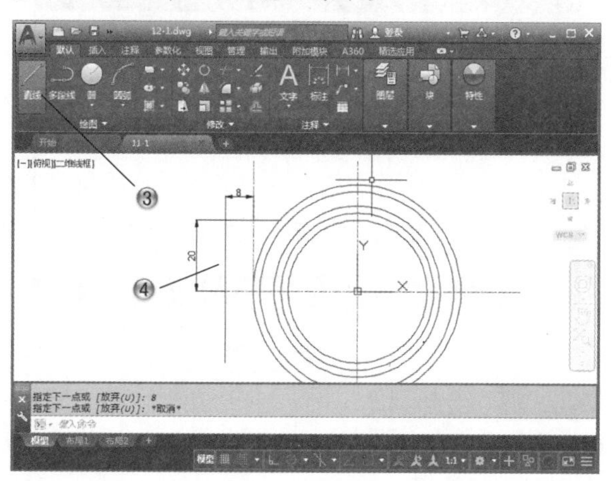

图 11-7

步骤04 创建螺栓图形

① 单击【绘图】面板中的【直线】按钮，如图 11-8 所示。

② 在绘图区中，绘制直线图形。

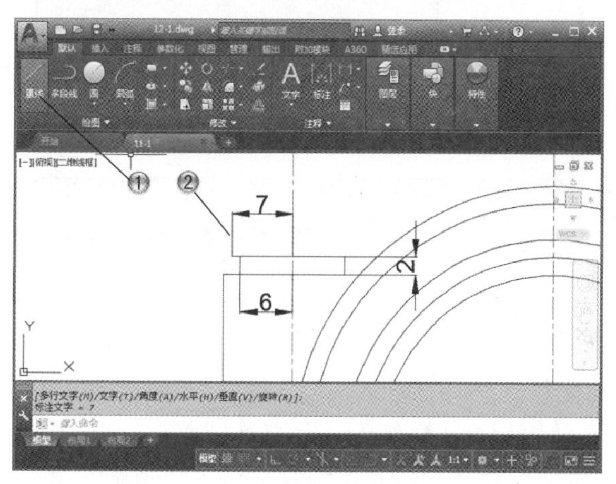

图 11-8

③ 单击【绘图】面板中的【直线】按钮，如图 11-9 所示。

④ 在绘图区中，绘制螺栓图形。

提示

孔、圆柱等特征，根据中心线进行定位，一般是对称的图形。

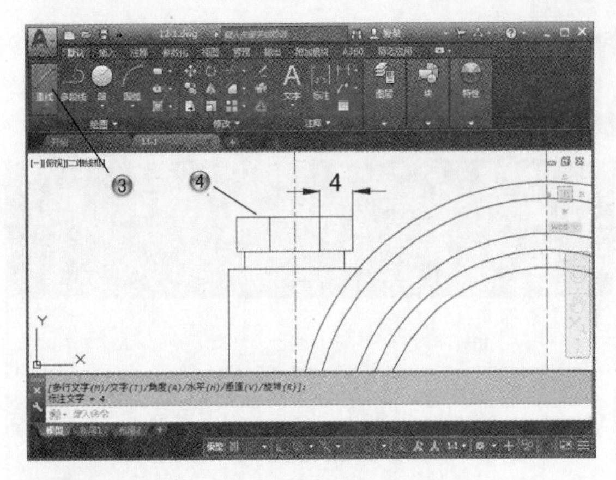

图 11-9

步骤 05 绘制圆角

① 单击【修改】面板中的【圆角】按钮，如图 11-10 所示。

② 在绘图区中，绘制半径为 1 的圆角。

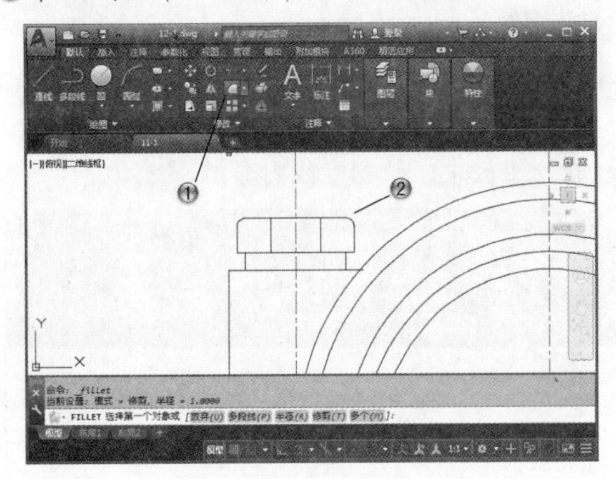

图 11-10

③ 单击【修改】面板中的【圆角】按钮，如图 11-11 所示。

④ 在绘图区中，绘制半径为 2 的圆角。

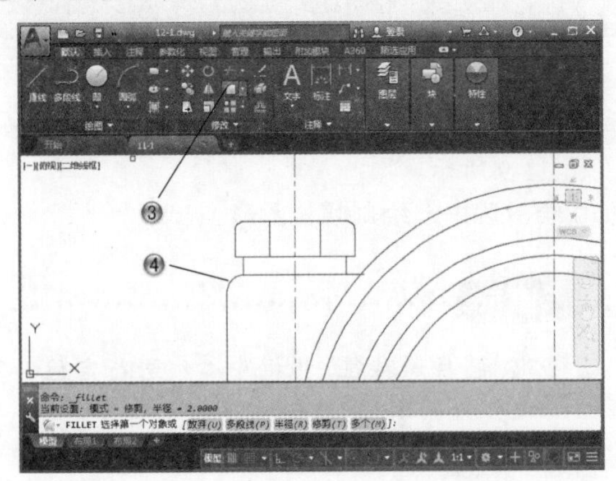

图 11-11

步骤 06 修剪螺栓图形

① 单击【绘图】面板中的【直线】按钮，如图 11-12 所示。

② 在绘图区中，绘制直线图形。

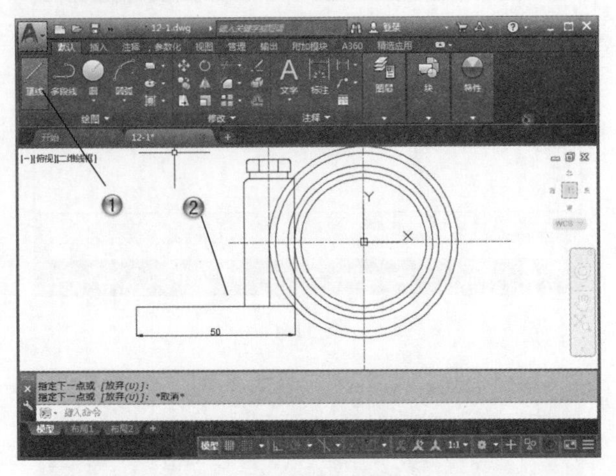

图 11-12

③ 单击【修改】面板中的【圆角】按钮，如图 11-13 所示。

④ 在绘图区中，绘制半径为 2 的圆角。

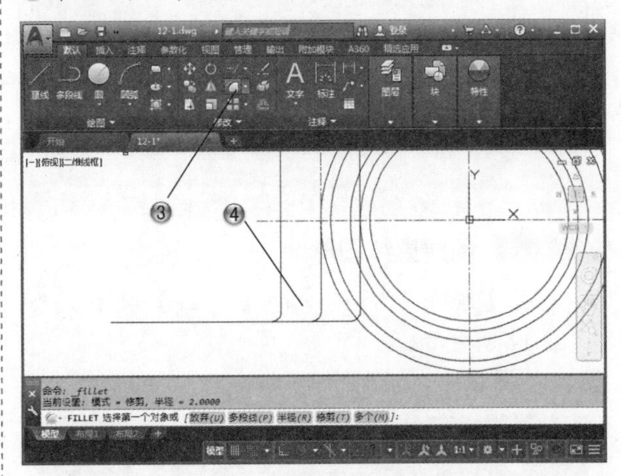

图 11-13

⑤ 单击【修改】面板中的【修剪】按钮，如图 11-14 所示。

⑥ 在绘图区中，修剪螺栓图形。

步骤 07 绘制底座图形

① 单击【绘图】面板中的【直线】按钮，如图 11-15 所示。

② 在绘图区中，绘制底座直线图形。

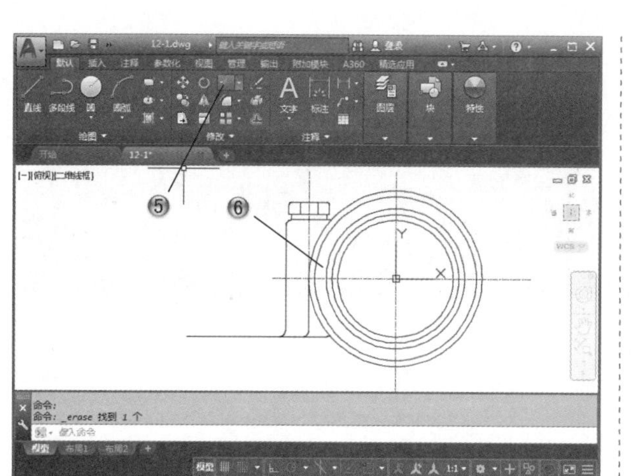

图 11-14

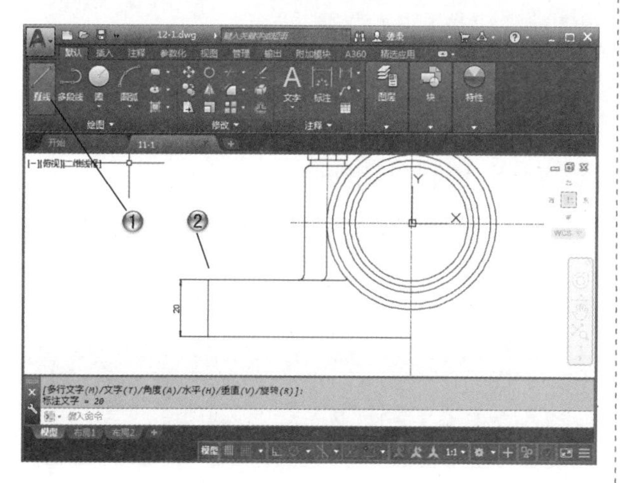

图 11-15

③ 单击【修改】面板中的【圆角】按钮，如图 11-16 所示。

④ 在绘图区中，绘制半径为 4 的圆角。

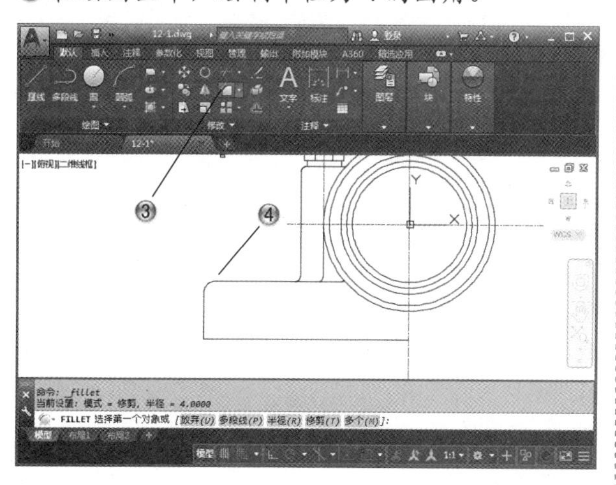

图 11-16

步骤 08 镜像图形

① 单击【修改】面板中的【镜像】按钮，如图 11-17 所示。

② 在绘图区中，镜像图形。

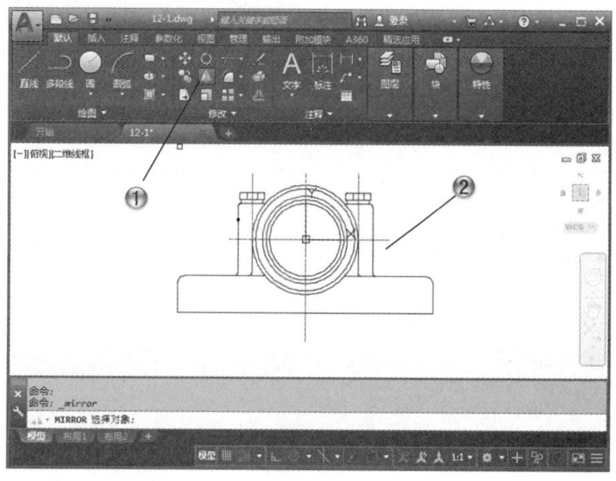

图 11-17

③ 单击【修改】面板中的【修剪】按钮，如图 11-18 所示。

④ 在绘图区中，修剪图形。

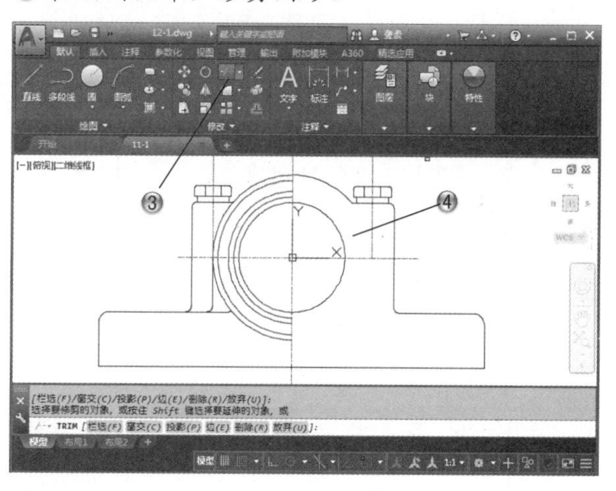

图 11-18

步骤 09 修剪图形

① 单击【绘图】面板中的【圆】按钮，如图 11-19 所示。

② 在绘图区中，绘制半径为 23、26 的圆形。

③ 单击【修改】面板中的【修剪】按钮，如图 11-20 所示。

④ 在绘图区中，修剪图形。

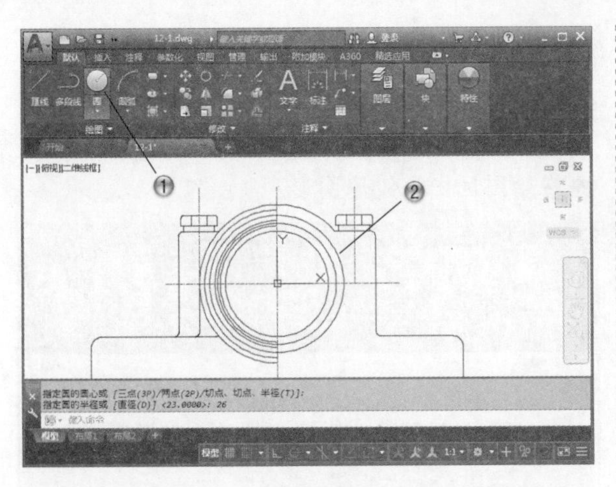

图 11-19

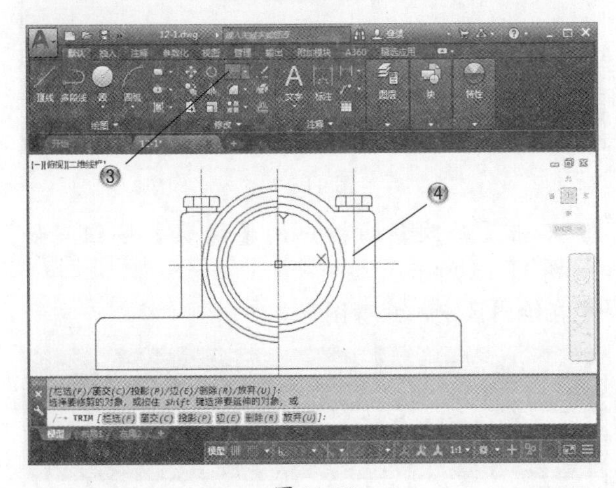

图 11-20

步骤 10 绘制孔图形

① 单击【绘图】面板中的【直线】按钮，如图 11-21 所示。

② 在绘图区中，绘制孔直线图形。

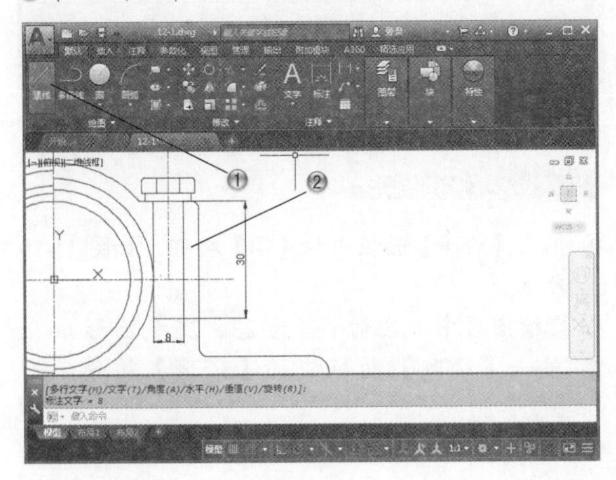

图 11-21

③ 单击【修改】面板中的【偏移】按钮，如图 11-22 所示。

④ 在绘图区中，创建距离为 6 的偏移曲线。

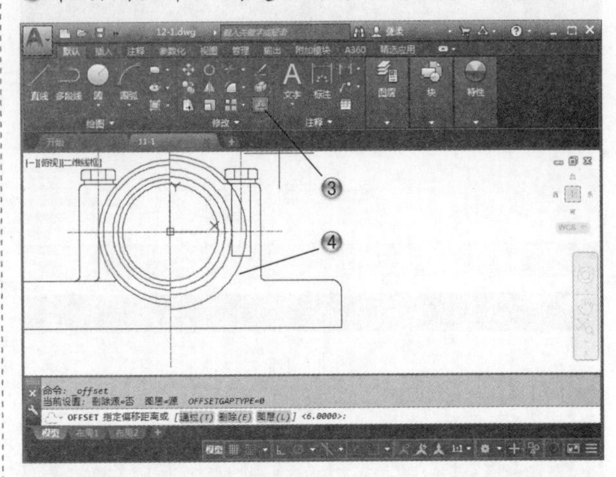

图 11-22

步骤 11 绘制内壁图形

① 单击【绘图】面板中的【直线】按钮，如图 11-23 所示。

② 在绘图区中，绘制内壁直线图形。

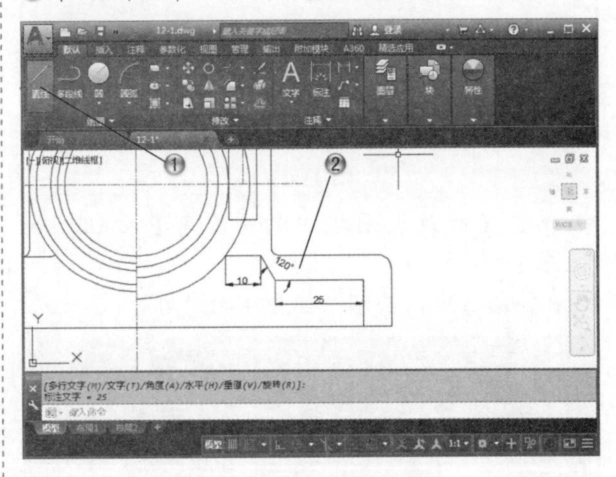

图 11-23

③ 单击【绘图】面板中的【直线】按钮，如图 11-24 所示。

④ 在绘图区中，绘制直线图形。

⑤ 单击【修改】面板中的【修剪】按钮，如图 11-25 所示。

⑥ 在绘图区中，修剪图形。

步骤 12 绘制圆角

① 单击【修改】面板中的【圆角】按钮，如

图 11-26 所示。

② 在绘图区中，绘制半径为 2 的圆角。

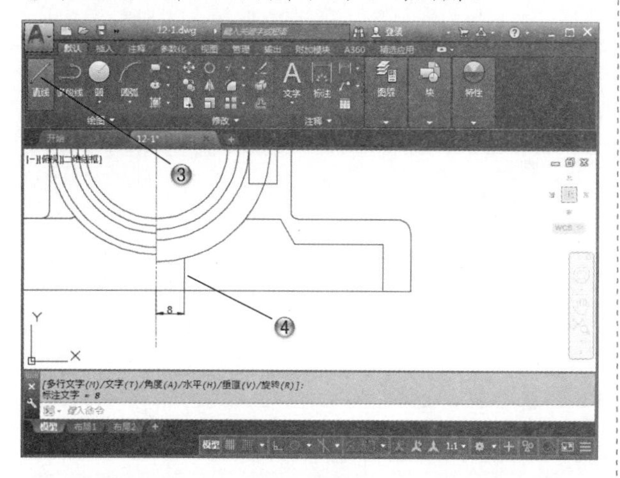

图 11-24

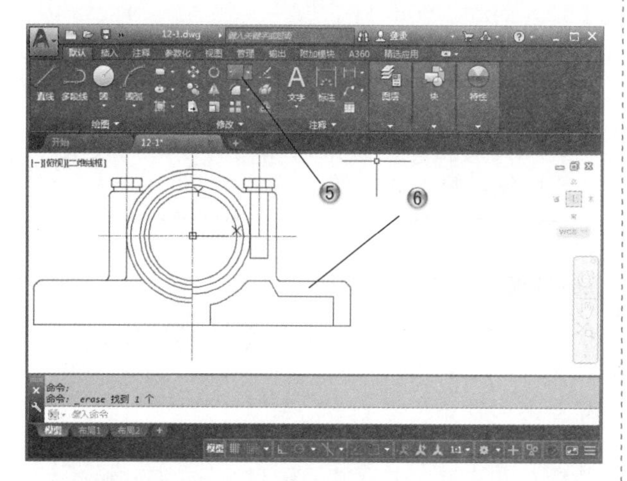

图 11-25

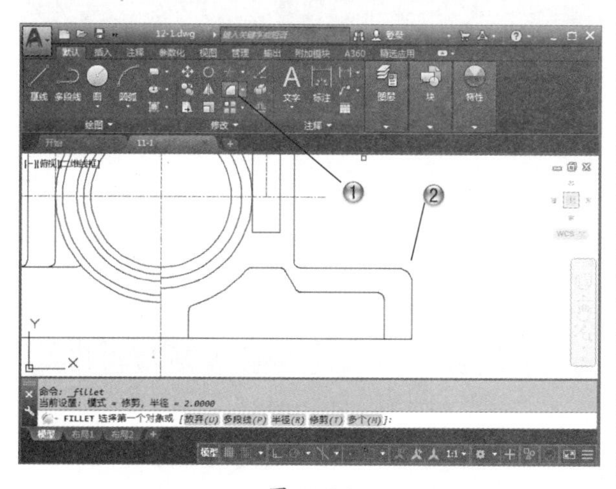

图 11-26

③ 单击【绘图】面板中的【直线】按钮，如图 11-27 所示。

④ 在绘图区中，绘制孔直线图形。

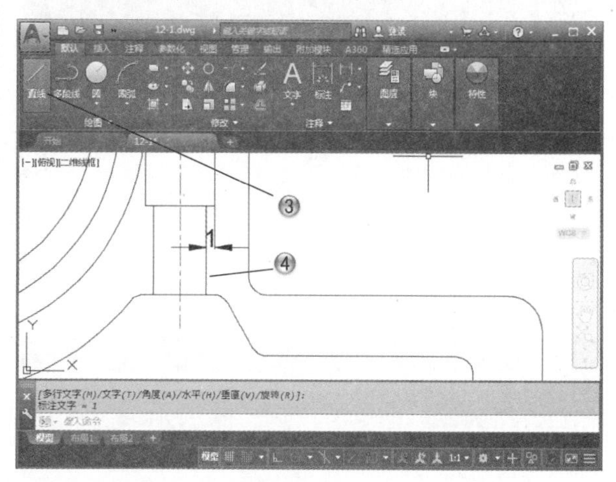

图 11-27

步骤 13 绘制螺栓图形

① 单击【绘图】面板中的【直线】按钮，如图 11-28 所示。

② 在绘图区中，绘制中心线。

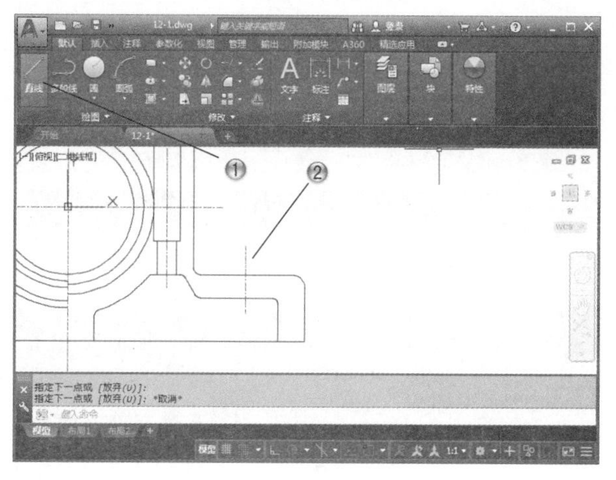

图 11-28

③ 单击【修改】面板中的【复制】按钮，如图 11-29 所示。

④ 在绘图区中，复制螺栓图形。

⑤ 单击【绘图】面板中的【直线】按钮，如图 11-30 所示。

⑥ 在绘图区中，绘制孔直线图形。

步骤 14 图案填充

① 单击【绘图】面板中的【图案填充】按钮，如图 11-31 所示。

② 在绘图区中，选择区域进行填充。

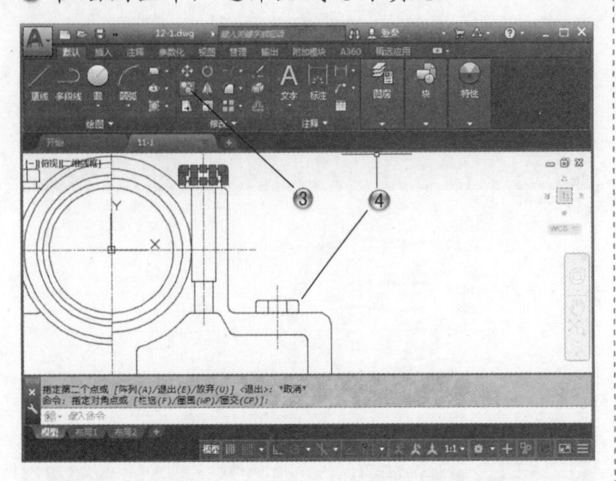

图 11-29

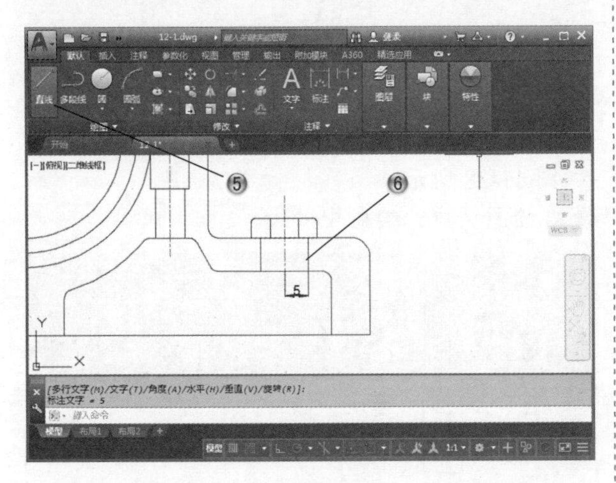

图 11-30

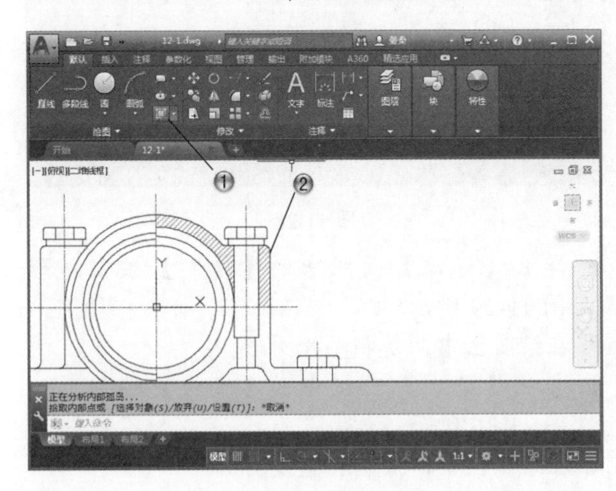

图 11-31

③ 单击【绘图】面板中的【图案填充】按钮，如图 11-32 所示。

④ 在绘图区中，选择区域进行相反图案的填充。

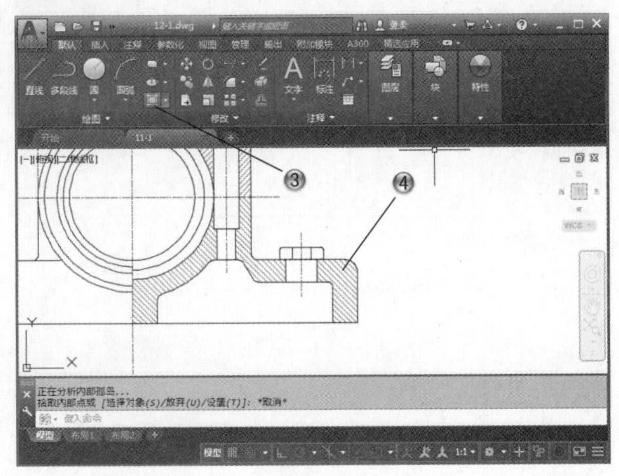

图 11-32

提示

不同材质所填充图案应设置为不同图案。如果相邻区域采用相同材质，应设置不同倾斜角度的图案。

步骤 15 绘制直线图形

① 单击【绘图】面板中的【直线】按钮，如图 11-33 所示。

② 在绘图区中，绘制中心线。

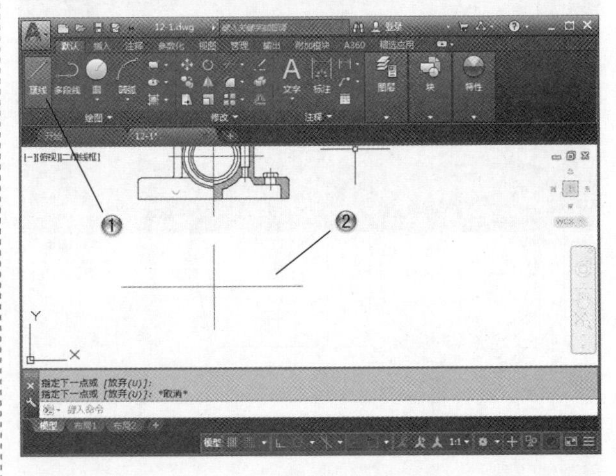

图 11-33

③ 单击【绘图】面板中的【直线】按钮，如图 11-34 所示。

④ 在绘图区中，绘制直线图形。

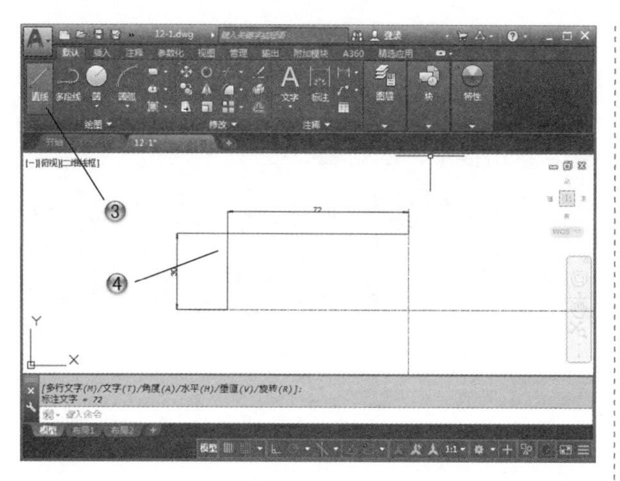

图 11-34

⑤ 单击【绘图】面板中的【直线】按钮，如图 11-35 所示。

⑥ 在绘图区中，绘制矩形图形。

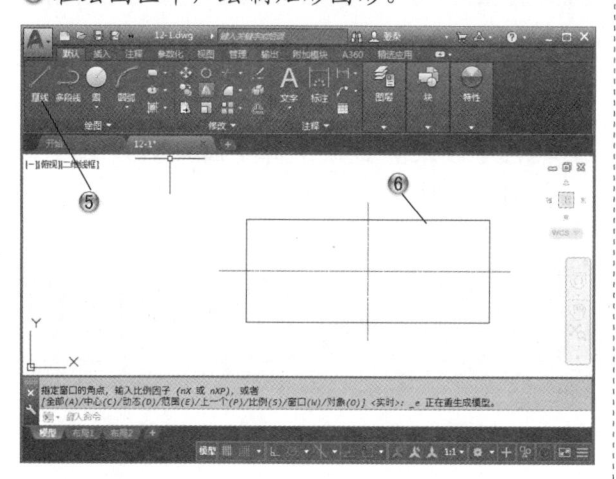

图 11-35

步骤 16 绘制螺栓

① 单击【修改】面板中的【圆角】按钮，如图 11-36 所示。

② 在绘图区中，绘制半径为 4 的圆角。

③ 单击【绘图】面板中的【直线】按钮，如图 11-37 所示。

④ 在绘图区中，绘制中心线。

⑤ 单击【绘图】面板中的【多边形】按钮，如图 11-38 所示。

⑥ 在绘图区中，创建六边形。

步骤 17 复制螺栓

① 单击【修改】面板中的【复制】按钮，如图 11-39 所示。

② 在绘图区中，复制螺栓图形。

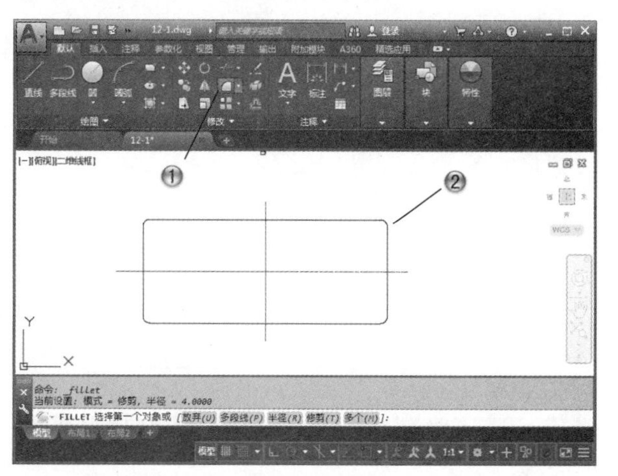

图 11-36

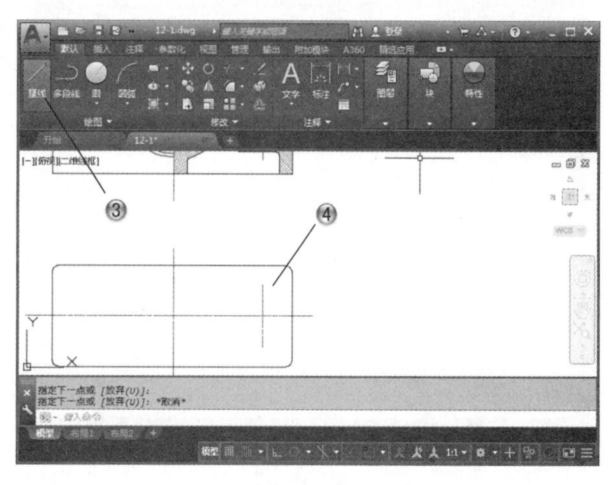

图 11-37

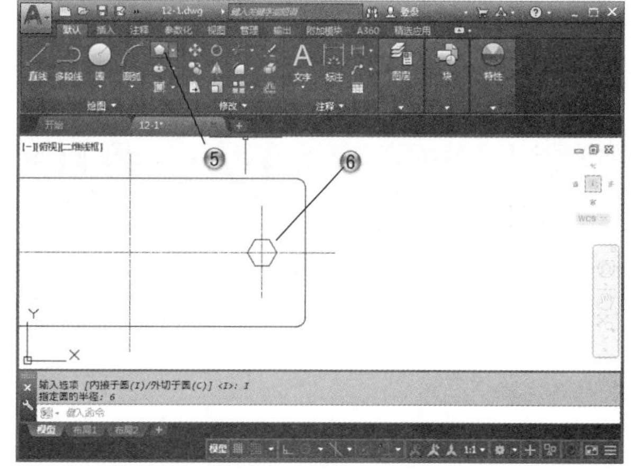

图 11-38　绘制六边形

③ 单击【绘图】面板中的【圆】按钮，如图 11-40 所示。

④ 在绘图区中，绘制半径为 8 的圆形。

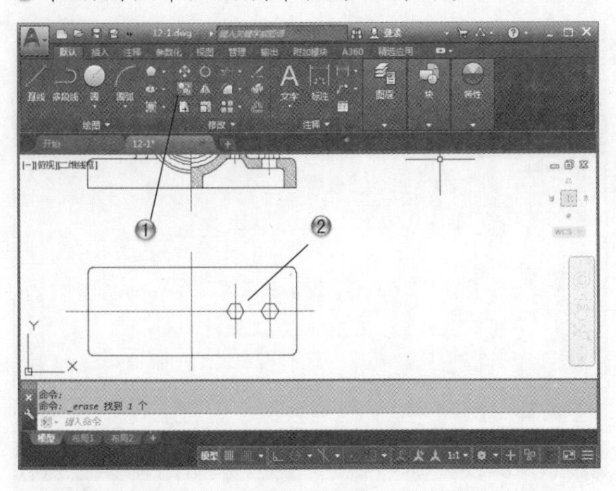

图 11-39

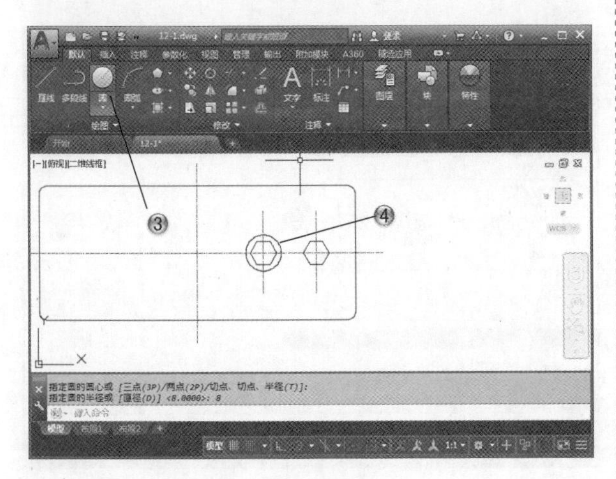

图 11-40

步骤 18 绘制轴套

① 单击【绘图】面板中的【直线】按钮，如图 11-41 所示。

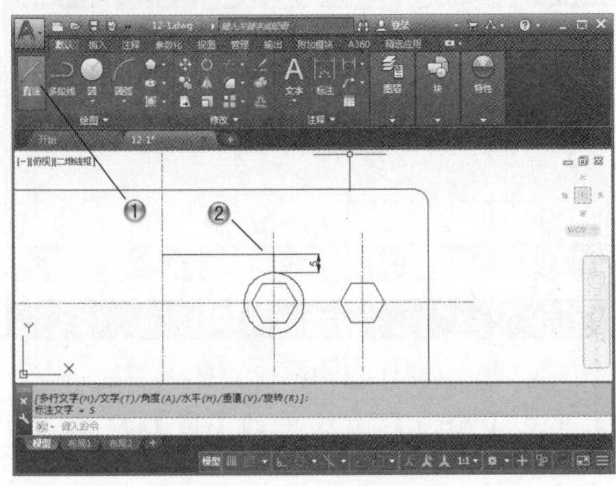

图 11-41 绘制直线图形

② 在绘图区中，绘制直线图形。

③ 单击【绘图】面板中的【直线】按钮，如图 11-42 所示。

④ 在绘图区中，绘制轴套图形。

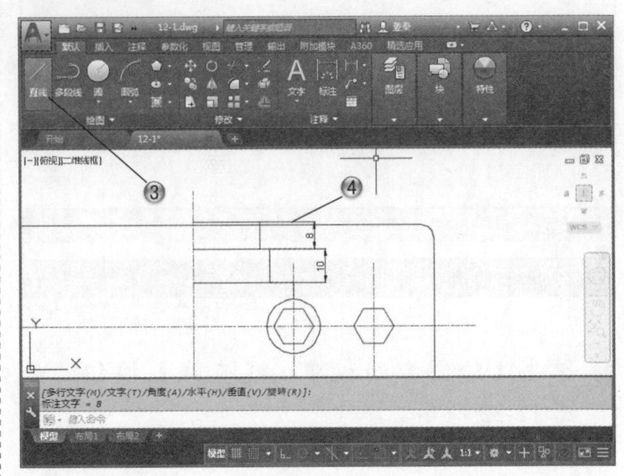

图 11-42

步骤 19 修剪图形

① 单击【修改】面板中的【圆角】按钮，如图 11-43 所示。

② 在绘图区中，绘制半径为 2 的圆角。

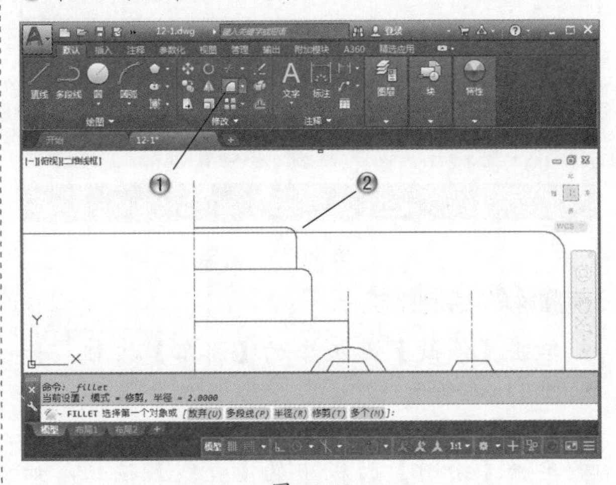

图 11-43

③ 单击【修改】面板中的【修剪】按钮，如图 11-44 所示。

④ 在绘图区中，修剪图形。

步骤 20 镜像图形

① 单击【修改】面板中的【镜像】按钮，如图 11-45 所示。

② 在绘图区中，创建镜像图形。

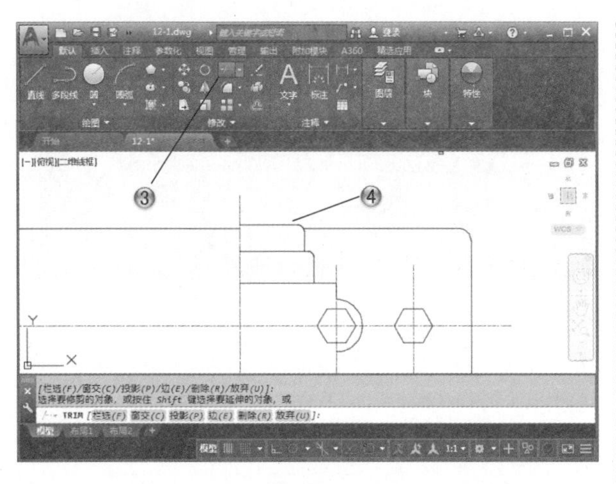

图 11-44

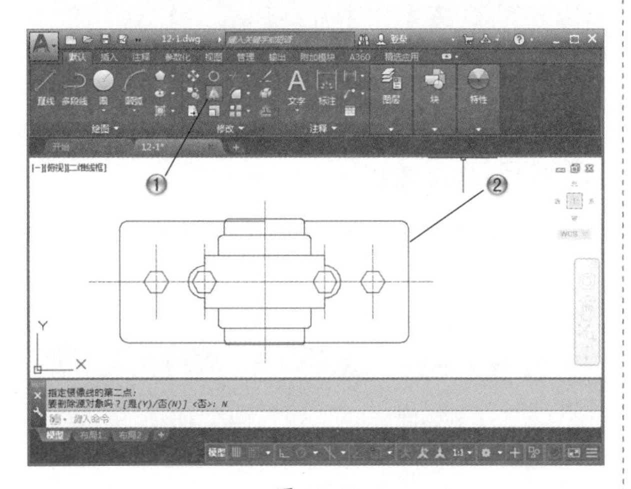

图 11-45

❸ 单击【修改】面板中的【修剪】按钮，如图 11-46 所示。

❹ 在绘图区中，修剪图形。

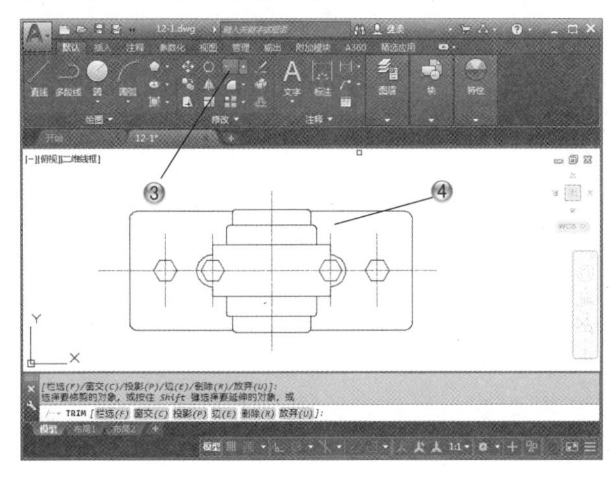

图 11-46

步骤 21 绘制直线图形

❶ 单击【绘图】面板中的【直线】按钮，如图 11-47 所示。

❷ 在绘图区中，绘制中心线。

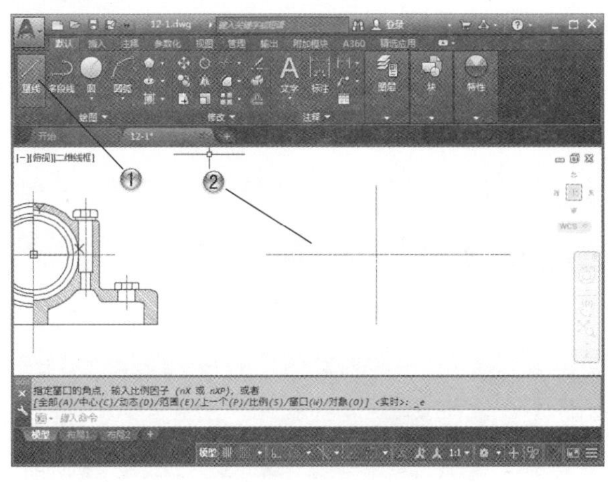

图 11-47

❸ 单击【绘图】面板中的【直线】按钮，如图 11-48 所示。

❹ 在绘图区中，绘制直线图形。

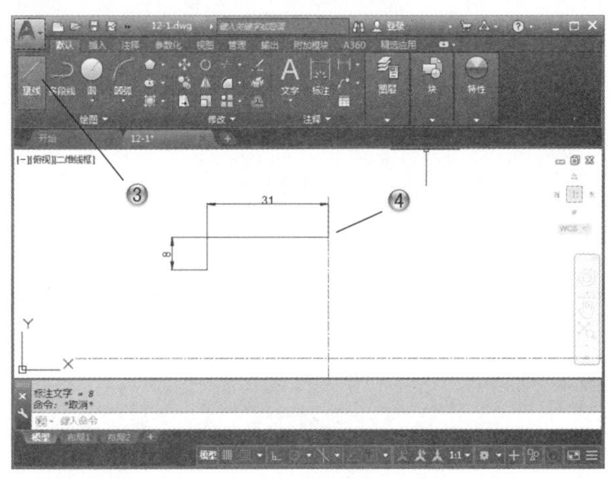

图 11-48

步骤 22 绘制轴图形

❶ 单击【绘图】面板中的【直线】按钮，如图 11-49 所示。

❷ 在绘图区中，绘制直线图形。

❸ 单击【绘图】面板中的【直线】按钮，如图 11-50 所示。

❹ 在绘图区中，绘制轴直线图形。

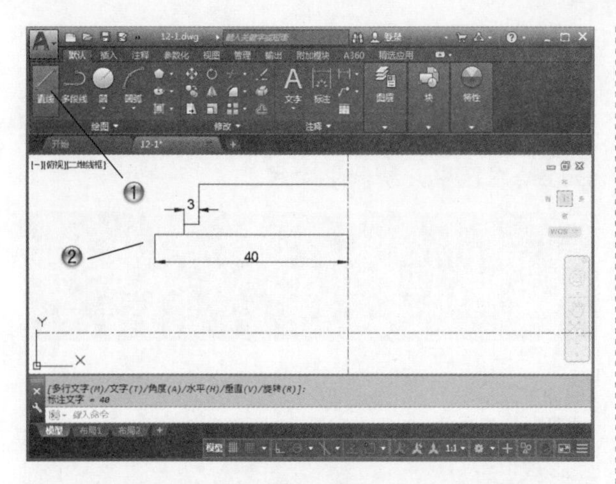

图 11-49

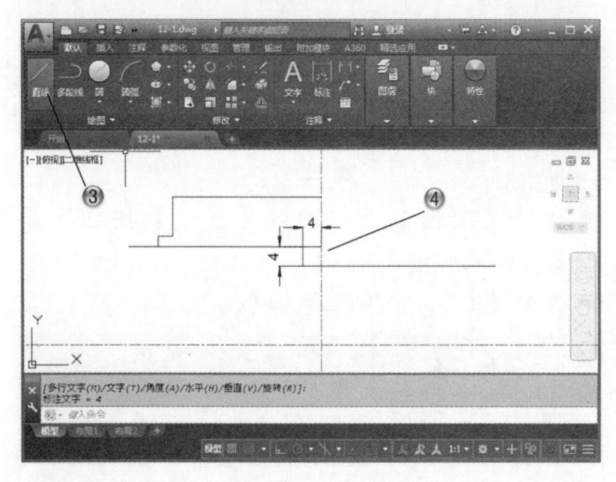

图 11-50

步骤 23 绘制轴承图形

❶ 单击【绘图】面板中的【直线】按钮，如图 11-51 所示。

❷ 在绘图区中，绘制内壁图形。

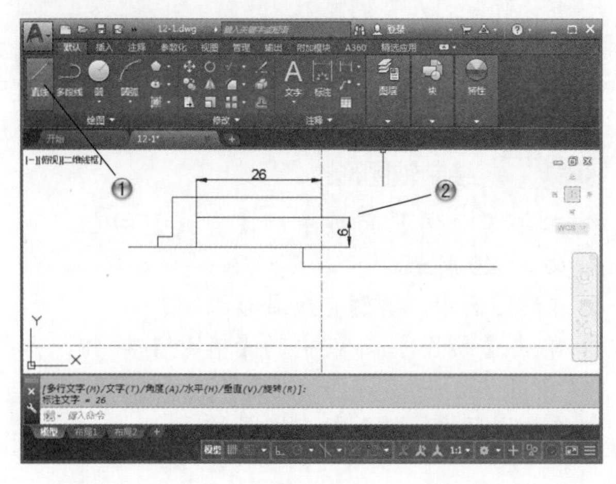

图 11-51

❸ 单击【绘图】面板中的【直线】按钮，如图 11-52 所示。

❹ 在绘图区中，绘制轴承直线图形。

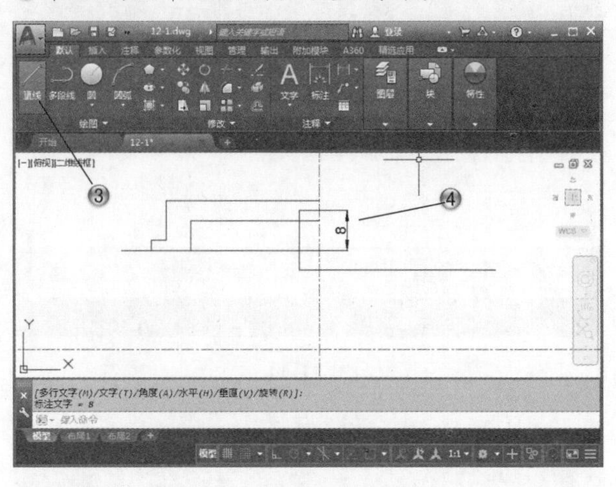

图 11-52

步骤 24 镜像图形

❶ 单击【修改】面板中的【修剪】按钮，如图 11-53 所示。

❷ 在绘图区中，修剪图形。

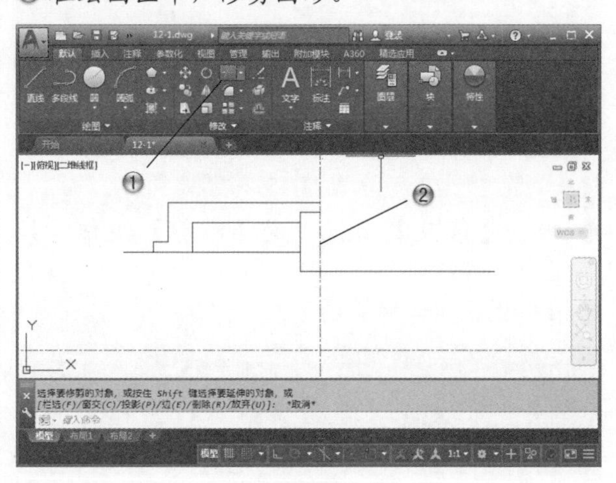

图 11-53

❸ 单击【修改】面板中的【镜像】按钮，如图 11-54 所示。

❹ 在绘图区中，镜像图形。

步骤 25 绘制轴承

❶ 单击【修改】面板中的【延伸】按钮，如图 11-55 所示。

❷ 在绘图区中，延伸直线。

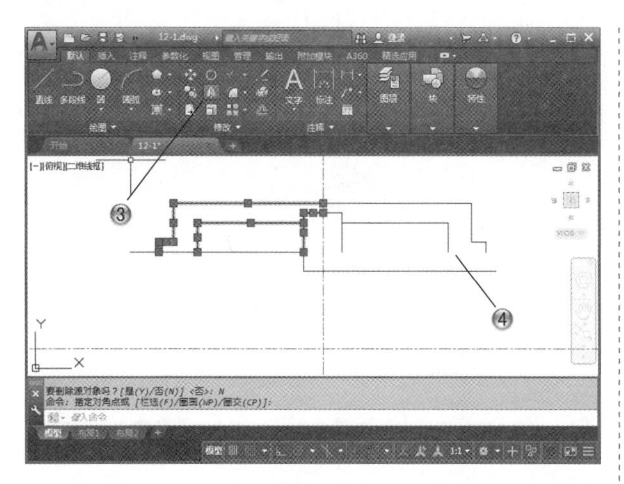

图 11-54

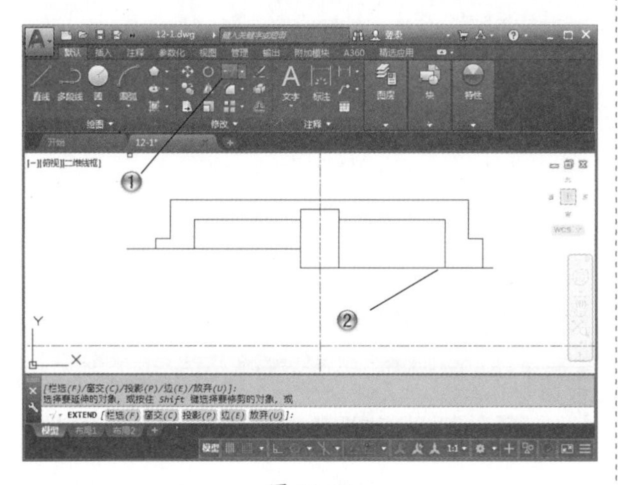

图 11-55

③ 单击【绘图】面板中的【直线】按钮，如图 11-56 所示。

④ 在绘图区中，绘制轴承。

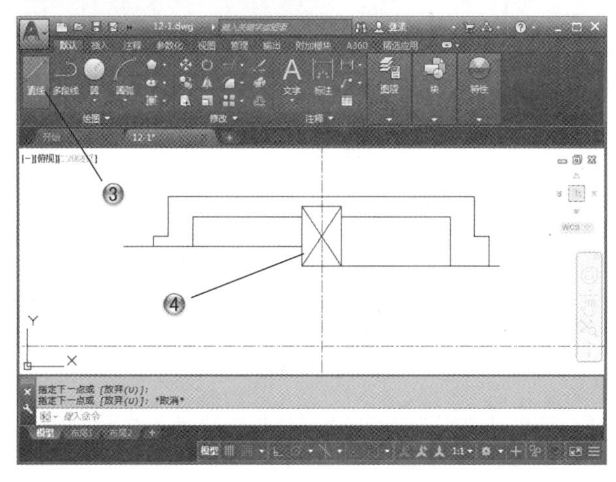

图 11-56

TIPS 提示

这里的轴承使用简易画法，因为是剖面视图，所以之后要创建对称的部分。

步骤 26 镜像图形

① 单击【修改】面板中的【圆角】按钮，如图 11-57 所示。

② 在绘图区中，绘制半径为 2 的圆角。

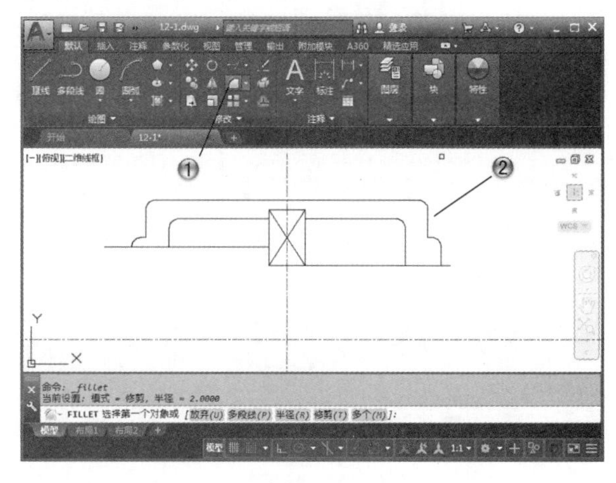

图 11-57

③ 单击【修改】面板中的【镜像】按钮，如图 11-58 所示。

④ 在绘图区中，镜像图形。

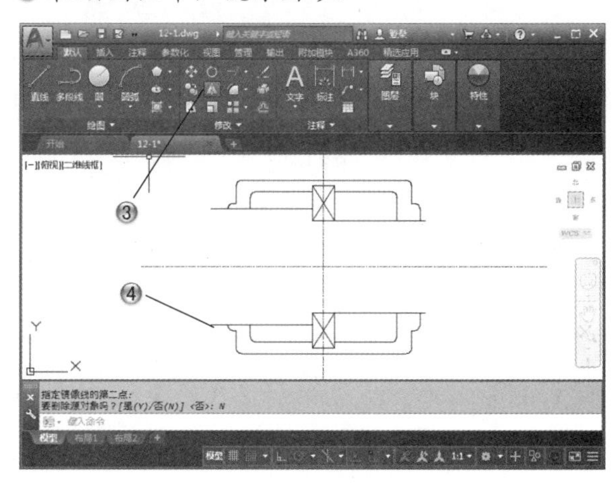

图 11-58

步骤 27 填充图形

① 单击【绘图】面板中的【样条曲线拟合】按钮，如图 11-59 所示。

② 在绘图区中，绘制曲线图形。

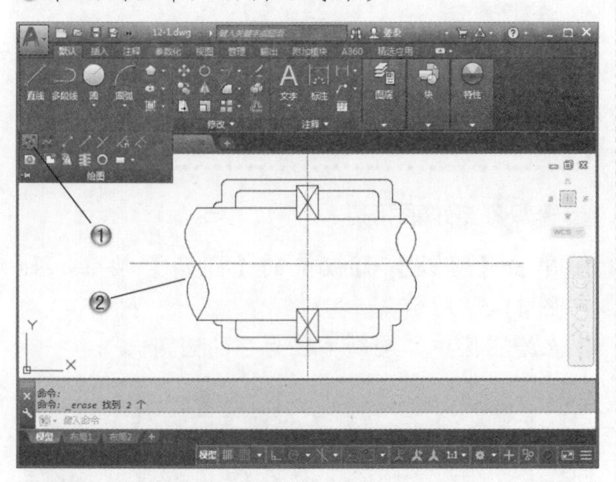

图 11-59

③ 单击【绘图】面板中的【直线】按钮，如图 11-60 所示。

④ 在绘图区中，绘制直线。

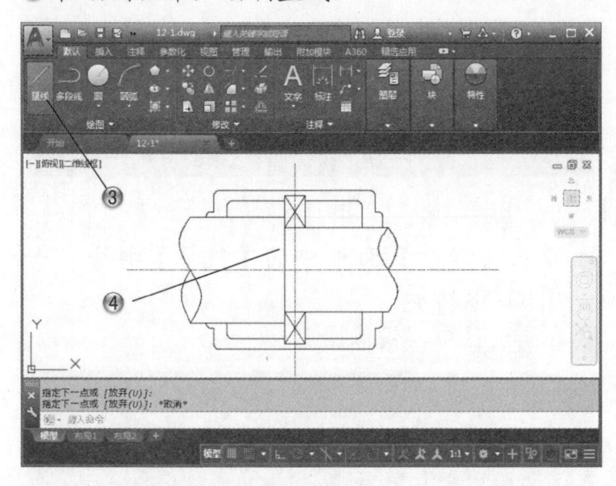

图 11-60

⑤ 单击【绘图】面板中的【图案填充】按钮，如图 11-61 所示。

⑥ 在绘图区中，选择区域进行填充。

步骤 28 标注尺寸

① 单击【注释】面板中的【线性】按钮，如图 11-62 所示。

② 在绘图区中，绘制主视图标注。

③ 单击【注释】面板中的【线性】按钮，如图 11-63 所示。

④ 在绘图区中，绘制俯视图标注。

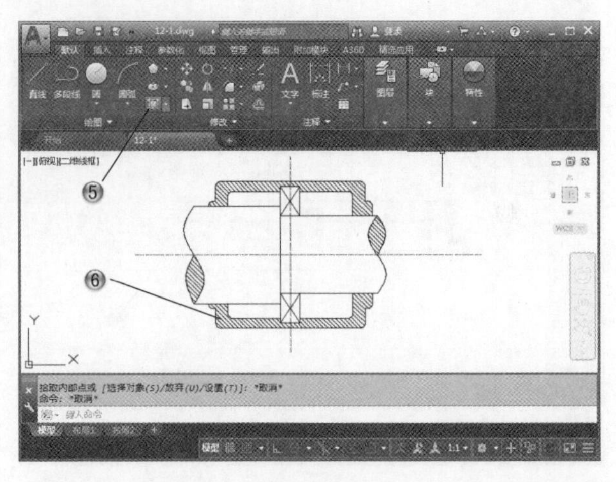

图 11-61

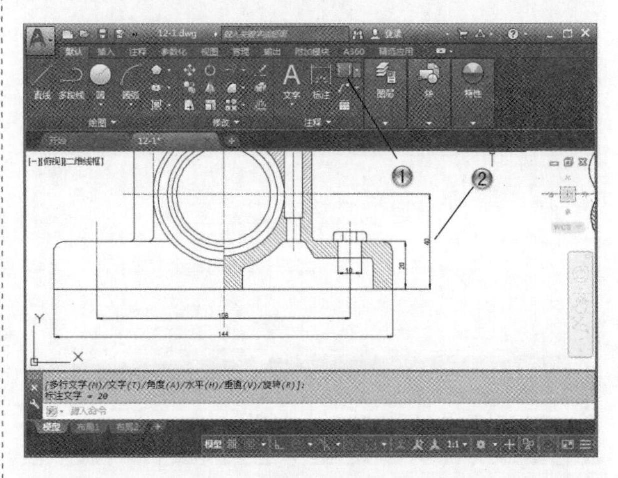

图 11-62

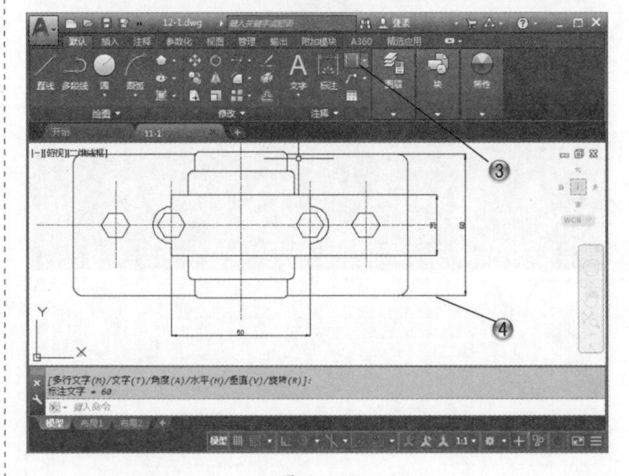

图 11-63

⑤ 单击【注释】面板中的【线性】按钮，如图 11-64 所示。

⑥ 在绘图区中，绘制剖视图标注。

步骤 29 绘制标题栏框

① 单击【绘图】面板中的【矩形】按钮，如图 11-65 所示。

② 在绘图区中，绘制矩形。

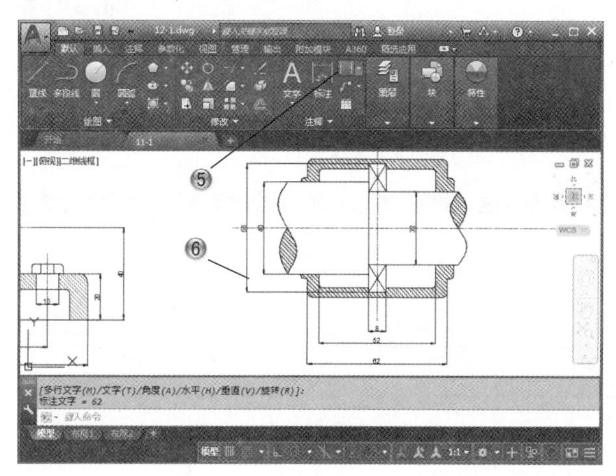

图 11-64

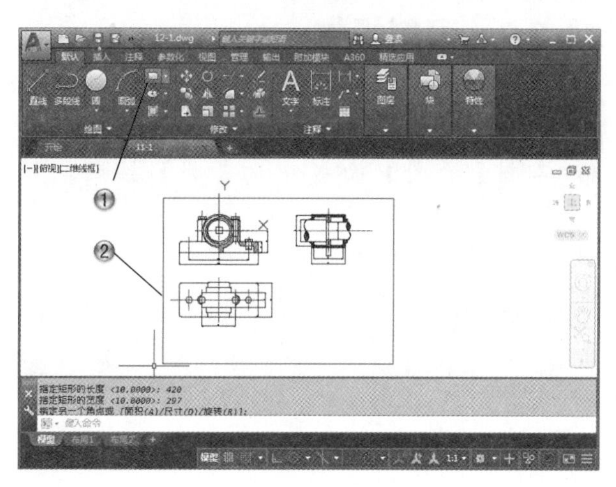

图 11-65

③ 单击【绘图】面板中的【直线】按钮，如图 11-66 所示。

④ 在绘图区中，绘制标题栏框。

步骤 30 完成标题栏

① 单击【绘图】面板中的【直线】按钮，如图 11-67 所示。

② 在绘图区中，绘制标题栏。

③ 单击【注释】面板中的【文字】按钮，如图 11-68 所示。

④ 在标题栏中，添加文字。

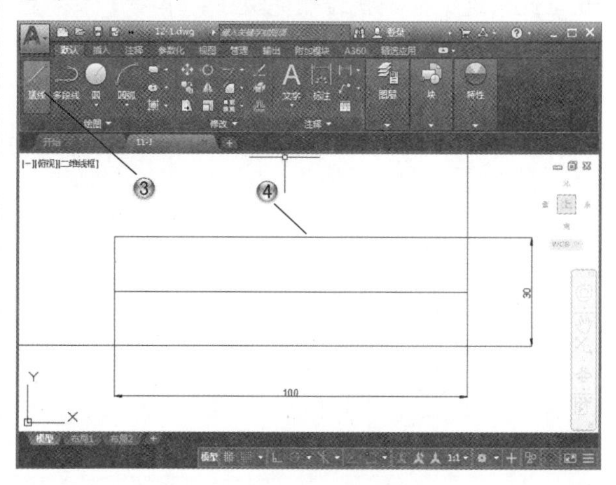

图 11-66

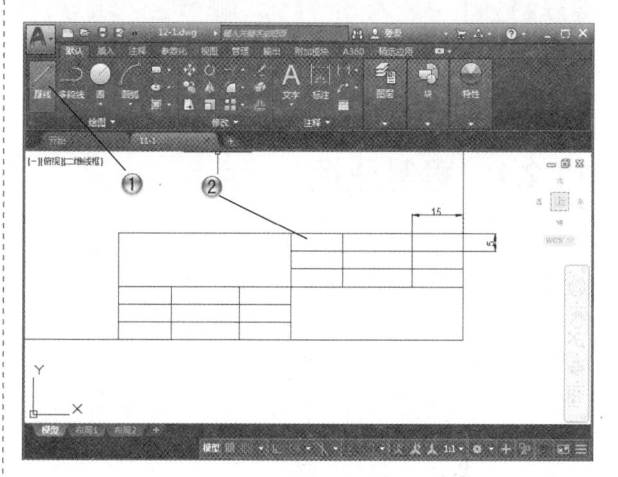

图 11-67

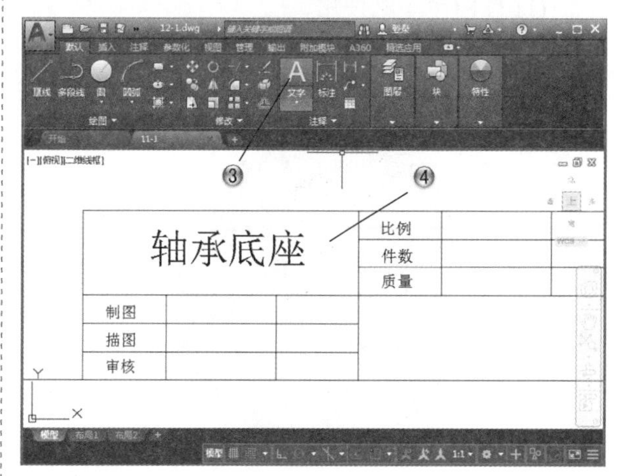

图 11-68

步骤 31 完成轴承底座装配图绘制

❶ 至此，这个范例就绘制完成了，单击【保存】按钮，如图 11-69 所示。

❷ 范例完成并保存图形文件。

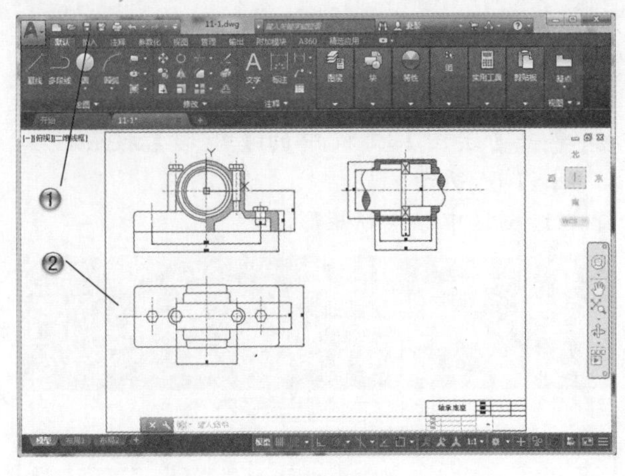

图 11-69

11.2 套头零件三维模型绘制范例

本范例完成文件：ywj\11\11-2.dwg。

11.2.1 案例分析

本节将介绍套头零件的三维建模过程，首先使用拉伸命令创建主体，再创建细节特征，使用布尔运算创建孔等特征，如图 11-70 所示。

通过这个套头零件案例的操作，讲述三维拉伸命令和三维零件创建技巧的综合运用，将熟悉如下内容。

(1) 拉伸命令的使用。

(2) 布尔合集运算。

(3) 布尔差集运算。

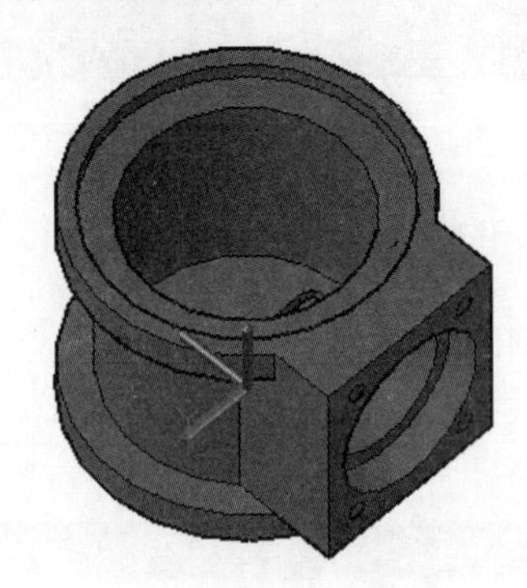

图 11-70

11.2.2 案例操作

步骤 01 创建拉伸体

❶ 单击【绘图】面板中的【圆】按钮，如图 11-71 所示。

❷ 在绘图区中，绘制直径为 20 的圆形。

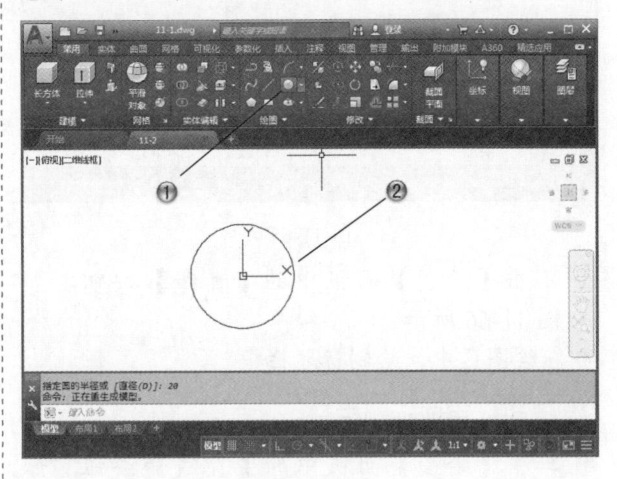

图 11-71

❸ 单击【建模】面板中的【拉伸】按钮，如图 11-72 所示。

❹ 在绘图区中，拉伸圆形高度为 4。

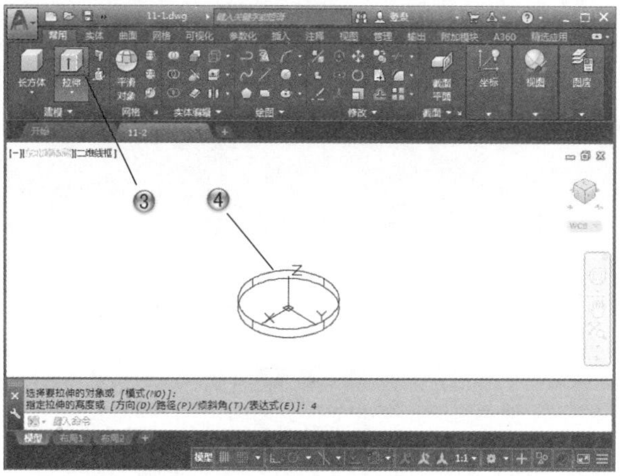

图 11-72

> **提示**
>
> 拉伸的圆柱体也可以使用【圆柱体】命令进行创建，不同的是使用【拉伸】命令可以创建复杂拉伸体。

步骤 02 创建拉伸体

① 单击【绘图】面板中的【圆】按钮，如图 11-73 所示。

② 在绘图区中，以圆柱体的底面圆心为圆心，绘制直径为 16 的圆形。

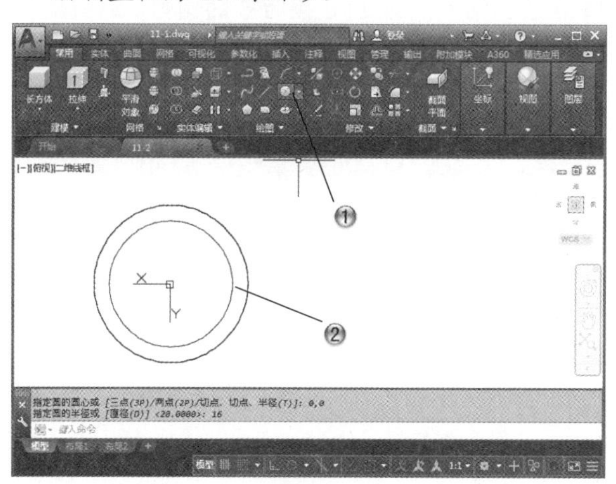

图 11-73

③ 单击【建模】面板中的【拉伸】按钮，如图 11-74 所示。

④ 在绘图区中，拉伸圆形高度为 30。

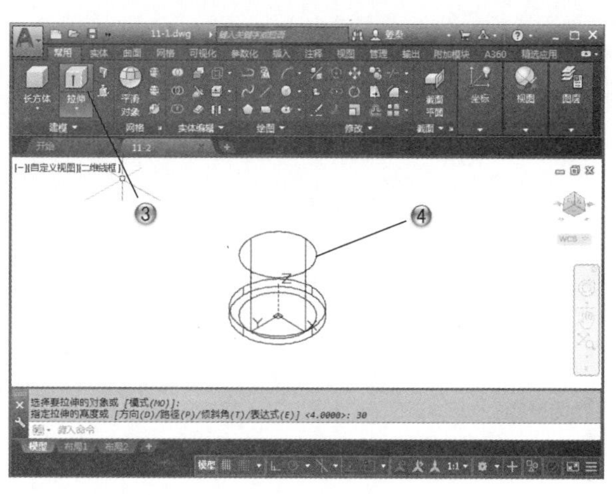

图 11-74

步骤 03 复制特征

① 单击【修改】面板中的【复制】按钮，如图 11-75 所示。

② 在绘图区中，复制第一个圆柱体特征。

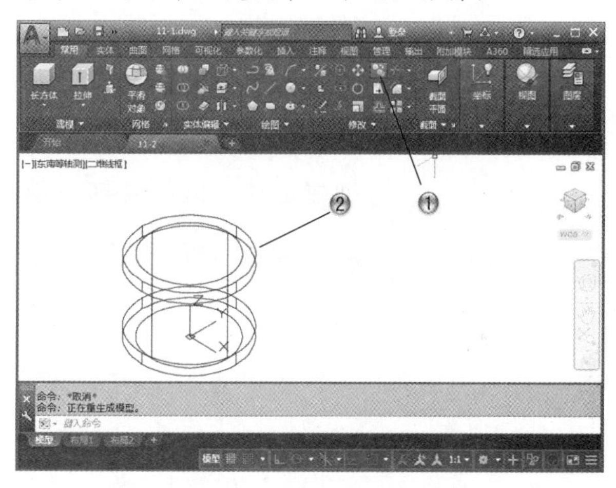

图 11-75

③ 单击【可视化】选项卡中的 Y 按钮，如图 11-76 所示。

④ 在绘图区中，绕 Y 轴旋转坐标系 90°。

步骤 04 创建拉伸体

① 单击【绘图】面板中的【矩形】按钮，如图 11-77 所示。

② 在绘图区中，绘制 26×24 的矩形。

③ 单击【建模】面板中的【拉伸】按钮，如图 11-78 所示。

④ 在绘图区中，拉伸矩形高度为 24。

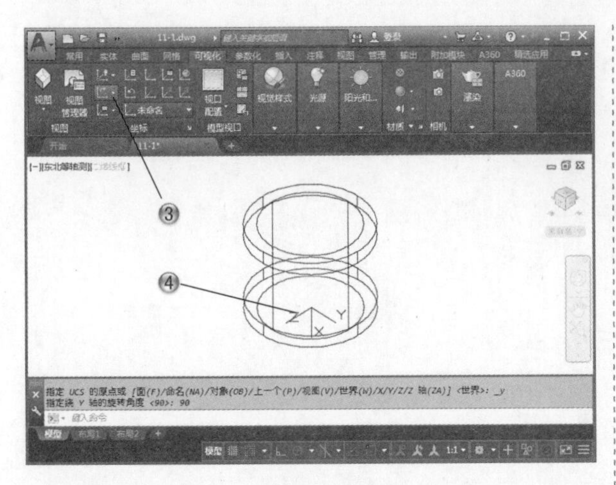

图 11-76

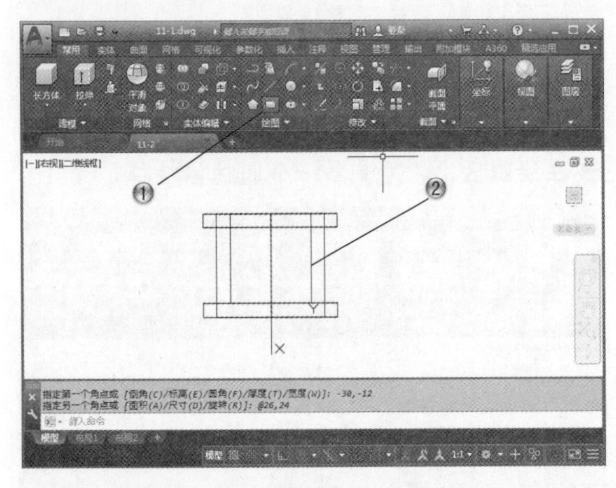

图 11-77

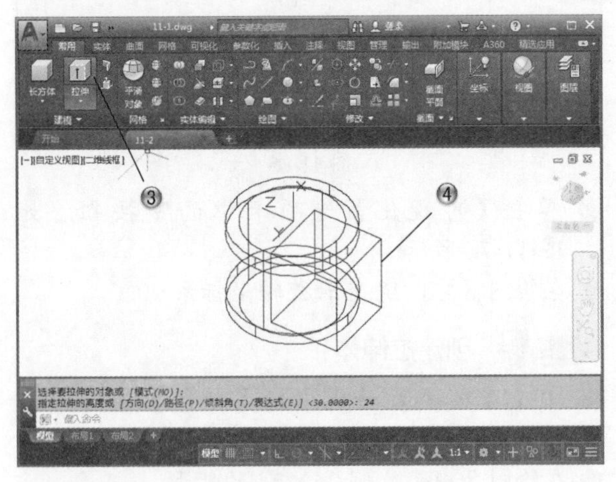

图 11-78

步骤 05 布尔并集运算

① 单击【常用】选项卡的【实体编辑】面板中的【实体，并集】按钮，如图 11-79 所示。

② 在绘图区中，选择并集特征，完成并集。

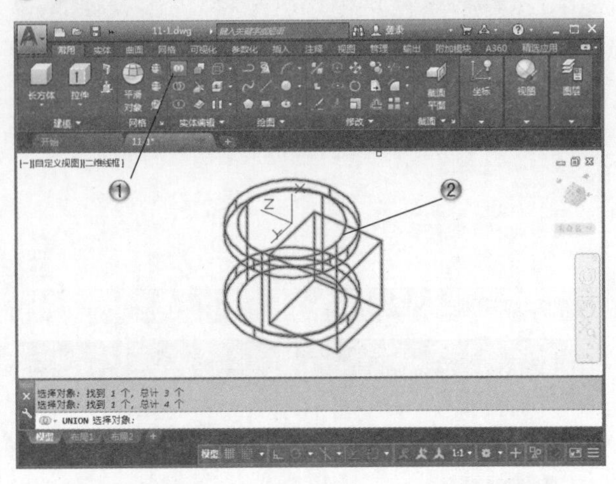

图 11-79

> **提示**
>
> 布尔并集运算是将所有的独立特征，合并成一个整体，以进行下一步的细节操作。

步骤 06 创建圆柱体

① 单击【绘图】面板中的【圆】按钮，如图 11-80 所示。

② 在绘图区中，绘制直接为 8 的圆形。

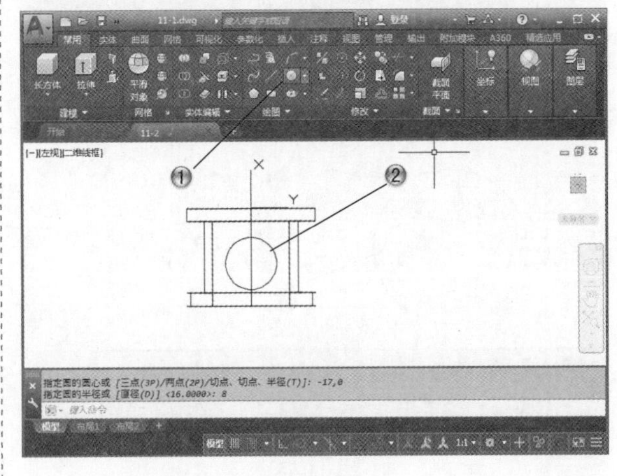

图 11-80

③ 单击【建模】面板中的【拉伸】按钮，如图 11-81 所示。

④ 在绘图区中，拉伸圆形高度为 40。

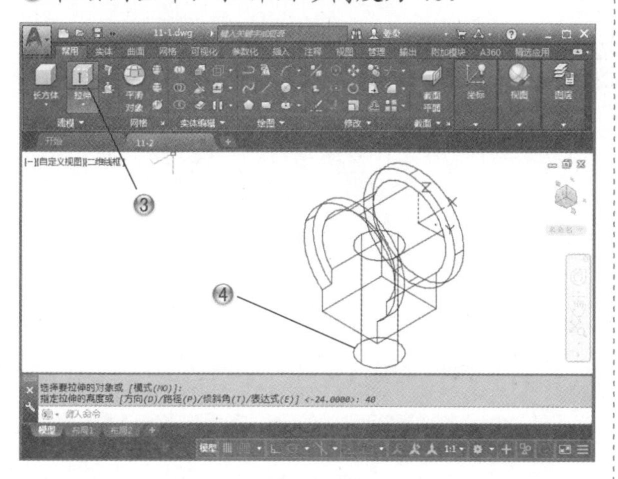

图 11-81

步骤 07 创建圆柱体

① 单击【绘图】面板中的【圆】按钮，如图 11-82 所示。

② 在绘图区中，绘制直径为 1 的圆形。

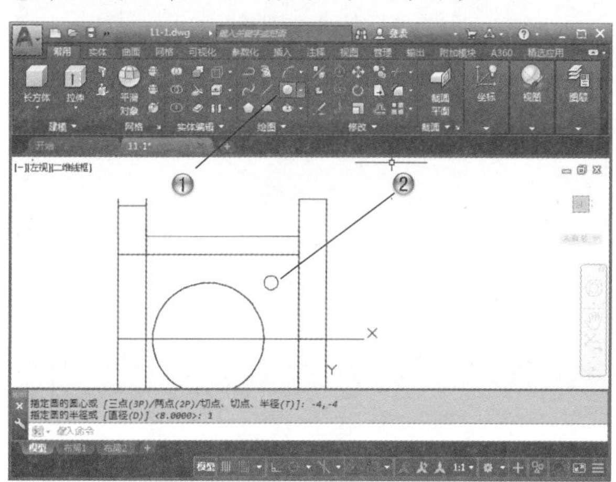

图 11-82

③ 单击【建模】面板中的【拉伸】按钮，如图 11-83 所示。

④ 在绘图区中，拉伸圆形高度为 10。

步骤 08 阵列圆柱体

① 单击【修改】面板中的【矩形阵列】按钮，如图 11-84 所示。

② 在绘图区中，选择圆柱体特征。

③ 在弹出的【阵列创建】选项卡中设置参数，创建 2×2 的矩形阵列，如图 11-85 所示。

④ 在【阵列创建】选项卡中，单击【关闭阵列】按钮，阵列圆柱体。

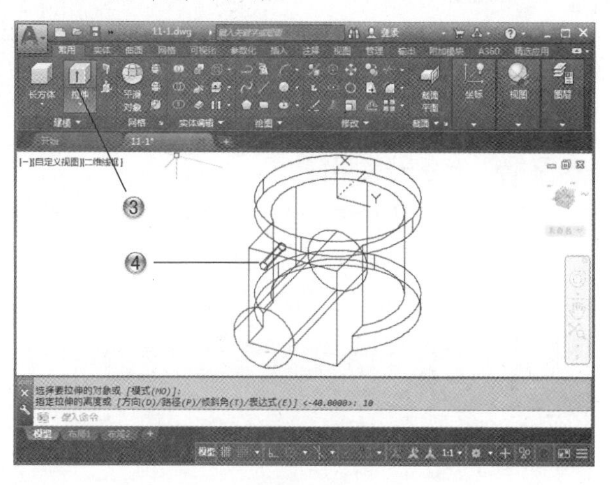

图 11-83

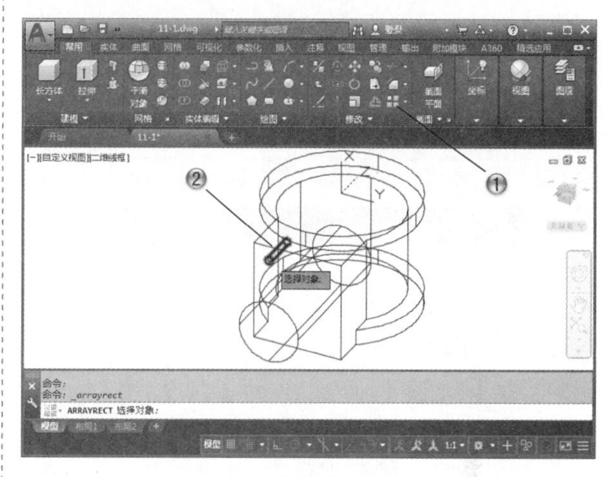

图 11-84

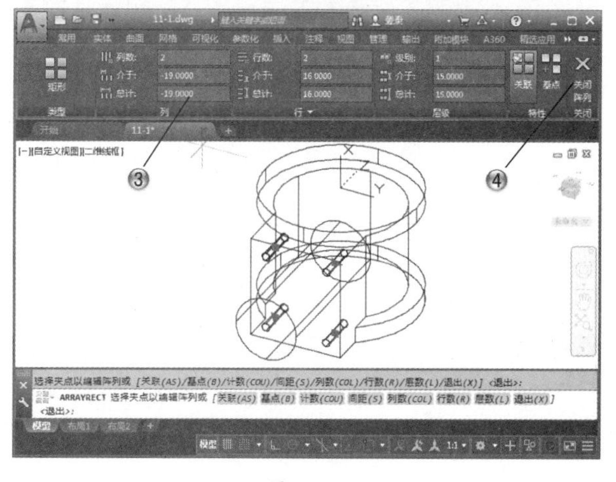

图 11-85

提示

阵列参数根据实际进行设置，主要参数有【列数】、【行数】、【介于】等。

步骤 09 布尔差集运算

① 单击【常用】选项卡【实体编辑】面板中的【实体，差集】按钮，如图 11-86 所示。

② 在绘图区中，选择差集特征，完成差集运算。

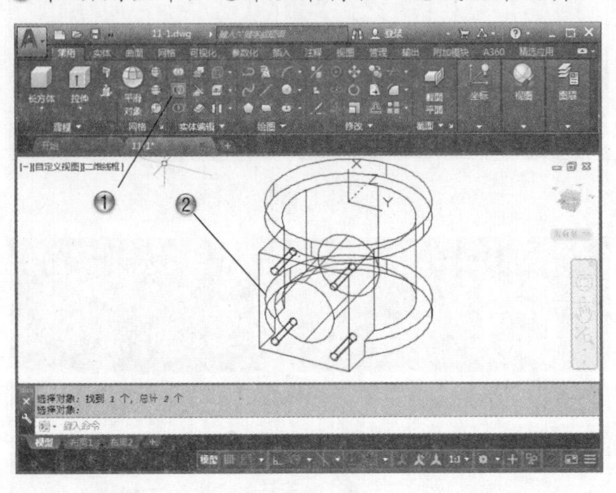

图 11-86

步骤 10 创建圆柱体

① 单击【绘图】面板中的【圆】按钮，如图 11-87 所示。

② 在绘图区中，绘制直径为 10 的圆形。

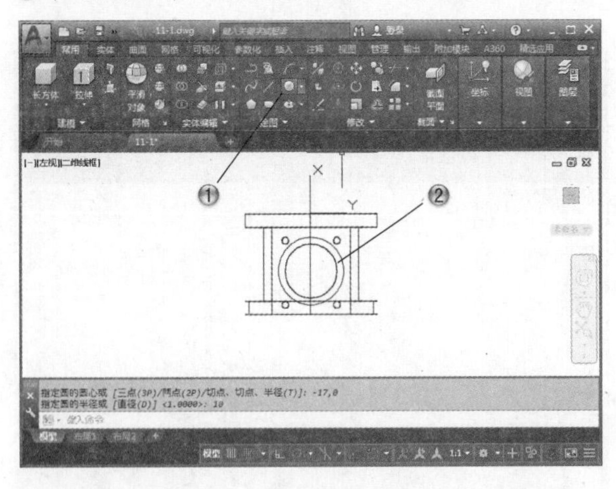

图 11-87

③ 单击【修改】面板中的【移动】按钮，如图 11-88 所示。

④ 在绘图区中，移动圆形。

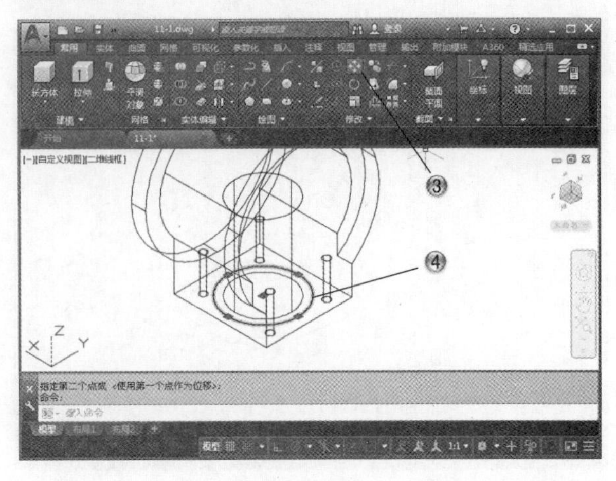

图 11-88

⑤ 单击【建模】面板中的【拉伸】按钮，如图 11-89 所示。

⑥ 在绘图区中，拉伸圆形高度为 4。

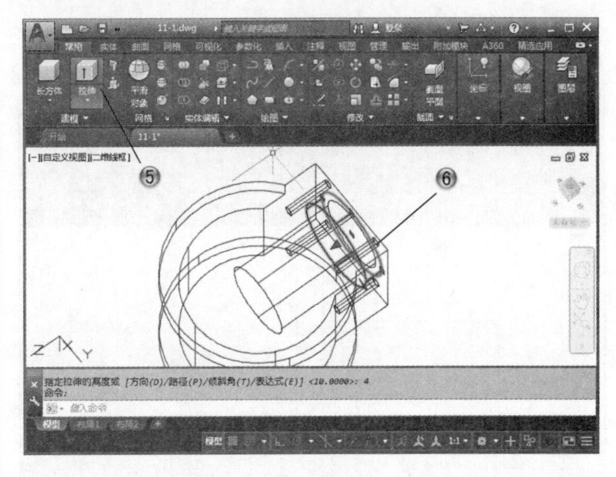

图 11-89

提示

草图的位置不在需要的位置时，可以进行三维移动，所以草绘图形的平面不是不变的。

步骤 11 布尔差集运算

① 单击【常用】选项卡【实体编辑】面板中的【实体，差集】按钮，如图 11-90 所示。

② 在绘图区中，选择差集特征，完成差集运算。

步骤 12 创建圆柱体

① 单击【可视化】选项卡中的【UCS，上一个】

按钮，恢复上一步的坐标系，如图 11-91 所示。

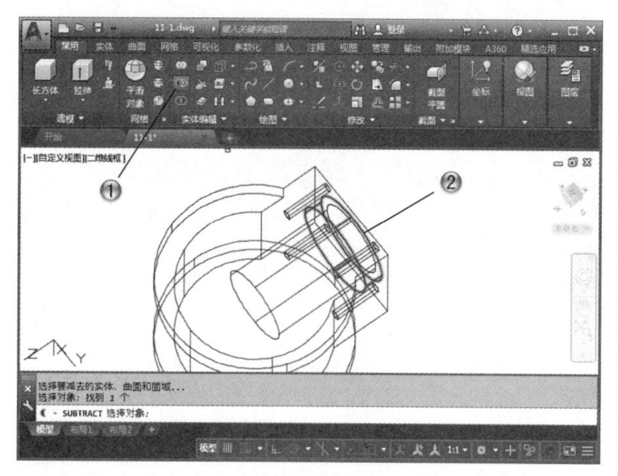

图 11-90

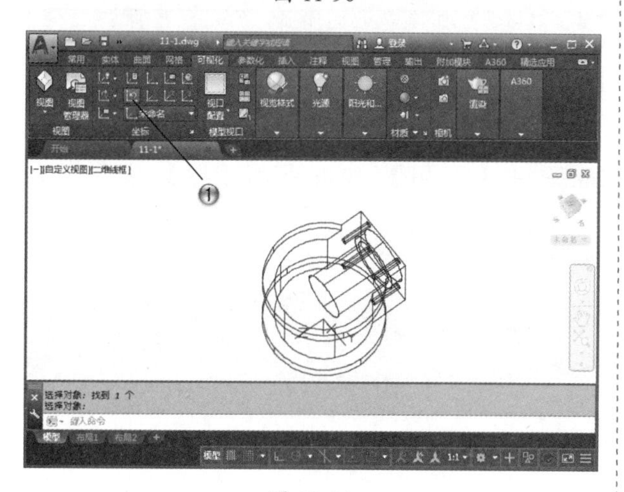

图 11-91

❷ 单击【绘图】面板中的【圆】按钮，如图 11-92 所示。

❸ 在绘图区中，绘制直径为 18 的圆形。

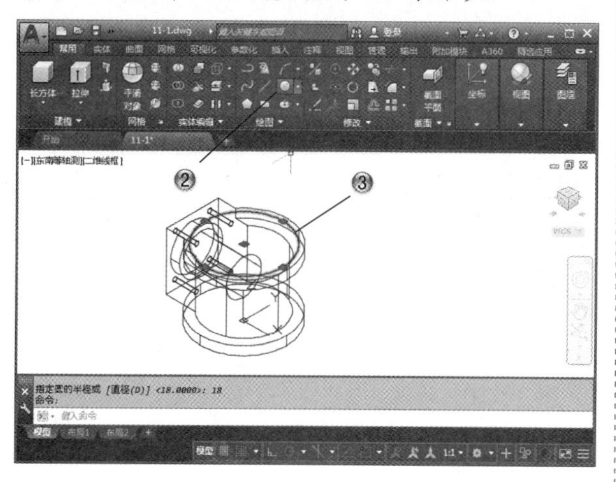

图 11-92

❹ 单击【建模】面板中的【拉伸】按钮，如图 11-93 所示。

❺ 在绘图区中，拉伸圆形高度为 2，得到圆柱体。

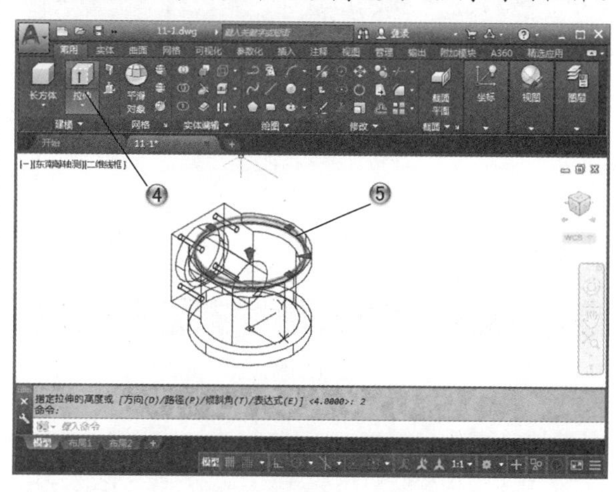

图 11-93

步骤 13 布尔差集运算

❶ 单击【常用】选项卡中的【实体，差集】按钮，如图 11-94 所示。

❷ 在绘图区中，选择差集特征，完成差集运算。

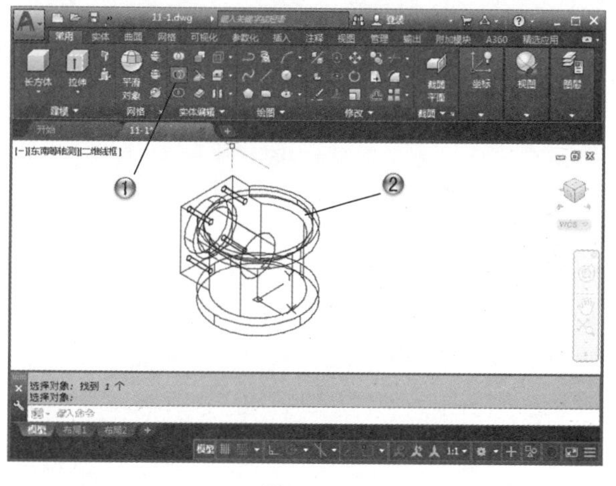

图 11-94

步骤 14 创建圆柱体

❶ 单击【绘图】面板中的【圆】按钮，如图 11-95 所示。

❷ 在绘图区中，绘制直径为 14 的圆形。

❸ 单击【建模】面板中的【拉伸】按钮，如图 11-96 所示。

❹ 在绘图区中，拉伸圆形高度为 24。

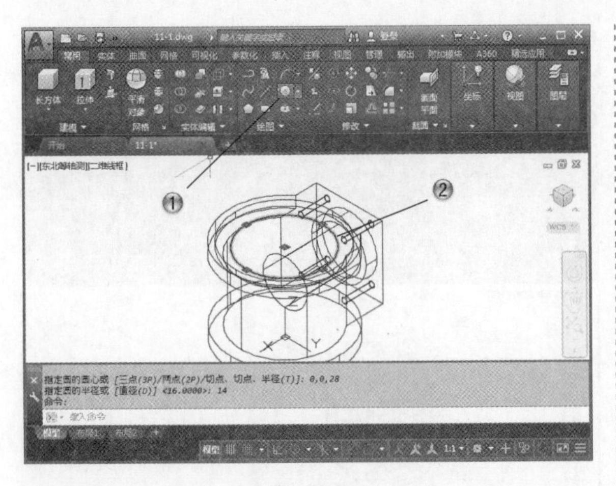
图 11-95

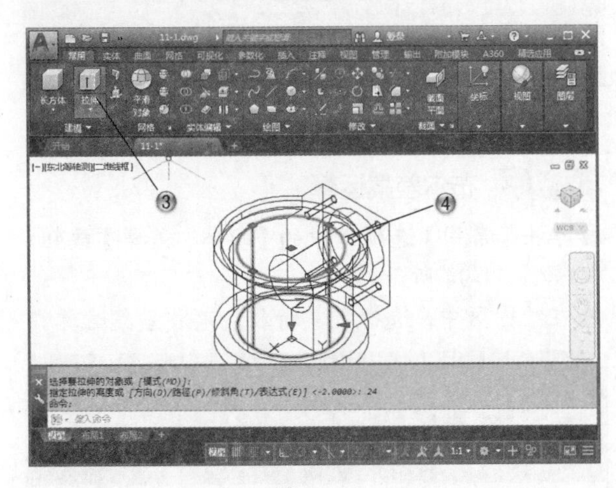
图 11-96

步骤 15 布尔差集运算

① 单击【实体编辑】面板中的【实体，差集】按钮，如图 11-97 所示。

② 在绘图区中，选择差集特征，完成差集运算。

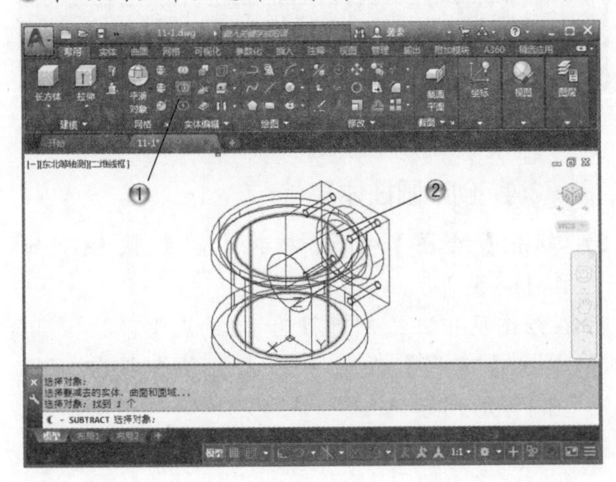
图 11-97

步骤 16 创建草图

① 单击【绘图】面板中的【矩形】按钮，如图 11-98 所示。

② 在绘图区中，绘制矩形。

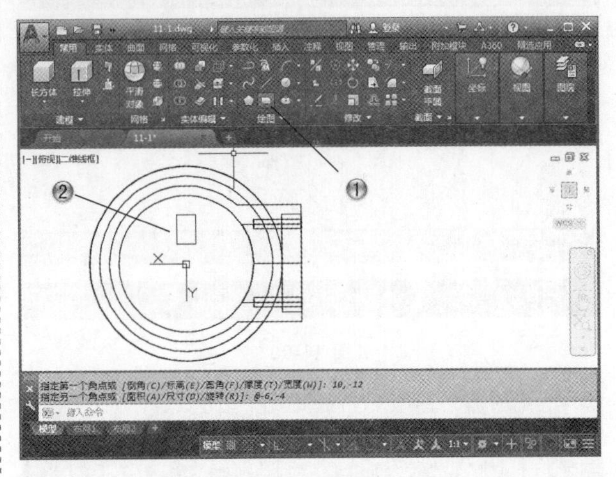
图 11-98

③ 单击【绘图】面板中的【圆】按钮，如图 11-99 所示。

④ 在绘图区中，绘制两个直径为 2 的圆形。

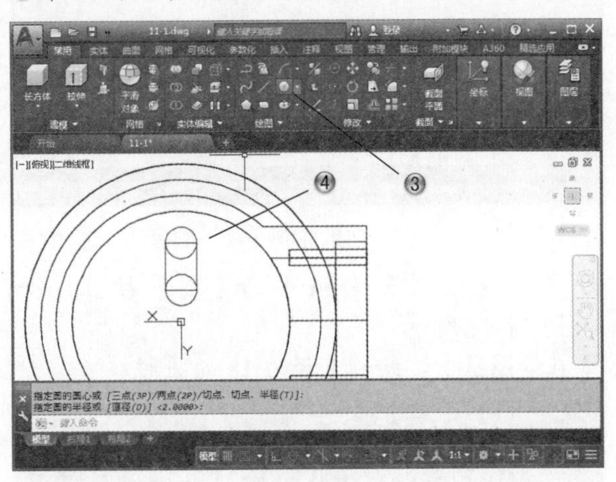
图 11-99

步骤 17 拉伸草图

① 单击【修改】面板中的【修剪】按钮，如图 11-100 所示。

② 在绘图区中，修剪圆形。

③ 单击【建模】面板中的【拉伸】按钮，如图 11-101 所示。

④ 在绘图区中，拉伸草图。

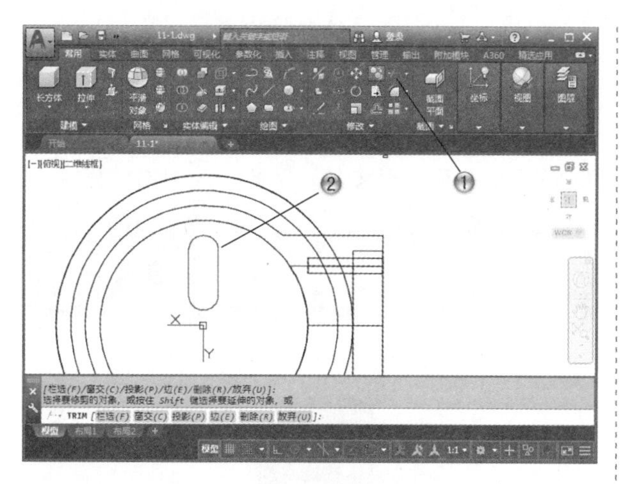

图 11-100

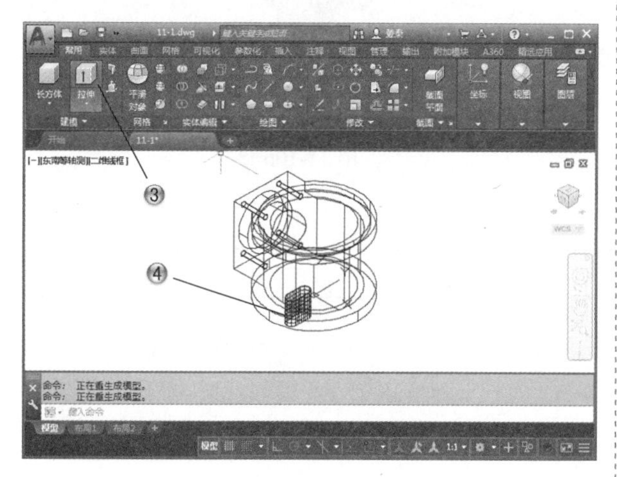

图 11-101

提示

拉伸非整体草图，会形成曲面特征，所以这里创建的是拉伸曲面，之后再进行加厚操作形成实体。

步骤 18 实体化曲面

❶ 单击【实体编辑】面板中的【加厚】按钮，如图 11-102 所示。

❷ 在绘图区中，选择曲面，实体化曲面。

❸ 单击【实体编辑】面板中的【加厚】按钮，如图 11-103 所示。

❹ 在绘图区中，选择曲面，实体化曲面。

步骤 19 布尔运算

❶ 单击【实体编辑】面板中的【实体，并集】按钮，如图 11-104 所示。

❷ 在绘图区中，选择并集特征，完成并集运算。

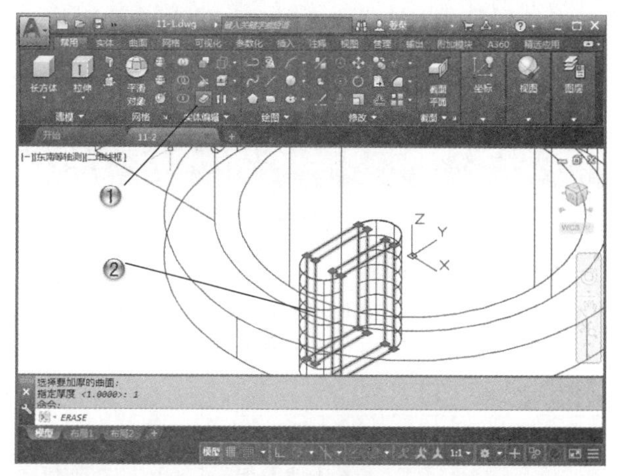

图 11-102

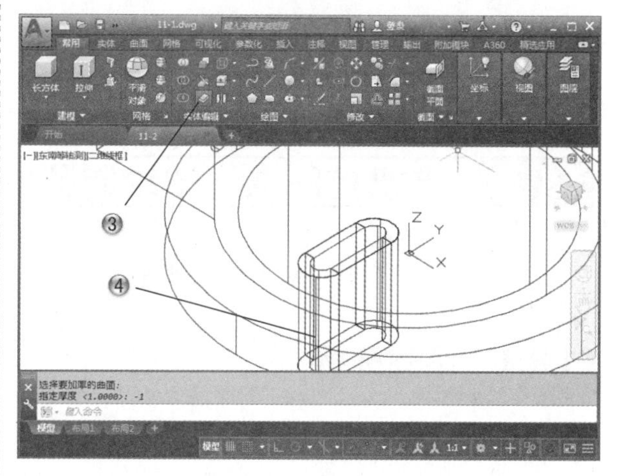

图 11-103

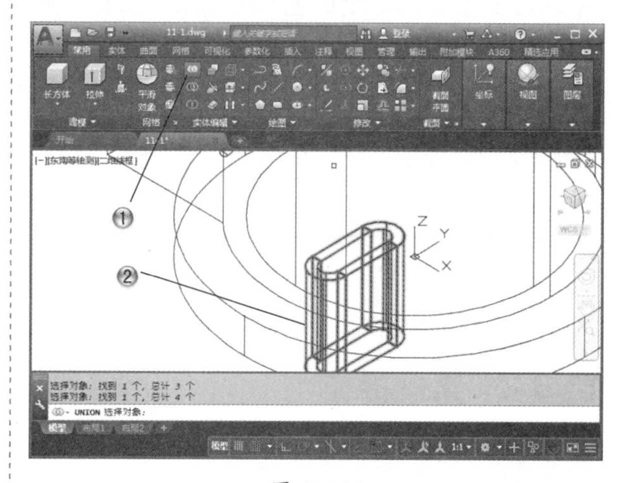

图 11-104

③ 单击【实体编辑】面板中的【实体，差集】按钮，如图 11-105 所示。

④ 在绘图区中，选择差集特征，完成差集运算。

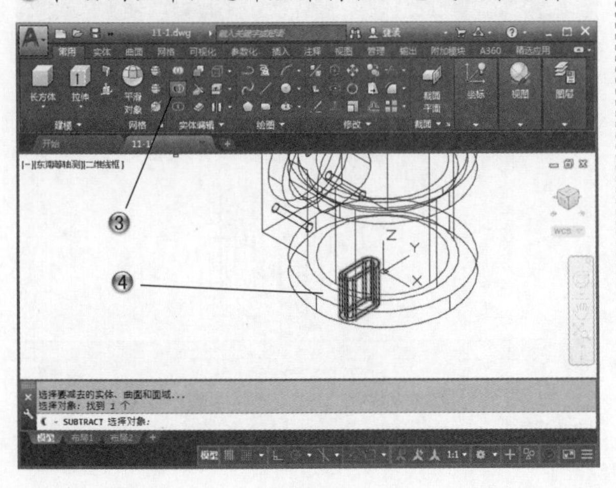

图 11-105

步骤 20 完成套头零件三维模型创建

① 单击【自定义快速访问工具栏】中的【保存】按钮，如图 11-106 所示。

② 完成并保存图形文件，至此，范例制作完成。

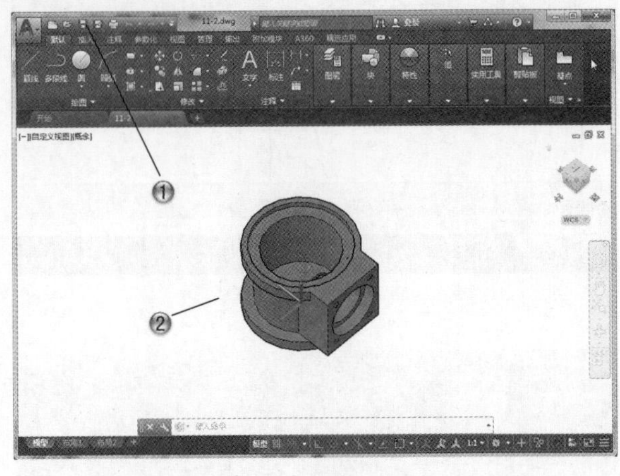

图 11-106

11.3 电机控制电气图绘制范例

本范例完成文件：ywj\11\11-3.dwg。

11.3.1 案例分析

本章将介绍电机控制电气原理图的绘制过程，首先绘制电机线路，再绘制控制线路，可以使用复制命令简化电气元件的绘制过程，如图 11-107 所示。

通过这个案例的操作，讲述 CAD 电气原理图的绘制过程，以及各种电气元件的绘制方法，将熟悉如下内容。

(1) 电机线路的绘制。

(2) 控制线路的绘制。

(3) 电路文字的标注。

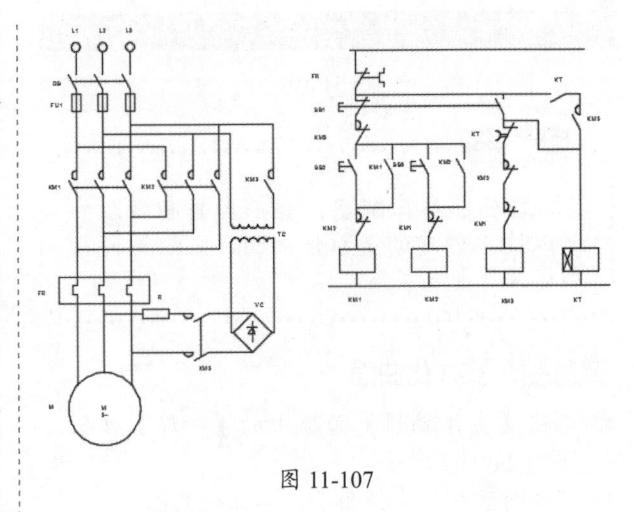

图 11-107

11.3.2 案例操作

步骤 01 设置图层

① 单击【图层】面板中的【图层特性】按钮，如图 11-108 所示。

② 在弹出的【图层特性管理器】工具选项板中单击【新建图层】按钮。

③ 依次新建 2 个图层，并设置图层属性。

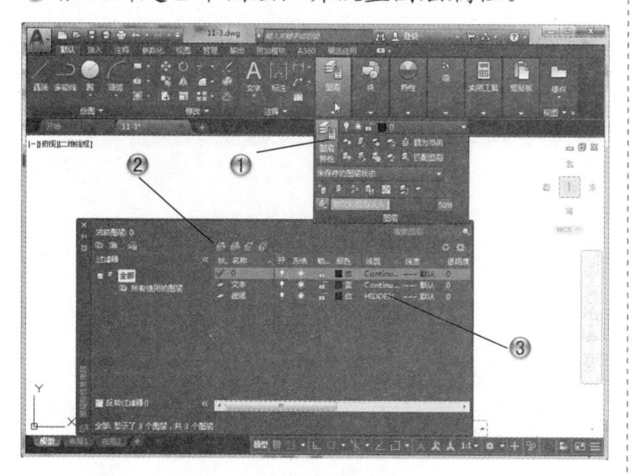

图 11-108

步骤 02 绘制节点

① 单击【绘图】面板中的【圆】按钮，如图 11-109 所示。

② 在绘图区中，绘制半径为 1 的圆形。

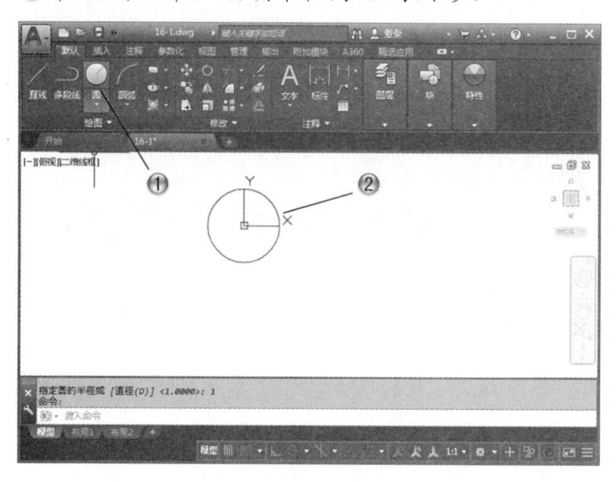

图 11-109

③ 单击【绘图】面板中的【直线】按钮，如图 11-110 所示。

④ 在绘图区中，绘制垂线。

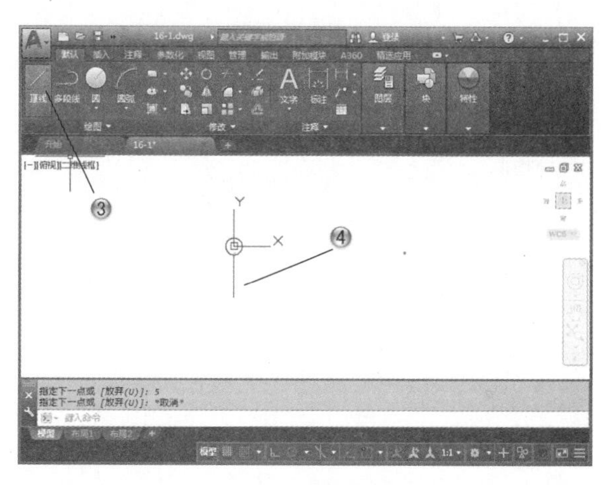

图 11-110

步骤 03 绘制电阻图形

① 单击【绘图】面板中的【直线】按钮，如图 11-111 所示。

② 在绘图区中，绘制线路。

③ 单击【绘图】面板中的【矩形】按钮，如图 11-112 所示。

④ 在绘图区中，绘制电阻。

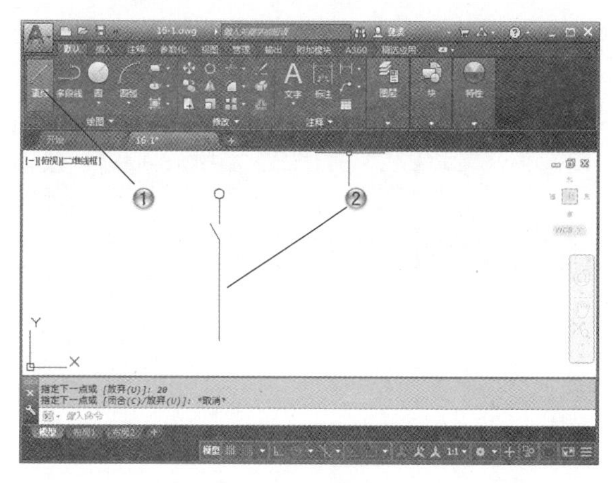

图 11-111

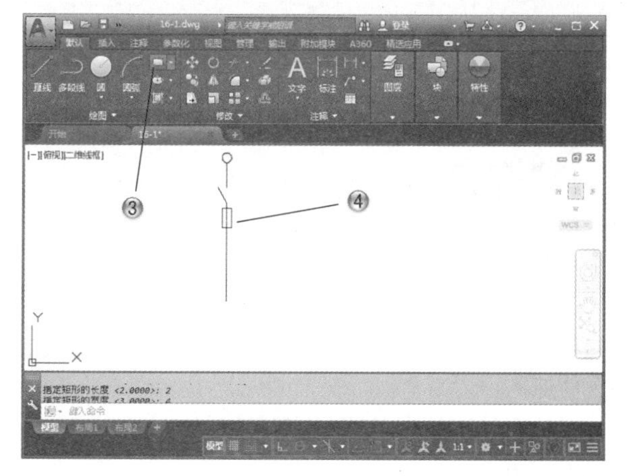

图 11-112

步骤 04 绘制线路和开关

① 单击【修改】面板中的【复制】按钮，如图 11-113 所示。

② 在绘图区中，复制节点。

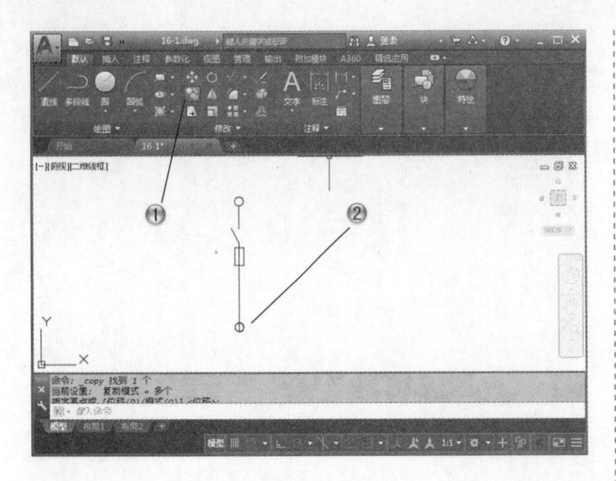

图 11-113

③ 单击【修改】面板中的【修剪】按钮，如图 11-114 所示。

④ 在绘图区中，修剪图形。

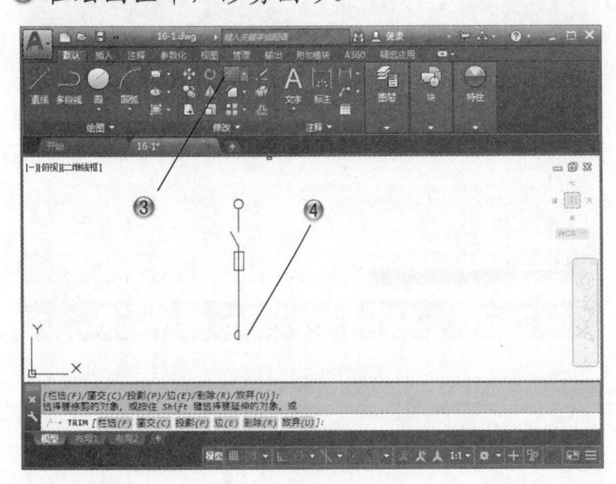

图 11-114

提示

分析电路时，通过识别图纸上所画的各种电路元件符号，以及它们之间的连接方式，就可以了解电路实际工作时的原理。原理图就是用来体现电子电路的工作原理的一种工具。

步骤 05 复制图形

① 单击【修改】面板中的【复制】按钮，如图 11-115 所示。

② 在绘图区中，复制开关。

③ 单击【绘图】面板中的【直线】按钮，如图 11-116 所示。

④ 在绘图区中，绘制线路。

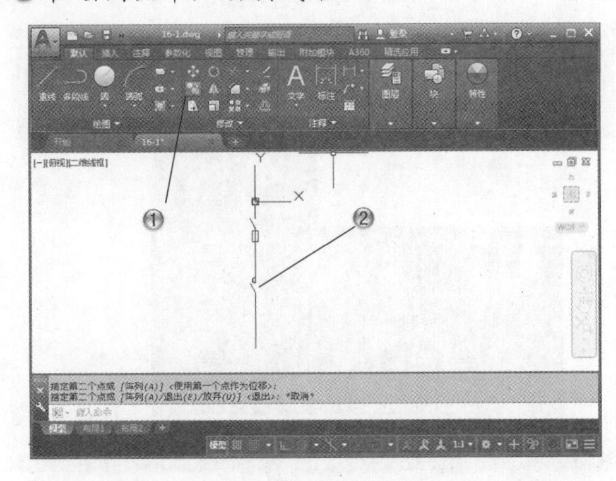

图 11-115

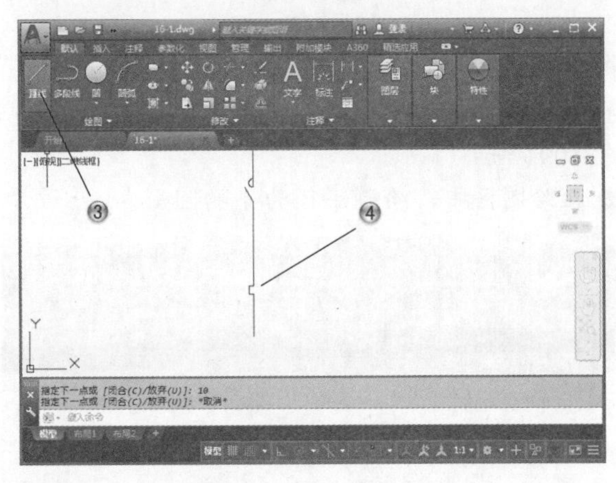

图 11-116

步骤 06 复制线路

① 单击【修改】面板中的【复制】按钮，如图 11-117 所示。

② 在绘图区中，复制线路。

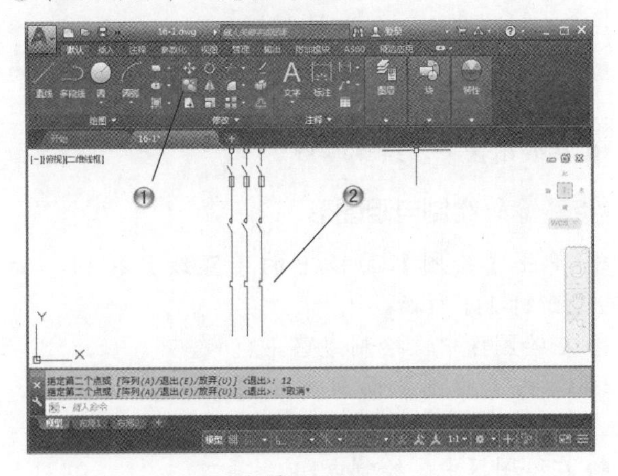

图 11-117

③ 单击【修改】面板中的【复制】按钮，如图 11-118 所示。

④ 在绘图区中，复制开关。

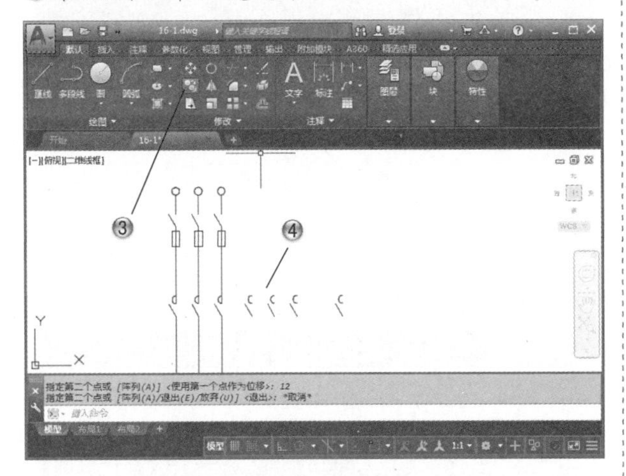

图 11-118

步骤 07 绘制线路

① 单击【绘图】面板中的【直线】按钮，如图 11-119 所示。

② 在绘图区中，绘制线路。

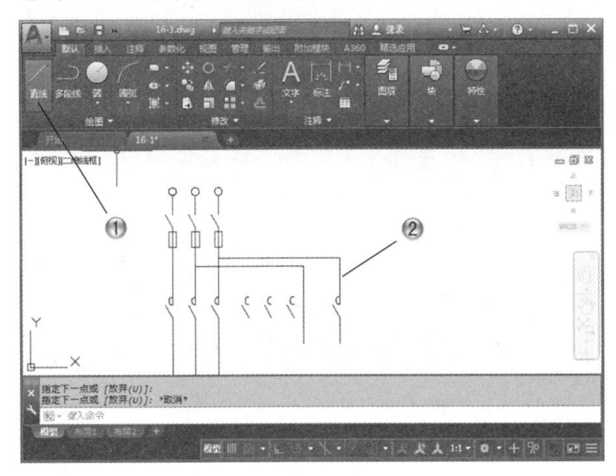

图 11-119

③ 单击【绘图】面板中的【直线】按钮，如图 11-120 所示。

④ 在绘图区中，绘制三相线路。

步骤 08 绘制线圈

① 单击【修改】面板中的【复制】按钮，如图 11-121 所示。

② 在绘图区中，复制圆形。

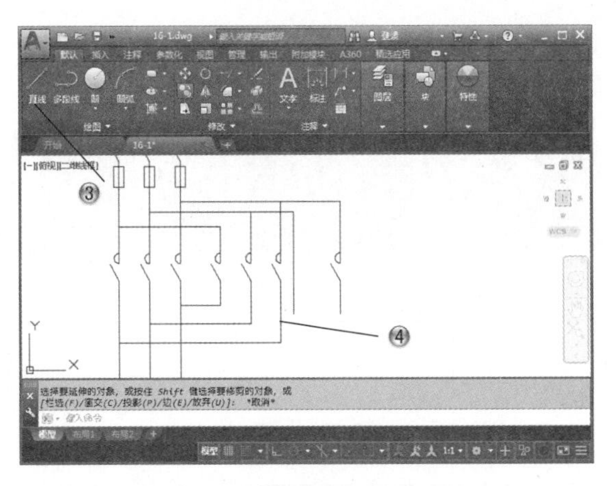

图 11-120

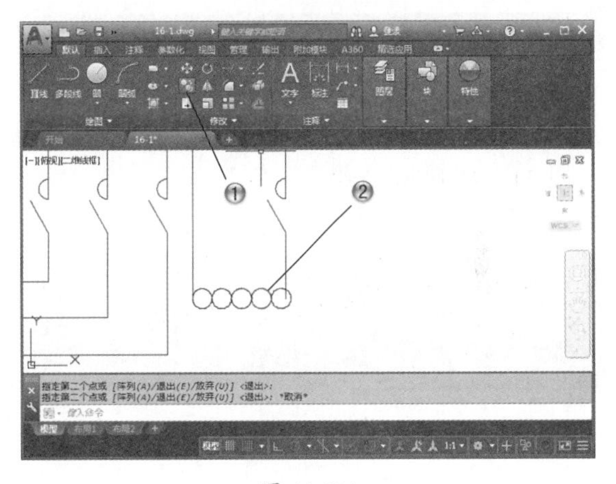

图 11-121

③ 单击【修改】面板中的【修剪】按钮，如图 11-122 所示。

④ 在绘图区中，修剪图形。

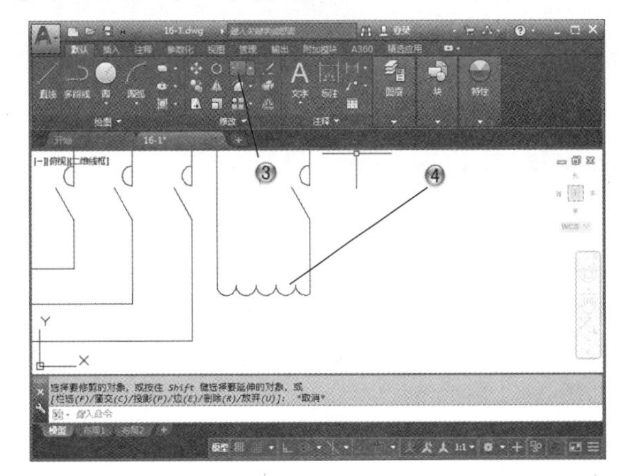

图 11-122

步骤 09 镜像图形

① 单击【绘图】面板中的【矩形】按钮，如

图 11-123 所示。

❷ 在绘图区中，绘制 20×6 的矩形。

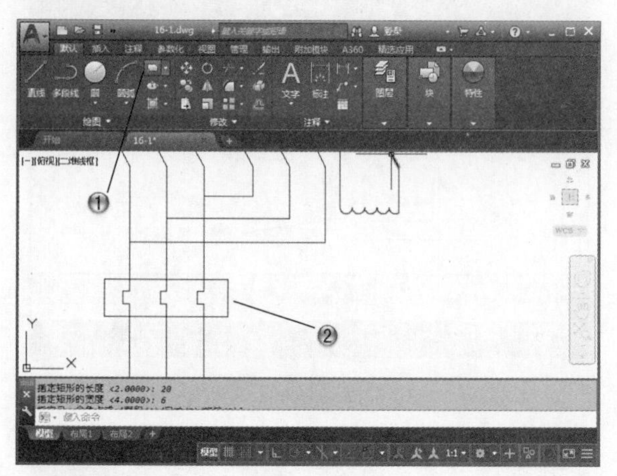

图 11-123

❸ 单击【修改】面板中的【镜像】按钮，如图 11-124 所示。

❹ 在绘图区中，镜像图形。

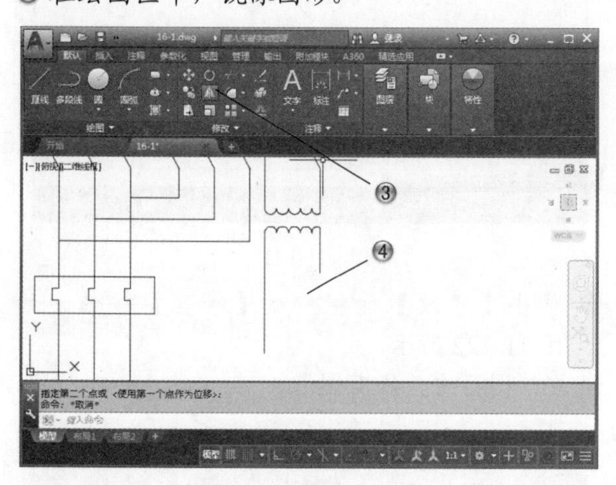

图 11-124

步骤 10 绘制矩形

❶ 单击【绘图】面板中的【矩形】按钮，如图 11-125 所示。

❷ 在绘图区中，绘制 6×6 的矩形。

❸ 单击【修改】面板中的【旋转】按钮，如图 11-126 所示。

❹ 在绘图区中，将矩形旋转 45°。

步骤 11 完成电路符号

❶ 单击【绘图】面板中的【直线】按钮，如图 11-127 所示。

❷ 在绘图区中，绘制连接线路。

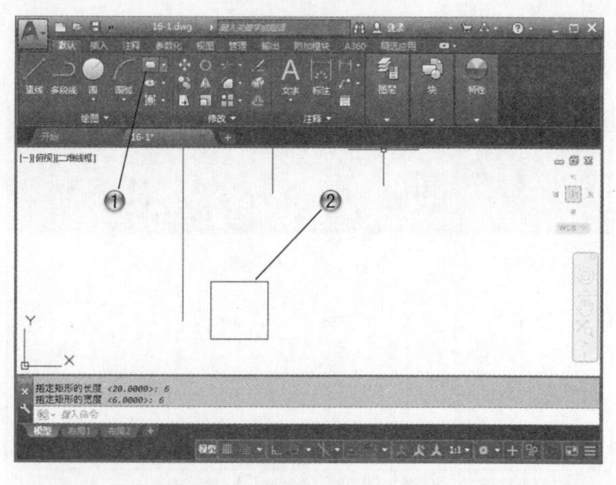

图 11-125

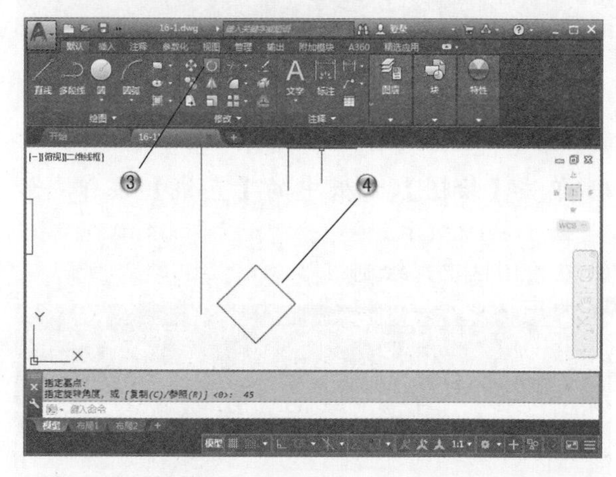

图 11-126

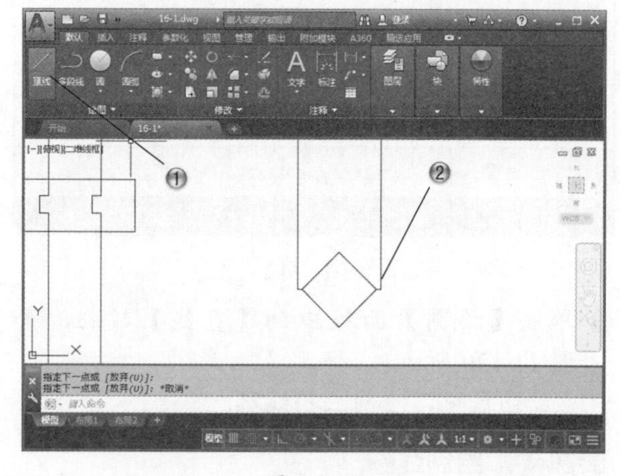

图 11-127

❸ 单击【绘图】面板中的【直线】按钮，如图 11-128 所示。

❹ 在绘图区中，绘制电路符号。

提示

实际应用的电路都比较复杂，因此，为了便于分析电路的实质，通常用符号表示组成电路的实际原件及其连接线，即画成所谓的电路图。

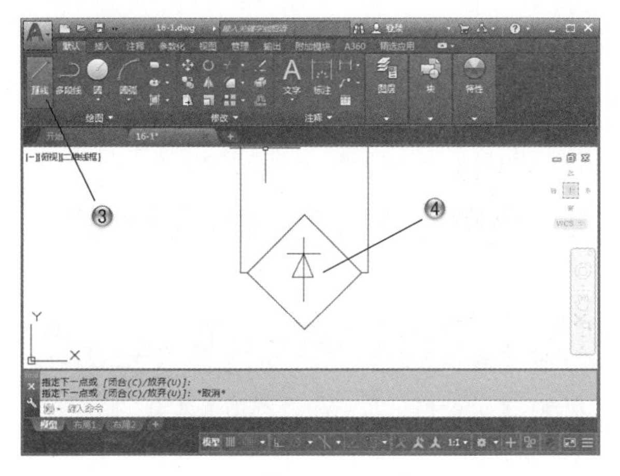

图 11-128

步骤12 完成支路

❶ 单击【修改】面板中的【复制】按钮，如图 11-129 所示。

❷ 在绘图区中，复制开关。

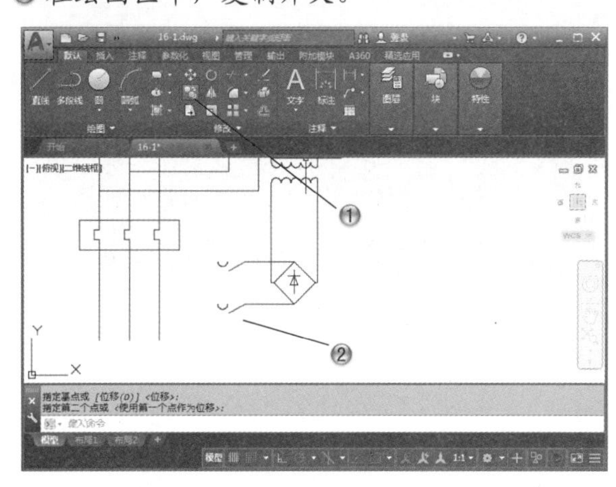

图 11-129

❸ 单击【绘图】面板中的【矩形】按钮，如图 11-130 所示。

❹ 在绘图区中，绘制 2×6 的矩形。

❺ 单击【绘图】面板中的【直线】按钮，如图 11-131 所示。

❻ 在绘图区中，绘制线路。

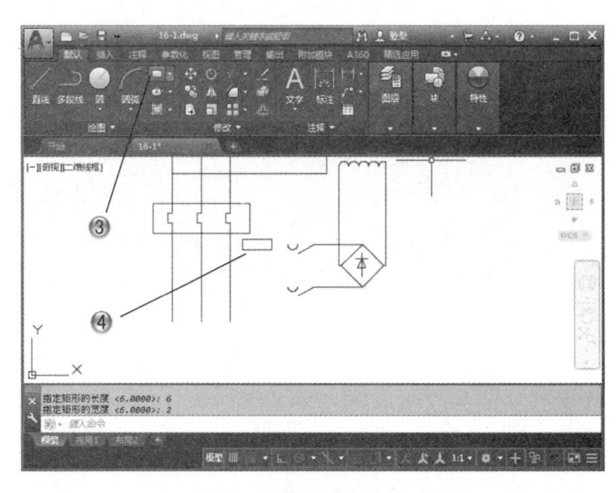

图 11-130

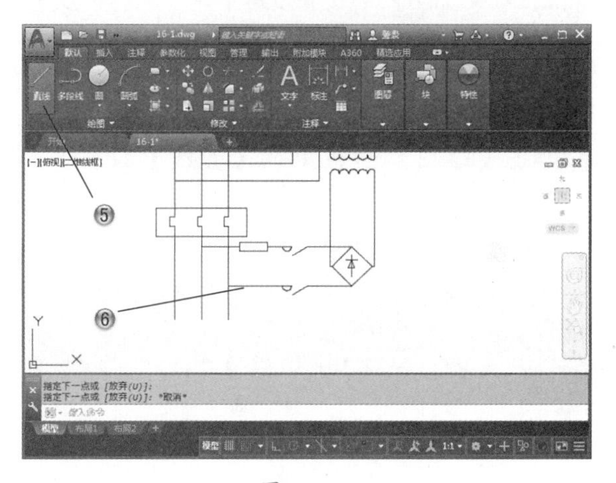

图 11-131

步骤13 绘制电机

❶ 单击【绘图】面板中的【圆】按钮，如图 11-132 所示。

❷ 在绘图区中，绘制半径为 8 的圆形。

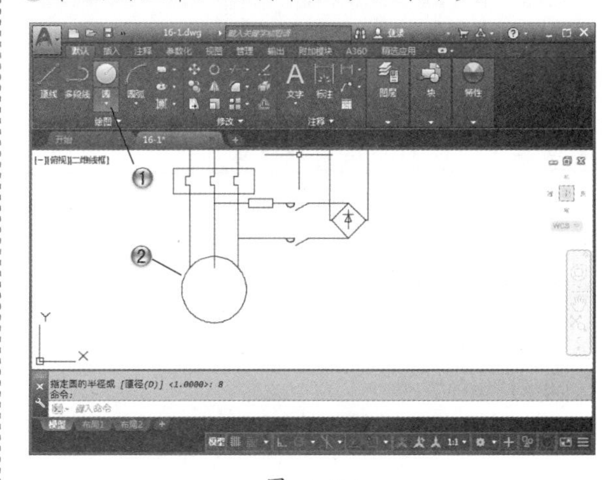

图 11-132

③ 单击【修改】面板中的【修剪】按钮，如图 11-133 所示。

④ 在绘图区中，修剪图形。

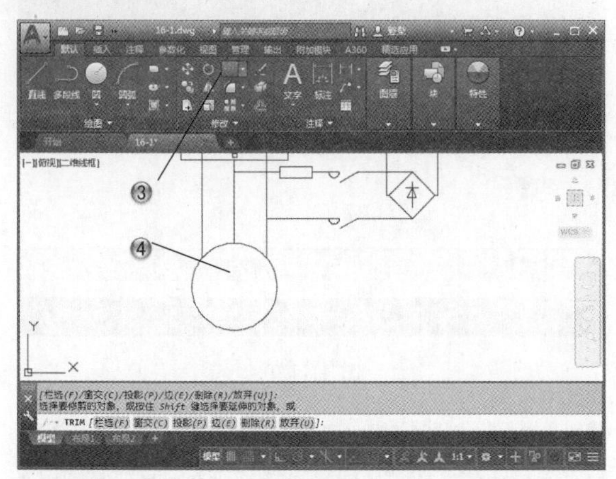

图 11-133

⑤ 单击【绘图】面板中的【直线】按钮，如图 11-134 所示。

⑥ 在绘图区中，绘制虚线。

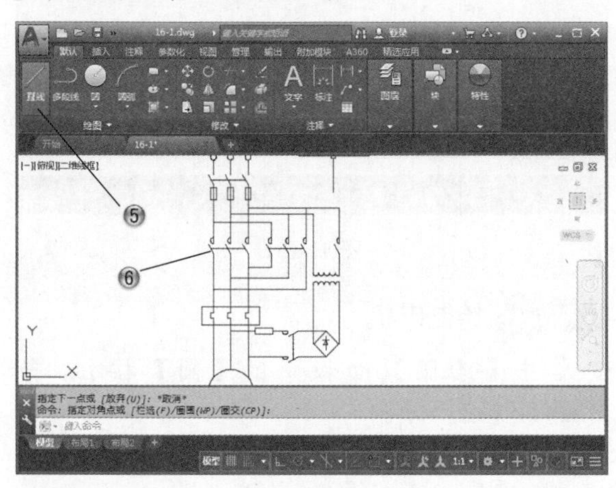

图 11-134

步骤 14 添加文字

① 单击【注释】面板中的【多行文字】按钮，如图 11-135 所示。

② 在绘图区中，依次添加文字注释。

步骤 15 绘制开关

① 单击【绘图】面板中的【直线】按钮，如图 11-136 所示。

② 在绘图区中，绘制开关。

③ 单击【绘图】面板中的【直线】按钮，如图 11-137 所示。

④ 在绘图区中，绘制开关符号。

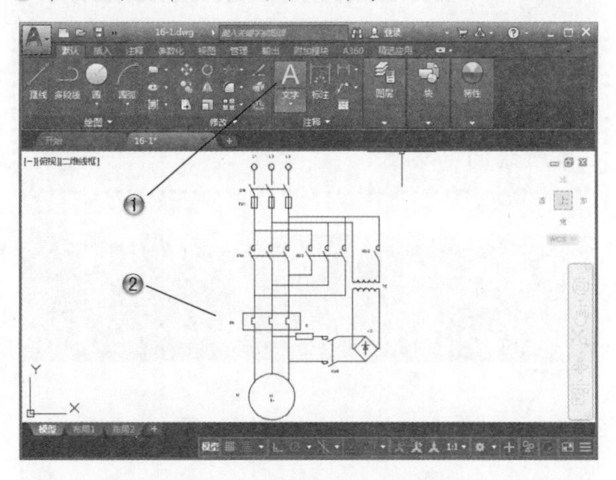

图 11-135

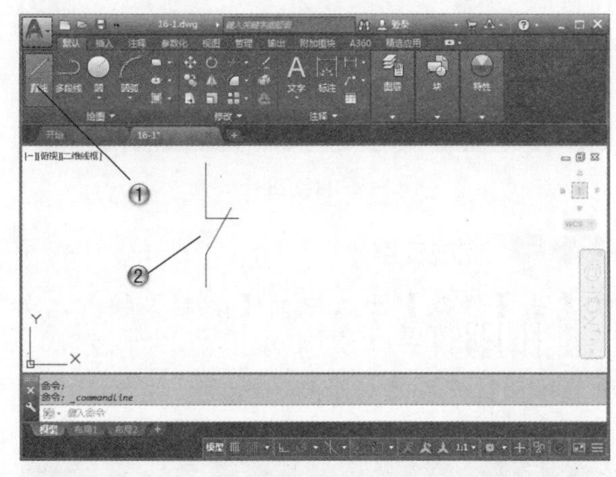

图 11-136

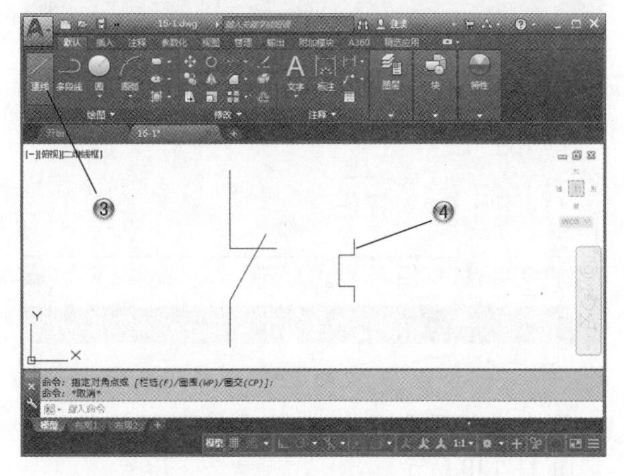

图 11-137

⑤ 单击【绘图】面板中的【直线】按钮，如图 11-138 所示。

⑥ 在绘图区中，绘制虚线。

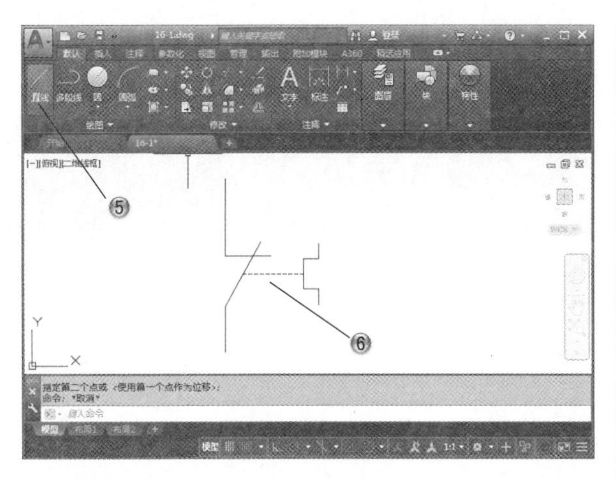

图 11-138

> **提示**
>
> 元件符号表示实际电路中的元件，它的形状与实际的元件不一定相似，甚至完全不一样，但是一般都表示出了元件的特点。

步骤 16 创建其余开关

❶ 单击【修改】面板中的【复制】按钮，如图 11-139 所示。

❷ 在绘图区中，复制开关。

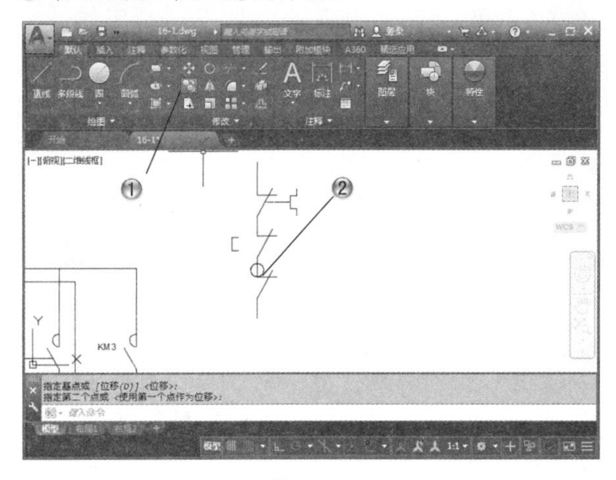

图 11-139

❸ 单击【修改】面板中的【修剪】按钮，如图 11-140 所示。

❹ 在绘图区中，修剪图形。

步骤 17 复制开关

❶ 单击【修改】面板中的【复制】按钮，如图 11-141 所示。

❷ 在绘图区中，复制开关。

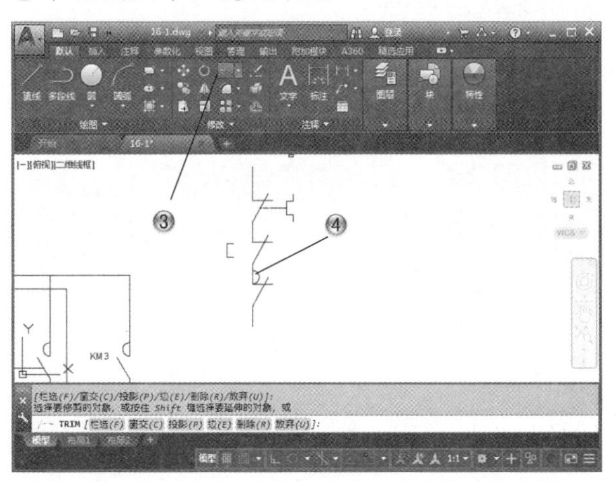

图 11-140

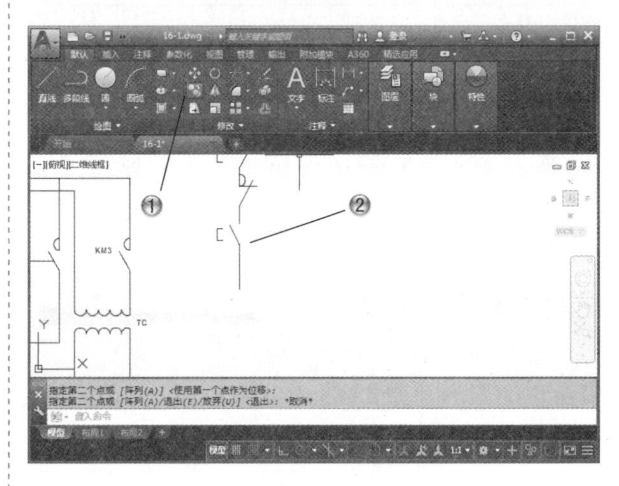

图 11-141

❸ 单击【绘图】面板中的【直线】按钮，如图 11-142 所示。

❹ 在绘图区中，绘制虚线图形。

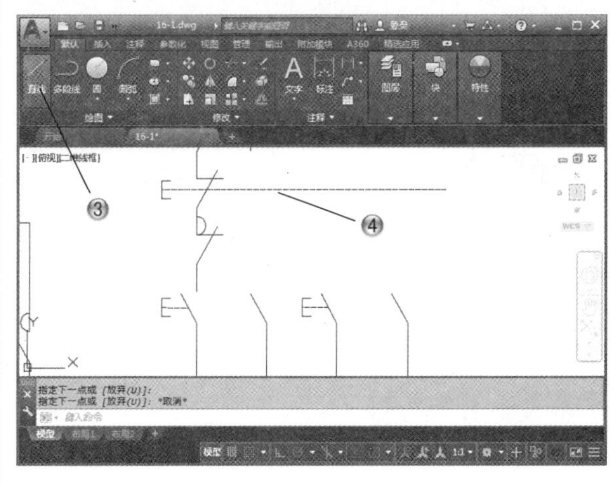

图 11-142

步骤 18 绘制线路

❶ 单击【修改】面板中的【复制】按钮，如图 11-143 所示。

❷ 在绘图区中，复制开关。

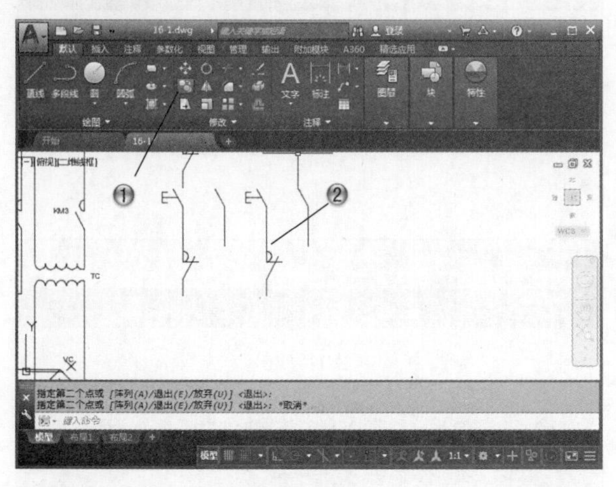

图 11-143

❸ 单击【绘图】面板中的【直线】按钮，如图 11-144 所示。

❹ 在绘图区中，绘制线路。

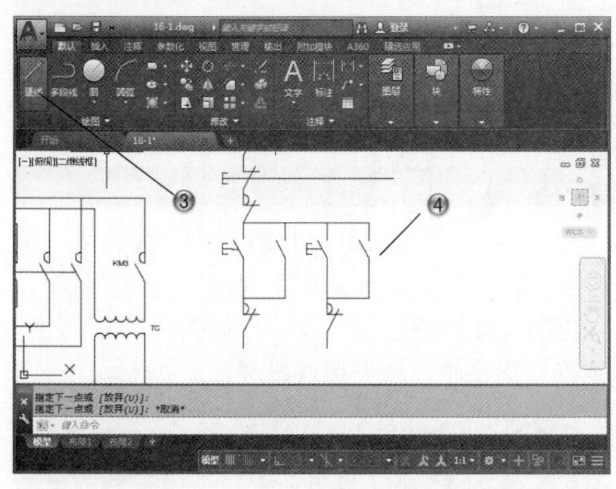

图 11-144

> **提示**
>
> 连线表示的是实际电路中的导线，在原理图中虽然是一根线，但在常用的印刷电路板中往往不是线而是各种形状的铜箔。

步骤 19 绘制符号

❶ 单击【绘图】面板中的【矩形】按钮，如图 11-145 所示。

❷ 在绘图区中，绘制 8×5 的矩形。

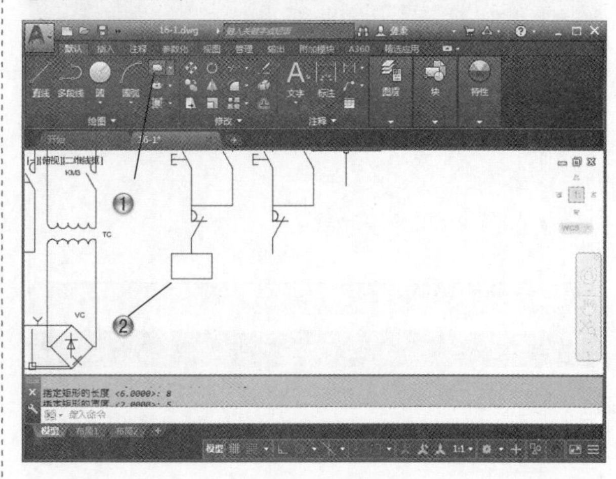

图 11-145

❸ 单击【修改】面板中的【复制】按钮，如图 11-146 所示。

❹ 在绘图区中，复制矩形。

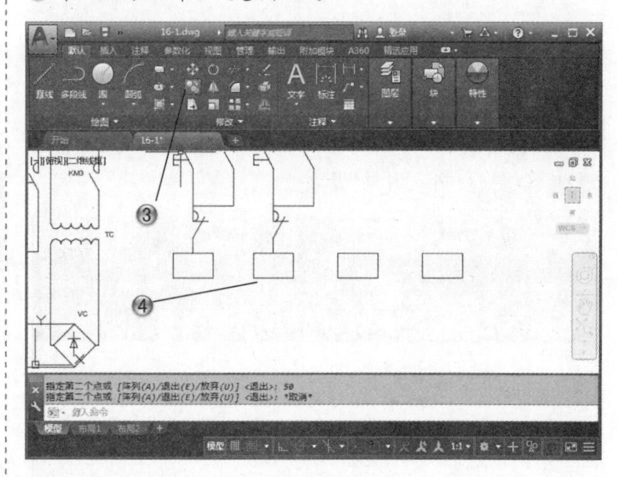

图 11-146

步骤 20 复制开关

❶ 单击【修改】面板中的【复制】按钮，如图 11-147 所示。

❷ 在绘图区中，复制开关。

❸ 单击【修改】面板中的【复制】按钮，如图 11-148 所示。

❹ 在绘图区中，复制另一个开关。

步骤 21 完成线路

❶ 单击【绘图】面板中的【直线】按钮，如图 11-149 所示。

❷ 在绘图区中，绘制线路。

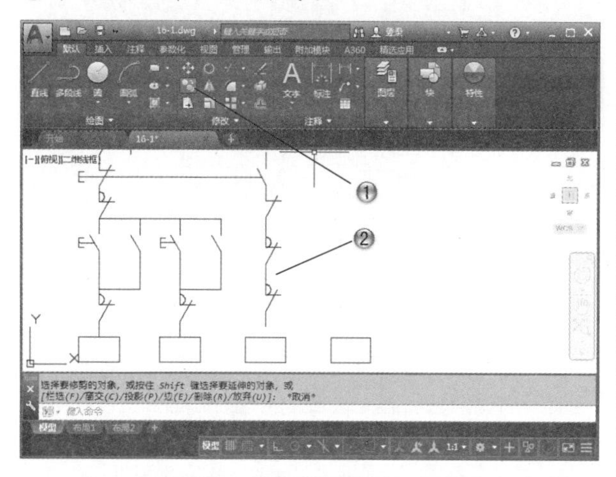

图 11-147

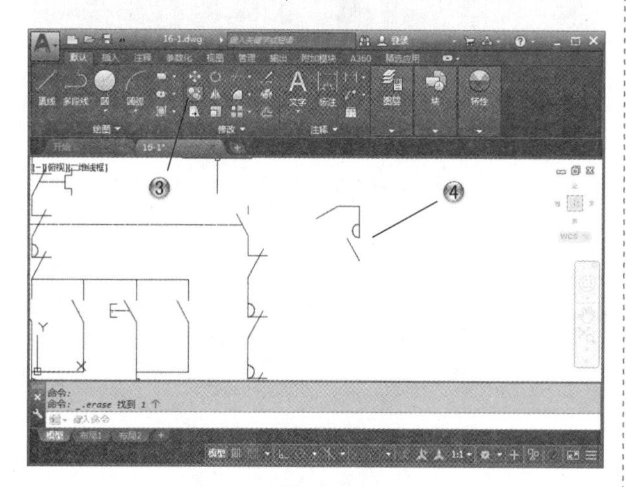

图 11-148

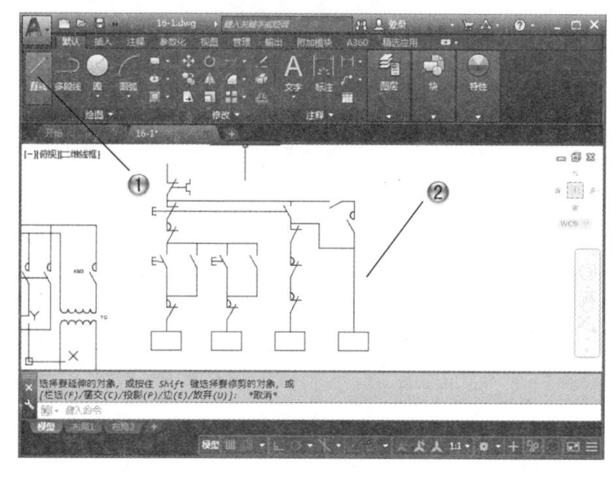

图 11-149

❸ 单击【修改】面板中的【复制】按钮，如图 11-150 所示。

❹ 在绘图区中，复制开关。

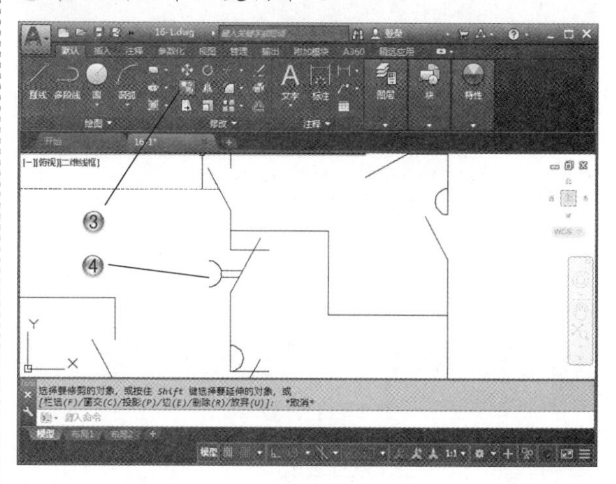

图 11-150

步骤 22 绘制其余线路

❶ 单击【绘图】面板中的【直线】按钮，如图 11-151 所示。

❷ 在绘图区中，绘制直线图形。

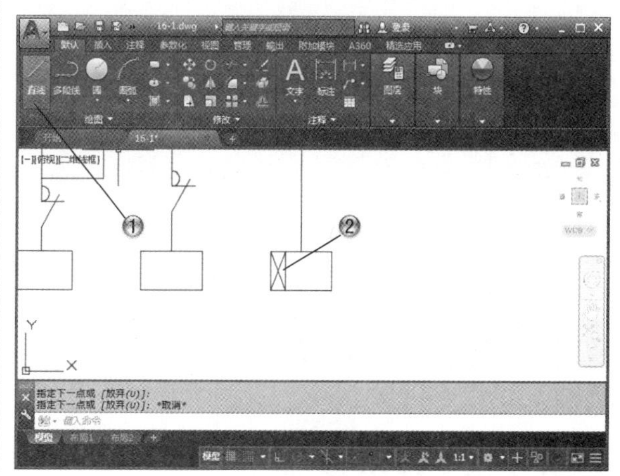

图 11-151

❸ 单击【绘图】面板中的【直线】按钮，如图 11-152 所示。

❹ 在绘图区中，绘制其余线路。

步骤 23 添加文字

❶ 单击【注释】面板中的【多行文字】按钮，如图 11-153 所示。

❷ 在绘图区中，依次添加文字注释。

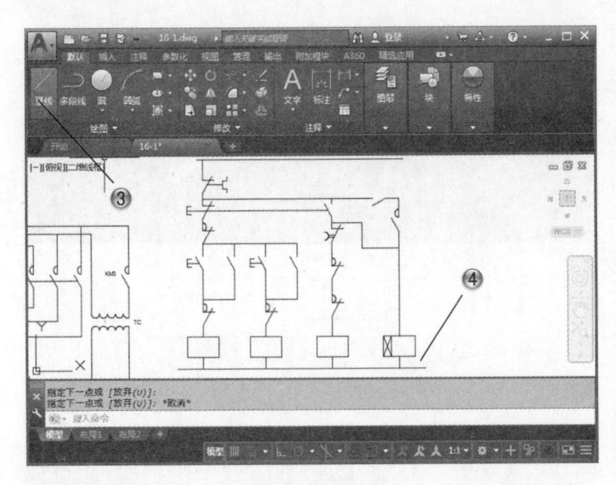

图 11-152

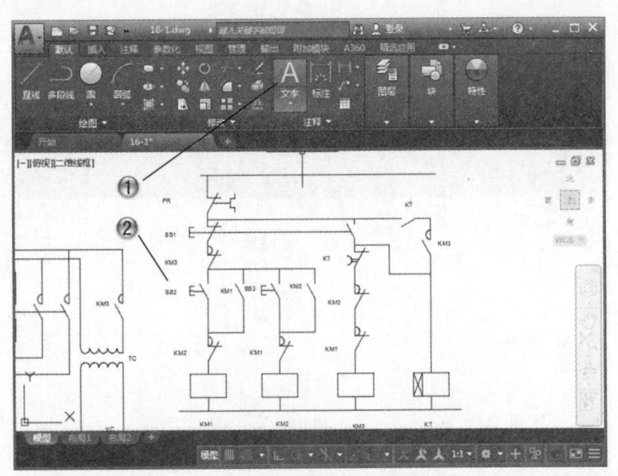

图 11-153

步骤 24 完成原理图绘制

至此，范例绘制完成，完成的电机控制电气原理图如图 11-154 所示。

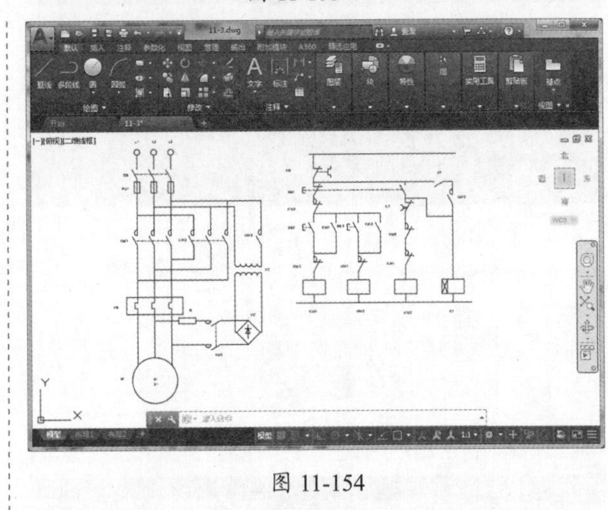

图 11-154

11.4 本章小结和练习

11.4.1 本章小结

本章从 AutoCAD 最常用的领域入手，仔细讲解三个范例的绘制过程，使读者对用 AutoCAD 绘制二维图纸和三维模型都有了一个整体的认识。另外，要注意电气图和机械图有较大的差别，应区别对待。

11.4.2 练习

1. 练习创建油缸装配总成的工程图图纸，学习装配模型图纸的绘制方法，模型如图 11-155 所示。

(1) 绘制主视图。

(2) 绘制侧视图。

(3) 绘制剖面视图。

(4) 添加尺寸标注和图幅。

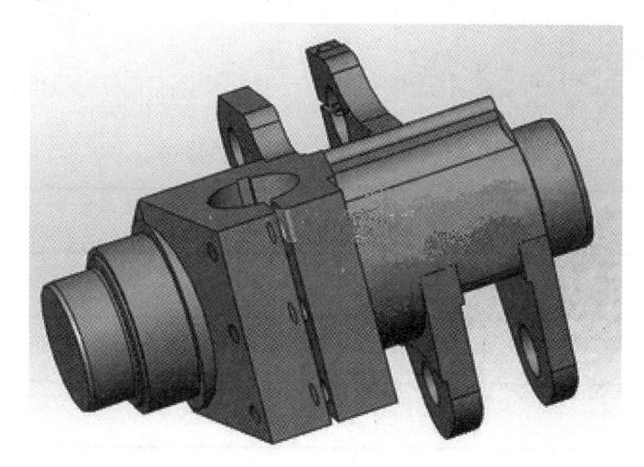

图 11-155

2. 练习绘制工厂建筑电气电力平面图纸，学习电气工程平面图的绘制方法，图纸如图 11-156 所示。

(1) 绘制建筑平面。

(2) 绘制内部设施。

(3) 电气元件绘制。

(4) 电气线路绘制。

(5) 尺寸和文字标注。

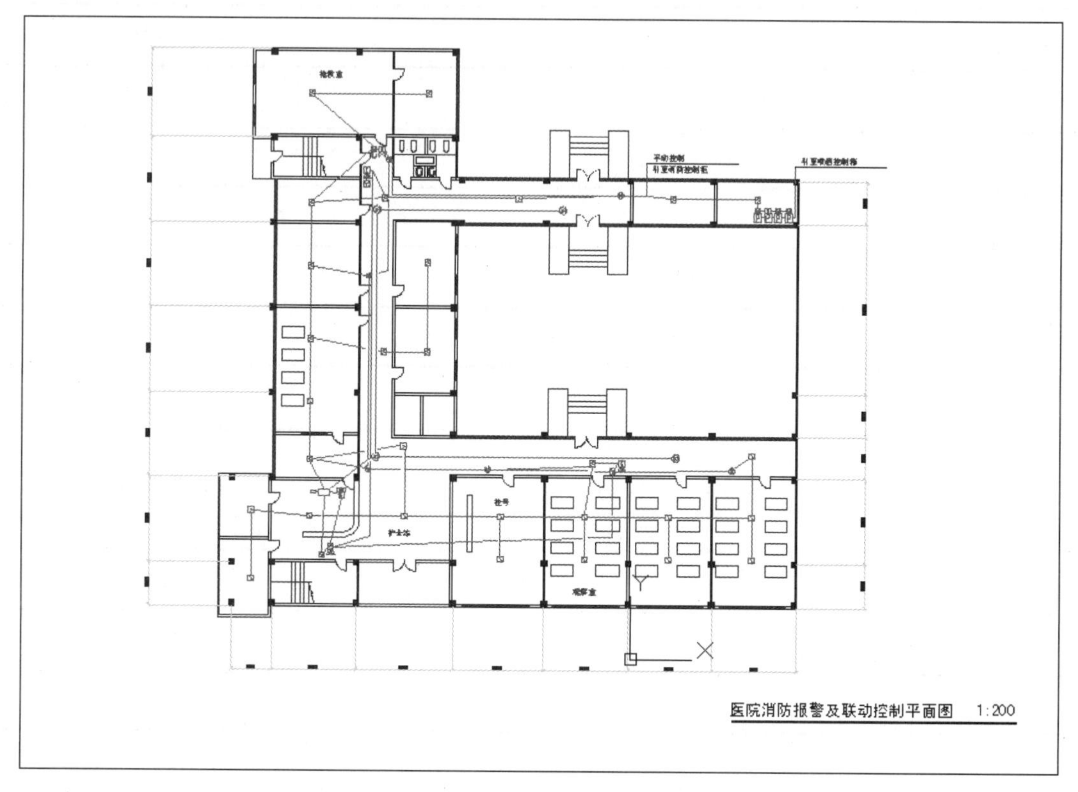

图 11-156

学习心得

第12章

综合设计范例（二）

本章导读

本章将继续介绍 AutoCAD 在建筑和建筑电气领域进行绘图的综合范例，以加深读者对 AutoCAD 绘图方法的理解和掌握，同时增强建筑和电气绘图实战经验。本章介绍的两个案例是 AutoCAD 建筑和建筑电气绘图中比较典型的案例，具有很强的代表性，希望读者能认真学习掌握。

12.1 住宅建筑平面图绘制范例

本范例完成文件：ywj\12\12-1.dwg。

12.1.1 案例分析

本节将介绍住宅的两层平面图纸绘制。在绘制图纸之前先进行图层的设置，以方便后期读图和绘制；接着绘制一层平面图；之后复制一层的图纸，修改编辑后成为二层的图纸；绘制完平面图后在图纸上添加家具和其他附件；标注建筑尺寸，将建筑的主要尺寸表达清楚；最后进行文字和图框的添加。如图 12-1 所示为完成后的图纸。

通过这个案例，讲述建筑平面图的绘制方法，以及各种绘图和修改命令的综合应用，将熟悉如下内容。

(1) 图层设置。

(2) 平面图的绘制。

(3) 建筑内部平面绘制。

(4) 尺寸标注和图幅标题栏设置。

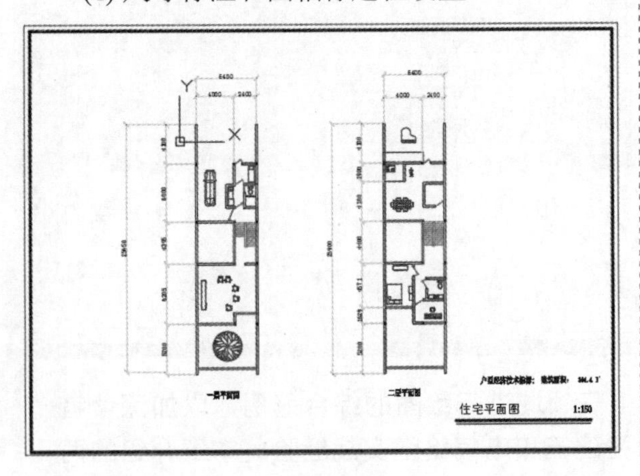

图 12-1

12.1.2 案例操作

步骤 01 设置新的图层

① 首先设置图层。单击【默认】选项卡的【图层】面板中的【图层特性】按钮，如图 12-2 所示。

② 在弹出的【图层特性管理器】工具选项板中创建并设置新的图层。

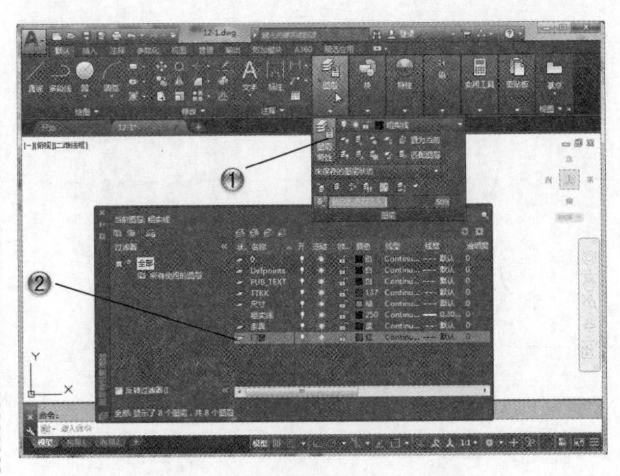

图 12-2

步骤 02 新建多线样式

① 选择【格式】|【多线样式】菜单命令，打开【多线样式】对话框，如图 12-3 所示。

② 单击【新建】按钮，打开【创建新的多线样式】对话框。

③ 设置样式名。

④ 单击【继续】按钮。

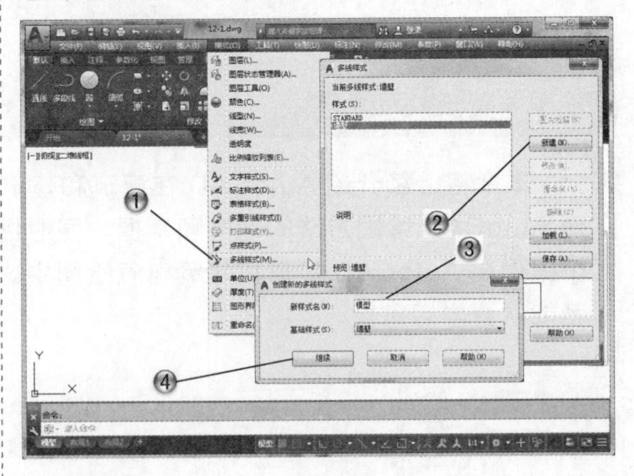

图 12-3

步骤 03 设置多线样式

① 在打开的【新建多线样式模型】对话框中设

置各项参数，如图 12-4 所示。

② 单击【确定】按钮，完成多线样式的设置。

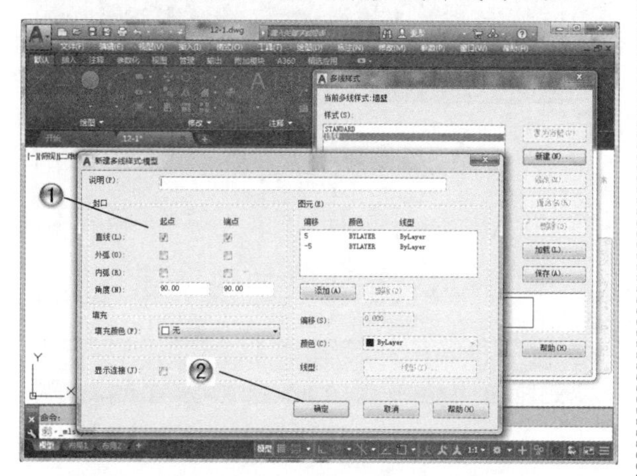

图 12-4

步骤 04 绘制两条多线

① 下面绘制一层平面图。在命令输入行中输入 MLINE 命令，如图 12-5 所示。

② 在绘图区中绘制横向和竖向的两条多线。

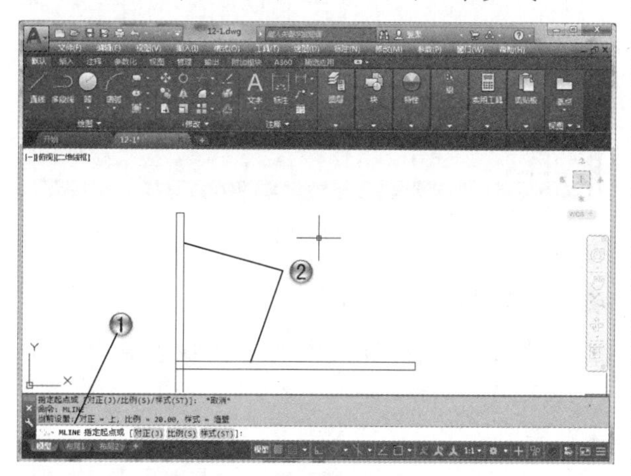

图 12-5

步骤 05 绘制平行的多线

① 在命令输入行中输入 MLINE 命令，如图 12-6 所示。

② 在绘图区中绘制平行的多线。

步骤 06 绘制完成外墙轮廓

① 在命令输入行中输入 MLINE 命令，如图 12-7 所示。

② 在绘图区中绘制多线，完成外墙轮廓绘制。

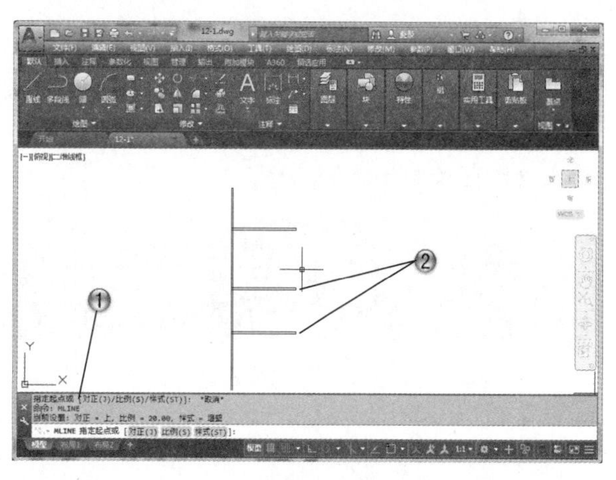

图 12-6

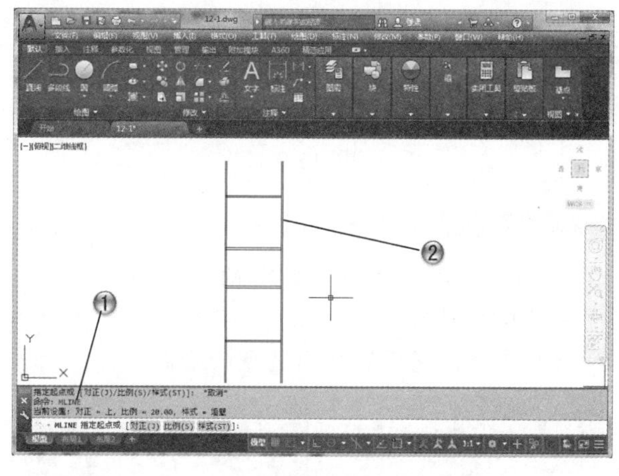

图 12-7

步骤 07 绘制厨房墙壁

① 在命令输入行中输入 MLINE 命令，如图 12-8 所示。

② 在绘图区中绘制厨房墙壁。

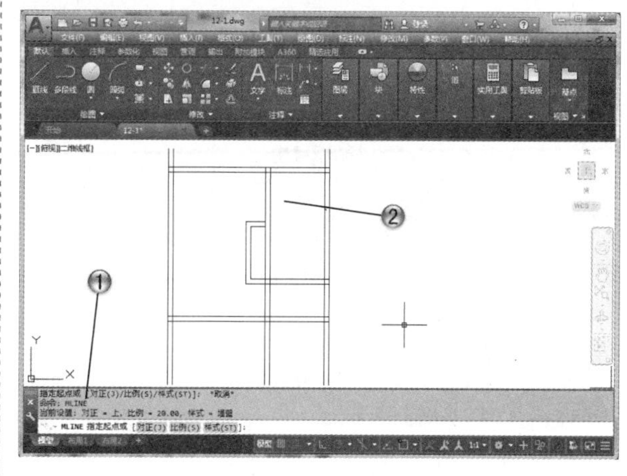

图 12-8

步骤 08 绘制楼梯间墙壁

❶ 在命令输入行中输入 MLINE 命令，如图 12-9 所示。

❷ 在绘图区绘制楼梯间墙壁。

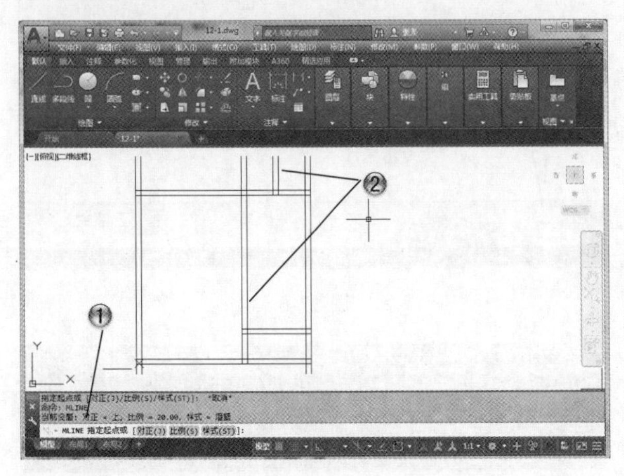

图 12-9

步骤 09 绘制完成厨房墙壁

❶ 在命令输入行中输入 MLINE 命令，如图 12-10 所示。

❷ 绘制多线，完成厨房内墙壁的绘制。

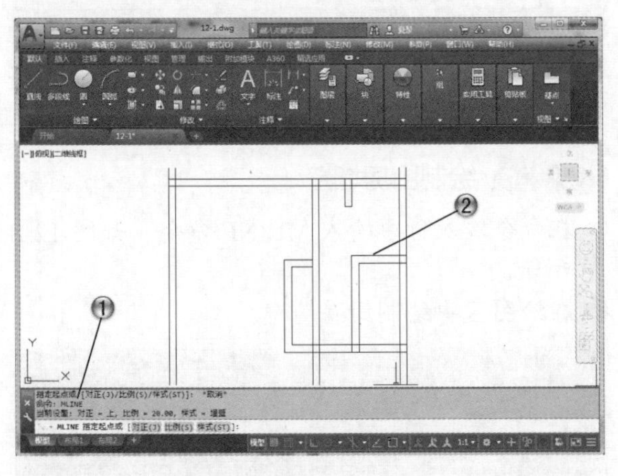

图 12-10

步骤 10 分解所有图形

❶ 单击【修改】面板中的【分解】按钮，如图 12-11 所示。

❷ 分解所有图形。

步骤 11 修剪厨房墙壁

❶ 单击【修改】面板中的【修剪】按钮，如图 12-12 所示。

❷ 修剪厨房墙壁。

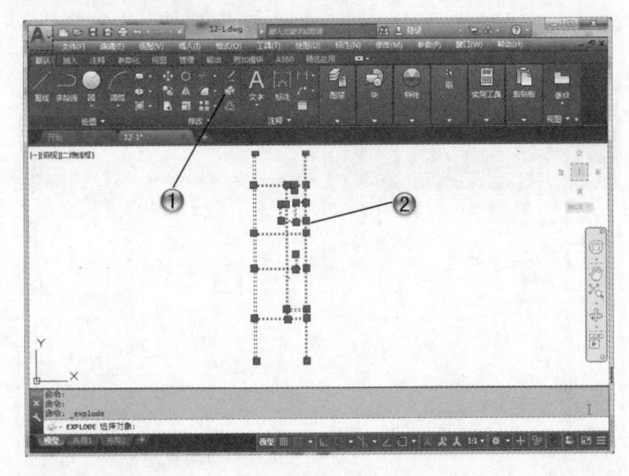

图 12-11

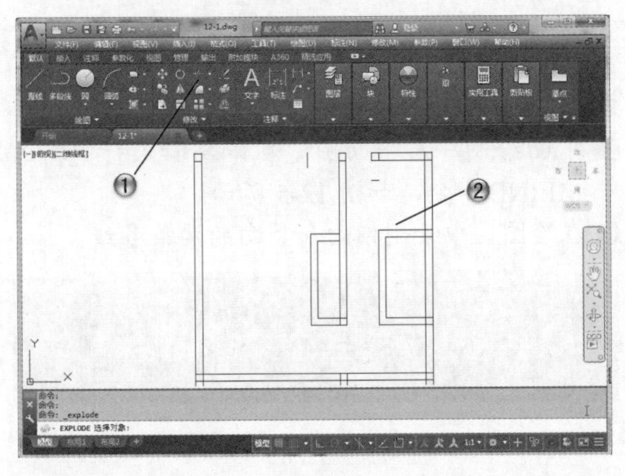

图 12-12

步骤 12 绘制墙壁细节

❶ 单击【绘图】面板中的【直线】按钮，如图 12-13 所示。

❷ 在绘图区中绘制墙壁细节。

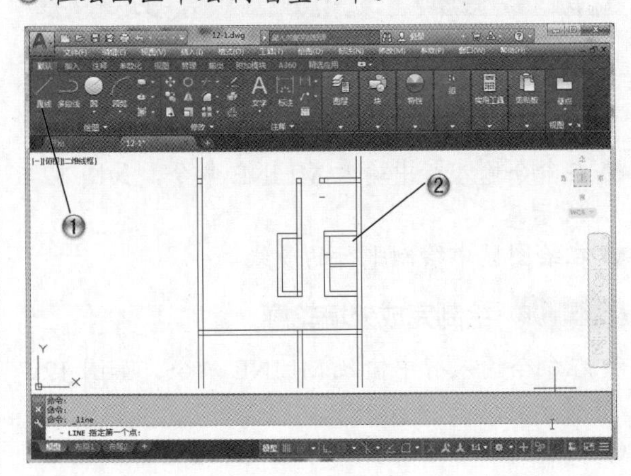

图 12-13

步骤 13 删除不必要的线条

❶ 单击【修改】面板中的【删除】按钮，如图 12-14 所示。

❷ 选择不需要的图形进行删除。

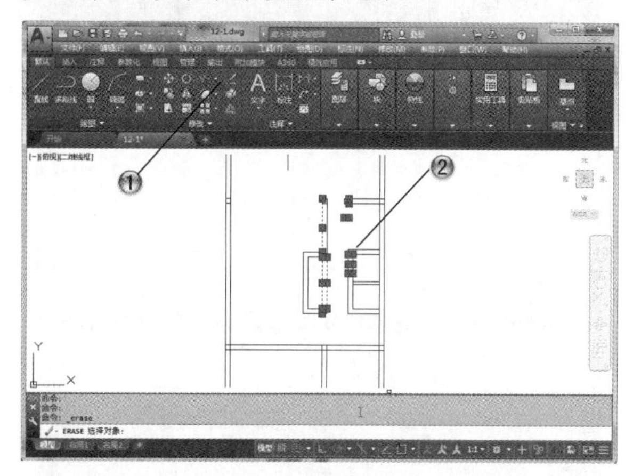

图 12-14

步骤 14 修剪楼梯间墙壁

❶ 单击【修改】面板中的【修剪】按钮，如图 12-15 所示。

❷ 修剪楼梯间墙壁。

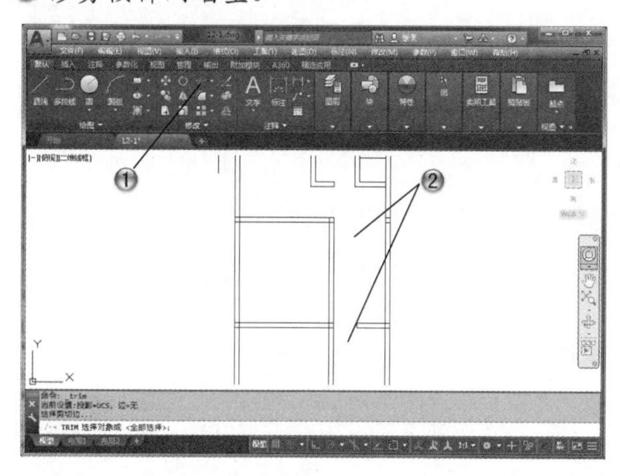

图 12-15

步骤 15 修剪客厅墙壁

❶ 单击【修改】面板中的【修剪】按钮，如图 12-16 所示。

❷ 修剪客厅墙壁。

步骤 16 复制平面图形

❶ 下面绘制二层平面图。单击【修改】面板中的【复制】按钮，如图 12-17 所示。

❷ 将一层的图形进行复制，作为二层平面图的基本形状。

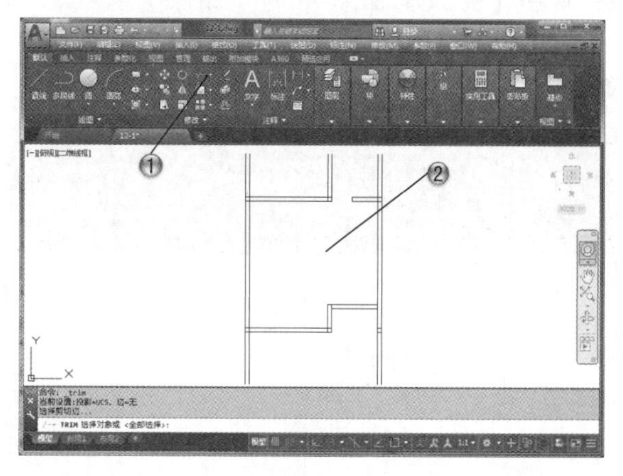

图 12-16

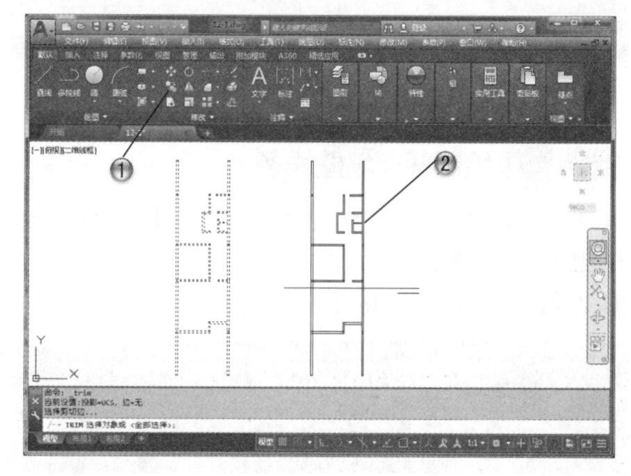

图 12-17

步骤 17 绘制餐厅墙壁

❶ 单击【绘图】面板中的【直线】按钮，如图 12-18 所示。

❷ 在绘图区中绘制餐厅墙壁。

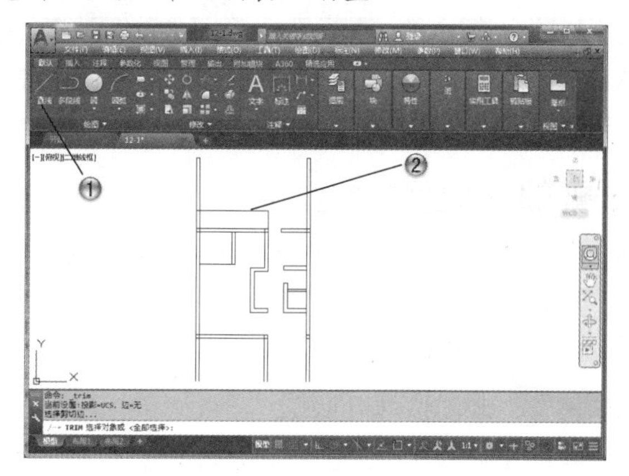

图 12-18

步骤 18 删除餐厅墙壁线条

❶ 单击【修改】面板中的【删除】按钮，如图 12-19 所示。

❷ 删除餐厅墙壁线条。

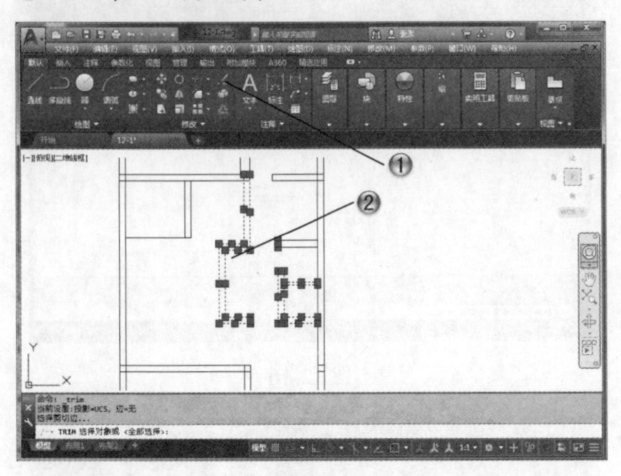

图 12-19

步骤 19 绘制餐厅墙壁线条

❶ 单击【绘图】面板中的【直线】按钮，如图 12-20 所示。

❷ 在绘图区中绘制餐厅墙壁线条。

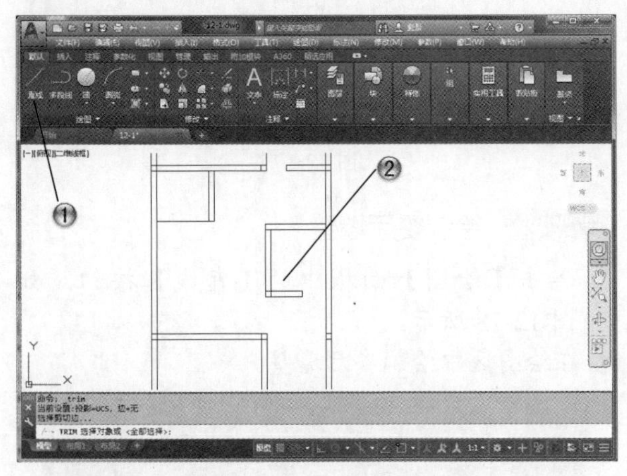

图 12-20

步骤 20 修剪餐厅墙壁

❶ 单击【修改】面板中的【修剪】按钮，如图 12-21 所示。

❷ 修剪餐厅墙壁。

步骤 21 删除楼梯间墙壁

❶ 单击【修改】面板中的【删除】按钮，如图 12-22 所示。

❷ 删除楼梯间墙壁。

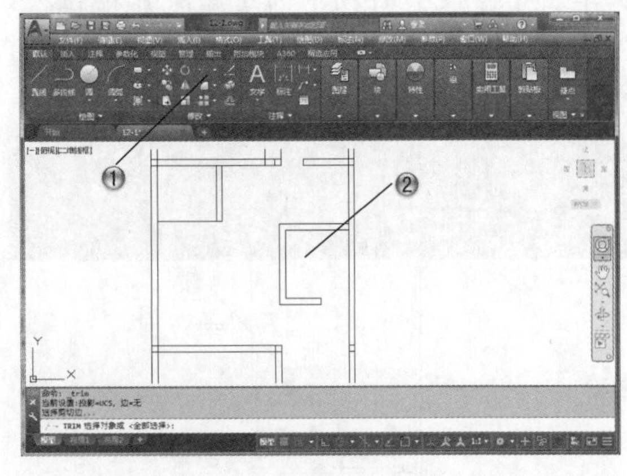

图 12-21

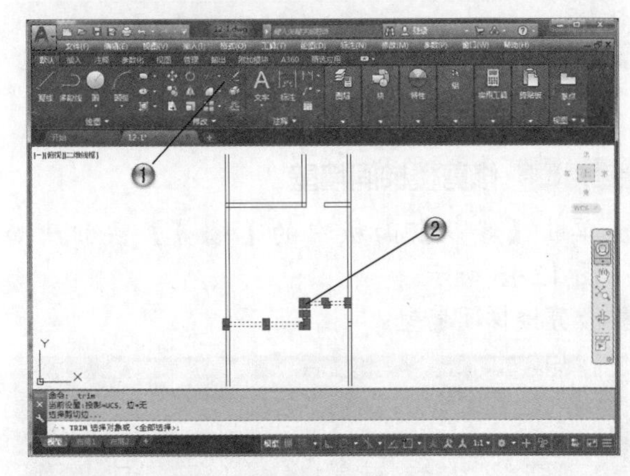

图 12-22

步骤 22 绘制卧室墙壁

❶ 在命令输入行中输入 MLINE 命令，如图 12-23 所示。

❷ 在绘图区中绘制卧室墙壁。

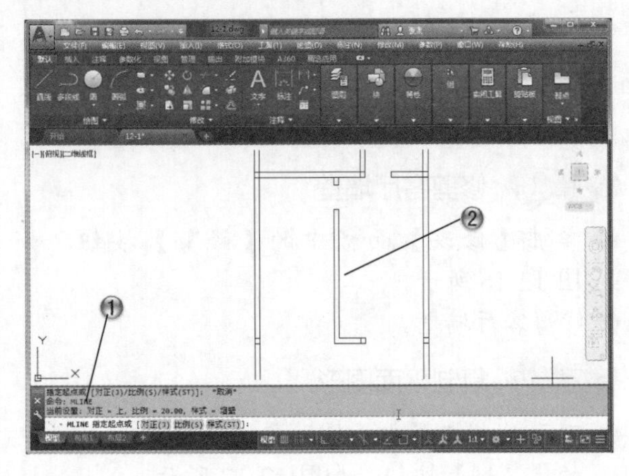

图 12-23

步骤23 绘制卫生间墙壁

❶ 在命令输入行中输入MLINE命令，如图12-24所示。

❷ 在绘图区中绘制卫生间墙壁。

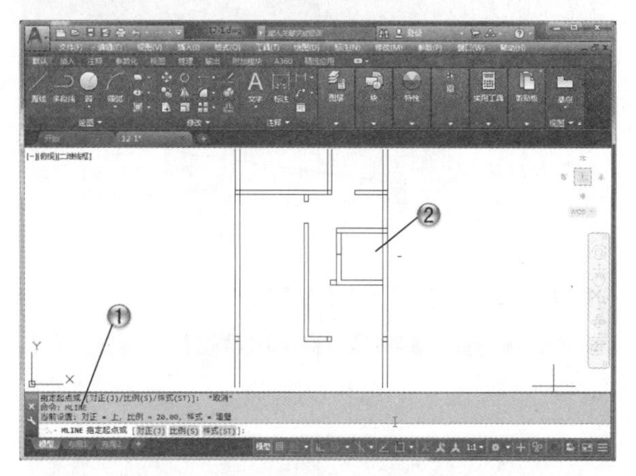

图 12-24

步骤24 修剪卫生间墙壁

❶ 单击【修改】面板中的【修剪】按钮，如图12-25所示。

❷ 修剪二层卫生间的墙壁。

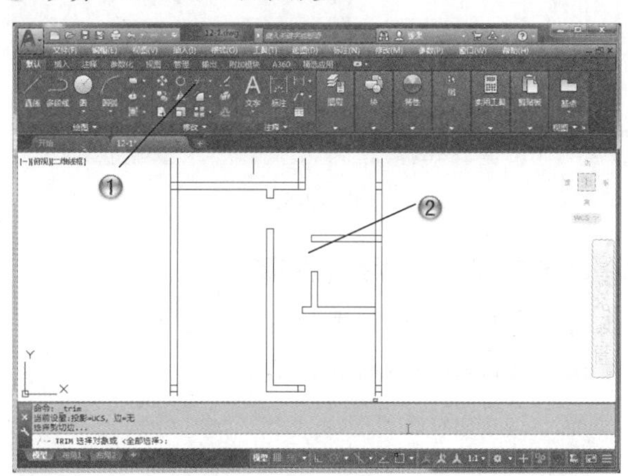

图 12-25

步骤25 填充所有承重柱

❶ 单击【绘图】面板中的【图案填充】按钮，如图12-26所示。

❷ 选择图形进行填充，填充所有承重柱。

步骤26 绘制一层窗户

❶ 在【图层】面板中选择【门窗】图层，如图12-27所示。

❷ 单击【绘图】面板中的【直线】按钮。

❸ 绘制一层平面中的窗户。

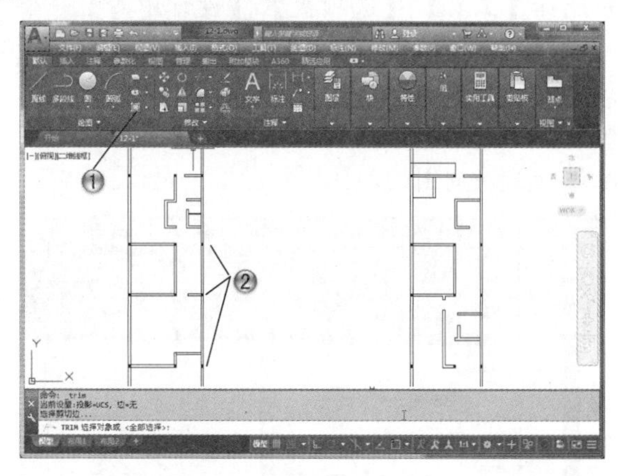

图 12-26

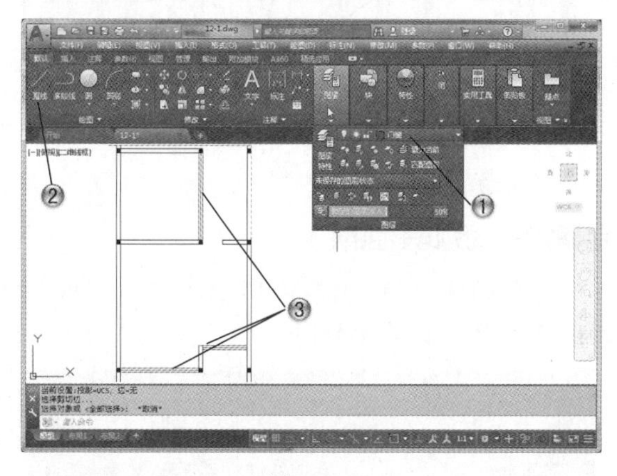

图 12-27

步骤27 绘制二层窗户

❶ 单击【绘图】面板中的【直线】按钮，如图12-28所示。

❷ 绘制二层所有窗户图形。

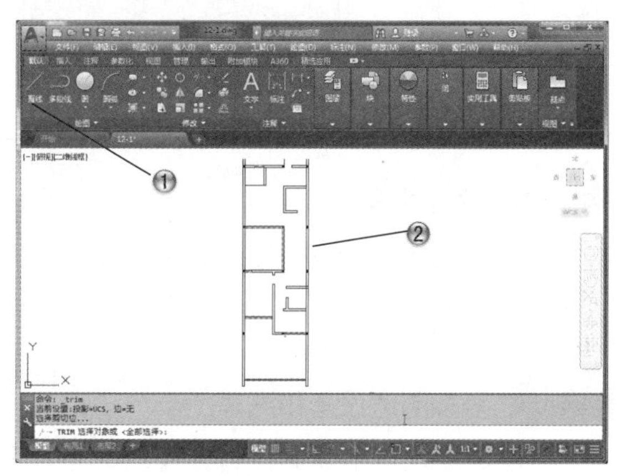

图 12-28

步骤 28 添加门的块

❶ 选择【工具】|【选项板】|【设计中心】命令，打开【设计中心】工具选项板，如图 12-29 所示。

❷ 选择门的块图形。

❸ 添加厨房周围的门。

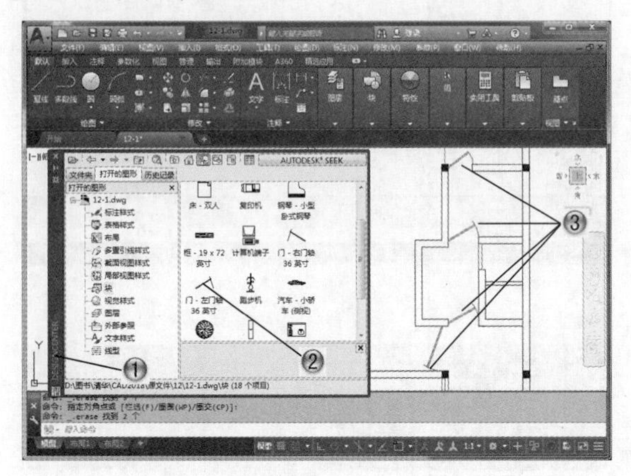

图 12-29

步骤 29 添加其他的门

❶ 选择门的块，如图 12-30 所示。

❷ 继续添加一层其他的门。

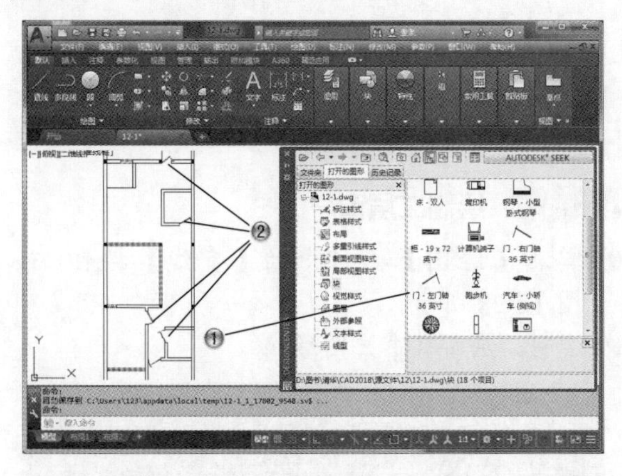

图 12-30

步骤 30 绘制楼梯

❶ 单击【绘图】面板中的【直线】按钮，如图 12-31 所示。

❷ 绘制一层和二层楼梯。

步骤 31 添加厨房设备和汽车

❶ 下面添加建筑内附属物。打开【设计中心】工具选项板，如图 12-32 所示。

❷ 选择厨房设备和汽车的块。

❸ 在绘图区添加厨房设备和汽车。

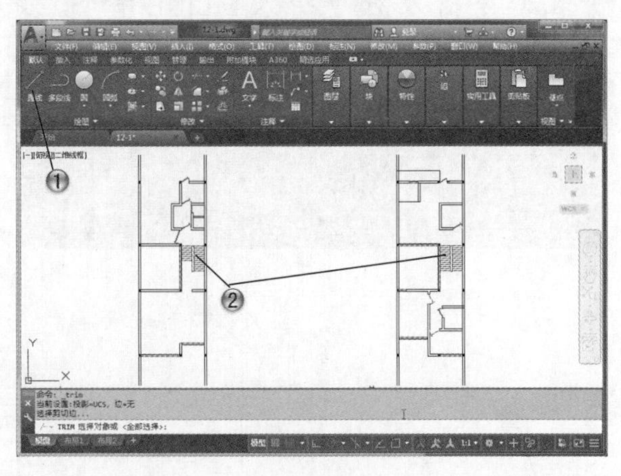

图 12-31

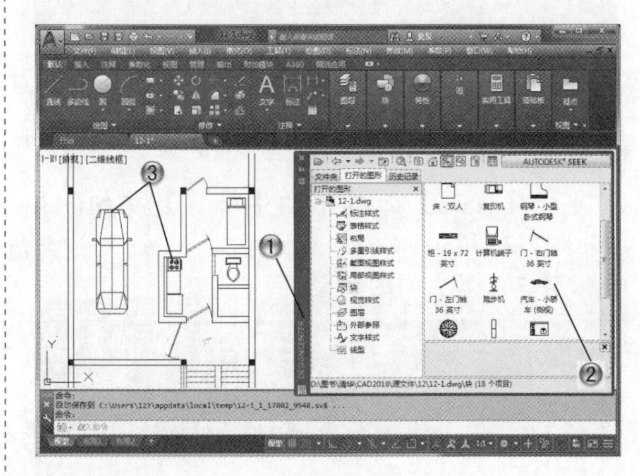

图 12-32

步骤 32 添加客厅家具和树木

❶ 选择客厅家具和树木的块，如图 12-33 所示。

❷ 在绘图区添加家具和树木。

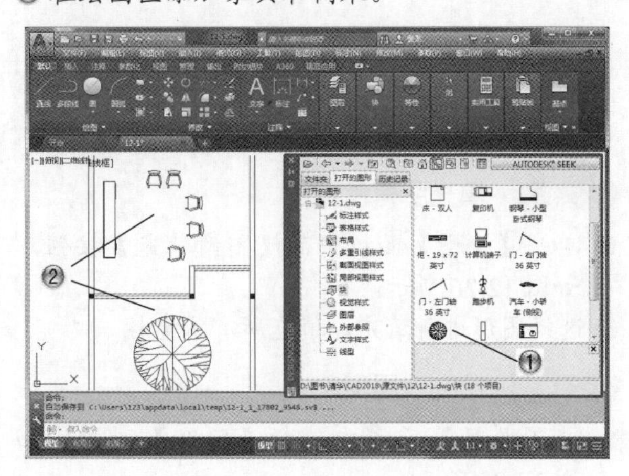

图 12-33

步骤 33 添加餐厅的家具

① 选择餐厅家具的块，如图 12-34 所示。

② 在绘图区添加餐厅家具。

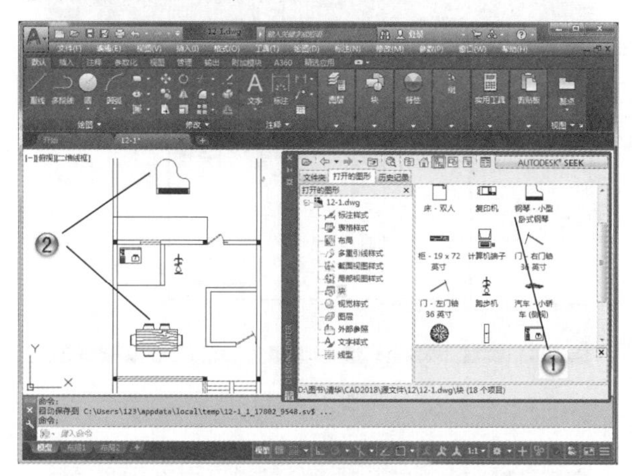

图 12-34

步骤 34 添加卧室、书房和卫生间家具

① 选择卧室、书房和卫生间家具的块，如图 12-35 所示。

② 在绘图区中添加卧室、书房和卫生间家具。

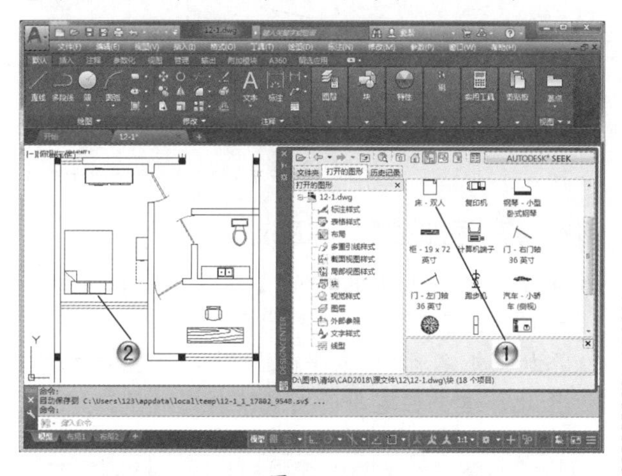

图 12-35

步骤 35 标注一层的长度尺寸

① 下面进行尺寸标注。单击【注释】面板中的【线性】按钮，如图 12-36 所示。

② 在绘图区中添加一层的竖直长度尺寸。

步骤 36 标注一层的宽度尺寸

① 单击【注释】面板中的【线性】按钮，如图 12-37 所示。

② 在绘图区添加一层的水平宽度尺寸。

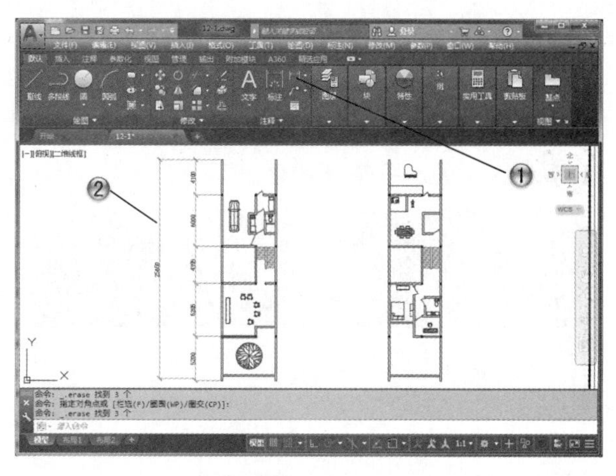

图 12-36

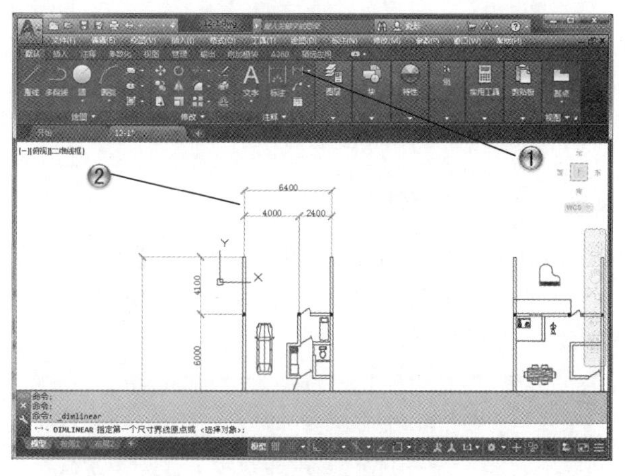

图 12-37

步骤 37 标注二层的长度尺寸

① 单击【注释】面板中的【线性】按钮，如图 12-38 所示。

② 添加二层的竖直长度尺寸。

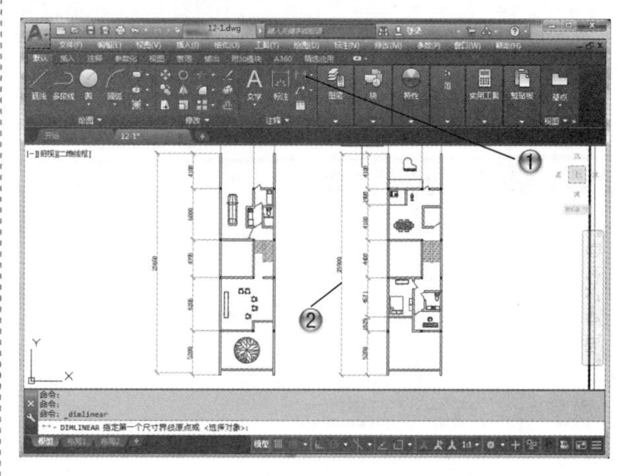

图 12-38

步骤 38 标注二层宽度尺寸

❶ 单击【注释】面板中的【线性】按钮，如图 12-39 所示。

❷ 添加二层的水平宽度尺寸。

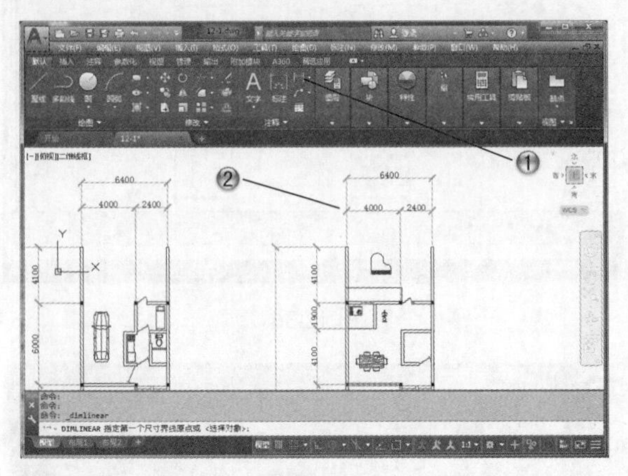

图 12-39

步骤 39 绘制图框外层

❶ 下面添加文字注释和图框。单击【绘图】面板中的【直线】按钮，如图 12-40 所示。

❷ 绘制图框外层。

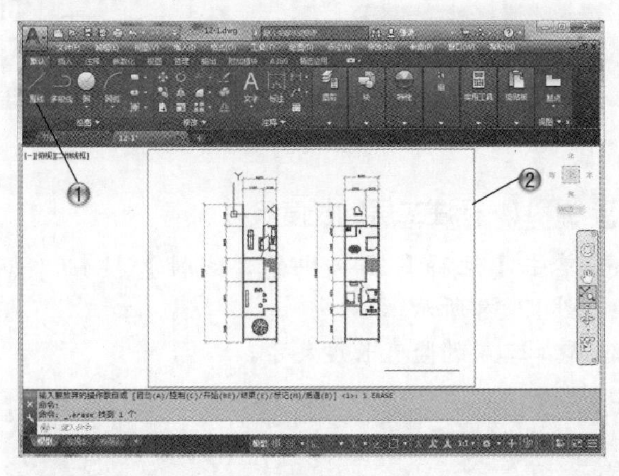

图 12-40

步骤 40 绘制图框内层

❶ 在【图层】面板中选择【粗实线】图层，如图 12-41 所示。

❷ 单击【绘图】面板中的【直线】按钮。

❸ 绘制粗实线图框。

步骤 41 添加平面图文字

❶ 单击【注释】面板中的【多行文字】按钮，如图 12-42 所示。

❷ 添加平面图"一层平面图"和"二层平面图"文字说明。

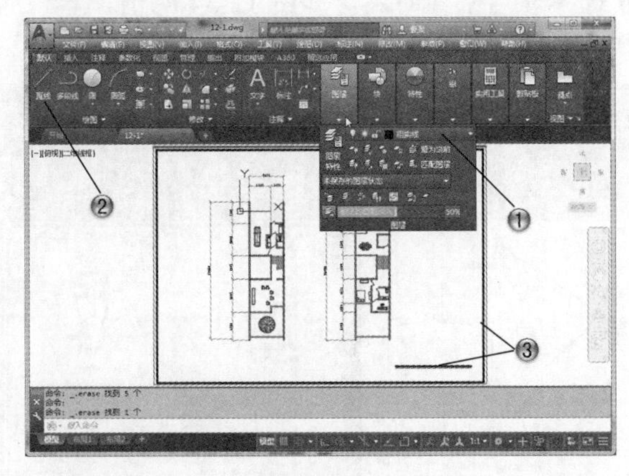

图 12-41

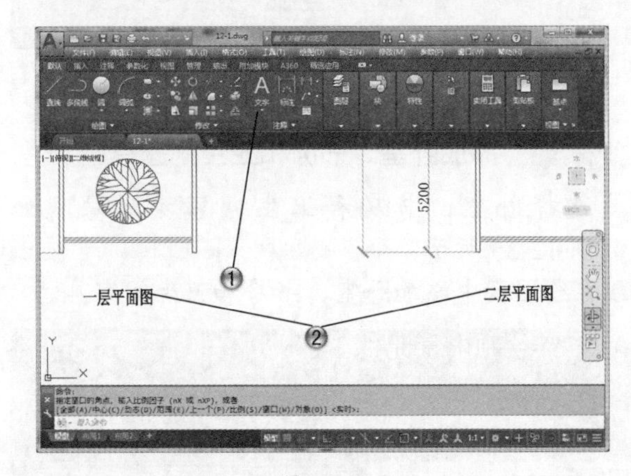

图 12-42

步骤 42 添加图纸名称及技术指标

❶ 单击【注释】面板中的【多行文字】按钮，如图 12-43 所示。

❷ 添加图纸名称"住宅平面图"和技术指标文字。至此，这个住宅平面图就绘制完成了。

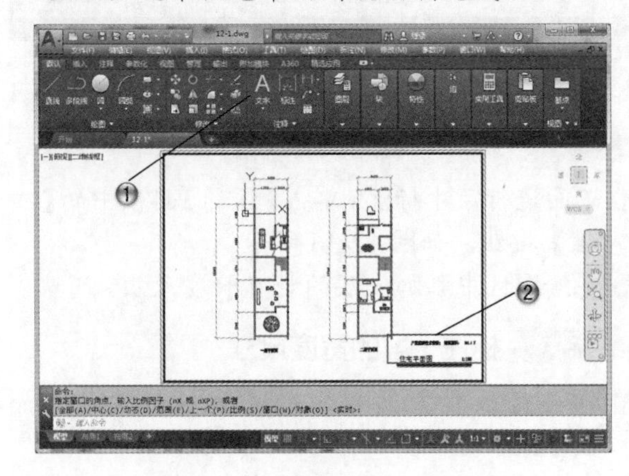

图 12-43

12.2 医疗站建筑电气图绘制范例

本范例完成文件：ywj\12\12-2.dwg。

12.2.1 案例分析

民用住宅中配备着多种电气系统：照明、电话、宽带网、闭路电视、火灾报警等。本节就以医疗站电气工程平面图纸的绘制为例，介绍建筑电气图的绘制方法。在绘制图纸之前先进行图层的设置，以方便后期读图和绘制；接着绘制承重柱和墙壁；最后完成门窗和附属设施的绘制。建筑平面图绘制完成后在图纸上添加电气元件，之后进行电气线路的设计，最后进行文字和尺寸的添加，将建筑的主要尺寸表达清楚。范例完成后的图纸如图 12-44 所示。

通过这个案例的操作，讲述建筑电气工程平面图的绘制方法，以及各种绘图和修改命令的综合应用，将熟悉如下内容。

(1) 绘制建筑平面。
(2) 绘制内部设施。
(3) 绘制电气元件。
(4) 绘制电气线路
(5) 标注尺寸和文字。

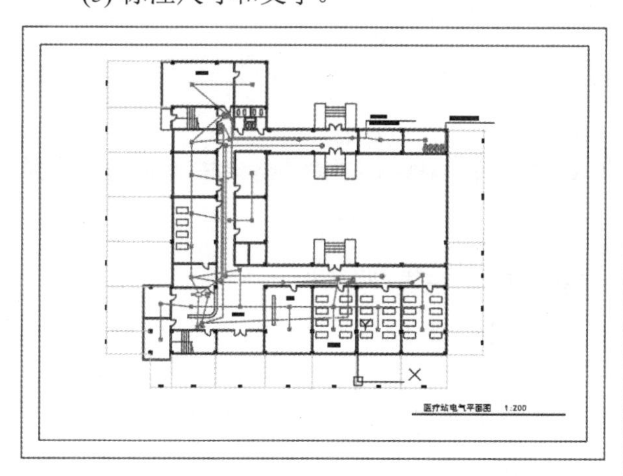

图 12-44

12.2.2 案例操作

步骤 01 创建新图层

❶ 首先来创建图层。单击【默认】选项卡的【图层】面板中的【图层特性】按钮，如图 12-45 所示。

❷ 在【图层特性管理器】工具选项板中创建新的图层。

❸ 单击新建图层的颜色图标，在弹出的【选择颜色】对话框中设置颜色。

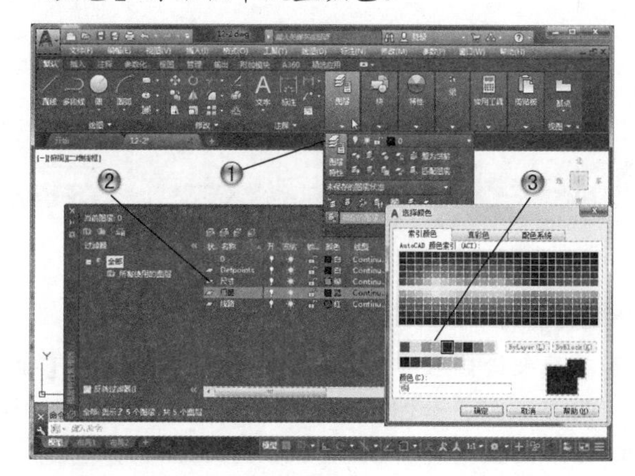

图 12-45

步骤 02 新建多线样式

❶ 选择【格式】|【多线样式】菜单命令，打开【多线样式】对话框，如图 12-46 所示。

❷ 单击【新建】按钮，打开【创建新的多线样式】对话框。

❸ 设置样式名。

❹ 单击【继续】按钮。

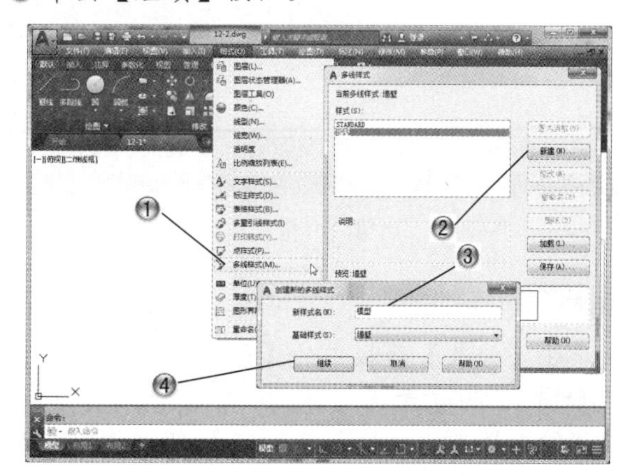

图 12-46

步骤 03 设置多线样式

❶ 在打开的【新建多线样式模型】对话框中，设置各项参数，如图 12-47 所示。

❷ 单击【确定】按钮，完成多线样式设置。

图 12-47

步骤 04 绘制矩形并填充

❶ 下面来绘制承重柱。单击【绘图】面板中的【矩形】按钮，如图 12-48 所示。

❷ 在绘图区中绘制 500×500 的正方矩形。

❸ 单击【绘图】面板中的【图案填充】按钮。

❹ 将矩形进行填充。

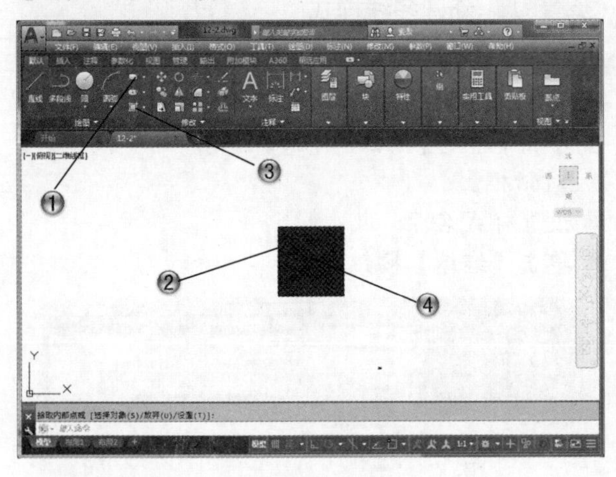

图 12-48

步骤 05 阵列图形

❶ 单击【修改】面板中的【矩形阵列】按钮，如图 12-49 所示。

❷ 将绘制填充的矩形进行 2×2 的矩形阵列，阵列宽度为 3600、高度为 2500。

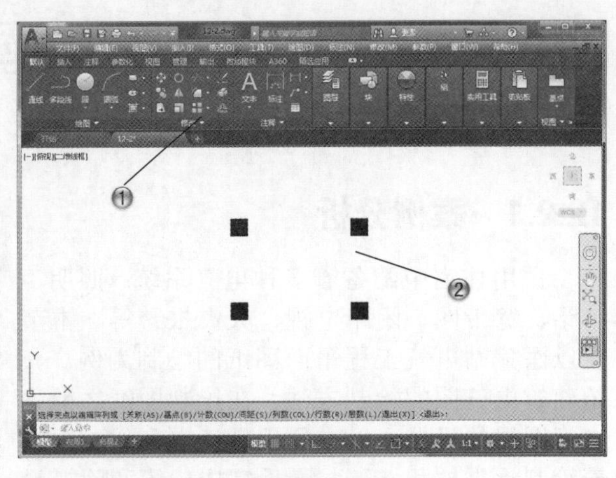

图 12-49

步骤 06 复制 4 个图形

❶ 单击【修改】面板中的【复制】按钮，如图 12-50 所示。

❷ 向左复制四个矩形，距离为 15 000。

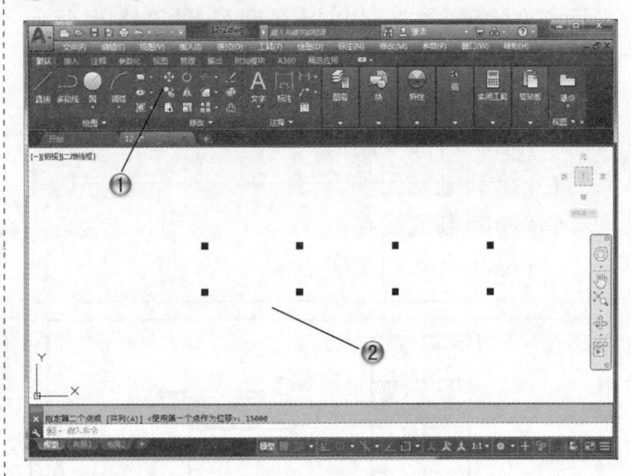

图 12-50

步骤 07 向左复制图形

❶ 单击【修改】面板中的【复制】按钮，如图 12-51 所示。

❷ 向左复制两个矩形，距离为 8100。

步骤 08 向左复制多次

❶ 单击【修改】面板中的【复制】按钮，如图 12-52 所示。

❷ 再向左复制两个矩形，距离为 8600。

❸ 继续向左复制两个矩形，距离为 7600。

❹ 向左复制两个矩形，距离为 3600。

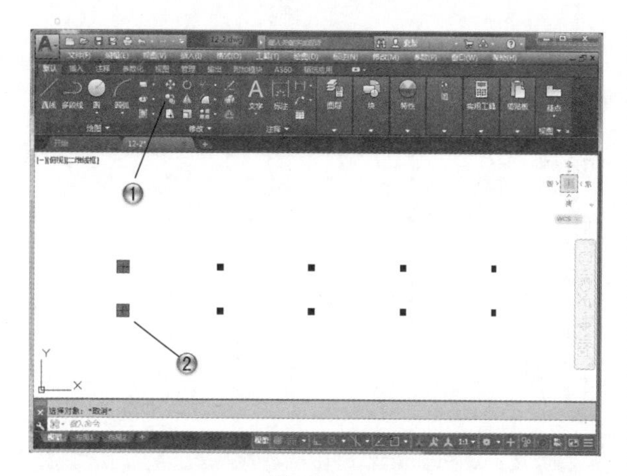

图 12-51

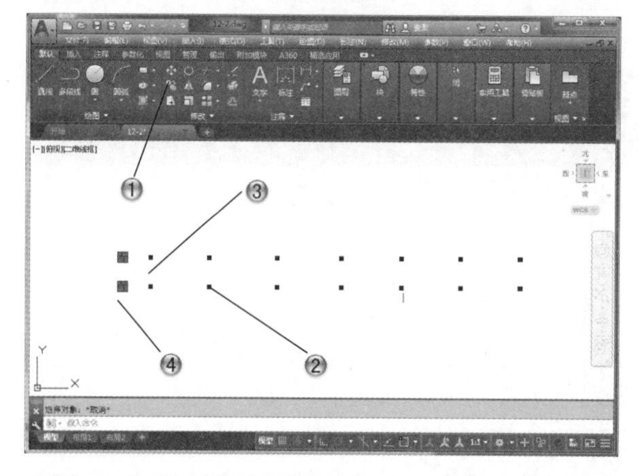

图 12-52

步骤09 向上复制图形

❶ 单击【修改】面板中的【复制】按钮，如图 12-53 所示。

❷ 向上复制矩形，距离为 7500。

❸ 继续向上复制矩形，距离为 3750。

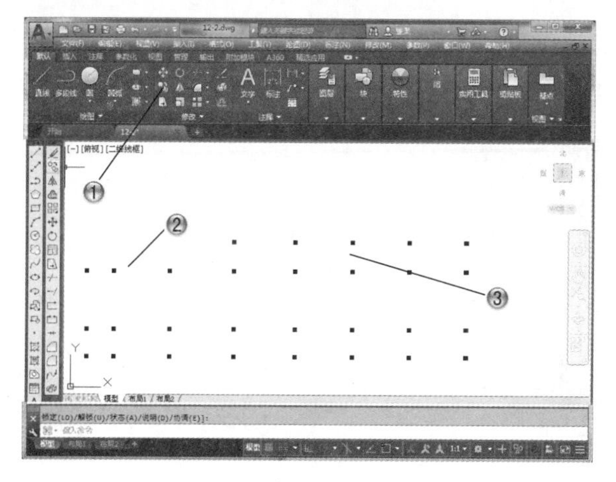

图 12-53

步骤10 绘制完成柱网

❶ 单击【修改】面板中的【移动】按钮，如图 12-54 所示。

❷ 向右移动矩形。

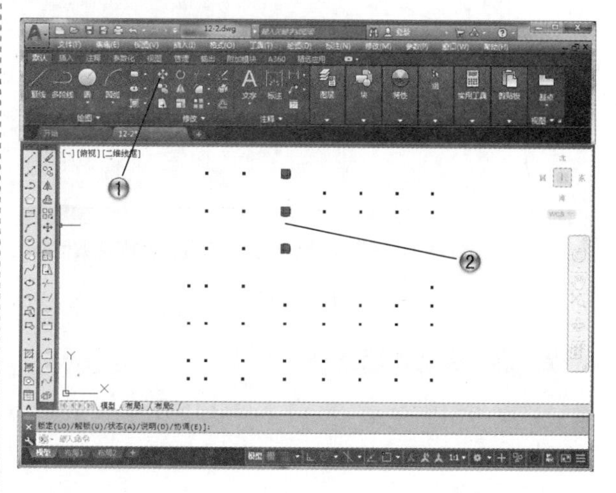

图 12-54

❸ 单击【修改】面板中的【复制】按钮，如图 12-55 所示。

❹ 向左复制两个矩形，距离为 7500。

❺ 向上复制 3 个矩形，距离为 7500。这样，就得到了最终的建筑柱网图形。

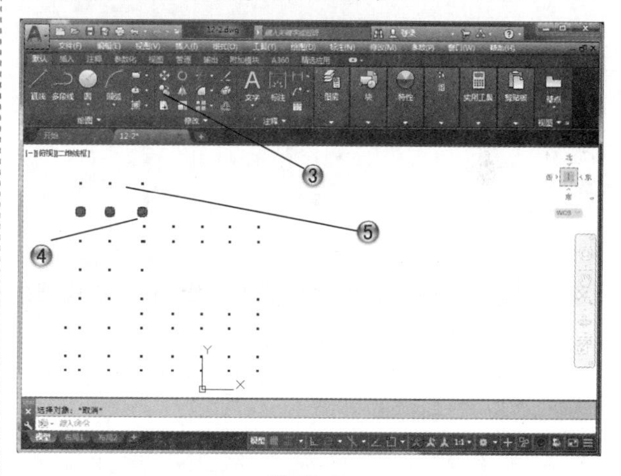

图 12-55

步骤11 绘制两条多线

❶ 下面绘制墙壁。在命令输入行中输入 MLINE 命令，如图 12-56 所示。

❷ 绘制两条多线。

❸ 单击【修改】面板中的【复制】按钮。

❹ 向左复制多线。

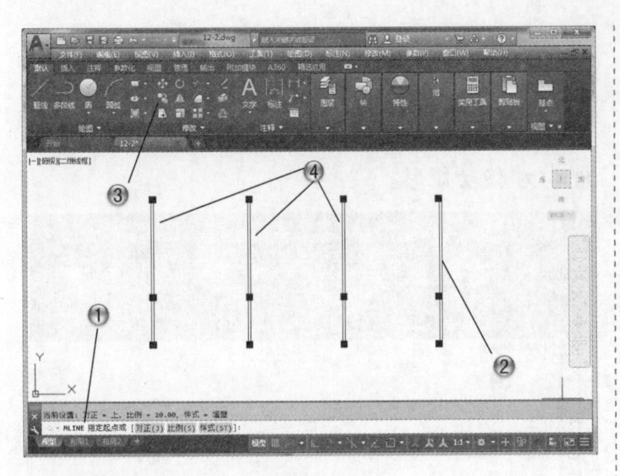

图 12-56

步骤 12 绘制外墙线条

① 在命令输入行中输入 MLINE 命令，如图 12-57 所示。

② 绘制外墙线条。

③ 单击【修改】面板中的【复制】按钮。

④ 复制外墙线条。

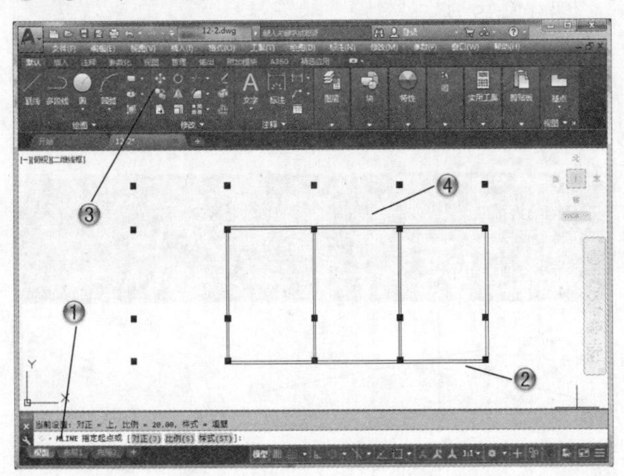

图 12-57

步骤 13 绘制其他外墙

① 在命令输入行中输入 MLINE 命令，如图 12-58 所示。

② 绘制其他外墙线条。

步骤 14 向左绘制墙壁

① 在命令行中输入 MLINE 命令，如图 12-59 所示。

② 向左绘制墙壁。

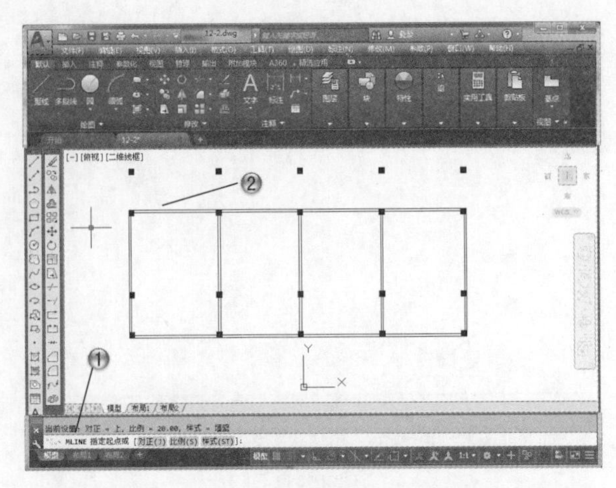

图 12-58

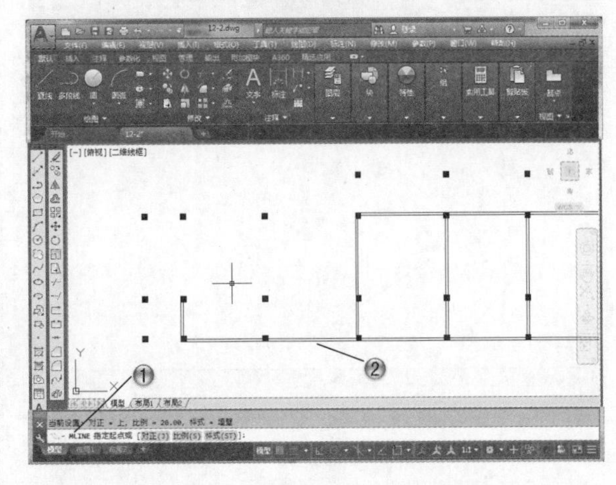

图 12-59

步骤 15 复制墙壁

① 单击【修改】面板中的【复制】按钮，如图 12-60 所示。

② 复制上一步绘制好的墙壁。

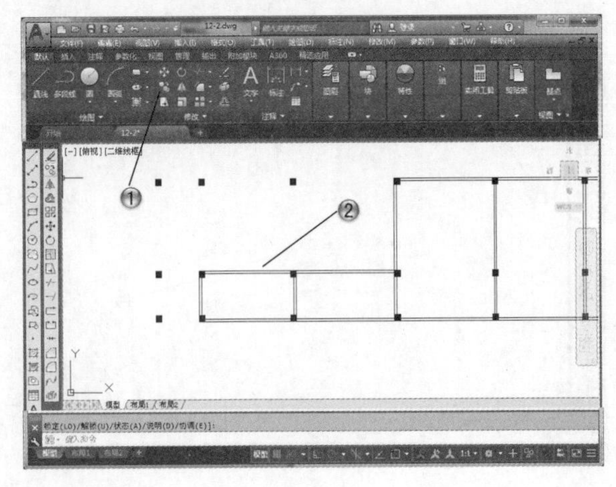

图 12-60

步骤16 向上绘制外墙

❶ 在命令输入行中输入MLINE命令，如图12-61所示。

❷ 向上绘制墙壁。

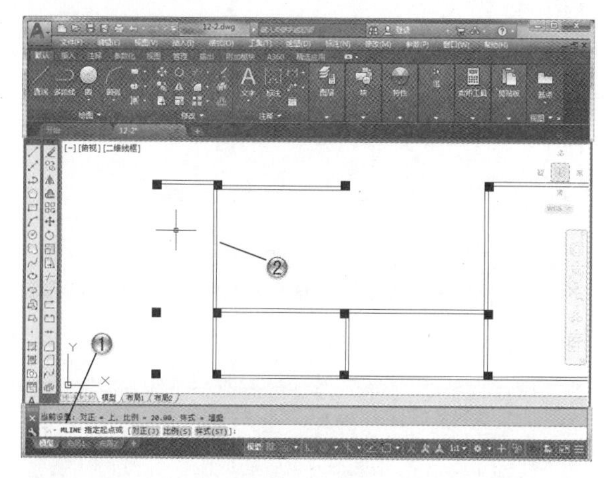

图 12-61

步骤17 绘制短墙

❶ 在命令输入行中输入MLINE命令，如图12-62所示。

❷ 绘制短墙。

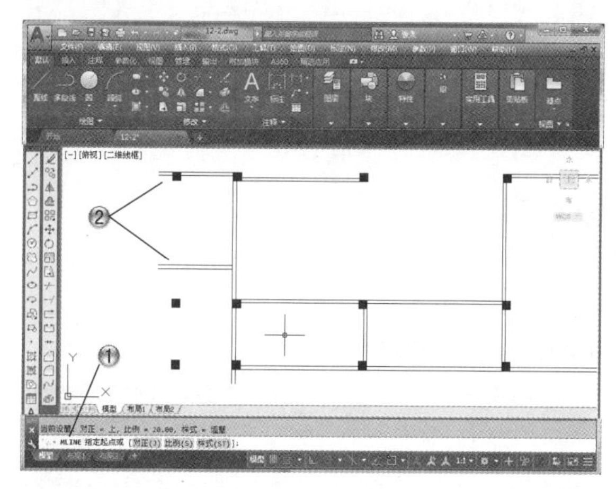

图 12-62

步骤18 绘制隔断墙

❶ 在命令输入行中输入MLINE命令，如图12-63所示。

❷ 绘制隔断墙。

步骤19 复制3个板墙

❶ 单击【修改】面板中的【复制】按钮，如图12-64所示。

❷ 复制3个板墙。

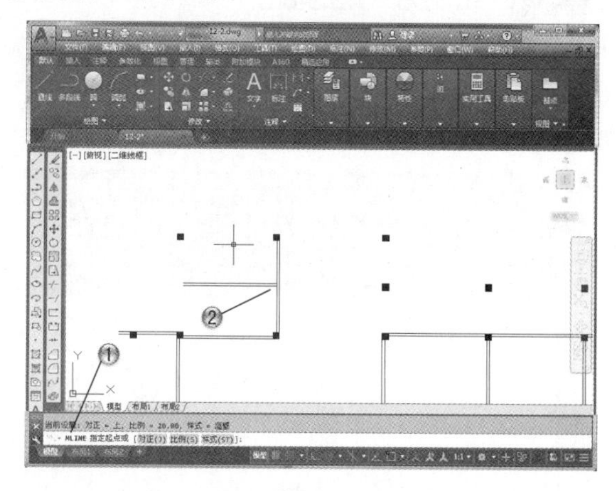

图 12-63

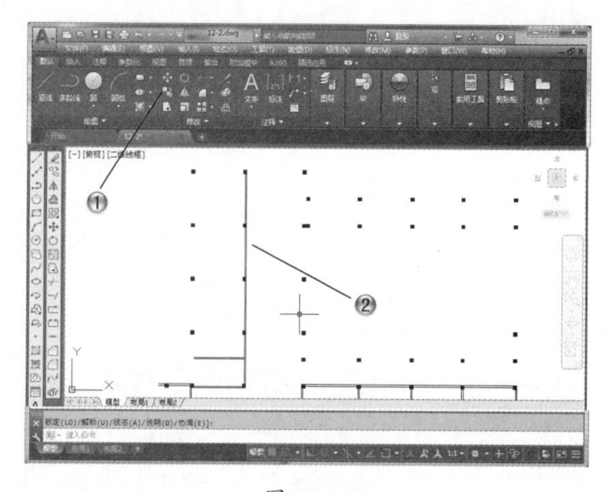

图 12-64

步骤20 绘制横向板墙

❶ 在命令输入行中输入MLINE命令，如图12-65所示。

❷ 绘制横向板墙。

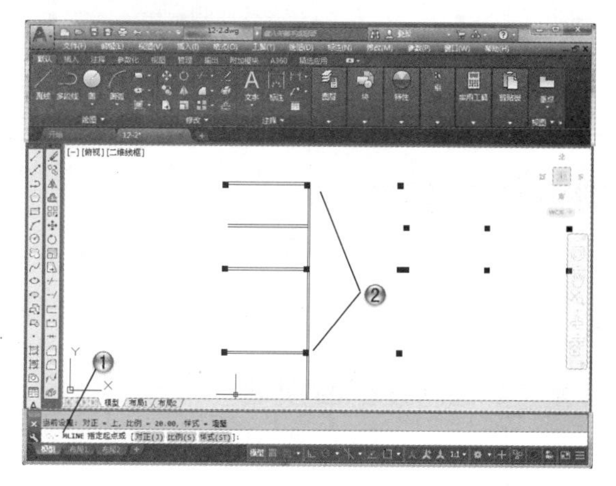

图 12-65

步骤 21 绘制另一边的墙壁

❶ 在命令输入行中输入 MLINE 命令，如图 12-66 所示。

❷ 绘制另一边的墙壁。

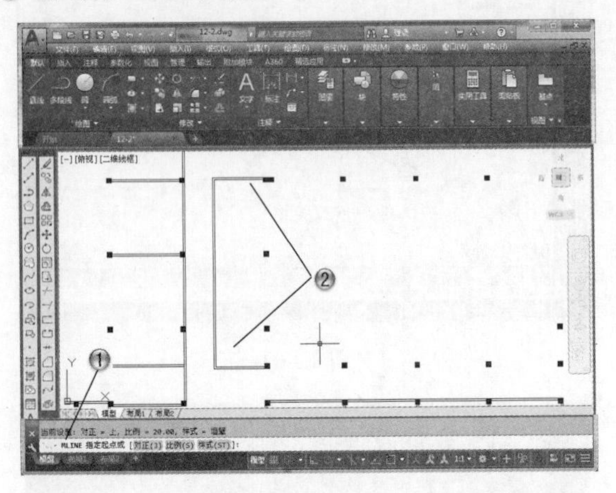

图 12-66

步骤 22 绘制通风间

❶ 在命令输入行中输入 MLINE 命令，如图 12-67 所示。

❷ 绘制通风间的墙壁。

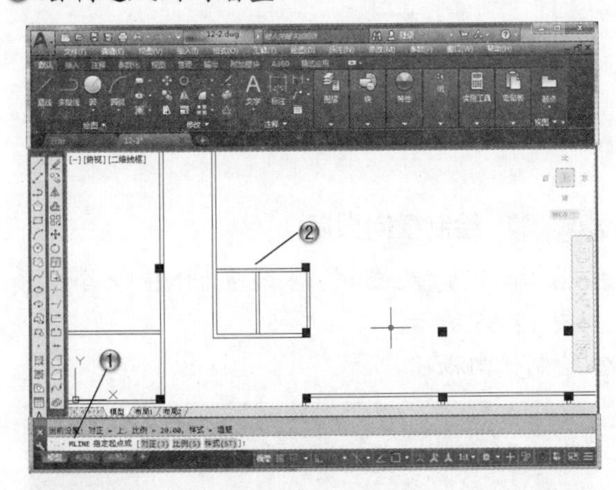

图 12-67

步骤 23 完成卫生间

❶ 在命令输入行中输入 MLINE 命令，如图 12-68 所示。

❷ 完成卫生间墙壁的绘制。

步骤 24 绘制最上面的外墙

❶ 在命令输入行中输入 MLINE 命令，如图 12-69 所示。

❷ 绘制最上面的外墙。

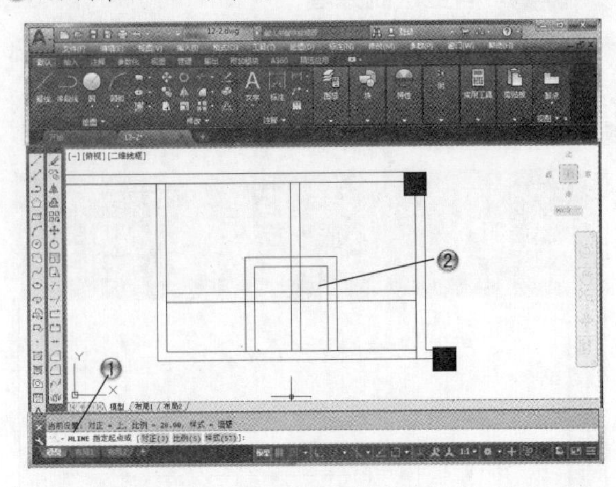

图 12-68

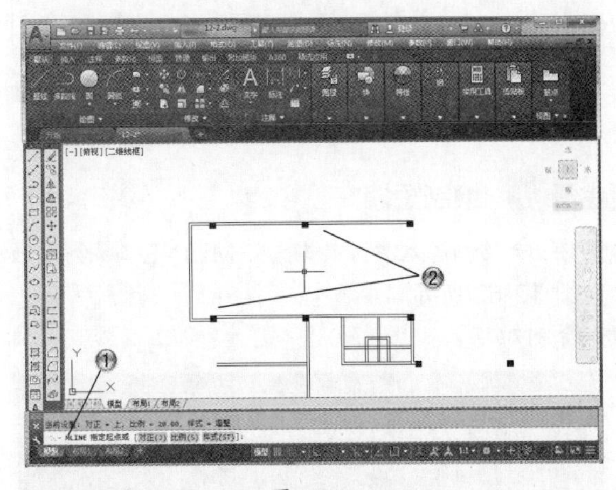

图 12-69

步骤 25 绘制隔断和楼梯间

❶ 在命令输入行中输入 MLINE 命令，如图 12-70 所示。

❷ 绘制隔断和楼梯间。

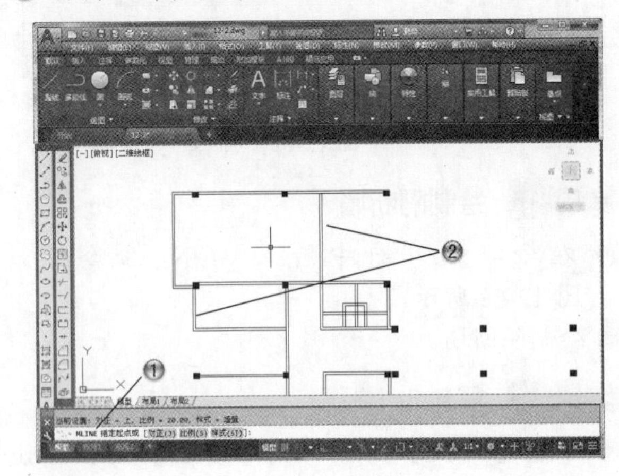

图 12-70

步骤26 绘制庭院外墙

❶ 在命令输入行中输入MLINE命令，如图12-71所示。

❷ 绘制庭院外墙。

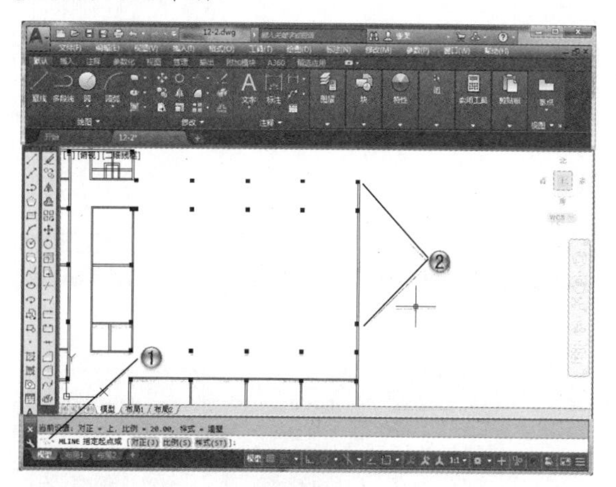

图 12-71

步骤27 完成墙壁绘制

❶ 在命令输入行中输入MLINE命令，如图12-72所示。

❷ 绘制走廊外墙等墙壁，这样，墙壁就绘制完成了。

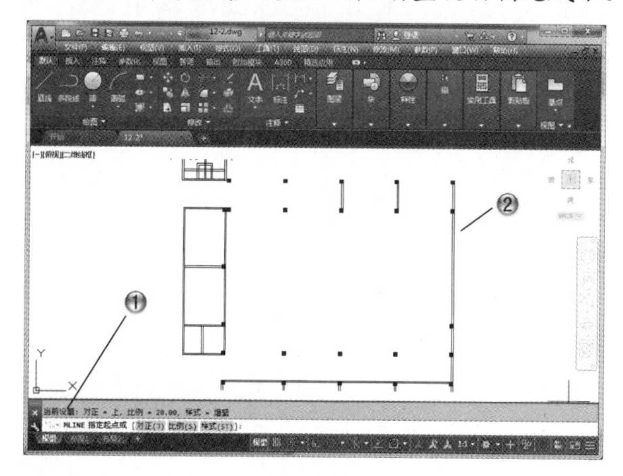

图 12-72

步骤28 绘制外窗户

❶ 下面来绘制门窗。在【图层】面板中选择【门窗】图层，如图12-73所示。

❷ 单击【绘图】面板中的【直线】按钮。

❸ 绘制大型外窗户。

步骤29 复制窗户

❶ 单击【修改】面板中的【复制】按钮，如图12-74所示。

❷ 在绘图区中复制窗户。

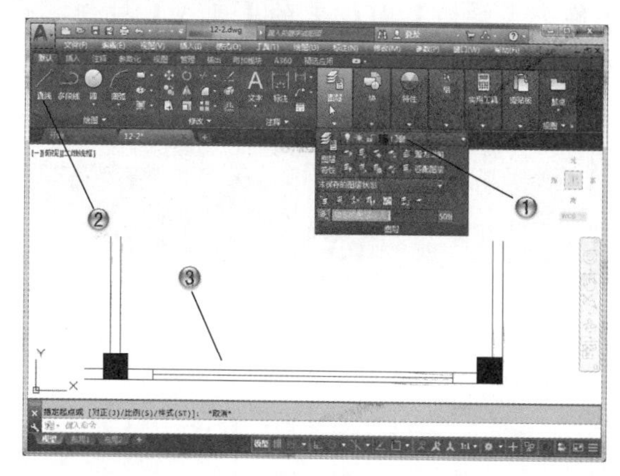

图 12-73

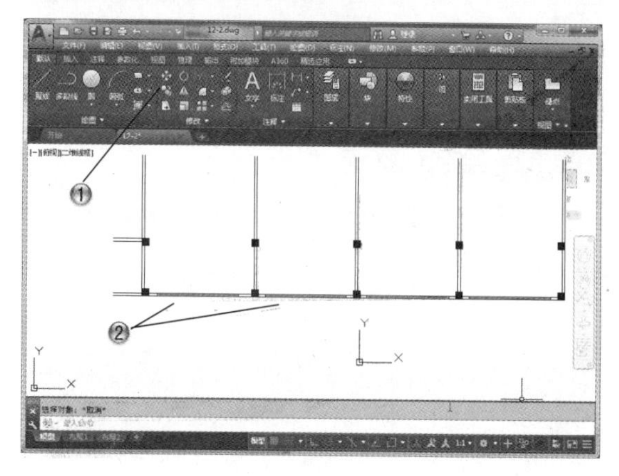

图 12-74

步骤30 绘制小窗

❶ 单击【绘图】面板中的【直线】按钮，如图12-75所示。

❷ 绘制小窗户图形。

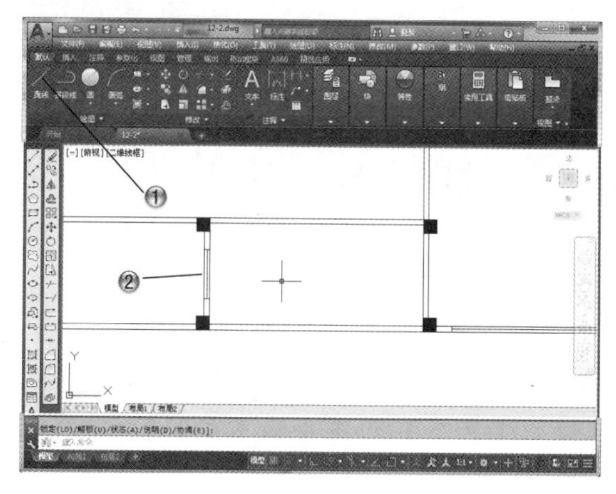

图 12-75

步骤 31 绘制其他窗户

❶ 单击【绘图】面板中的【直线】按钮，如图 12-76 所示。

❷ 绘制其他窗户。

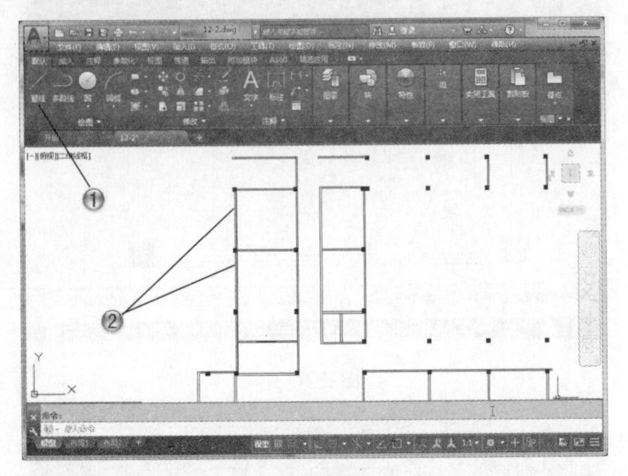

图 12-76

步骤 32 绘制观察窗

❶ 单击【绘图】面板中的【直线】按钮，如图 12-77 所示。

❷ 绘制观察窗。

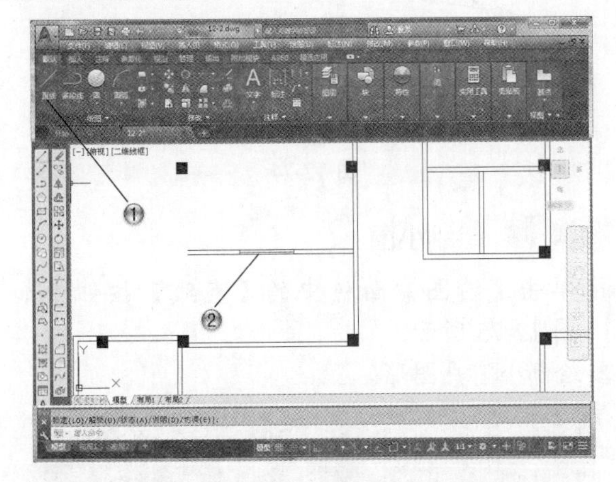

图 12-77

步骤 33 绘制落地窗

❶ 单击【绘图】面板中的【直线】按钮，如图 12-78 所示。

❷ 绘制落地窗。

步骤 34 复制落地窗

❶ 单击【修改】面板中的【复制】按钮，如图 12-79 所示。

❷ 复制落地窗。

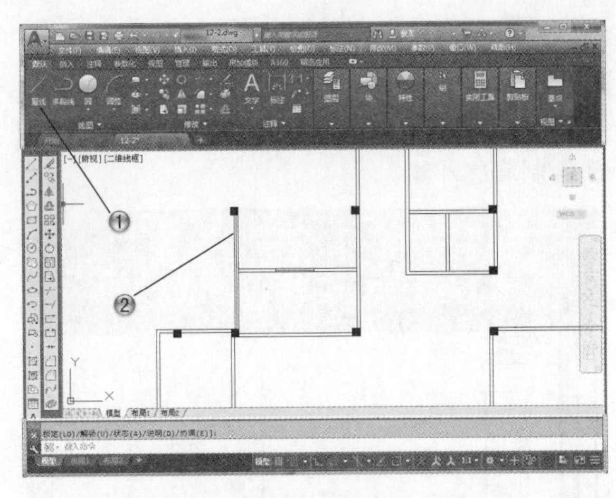

图 12-78

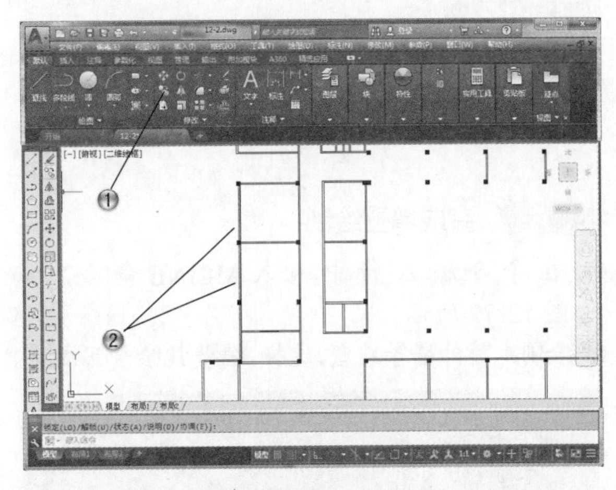

图 12-79

步骤 35 向上绘制窗户

❶ 单击【绘图】面板中的【直线】按钮，如图 12-80 所示。

❷ 向上绘制窗户。

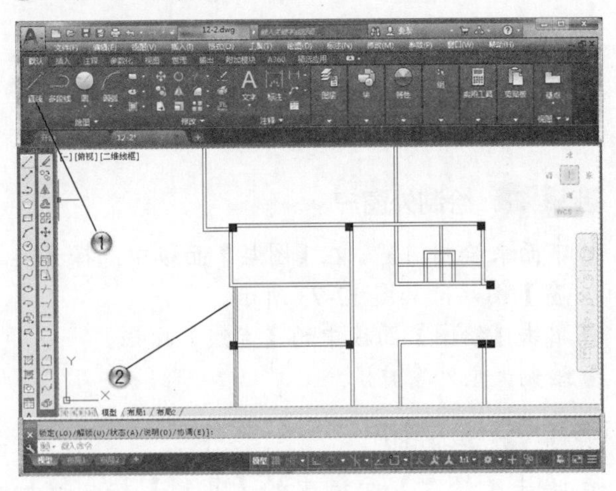

图 12-80

步骤 36 绘制走廊的窗户

❶ 单击【绘图】面板中的【直线】按钮，如图 12-81 所示。

❷ 绘制走廊的窗户。

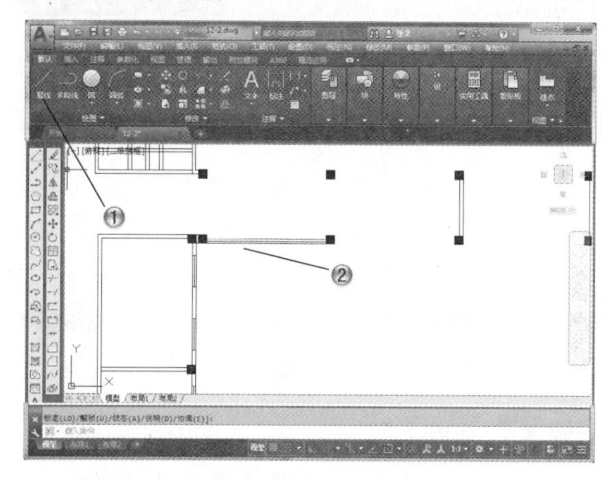

图 12-81

步骤 37 复制走廊的窗户

❶ 单击【修改】面板中的【复制】按钮，如图 12-82 所示。

❷ 复制走廊的窗户。

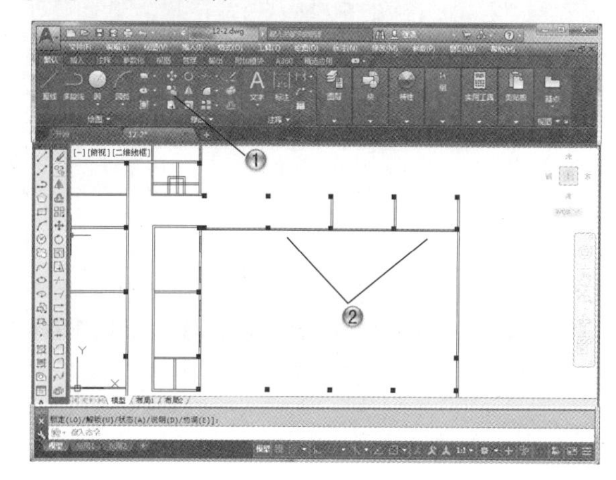

图 12-82

步骤 38 复制窗户

❶ 单击【修改】面板中的【镜像】按钮，如图 12-83 所示。

❷ 镜像复制窗户。

步骤 39 复制另一侧走廊的窗户

❶单击【复制】按钮，如图 12-84 所示。

❷ 复制另一侧走廊的窗户。

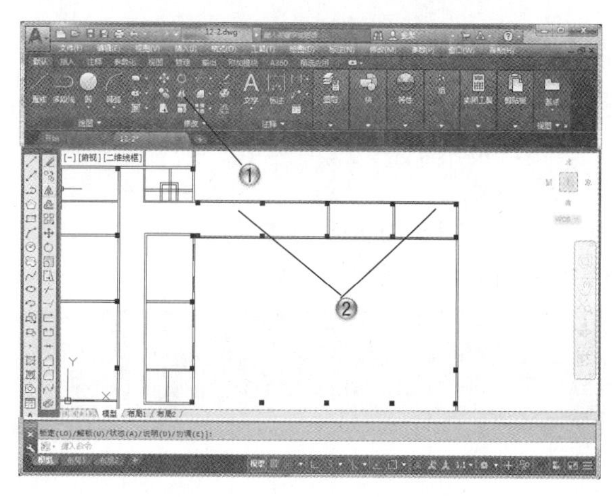

图 12-83

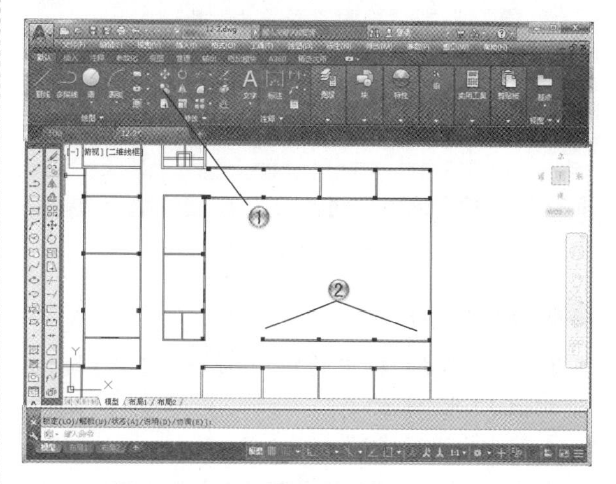

图 12-84

步骤 40 绘制完成窗户

❶ 单击【绘图】面板中的【直线】按钮，如图 12-85 所示。

❷ 在绘图区中完成所有窗户的绘制。

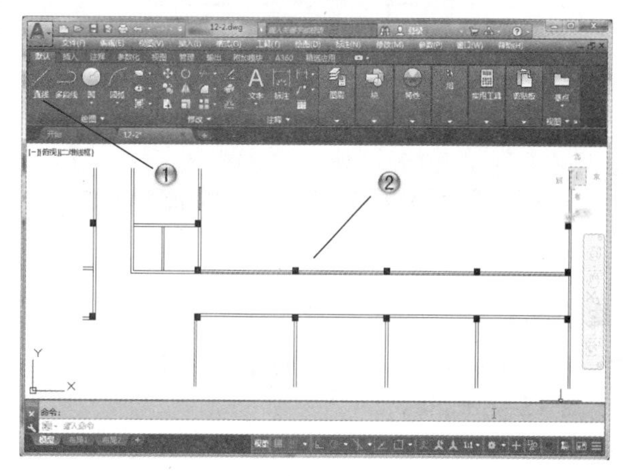

图 12-85

步骤 41 绘制门

❶ 单击【绘图】面板中的【直线】按钮，如图 12-86 所示。

❷ 绘制直线。

❸ 单击【绘图】面板中的【圆弧】按钮。

❹ 绘制圆弧，完成门的绘制。

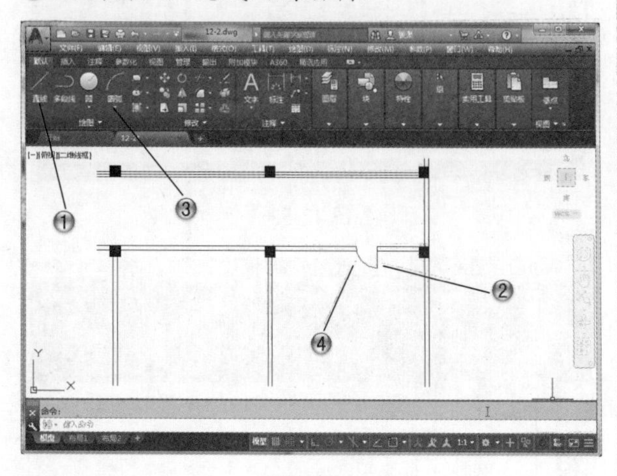

图 12-86

步骤 42 复制门

❶ 单击【修改】面板中的【复制】和【修剪】按钮，如图 12-87 所示。

❷ 复制门并进行修剪。

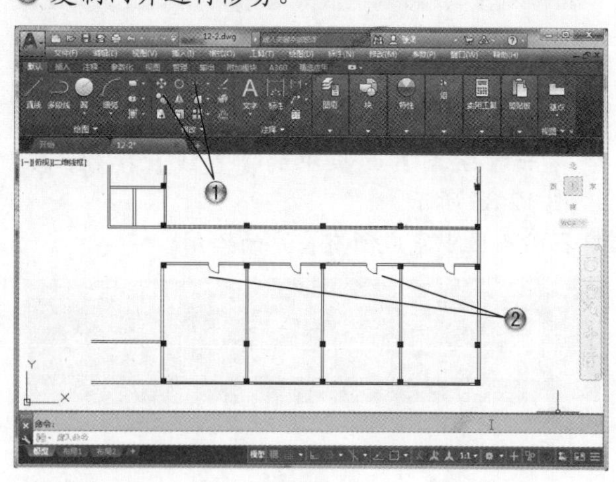

图 12-87

步骤 43 绘制大门

❶ 单击【修改】面板中的【镜像】按钮，如图 12-88 所示。

❷ 在绘图区中选择小门后镜像绘制出大门。

❸ 单击【修改】面板中的【修剪】按钮。

❹ 修剪出大门图形。

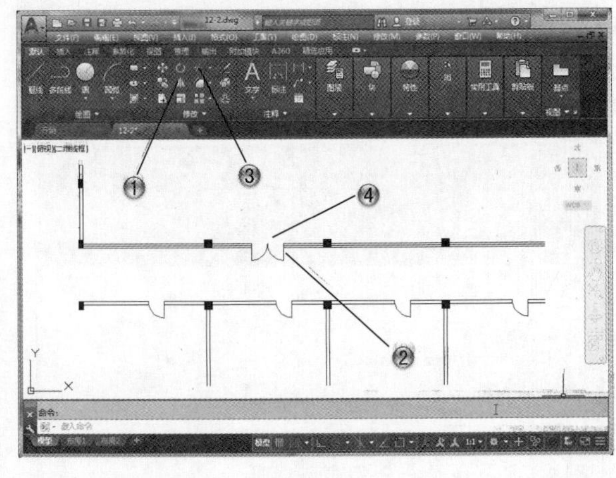

图 12-88

步骤 44 复制大门

❶ 单击【修改】面板中的【复制】按钮，如图 12-89 所示。

❷ 复制大门并修剪。

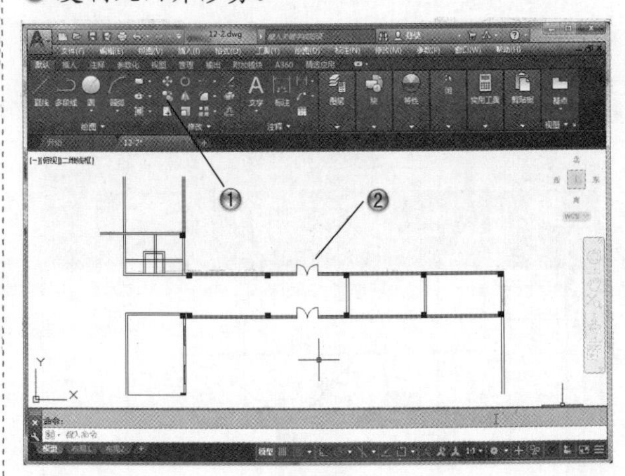

图 12-89

步骤 45 复制其他的小门

❶ 单击【修改】面板中的【复制】按钮，如图 12-90 所示。

❷ 复制其他的小门。

步骤 46 修剪门

❶ 单击【修改】面板中的【修剪】按钮，如图 12-91 所示。

❷ 修剪所有的门。

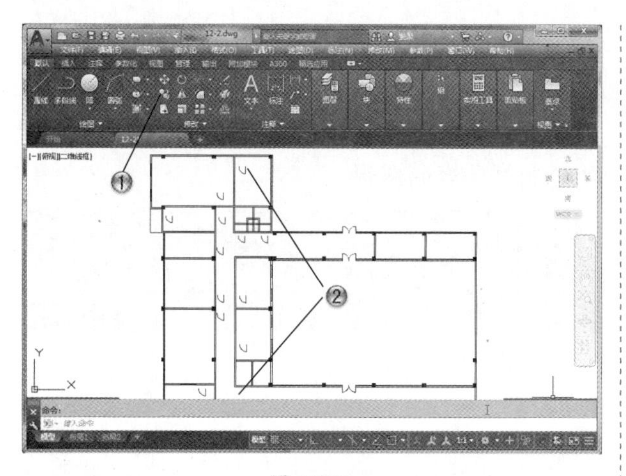

图 12-90

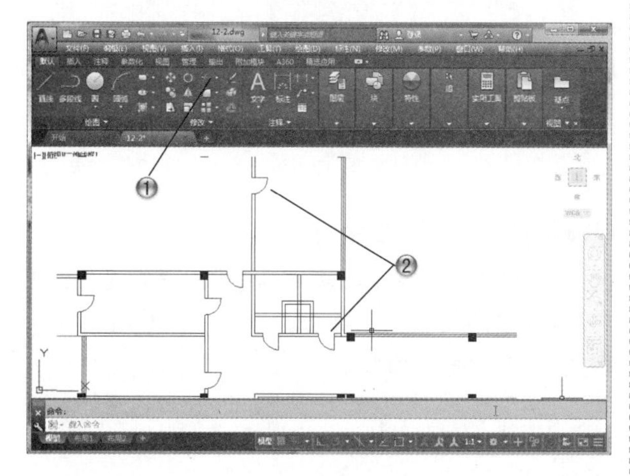

图 12-91

步骤 47 修剪卫生间

① 单击【修改】面板中的【修剪】按钮，如图 12-92 所示。

② 修剪卫生间。

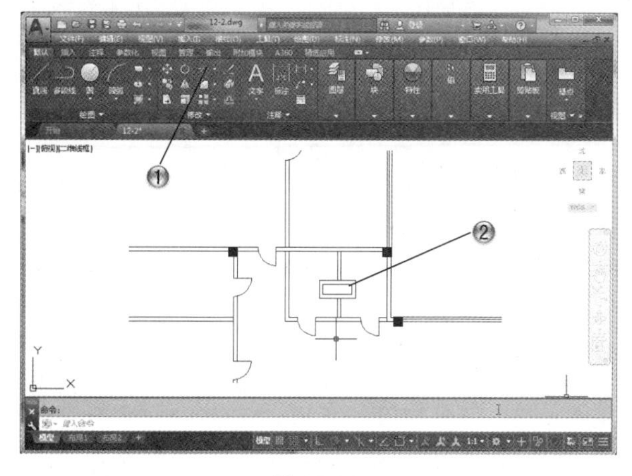

图 12-92

步骤 48 绘制台阶

① 下面绘制其他附属设施。单击【绘图】面板中的【直线】按钮，如图 12-93 所示。

② 绘制台阶的图形。

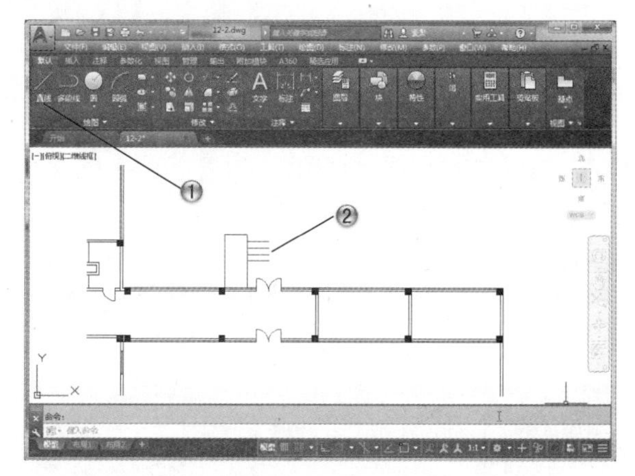

图 12-93

步骤 49 镜像台阶

① 单击【修改】面板中的【镜像】按钮，如图 12-94 所示。

② 镜像台阶图形。

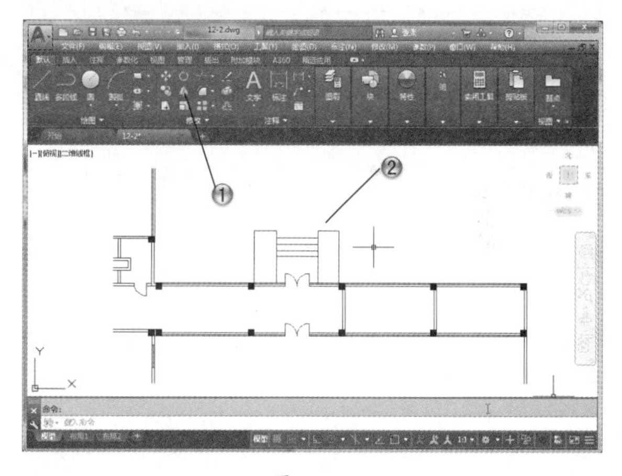

图 12-94

步骤 50 复制其他台阶

① 单击【修改】面板中的【复制】按钮，如图 12-95 所示。

② 复制其他台阶。

步骤 51 绘制床

① 单击【绘图】面板中的【矩形】按钮，如图 12-96 所示。

② 在绘图区中绘制床。

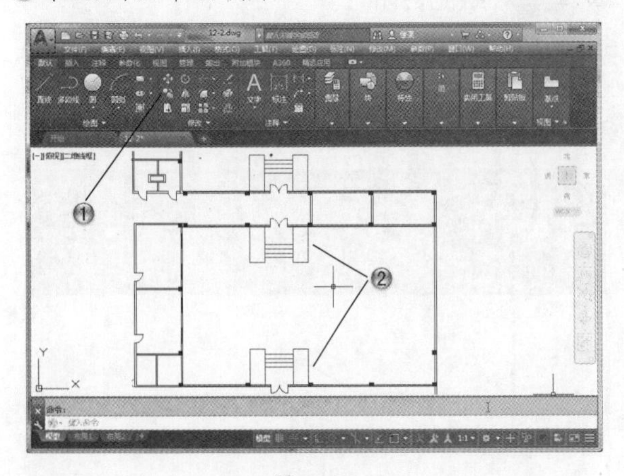

图 12-95

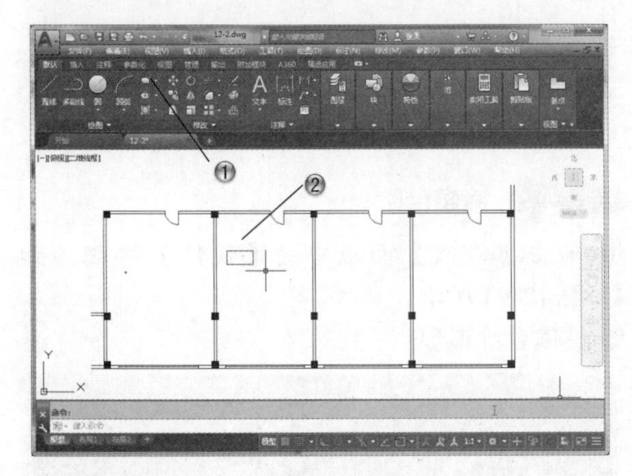

图 12-96

步骤 52 复制床

① 单击【修改】面板中的【复制】按钮，如图 12-97 所示。

② 在房间中复制床。

③ 复制其他房间的床。

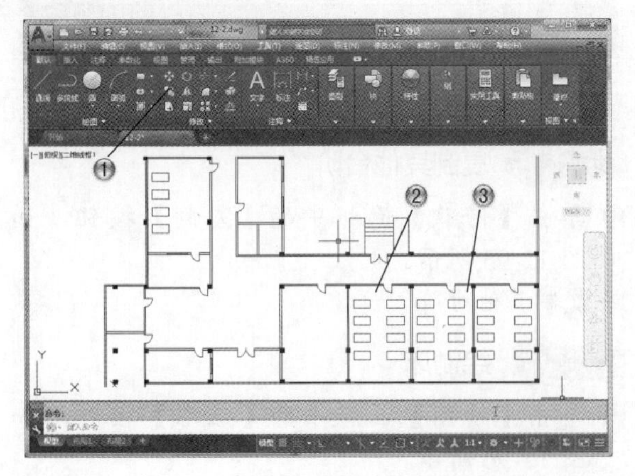

图 12-97

步骤 53 绘制挂号台

① 单击【绘图】面板中的【矩形】按钮，如图 12-98 所示。

② 绘制挂号台的图形。

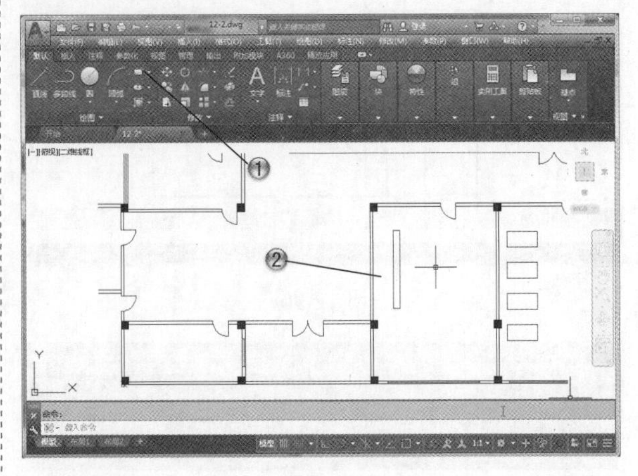

图 12-98

步骤 54 绘制护士台

① 分别单击【绘图】面板中的【矩形】和【修改】面板中的【圆角】按钮，如图 12-99 所示。

② 绘制护士台的图形。

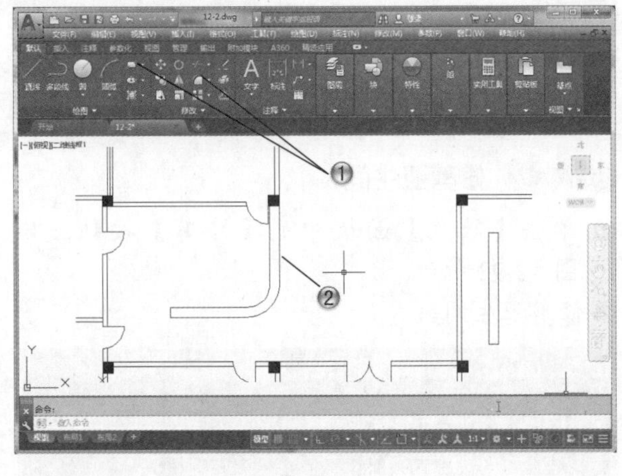

图 12-99

步骤 55 绘制楼梯

① 单击【绘图】面板中的【直线】按钮，如图 12-100 所示。

② 绘制楼梯的图形。

步骤 56 修剪楼梯

① 单击【修改】面板中的【修剪】按钮，如

图 12-101 所示。

② 修剪楼梯。

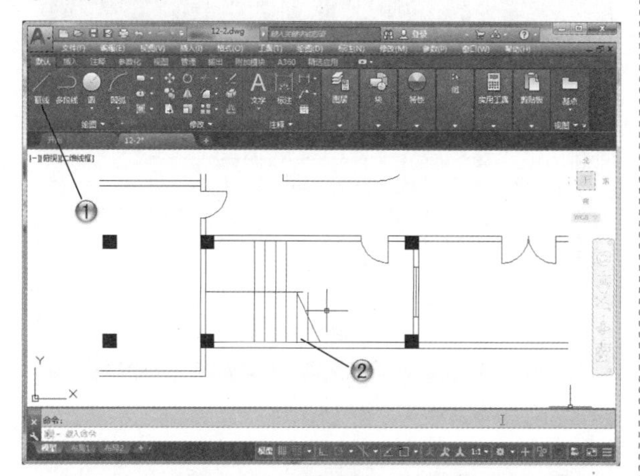

图 12-100

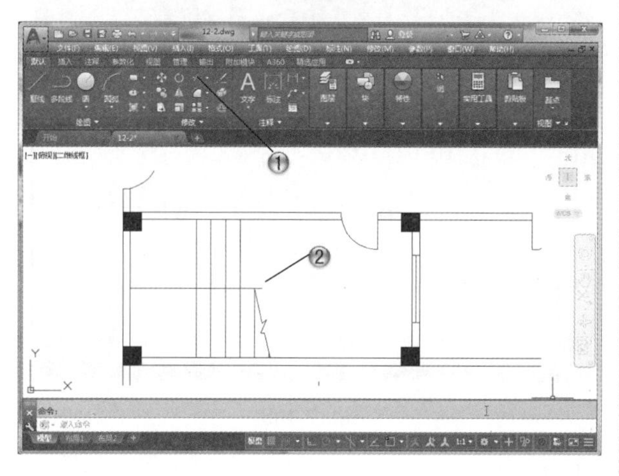

图 12-101

步骤 57 绘制卫生间设备

① 在【绘图】面板中分别单击【直线】、【圆弧】和【椭圆】按钮。

② 绘制卫生间设备。

③ 单击【修改】面板中的【复制】按钮。

④ 复制卫生间设备。至此，医疗站的建筑平面就绘制完成了，如图 12-102 所示。

步骤 58 绘制感应器

① 下面绘制电气元件。在【图层】面板中选择【线路】图层，如图 12-103 所示。

② 分别单击【绘图】面板中的【矩形】和【直线】按钮。

③ 绘制感应器。

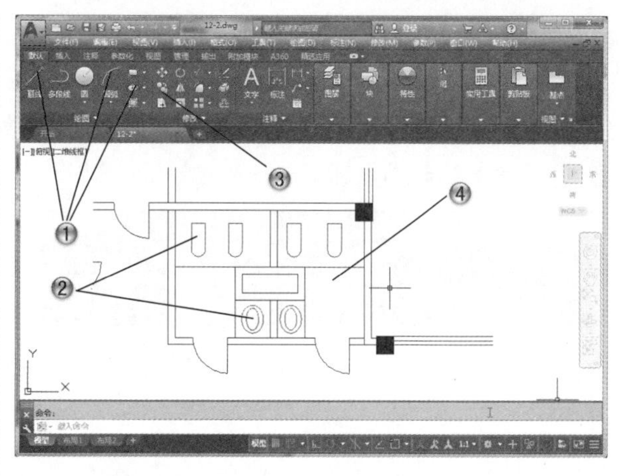

图 12-102

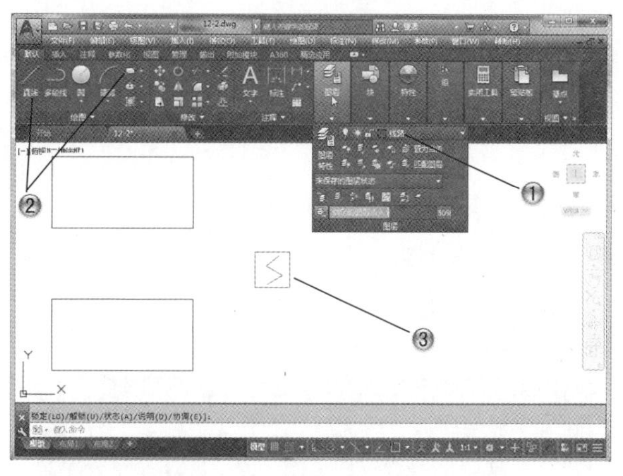

图 12-103

步骤 59 复制观察室和走廊的感应器

① 单击【修改】面板中的【复制】按钮，如图 12-104 所示。

② 复制观察室和走廊的感应器。

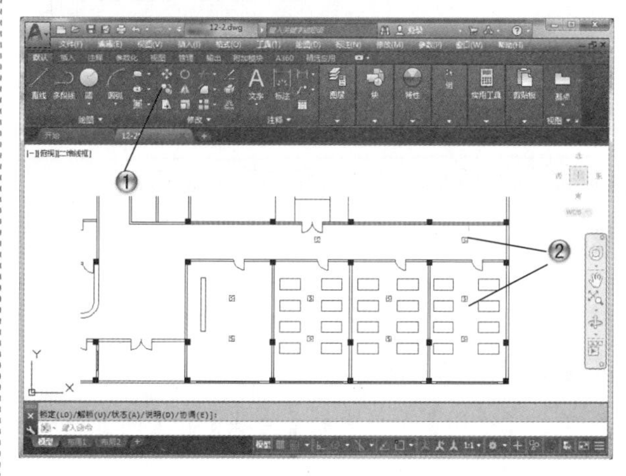

图 12-104

步骤 60 复制护士站的感应器

❶ 单击【修改】面板中的【复制】按钮，如图 12-105 所示。

❷ 复制护士站的感应器。

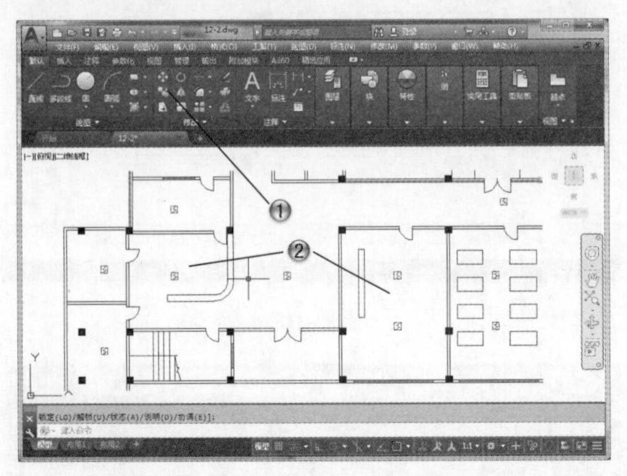

图 12-105

步骤 61 复制左侧房间的感应器

❶ 单击【修改】面板中的【复制】按钮，如图 12-106 所示。

❷ 复制左侧房间的感应器。

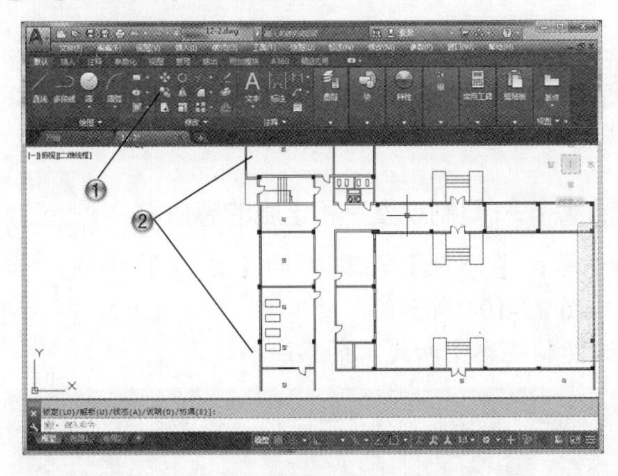

图 12-106

步骤 62 复制右侧房间和走廊的感应器

❶ 单击【修改】面板中的【复制】按钮，如图 12-107 所示。

❷ 复制右侧房间和走廊的感应器。

步骤 63 绘制扬声器

❶ 单击【绘图】面板中的【直线】和【圆】按钮，如图 12-108 所示。

❷ 绘制扬声器。

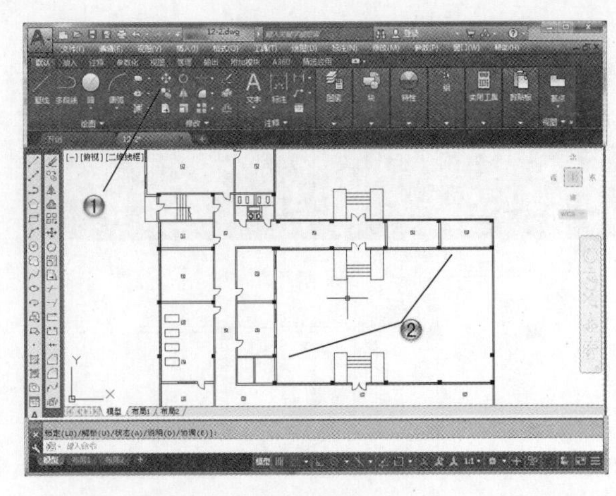

图 12-107

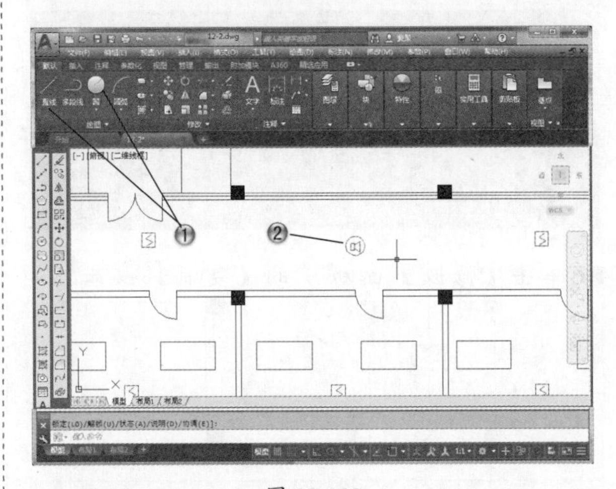

图 12-108

步骤 64 复制扬声器

❶ 单击【修改】面板中的【复制】按钮，如图 12-109 所示。

❷ 复制扬声器。

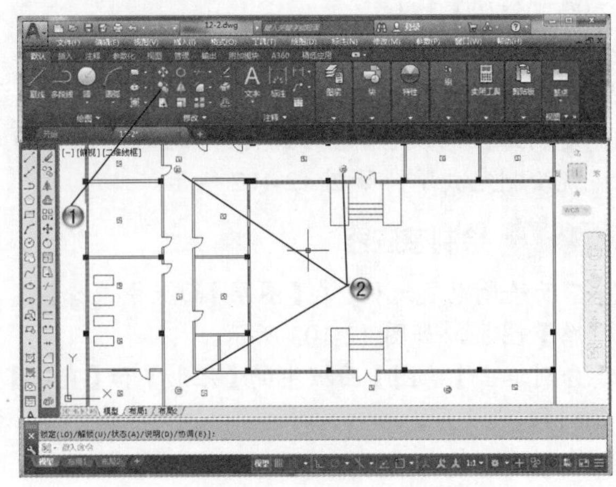

图 12-109

步骤 65 绘制电铃

❶ 单击【绘图】面板中的【直线】和【圆弧】按钮，如图 12-110 所示。

❷ 绘制电铃。

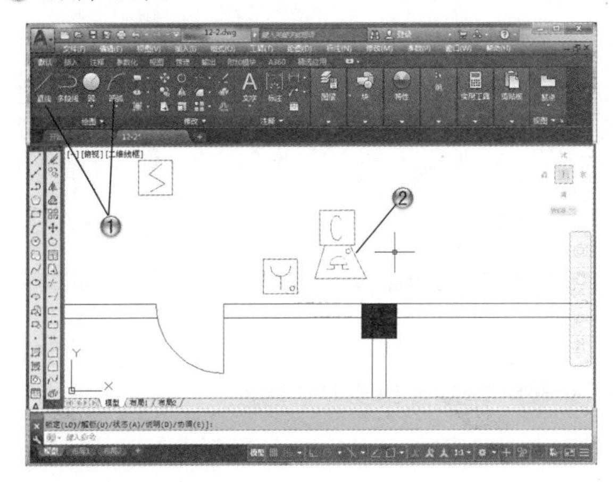

图 12-110

步骤 66 复制电铃

❶ 单击【修改】面板中的【复制】按钮，如图 12-111 所示。

❷复制电铃。

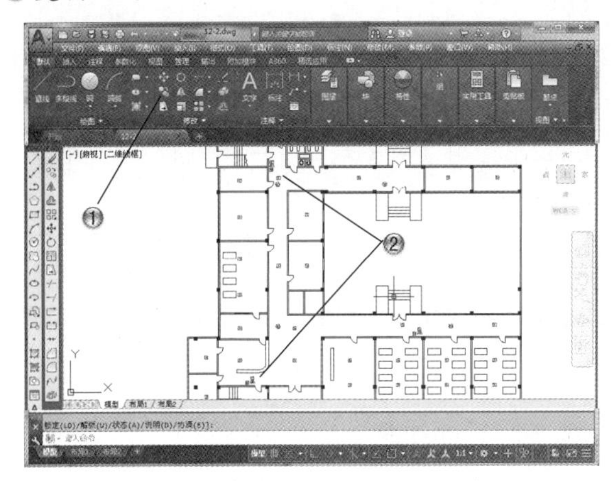

图 12-111

步骤 67 绘制元件

❶ 单击【绘图】面板中的【圆】按钮，如图 12-112 所示。

❷ 绘制元件。

步骤 68 复制元件

❶ 单击【修改】面板中的【复制】按钮，如图 12-113 所示。

❷ 复制元件。

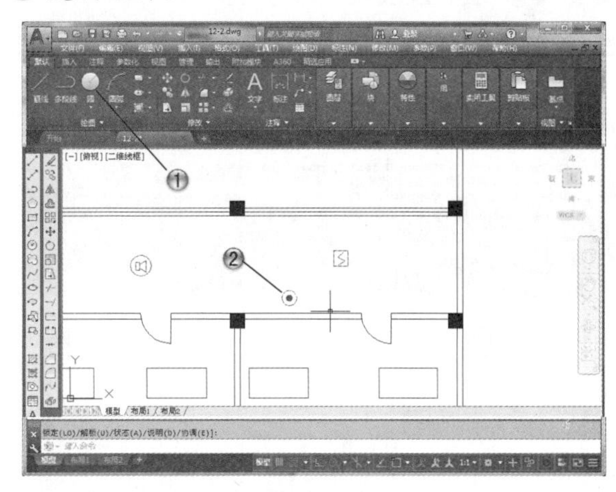

图 12-112

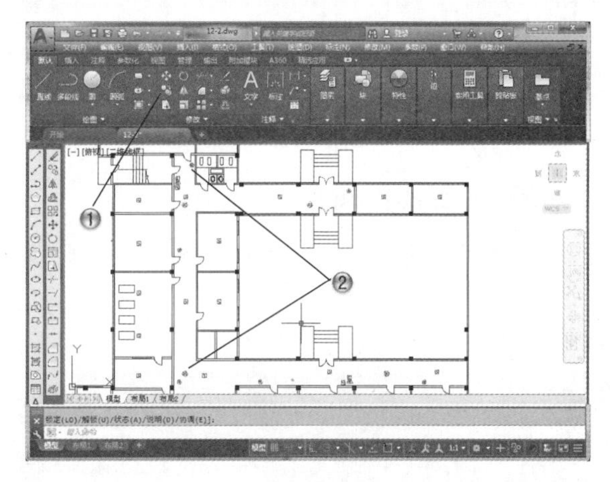

图 12-113

步骤 69 绘制其他电气元件

❶ 单击【绘图】面板中的【直线】按钮，如图 12-114 所示。

❷ 绘制其他电气元件。

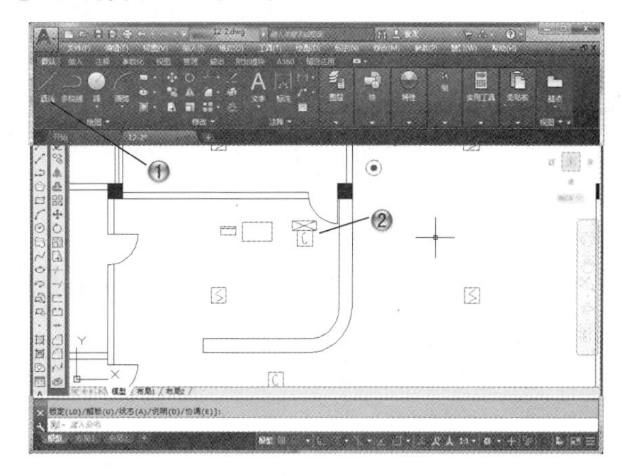

图 12-114

步骤 70 绘制接线端

❶ 单击【绘图】面板中的【直线】按钮，如图 12-115 所示。

❷ 绘制接线端。

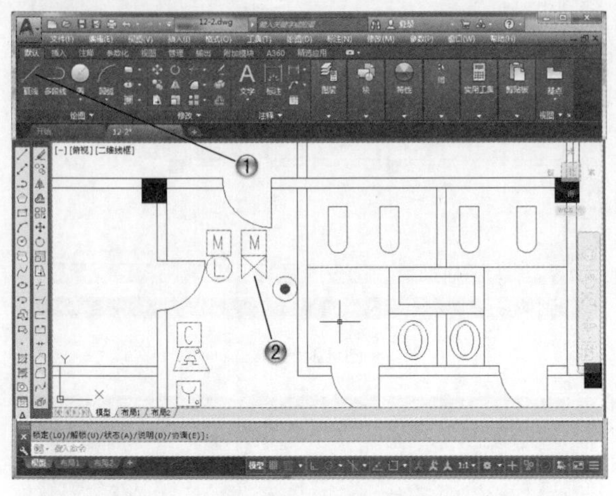

图 12-115

步骤 71 绘制线路终端

❶ 单击【绘图】面板中的【直线】按钮，如图 12-116 所示。

❷ 绘制线路终端。

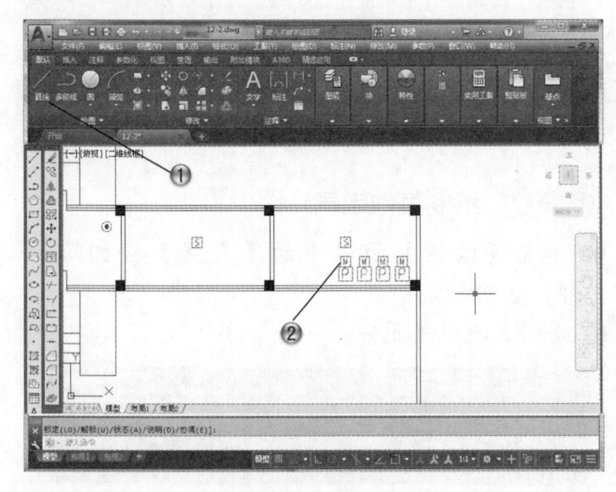

图 12-116

步骤 72 绘制观察室右边线路

❶ 下面绘制电气线路。单击【绘图】面板中的【直线】按钮，如图 12-117 所示。

❷ 绘制观察室右边线路。

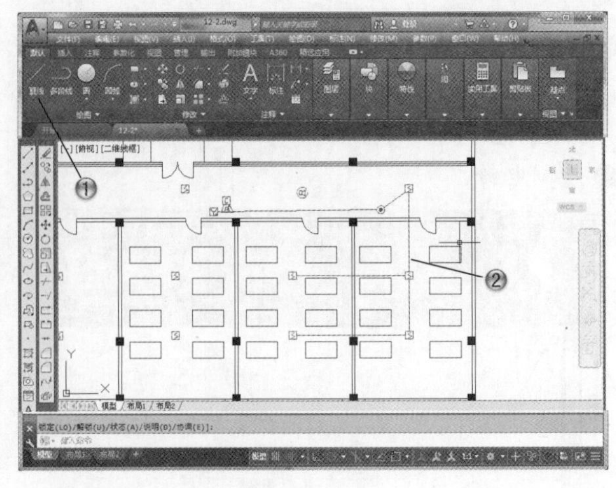

图 12-117

步骤 73 绘制观察室左边线路

❶ 单击【绘图】面板中的【直线】按钮，如图 12-118 所示。

❷ 绘制观察室左边线路。

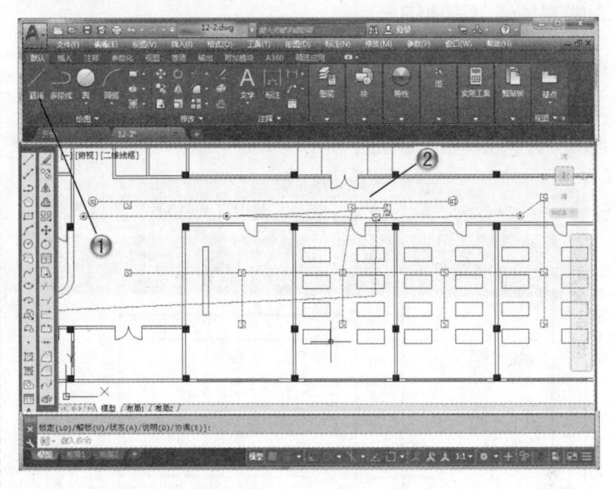

图 12-118

步骤 74 打断线路

❶ 单击【修改】工具栏中的【打断】按钮，如图 12-119 所示。

❷ 打断线路。

步骤 75 绘制护士站线路

❶ 单击【绘图】面板中的【直线】按钮，如图 12-120 所示。

❷ 绘制护士站线路。

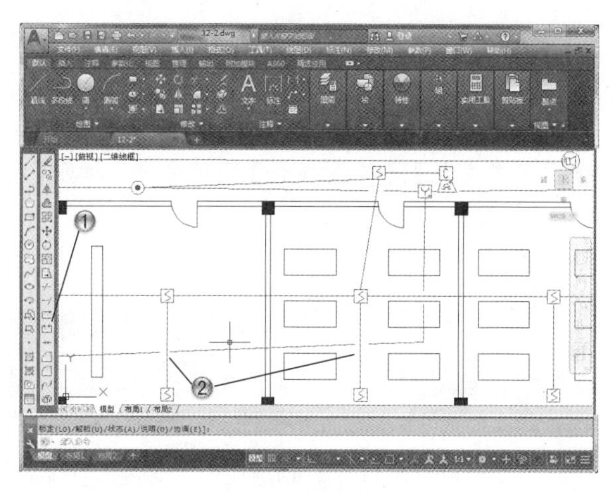

图 12-119

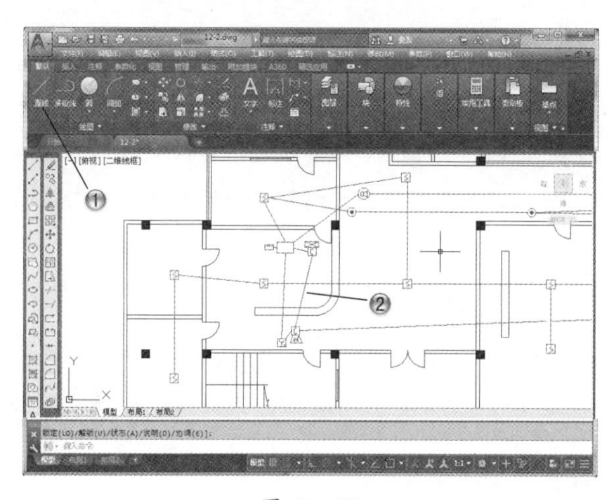

图 12-120

步骤 76 打断护士站交叉线路

① 单击【修改】工具栏中的【打断】按钮，如图 12-121 所示。

② 打断护士站交叉线路。

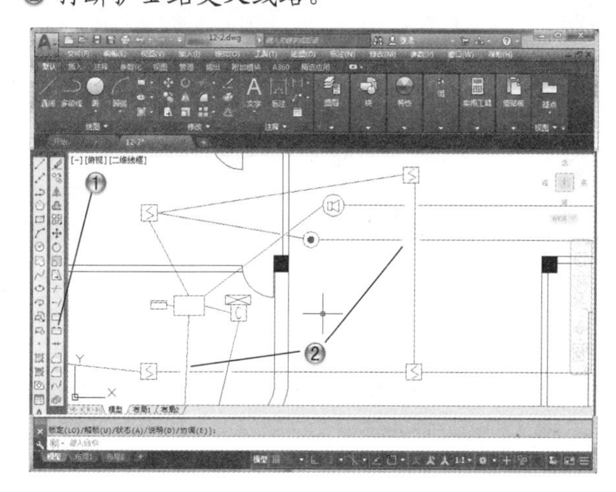

图 12-121

步骤 77 绘制其他房间线路

① 单击【绘图】面板中的【直线】按钮，如图 12-122 所示。

②在绘图区绘制其他房间线路。

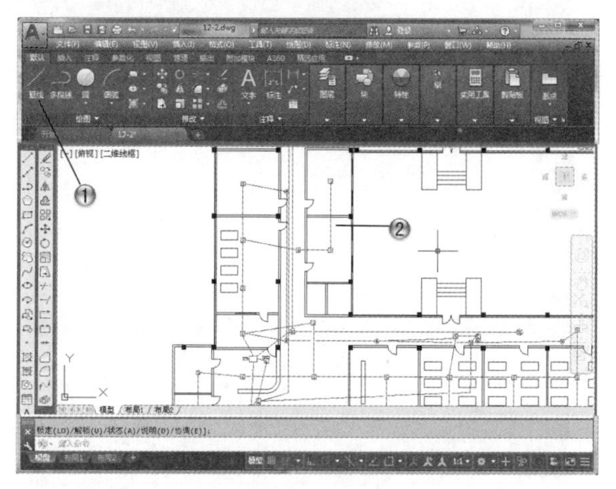

图 12-122

步骤 78 打断其他房间线路

① 单击【修改】工具栏中的【打断】按钮，如图 12-123 所示。

② 打断其他房间线路。

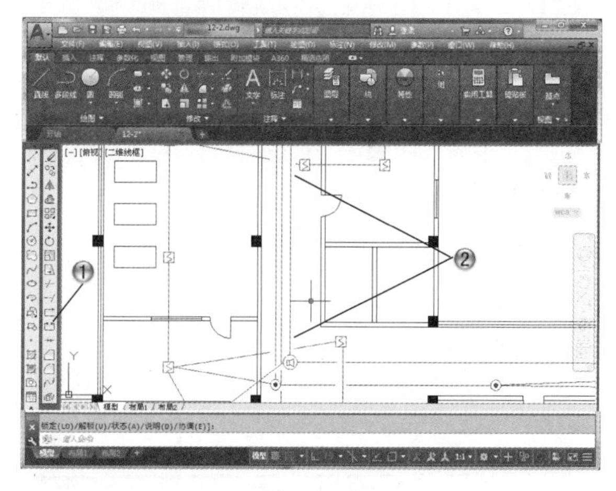

图 12-123

步骤 79 绘制抢救室线路

① 单击【绘图】面板中的【直线】按钮，如图 12-124 所示。

② 绘制抢救室线路。

步骤 80 打断抢救室线路

① 单击【修改】工具栏中的【打断】按钮，如

图 12-125 所示。

② 打断抢救室线路。

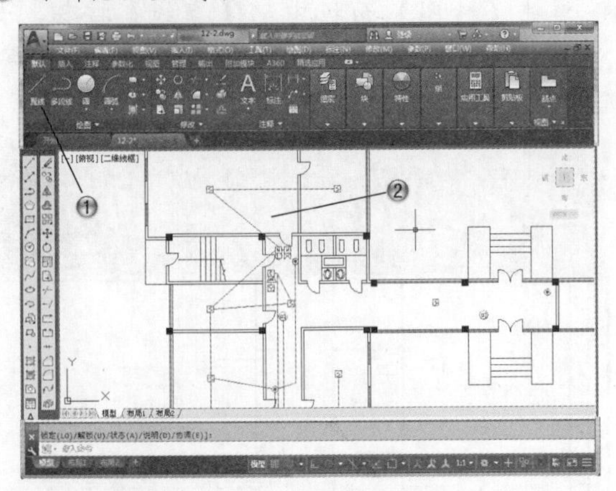

图 12-124

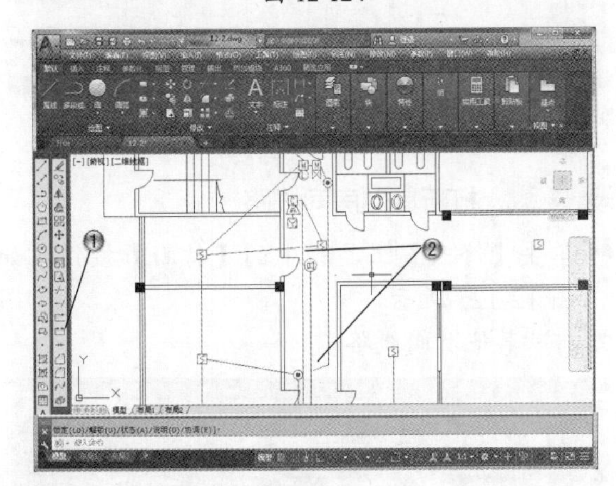

图 12-125

步骤 81 绘制走廊线路

① 单击【绘图】面板中的【直线】按钮，如图 12-126 所示。

② 绘制走廊线路。

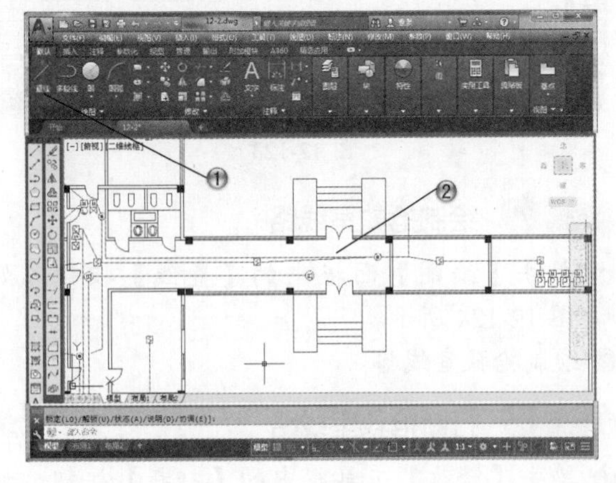

图 12-126

步骤 82 选择尺寸图层，设置标注样式

① 下面进行尺寸及文字标注。在【图层】面板中选择【尺寸】图层，如图 12-127 所示。

② 选择【格式】|【标注样式】菜单命令，打开【标注样式管理器】对话框。

③ 单击【修改】按钮。

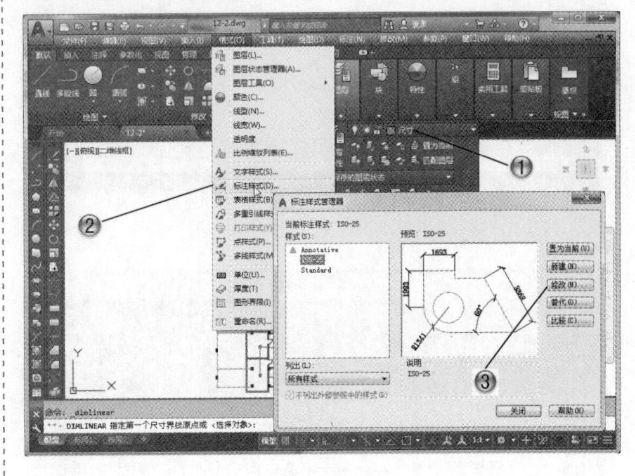

图 12-127

步骤 83 修改箭头

① 在打开的【修改标注样式】对话框的【符号和箭头】选项卡中，设置箭头样式，如图 12-128 所示。

② 设置箭头大小。

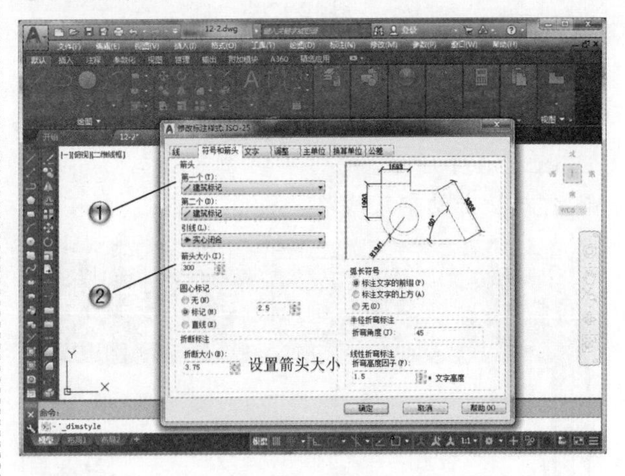

图 12-128

步骤 84 修改文字

① 切换到【文字】选项卡，设置文字颜色，如图 12-129 所示。

② 设置文字高度。

③ 单击【确定】按钮，这样就完成了尺寸标注的格式设置。

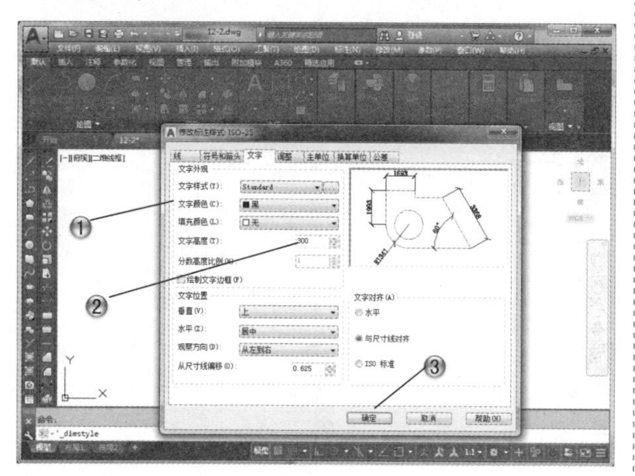

图 12-129

步骤 85 标注左边尺寸

① 单击【注释】面板中的【线性】按钮，如图 12-130 所示。

② 标注左边尺寸。

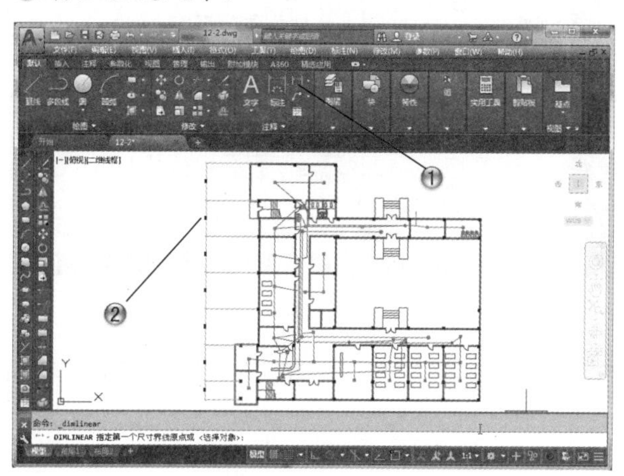

图 12-130

步骤 86 标注下边尺寸

① 单击【注释】面板中的【线性】按钮，如图 12-131 所示。

② 标注下边尺寸。

步骤 87 标注右边尺寸

① 单击【注释】面板中的【线性】按钮，如图 12-132 所示。

② 标注右边尺寸。

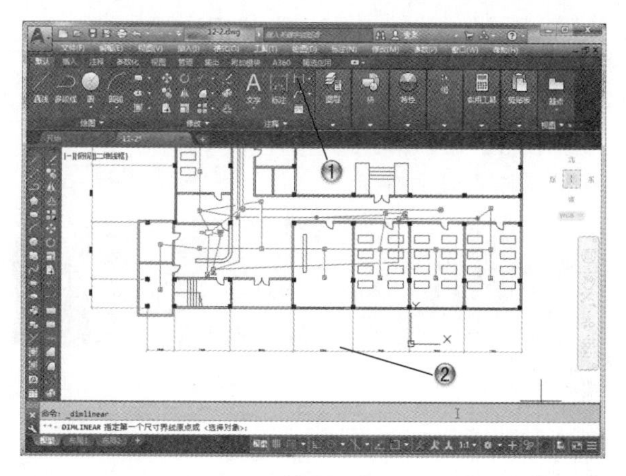

图 12-131

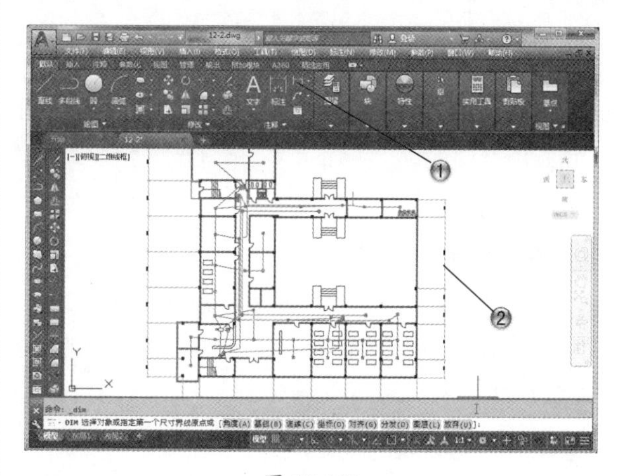

图 12-132

步骤 88 修改 0 图层，绘制图框

① 在【图层】面板中选择 0 图层，如图 12-133 所示。

② 单击【修改】面板中的【直线】按钮。

③ 绘制图框。

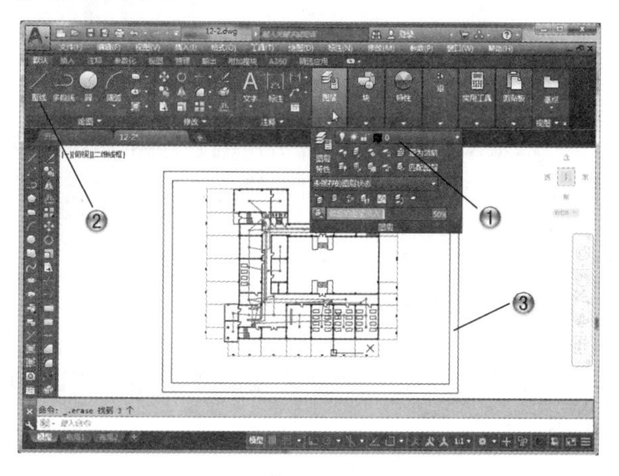

图 12-133

步骤 89　标注输出端文字

❶ 单击【注释】面板中的【多行文字】按钮，如图 12-134 所示。

❷ 标注输出端文字。

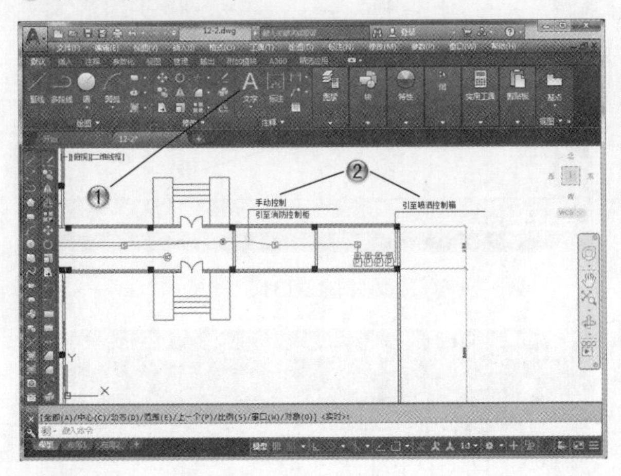

图 12-134

步骤 90　标注房间文字

❶ 单击【注释】面板中的【多行文字】按钮，如图 12-135 所示。

❷ 标注房间名称的文字。

步骤 91　添加图纸标题

❶ 单击【注释】面板中的【多行文字】按钮，如图 12-136 所示。

❷ 在图中添加图纸名称和技术指标的文字。至此，医疗站建筑电气图范例就绘制完成了。

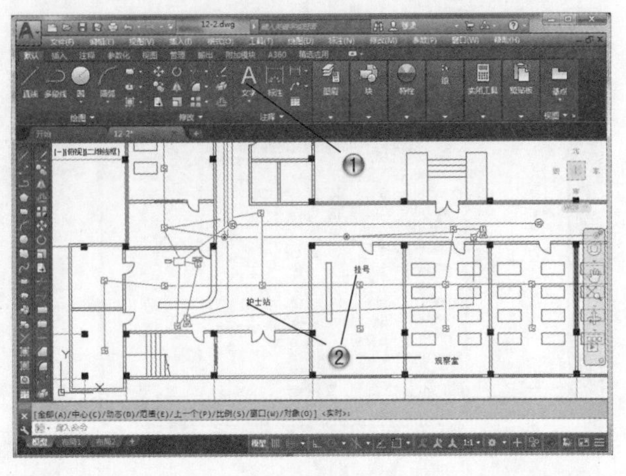

图 12-135

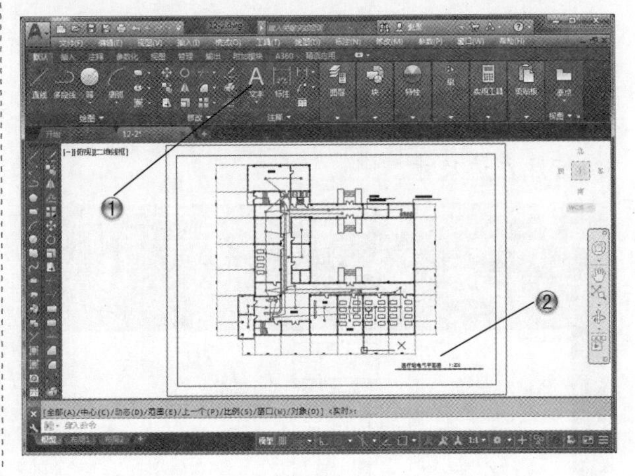

图 12-136

12.3　本章小结和练习

12.3.1　本章小结

本章从 AutoCAD 最常用的建筑和建筑电气领域入手，详细讲解两个范例的绘制过程，使读者对 AutoCAD 绘制建筑和电气二维图纸有一个整体的认识，并能够掌握建筑和电气工程图纸的实际绘制方法。

12.3.2　练习

1. 练习绘制一个办公楼的底层建筑平面图，学习建筑平面图形的绘制方法，图纸如图 12-137 所示。

(1) 设置绘图环境。

(2) 绘制轴线和柱网。

(3) 生成墙体。
(4) 布置门窗。
(5) 添加楼梯和电梯。
(6) 开间布置。
(7) 尺寸标注。
(8) 文字标注。
(9) 添加图框标题。

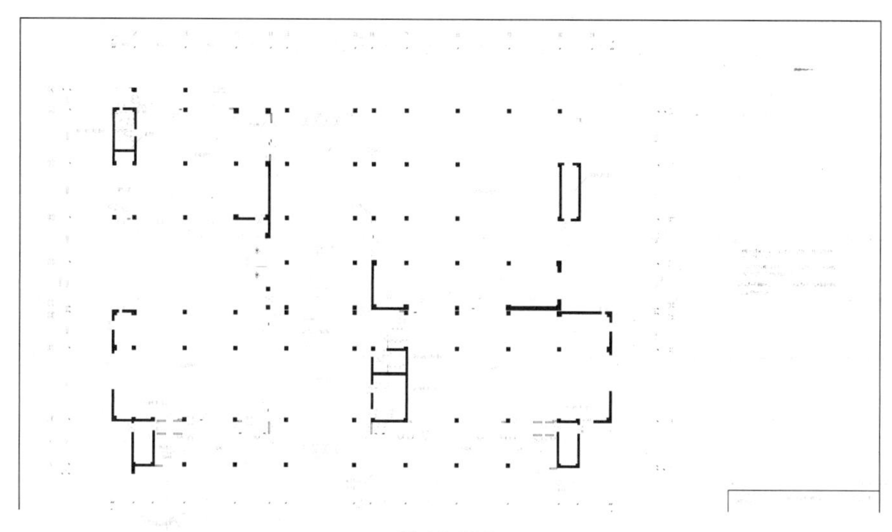

图 12-137

2. 练习绘制工厂建筑电力平面图纸，学习电力工程平面图的绘制方法，图纸如图 12-138 所示。
(1) 绘制建筑平面图。
(2) 绘制电气元件。
(3) 绘制电气线路。
(4) 添加尺寸标注和图框。

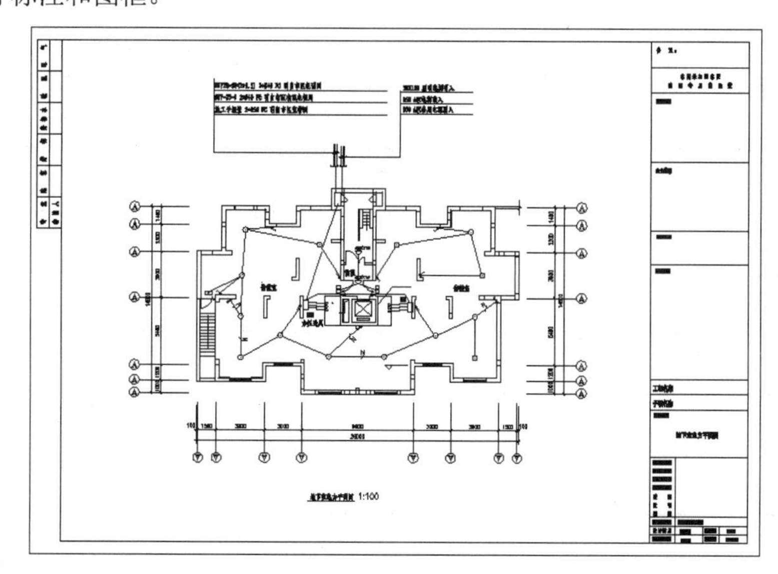

图 12-138

学习心得

附录 A　AutoCAD 2018 快捷命令表

图标	命令中文名	命令英文名	快捷键	图标	命令中文名	命令英文名	快捷键
绘图							
	直线	Line	L		椭圆	ELLIPSE	EL
	构造线	Xline	XL		椭圆弧	ELLIPSE	ELL
	多段线	PLINE	PL		块	_BLOCK	-B
	正多边形	POLYGON	POL		创建块	BLOCK	B
	矩形	RECTANG	REC		点	POINT	PO
	圆弧	ARC	A		图案填充 ...	BHATCH	BH
	圆	CIRCLE	C		渐变色 ...	GRADIENT	GRAD
	修订云线	REVCLOUD	REV		面域	REGION	REG
	样条曲线	SPLINE	SPL		表格 ...	TABLE	TABLE
	多线	MLINE	ML		多行文字 ...	MTEXT	T
	圆环	DONUT	DO				
修改							
	删除	ERASE	E		拉伸	STRETCH	S
	复制	COPY	CO		修剪	TRIM	TR

续表

图标	命令中文名	命令英文名	快捷键	图标	命令中文名	命令英文名	快捷键
	镜像	MIRROR	MI		延伸	EXTEND	EX
	偏移	OFFSET	O		打断于点	BREAK	BR
	阵列 ...	ARRAY	AR		打断	BREAK	BR
	移动	MOVE	M		圆角	FILLET	F
	绕基点旋转对象	ROTATE	RO		分解	EXPLODE	X
	按比例缩放物体	SCALE	SC		合并	JOIN	JOIN
	倒角	CHAMFER	CHA		拉长	LENGTHEN	LEN
	三维多段线	3DPOLY	3P		定距等分	MEASURE	ME
	定数等分	DIVIDE	DIV				
修改 II							
	显示顺序	DRAWORDER	DW		编辑属性	EATTEDIT	EATTEDIT
	编辑图案填充	HATCHEDIT	HE		块属性管理器 ...	BATTMAN	BATTMAN
	编辑多段线	PEDIT	PE		同步属性	ATTSYNC	ATTSYNC
	编辑样条曲线	SPLINEDIT	SPE		属性提取 ...	EATTEXT	EATTEXT
CAD 标准							
	配置 ...	STANDARDS	STA		图层转换器 ...	LAYTRANS	LAYT
	检查 ...	CHECKSTA-NDARDS	CHK				
UCS							
	管理用户坐标系	UCS	UCS		选定对象定义新坐标系	UCS	UCS

续表

图标	命令中文名	命令英文名	快捷键	图标	命令中文名	命令英文名	快捷键
	命名 UCS...	+UCSMAN	UCSMAN		世界坐标系	UCS	UCS
	上一个 UCS	UCS	UCS		面 UCS	UCS	UCS
	原点	UCS	UCS		视图	UCS	UCS
	三点	UCS	UCS		Z 轴矢量	UCS	UCS
	绕 X 轴旋转当前 UCS	UCS	UCS		绕 Y 轴旋转当前 UCS	UCS	UCS
	绕 Z 轴旋转当前 UCS	UCS	UCS		向选定的视口应用当前 UCS	UCS	UCS
UCS II							
	命名 UCS...	+UCSMAN	+UCS		移动 UCS	_ucs _move	_ucs _m
WEB							
	后退	HYPERLIN-KBACK			停止浏览	HYPERLIN-KSTOP	
	前进	HYPERLIN-KFWD			浏览 Web	BROWSER	
样式							
	文字样式 ...	STYLE	STYLE		标注样式 ...	DIMSTYLE	DIMSTYLE
参照							
	外部参照管理器 ...	XREF	XR,-XR		光栅图像 ...	IMAGEATTACH	IAT
	外部参照 ...	XATTACH	XA		图像	IMAGECLIP	ICL
	外部参照	XCLIP	XC		调整 ...	IMAGEADJUST	IAD
	绑定 ...	XBIND	XB		质量	IMAGEQUALITY	
	边框	XCLIPFRAME			透明度	TRANSPARENCY	

续表

图标	命令中文名	命令英文名	快捷键	图标	命令中文名	命令英文名	快捷键
	图像管理器 ...	IMAGE	IM		边框	IMAGEFRAME	
参照编辑							
	在位编辑参照	REFEDIT			关闭参照	REFCLOSE	
	添加到工作集	REFSET			保存参照编辑	REFCLOSE	
	从工作集删除	REFSET					
标注							
	线性标注	DIMLINEAR	DLI		基线	DIMBASELINE	DBA
	对齐线性标注	DIMALIGNED	DAL		继续	DIMCONTINUE	DCO
	弧长	DIMARC	DAR		快速引线	QLEADER	LE
	坐标	DIMORDINATE	DOR		公差 ...	TOLERANCE	TOL
	半径	DIMRADIUS	DRA		圆心标记	DIMCENTER	DCE
	折弯	DIMJOGGED	DJO		编辑标注	DIMEDIT	DED
	直径	DIMDIAMETER	DDI		编辑标注文字	DIMTEDIT	
	角度	DIMANGULAR	DAN		标注更新	-DIMSTYLE	
	快速标注	QDIM			标注样式 ...	DIMSTYLE	D,DST
布局							
	新建布局	LAYOUT	LO		页面设置管理器	PAGESETUP	
	来自样板的布局	LAYOUT			显示“视口”对话框	VPORTS	
插入点							

续表

图标	命令中文名	命令英文名	快捷键	图标	命令中文名	命令英文名	快捷键
	插入块	INSERT	I,		输入	IMPORT	IMP
	外部参照管理器	XREF	XR		OLE 对象	INSERTOBJ	IO
	图像管理器	IMAGE	IMA				
绘图次序							
	前置	DRAWORDER	DR		置于对象之上	DRAWORDER	
	后置	DRAWORDER			置于对象之下	DRAWORDER	
工作空间							
	工作空间设置 ...	wssettings			我的工作空间	wscurrent	
查询							
	距离	DIST	DI		列表	LIST	LI,LS
	区域	AREA	AA,		定位点	ID	ID
	面域 / 质量特性	MASSPROP	MASS-PROP				
标准							
	新建	QNEW	Ctrl+N		重复做	MREDO	Ctrl+M
	打开 ...	OPEN	Ctrl+O		实时平移	PAN	P,-P
	保存	QSAVE	Ctrl+S		实时缩放	ZOOM	Z＋空格＋空格
	打印 ...	PLOT	PRINT, Ctrl+P		缩放	ZOOM	Z
	打印预览	PREVIEW	PRE		缩放上一个	zoom _p	Z+P
	发布 ...	PUBLISH			对象特性	PROPERTIES	CH,MO,PR Ctrl+1,-CH

续表

图标	命令中文名	命令英文名	快捷键	图标	命令中文名	命令英文名	快捷键
	剪切	CUTCLIP	Ctrl+X		设计中心	ADCENTER	DC,ADC, Ctrl+2
	复制	COPYCLIP	Ctrl+C,		工具选项板窗口	TOOLPALETTES	TP, Ctrl+3,
	粘贴	PASTECLIP	Ctrl+V,		图纸集管理器	SHEETSET	Ctrl+4,
	特性匹配	MATCHPROP	MA,		标记集管理器	MARKUP	Ctrl+7,
	块编辑器	BEDIT			快速计算器	QUICKCALC	Ctrl+8,
	返回	UNDO	Ctrl+Z		帮助	HELP	
	清理	PURGE	PU,-PU		信息选项板	ASSIST	Ctrl+5,
	网上发布	PUBLISHTOWEB	PTW,		命令行	Commandlinehide	Ctrl+9,
放缩工具							
	窗口放缩	ZOOM	Z+W,		对象放缩	ZOOM	Z+O,
	动态放缩	ZOOM	Z+D,		放大	ZOOM	Z+ 2X,
	比例放缩	ZOOM	Z+S,		缩小	ZOOM	Z+ .5X,
	中心放缩	ZOOM	Z+C,		全部显示缩放	ZOOM	Z+A,
	显示全图放缩	ZOOM	Z+E				
实体							
	长方体	BOX	BO		旋转	REVOLVE	REV
	三维实心球体	SPHERE	SP		剖切	SLICE	SL
	圆柱体	CYLINDER	CY		切割	SECTION	SEC
	三维实心圆锥体	CONE	CO		干涉	INTERFERE	INF

续表

图标	命令中文名	命令英文名	快捷键	图标	命令中文名	命令英文名	快捷键
	楔体	WEDGE	WE		图形	SOLDRAW	SO
	创建圆环形实体	TORUS	TOR		视图	SOLVIEW	SOLV
	拉伸	EXTRUDE	EXT		配置文件	SOLPROF	SOLV
实体编辑							
	并集	UNION	UNI		复制面	SOLIDEDIT	
	差集	SUBTRACT	SU		着色面	SOLIDEDIT	
	交集	INTERSECT	IN		复制边	SOLIDEDIT	
	拉伸面	SOLIDEDIT			着色边	SOLIDEDIT	
	移动面	SOLIDEDIT			压印	SOLIDEDIT	
	偏移面	SOLIDEDIT			清除	SOLIDEDIT	
	删除面	SOLIDEDIT			分割	SOLIDEDIT	
	旋转面	SOLIDEDIT			抽壳	SOLIDEDIT	
	倾斜面	SOLIDEDIT			选中	SOLIDEDIT	
对象捕捉							
	临时追踪点	TT	TT		捕捉到切点	TAN	TAN
	捕捉到端点	ENDP	END		捕捉到垂足	PER	PER
	捕捉到中点	MID	MID		捕捉到平行线	PAR	
	捕捉到交点	INT	INT		捕捉到插入点	INS	
	捕捉到外观交点	APPINT	APPINT		捕捉到节点	NOD	NOD

续表

图标	命令中文名	命令英文名	快捷键	图标	命令中文名	命令英文名	快捷键
	捕捉到延长线	EXT	EXT		捕捉到最近点	NEA	NEA
	捕捉到圆心	CEN	CEN		无捕捉	NON	
	捕捉到象限点	QUA	QUA		对象捕捉设置	OSNAP	OS,-OS
着色							
	二维线框	SHADEMODE			体着色	SHADEMODE	SHA,
	三维线框	SHADEMODE 3			带边框平面着色	SHADEMODE	
	消隐	SHADEMODE			带边框体着色	SHADEMODE	
	平面着色	SHADEMODE					
曲面							
	二维填充	SOLID	SO		边	EDGE	
	三维面	3DFACE	3F		三维网格	3DMESH	
	长方体	ai_box			旋转曲面	REVSURF	
	楔体	ai_wedge			平移曲面	TABSURF	
	直纹曲面	RULESURF			边界曲面	EDGESURF	
三维动态观察器							
	三维平移	3DPAN	3DP		三维调整距离	3DDISTANCE	3DD
	三维缩放	3DZOOM	3DZ		三维调整剪裁平面	3DCLIP	
	三维动态观察器	3DORBIT	3DO		启用 / 关闭前向剪裁	DVIEW	DV
	三维连续观察	3DCORBIT	3DC		三维旋转	3DSWIVEL	3DS

续表

图标	命令中文名	命令英文名	快捷键	图标	命令中文名	命令英文名	快捷键
视口							
	显示“视口”对话框	VPORTS			将对象转换为视口	-VPORTS	
	单个视口	-VPORTS			剪裁现有视口	VPCLIP	
	多边形视口	-VPORTS					
文字							
	多行文字 ...	MTEXT	MT,T		文字样式 ...	STYLE	ST
	单行文字	DTEXT	DT,		比例	SCALETEXT	
	编辑 ...	DDEDIT	ED,		对正	JUSTIFYTEXT	
	查找 ...	FIND			在空间之间转换距离	SPACETRANS	
视图							
	命名视图 ...	VIEW	V		上一页	VIEW	
	俯视	VIEW			西南等轴测	VIEW	
	仰视	VIEW			东南等轴测	VIEW	
	左视	VIEW			东北等轴测	VIEW	
	右视	VIEW			西北等轴测	VIEW	
	主视	VIEW			相机	CAMERA	
	重画	REDRAWALL	RA				
缩放							
	窗口缩放	zoom _w			放大	zoom 2x	

续表

图标	命令中文名	命令英文名	快捷键	图标	命令中文名	命令英文名	快捷键
	动态缩放	zoom _d			缩小	zoom .5x	
	比例缩放	zoom _s			全部缩放	zoom _all	
	中心缩放	zoom _c			范围缩放	zoom _e	
	缩放对象	zoom _o					
渲染							
	隐藏	HIDE	HI		背景 (B)...	BACKGROUND	BACK
	渲染 ...	RENDER	RR		雾化 ...	FOG	
	场景 ...	SCENE			新建配景 ...	LSNEW	
	光源 ...	LIGHT			编辑配景 ...	LSEDIT	
	材质 ...	RMAT			配景库 ...	LSLIB	
	材质库 ...	MATLIB			系统配置 ...	RPREF	RPR
	贴图 ...	SETUV			统计信息 ...	STATS	
图层							
	图层特性管理器	LAYER	LA		上一个图层	LAYERP	
	将对象的图层置为当前	AI_MOLC					

附录 B　有关本书配套资源的下载和使用方法

亲爱的读者，欢迎阅读使用本书，本书还配备了包括大量模型图库、范例教学视频和网络资源介绍的海量教学资源。下面将对其下载和使用方法进行介绍。

下载方法

（1）读者可以登录云杰漫步科技的网上技术论坛：http://www.yunjiework.com/bbs，登录后的界面如图附 B-1 所示。

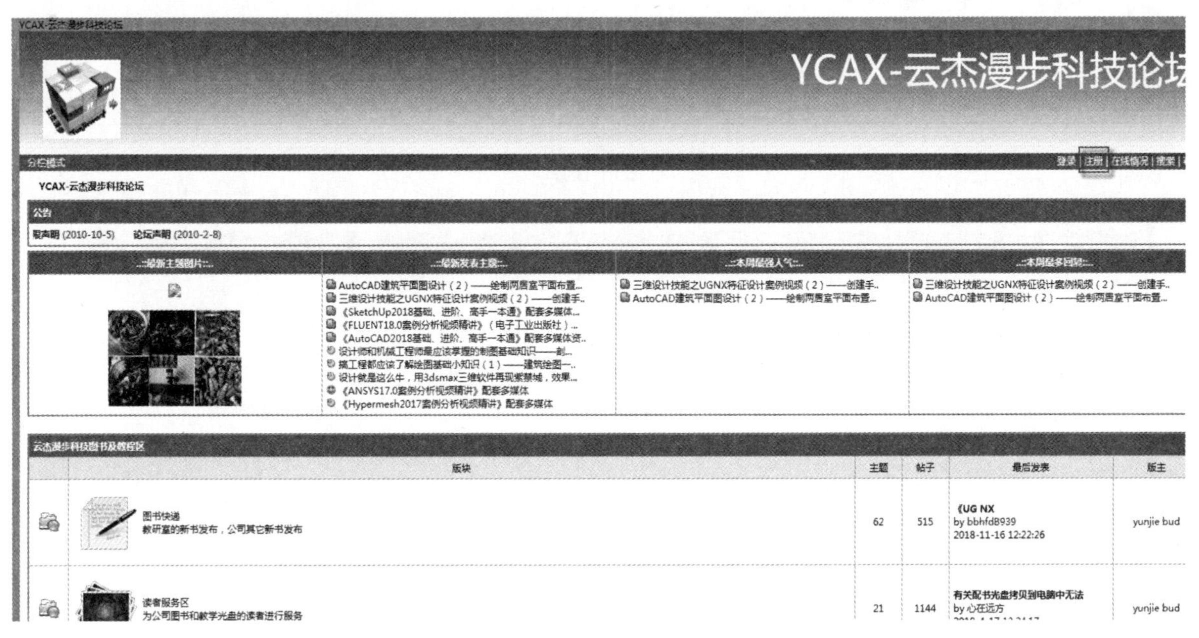

图附 B-1

（2）单击【注册】按钮后可以注册为论坛会员，如图附 B-2 所示。

（3 在论坛中选择【云杰漫步科技图书及教程区】|【资料下载区（注册用户）】板块进入，如图附 B-3 所示。

（4）在其中找到有关本书的下载贴进入，即可看到下载链接和密码，单击下载链接并输入密码后即可下载到本书的配套教学资源，如图附 B-2 所示。

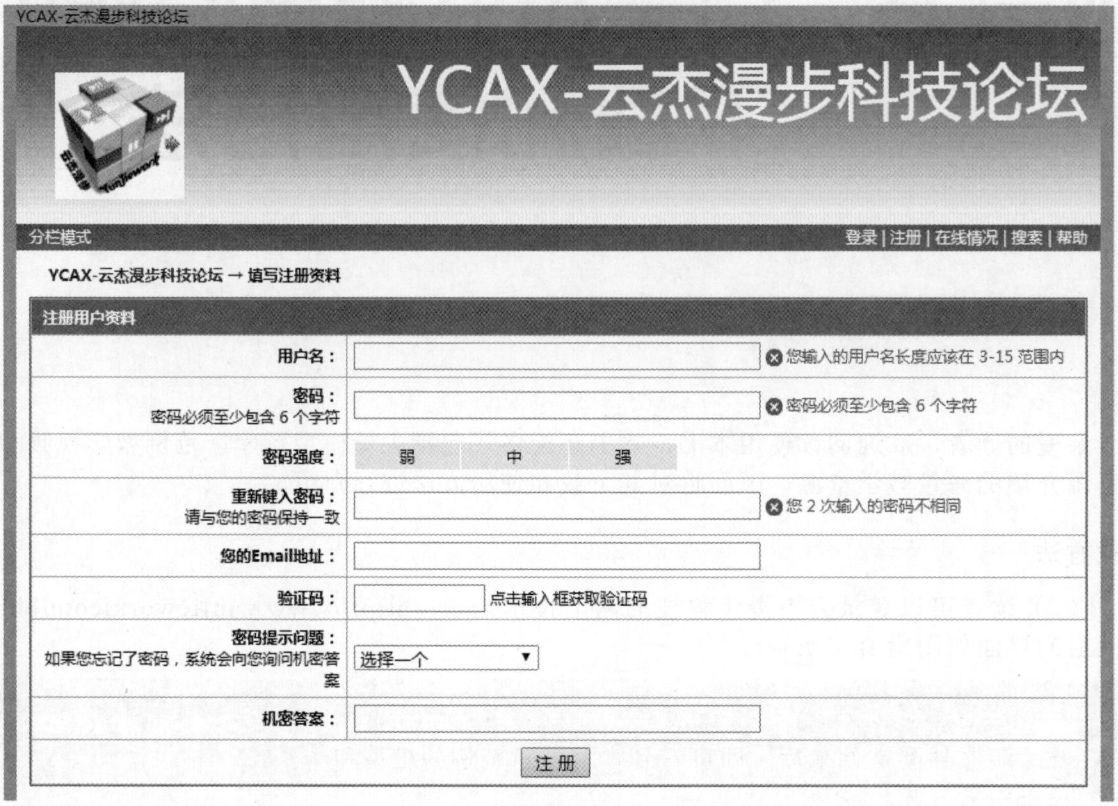

YCAX-云杰漫步科技论坛

YCAX-云杰漫步科技论坛

分栏模式

登录 | 注册 | 在线情况 | 搜索 | 帮助

YCAX-云杰漫步科技论坛 → 填写注册资料

注册用户资料

用户名：	您输入的用户名长度应该在 3-15 范围内
密码： 密码必须至少包含 6 个字符	密码必须至少包含 6 个字符
密码强度：	弱　中　强
重新键入密码： 请与您的密码保持一致	您 2 次输入的密码不相同
您的Email地址：	
验证码：	点击输入框获取验证码
密码提示问题： 如果您忘记了密码，系统会向您询问机密答案	选择一个
机密答案：	
	注 册

图附 B-2

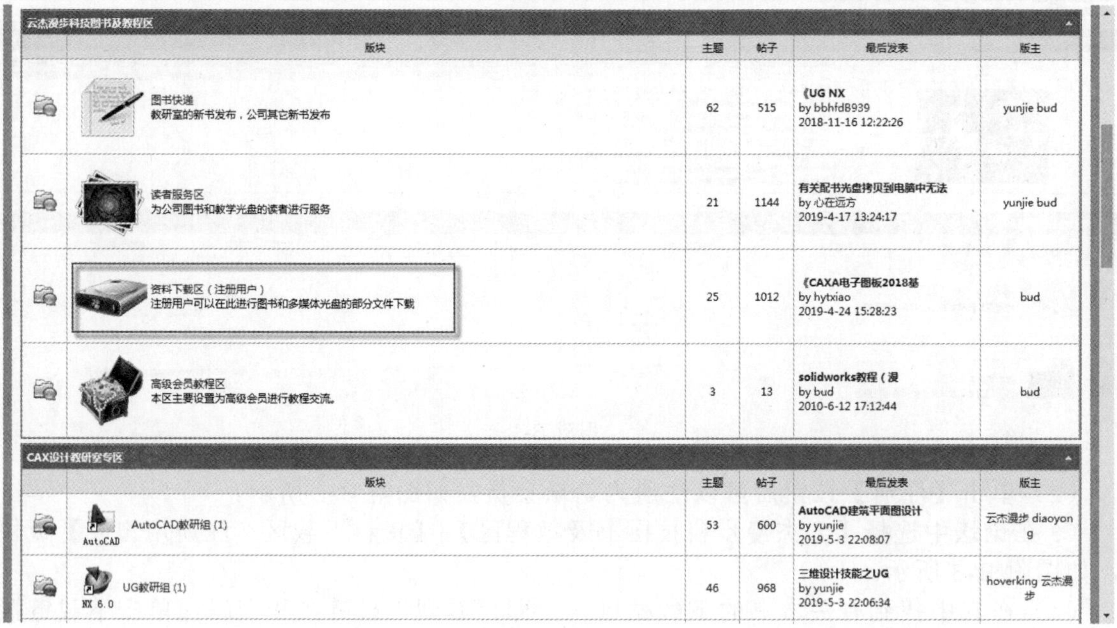

云杰漫步科技图书及教程区

版块	主题	帖子	最后发表	版主
图书快递 教研室的新书发布，公司其它新书发布	62	515	《UG NX by bbhfdB939 2018-11-16 12:22:26	yunjie bud
读者服务区 为公司图书和教学光盘的读者进行服务	21	1144	有关配书光盘拷贝到电脑中无法 by 心在远方 2019-4-17 13:24:17	yunjie bud
资料下载区（注册用户） 注册用户可以在此进行图书和多媒体光盘的部分文件下载	25	1012	《CAXA电子图板2018基 by hytxiao 2019-4-24 15:28:23	bud
高级会员教程区 本区主要设置为高级会员进行教程交流。	3	13	solidworks教程（漫 by bud 2010-6-12 17:12:44	bud

CAX设计教研室专区

版块	主题	帖子	最后发表	版主
AutoCAD AutoCAD教研组 (1)	53	600	AutoCAD建筑平面图设计 by yunjie 2019-5-3 22:08:07	云杰漫步 diaoyong
NX 6.0 UG教研组 (1)	46	968	三维设计技能之UG by yunjie 2019-5-3 22:06:34	hoverking 云杰漫步

图附 B-3

（1）本书包含的配套教学资源主要如表附 B-1 所示。

表附 B-1 资源列表

序号	名称	内容
1	源文件	书中范例运行素材
		书中范例结果文件
2	教学视频	各章范例多媒体教学视频
3	模型库素材	零部件模型库
		模具模型库
		标准件模型库
		电子产品模型库
		常用插件库
		工程图图纸库
4	网络教学资源	常用教学论坛资源介绍

（2）配套资源使用方法。

打开【源文件】文件夹后，即可看到本书各章范例的模型和结果文件，其中各文件的数字编号为书中章号。

打开【教学视频】文件夹后，即可看到本书各章范例的多媒体教学视频，其中文件夹名为各章名。由于教学视频采用了 TSCC 的压缩格式，需要读者在计算机中安装该解码程序，读者可在论坛中找到下载解码程序的贴子后进行下载，然后直接双击 TSCC.exe 文件安装。

对于软件播放要求如下。

媒体播放器要求：建议采用 Windows Media Player 9.0 以上的版本。

显示模式要求：使用 1024 × 768 或者 1280 × 1024 以上的模式浏览。

特别声明

本教学资源中的图片、视频影像等素材文件仅可作为学习和欣赏之用，未经许可不得用于任何商业等其他用途。

关于本书的相关技术支持请到作者的技术论坛 www.yunjiework.com/bbs（云杰漫步科技论坛）进行交流，或者发电子邮件到 yunjiebook@126.com 寻求帮助。也欢迎大家关注作者的今日头条号“云杰漫步智能科技”进行交流，如图附 B-4 所示。

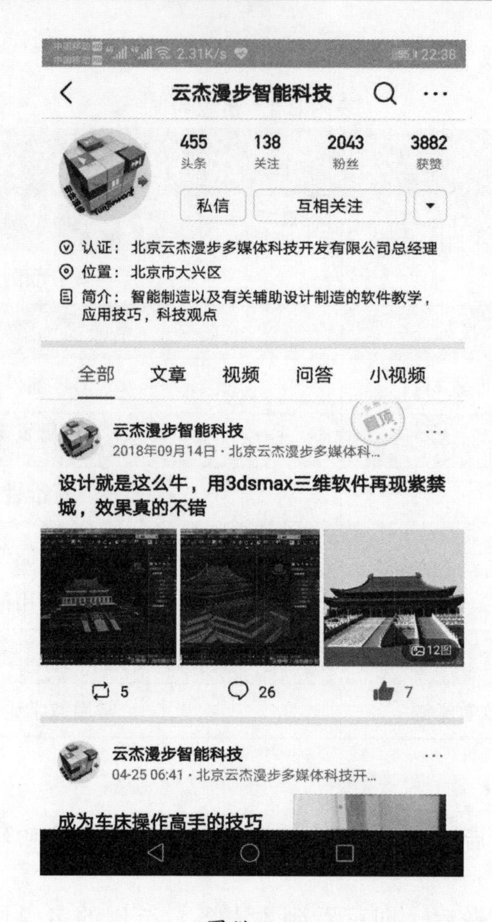

云杰漫步智能科技
455
头条
138
关注
2043
粉丝
3882
获赞
私信
互相关注
认证：北京云杰漫步多媒体科技开发有限公司总经理
位置：北京市大兴区
简介：智能制造以及有关辅助设计制造的软件教学，应用技巧，科技观点
全部
文章
视频
问答
小视频
云杰漫步智能科技
2018年09月14日 · 北京云杰漫步多媒体科...
设计就是这么牛，用3dsmax三维软件再现紫禁城，效果真的不错
12图
5
26
7
云杰漫步智能科技
04-25 06:41 · 北京云杰漫步多媒体科技开...
成为车床操作高手的技巧

图附 B-4